普通高等教育"十一五"国家级规划教材（高职高专教育）

PUTONG
GAODENG JIAOYU
SHIYIWU
GUOJIAJI GUIHUA JIAOCAI

建筑识图与构造

主　编　魏艳萍
副主编　王世新　樊文迪
编　写　邢国清　王宝烨　马　丽
主　审　刘桂征

中国电力出版社
http://jc.cepp.com.cn

内 容 提 要

本书为普通高等教育“十一五”国家级规划教材（高职高专教育），是在总结高等职业技术教育经验的基础上，结合我国高等职业技术教育的特点编写的，主要内容分为三大部分。第一部分为制图识图基础，第二部分为建筑工程图的识读，第三部分为建筑构造。

本书在编写过程中，以应用为主旨，在理论上坚持必须、够用的原则，深入浅出，图文结合，特别是书后附图，把理论知识与实际工程紧密结合在一起，起到了“画龙点睛”的作用。

本书既可作为建筑工程类专业教材使用，同时也适合建筑技术人员自学和参考。

与本书配套的《建筑识图与构造习题集》同时出版，供参考选用。

图书在版编目（CIP）数据

建筑识图与构造/魏艳萍主编. —北京：中国电力出版社，2006.8（2013.10 重印）

普通高等教育“十一五”国家级规划教材. 高职高专教育

ISBN 978-7-5083-4568-0

Ⅰ. 建... Ⅱ. 魏... Ⅲ. ①建筑制图—识图法—高等学校：技术学校—教材②建筑构造—高等学校：技术学校—教材. Ⅳ. TU2

中国版本图书馆 CIP 数据核字（2006）第 080366 号

中国电力出版社出版、发行

（北京市东城区北京站西街 19 号 100005 http://jc.cepp.com.cn）

汇鑫印务有限公司印刷

各地新华书店经售

*

2006年 8 月第一版 2013 年 10 月北京第十次印刷

787 毫米×1092 毫米 16 开本 22.75 印张 554 千字

定价 34.00 元

前　　言

21世纪是科技高速发展的时期，建筑行业面临的是一个经济全球化、信息国际化、知识产业化、学习社会化、教育终身化的崭新时代，培养高等应用型技术人才，提高从业人员的整体素质，是我国现代建筑行业发展的迫切需要。高等职业技术教育就是培养适应生产、建设、管理、服务等第一线所需要的高等技术应用型人才。目前，随着我国高等职业技术教育改革的深化，高等职业技术建筑类专业迫切需要一套新的教学计划及配套教材，以使培养的学生能更好地适应社会及经济建设发展的需要。

本教材是结合我国高等职业技术教育的特点编写的。该教材适用于工业与民用建筑、工程监理、工程造价、物业管理等专业的教学使用，同时也适用于建筑设计技术、给水排水、采暖通风和电气设备安装等专业相应课程的教学使用，还可作为二级注册建筑师资格考试复习参考资料。

本教材内容的编写，采用了2005年5月发布，2005年7月实施的最新国家标准和有关规范；同时适当降低了画法几何的深度，更加注重理论知识与实际工程的结合，力求做到以"应用"为主，在理论上坚持"必须、够用"的原则，注重基本理论、基本概念和基本方法的阐述，做到深入浅出，图文结合，使其更有针对性和实用性。

为适应教学需要，同时出版了与本教材配套的《建筑识图与构造习题集》。

本教材由山西建筑职业技术学院副教授魏艳萍主编，山西建筑职业技术学院副教授刘桂征主审。参加编写工作的有：山西建筑职业技术学院魏艳萍（绪论，第一、二、三、七、八、九、十一及附图）；山西建筑职业技术学院王世新（第六、十二、十三、十四章）；山西建筑职业技术学院樊文迪（第十九、二十章）；山东城市建设职业学院邢国清（第十章及附图）；山西综合职业技术学院王宝烨（第十五章）；山西建筑职业技术学院马丽（第四、五、十六、十七、十八章）。

本教材在编写过程中，参考了部分同学科的教材、习题集等文献（见书后的参考文献），在此谨向文献的作者表示深深的谢意。

由于编者水平所限，教材中的缺点、错误难免，恳请使用本教材的教师和广大读者批评指正。

编者

2006年6月

目　录

第二篇　建筑工程图的识读

第三篇　建　筑　构　造

绪　　论

一、本课程的性质与任务

本课程是研究房屋建筑的构造组成、构造原理、构造方法和工程图样的绘制及识读规律的一门专业基础课，在建筑工程类专业的教学体系中占有重要的地位。它与"建筑材料"、"建筑施工"、"建筑工程定额与计价"等课程关系紧密，是学生参加工作后岗位能力和专业技能考核的重要组成部分。其主要任务是：

（1）掌握正投影的基本原理及建筑制图的基本技能；

（2）掌握房屋构造的基本原理和构造方法；

（3）了解房屋各构造做法的发生、发展，加深对常用典型构造做法和标准图集的理解；

（4）熟练地识读施工图纸，为后续课程奠定必要的基础知识。

二、本课程的主要内容

（一）制图识图基础

主要介绍制图工具、仪器及用品的使用与维护，基本制图标准，绘图的一般步骤和方法以及投影的基本知识和基本理论。

（二）建筑工程图的识读

主要识读房屋建筑施工图、结构施工图、室内设备施工图，了解各专业施工图的特点、识读方法与绘制方法。

（三）建筑构造

建筑构造主要包括房屋建筑的构造组成（如基础、墙体、楼地面、楼梯、屋面、门窗等）及各组成部分的构造形式、材料应用、连接做法及建筑装修的常见构造做法等。

三、本课程的学习方法

本课程是一门专业基础课，系统性、理论性及实践性较强。学习时要讲究学习方法，才能提高学习效果。

（1）认真听讲，及时复习，理解和掌握作图、识图的基本理论、基本知识和基本方法；掌握房屋建筑构造的基本原理及一般构造做法。

（2）在做作业和练习的过程中，要独立思考，反复查阅有关教材的内容，以解决所遇到的疑难问题和检查所做练习、作业的正确程度，并进一步而对教材内容加深理解。这是针对这门课"容易学，难掌握"这个特点所必须采用的一种方式。

（3）多画图，多识图，从物到图，从图到物，反复训练，理论联系实际，培养空间想象能力。

（4）正确处理好画图与识图的关系。画图可以加深对图样的理解，提高识图能力。画图是手段，识图是目的，对于高职院校的学生，识图能力的培养尤为重要。

（5）应多参观已建成和正在施工的建筑，多参与现场实际施工操作，在实践中验证、充实和记忆所学的知识。

（6）注意了解房屋建筑方面的新结构、新材料、新的构造方法、新的发展方向。

（7）由于工程图样是施工的依据，图样上的一点差错都会给工程造成损失。因此在学习时，应严格遵守国家制图标准，掌握房屋构造方面的有关现行标准，会查阅本省建筑构配件通用图集。培养严肃认真、一丝不苟的工作态度和耐心细致的工作作风。良好的职业道德和敬业精神，也是现代企业对未来高职院校毕业生的基本要求。

第一篇 制图识图基础

第一章 制图基本知识

学习建筑制图，必须了解制图工具和用品的构造、性能和特点，熟练掌握正确合理的使用方法，并经常注意维护、保养，这是提高绘图水平和保证绘图质量的前提条件。

第一节 制图工具、仪器及用品

一、绘图板

绘图板是固定图纸用的绘图工具。板面一般用胶合板制作而成，四周边框镶有硬质木条，如图 1-1 所示。板面要求平整，图板的四边要求平直、光滑。图板的工作面确定后，左侧为图板的工作边。图板应防止因受潮、暴晒和重压而变形。

图板有不同的大小规格，在制图时多用 1 号或 2 号图板。

二、丁字尺

丁字尺是画水平线的绘图工具。它由互相垂直的尺头和尺身组成，如图 1-1 所示。使用时必须将尺头内侧紧靠图板左侧工作边，然后上下推动，并将尺身上边缘对准画线位置，用左手压紧尺身，右手执笔，从左到右画线，如图 1-2 所示。使用时，只能将尺头靠在图板左侧边，不能靠在图板的右边或上、下边使用，也不能在尺身的下边画线，如图1-3 所示。

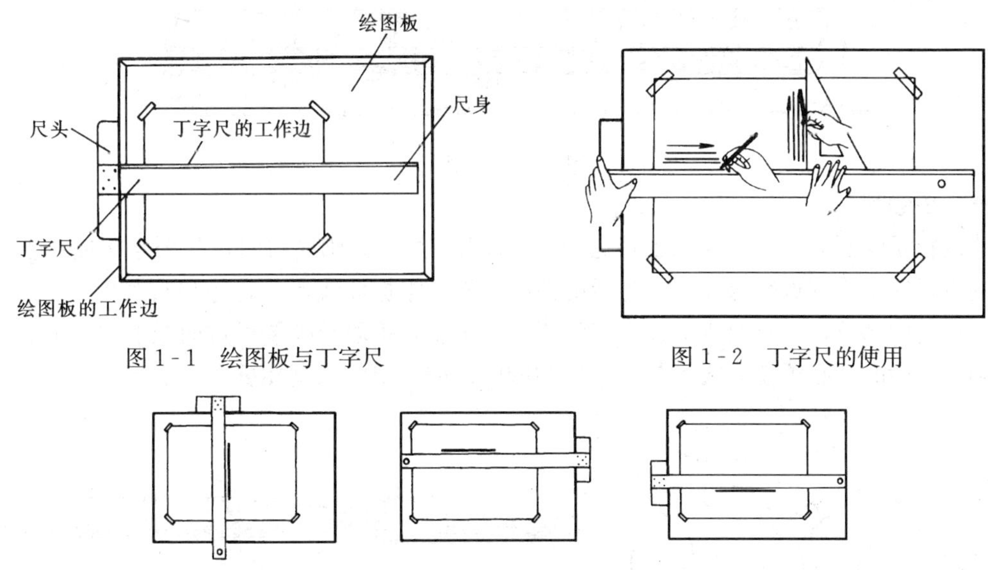

图 1-1 绘图板与丁字尺

图 1-2 丁字尺的使用

图 1-3 丁字尺的错误用法

丁字尺使用完毕后，要挂置妥当，不要随便靠在桌边或墙边，以防止尺身变形和尺头松动。

三、三角板

一副三角板有两块，与丁字尺配合使用可画出垂直线（如图 1-2 所示）和各种角度倾斜线（如图 1-4 所示）。用两块三角板配合，也可画出任意直线的平行线或垂直线，如图 1-5 所示。

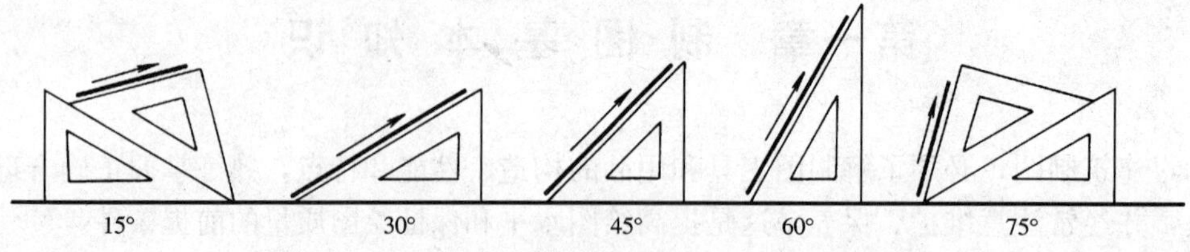

图 1-4　三角板与丁字尺配合画各种不同角度的倾斜线

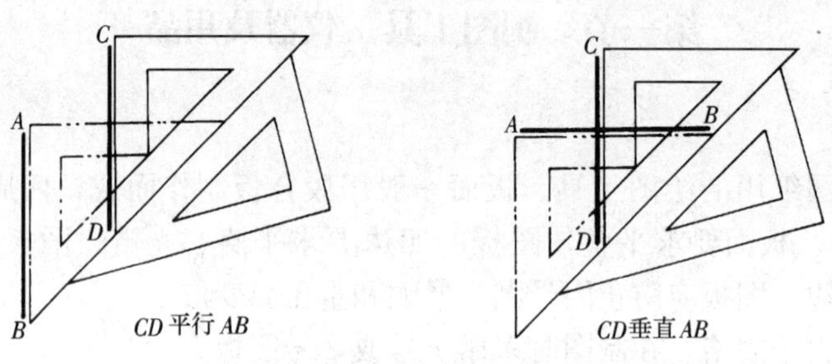

图 1-5　画任意直线的平行线和垂直线

四、比例尺

比例尺是绘图时用来缩小图形的绘图工具。目前常用的比例尺为三棱尺，如图 1-6 所示。三棱尺上有六种不同比例的刻度，画线时可以不经计算而直接从比例尺上量取尺寸。比例尺中没有的比例还可换算，如 1∶10、1∶1000 均可用 1∶100 的比例换算使用。绘图时，不要将比例尺当作三角板或丁字尺画线。

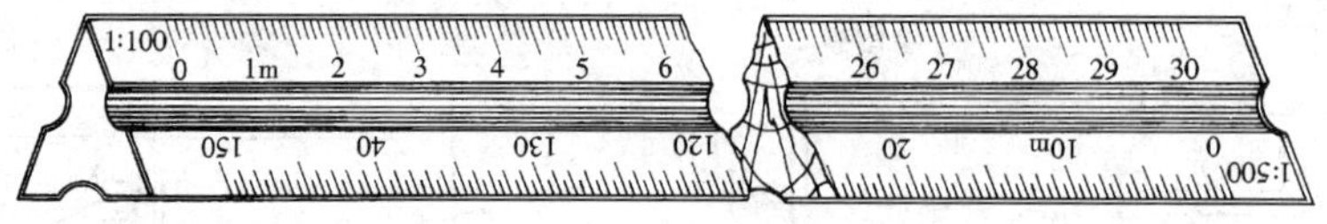

图 1-6　比例尺

五、曲线板

曲线板是绘制非圆弧曲线的工具之一，如图1-7所示。画曲线时，先要定出曲线上足够数量的点，徒手将各点轻轻地连成光滑的曲线，然后根据曲线弯曲趋势和曲率大小，选择曲线板上合适的部分，沿着曲线板边缘将该段曲线画出，每段至少要通过曲线上的三个点，而且在画后一段时，必须使曲线板与前一段中的两点或一定的长度相叠合。

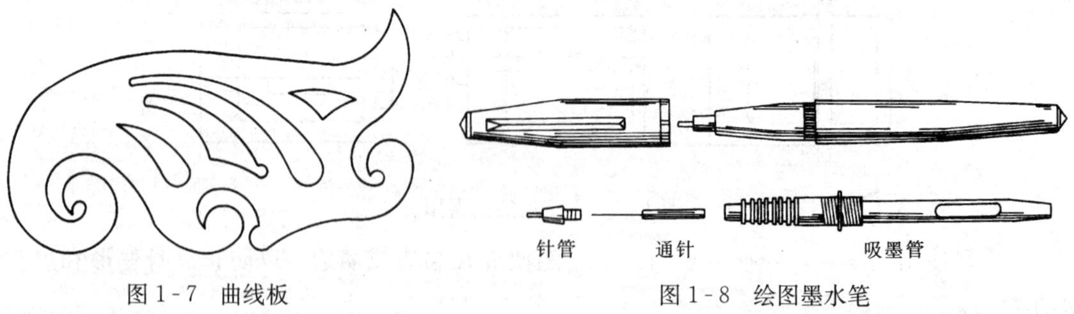

图 1-7　曲线板

图 1-8　绘图墨水笔

六、绘图墨水笔

近年来描图多使用绘图墨水笔（也称针管笔）。这种笔外形类似普通钢笔，笔尖是一根装有通针的细针管，针管直径有多种规格，所画线型粗细由针管直径确定。如图 1-8 所示。

使用时，要注意识别笔身上标明的针管直径规格，根据所画线条粗细选用不同规格的针管笔。用完后应及时用清水洗净，以防墨水堵塞针管。

七、圆规和分规

圆规是画圆和圆弧的仪器，通常用的是组合式圆规。圆规一条腿为固定针脚，另一条腿上有插接构造，可插接铅芯插腿、绘图墨水笔插腿及带有钢针的插腿分别用于绘制铅笔及墨线的圆，或当作分规使用，如图 1-9 所示。

分规是等分线段和量取线段的仪器，它的形状与圆规相似，只是两腿端部均装有固定钢针，如图 1-10 所示。使用时，应注意把分规两针尖调平。

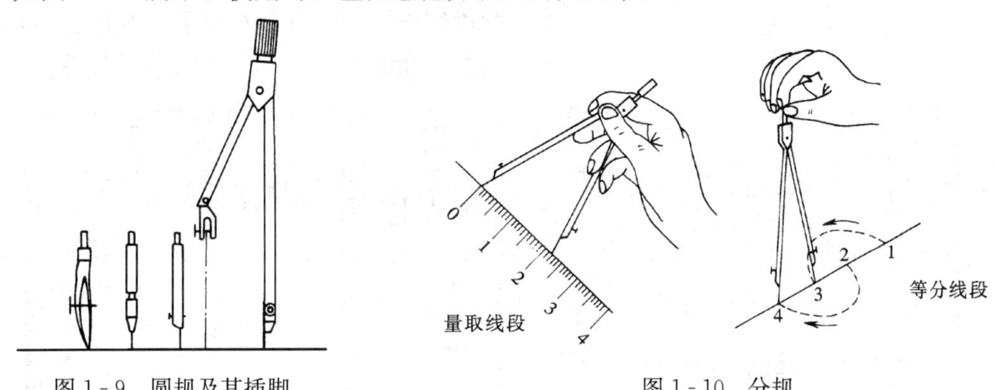

图 1-9 圆规及其插脚　　图 1-10 分规

八、图纸

图纸有绘图纸和描图纸两种。

绘图纸用来画铅笔图或墨线图，要求纸面洁白，质地坚硬，橡皮擦后不易起毛。

描图纸（也称硫酸纸）是专门用来绘制墨线图的，要求纸张透明度好，表面平整挺括。描绘的墨线图样即为复制蓝图的底图。

九、绘图铅笔

绘图铅笔的型号以铅芯的软硬程度来分，分别用 H 和 B 表示，H 前的数字愈大，表示铅芯越硬；B 前的数字愈大，表示铅芯愈软；HB 表示软硬适中。

铅笔应从没有标志的一端开始使用，以便保留标志，供使用时辨认。铅笔尖应削成圆锥形，长约 20～25mm，铅芯露出 6～8mm，用刀片或细砂纸削磨成尖锥形或楔形，如图 1-11 所示。

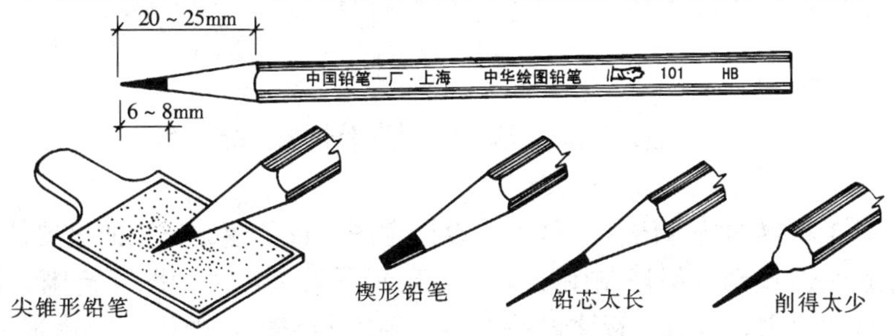

图 1-11 绘图铅笔

十、其他用品

（一）绘图墨水

用于绘图的墨水有碳素墨水和普通绘图墨水两种。碳素墨水不易结块，适用于绘图墨水笔。

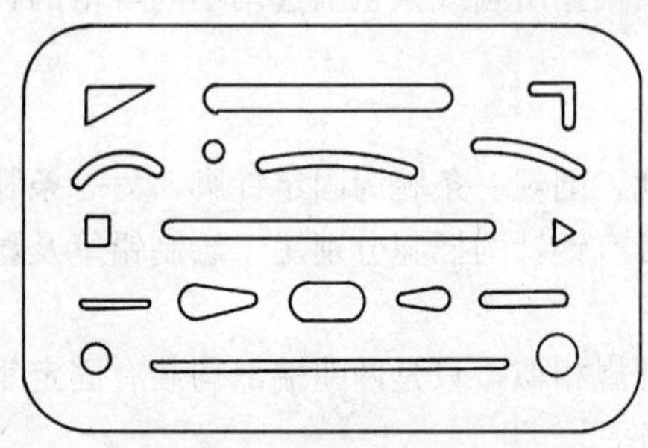

图 1-12 擦图片

（二）擦图片

擦图片是修改图线用的辅助工具，如图 1-12 所示。其材质多为不锈钢薄片。使用时，将需擦去的图线对准擦图片上相应的孔洞，再用橡皮擦拭，可避免影响邻近的线条。

（三）制图模板

为了提高绘图速度和质量，把图样上常用的一些符号、图例和比例等，刻画在有机玻璃的薄板上，制成模板使用。目前有很多专业型的模板，如建筑模板（如图 1-13 所示）、装饰模板等。

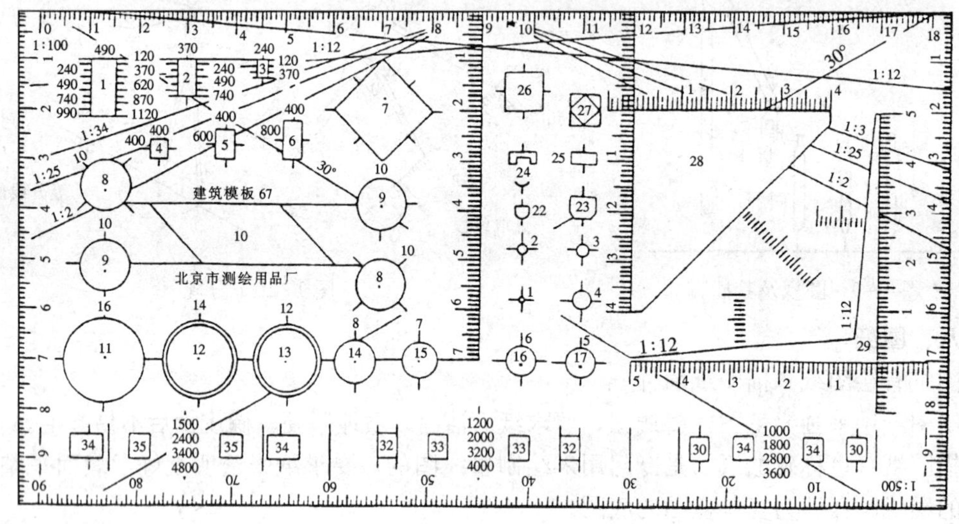

图 1-13 建筑模板

（四）排笔

用橡皮擦拭图纸时，会出现很多橡皮屑，为保持图面整洁，应及时用排笔（如图 1-14 所示）将橡皮屑清扫干净。

另外，绘图时还需用胶带纸、橡皮、小刀、刀片、砂皮纸等用品。

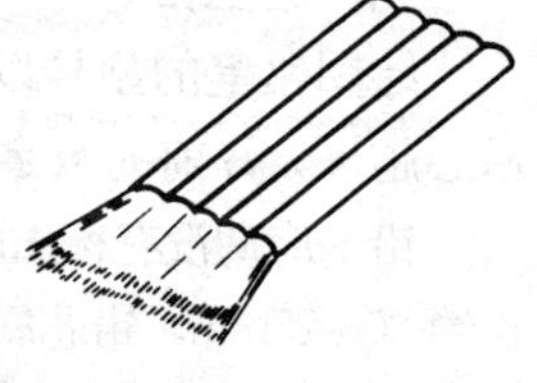

图 1-14 排笔

第二节 基本制图标准

工程图样是工程界的技术语言，是表达设计意图、进行建筑施工的重要依据。因此，为了统一房屋建筑制图规则，保证制图质量，提高制图效率，做到图面清晰、简明，符合设计、施工、存档的要求，适应工程建设的需要，国家制定了全国统一的建筑工程制图标准。其中《房屋建筑制图统一标准》（GB/T 50001—2001）是房屋建筑制图的基本规定，是各专业制图的通用部分，自 2002 年 3 月 1 日起实施。

本节参照《房屋建筑制图统一标准》（GB/T 50001—2001），主要介绍图纸幅面规格、图线、字体、比例及尺寸标注等制图标准，其他标准规定在后面有关章节中介绍。

一、图纸幅面规格

（一）图纸幅面

图纸幅面是指图纸的大小。绘制图样时，图纸幅面及图框尺寸，应符合表 1-1 的规定及图 1-15、图 1-16、图 1-17 的格式。

表 1-1　幅面及图框尺寸　mm

尺寸代号＼幅面代号	A0	A1	A2	A3	A4
$b\times l$	841×1189	594×841	420×594	297×420	210×297
c	10			5	
a	25				

图纸以短边作为垂直边称为横式，以短边作为水平边称为立式。A0～A3 图纸宜横式使用；必要时，也可立式使用。图纸的裁切方法如图 1-18 所示。

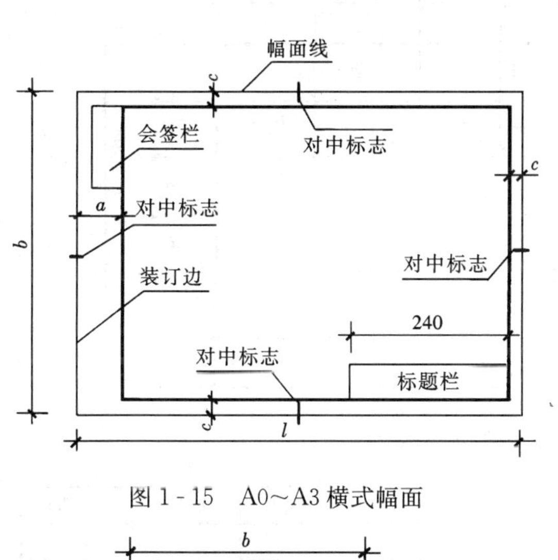

图 1-15　A0～A3 横式幅面

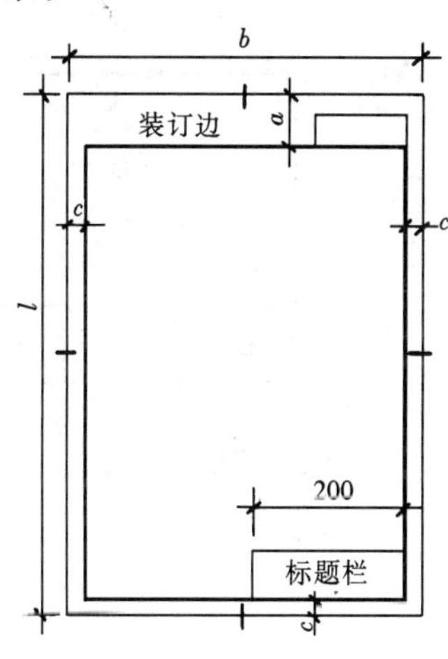

图 1-16　A0～A3 立式幅面

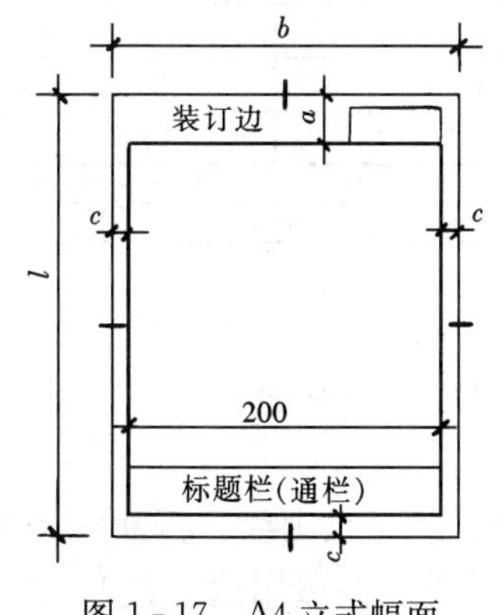

图 1-17　A4 立式幅面

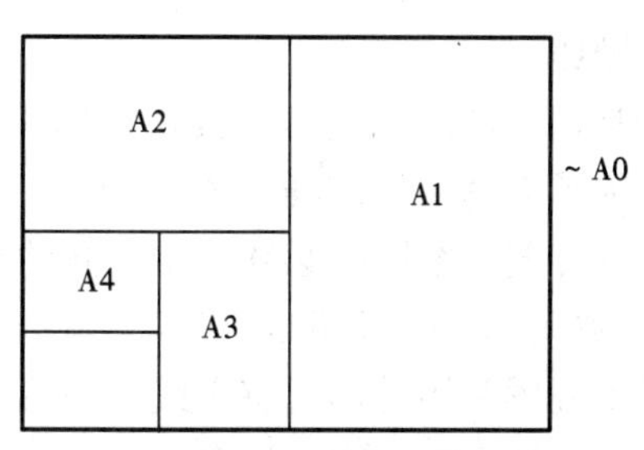

图 1-18　图纸的裁切

图纸的长边可加长，但应符合国家制图标准规定；但短边一般不应加长。

在一个工程设计中，每个专业所使用的图纸，一般不宜多于两种幅面（不含目录及表格所采用的A4幅面）。

（二）标题栏与会签栏

每张图纸都应在图框的右下角设置标题栏（简称图标），用以填写设计单位名称、工程名称、图名、图号、设计编号以及设计人、制图人、校对人、审核人的签名和日期等。标题栏应根据工程需要选择确定其尺寸、格式及分区，一般按图1-19的格式绘制。

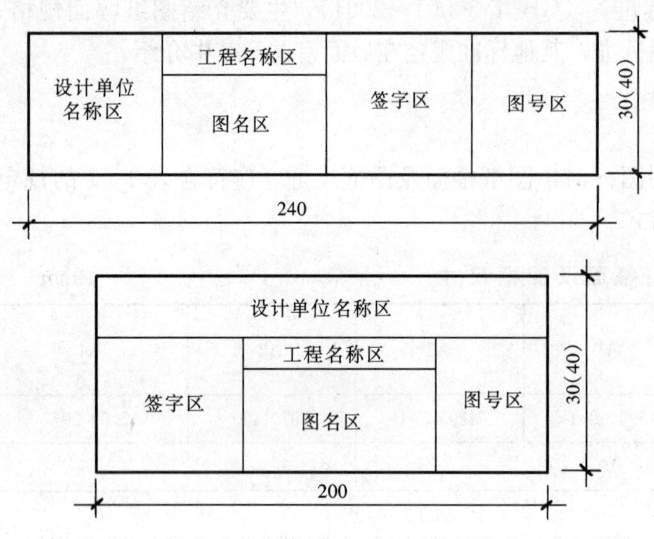

图1-19 标题栏

学生制图作业所用标题栏，可采用图1-20的格式。

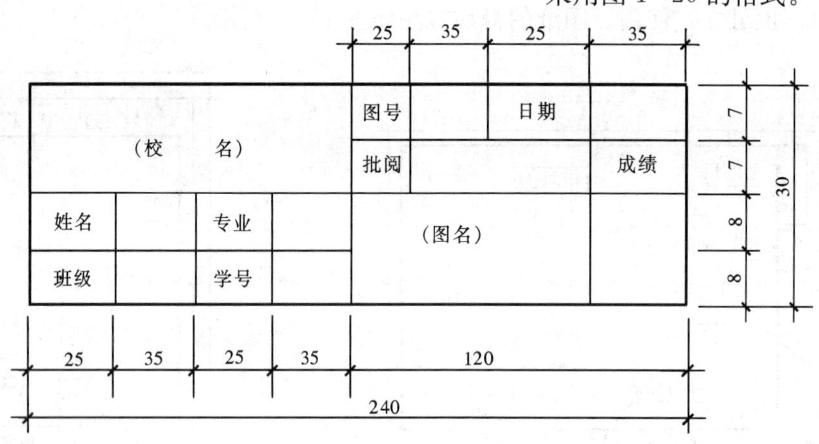

图1-20 制图作业用标题栏

需要会签的图纸，还应在图框外的左上角画出会签栏。会签栏按图1-21的格式绘制，栏内填写会签人员所代表的专业、姓名、日期（年、月、日）。

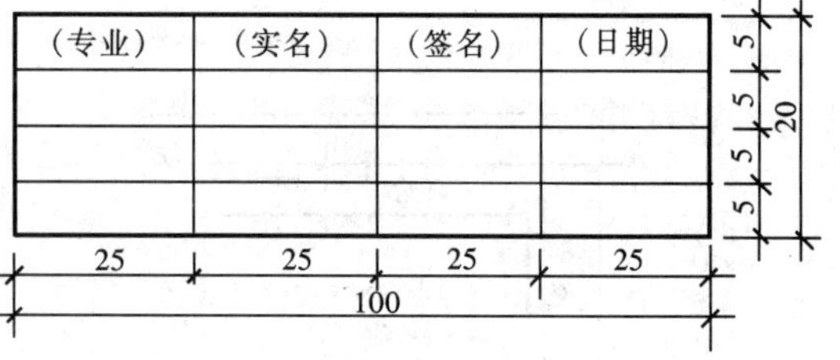

图1-21 会签栏

二、图线

图线是构成图形的基本元素，在建筑工程图中，为了表达工程图样的不同内容，并使图中主次分明，绘图时必须采用不同的线型和线宽来表示设计内容。

（一）图线的种类及用途

建筑工程图常用的图线有实线、虚线、单点长画线、双点长画线、折断线和波浪线等，其中有些图线还有粗、中、细之分。各类图线的线型、线宽及一般用途见表1-2。

表 1-2　　图　　线

名称		线型	线宽	一般用途
实线	粗	————	b	主要可见轮廓线
	中	————	$0.5b$	可见轮廓线
	细	————	$0.25b$	可见轮廓线、图例线
虚线	粗	— — — —	b	见各有关专业制图标准
	中	— — — —	$0.5b$	不可见轮廓线
	细	— — — —	$0.25b$	不可见轮廓线、图例线
单点长画线	粗	—·—·—	b	见各有关专业制图标准
	中	—·—·—	$0.5b$	见各有关专业制图标准
	细	—·—·—	$0.25b$	见各有关专业制图标准
双点长画线	粗	—··—··—	b	见各有关专业制图标准
	中	—··—··—	$0.5b$	见各有关专业制图标准
	细	—··—··—	$0.25b$	假想轮廓线、成型前原始轮廓线
折断线			$0.25b$	断开界线
波浪线			$0.25b$	断开界线

（二）图线的画法要求

（1）在《房屋建筑制图统一标准》中规定，图线的宽 b，宜从下列线宽系列中选取：2.0mm、1.4mm、1.0mm、0.7mm、0.5mm、0.35mm。

画图时，每个图样应根据复杂程度与比例大小，先选定基本线宽 b 为粗线，中线 $0.5b$ 和细线 $0.25b$ 的线宽也就随之而定。粗、中、细线形成一组，叫做线宽组，见表 1-3。

表 1-3　　线 宽 组　　mm

线宽比	线宽组					
b	2.0	1.4	1.0	0.7	0.5	0.35
$0.5b$	1.0	0.7	0.5	0.35	0.25	0.18
$0.25b$	0.5	0.35	0.25	0.18	—	—

注　1. 需要微缩的图纸，不宜采用 0.18mm 及更细的线宽。
　　2. 同一张图纸内，各不同线宽中的细线，可统一采用较细的线宽组的细线。

（2）同一张图纸内，相同比例的各图样应选用相同的线宽组。

（3）图纸的图框线和标题栏线，可采用表 1-4 的线宽。

表 1-4　　图框线、标题栏线的宽度　　mm

幅面代号	图框线	标题栏外框线	标题栏分格线、会签栏线
A0、A1	1.4	0.7	0.35
A2、A3、A4	1.0	0.7	0.35

（4）相互平行的图线，其间隙不宜小于其中的粗线宽度，且不宜小于 0.7mm，如图 1-22（a）所示。

（5）虚线、单点长画线或双点长画线的线段长度和间隔，宜各自相等，如图 1-22（a）所示。

（6）单点长画线或双点长画线，当在较小图形中绘制有困难时，可用实线代替，如图 1-22（b）所示。

（7）单点长画线或双点长画线的两端，不应是点。点画线与点画线交接或点画线与其他图线交接时，应是线段交接，如图 1-22（c）所示。

（8）虚线与虚线交接或虚线与其他图线交接时，应是线段交接。虚线为实线的延长线时，不得与实线连接，如图 1-22（c）所示。

（9）图线不得与文字、数字或符号重叠、混淆，不可避免时，应首先保证文字等的清晰。

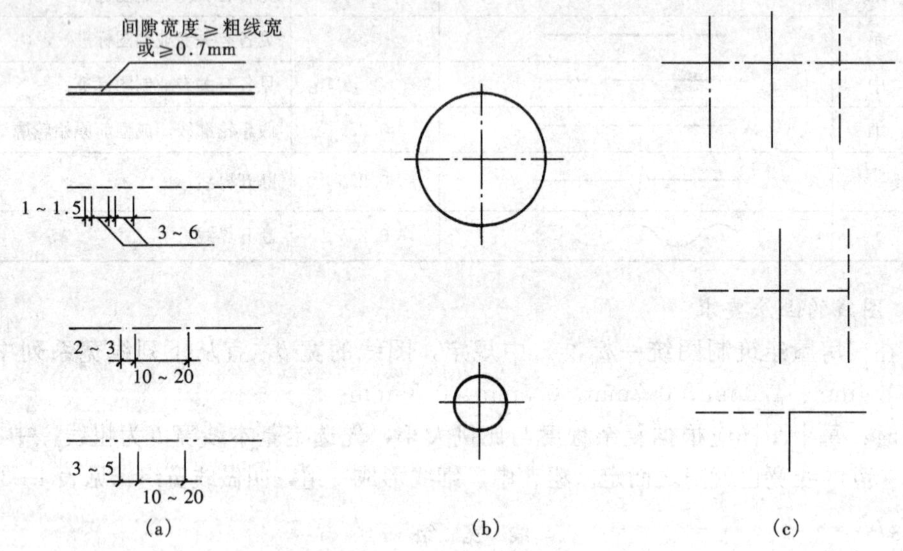

图 1-22 图线的有关画法

（a）线的画法；（b）圆的中心线画法；（c）交接

三、字体

工程图上所需书写的文字、数字或符号等，均应笔画清晰、字体端正、排列整齐；标点符号应清楚正确。

图纸中字体的大小按照图样的大小、比例等具体情况来定，但应从规定的字高系列中选用。字高系列有 3.5mm、5mm、7mm、10mm、14mm、20mm。字的大小用字号表示，字号即为字的高度，如 5 号字的字高为 5mm。如需书写更大的字，其高度按$\sqrt{2}$的比值递增。

（一）汉字

图样及说明中的汉字，宜采用长仿宋体，宽度与高度的关系应符合表 1-5 的规定。

表 1-5 长仿宋体字高宽关系 mm

字　高	20	14	10	7	5	3.5
字　宽	14	10	7	5	3.5	2.5

在实际应用中，汉字的高度不小于 3.5mm，且字高与字宽的比例大约为 3∶2。

为了保证字体写得大小一致，整齐匀称，初学长仿宋体时应先打格，然后书写，如图 1-23 所示。

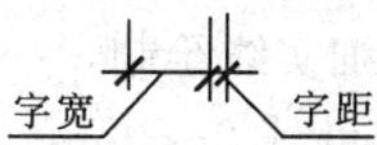

图 1-23 仿宋字示例

长仿宋体字的书写要领是横平竖直、起落分明、粗细一致、结构匀称、充满方格。

（二）数字和字母

数字和字母在图样上的书写分直体和斜体两种，但同一张图纸上必须统一。如需写成斜体字，其斜度应从字的底线逆时针向上倾斜 75°。斜体字的高度与宽度与相应的直体字相等，如图 1-24 所示。在汉字中的阿拉伯数字、罗马数字或拉丁字母，其字高宜比汉字字高小一号，但应不小于 2.5mm。

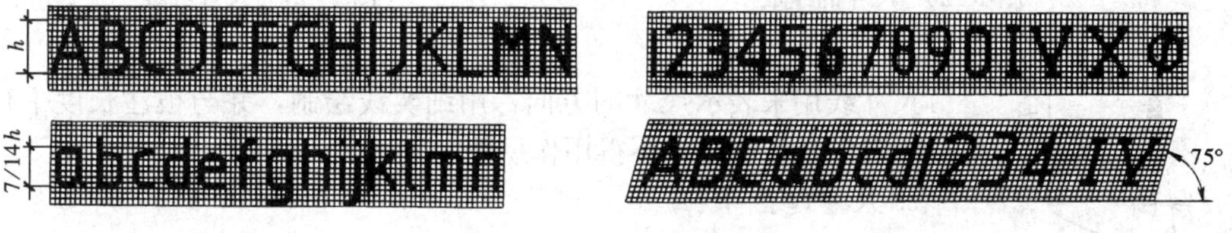

图 1-24 数字、字母示例

四、比例

图样的比例，为图形与实物相对应的线性尺寸之比。比例的大小是指其比值的大小，如 1∶50 大于 1∶100。

比例的符号为“∶”，比例以阿拉伯数字表示，如 1∶1、1∶2 等。如果图样上某线段长为 10mm，而实际物体相应部位的长为 1000mm 时，则比例等于 1 比 100，写成 1∶100。

平面图 1:100

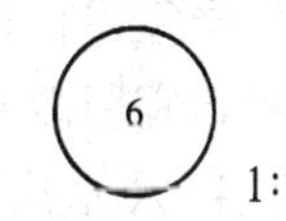

图 1-25 比例的注写

比例宜注写在图名的右侧，字的基准线应取平；比例的字高宜比图名的字高小一号或二号，如图 1-25 所示。

工程图中的各个图样，都应按一定的比例绘制。绘图所用的比例，根据图样的用途与被绘对象的复杂程度，从表 1-6 中选用，并优先选用表中常用比例。

表 1-6 绘图所用的比例

常用比例	1∶1、1∶2、1∶5、1∶10、1∶20、1∶50、1∶100、1∶150、1∶200、1∶500、1∶1000、1∶2000、1∶5000、1∶10000、1∶20000、1∶50000、1∶100000、1∶200000
可用比例	1∶3、1∶4、1∶6、1∶15、1∶25、1∶30、1∶40、1∶60、1∶80、1∶250、1∶300、1∶400、1∶600

五、尺寸标注

图纸上的图形只能表示物体的形状，而物体各部分的具体位置和大小，必须由图上标注的尺寸来确定，并以此作为施工的依据。因此，在绘图时必须保证所注尺寸要完整、准确和清楚。

（一）尺寸的组成

图样上的尺寸由尺寸界线、尺寸线、尺寸起止符号和尺寸数字组成，如图1-26所示。

1. 尺寸界线

尺寸界线用来限定所注尺寸的范围，用细实线绘制，一般应与被注长度垂直，其一端离开图样轮廓线不小于2mm，另一端宜超出尺寸线2～3mm。图样轮廓线可用作尺寸界线，如图1-27所示。

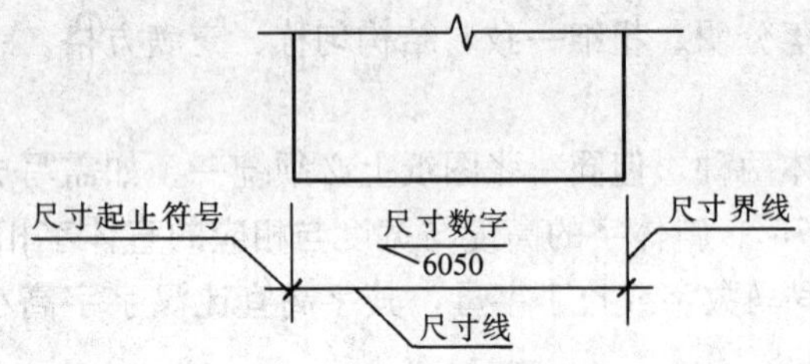

图1-26 尺寸的组成

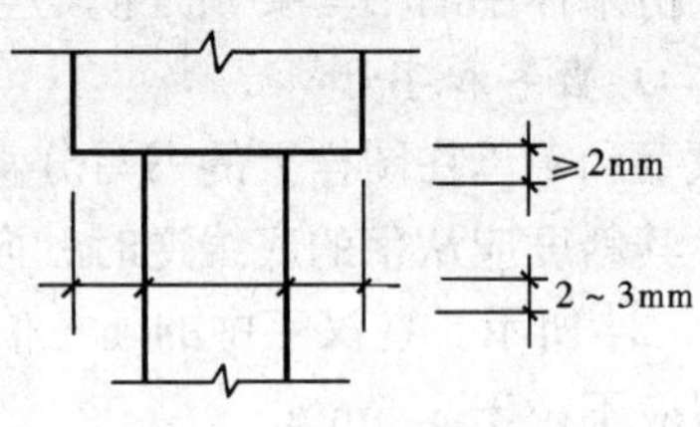

图1-27 尺寸界线

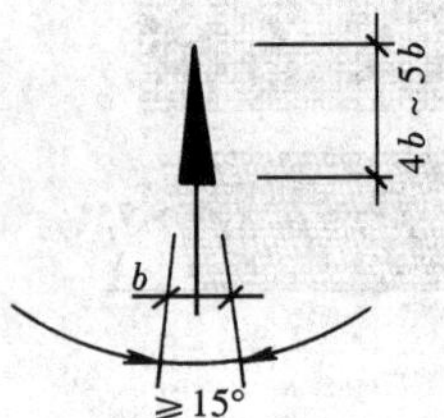

图1-28 箭头尺寸起止符号

2. 尺寸线

尺寸线用来表示尺寸的方向，用细实线绘制，并与被注长度平行。图样本身的任何图线均不得用作尺寸线。

3. 尺寸起止符号

尺寸起止符号用来表示尺寸的起止位置，一般用中粗斜短线绘制，其倾斜方向与尺寸界线成顺时针45°角，长度宜为2～3mm。

半径、直径、角度及弧长的尺寸起止符号，宜用箭头表示，如图1-28所示。

4. 尺寸数字

图样上的尺寸数字为物体的实际大小，与采用的比例无关。图样上的尺寸单位，除标高及总平面图以米为单位外，其他须以毫米为单位。

尺寸数字的方向，应按图1-29（a）的规定注写。水平方向的数字，注写在尺寸线的上方中部，字的头部朝正上方；竖直方向的数字，注写在竖直尺寸线的左方中部，字的头部朝左，如图1-29（b）所示。如果尺寸数字在30°斜线区内，宜按图1-29（c）的形式注写。

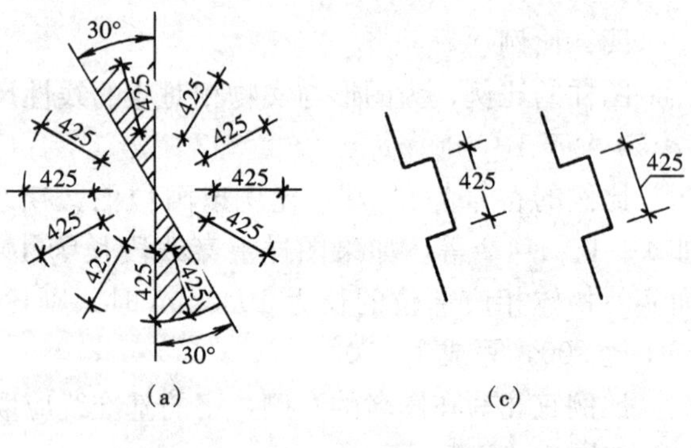

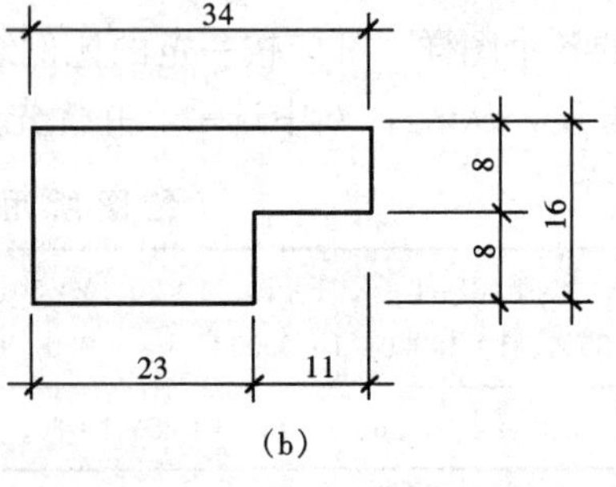

图1-29 尺寸数字的注写方向

尺寸数字一般应根据其方向注写在靠近尺寸线的上方中部。如没有足够的注写位置，最外边的尺寸数字可注写在尺寸界线的外侧，中间相邻的尺寸数字可错开注写，也可引出注写，如图 1 - 30 所示。

（二）尺寸标注

1. 尺寸的排列与布置

（1）尺寸宜标注在图样轮廓以外，不宜与图线、文字及符号等相交，如图 1 - 31 所示。

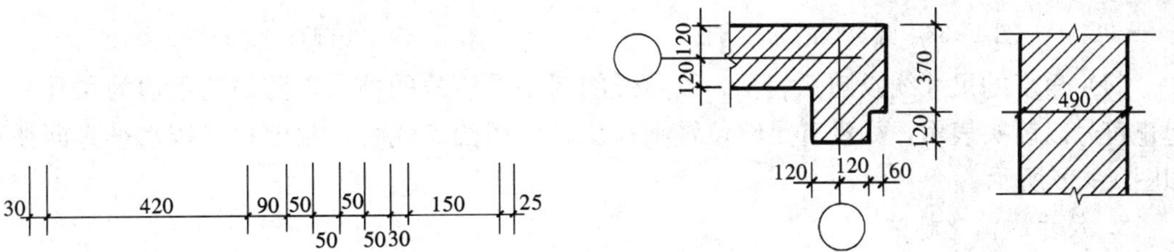

图 1 - 30　尺寸数字的注写位置　　图 1 - 31　尺寸数字的注写

（2）互相平行的尺寸线，应从被注写的图样轮廓线由近向远整齐排列，较小尺寸应离轮廓线较近，较大尺寸应离轮廓线较远，如图 1 - 32 所示。

（3）图样轮廓线以外的尺寸线，距图样最外轮廓之间的距离，不宜小于 10mm。平行排列的尺寸线的间距，宜为 7～10mm，并应保持一致，如图 1 - 32 所示。

（4）总尺寸的尺寸界线应靠近所指部位，中间分尺寸的尺寸界线可稍短，但其长度应相等，如图 1 - 32 所示。

2. 半径、直径及角度的尺寸标注

（1）半径的尺寸线应一端从圆心开始，另一端画箭头指向圆弧。半径数字前应加注半径符号“*R*”，如图 1 - 33 所示。

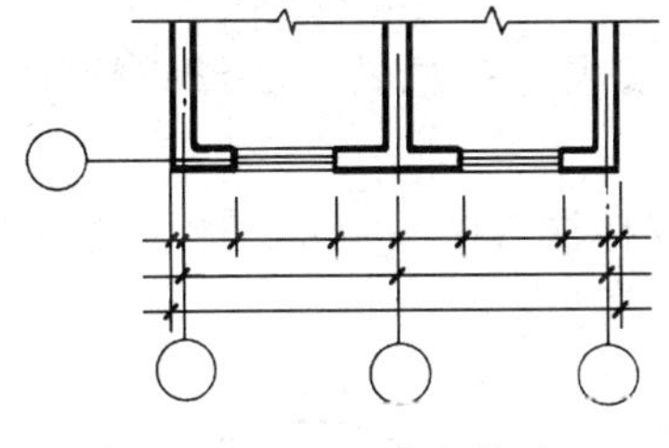

图 1 - 32　尺寸的排列

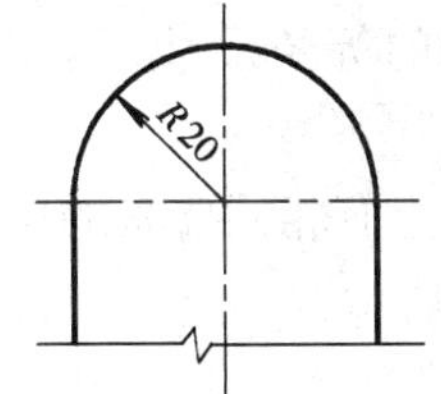

图 1 - 33　半径标注方法

（2）较小圆弧的半径，可按图 1 - 34 的形式标注；较大圆弧的半径，可按图 1 - 35 的形式标注。

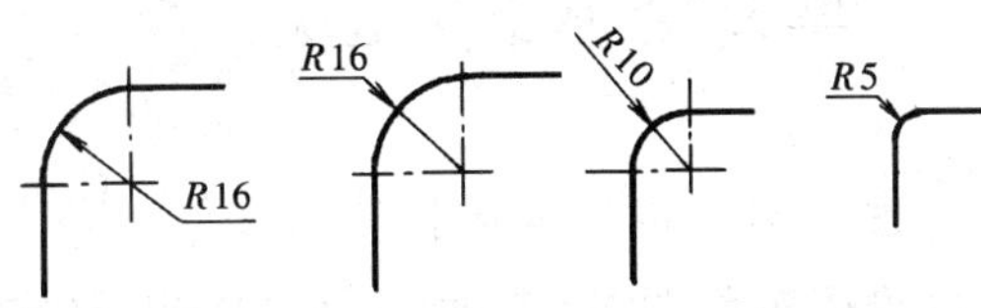

图 1 - 34　小圆弧半径的标注方法

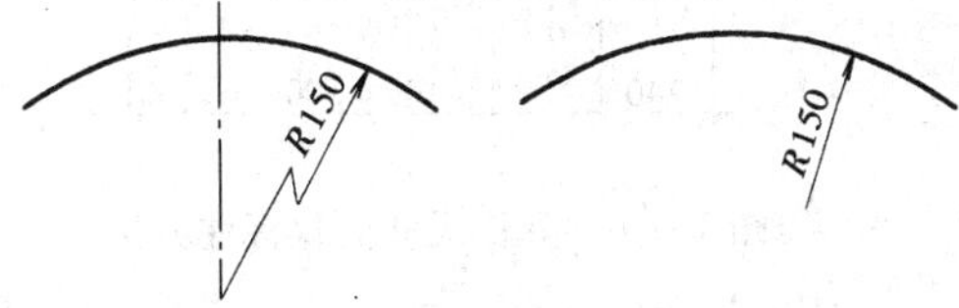

图 1 - 35　大圆弧半径的标注方法

（3）标注圆的直径尺寸时，直径数字前应加直径符号“ϕ”。在圆内标注的尺寸线应通过圆心，两端画箭头指至圆弧，如图 1 - 36 所示。较小的圆的直径尺寸，可标注在圆外，如图 1 - 37 所示。

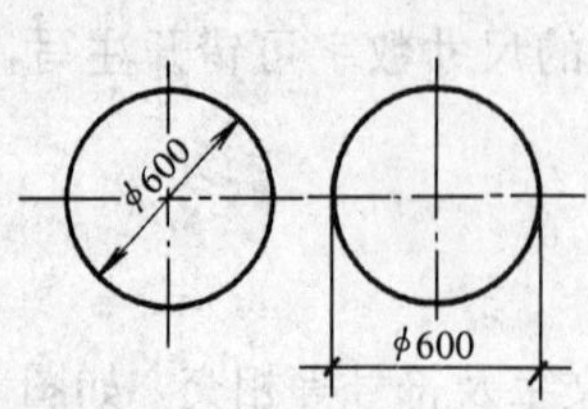
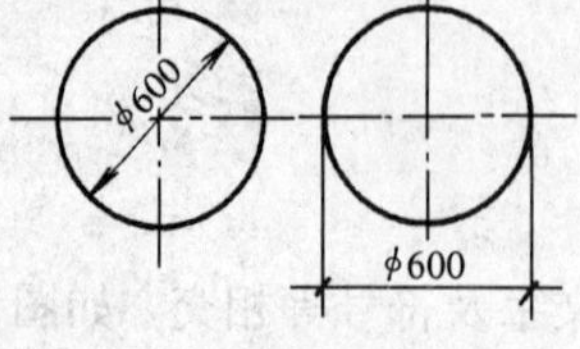

图 1-36 圆直径的标注方法　　图 1-37 小圆直径的标注方法

(4) 角度的尺寸线以圆弧表示。该圆弧的圆心是该角的顶点，角的两条边为尺寸界线。起止符号以箭头表示，如没有足够位置画箭头，可用圆点代替，角度数字按水平方向注写，如图 1-38 所示。

3. 尺寸的简化标注

(1) 对于杆件或管线的长度，在单线图（桁架简图、钢筋简图、管线简图）上，可直接将尺寸数字沿杆件或管线的一侧注写，如图 1-39 所示。

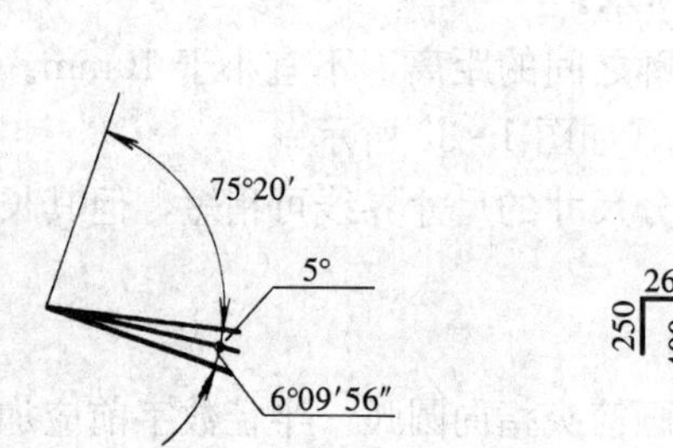

图 1-38 角度标注方法

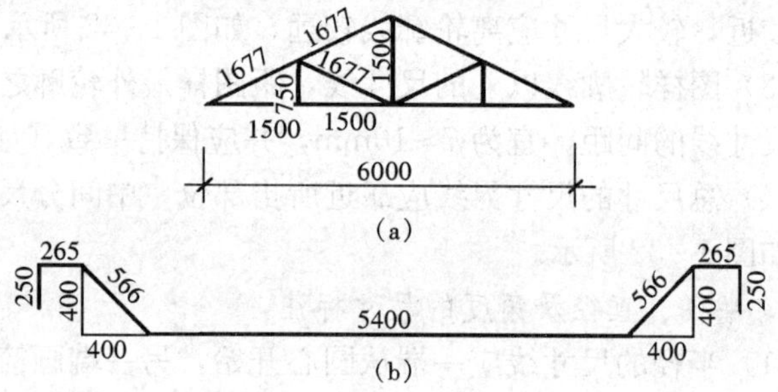

图 1-39 单线图尺寸标注方法

(2) 连续排列的等长尺寸，可用“个数×等长尺寸=总长”的形式标注，如图 1-40 所示。

(3) 对于形体上有相同要素的尺寸标注，可仅标注其中一个要素的尺寸，并在其前加注个数，如图 1-41 所示。

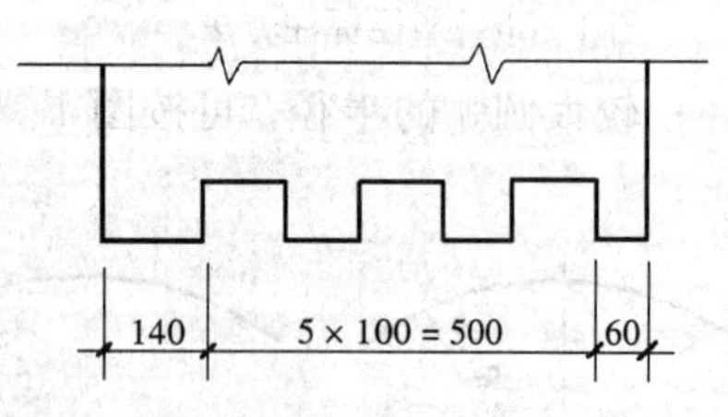

图 1-40 等长尺寸简化标注方法

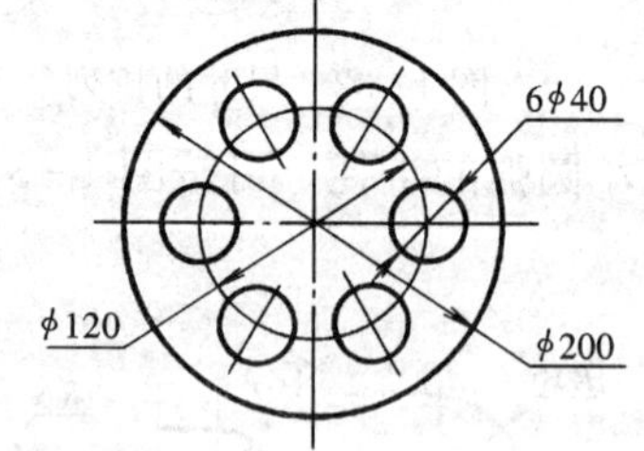

图 1-41 相同要素尺寸标注方法

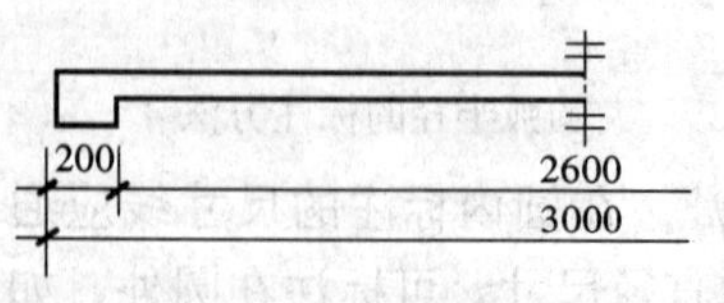

图 1-42 对称构件尺寸标注方法

(4) 对称构配件采用对称省略画法时，该对称构配件的尺寸线应略超过对称符号，仅在尺寸线的一端画尺寸起止符号，尺寸数字按整体全尺寸注写，其注写位置宜与对称符号对齐，如图 1-42 所示。

第三节 绘图的一般步骤和方法

一、用绘图工具、仪器绘制图样

为了提高绘图效率和保证绘图的图面质量，除正确使用绘图工具、仪器，熟悉《房屋建筑制图统一标准》外，还需要按照一定的程序、正确的绘图步骤进行。

（一）准备工作

（1）对所绘图样进行识读了解，在绘图之前尽量做到心中有数。

（2）准备好必需的绘图工具、仪器、用品，并把图板、丁字尺、三角板等擦拭干净；将各种绘图用具放在桌子的右边，但不能影响丁字尺的上下移动；洗净双手。

（3）选好图纸，鉴别图纸的正反面，可用橡皮在纸边试擦，不易起毛的面为正面。

（4）将图纸用胶带纸固定在图板的适当位置。固定时，应使图纸的上边对准丁字尺的上边缘，然后下移使丁字尺的上边缘对准图纸的下边。最好使图纸的下边与图板下边保持大于一个丁字尺宽度的距离。

（二）画底稿

1. 画底稿的步骤

（1）根据制图标准的要求，首先把图框线和标题栏的位置画好。

（2）依据所画图形的大小、多少及复杂程度选择好比例，然后安排好各图形的位置，定好图形的中心线或基线。图面布置要适中、匀称。

（3）首先画图形的主要轮廓线，然后由大到小，由外到里，由整体到细部，完成图形所有轮廓线。

（4）画出尺寸线和尺寸界线等。

（5）检查修正底稿，擦去多余线条。

2. 画底稿注意事项

（1）采用 H～3H 的铅笔画底稿，所有的线应轻、淡、细、准，不要重复描绘，以目光能辨认即可。

（2）对有错误或过长的线条，不必立即擦除，可标以记号，待整个图样绘制完成后，再用橡皮、擦图片擦除。

（3）为了保持图面干净，在作图时，可用白纸覆盖，只露出所要画的部分。

（三）铅笔加深

1. 铅笔加深的步骤

（1）加深图线时，必须是先曲线，再直线，后斜线；各类图线的加深顺序为细点画线、细实线、粗实线、粗虚线。

（2）同类图线其粗细、深浅要保持一致，按照水平线从上到下，垂直线从左到右的顺序依次完成。

（3）最后画出起止符号，注写尺寸数字、说明，填写标题栏，加深图框线。

2. 铅笔加深注意事项

（1）加深粗实线的铅笔宜选用 B～2B 的，加深细实线的铅笔宜用 H～2H 的，写字的铅笔用 H 或 HB 的。加深圆或圆弧时所用的铅芯，应比加深同类型直线所用的铅芯软一号。

（2）加深粗实线时，要以底稿线为中心线，以保证图形的准确性。

（3）要勤修削铅笔，用力要均匀，粗实线或圆弧可重复几次画成。

（4）修正铅笔加深图，可用擦图片配合橡皮进行，尽量缩小擦拭的面积，以免损坏图纸。

（四）描图

建筑工程在施工过程中，往往需要多份图纸，这些图纸通常采用描图和晒图的方法进行复制。描图就是用墨线把图样描绘在描图纸（也称硫酸纸）上，它是用来复制直接指导生产的施工图的底图。

描图的步骤与铅笔加深的顺序相同，同一粗细的线要尽量一次画出，以便提高绘图的效率。

描图注意事项如下：

（1）描图时，图板要放平，墨水瓶千万不可放在图板上，以免翻倒沾污图纸。手和用具一定要保持清洁干净。

（2）描图时，每画完一条线一定要等墨水干透再画，否则容易弄脏图面。

（3）描图时，若画错或有墨污，一定要等墨迹干后再修改。修改时，可用双面刀片轻轻地将画错的线或墨污刮掉。刮时，要将图纸放平，力量轻而均匀。千万不要着急，以免刮破描图纸。刮过的地方用软橡皮擦净并压平后重描。

（五）检查校核

图样绘完后，必须进行一次全面的检查，校核是否还有错误或遗漏。对画得欠佳处还应进行修改，以确保图样的正确、完整、清晰。

二、徒手作图

徒手作图是一种不受条件限制、作图迅速、容易更改的作图方法。徒手作出的图称为草图。草图是工程技术人员表达新的构思、拟定设计方案、创作、现场参观记录及交谈等方面的有力工具。工程技术人员应熟练掌握徒手作图的技能。

草图的“草”字只是指徒手作图而言，并没有允许潦草的含义。徒手作图同样有一定的作图要求，即布图、图线、比例、尺寸大致合理，但不潦草。

徒手作图，可以使用钢笔、铅笔等画线工具。选用铅笔最好选软一些的，一般选用B或2B的，铅笔削长一点，笔芯不要过尖，要圆滑些。

徒手作图要手眼并用，作垂直线、等分线段或圆弧、截取相等的线段等，都是靠眼睛目测、估计决定的。

（一）直线的画法

画直线时，要注意执笔方法。画短线时，用手腕运笔；画长线时，用整个手臂动作。

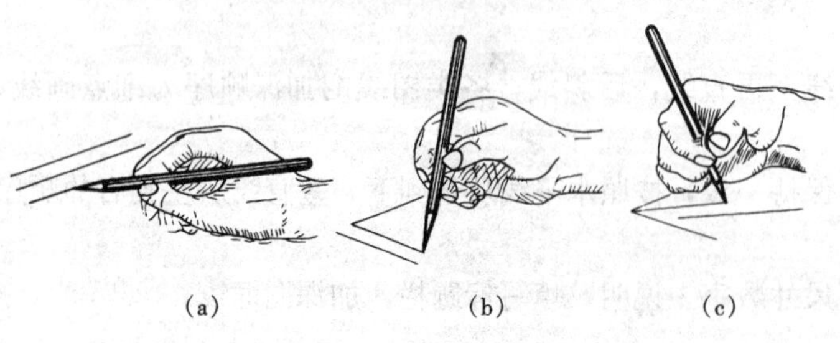

图1-43　徒手画直线

（a）画水平线；（b）画竖直线；（c）画斜线

画水平线时，铅笔要放平些。画长水平线可先标出直线两端点，掌握好运笔方向，眼睛此时不要看笔尖，要盯住终点，用较快的速度轻轻画出底线。加深底线时，眼睛要盯住笔尖，沿底线画出直线并改正底线不平滑之处，如图1-43（a）所示。画竖直线和斜线时，铅笔要竖高些，画法与画水平线的方法相同，如图 1-43（b）、（c）所示。

（二）角度的画法

画角度时，先画出互相垂直的两相交直线，交点为 O，如图 1-44（a）所示，在两相交线上适当截取相同的尺寸，并各标出一点，徒手作出圆弧，如图 1-44（b）所示。若需画出 45°角，则取圆弧的中点与两直线交点 O 的连线，即得连线与水平线间的夹角为 45°角，如图 1-44（c）所示。若画 30°角与 60°角时，则把圆弧作三等分。自第一等分点起与交点 O 连线，即得连线与水平线间的夹角为 30°角；第二等分点与交点 O 连线，即得连线与水平线间的夹角为 60°角，如图 1-44（d）所示。

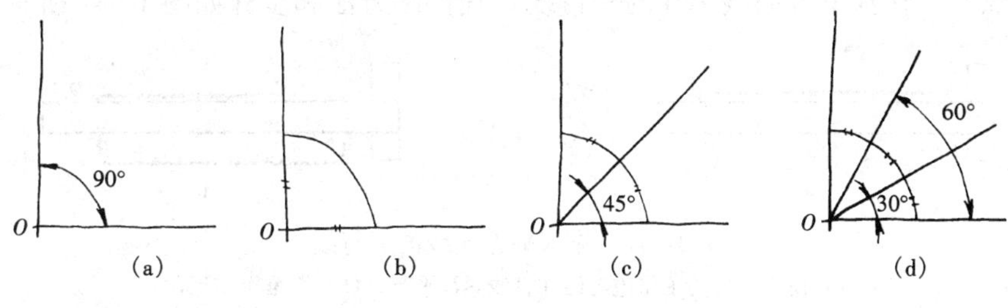

图 1-44 徒手画角度

（三）圆的画法

画圆时，先画出互相垂直的两直线，交点 O 为圆心，如图 1-45（a）所示；估计或目测徒手作图的直径，在两直线上取半径 $OA=OB=OC=OD$，得点 A、B、C、D，过点作相应直线的平行线，可得到正方形线框，AB、CD 为直径，如图 1-45（b）所示；再作出正方形的对角线，分别在对角线上截取 $OE=OF=OG=OH=OA$（半径），于是在正方形上得到八个对称点，如图 1-45（c）所示；徒手将点用圆弧连接起来，即得徒手画的圆，如图 1-45（d）所示。

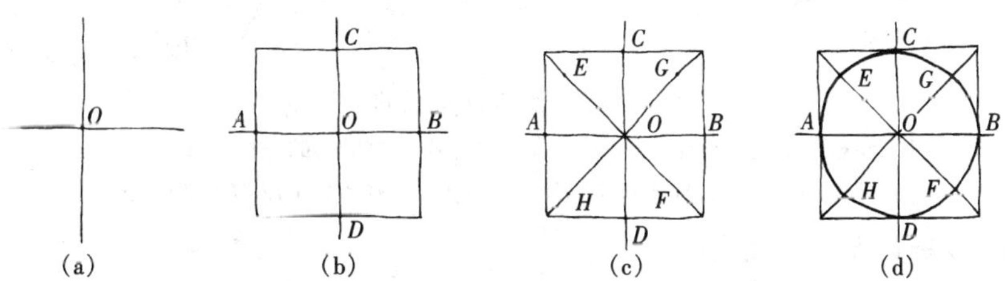

图 1-45 徒手画圆

（四）椭圆的画法

画椭圆时，先画出椭圆的长、短轴，具体画图步骤与徒手画圆的方法相同，如图 1-46 所示。

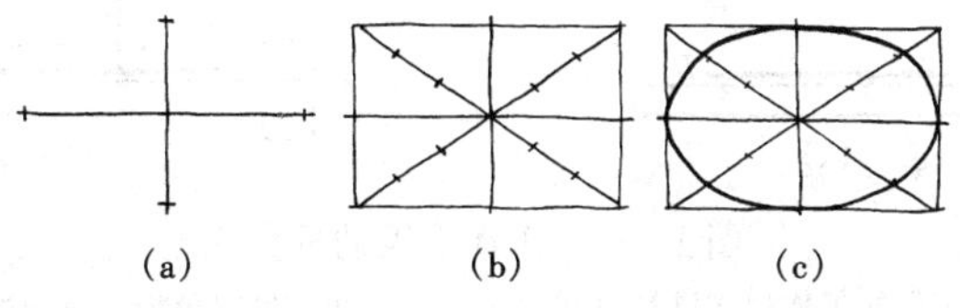

图 1-46 徒手画椭圆

第四节 几 何 作 图

建筑物各部分的形状和轮廓都是由直线、圆弧、曲线等几何图形组合而成的。为了提高绘图的速度和准确度，必须正确使用制图工具和仪器，掌握几种最基本的几何作图方法。

一、直线的平行线和垂直线

（一）作已知直线的平行线

1. 作水平方向线的平行线

过已知点 C，作水平方向线 AB 的平行线，其作图方法和步骤如图 1-47 所示。

图 1-47 作水平方向线的平行线

（a）使丁字尺的工作边与已知直线 AB 平行；（b）平推丁字尺，使其工作边紧靠点 C，作直线 CD，CD 即为所求

2. 作斜方向线的平行线

过已知点 C，作已知直线 AB 的平行线，其作图方法和步骤如图 1-48 所示。

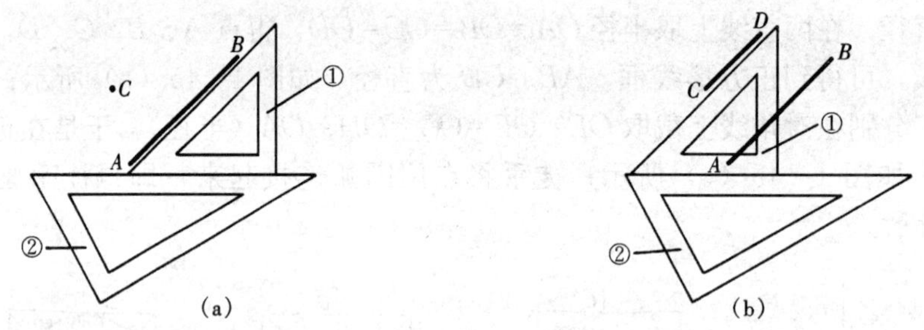

图 1-48 作斜方向线的平行线

（a）使三角板①的边平行于 AB，将三角板②紧贴三角板①的一边；（b）按住三角板②，平推三角板①，使平行于 AB 的边过点 C，作直线 CD，CD 即为所求

（二）作已知直线的垂直线

1. 作水平线的垂直线

过已知点 C，作水平线 AB 的垂直线，可用丁字尺和三角板来完成，其作图方法和步骤如图 1-49 所示。

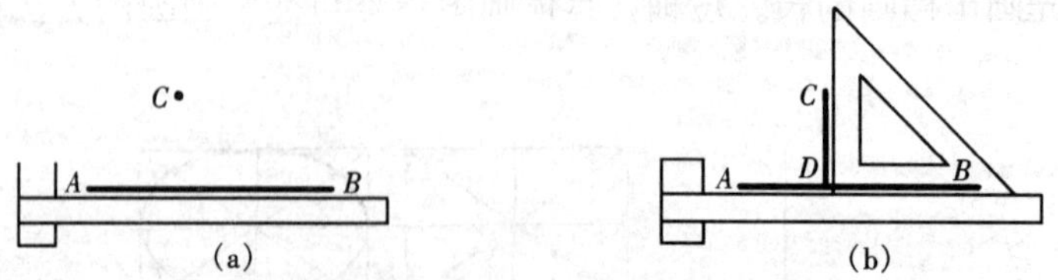

图 1-49 作水平线的垂直线

（a）使丁字尺的工作边与已知直线 AB 平行；（b）将三角板一直角边紧贴丁字尺工作边，沿三角板另一直角边过点 C，作直线 CD，CD 即为所求

2. 作斜方向线的垂直线

过已知点 C，作已知直线 AB 的垂直线，可借助两块三角板来完成，其作图方法和步骤如图 1-50 所示。

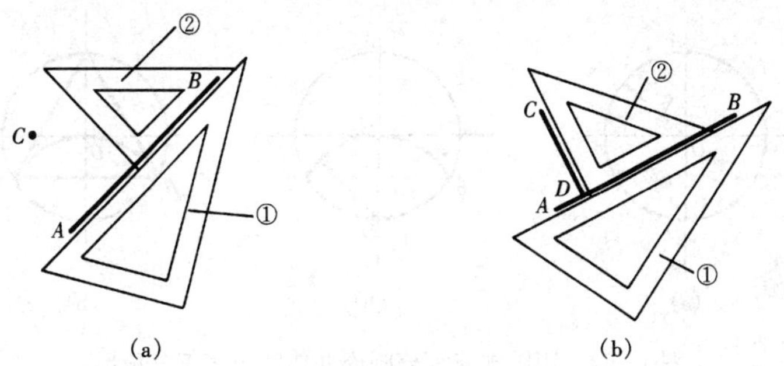

图 1-50　作斜方向线的垂直线

(a) 使三角板①的边平行于 AB，将三角板②的一直角边紧贴三角板①；
(b) 平推三角板②，沿三角板②另一直角边过点 C 作直线 CD，CD 即为所求

二、等分作图

(一) 等分线段

1. 二等分直线段

直线段的二等分可用平面几何中作垂直平分线的方法来画，其作图方法和步骤如图 1-51 所示。

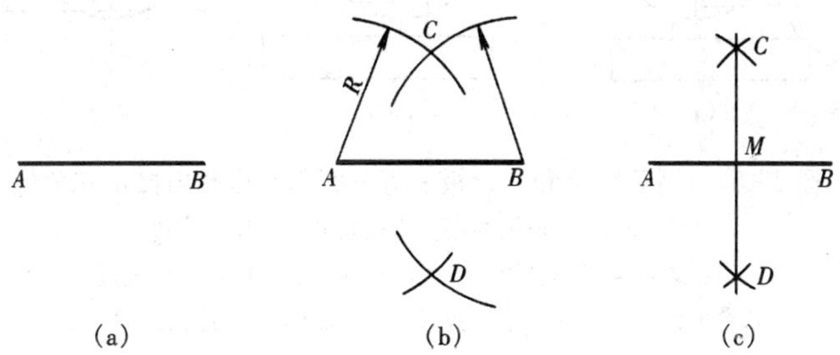

图 1-51　二等分直线段

(a) 已知线段 AB；(b) 分别以 A、B 为圆心，大于 $\frac{1}{2}AB$ 的长度 R 为半径作弧，两弧交于 CD；(c) 连接 CD 交 AB 为 M，M 即为 AB 中点

2. 任意等分直线段（以五等分为例）

把已知线段 AB 五等分，可用平行线法求得，其作图方法和步骤如图 1-52 所示。

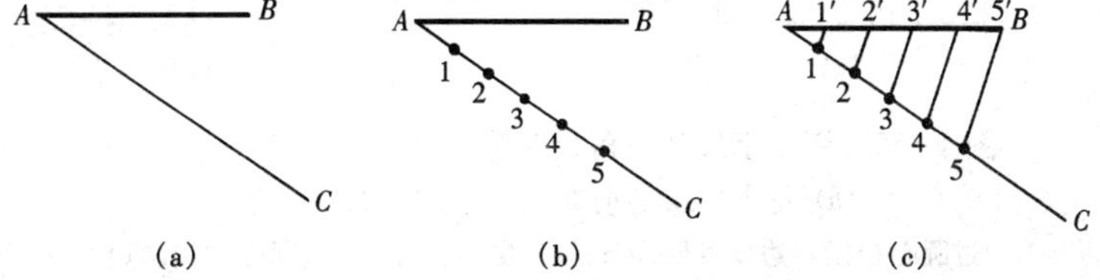

图 1-52　五等分直线段

(a) 自 A 点任意引一直线 AC；(b) 在 AC 上截取任意等分长度的五个等分线段 1、2、3、4、5 点；(c) 连接 $5B$，分别过 1、2、3、4 各点作 $5B$ 的平行线，即得等分点 1′、2′、3′、4′

（二）等分圆周

1. 三等分圆周并作圆内接正三角形

（1）用圆规三等分圆周并作圆内接正三角形，其作图方法和步骤如图 1-53 所示。

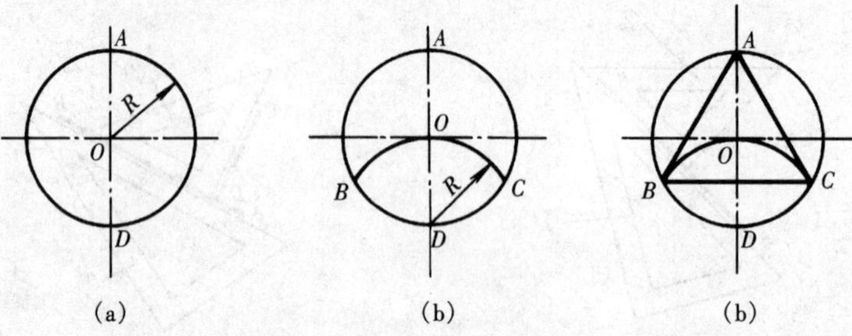

图 1-53 用圆规三等分圆周并作圆内接正三角形

(a) 已知半径为 R 的圆及圆上两点 A、D；(b) 以 D 为圆心，R 为半径作弧得 B、C 两点；(c) 连接 AB、AC、BC，即得圆内接正三角形

（2）用丁字尺和三角板三等分圆周并作圆内接正三角形，其作图方法和步骤如图 1-54 所示。

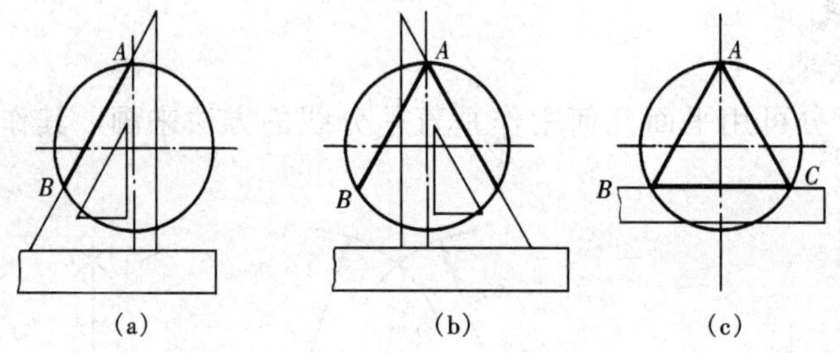

图 1-54 用丁字尺和三角板三等分圆周并作圆内接正三角形

(a) 将 60°三角板的短直角边紧靠丁字尺工作边，沿斜边过点 A 作直线 AB；(b) 翻转三角板，沿斜边过点 A 作直线；(c) 用丁字尺连接 BC，即得圆内接正三角形 ABC

2. 四等分圆周并作圆内接正方形

用丁字尺和三角板四等分圆周并作圆内接正方形，其作图方法和步骤如图 1-55 所示。

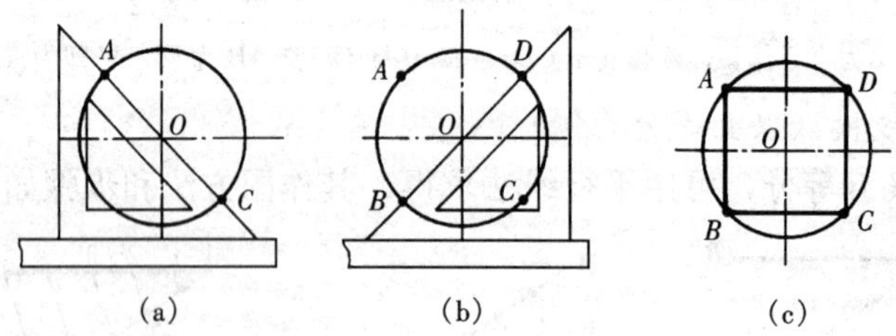

图 1-55 用丁字尺和三角板四等分圆周并作圆内接正方形

(a) 将 45°三角板的直角边紧靠丁字尺工作边，过圆心 O 沿斜边作直径 AC；(b) 翻转三角板，过圆心 O 沿斜边作直径 BD；(c) 依次连接 AB、BC、CD、DA，即得圆内接正方形

3. 五等分圆周并作圆内接正五边形

用圆规五等分圆周并作圆内接正五边形，其作图方法和步骤如图 1-56 所示。

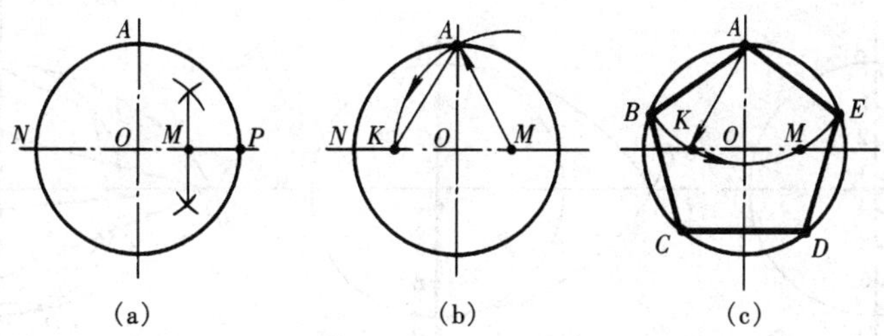

图 1-56 用圆规五等分圆周并作圆内接正五边形

(a) 作 OP 中点 M；(b) 以 M 为圆心，MA 为半径作弧交 ON 于 K，AK 即为圆内接正五边形的边长；(c) 自 A 点起，以 AK 为边长五等分圆周得点 B、C、D、E，依次连接 AB、BC、CD、DE、EA，即得圆内接正五边形

4. 六等分圆周并作圆内接正六边形

(1) 用圆规六等分圆周并作圆内接正六边形，其作图方法和步骤如图 1-57 所示。

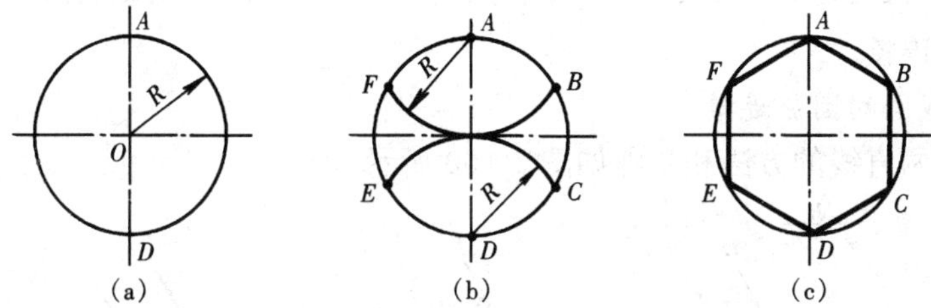

图 1-57 用圆规六等分圆周并作圆内接正六边形

(a) 已知半径为 R 的圆及圆上两点 A、D；(b) 分别以 A、D 为圆心，R 为半径作弧得 B、C、E、F 各点；(c) 依次连接各点即得圆内接正六边形 $ABCDEF$

(2) 用丁字尺和三角板六等分圆周并作圆内接正六边形，其作图方法和步骤如图 1-58 所示。

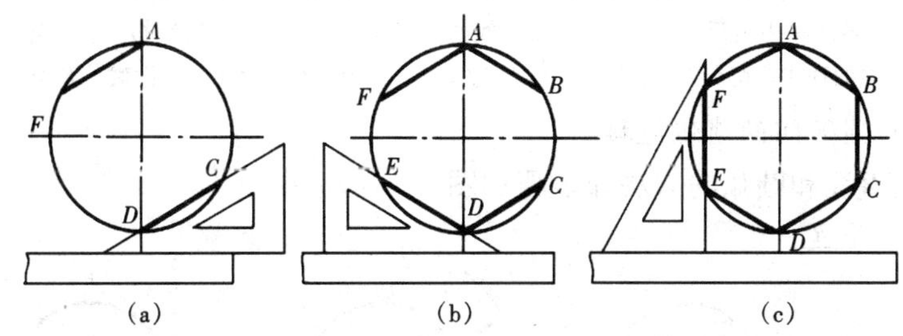

图 1-58 用丁字尺和三角板六等分圆周并作圆内接正六边形

(a) 以 60°三角板的长直角边紧靠丁字尺，沿斜边分别过 A、D 点，作直线 AF、DC；(b) 翻转三角板，沿斜边分别过 A、D 点，作直线 AB、DE；(c) 用三角板的直角边连接 FE、BC，即得圆内接正六边形 $ABCDEF$

5. 任意等分圆周并作圆内接 n 边形（以圆内接正七边形为例）

任意等分圆周并作圆内接 n 边形的方法，为一近似作法，当求得边长的等分点时，会出现误差，应进行适当调整。

用圆规和三角板作圆内接正七边形的方法和步骤如图 1-59 所示。

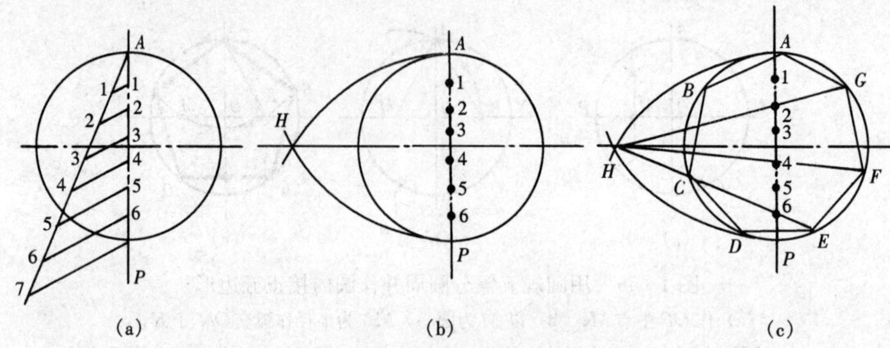

图 1-59　作图内接正七边形

(a) 已知直径为 D 的圆及圆直径 AP，将直径 AP 等分得 1、2、3、4、5、6 各点；(b) 以 A（或 P）为圆心，D 为半径作弧，与圆的中心线的延长线交 H 点；(c) 连接 H 及 AP 上的偶数点，并延长与圆周相交得 G、F、E 点，在另一半圆上对称地作出点 B、C、D，依次连接各点，即得圆内接正七边形 $ABCDEFG$

三、圆弧的连接

（一）两直线间的圆弧连接

用圆弧连接两直线的方法和步骤如图 1-60 所示。

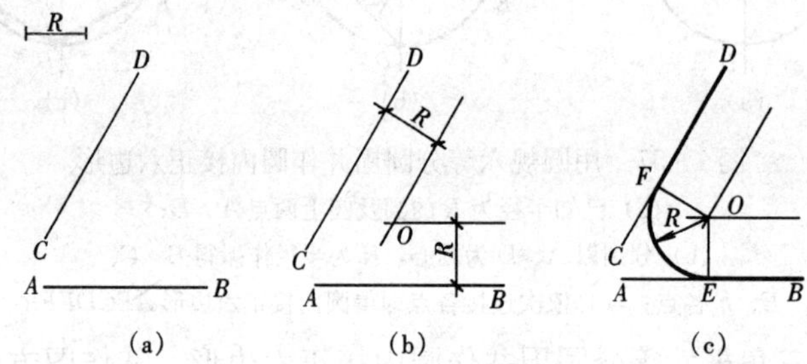

图 1-60　圆弧连接两直线

(a) 已知直线 AB、CD，连接弧半径 R；(b) 以连接弧半径 R 为间距，分别作两已知直线的平行线交于 O 点；(c) 过 O 点作已知直线的垂线，切点为 E、F 点，以 O 为圆心，R 为半径，过 E、F 作弧，即为所求

（二）直线与圆弧间的圆弧连接

用圆弧连接直线和圆弧的方法和步骤如图 1-61 所示。

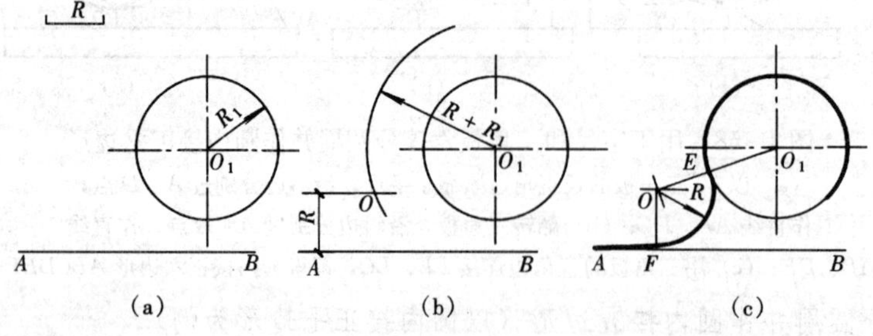

图 1-61　圆弧连接直线和圆弧

(a) 已知直线 AB，半径为 R_1 的圆 O_1，连接弧半径 R；(b) 以 R 为间距，作 AB 直线的平行线与以 O_1 为圆心、$R+R_1$ 为半径所作的弧交于 O，O 即为所求连接弧圆心；(c) 连 OO_1 交圆于 E 点，过 O 作 OF 垂直直线 AB，F 为垂足，以 O 为圆心，连接弧 R 为半径，过 E、F 作弧，即为所求

（三）两圆弧间的圆弧连接

用圆弧连接两圆弧有三种情况，即外切连接、内切连接和内、外切连接。

（1）圆弧与两圆弧外切连接的方法和步骤如图 1-62 所示。

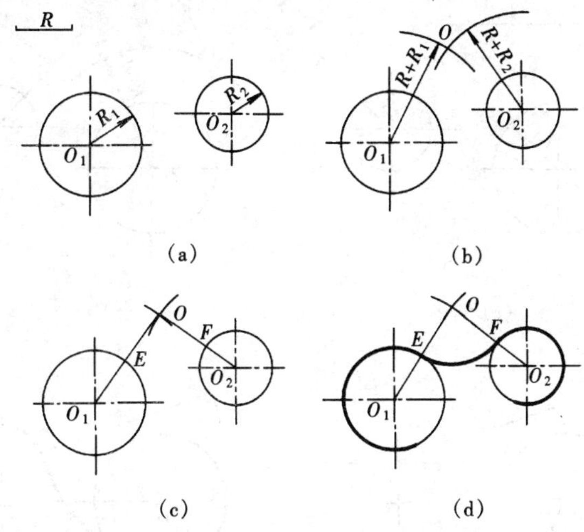

图 1-62　圆弧与两圆弧外切连接

（a）已知圆 O_1、O_2，半径分别为 R_1、R_2，连接弧半径为 R；（b）分别以 O_1、O_2 为圆心，以 $R+R_1$、$R+R_2$ 为半径作弧，并交于点 O，O 即为连接弧圆心；（c）连接 OO_1、OO_2 与两圆的圆周分别交于 E、F 点，E、F 点即为切点；（d）以 O 为圆心，R 为半径，自切点 E、F 作弧，即为所求

（2）圆弧与两圆弧内切连接的方法和步骤如图 1-63 所示。

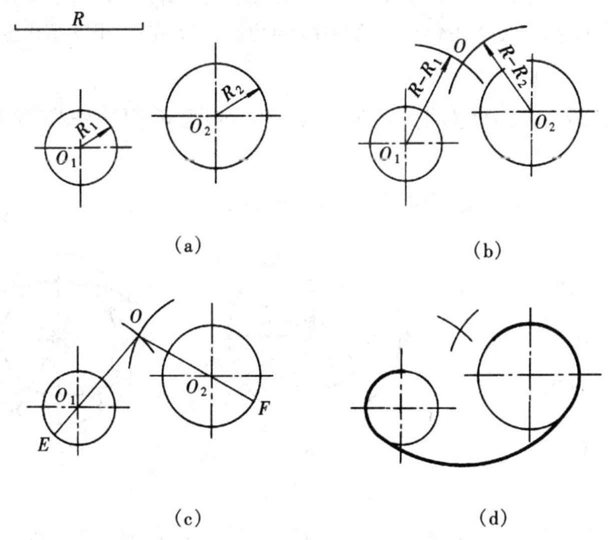

图 1-63　圆弧与两圆弧内切连接

（a）已知圆 O_1、O_2，半径分别为 R_1、R_2，连接弧半径为 R；（b）分别以 O_1、O_2 为圆心，以 $R-R_1$、$R-R_2$ 为半径作弧，并交于点 O，O 即为连接弧圆心；（c）连 OO_1、OO_2 并延长与两圆的圆周分别交于 E、F 点，E、F 点即为切点；（d）以 O 为圆心，R 为半径，自切点 E、F 作弧，即为所求

（3）圆弧与两圆弧内、外切连接的方法和步骤如图 1 - 64 所示。

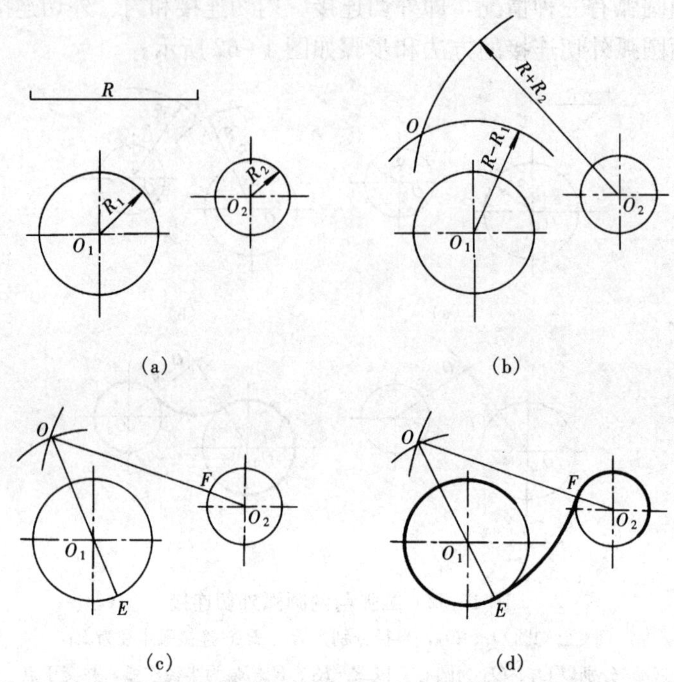

图 1 - 64 圆弧与两圆弧内、外切连接

（a）已知圆 O_1、O_2，半径分别为 R_1、R_2，连接弧半径为 R；（b）分别以 O_1、O_2 为圆心，以 $R-R_1$、$R+R_2$ 为半径作弧，并交于点 O，O 即为连接弧圆心；（c）连 OO_1、OO_2 与两圆的圆周分别交于 E、F 点，E、F 点即为切点；（d）以 O 为圆心，R 为半径，自切点 E、F 作弧，即为所求连接弧

四、椭圆的画法

椭圆的画法较多，这里仅介绍用同心圆法和四心圆弧近似法作椭圆的两种方法。

（一）同心圆法

用同心圆法作椭圆的方法和步骤如图 1 - 65 所示。

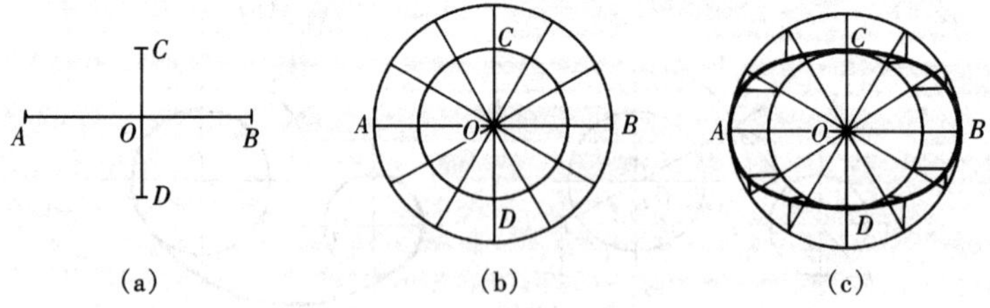

图 1 - 65 同心圆法作椭圆

（a）已知椭圆的长轴 AB 及短轴 CD；（b）以 O 为圆心，分别以 OA、OC 为半径作圆，并将圆 12 等分；（c）分别过小圆上的等分点作水平线，大圆上的等分点作竖直线，其各对应的交点，即为椭圆上的点，依次相连即可

（二）四心圆弧近似法

用四心圆弧近似法作椭圆的方法和步骤如图 1 - 66 所示。

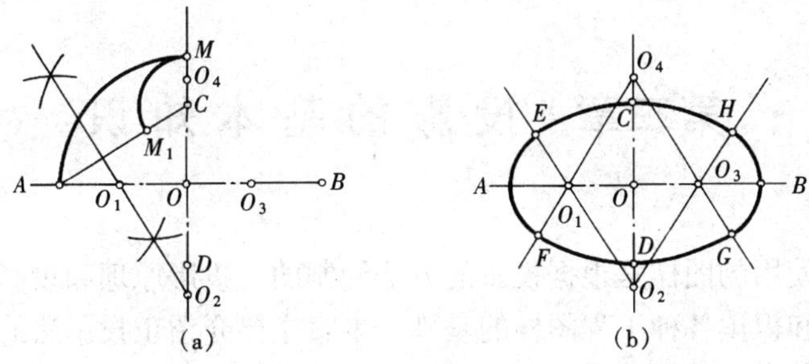

图 1-66　四心圆弧法作椭圆

（a）已知椭圆的长短轴 AB、CD，连接 AC，并作 $OM=OA$，又作 $CM_1=CM$ 及 AM_1 的垂直平分线交 AB 于 O_1、CD 于 O_2，作 $OO_3=OO_1$，$OO_4=OO_2$；（b）连 O_1O_2、O_1O_4、O_3O_2、O_3O_4 并延长，分别以 O_1、O_3、O_2、O_4 为圆心，以 O_1A、O_3B、O_2C、O_4D 为半径作弧，使各弧相接于 E、F、G、H，即得所求

第二章 投影的基本知识

建筑工程中所使用的图样是根据投影的方法绘制的。投影原理和投影方法是绘制投影图的基础，也是绘制和识读各种工程图样的基础。本章主要介绍正投影法的基本原理和三面正投影图的形成及其基本规律。

第一节 投影的概念与分类

一、投影的概念

光线照射物体时，在地面或墙面上便会出现影子；当光线的照射角度或距离改变时，影子的位置和形状也随之改变。这些都是生活中的常见现象。人们从这些现象中认识到影子是在有光线、物体和投影面的条件下产生的。影子是灰黑一片的，只能反映物体底部的轮廓，而上部的轮廓则被黑影所代替，不能表达物体的真面目，如图2-1（a）所示。

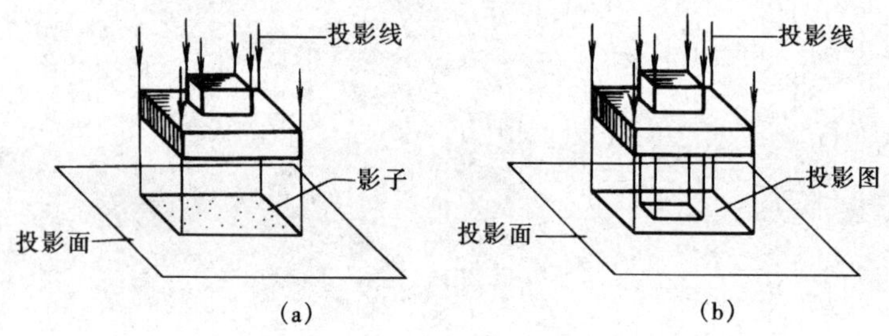

图2-1 影子与投影
（a）影子；（b）投影

如果假设光线能够透过物体，使组成物体的各棱线都能在投影面上投落下它们的影子，这样的影子，不但能反映物体的外形，也能反映物体上部和内部的情况，如图2-1（b）所示。我们把这时所产生的影子称为投影，通常也称投影图，能够产生光线的光源称为投影中心，而光线称为投影线，承接影子的平面称为投影面。

建筑工程图样是按照投影的原理和方法绘制的。

二、投影的分类

投影分为中心投影和平行投影两类。

（一）中心投影

投影中心 S 在有限的距离内发出放射状的投影线，用这些投影线作出的投影，称为中心投影，如图2-2所示。作出中心投影的方法称为中心投影法。

用中心投影法绘制的物体投影图称为透视图，如图2-3所示。它只需一个投影面，其特点是图形逼真、直观性强，但作图复杂，物体各部分的确切形状和大小都不能直接在图中度量出来，故不能作为施工图使用，仅适用于建筑设计方案的比较及工艺美术和宣传广告画等。

（二）平行投影

当投影中心 S 移至无限远处时，投影线将依一定的投影方向平行地投射下来。用平行投影线作出的投影，称为平行投影，如图2-4（a）、（b）所示。作出平行投影的方法称为平行投影法。

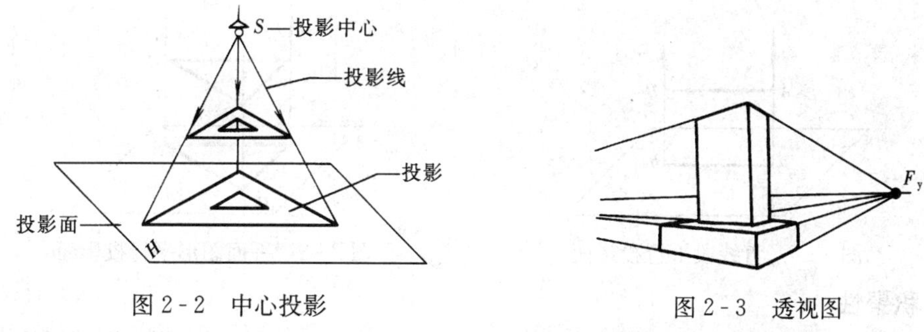

图 2-2　中心投影　　　　图 2-3　透视图

根据投影线与投影面的角度不同，平行投影又可分为斜投影和正投影。

1. 斜投影

投影方向倾斜于投影面时所作出的平行投影，称为斜投影，如图 2-4（a）所示。作出斜投影的方法称为斜投影法。

用斜投影法可绘制斜轴测投影图，如图 2-5 所示。画图时，只需一个投影面。其特点是立体感强，非常直观，但不能准确地反映物体的形状，视觉上出现变形和失真，只能作为工程上的辅助图样。

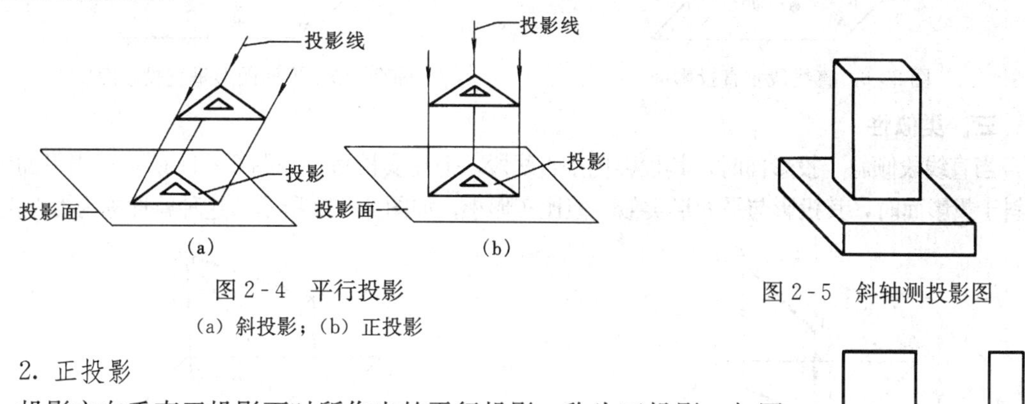

图 2-4　平行投影

(a) 斜投影；(b) 正投影

图 2-5　斜轴测投影图

2. 正投影

投影方向垂直于投影面时所作出的平行投影，称为正投影，如图 2-4（b）所示。作出正投影的方法称为正投影法。

用正投影法在两个或两个以上相互垂直的，并平行于物体主要侧面的投影面上分别获得同一物体的正投影，然后按规则展开在一个平面上，便得到物体的多面正投影图，如图 2-6 所示。

正投影图的特点是作图较其他方法简便，便于度量，但缺乏立体感，需经过一定的训练才能看懂。

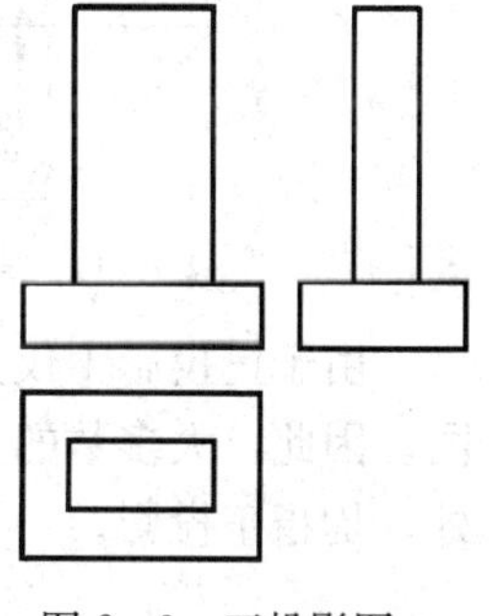

图 2-6　正投影图

第二节　正投影的基本特性

在建筑制图中，最常使用的投影法是正投影法。正投影有全等性、积聚性、类似性的特性。

一、全等性

当直线段平行于投影面时，其投影与直线段等长，如图 2-7 所示；当平面图形平行于投影面时，其投影与平面图形全等，如图 2-8 所示。这种投影的直线段的长度和平面图形的形状和大小，都可直接从投影图中确定和度量。这种特性称为全等性，这种投影称为实形投影。

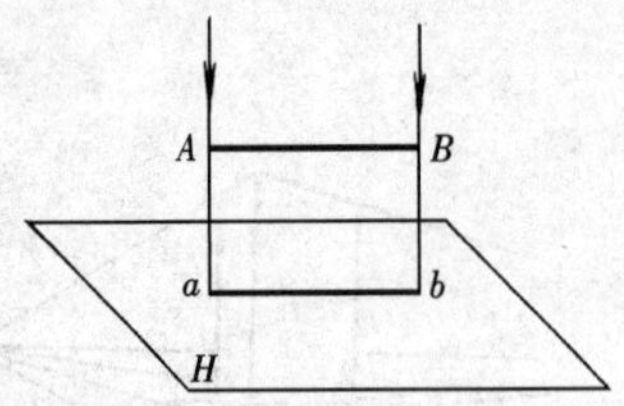

图 2-7 直线段平行投影面

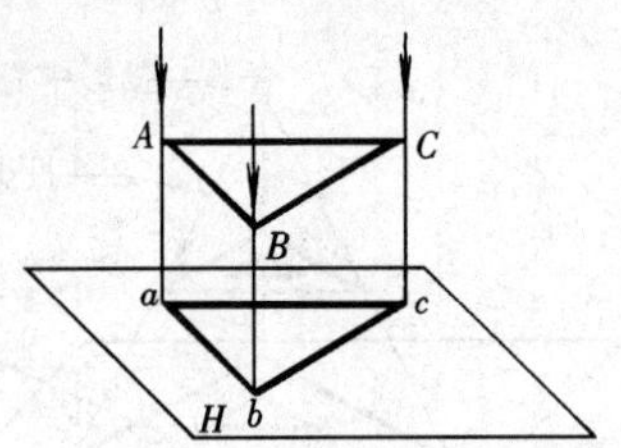

图 2-8 平面图形平行投影面

二、积聚性

当直线段垂直于投影面时，其投影积聚成一点，如图 2-9 所示；当平面图形垂直于投影面时，其投影积聚成一直线段，如图 2-10 所示。这种特性称为积聚性，这种投影称为积聚投影。

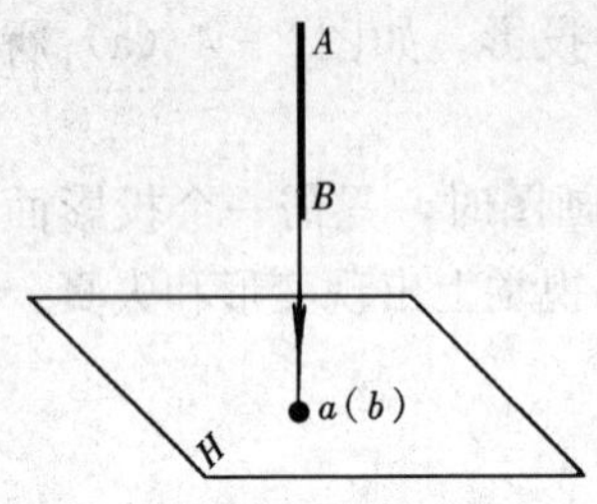

图 2-9 直线段垂直投影面

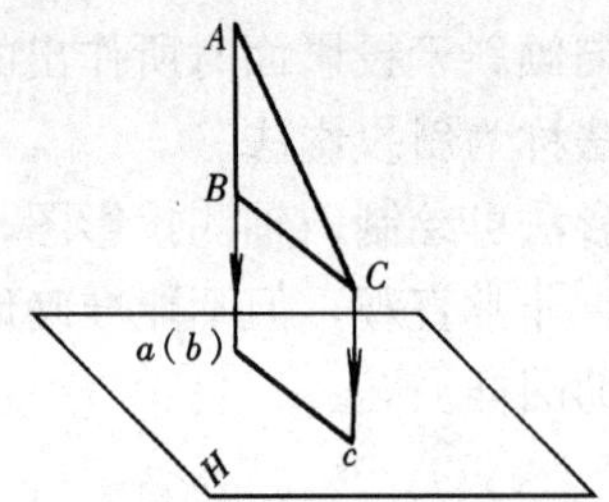

图 2-10 平面图形垂直投影面

三、类似性

当直线段倾斜于投影面时，其投影仍是直线段，但比实长短，如图 2-11 所示；当平面图形倾斜于投影面时，其投影与平面形类似，但比实形小，如图 2-12 所示。这种特性称为类似性。

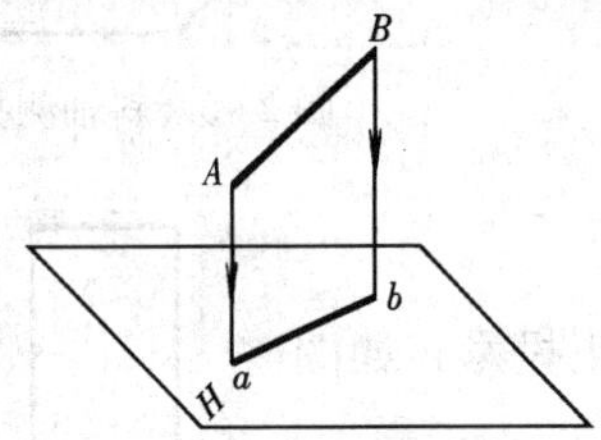

图 2-11 直线段倾斜投影面

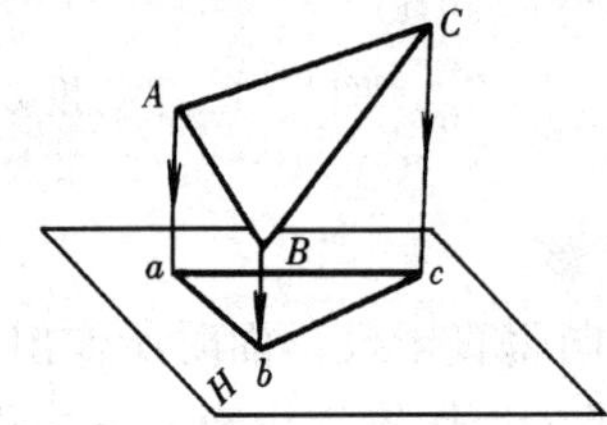

图 2-12 平面图形倾斜投影面

由于正投影不仅具有反映实长、实形的特性，而且投影方向规定垂直于投影面，便于作图。因此，大多数的工程图样都用正投影法画出。以下各章节提及投影二字，除特别说明外，均指正投影。

第三节 三面正投影图

当投影方向、投影面确定后，物体在一个投影面上的投影图是唯一的，但一个投影图只能反映物体一个面的形状和尺寸，并不能完整地反映它的全部面貌。图 2-13 所示空间三个不同形状的物体，它们在同一个投影面上的投影，却是相同的，所以该投影是不能反映三个不同物体的形状和大小的。

那么，需要几个投影图才能准确而全面地表达物体的形状和大小呢？一般需要两个或两个以上的投影图。

一、三投影面体系的建立

三个相互垂直的投影面构成三投影面体系，如图 2 - 14 所示。在三投影面体系中，呈水平位置的投影面称为水平投影面（简称水平面），用 H 表示，水平面也可称为 H 面；与水平投影面垂直相交呈正立位置的投影面称为正立投影面（简称正面），用 V 表示，正面也可称为 V 面；位于右侧与 H、V 同时垂直相交的投影面称为侧立投影面（简称侧面），用 W 表示，侧面也可称为 W 面。

三个投影面的两两相交线 OX、OY、OZ 称为投影轴，它们相互垂直。三投影轴相交于一点 O，称为原点。

二、三面正投影图的形成

将物体置于图 2 - 15 所示 H 面之上，V 面之前，W 面之左的空间，用分别垂直于三个投影面的平行投影线投影，可得到物体在三个投影面上的正投影图。

投影线由上向下垂直 H 面，在 H 面上产生的投影称为水平投影图，简称平面图；

投影线由前向后垂直 V 面，在 V 面上产生的投影称为正立投影图，简称正面图；

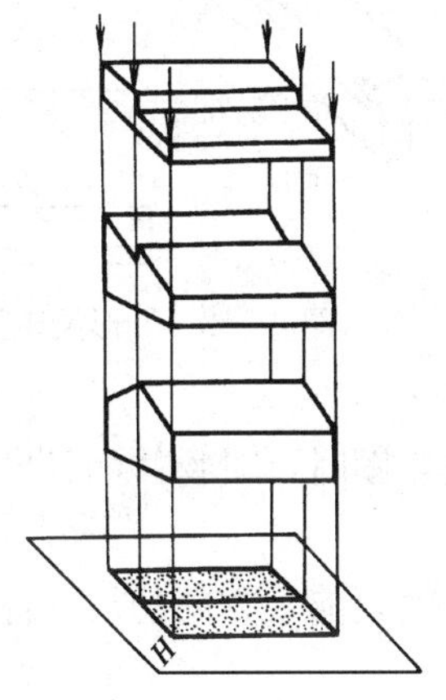

图 2 - 13 不同形状物体的单面投影

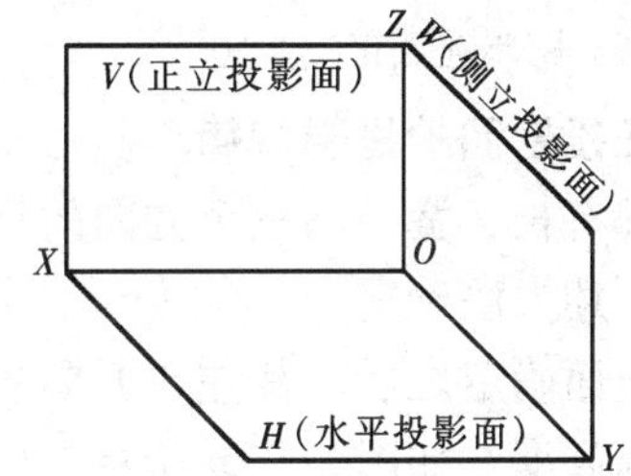

图 2 - 14 三投影面的建立

投影线由左向右垂直 W 面，在 W 面上产生的投影称为侧立投影图，简称侧面图。

三、三投影面展开规则

为了把空间三个投影面上所得到的投影图画在一个平面上，需将三个相互垂直的投影面展开摊平成一个平面。

展开规则是，V 面保持不动，H 面绕 OX 轴向下翻转 90°，W 面绕 OZ 轴向右翻转 90°，则它们就和 V 面处在同一平面上，如图 2 - 16 所示。

三个投影面展开后，三条投影轴成为两条垂直相交的直线。原 OX、OZ 轴的位置不变，OY 轴则分为两条，在 H 面上的用 OY_H 表示，它与 OZ 轴成一直线；在 W 面上的用 OY_W 表示，它与 OX 轴成一直线。

H、V、W 面的相对位置是固定的，投影图与投影面的大小无关。作图时，不必画出投影面的边界，也不必标注投影面、投影轴和投影图的名称，如图 2 - 17 所示。在工程图样中，投影轴一般可不画出来，如图 2 - 18 所示。但在初学投影作图时，最好将投影轴保留，并用细实线画出。

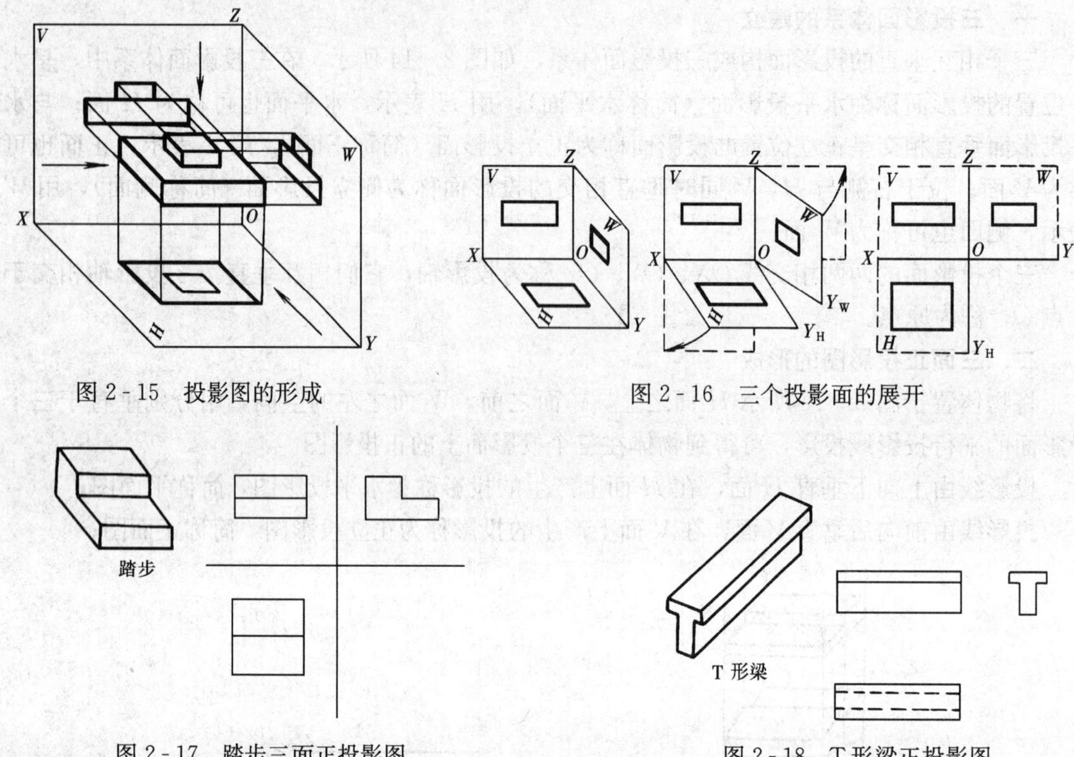

图 2-15 投影图的形成

图 2-16 三个投影面的展开

图 2-17 踏步三面正投影图

图 2-18 T形梁正投影图

四、三面正投影图的投影规律

空间物体都有长、宽、高三个方向的尺度，在作投影图时，对物体的长度、宽度和高度方向，统一按下述方法确定。

当物体的正面确定之后，其左右方向的尺寸称为长度，前后方向的尺寸称为宽度，上下之间的尺寸称为高度，如图 2-19 所示。

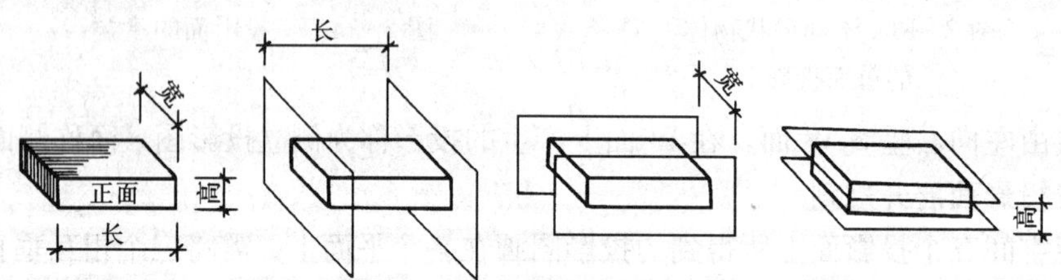

图 2-19 物体的长、宽、高

三面投影图是从三个不同方向投影而得到的，对于同一物体，其三面投影图之间既有区别，又有联系。从图 2-20 中可以看出三面正投影图具有下述投影规律。

（一）投影对应规律

投影对应规律是指各投影图之间在量度方向上的相互对应。

由图 2-20（b）可知，H 投影和 V 投影在 X 轴方向都反映物体的长度，它们的位置左右应对正，这种关系称为“长对正”；V 投影和 W 投影在 Z 轴方向都反映物体的高度，它们的位置上下应对齐，这种关系称为“高平齐”；H 投影和 W 投影在 Y 轴方向都反映了物体的宽度，这种关系称为“宽相等”。

“长对正、高平齐、宽相等”这三等关系反映了三面正投影图之间的投影对应规律，是绘制和识读正投影图时必须遵循的准则。

（二）方位对应规律

方位对应规律是指各投影图之间在方向位置上的相互对应。

任何物体都有上、下、左、右、前、后六个方位。在三面投影图中，每个投影图各反映其中四个方位的情况，即平面图反映物体的左右和前后；正面图反映物体的左右和上下；侧面图反映物体的前后和上下，如图2-20（a）所示。

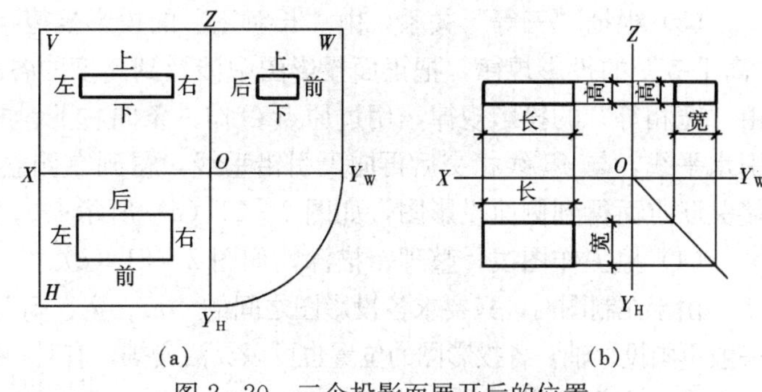

图2-20 三个投影面展开后的位置

在投影图上识别形体的方位，对识图将有很大的帮助。

对一般物体，用三面投影已能确定其形状和大小，因此 H、V、W 三个投影面称为基本投影面。

五、三面正投影图的画法

熟练掌握物体三面正投影图的画法是绘制和识读工程图样的重要基础。下面是画三面正投影图的具体方法和步骤：

（1）先画出水平和垂直十字相交线，以作为正投影图中的投影轴，如图2-21（b）所示；

（2）根据物体在三投影面体系中的放置位置，先画出能够反映物体特征的正面投影图或水平投影图，如图2-21（c）所示；

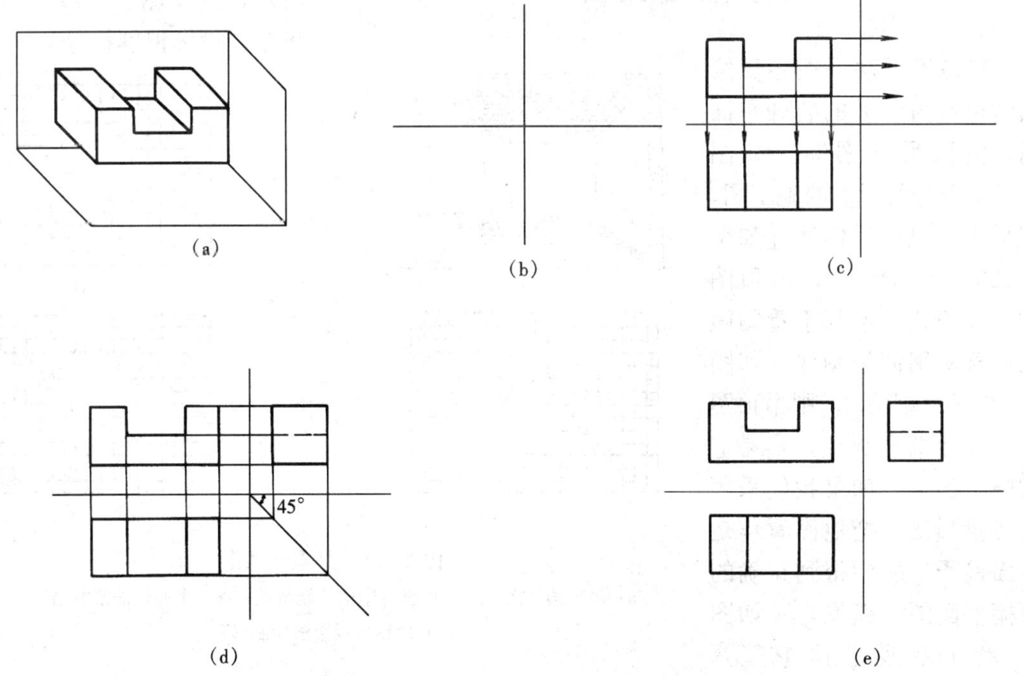

图2-21 三面正投影图画法步骤

(3) 根据“三等”关系，由“长对正”的投影规律，画出水平投影图或正面投影图；由“高平齐”的投影规律，把正面投影图中涉及到高度的各相应部分用水平线拉向侧立投影面；由“宽相等”的投影规律，用过原点 O 作一条向右下斜的 45°线，然后在水平投影图上向右引水平线，与 45°线相交后再向上引铅垂线，得到在侧立面上与“等高”水平线的交点，连接关联点而得到侧面投影图，如图 2-21 (d) 所示；

(4) 擦去作图线，整理、描深，如图 2-21 (e)。

由于在制图时，只要求各投影图之间的“长、宽、高”关系正确，因此，在实际工程图中，一般不画投影轴，各投影图的位置也可以灵活安排，有时各投影图还可以不画在同一张图纸上。

六、镜像投影

在建筑工程中，建筑物的有些部位或构件的图样直接用正投影法绘制时，难于表达其真实形状，甚至会出现与实际相反的情况，造成施工误会。对于这类图样可采用与正投影法不同的镜像投影法绘制。

镜像投影法就是假设把玻璃镜面放在物体的下面，代替水平投影面 H，在镜面中得到反映物体底面形状的图像。所得到的图像称为镜像投影图，如图 2-22 (a) 所示。用镜像投影法绘制的平面图应在图名后注写“镜像”二字，如图 2-22 (b) 所示，或按图 2-22 (c) 画出镜像投影识别符号。

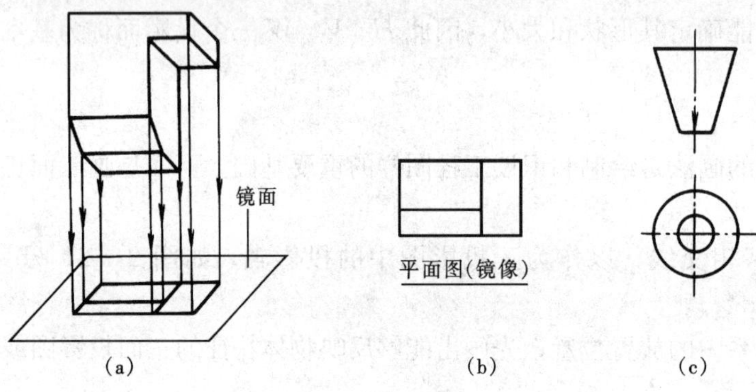

图 2-22　镜像投影法

镜像投影法一般用于绘制建筑室内顶棚的装饰平面图。例如吊顶图案［如图 2-23 (a) 所示］的施工图，若采用一般正投影法［如图 2-23 (b) 所示］，吊顶图样均为虚线，不利于看图施工；若采用仰视画法［如图 2-23 (c) 所示］，则吊顶图样与实际情况相反，容易造成施工误会；如果我们采用镜像投影法，把地面看作是一面镜子，从中得到正确的顶棚平面图（镜像）［如图 2-23 (d) 所示］，它能真实反映吊顶图案的实际情况，有利于施工。

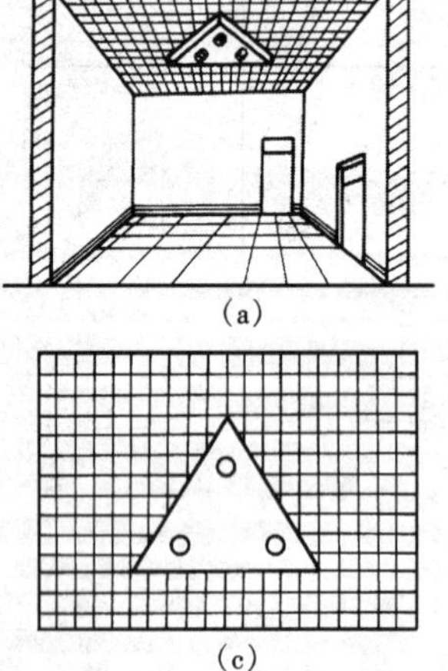

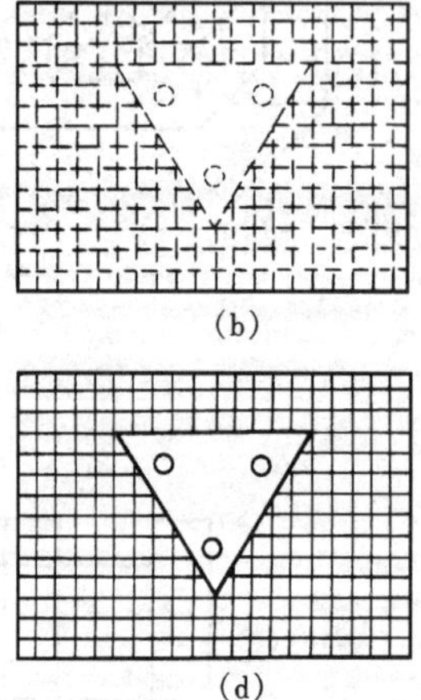

图 2-23　吊顶示意图

(a) 吊顶透视图；(b) 用正投影法绘制吊顶；(c) 用仰视法绘制吊顶；(d) 用镜像投影法绘制吊顶

第三章 点、直线、平面的投影

点、直线、平面是组成物体表面形状的基本几何元素，要正确地画出物体的投影图，必须先掌握组成物体表面形状的基本几何元素的投影特性和作图方法。

第一节 点 的 投 影

一、点的三面投影

将空间点 A 置于三投影面体系中，由 A 点分别向三个投影面作垂线（即投影线），三个垂足就是点 A 在三个投影面上的投影。用相应的小写字母 a、a'、a''表示，如图 3－1 所示。

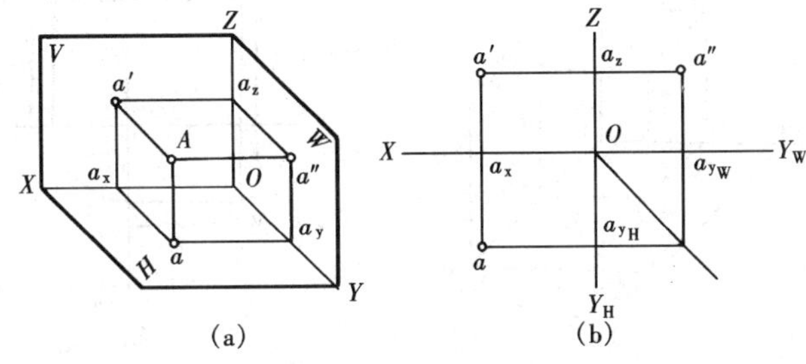

图 3－1 点的三面投影

(a) 直观图；(b) 投影图

投影法规定：空间点用大写字母表示；H 面投影用相应的小写字母表示；V 面投影用相应的小写字母并在右上角加一撇表示；W 面投影用相应的小写字母并在右上角加两撇表示。如点 B 的三面投影，分别用 b、b'、b''表示。以后学习线、面、体的投影都按此规定标注。

二、点的投影规律

在图 3－1 中，过空间点 A 的两条投影线 Aa、Aa'决定的平面 $Aa'a_xa$ 同时垂直于 H 面和 V 面，因此，该平面与 H 面和 V 面的交线必互相垂直，即 $aa_x \perp a'a_x$、$aa_x \perp OX$、$a'a_x \perp OX$。当 V 面和 H 面展开后，点 A 的水平投影 a 与正面投影 a'的连线，垂直于 OX 轴，即 $aa' \perp OX$。同理可分析出，$a'a'' \perp OZ$。

平面 $Aa'a_xa$ 为矩形，其对边相等，即 $a'a_x = Aa$、$aa_x = Aa'$。而 Aa 和 Aa'分别表示空间点 A 到 H 面和 V 面的距离。因此，$a'a_x$、aa_x 分别表示点 A 到 H、V 面的距离。

从以上分析可以得出点在三投影面体系中的投影规律：

(1) 点的水平投影和正面投影的连线垂直于 OX 轴，即 $aa' \perp OX$。

(2) 点的正面投影和侧面投影的连线垂直与 OZ 轴，即 $a'a'' \perp OZ$。

(3) 点的水平投影到 OX 轴的距离等于点的侧面投影到 OZ 轴的距离，即 $aa_x = a''a_z$。

(4) 点到某一投影面的距离，等于该点在另两个投影面上的投影到其相应投影轴的距离。

不难看出，点的三面投影也符合"长对正、高平齐、宽相等"的投影规律。这些规律也说明，在点的三面投影图中，任何两个投影都能反映出点到三个投影面的距离。因此，只要给出点的任何两个投影，就可以求出第三个投影。

【例 3－1】 已知点 B 的两面投影 b'、b''，求作其水平投影 b。

作法：如图 3－2 所示。

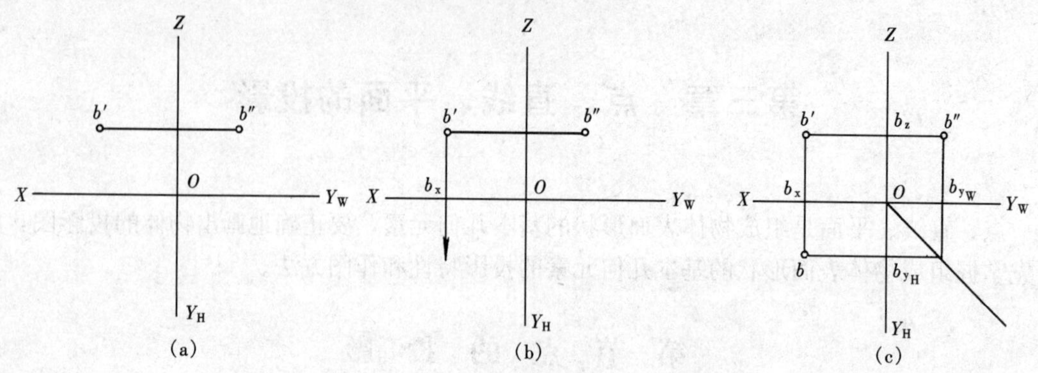

图 3-2　已知点的两面投影求第三面投影

(a) 已知点 B 的两投影 $b'b''$；(b) 过 b' 作 OX 轴的垂直线 $b'b_x$；(c) 在 $b'b_x$ 的延长线上截取 $bb_x=b''b_z$，b 即为所求

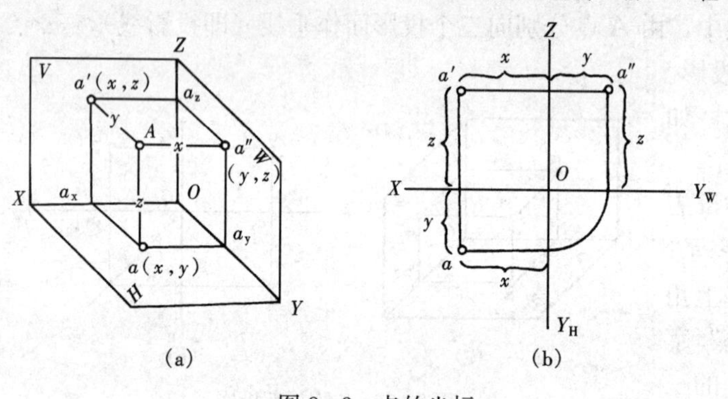

图 3-3　点的坐标

(a) 直观图；(b) 投影图

三、点的坐标

(一) 点的坐标

在三投影面体系中，点在空间的位置可由该点到三个投影面的距离来确定。如果把图 3-3 (a) 的三投影面体系看作空间直角坐标系，投影轴 OX、OY、OZ 相当于坐标轴 X、Y、Z，投影面 H、V、W 相当于坐标面，投影轴原点 O 相当于坐标系原点。则空间点 A 到三投影面的距离，就是该点的三个坐标（用小写字母 x、y、z 表示）。即：

点 A 到 W 面的距离为 x 坐标；点 A 到 V 面距离为 y 坐标；点 A 到 H 面的距离为 z 坐标。因此，点 A 的空间位置，可以用 A (x、y、z) 表示。

已知点的三个坐标，可以作出该点的三面投影图。相反地，已知点的三面投影图，也可以量出该点的三个坐标值。

【例 3-2】　已知点 A (18，12，14)，求作点 A 的三面投影图。

作法：如图 3-4 所示。

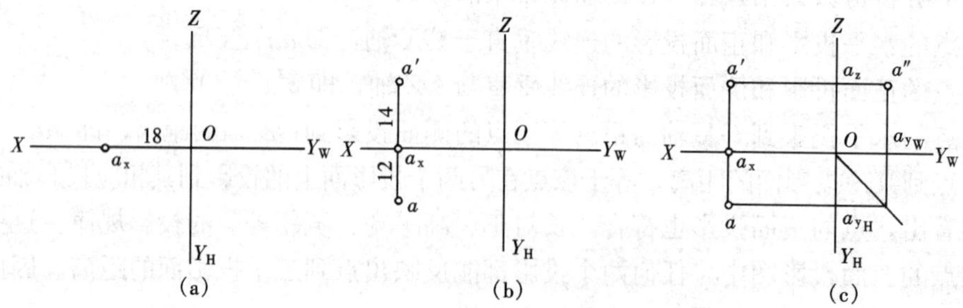

图 3-4　根据点的坐标作投影图

(a) 在 OX 轴上取 $Oa_x=18$mm；(b) 过 a_x 作 OX 轴的垂直线，在其上取 $aa_x=12$mm，$a'a_x=14$mm，得 a 和 a'；(c) 根据 a 和 a' 求出 a''

（二）特殊位置点的投影

在投影面、投影轴或坐标原点上的点，称为特殊位置的点。

当点在某一投影面上，它的坐标必有一个为零。当点在某一投影轴上，它的坐标必有两个为零。当点在坐标原点 O 上，它的坐标均为零。

1. 投影面上的点

如图 3 - 5 (a) 所示，如果点 A 在 H 面上，坐标 z 等于零。点 A 的 H 投影 a 与 A 重合，V 投影 a' 落在 OX 轴上，W 投影 a'' 落在 OY 轴上（展开后应在 OY_W 轴上）。

由此，可以得出投影面上点的投影特点：投影面上的点，一个投影为该点所在投影面上的原来位置，其余两个投影分别在围成该投影面的两个投影轴上。

2. 投影轴上的点

图 3 - 5 (b) 表示点 B 在 OX 轴上，坐标 y、z 都等于零。点 B 的 H 投影 b 和 V 投影 b' 与 B 均重合在 OX 轴上，点 B 的 W 投影 b'' 落在坐标原点 O 上。

由此，可以得出投影轴上点的投影特点：投影轴上点的投影，有两个投影在同一投影轴上，另一个投影在坐标原点。

3. 坐标原点的点

图 3 - 5 (c) 表示点 C 在坐标原点 O 上，x、y、z 三个坐标都等于零，点 C 的三个投影 c、c'、c'' 和 C 均与坐标原点 O 重合。

在特殊位置点的三面投影图中，空间点可不标注，其三个投影的符号，应写在相应的投影面上。

四、两点的相对位置

空间两点的相对位置，是指两点间的前后、左右和上下位置关系，可分别在它们的三面投影中反映出来。

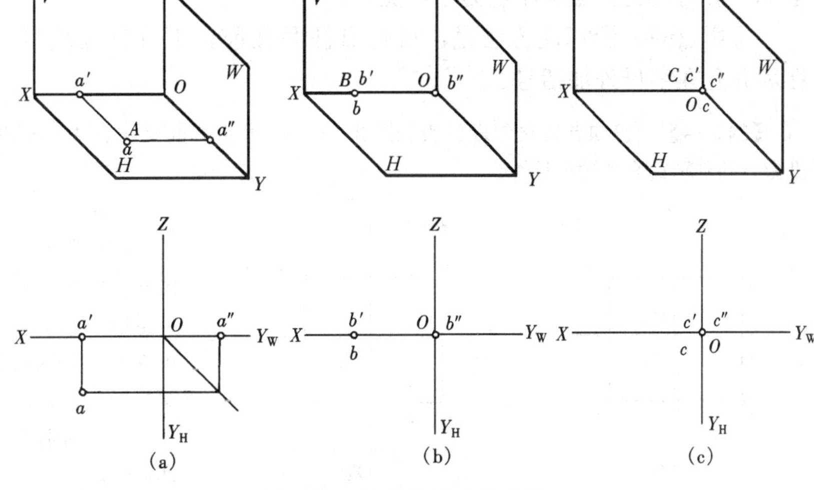

图 3 - 5　特殊位置点的投影

(a) 点在投影面上；(b) 点在投影轴上；(c) 点在原点

H 投影反映出它们的前后、左右关系；V 投影反映出它们的左右、上下关系；W 投影反映出它们的前后、上下关系。

在三面投影图中，x 坐标可确定点在三投影面体系中的左右位置，y 坐标可确定点的前后位置，z 坐标可确定点的上下位置。

因此，只要将空间两点同面投影的坐标值加以比较，就可判断出两点的左右、前后、上下位置关系。坐标大者为左、前、上，坐标小者为右、后、下。

【例 3 - 3】 试判断图 3 - 6 所示 A、B 两点的相对位置。

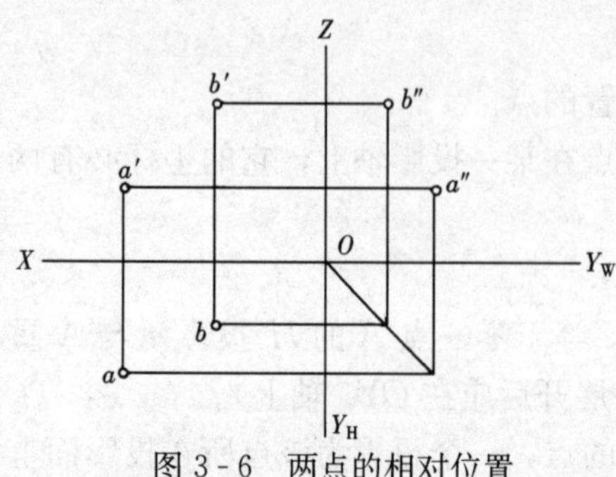

图 3-6 两点的相对位置

判断：

从两点的 H、V 面投影来看，A 点的 x 坐标比 B 点的 x 坐标大，即 $x_A > x_B$，说明 A 点在 B 点的左方，B 点在 A 点的右方。

从两点的 H、W 面投影来看，A 点的 y 坐标比 B 点的 y 坐标大，即 $y_A > y_B$，说明 A 点在 B 点的前方，B 点在 A 点的后方。

从两点的 V、W 面投影来看，A 点的 z 坐标比 B 点的 z 坐标小，即 $z_A < z_B$，说明 A 点在 B 点的下方，B 点在 A 点的上方。

将三面投影联系起来即可确定，A 点在 B 点的左、前、下方，或 B 点在 A 点的右、后、上方。

五、重影点及其可见性

当空间两点位于某一投影面的同一条投影线上时，这两点在该投影面上的投影必然重合，这两个点称为该投影面上的重影点。

如图 3-7 所示，点 A 和点 B 在同一垂直于 H 面的投影线上，它们的 H 投影重合在一起。由于点 A 在上，点 B 在下，向 H 面投影时，投影线先遇点 A，后遇点 B。点 A 为可见，它的 H 投影仍标注为 a，点 B 为不可见，其 H 投影标注为（b）。

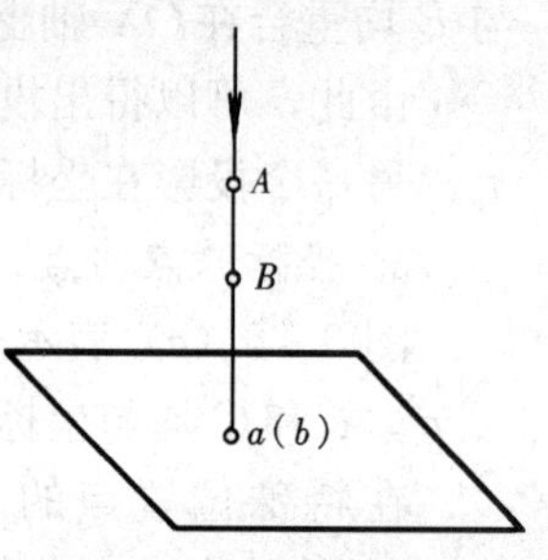

图 3-7 重影点的投影

即然两点的投影重合，那么就有一点可见和一点不可见的问题。如何判别重影点的可见性呢？一般根据两点的坐标差来确定。坐标大者为可见，坐标小者为不可见。

重影点的投影标注方法是：可见点注写在前，不可见点注写在后并且在字母外加括号。

【例 3-4】 已知点 A 的三面投影如图 3-8（a）所示。点 B 在点 A 的正右方 6mm，求作点 B 的三面投影，并判别重影点的可见性。

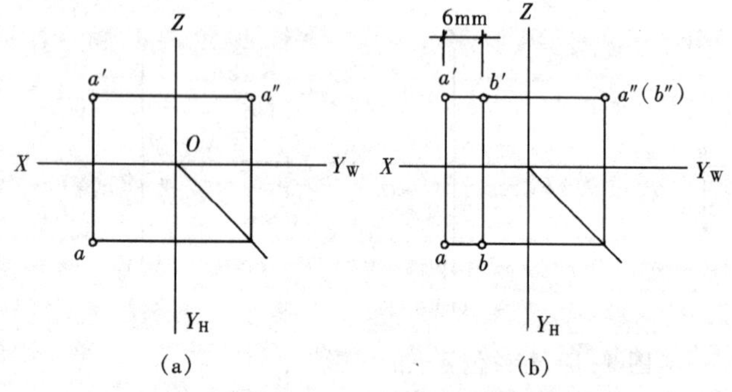

图 3-8 求作点的投影并判别可见性

作法如下：

（1）由于 B 点在 A 点的正右方，故两点的 z 坐标和 y 坐标相同。过 a' 作水平线，向右量取 6mm，即为 b'；过 a 向右作水平线，由 b' 作 OX 轴的垂线交于 b 即为所求。第三面投影 a''、b'' 重合，如图 3-8（b）所示。

（2）判别重影点的可见性，从图 3-8（b）可知，A、B 两点的侧面投影 a''、b'' 重合在一起，为重影点。因 $x_A > x_B$，从左向右投影时，点 A 在左可见，点 B 在右不可见，加上括号以示区别。

第二节 直线的投影

一、直线投影图作法

从几何学知道，直线的长度是无限的。直线的空间位置可由线上任意两点的位置确定，即两点可以确定一直线。

因此，作直线的投影时，只需求出直线上两个点的投影，然后将其同面投影连接，即为直线的投影。如果已知直线上的点 A（a，a'，a''）和 B（b，b'，b''），那么就可以画出直线 AB 的投影图，如图 3-9 所示。

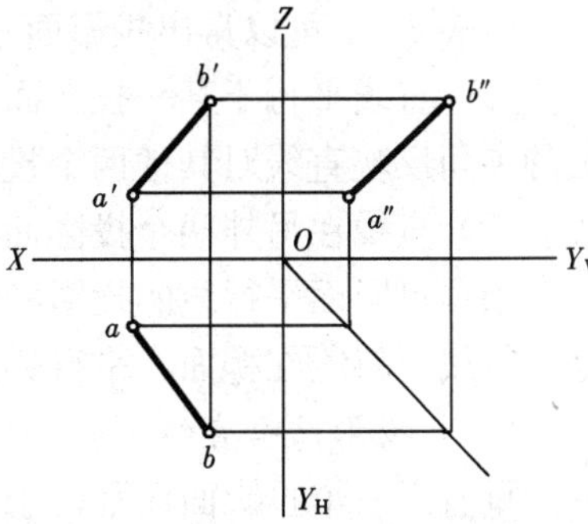

图 3-9 直线投影图作法

二、各种位置直线及投影特性

在三投影面体系中，直线对投影面的相对位置，有投影面平行线、投影面垂直线及投影面倾斜线三种情况。前两种称为特殊位置直线，后一种称为一般位置直线。

倾斜于投影面的直线与投影面之间的夹角，称为直线对投影面的倾角。直线对 H 面、V 面和 W 面的倾角，分别用 α、β 和 γ 表示。

（一）投影面平行线

平行于一个投影面而倾斜于另两个投影面的直线，称为投影面平行线。

投影面平行线分为三种情况：

（1）水平线，平行于 H 面，倾斜于 V、W 面的直线。

（2）正平线，平行于 V 面，倾斜于 H、W 面的直线。

（3）侧平线，平行于 W 面，倾斜于 H、V 面的直线。

这三种投影面平行线的直观图、投影图和投影特性见表 3-1。

表 3-1 投影面平行线

名称	直观图	投影图	投影特性
水平线	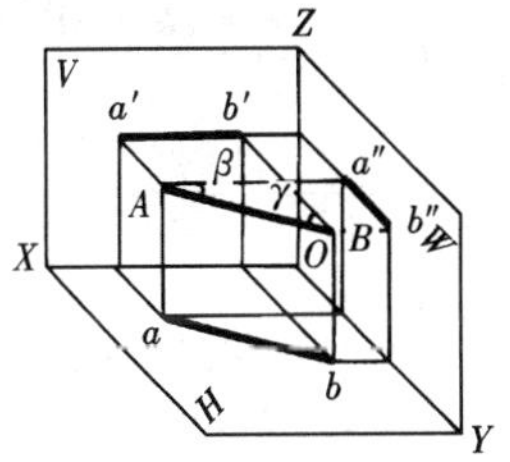	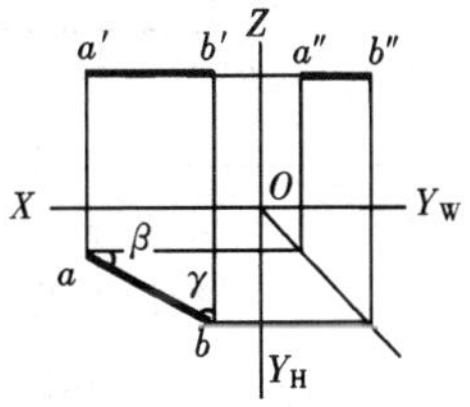	1. $a'b' /\!/ OX$ $a''b'' /\!/ OY_W$ 2. $ab=AB$ 3. 反映 β、γ 实角
正平线	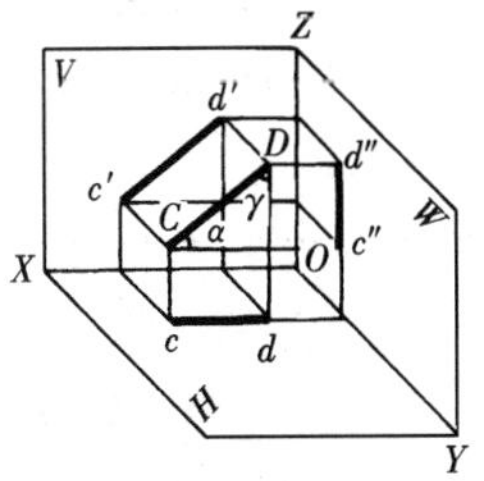	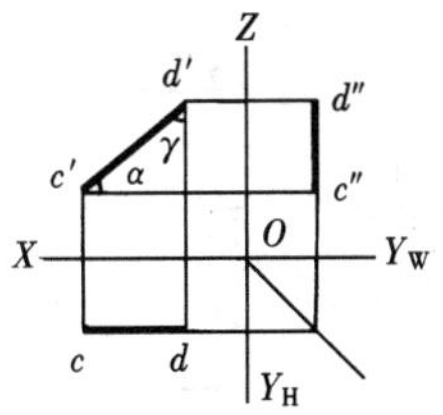	1. $cd /\!/ OX$ $c''d'' /\!/ OZ$ 2. $c'd'=CD$ 3. 反映 α、γ 实角
侧平线	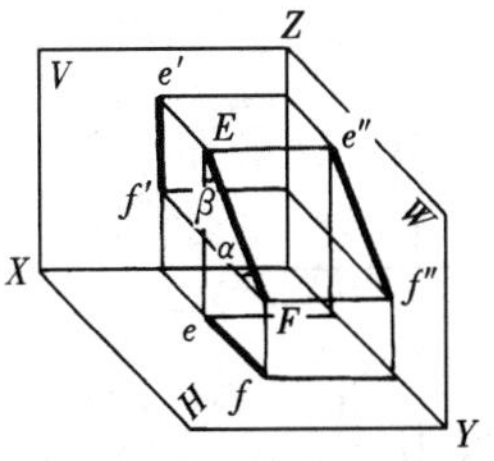	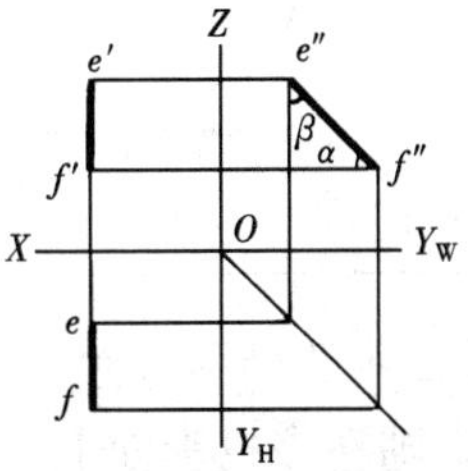	1. $ef /\!/ OY_H$ $e'f' /\!/ OZ$ 2. $e''f''=EF$ 3. 反映 α、β 实角

由表 3 - 1 可以得出投影面平行线的投影特性：

(1) 直线平行于某一投影面，则在该投影面上的投影反映直线实长，并且该投影与投影轴的夹角反映直线对其他两个投影面的倾角。

(2) 直线在另外两个投影面上的投影，分别平行于相应的投影轴，但不反映实长。

根据投影面平行线的投影特性，可判别直线与投影面的相对位置，即“一斜两直线，定是平行线；斜线在哪面，平行哪个面。”

(二) 投影面垂直线

重直于一个投影面而平行于另两个投影面的直线，称为投影面垂直线。

投影面垂直线分为三种情况：

(1) 铅垂线，垂直于 H 面，平行于 V、W 面的直线。

(2) 正垂线，垂直于 V 面，平行于 H、W 面的直线。

(3) 侧垂线，垂直于 W 面，平行于 H、V 面的直线。

这三种投影面垂直线的直观图、投影图和投影特性见表 3 - 2。

表 3 - 2　　投影面垂直线

名称	直观图	投影图	投影特性
铅垂线	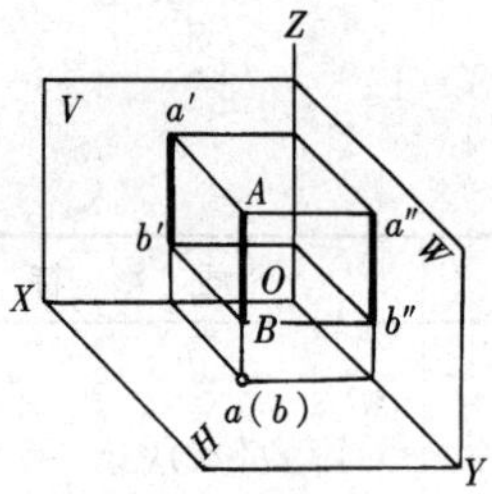	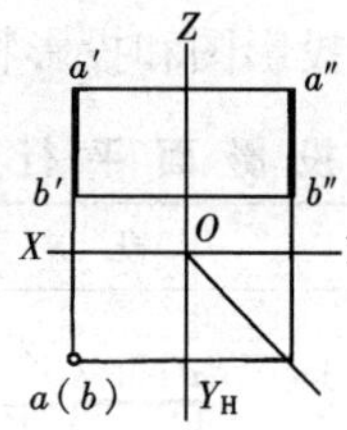	1. ab 积聚成一点 2. $a'b' \perp OX$ $a''b'' \perp OY_W$ 3. $a'b' = a''b'' = AB$
正垂线	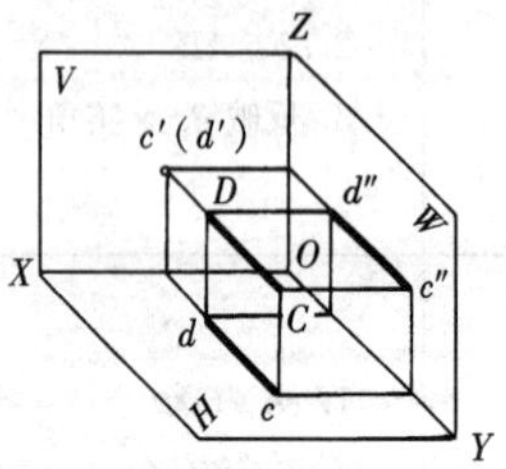	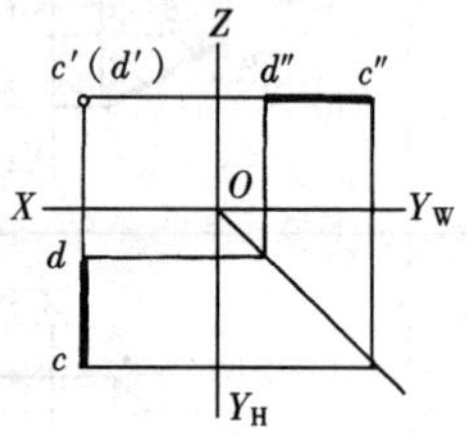	1. $c'd'$ 积聚成一点 2. $cd \perp OX$ $c''d'' \perp OZ$ 3. $cd = c''d'' = CD$
侧垂线	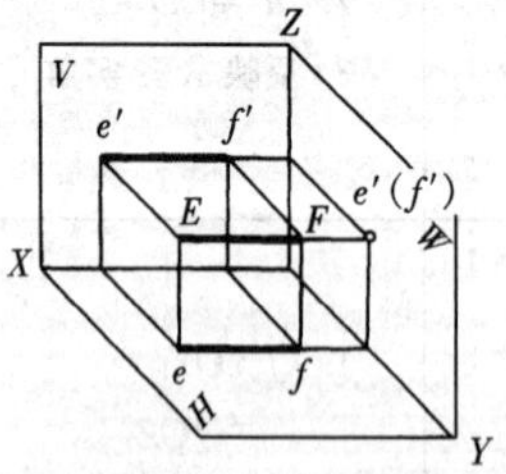	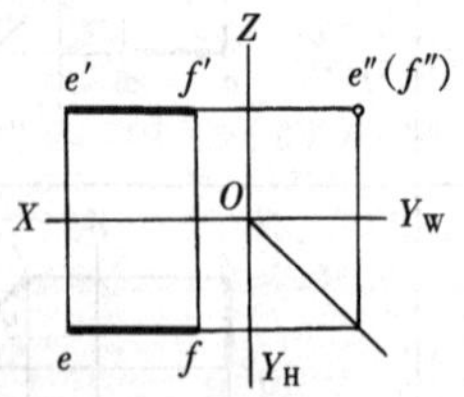	1. $e''f''$ 积聚成一点 2. $ef \perp OY_H$ $e'f' \perp OZ$ 3. $ef = e'f' = EF$

由表 3 - 2 可以得出投影面垂直线的投影特性：

(1) 直线垂直于某一投影面，则在该投影面上的投影积聚为一点。

(2) 直线在另外两个投影面上的投影分别垂直于相应的投影轴，且反映实长。

根据投影面垂直线的投影特性，可判别直线与投影面的相对位置，即“一点两直线，定是垂直线；点在哪个面，垂直哪个面。”

（三）一般位置直线

与三个投影面均倾斜的直线，称为一般位置直线，如图 3-10 所示。

由图 3-10 可以得出一般位置直线的投影特性：

（1）直线倾斜于投影面，则三个投影均为倾斜于投影轴的直线，且不反映实长。

（2）直线的三个投影与投影轴的夹角，均不反映直线对投影面的倾角。

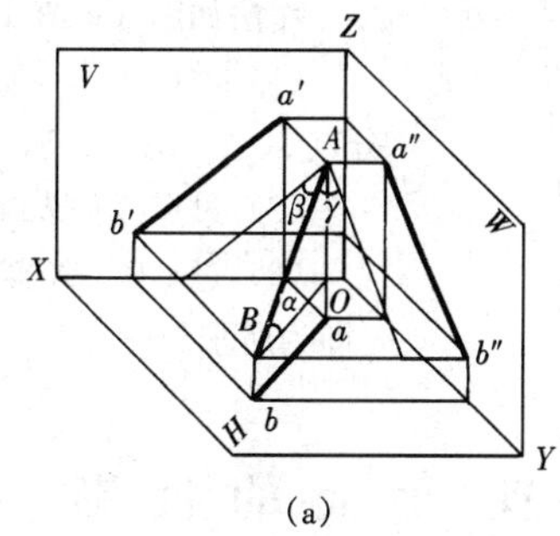

(a)

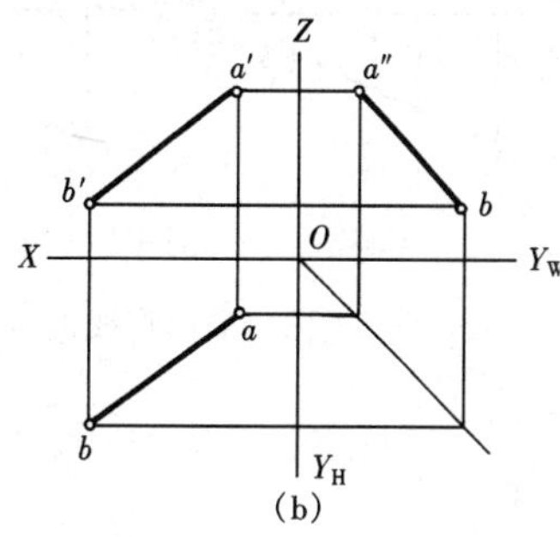

(b)

图 3-10　一般位置直线

（a）直观图；（b）投影图

根据一般位置直线的投影特性，可判别直线与投影面的相对位置，即“三个投影三斜线，定是一般位置线。”

三、直线上的点

（一）直线上点的投影

点在直线上，则点的各投影必定在该直线的同面投影上，并且符合点的投影规律；反之，如果点的各投影均在直线的同面投影上，且各投影符合点的投影规律，则该点必在直线上。

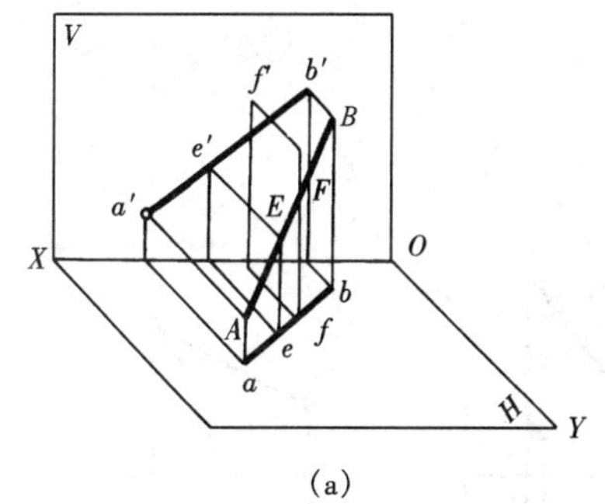

(a)

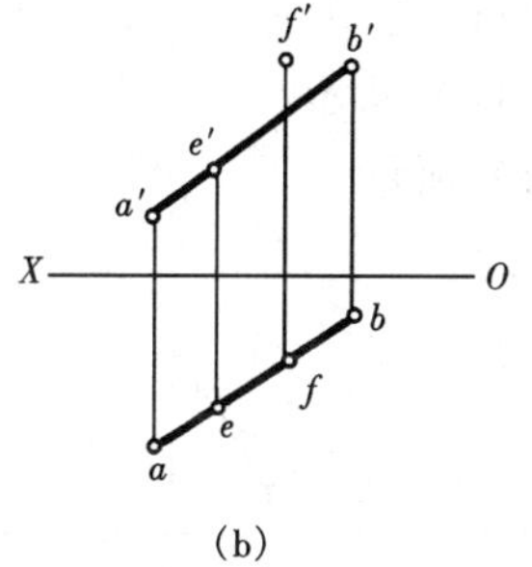

(b)

图 3-11　判别点是否在直线上

（a）直观图；（b）投影图

一般情况下，判断点是否在直线上，可由它们的任意两个投影来决定。在图 3-11 中，e 在 ab 上，e' 在 $a'b'$ 上，且 ee' 连线垂直于 OX 轴，则空间点 E 在直线 AB 上；f 在 ab 上，f' 不在 $a'b'$ 上，则空间点 F 不在直线 AB 上。

如果直线平行于某投影面时，还应根据直线所平行的投影面上的投影，才能判别点是否在直线上。在图 3-12 中，k 在 mn 上，k' 在 $m'n'$ 上，但是 k'' 不在 $m''n''$ 上，则空间点 K 不在直线 MN 上。

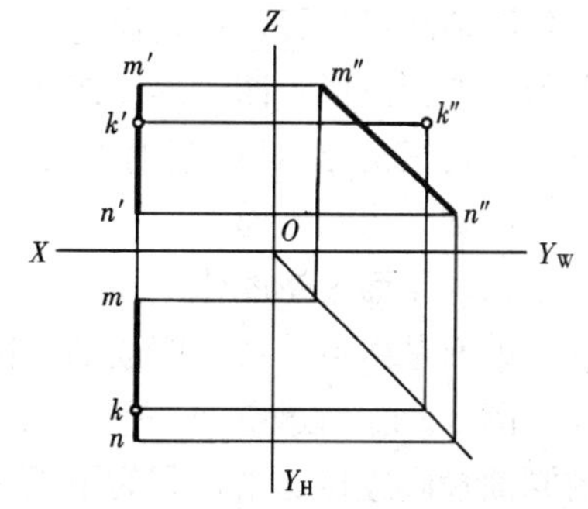

图 3-12　侧平线上的点

（二）直线上的点分割线段成定比

直线上一点，把直线分成两段，则两段的长度之比，等于它们的投影长度之比。这种比例关系称为定比关系。

在图 3-11 中，E 点把直线 AB 分为 AE、EB 两段，则 $AE/EB=ae/eb=a'e'/e'b'=a''e''/e''b''$（证明从略）。

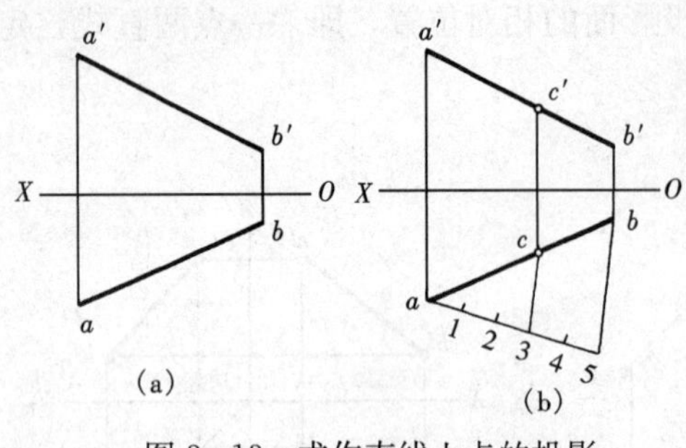

图 3-13 求作直线上点的投影

【例 3-5】 已知直线 AB 的投影 ab 和 $a'b'$，如图 3-13（a）所示，求作直线上一点 C 的投影，使 AC : CB = 3 : 2。

作法如图 3-13（b）所示：

（1）过点 a 作一直线，在直线上量取 5 个单位，得分点 1、2、3、4、5，连接 $b5$。

（2）过点 3 作 $b5$ 的平行线，与 ab 相交于点 c。

（3）过 c 作 OX 轴的垂线并延长交 $a'b'$ 于 c'，则 c，c' 即为所求。

第三节 平面的投影

一、平面的表示方法

平面是广阔无边的，它在空间的位置可由下列任何一组几何元素来确定。因此，在投影图上，平面可以用确定其空间位置的几何元素来表示，如图 3-14 所示。

（1）不在同一直线上的三点，如图 3-14（a）所示。

（2）一直线及线外一点，如图 3-14（b）所示。

（3）两相交直线，如图 3-14（c）所示。

（4）两平行直线，如图 3-14（d）所示。

（5）平面图形，如图 3-14（e）所示。

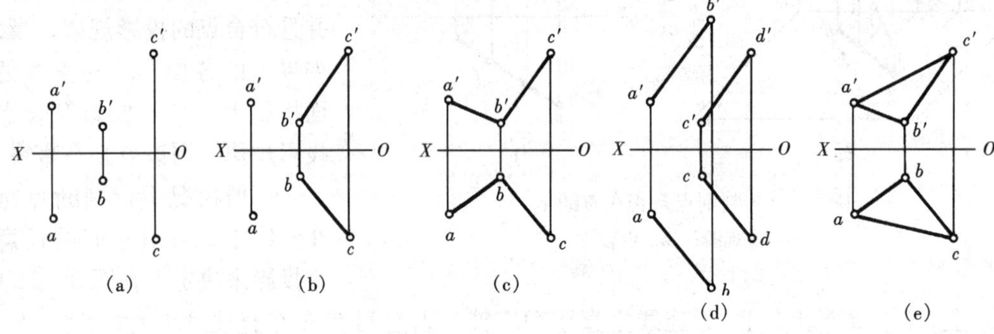

图 3-14 平面的表示方法

所谓确定位置，就是通过上列每一组元素，只能作出唯一的一个平面。通常用一个平面图形（如三角形、四边形、多边形、圆形等）来表示一个平面。如果说平面图形 ABC，则只表示在三角形 ABC 范围内的那部分平面；如果说平面 ABC，则表示通过三角形 ABC 的一个广阔无边的平面。

二、平面投影图作法

平面是由点、线所围成的。因此，求作平面的投影，实质上是求作点和线的投影。

图 3-15 所示空间一平面 ABC，若将其三个顶点 A、B、C 的三面投影作出，再将各点的同面投影连接起来，即为平面 ABC 的投影。

三、各种位置平面及投影特性

在三投影面体系中，平面对投影面的相对位置，有投影面平行面、投影面垂直面及投影面倾斜面三种情况。前两种称为特殊位置平面，后一种称为一般位置平面。

倾斜于投影面的平面与投影面之间的夹角，称为平面对投影面的倾角。平面对 H 面、V 面和 W 面的倾角，分别用 α、β 和 γ 表示。

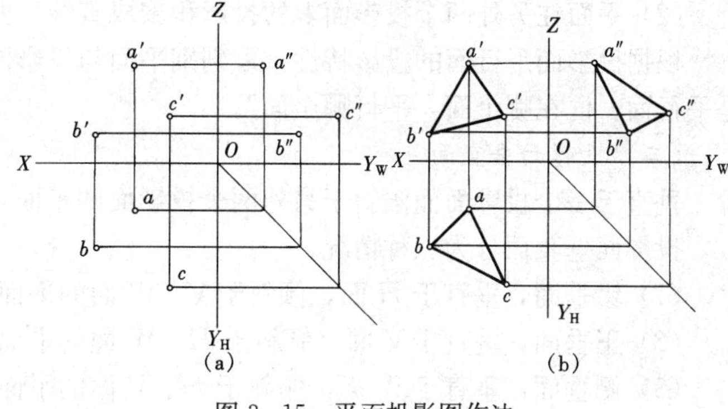

图 3-15　平面投影图作法

（一）投影面平行面

平行于一个投影面而垂直于另外两个投影面的平面，称为投影面平行面。

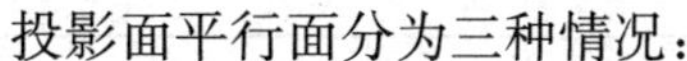

投影面平行面分为三种情况：

（1）水平面，平行于 H 面，垂直于 V、W 面的平面。

（2）正平面，平行于 V 面，垂直于 H、W 面的平面。

（3）侧平面，平行于 W 面，垂直于 H、V 面的平面。

这三种投影面平行面的直观图、投影图和投影特性见表 3-3。

表 3-3　　**投影面平行面**

名　称	直　观　图	投　影　图	投　影　特　性
水平面	V, Z, p′, p″, W, P, X, H, p, Y	Z, p′, p″, X, O, Y_W, p, Y_H	1. 水平投影反映实形 2. 正面投影及侧面投影积聚成一直线，且分别平行于 OX 轴及 OY_W 轴
正平面	V, Z, q′, Q, q″, W, X, H, q, Y	Z, q′, q″, X, O, Y_W, q, Y_H	1. 正面投影反映实形 2. 水平投影及侧面投影积聚成一直线，且分别平行于 OX 轴及 OZ 轴
侧平面	V, Z, r′, O, R, r″, W, X, r, H, Y	Z, r′, r″, X, O, Y_W, r, Y_H	1. 侧面投影反映实形 2. 水平投影及正面投影积聚成一直线，且分别平行于 OY_H 轴及 OZ 轴

由表 3-3 可以得出投影面平行面的投影特性：

（1）平面平行于某一投影面，则在该投影面上的投影反映实形。

(2) 平面在另外两个投影面上的投影积聚成直线，并分别平行于相应的投影轴。

根据投影面平行面的投影特性，可判别平面与投影面的相对位置，即“一框两直线，定是平行面；框在哪个面，平行哪个面”。

(二) 投影面垂直面

垂直于一个投影面而倾斜于另外两个投影面的平面，称为投影面垂直面。

投影面垂直面分为三种情况：

(1) 铅垂面，垂直于 H 面，倾斜于 V、W 面的平面。

(2) 正垂面，垂直于 V 面，倾斜于 H、W 面的平面。

(3) 侧垂面，垂直于 W 面，倾斜于 H、V 面的平面。

这三种投影面垂直面的直观图、投影图和投影特性见表 3 - 4。

表 3 - 4　　投影面垂直面

名称	直观图	投影图	投影特性
铅垂面	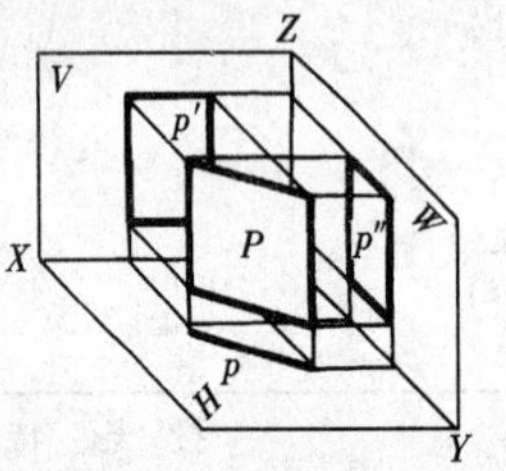	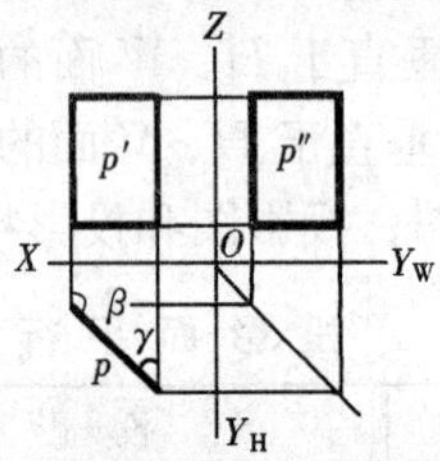	1. 水平投影积聚成一直线，并反映对 V、W 面的倾角 β、γ； 2. 正面投影和侧面投影为平面的类似形
正垂面	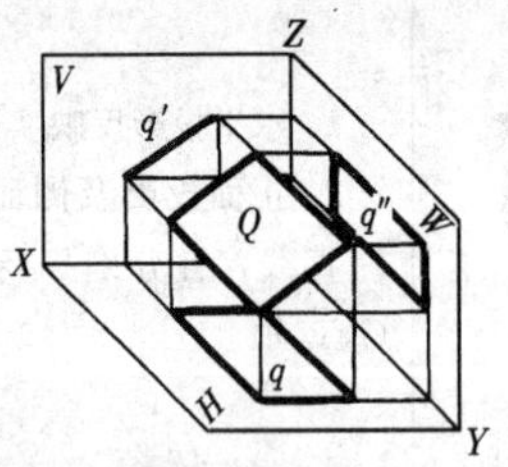	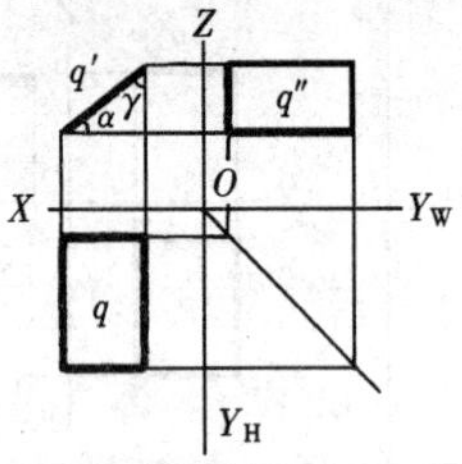	1. 正面投影积聚成一直线，并反映对 H、W 面的倾角 α、γ； 2. 水平投影和侧面投影为平面的类似形
侧垂面	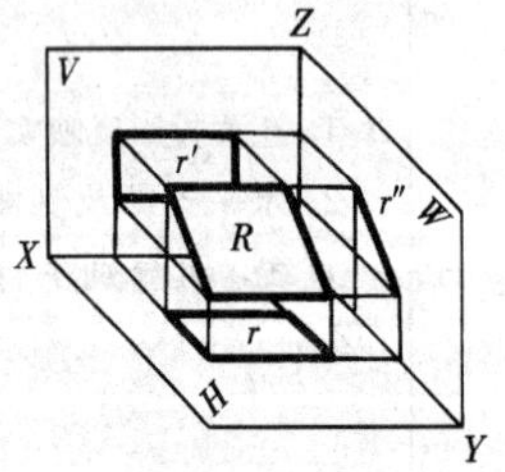	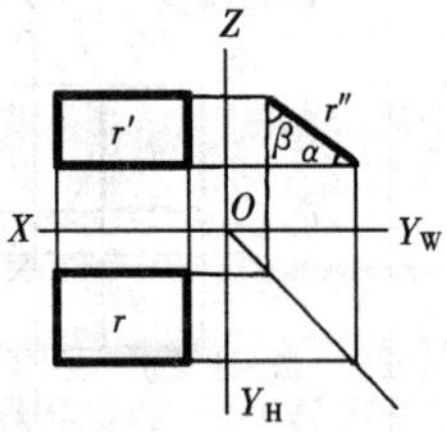	1. 侧面投影积聚成一直线，并反映对 H、V 的倾角 α、β； 2. 水平投影和正面投影为平面的类似形

由表 3 - 4 可以得出投影面垂直面的投影特性：

(1) 平面垂直于某一投影面，则在该投影面上的投影，积聚成一条倾斜于投影轴的直线，且此直线与投影轴的夹角反映空间平面对另外两个投影面的倾角。

(2) 平面在另外两个投影面上的投影，均为缩小了的原平面的类似形线框。

根据投影面垂直面的投影特性，可判别平面与投影面的相对位置，即“两框一斜线，定是垂直面；斜线在哪面，垂直哪个面。”

(三) 一般位置平面

与三个投影面均倾斜的平面，称为一般位置平面，如图 3 - 16 所示。

由图 3-16 可以得出一般位置平面的投影特性：平面倾斜于投影面，则三个投影既没有积聚性，也不反映实形，而是原平面图形的类似形。

根据一般位置平面的投影特性，可判别平面与投影面的相对位置。即“三个投影三个框，定是一般位置面。”

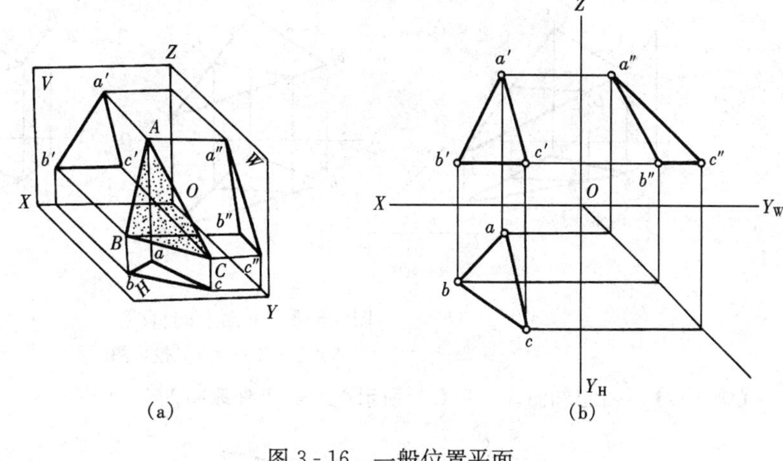

图 3-16　一般位置平面

(a) 直观图；(b) 投影图

【例 3-6】　试判断图 3-17 所示的立体表面上平面 *ABGF*、*ABCDE*、*MNP* 的空间位置。

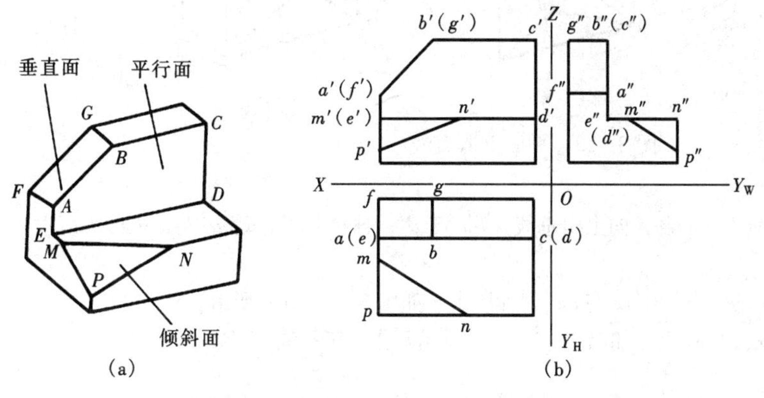

图 3-17　立体表面上平面的空间位置

(a) 直观图；(b) 投影图

由前述平面的投影特性可以判断：

(1) 图 3-17 中 *ABGF* 在 *V* 面的投影为一直线，而在 *H*、*W* 面上的投影为该平面的类似形，都为四边形线框，符合“两框一斜线，定是垂直面”的规律，且斜线在 *V* 面，故该平面垂直于正面，即平面 *ABGF* 为正垂面。

(2) 平面 *ABCDE* 在 *V* 面的投影为一五边形平面，在 *H*、*W* 面上的投影各为一直线，符合“一框两直线，定是平行面”的规律，且框在 *V* 面，故该平面平行于 *V* 面，即平面 *ABC-DE* 为正平面。

(3) 平面 *MNP* 在三投影面上都为平面的类似形，即三角形线框，符合“三个投影三个框，定是一般位置面”的规律，故平面 *MNP* 为一般位置平面。

四、平面上的直线和点

(一) 平面上的直线

(1) 一直线若通过平面内的两点，则此直线必位于该平面上。如图 3-18 (a)、(b) 所示，直线 *DE* 上的点 *D* 在△*ABC* 的 *BC* 边上，点 *E* 在 *AC* 边上，故直线 *DE* 在△*ABC* 上。

(2) 一直线通过平面上的一点，且平行于平面上的另一条直线，则此直线必位于该平面上。如图 3-18 (a)、(c) 所示，直线 *BG* 通过平面△*ABC* 上的一点 *B*，且平行于 *AC*，故直线 *BG* 在△*ABC* 上。

综上所述，在已知平面上作直线时，一定要过平面上两已知点；或过平面上一已知点，且与该平面的另一条直线平行。

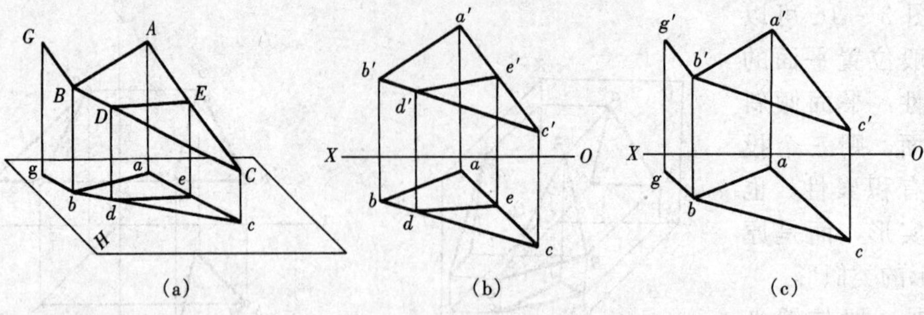

图 3-18 平面上的直线

(a) 直观图；(b)、(c) 投影图

【例 3-7】 在已知图 3-19 (a) 所示△*ABC* 上任取一直线。

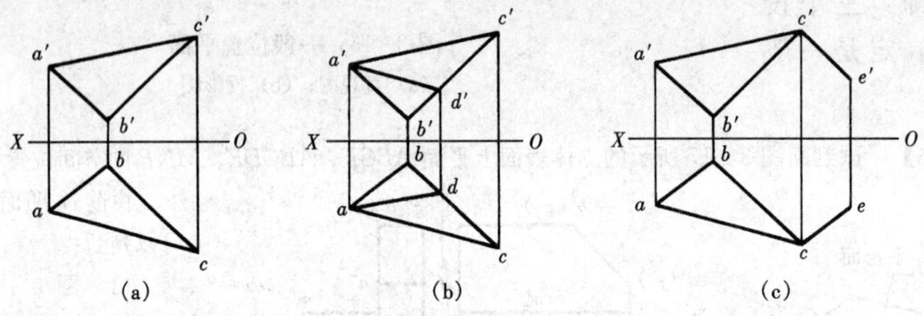

图 3-19 平面上取直线

此题有两种作法：

(1) 过 *a* 作一直线与 *bc* 相交于 *d*，自 *d* 向上引垂线交 *b′c′* 于 *d′*；连接 *a′d′*，则 *ad* 与 *a′d′* 即为所求，如图 3-19 (b) 所示。

(2) 过 *c* 作 *ce* ∥ *ab*，过 *c′* 作 *c′e′* ∥ *a′b′*，*ce* 与 *c′e′* 即为所求，如图 3-19 (c) 所示。

【例 3-8】 过点 *A* 在已知△*ABC* 上，如图 3-20 (a) 所示，作一正平线。

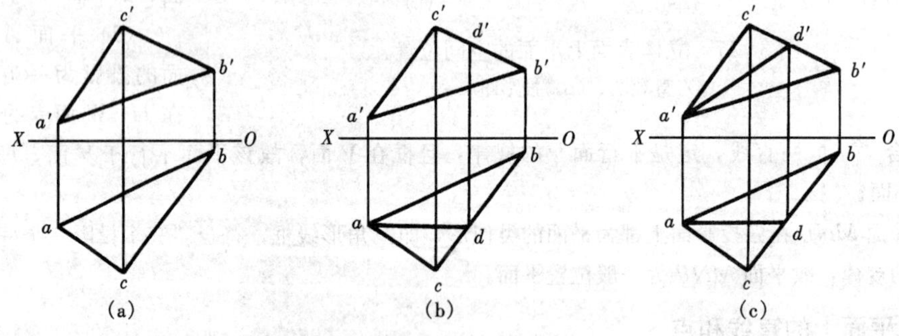

图 3-20 求作平面上正平线的投影

作法如下：

(1) 过 *a* 作一平行于 *OX* 轴的直线与 *bc* 相交于 *d*，自 *d* 向上引垂线交 *b′c′* 于 *d′*，如图 3-20 (b) 所示。

(2) 连接 *a′d′*，则 *ad* 与 *a′d′* 即为所求，如图 3-20 (c) 所示。

(二) 平面上的点

如果一点在直线上，直线在平面上，则点必位于平面上。

如图 3-21 所示，点 *F* 在直线 *DE* 上，而 *DE* 在平面 *ABC* 上，因此，点 *F* 在平面 *ABC* 上。从点和直线在平面内的投影特性可知，在平面上取点，首先要在平面上取线。而在平面

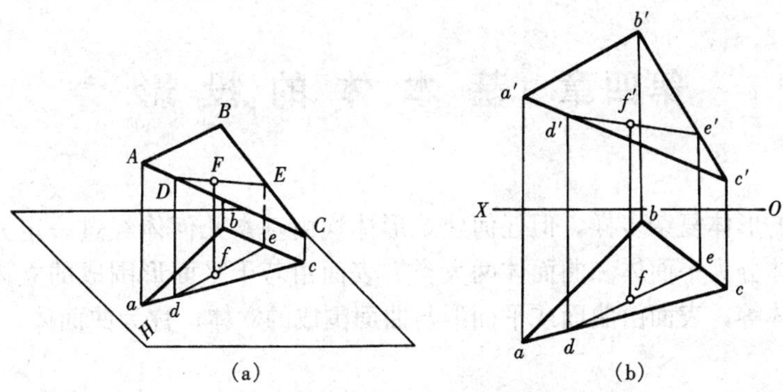

图 3-21　平面上的点
(a) 直观图；(b) 投影图

上取线，又需先在平面上取点。因此，在平面上取点取线，互为作图条件。

【例 3-9】　已知△ABC 及其上一点 M 的水平投影 m，如图 3-22 (a) 所示，求作 M 的正面投影 m'。

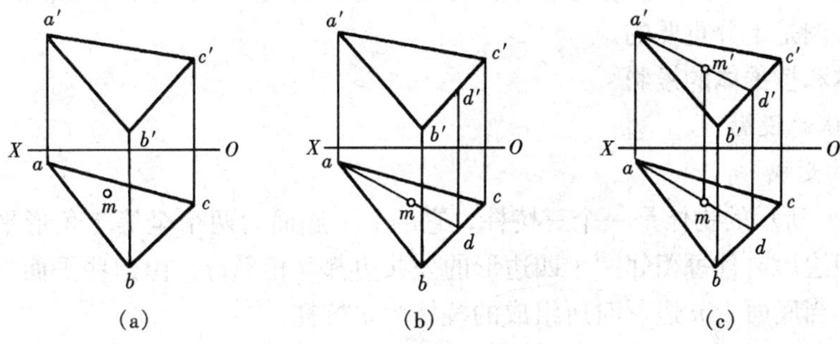

图 3-22　作平面上点的投影

作法如下：

(1) 连接 am 并延长交 bc 于 d，自 d 向上引垂线交 $b'c'$ 于 d'，如图 3-22 (b) 所示；

(2) 连接 $a'd'$，自 m 向上引垂线交 $a'd'$ 于 m'，则 m' 即为所求，如图 3-22 (c) 所示。

【例 3-10】　已知四边形 $ABCD$ 的水平投影和 AB、AD 两边的正面投影，如图 3-23 (a) 所示，完成四边形 $ABCD$ 的正面投影。

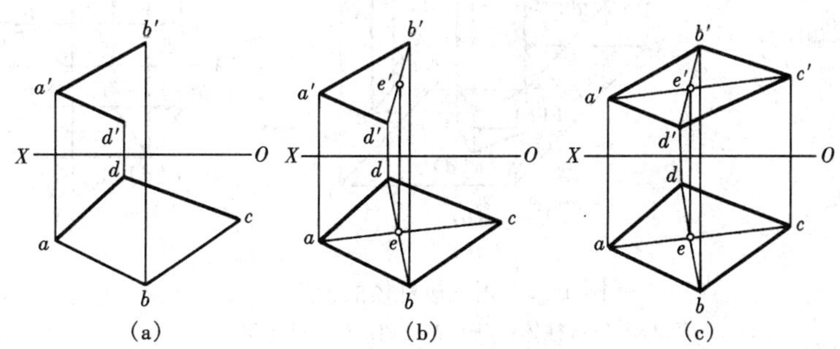

图 3-23　求作四边形的投影

作法如下：

(1) 连接 ac、bd 交于 e，过 e 向上引垂线与 $b'd'$ 相交于 e'，如图 3-23 (b) 所示；

(2) 过 c 向上引垂线与 $a'e'$ 的延长线相交于 c'，连接 $b'c'$、$c'd'$ 即为所求，如图 3-23 (c) 所示。

第四章 基本体的投影

工程建筑物的形体复杂多样，但任何建筑形体均由基本几何体经过一定方式组合而成。常见的基本几何体分为平面体和曲面体两大类。表面由若干平面形围成的立体称为平面体，如棱柱体、棱锥体等；表面由曲面或平面形与曲面围成的立体，称为曲面体，如圆柱体、圆锥体等。

第一节 平面体的投影

平面体的每个表面均为平面多边形，故作平面体的投影，就是作出组成平面体的各平面形的投影。利用前面所学知识分析组成平面体表面的各平面形对投影面的相对位置及投影特性，对于正确作图是十分重要的。

一、棱柱体和棱锥体的投影

（一）棱柱体的投影

1. 棱柱体的形成

图 4 - 1（a）所示的物体是一个三棱柱，它的上下底面为两个全等三角形平面且互相平行；侧面均为四边形，且每相邻两个四边形的公共边都互相平行。由这些平面组成的基本几何体为棱柱体，当底面为 n 边形时所组成的棱柱为 n 棱柱。

2. 投影分析

现以正三棱柱为例来进行分析，如图 4 - 1（b）、（c）所示。

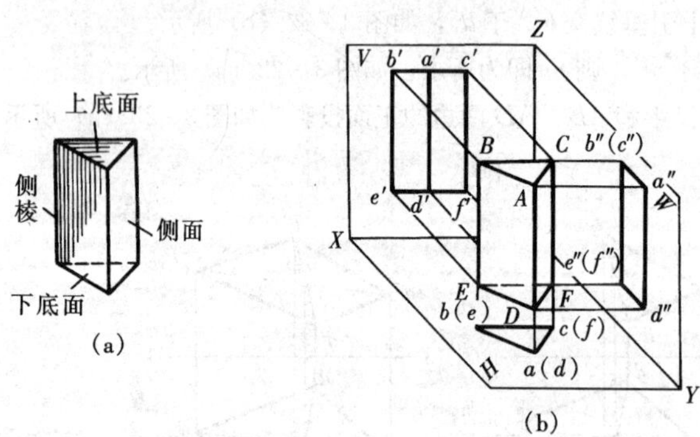

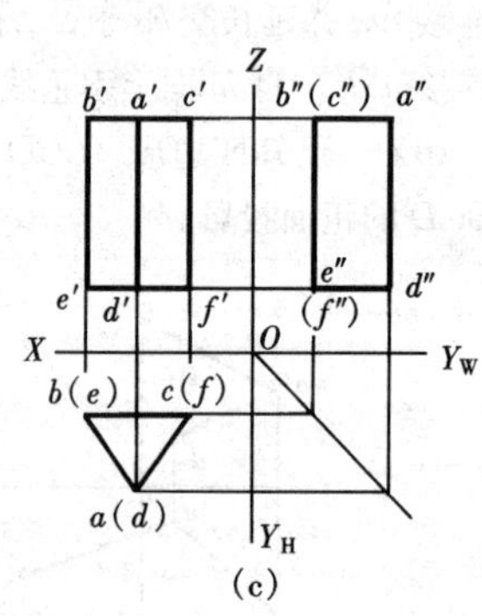

图 4 - 1 正三棱柱体的投影

（a）三棱柱体；（b）直观图；（c）投影图

三棱柱的放置位置：上下底面为水平面，左前、右前侧面为铅垂面，后侧面为正平面。

在水平面上正三棱柱的投影为一个三角形线框，该线框为上下底面投影的重合，且反映实形。三条边分别是三个侧面的积聚投影。三个顶点分别为三条侧棱的积聚投影。

在正立面上正三棱柱的投影为两个并排的矩形线框，分别是左右两个侧面的投影。两个矩形的外围（即轮廓矩形）是左右侧面与后侧面投影的重合。三条铅垂线是三条侧棱的投影，并反映实长。两条水平线是上下底面的积聚投影。

在侧立面上正三棱柱的投影为一个矩形线框，是左右两个侧面投影的重合。两条铅垂线分别为后侧面的积聚投影及左右侧面的交线的投影。两条水平线是上下底面的积聚投影。

3. 投影特性

棱柱的三面投影，在一个投影面上是多边形，在另两个投影面上分别是一个或者是若干个矩形。

（二）棱锥体的投影

1. 棱锥体的形成

图 4-2（a）所示的物体是一个三棱锥，它的底面为三角形，侧面均为具有公共顶点的三角形。由这些平面组成的基本几何体为棱锥体，当底面为 n 边形时所组成的棱锥为 n 棱锥。

2. 投影分析

以正三棱锥为例进行分析，如图 4-2（b）、（c）所示。

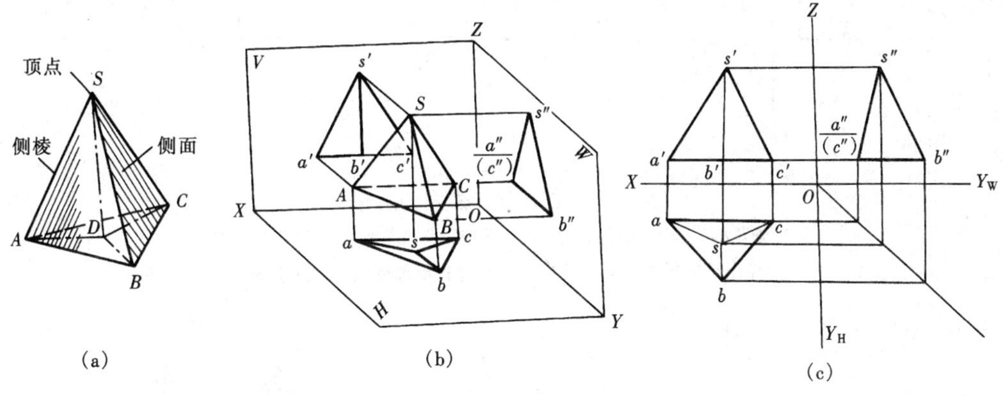

图 4-2 正三棱锥体的投影

（a）三棱锥体；（b）直观图；（c）投影图

正三棱锥的放置位置：底面为水平面，后侧面为侧垂面，左前、右前侧面为一般位置面。

在水平面上正三棱锥的投影为由三个三角形线框围成的大三角形线框。外形三角形线框是底面的投影，反映实形。顶点的投影 S 在三角形中心，它与三个角点的连线是三条侧棱的投影。三个小三角形是三个侧面的投影。

在正立面上正三棱锥的投影为三角形线框。水平线是底面的积聚投影；两条斜边和中间铅垂线是三条侧棱的投影。三角形线框内的小三角形分别为左右侧面的投影，外形三角形线框为后侧面的投影。

在侧立面上正三棱锥的投影为三角形线框。水平线是底面的积聚投影，斜边分别为后侧面的积聚投影及侧棱的投影。三角形线框是左右两个侧面的重合投影。

3. 投影特性

棱锥的三面投影，一个投影的外轮廓线为多边形，另两个投影为一个或若干个具有公共顶点的三角形。

综合上面两个例子，可知平面体的投影特点：

（1）求平面体的投影，实质上就是求点、直线和平面的投影。

（2）投影图中的线段可以仅表示侧棱的投影，也可能是侧面的积聚投影。

（3）投影图中线段的交点，可以仅表示为一点的投影，也可能是侧棱的积聚投影。

（4）投影图中的线框代表的是一个平面。

（5）当向某投影面作投影时，凡看得见的侧棱用实线表示，看不见的侧棱用虚线表示，当两条侧棱的投影重合时，仍用实线表示。

二、平面体投影图的画法

（1）已知四棱柱的底面及柱高，作四棱柱的投影图，画法如图 4－3 所示。

（2）已知六棱锥的底面及柱高，作六棱锥的投影图，画法如图 4－4 所示。

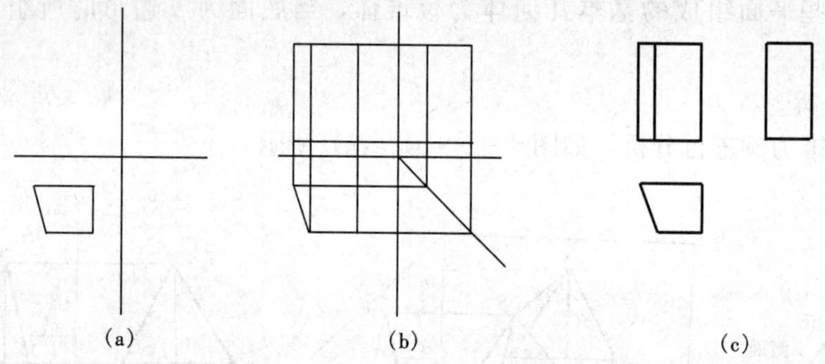

图 4－3　四棱柱投影图的画法

（a）画基准线及反映底面实形的水平投影；（b）按投影关系及柱高，作出正面投影和侧面投影；（c）检查整理底图，加深图线

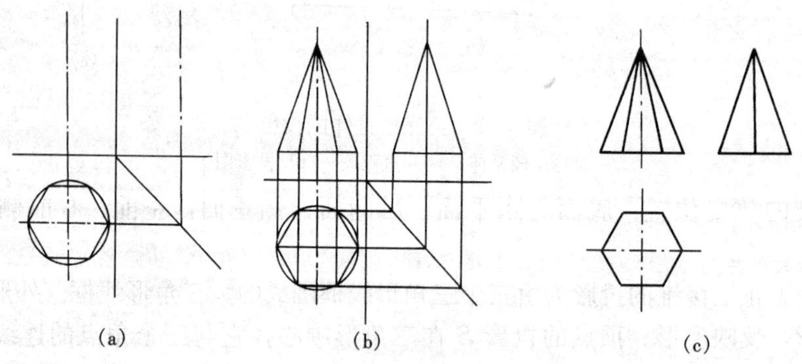

图 4－4　六棱锥投影图的画法

（a）画基准线及反映底面实形的水平投影；（b）按投影关系及柱高，作出正面投影和侧面投影；（c）检查整理底图，加深图线

三、平面体投影图的尺寸标注

平面体投影图的尺寸标注，须标注出形体的长、宽、高，尺寸要齐全，避免重复。长、宽尺寸应注写在反映实形的投影图上，高度尺寸尽量注写在正面和侧面投影图之间。表 4－1 为平面立体投影图的尺寸标注样式。

表 4-1 平面体的尺寸标注

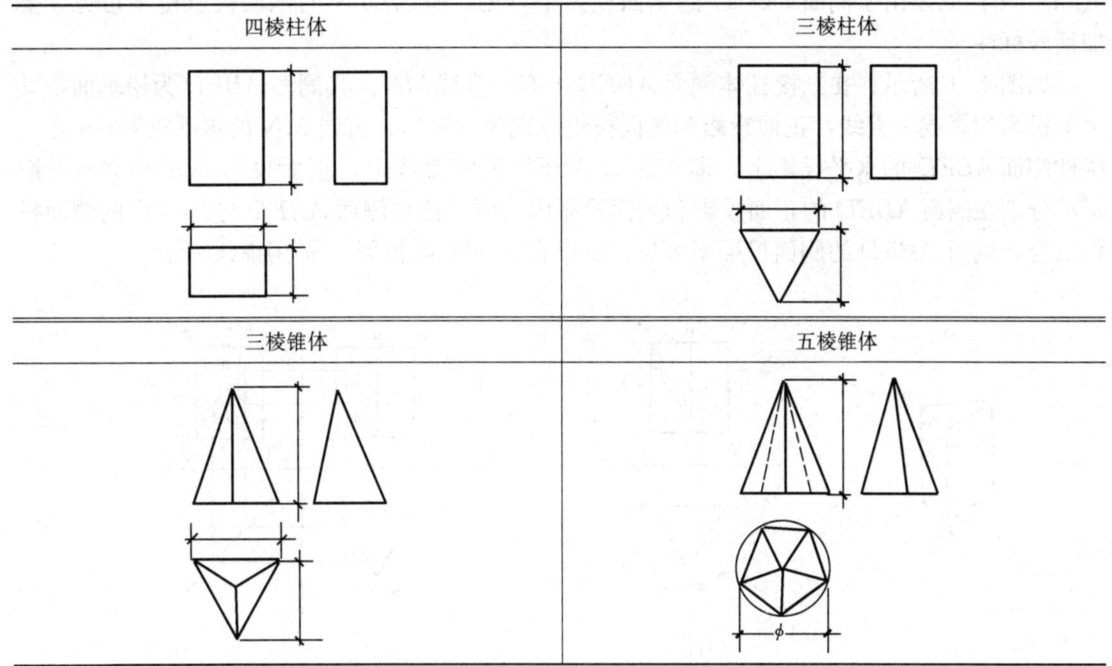

四、平面体表面上的点和直线

平面体表面上的点和直线的投影实际上就是平面上的点和直线的投影。但平面体是由若干平面图形依次围成的，在每一投影图上同一封闭线框内，总有形体两表面重叠在一起，一面为可见，一面为不可见。所以凡位于看得见表面上的点和直线是可见的，看不见表面上的点和直线是不可见的。作图时要判断平面体表面上的点和直线的可见性。

（一）棱柱体表面上的点和直线

棱柱体表面上点和直线投影的求解利用了其表面具有积聚性的投影特点。

如图 4-5 所示，在四棱柱体侧面 $ABFE$ 上有一点 M，在侧面 $DCGH$ 上有一点 N。侧面 $ABFE$ 为铅垂面，其水平投影积聚为一直线，其正面投影、侧面投影为矩形线框。点 M

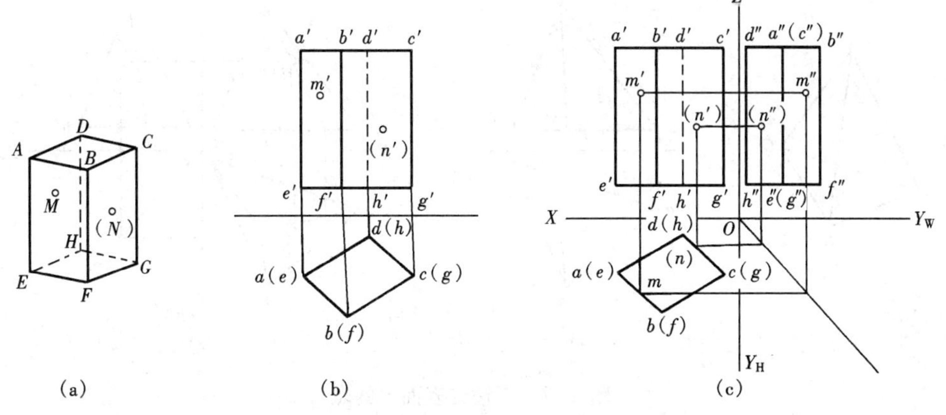

图 4-5 四棱柱表面上的点

（a）直观图；（b）已知；（c）作图

的水平投影 m 在侧面 $ABFE$ 的积聚水平投影上，根据 m、m'，可求得 m''。同理，可求得 n、n''。不同的是由于侧面 $DCGH$ 的侧面投影不可见，所以点 N 的侧面投影也不可见，要加括号标注。

如图 4-6 所示：在三棱柱体侧面 $ABED$ 上有一直线 MN。其侧面 $ABED$ 为铅垂面，其水平投影积聚成一直线，正面投影和侧面投影分别为一矩形，直线 MN 的水平投影 mn 在三棱柱侧面 $ABED$ 的水平投影上，即在侧面 $ABED$ 的积聚线上，正面投影 $m'n'$ 和侧面投影 $m''n''$ 分别在侧面 $ABED$ 的正面投影和侧面投影内。因三棱柱侧面 $ABED$ 与 $ADFC$ 的侧面投影重合，侧面 $ABED$ 的侧面投影不可见，所以直线 MN 的投影 $m''n''$ 用虚线表示。

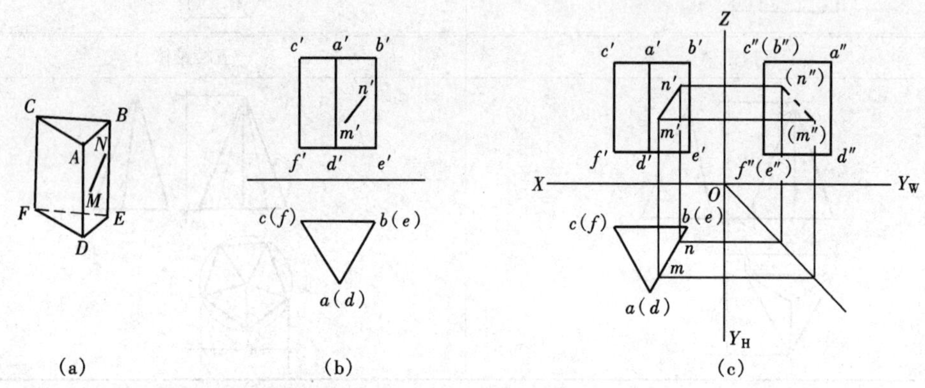

图 4-6 三棱柱表面上的直线

(a) 直观图；(b) 已知；(c) 作图

（二）棱锥体表面上的点和直线

棱锥体表面上点和直线投影的求解采用辅助线法。

如图 4-7 所示，在三棱锥侧面 SAB 上有一点 K，侧面 SAB 为一般位置平面，其三面投影为三个三角形线框。由于点 K 在侧面 SAB 上，因此点 K 的三面投影必定在侧面 SAB 上过点 K 的直线 SF 上。作图时，过点 K 作一直线 SF，点 K 在直线 SF 上，则点 K 的三面投影在直线 SF 的三面投影上，这种方法叫做辅助线法。

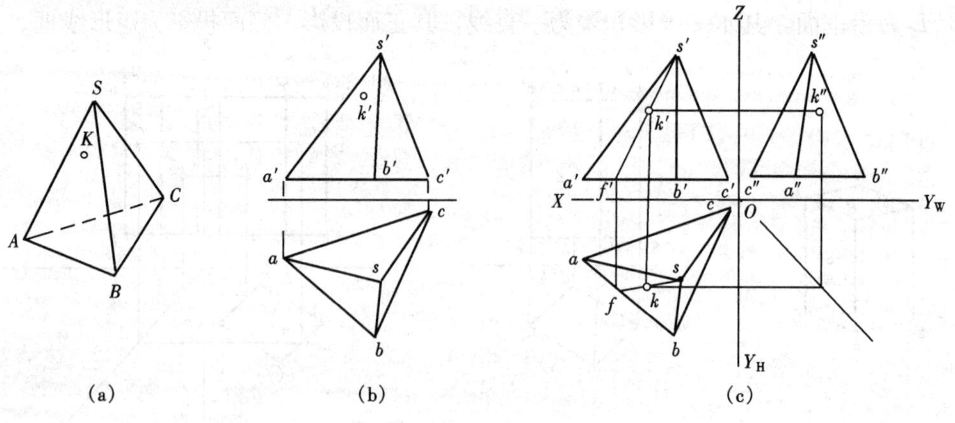

图 4-7 三棱锥表面上的点

(a) 直观图；(b) 已知；(c) 作图

如图 4-8 所示，在三棱锥侧面 SBC 上有一直线 MN，侧面 SBC 为一般位置平面，其三面投影为三个三角形线框。直线 MN 的三面投影 mn、$m'n'$ 和 $m''n''$ 分别在三棱锥侧面 SBC 的同面投影内，由于点 N 在侧棱 SB 上，点 N 可按直线上求点的方法求得。点 M 的投影用辅助线法可以求得。然后将 M、N 点的同面投影直线连接即为 MN 的投影。求得投影后还需判别可见性。由于 SBC 的侧面投影不可见，直线 MN 的侧面投影 $m''n''$ 亦为不可见，故用虚线表示。

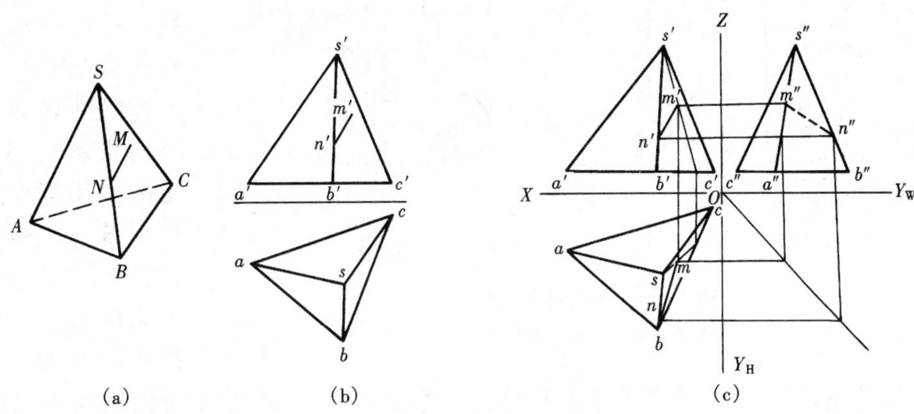

图 4-8 三棱锥表面上的直线

(a) 直观图；(b) 已知；(c) 作图

求点的投影是基础。如果求直线的投影，则把直线两端点的投影求出，然后连接两点的同面投影，并判断其可见性即可（看不见的线画虚线）。

第二节 曲面体的投影

建筑形体中，许多是由曲面或曲面与平面围成的基本体，这样的基本体为曲面体。作曲面体的投影图，实际上就是作组成曲面体的外轮廓线和平面的投影。

一、圆柱体、圆锥体和球体的投影

（一）圆柱体的投影

1. 圆柱体的形成

如图 4-9 所示，一直线 AA_1 绕与其平行的另一直线 OO_1 旋转一周后，其轨迹是一圆柱面。直线 OO_1 为轴，直线 AA_1 为母线，母线在圆柱面上任意位置时称为素线，圆柱面与垂直于轴线的两平行平面所围成的立体称为正圆柱体。我们所讲圆柱体均指正圆柱体。

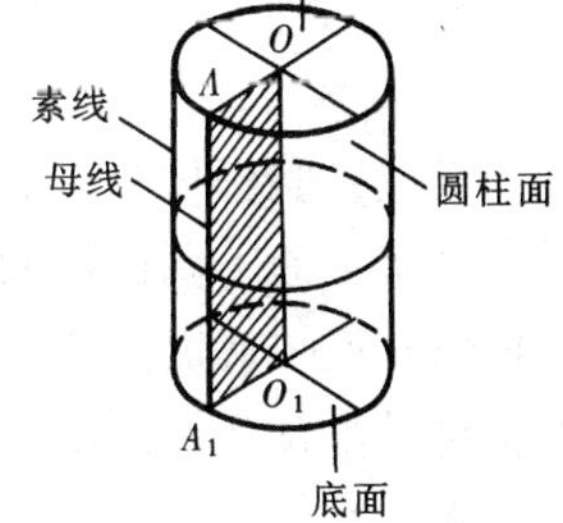

图 4-9 圆柱体的形成

2. 投影分析

现以一圆柱体［如图 4-10（a）所示］为例来进行分析。

在水平面上圆柱体的投影是一个圆，它是上下底面投影的重合，反映实形。圆心是轴线的积聚投影，圆周是整个圆柱面的积聚投影。

在正立面上圆柱体的投影是一个矩形线框，是看得见的前半个圆柱面和看不见的后半个圆柱面投影的重合，矩形的高等于圆柱体的高，矩形的宽等于圆柱体的直径。$a'b'$、$a_1'b_1'$ 是

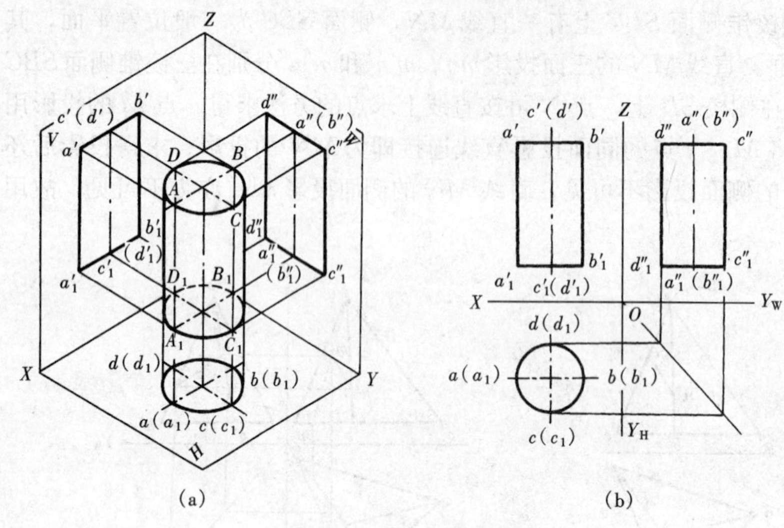

图 4-10 圆柱体的投影

(a) 直观图；(b) 投影图

圆柱上下底面的积聚投影。$a'a'_1$、$b'b'_1$是圆柱最左、最右轮廓素线的投影，最前、最后轮廓素线的投影与轴线重合且不是轮廓线，所以仍然用细单点长画线画出。

在侧立面上圆柱体的投影是与正立面上的投影完全相同的矩形线框，是看得见的左半个圆柱面和看不见的右半个圆柱面投影的重合，矩形的高等于圆柱体的高，矩形的宽等于圆柱体的直径。$d''c''$、$d''_1c''_1$是上下两底面的积聚投影。$c''c''_1$、$d''d''_1$是圆柱最前、最后轮廓素线的投影，最左、最右轮廓素线的投影与轴线重合且不是轮廓线，所以仍然用细单点长画线画出。

轴线的投影用细单点长画线画出。

3. 投影特性

圆柱的三面投影，一个投影是圆，另两个投影为全等的矩形。

（二）圆锥体的投影

1. 圆锥体的形成

如图 4-11 所示，由一条直线（母线 SN）以与其相交于点 S 的直线（导线 SO）为轴回转一周所形成的曲面为圆锥面。母线在圆锥面上任一位置时称为圆锥面的素线，圆锥面与垂直于轴线的平面所围成的立体称为正圆锥体。我们所讲圆锥体均指正圆锥体。

图 4-11 圆锥体的形成

2. 投影分析

现以一圆锥体为例进行分析，如图 4-12 所示。

在水平面上圆锥体的投影是一个圆，它是圆锥面和圆锥体底面的重合投影，反映底面的实形。圆的半径等于底圆的半径，圆心是轴线的积聚投影，锥顶的投影落在圆心上。

在正立面上圆锥体的投影是一个三角形线框，三角形的高等于圆锥体的高，三角形的底边长等于底圆的直径。三角形线框是看见的前半个圆锥面和看不见的后半个圆锥面投影的重合。$s'a'$、$s'b'$是圆锥面最左、最右两条轮廓素线的投影，最前、最后轮廓素线的投影与轴线重合且不是轮廓线，所以仍然用细单点长画线画出。

在侧立面上圆锥体的投影是一个三角形线框，与正立面上的投影三角形线框是全等的，它是看得见的左半个圆锥面和看不见的右半个圆锥面投影的重合。$s''c''$、$s''d''$是圆锥面最前、最后两条轮廓素线的投影，最左、最右两条轮廓素线的投影与轴线重合且不是轮廓线，所以

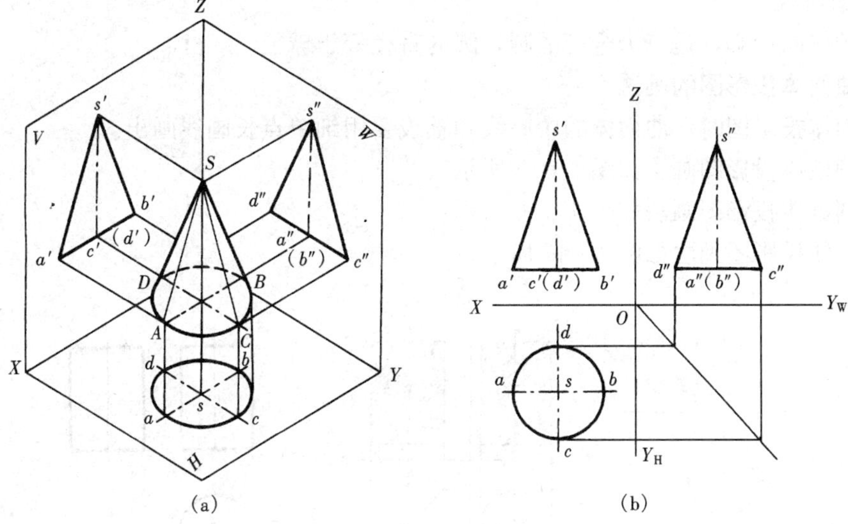

图 4-12 圆锥体的投影

(a) 直观图；(b) 投影图

仍然用细单点长画线画出。

轴线的投影用细单点长画线画出。

3. 投影特性

圆锥的三面投影，一个投影是圆，另两个投影是全等的三角形。

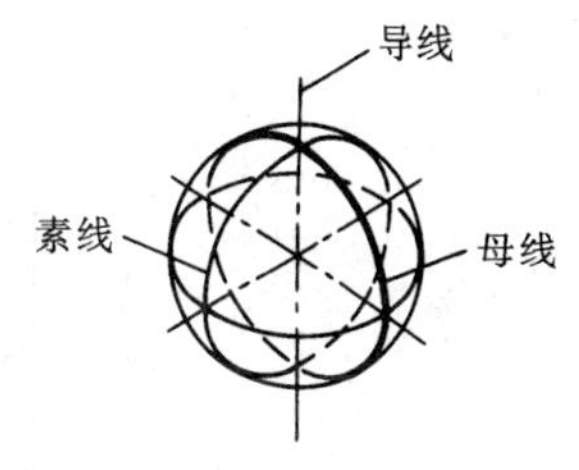

图 4-13 球体形成

（三）球体的投影

1. 球体的形成

如图 4-13 所示，以圆周为母线，绕着其本身的任意直径为轴回转一周所形成的曲面为球面，球面围成的立体称为球体。

2. 投影分析

现以一球体为例进行分析，如图 4-14 所示。

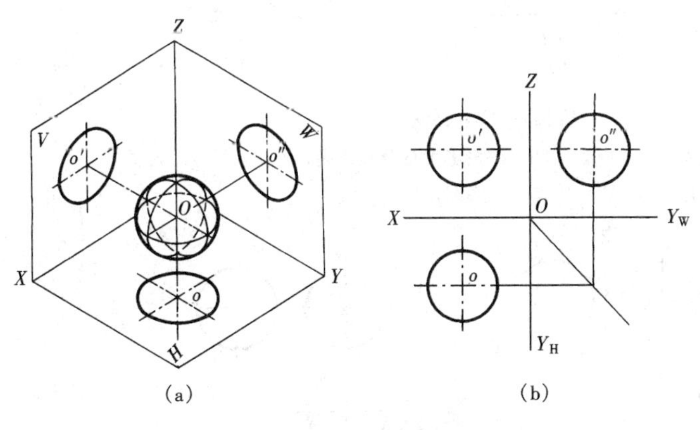

图 4-14 球体的投影

(a) 直观图；(b) 投影图

在水平面上球体的投影是一个圆，它是看得见的上半个球面和看不见的下半个球面投影的重合，该圆周是球面上平行于水平面的最大圆的投影。

在正立面上球体的投影是与水平投影全等的圆，它是看得见的前半个球面和看不见的后半个球面投影的重合，该圆周是球面上平行于正立面的最大圆的投影。

在侧立面上球体的投影是与水平投影和正立投影都全等的圆，它是看得见的左半个球面和看不见的右半个球面投影的重合，该圆周是球面上平行于侧立面的最大圆的投影。

3. 投影特性

球体的三面投影，是三个全等的圆，圆的直径等于球径。

二、曲面体投影图的画法

作曲面体投影图时，曲面体的中心线和轴线要用细单点长画线画出。

(1) 圆柱体投影图画法如图 4-15 所示。

(2) 圆锥体投影图画法如图 4-16 所示。

(3) 球体投影图画法如图 4-17 所示。

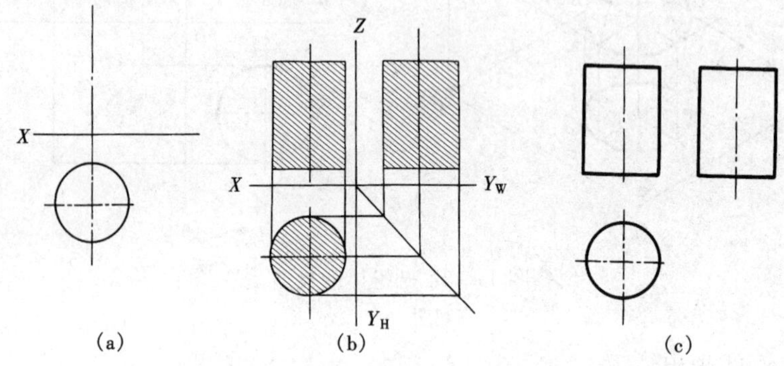

图 4-15 圆柱体投影图画法

(a) 画中心线及反映底面实形的投影；(b) 按投影关系及柱高，作出正面投影和侧面投影；(c) 检查整理底图，加深图线

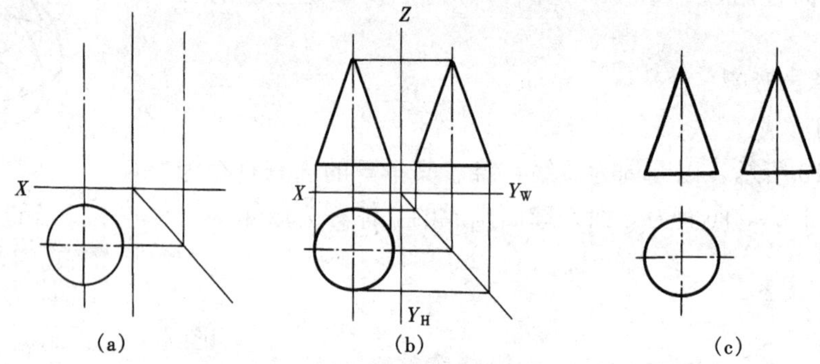

图 4-16 圆锥体投影图画法

(a) 画中心线及反映底面实形的投影；(b) 按投影关系及锥体高，作出正面投影和侧面投影；(c) 检查整理底图，加深图线

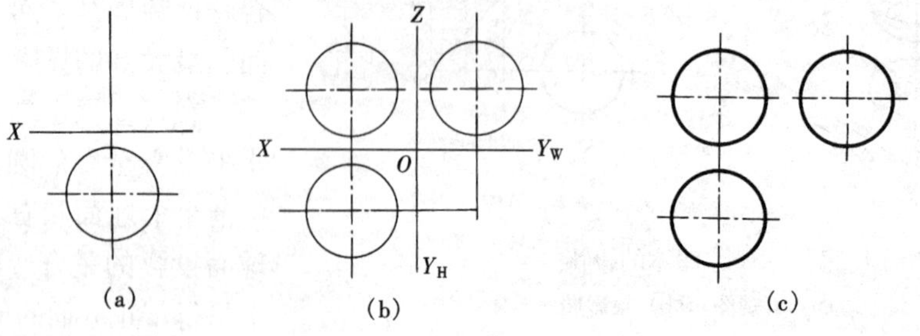

图 4-17 球体投影图画法

(a) 画水平投影的中心线及水平投影；(b) 按照投影关系作其他两投影；(c) 检查底图，加深图线

三、曲面体投影图的尺寸标注

曲面体投影图的尺寸标注原则与平面体的尺寸标注大致相同，表 4 - 2 为曲面体投影图的尺寸标注样式。

表 4 - 2　　　　**曲面体的尺寸标注**

圆柱体	圆锥体	球　体
φ	φ	φ

四、曲面体表面上的点和线

在曲面体表面上取点的方法与在平面体表面上取点类似。求曲面体表面上点的投影可通过该点在曲面上作线，求线的投影，然后利用线上点的投影原理，作出该点的投影。

（一）圆柱体表面上的点和线

求圆柱体表面上的点和线的投影，可利用圆柱表面投影的积聚性来解决。

如图 4 - 18（a）所示，圆柱体表面上有一点 A，该点在圆柱体右前方。它的水平投影在圆柱面水平投影的圆周上。它的正面投影在圆柱正面投影矩形的右前半边，为可见。其侧面投影在圆柱体侧面投影矩形的右半边，为不可见。已知 a'，求 a 时，可先过 a' 作 OX 轴的垂线，与水平投影上前半个圆周相交于 a，再利用投影规律可求出 a''，并判断可见性。a'' 不可见，故写成 (a'')。其投影图如图 4 - 18（b）所示。

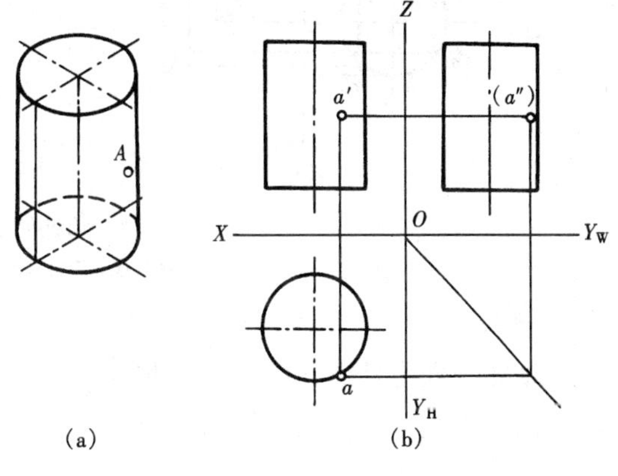

图 4 - 18　圆柱体表面上点的投影

（a）直观图；（b）投影图

求线的投影时，先求出点的投影，然后连线，并判断可见性。

【例 4 - 1】　已知圆柱体上线段 MKN 的 V 面投影，如图 4 - 19（a）、（b）所示，求该线段的另两面投影。

作法：

（1）由于圆柱在水平面上投影积聚成一个圆，MKN 线段在圆柱的前半个圆柱面上，故过 m'、n'，作竖直线与圆柱水平投影的前半个圆周相交，可得 m、n，而 K 点正好在圆柱的最前轮廓线上，可求得 k；由二求三可得 m''、n''、k''，如图 4 - 19（c）所示。

（2）判断可见性。MK 在左前圆柱面上，故 $m''k''$ 可见，而 KN 在右前圆柱面上，所以 $k''n''$ 不可见。

（3）用光滑的实线连 $m''k''$，用光滑的虚线连 $k''n''$ 即可，如图 4 - 19（d）所示。

（二）圆锥体表面上的点和线

求圆锥体表面上的点和线的投影，可采用两种方法求解，即素线法和纬圆法。

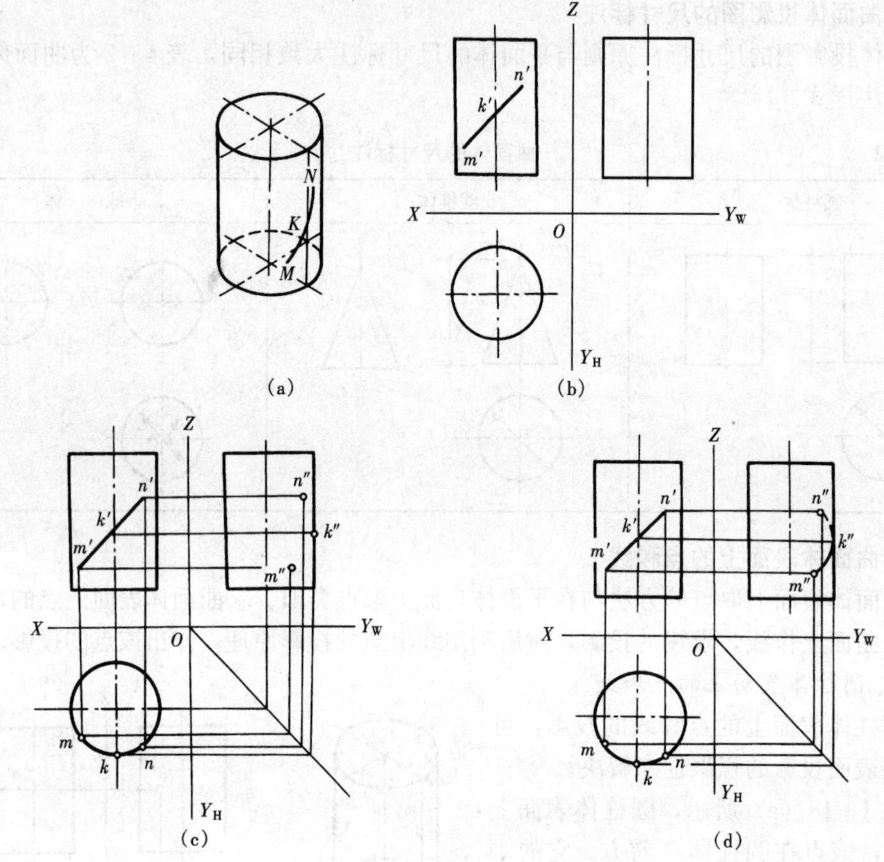

图 4-19 圆柱体表面上线段的投影

(a) 直观图；(b) 已知；(c)、(d) 投影图

1. 素线法

圆锥体表面上任意素线都通过顶点，已知圆锥体表面上一点，则过该点作素线，素线的投影找出，则线上点的投影即可求出。

【例 4-2】 已知圆锥体表面上点 K 的正面投影，如图 4-20（a）所示，求另两面投影。

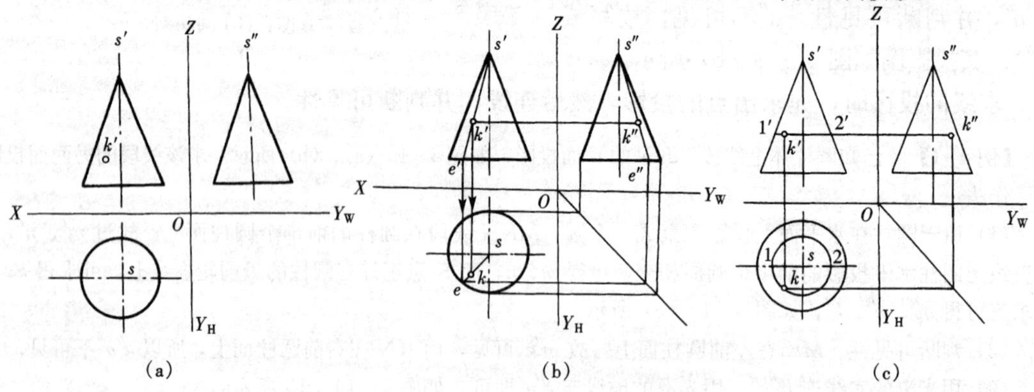

图 4-20 圆锥体表面上点的投影

(a) 已知；(b) 投影图（素线法）；(c) 投影图（纬圆法）

作法：

（1）过 K 点的正面投影 k' 作直线 $s'k'$ 交三角形的底边于 e'，则 E 点在圆锥底面上，因此 E 点的水平投影 e 落在圆锥水平投影的圆周上；又 E 点在前半个圆锥面上，从而水平投影 e 又落在前半个圆周上。过 e' 作 OX 的垂线交圆周于 e，连 s、e。

（2）利用点在线上的投影，过 k' 作 OX 的垂线交 se 于点 k，再利用投影规律即可求出 k''。

（3）判断可见性。K 点在左半个圆锥面上，所以 k、k'' 可见。如图 4－20（b）所示。

【例 4－3】　已知圆锥体表面上线段 $ABCD$ 的正面投影，求另两面投影，如图 4－21（a）所示。

作法：（1）过 A 点的正面投影 a' 作直线 $s'a'$，交三角形的底边于 e'，则 E 点在圆锥底面上，因此 E 点的水平投影 e 落在圆锥水平投影的圆周上，又 E 点在前半个圆锥面上，从而水平投影 e 又落在前半个圆周上。过 e' 作 OX 的垂线交圆周于 e，连 se。

（2）利用点在线上的投影，过 a' 作 OX 的垂线交 se 于 a，再利用投影规律即可求出 a''。同理可求得 b、c、d、b''、c''、d''。

（3）判断可见性。A、B、C 点在左前半个圆锥面上，所以 a、b、c、a''、b''、c'' 可见。而 D 点在右前半个圆柱面上，所以 d'' 不可见。用光滑的实线连 a''、b''、c''，用光滑的虚线连 c''、d'' 即可。如图 4－21（b）所示。

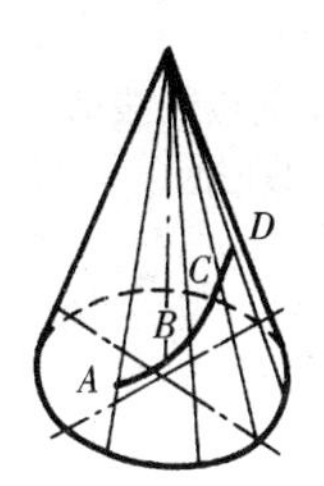

（a）

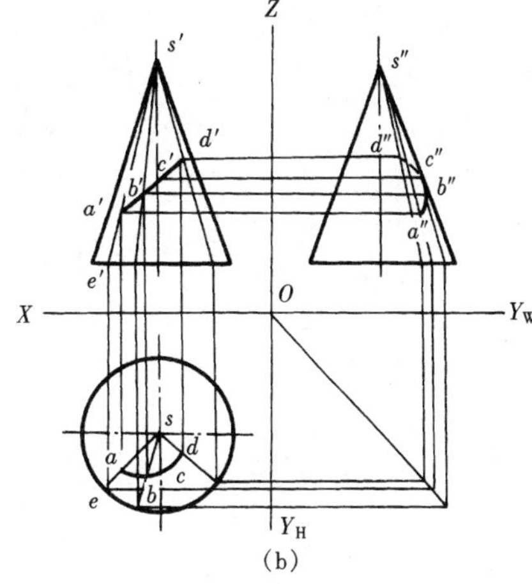

（b）

图 4－21　圆锥体表面上线段的投影

（a）直观图；（b）投影图

2. 纬圆法

【例 4－4】　用纬圆法求解［例 4-2］。

作法：

（1）过 k' 点作一纬圆（即与圆锥底面平行的圆），它的正面投影积聚成一直线 $1'2'$，则 $1'2'$ 的长即为该纬圆的直径。以 s 为圆心，以 $1'2'$ 的二分之一长为半径作圆，即纬圆在水平面上的投影，k 落在该圆周上。因为 K 在圆锥体前半个面上，故过 k' 作 OX 的垂线，交纬圆水平投影的前半个圆周于点 k。

（2）利用投影规律，求出 k''，K 点在圆锥左半个圆锥面上，从而 k、k'' 可见如图 4－20（c）所示。

（三）球体表面上的点和线

求球体表面上点和线的投影，可用纬圆法求解。求球体表面上线的投影就是把几个组成该线的点的投影求出后，判断可见性并依次连线即可。

【例 4－5】　已知一球体上点 A、B 的投影 a'、b'，如图 4－22（a）所示，求两点的另两面投影。

作法：

（1）A 点在球体表面左前上方，过 a 作一纬圆，在正面投影上积聚为一直线 $c'd'$，以水平投影的圆心为圆心，$c'd'$ 长的二分之一为半径画圆；过 a' 作 OX 轴的垂线，交该纬圆的水平投影圆周于 a 点。

（2）利用投影规律求得 a''，经判断均可见。

（3）B 为特殊点，在球体表面过球心与水平面平行的最大的圆周上，可直接求得 b，再求得 b''，因为 B 点在圆面的右前方，故 b'' 不可见，写成（b''），如图 4－22（b）所示。

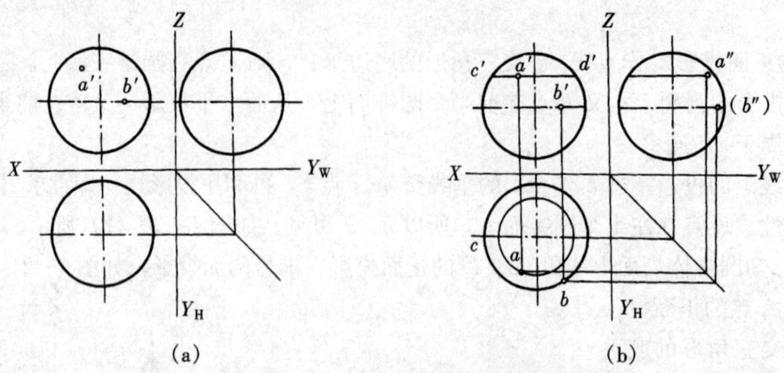

图 4-22　球体表面上点的投影

(a) 已知；(b) 投影图

第五章　组 合 体 的 投 影

在实际工程中，工程建筑物的形状多种多样，看似复杂，其实它们都是由一些基本形体（如棱柱、棱锥、圆柱、圆锥、球体等）按一定方式组合而成的。我们把这样的立体称为组合体。

组合体的组合方式有叠加式、切割式和综合式三种。

(1) 叠加式：组合体由若干个基本形体叠加或叠砌在一起而成。图 5-1 (a) 所示物体是由两个大小不同的长方体叠加而成的。

(2) 切割式：组合体由一个基本体经过若干次切割而成。图 5-1 (b) 所示物体是在一个长方体的上表面挖去一个小长方体后剩下的部分形成的。

(3) 综合式：组合体由基本体叠加和切割而成。图 5-1 (c) 所示物体的下部分是由一个长方体两边分别切去一个四棱柱，该长方体的中间切去一个三棱柱后剩下的形体；它的上部分是一个四棱柱切去一个三棱柱后成五棱柱，同时又叠加了一个半圆柱，然后上下部分叠加，组成了该组合体。

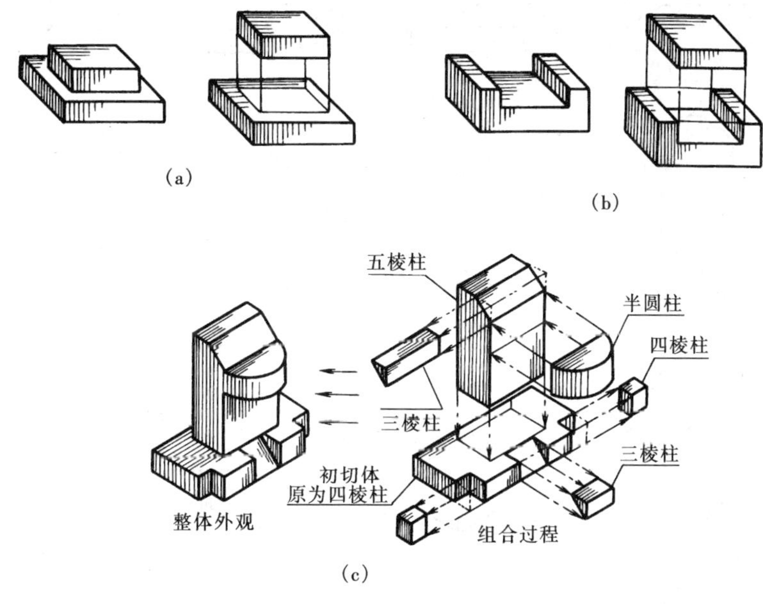

图 5-1　组合体的组合方式

(a) 叠加式；(b) 切割式；(c) 综合式

第一节　组合体投影图的画法

作组合体的投影图时，要将组合体分解成若干个基本形体，分析这些基本形体的组合形式、彼此间的连接关系及相互位置关系，最后根据分析逐一解决基本体的画图和读图问题，从而作出组合体的投影图。组合体投影图具体画法如下：

一、形体分析

一个组合体可以看作是由若干个基本几何体所组成，我们对这些基本体的组合形式、表面连接关系和相互位置进行分析，弄清各部分的形状特征，逐步进行作图，这种分析方法即形体分析法。

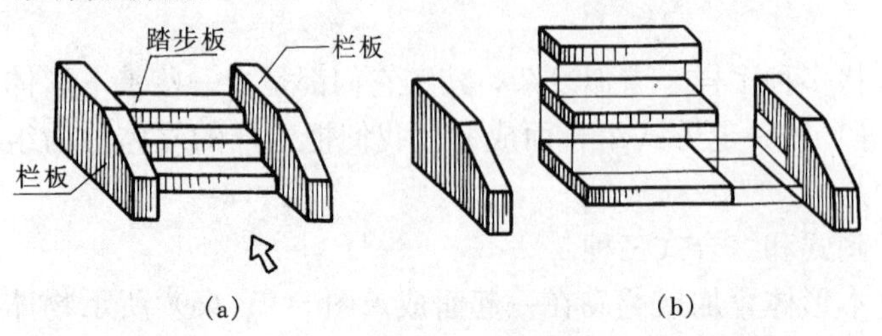

图5-2 形体分析

(a) 直观图；(b) 形体分析

图5-2所示是一台阶直观图，它可看作是由三块四棱柱体的踏步板按大小至下而上的顺序叠放，两块五棱柱体的栏板紧靠在踏步板的左右两侧叠加而成的。

无论是由哪一种形式组成的组合体，画它们的投影图时，都必须正确表示各基本体之间的表面连接关系和相互位置关系。所谓连接关系，就是指基本体组合成组合体时，各基本形体表面间真实的相互关系，如图5-3所示；所谓相互位置关系，就是以某一形体为参照，另一基本形体在组合体的前后、左右、上下等位置关系，如图5-4所示。

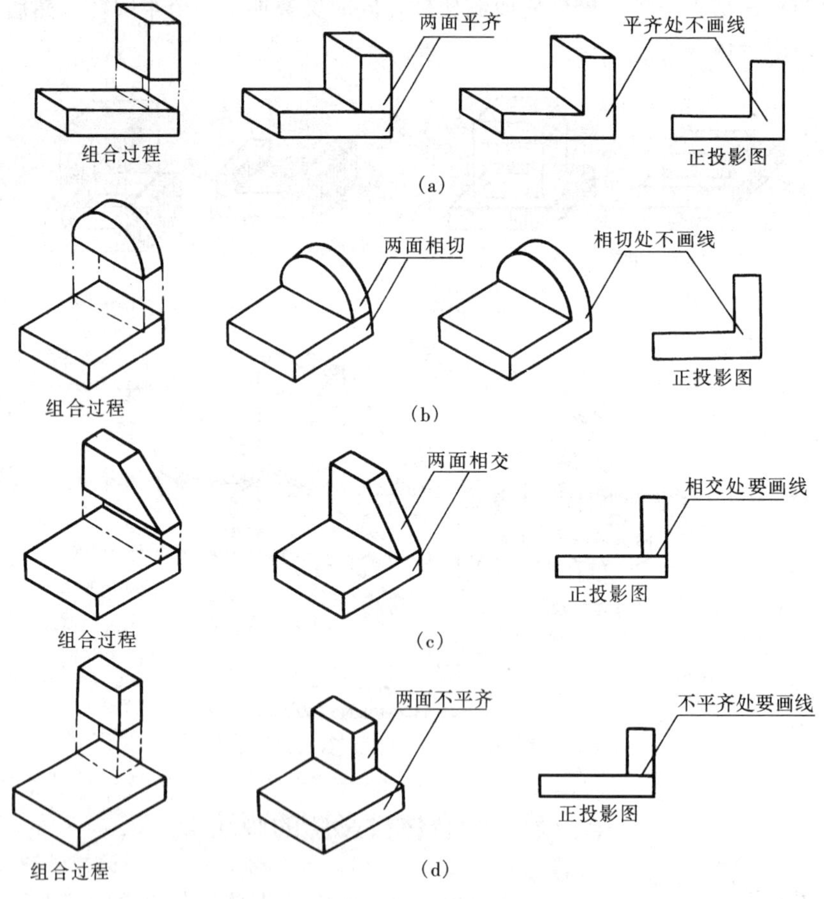

图5-3 形体表面的几种连接关系

(a) 表面平齐；(b) 表面相切；(c) 表面相交；(d) 表面不平齐

二、投影图的选择

原则：用较少的投影图把形体的形状完整、清楚、准确地表达出来，并且要合理使用图纸。

（一）确定组合体安放位置

确定组合体安放位置应注意以下四点：

（1）将最能反映构件或零件外形特征的那个面作为正立面；

（2）主要平面放置成投影面平行面；

（3）按照生活习惯放置；

（4）尽量减少图中的虚线。

如图 5-2 所示台阶应平放，箭头所示方向为正面投影方向，这样符合日常生活中人们对台阶的习惯使用，并且把主要平面放置成了投影面平行面。

（二）确定组合体的投影图数量

具体做法是：

（1）根据表达基本形体所需的投影图来确定组合体的投影图数量；

（2）抓住组合体的总体轮廓特征或其中某基本体的明显特征来选择投影图数量；

（3）选择投影图与减少虚线相结合。

如图 5-5 所示，台阶的三块踏步叠加在一起形成一个立体，两侧栏板是五棱柱体，它们共同组成该组合体，在侧面投影中可以比较清楚地反映出台阶的形状特征，故用正面投影和侧面投影即可将台阶表达清楚，如若仅用正面投影和水平投影就不能清楚地反映出其形状特征。

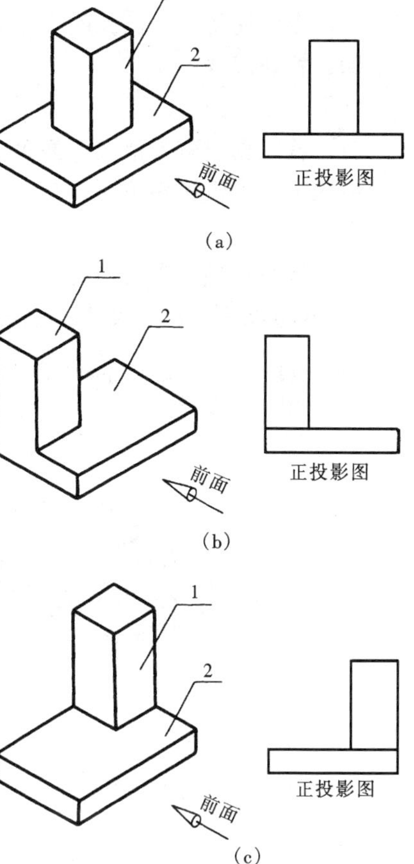

图 5-4 基本形体间的几种位置关系
（a）1 号形体在 2 号形体的上方中部；
（b）1 号形体在 2 号形体的左后上方；
（c）1 号形体在 2 号形体的右后上方

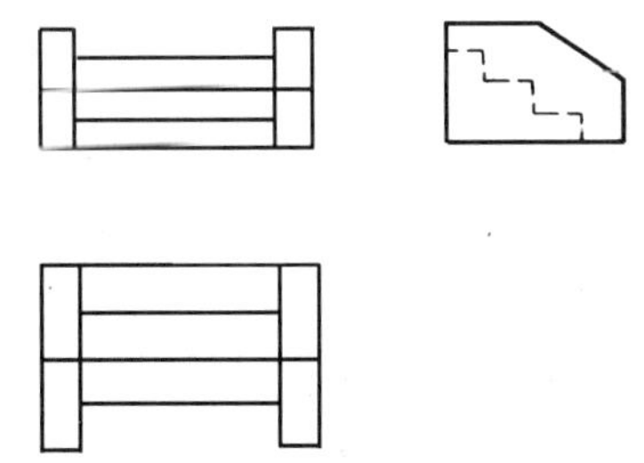

图 5-5 台阶的投影图

三、组合体投影图的画图步骤

（一）选择合适的比例图幅

根据形体大小所占位置，选择合适的比例、图幅。为了作图和读图方便，最好采用1∶1的比例。但是建筑物的构件大小不定，无法按实际大小作图，因而必须选择适当比例。当比例确定后，应进一步根据投影图所需要的面积，合理选择图纸幅面。

（二）布置投影图

首先画出图框、标题栏框，确定可以画图的界限。然后大致摆放三个投影图的位置，同时要留出标注尺寸的位置，布图要匀称。

（三）画底图并按规定的线型加深图线

按照形体分析的结果使用绘图工具画每一基本形体。画每一个基本形体时，先画出它最具形状特征的投影，后画其他投影。注意每一部分的三面投影须符合投影规律，先画主要部分的投影，再画次要部分的投影。组合体实际是一个不可分割的整体，形体分析仅仅是一种假设，所以要注意它们彼此间表面的连接关系。

四、标注尺寸

详见第二节内容。

五、检查图线有无错漏或多余

应用形体分析法想象形体的空间形状，看图是否与原给出的形体相符，做到读图与画图相结合。

六、填写标题栏内各项内容，后成图

做到投影关系正确，尺寸标注齐全、布图均匀合理、字体端正、线型明确、图面整齐干净。

【例 5-1】 已知一肋式杯形组合体的直观图，如图 5-6 所示，求作该组合体的三面投影图。

作法如图 5-7 所示。

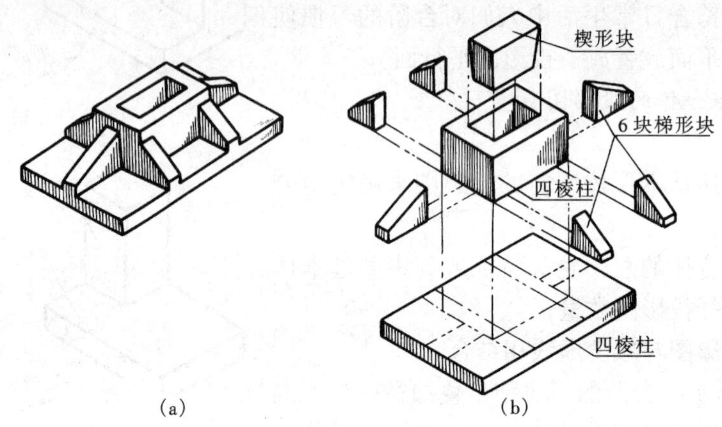

图 5-6 肋式杯形组合体

(a) 立体图；(b) 形体分析

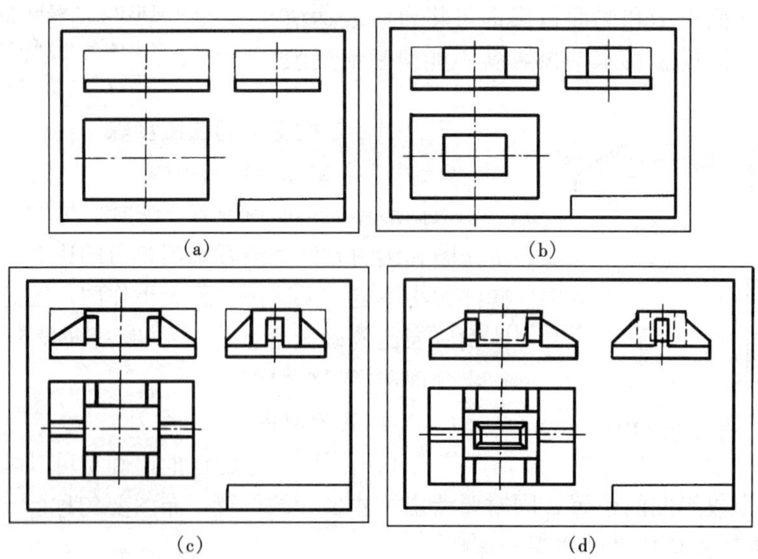

图 5-7 肋式杯形组合体作图步骤

(a) 布图、画底板；(b) 画中间四棱柱；

(c) 画六块梯形肋板；(d) 画楔形杯口，擦去底稿线，完成全图

第二节　组合体的尺寸标注

组合体投影图能够反映出物体的形状及各组成部分的相互连接关系，但同时还应标注出各基本体的大小，才能明确形体的实际大小和各部分的相对位置关系，所以要对组合体进行尺寸标注。

一、尺寸种类及尺寸基准

（一）尺寸种类

定形尺寸：用于确定组合体中基本体自身大小的尺寸，它通常由长、宽、高三项尺寸来反映。

定位尺寸：用于确定组合体中各基本体之间相对位置的尺寸。

总尺寸：用于确定组合体总长、总宽和总高的外包尺寸。

（二）尺寸基准

对于组合体，在标注定位尺寸时，须在长、宽、高三个方向分别选定尺寸基准，即要选择一个或几个标注尺寸的起点。通常选形体上某一明显位置的平面或形体的中心线为基准位置。长度方向一般可选择左侧面或右侧面为基准；宽度方向可选择前侧面或后侧面为基准；高度方向一般以底面或顶面为基准；若物体是对称的，还可选择对称线或轴线为基准。

二、尺寸的标注方法

以图 5-6 中的肋式杯形组合体为例，对它的投影图进行尺寸标注。如图 5-8 所示。

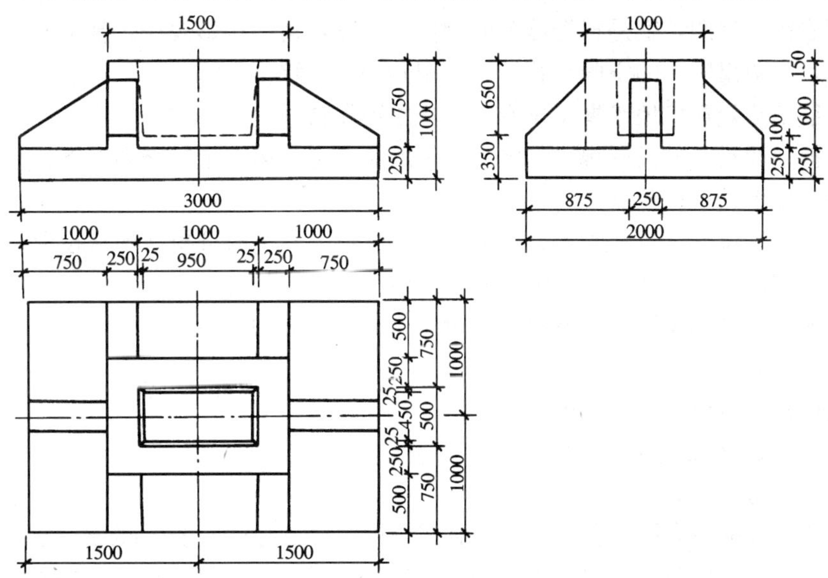

图 5-8　肋式杯形组合体的尺寸标注

（1）进行形体分析，弄清反映在投影图上有哪些基本体。如图 5-6（b）所示，它是由一个四棱柱、另一个被挖去一个楔形块的四棱柱和六个梯形块组合而成的组合体。

（2）标注定形尺寸，一般按从小到大的顺序进行标注，并把一个基本体的长、宽、高尺寸依次标注完之后，再标注其它形体的尺寸，以防遗漏。如图水平投影中四棱柱底板长 3000，宽 2000；四棱柱长 1500，宽 1000；前后肋板长均为 250，宽均为 500；左右肋板长均为750，宽均为250；楔形杯口上底长宽为1000×500，下底长宽为850×450；从正面投影图和侧面投影图中看到它们的高依次为250、750、600、100、600、100、650、250等。

(3) 标注定位尺寸，按常规选定基准。杯口距四棱柱的左右侧面的定位尺寸为250，距四棱柱前后侧面尺寸250；杯口底距四棱柱顶面650；左右肋板定位尺寸为875，高度方向定位尺寸250；同理，前后肋板的定位尺寸为750、250。

(4) 标注组合体的总尺寸。组合体的总长3000，总宽2000，总高1000。

(5) 检查全图，看尺寸标注是否标准、齐全、合理。有时组合体形状变化多，定形尺寸、定位尺寸和总尺寸有时可以相互兼代。

三、标注尺寸的注意事项

(1) 尺寸标注要完整、清晰、易读；

(2) 尺寸不要重复标注；

(3) 尽可能避免在虚线上标注尺寸；

(4) 尺寸应尽量注写在反映形体特征的投影图上；

(5) 尺寸排列要大尺寸在外，小尺寸在内；

(6) 尺寸最好注写在图形之外，并布置在两个投影图之间，某些局部尺寸允许注写在轮廓线内，但任何图线不得穿越尺寸数字。

第三节 组合体投影图的识读

读图即看图、识图，就是根据给定的物体投影图，运用投影规律、基本的方法，对投影图进行分析，想象出物体的空间形状，即从图到物的过程。

一、读图前应较熟练地掌握正投影的基本原理和特性

(1) 掌握三面投影的投影规律，熟悉立体的长、宽、高三个尺度和上下、左右、前后六个方向在投影图上的对应位置。

(2) 掌握各种位置的点、直线、平面的投影特性，并进行分析，即从投影图上的点、线段、线框来确定线面的空间位置、形状和在形体上的对应位置。

(3) 掌握基本体的投影图，并熟悉其投影特性，如棱柱、棱锥、圆柱、圆锥、球体等，为形体分析打基础。

二、读图基本方法及识图步骤

(一) 识读组合体投影图的方法

1. 形体分析法

就是在组合体的投影图上分析其组合方式，把组合体分解成若干部分，分析该组合体各组成部分的形状以及各表面连接关系、相对位置关系后，综合起来确定组合体的空间形状和结构的分析方法。

【例5-2】 根据三面投影图想象物体的形状，如图5-9所示。

解 (1) 了解投影图，看组合体是由哪几部分组成，按投影图分析出各个部分的形状。如图5-9 (a) 所示将正立面图可看成1′、2′、3′三个部分，按照投影的三等关系可知，四边形1′在水平面与侧立面中对应的是1、1″线框，就可确定该组合体的最后边是一个四棱柱Ⅰ。正立面中的半圆形2′所对应的另两面投影是矩形2和2″线框，由此可知组合体中间的组成部分是半圆柱Ⅱ。再看正立面中的3′线框是三角形，在投影图中与它对应的另两面投影是矩形 3 和矩形 3″，由此可知它的空间形状是三棱柱Ⅲ。

（2）根据投影确定各组成部分在整个形体中的相对位置及表面连接关系。由投影知 V 面投影图反映组合体各组成部分上下、左右的位置关系，H 面投影图反映组合体各组成部分的前后、左右位置关系，W 面投影图反映组合体各组成部分上下、前后位置关系。于是从各投影图中可知，Ⅰ在最后面，Ⅱ在中间，Ⅲ在最前面，并且Ⅲ低于Ⅱ，Ⅱ低于Ⅰ。该组合体是左右对称的。

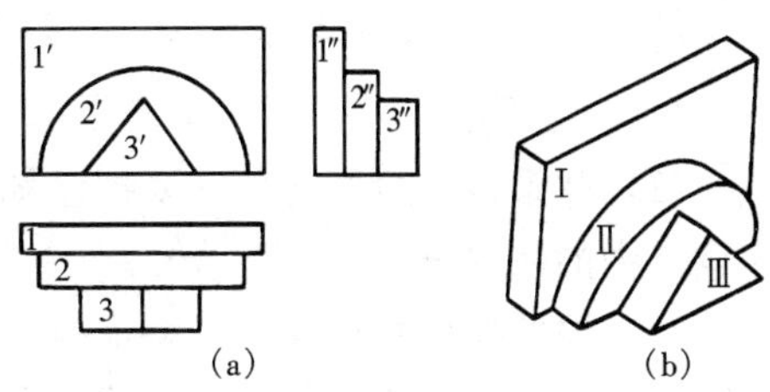

图 5-9　读组合体的投影图
（a）投影图；（b）直观图

（3）综合以上分析，可以想象出整个组合体的形状和结构，如图 5-9（b）所示。

（4）想象出组合体后与投影图对照，检查看二者之间的关系是否吻合。

2. 线面分析法

线面分析法就是根据线、面投影特性，依据组合体投影图上的线段及线框，找出它们对应的投影，分析组合体各局部的空间形状，从而想象出组合体的局部及整体的形状的分析方法。

通常，投影图中每一封闭线框，都是组合体一个面的投影；而任一条线，可表示为有积聚性的一个面、两个面的交线或曲面的轮廓素线。

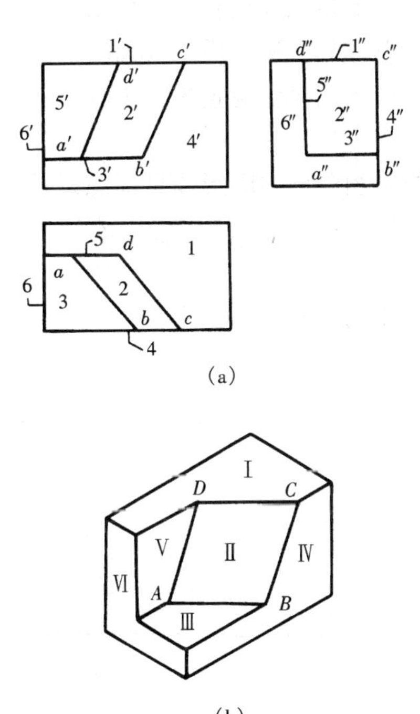

图 5-10　读组合体的投影图
（a）投影图；（b）直观图

【例 5-3】　想象出图 5-10（a）所示物体的形状。

解　（1）了解投影图 5-10（a）。投影图中均为直线、无曲线、有斜线，说明有平面、无曲面、有斜面，三个投影图的外形线框都是矩形，说明该组合体是长方体经过一定的切割而成的。内部的一些线条可视为若干面截割成的孔、洞、槽等。

（2）线面分析。由于投影图比较复杂，为了防止混淆，我们标上一些符号。在水平面上标注线框 1，据投影规律，找见 1′、1″；可知Ⅰ是水平面；在水平面上标注线框 2，同理找见 2′、2″，三个投影三个线框说明是一般位置面；根据线框 3，可找见 3′、3″，可知也是水平面，在正立面上标注线框 4′，可找见 4、4″，可判断出Ⅳ是正平面；同理可得Ⅴ是正平面，Ⅵ是侧平面。

（3）想象整体。先想出长方体，在它的上、前、左定出Ⅰ、Ⅳ、Ⅵ面，再定Ⅱ、Ⅲ、Ⅴ平面后，可知，该组合体原是一长方体被Ⅱ、Ⅲ、Ⅴ面截割一个上底为斜面的四棱柱体后剩下的部分。见图 5-10（b）。

（4）对照想象出组合体，检查与投影图是否吻合。

当然，形体分析法和线面分析法各有自己的特点，但这两种方法并不是截然分开的，它们相互关联，相互补充，在整个读图过程中会穿插进行。

3. 画轴测图法

画轴测图法就是利用画出正投影图所示物体的轴测图，来想象和确定组合体空间形状的方法。

（二）识图要点及步骤

1. 识图要点

（1）联系各个投影想象。要把已知条件中所给的几个投影图全部联系起来识读，不能只注意其中的一部分。

（2）注意找出特征投影。特征投影就是能使某一形体区别于其他形体的投影。找出特征投影后，就能有助于形体分析和线面分析，进而想象出组合体的形状。

（3）明确投影图中直线和线框的意义。在一组投影图中，每一条线，每一个线框都有它具体的意义。如一条直线表示一条棱线还是一个平面？一个线框表示一个曲面还是平面？这些问题在识读过程中是必须弄清的，是识图的主要内容，必须予以足够的重视。

2. 识读步骤

（1）认识投影抓特征。大致浏览已知条件有几个投影图，并注意找出其中的特征投影。

（2）形体分析对投影。注意特征投影后，就进行形体分析。首先注意组合体中各个基本体的组成、位置及表面连接关系。

（3）综合起来想整体。经过上述两步的分析，即可想象出图中所给的立体形状了。

形体的投影图比较复杂，较难理解时，就需要进行线面分析。

（4）线面分析攻难点。用线面分析法对难理解的线和线框，根据其投影特点进行分析，同时根据本节中线和线框的意义进行判断和选择，然后想出形体细部或整体的形状。

总体来说：读图时，先看大概，再作细致分析；先用形体分析法，后用线面分析法；从外部到内部，从局部到整体，最后想象出形体，将其与投影图相对照检查是否吻合。

三、组合体投影图的补图、补线

识读组合体投影图是识读专业施工图的基础。由三投影图联想空间形体是训练识图能力的一种有效的方法。但也可通过已给两面投影补画第三面投影；或给出不完整、有缺线的三面投影，通过补全图样中图线的方法来训练画图和识图能力。

这两种方法，前者称为补图，后者称为补线。二者所用的基本方法仍为：

形体分析法、线面分析法、画轴测图法。

【例 5-4】 已知形体的水平、正面投影图，补绘侧面投影图。如图 5-11（a）、（b）所示。

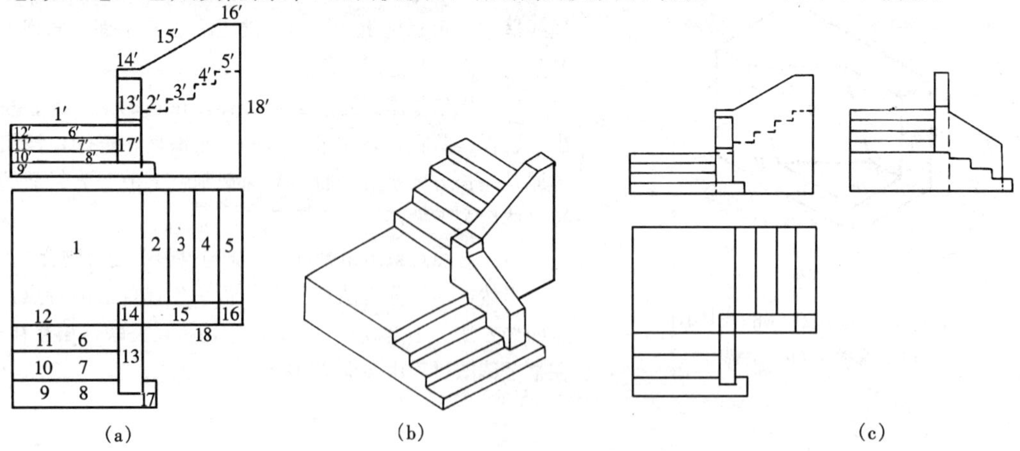

图 5-11 补画组合体的投影图

（a）已知；（b）直观图；（c）三面投影图

（1）了解投影图。由水平、正面投影图可看出，形体是一转角踏步，它是由几个四棱柱叠加或被截割后组成的。

（2）用形体分析法和线面分析法确定各组成部分的形状与位置，从而想出整体。从形体分析法可看出从前往后水平叠放了 4 个四棱柱，形成 4 个踏步，且最上平面成为休息平台，从左往右同样叠放了 4 个四棱柱；有两个栏板，应用线面分析法分析，为了不易混淆，给每个线框编号见图，如图框 13′、13，可以判断该面是个斜面，按上例依次进行分析，不难想象出形体的空间形状，如图 5 - 11（b）所示。

（3）补画侧面投影。读完图后就可了解形体空间形状，由已知，根据三等规律投影关系，可补出侧面投影，把图形与形体互相对照进行检查。最后加深图线，完成补图，如图 5 - 11（c）所示。

【例 5 - 5】 补出图 5 - 12（a）所示水平投影图上缺画的图线。

（1）了解投影图并进行分析。观察正面投影外轮廓可知，形体是带有正垂面（斜直线表示）的四棱柱体，再看侧面外轮廓可知，在四棱柱前，还有一个高度较小的长方体，中间横向有一条虚线。再对应正面上，可见该长方体中间上方切去一个小长方体，形成一个凹字形槽口，故侧面投影上有虚线。

由此可知，正面的斜直线是代表一个矩形的正垂平面，因为侧面上对应的投影是一个矩形线框，所以在水平投影面上也应对应地画出一个类似的矩形线框。前方长方体顶面的正面投影，为凹字形的折线，所以水平面对应位置一定是三个并排的矩形线框，呈“四”字形，立体图形如图 5 - 12（b）所示。

（2）补线。根据以上分析，先画后方四棱柱上正垂面的水平投影，它是一个矩形线框。后画出前方开槽长方体的水平投影，它是一个“四”字形线框的投影。最后检查、加深图线、完成补图，如图 5 - 12（c）所示。

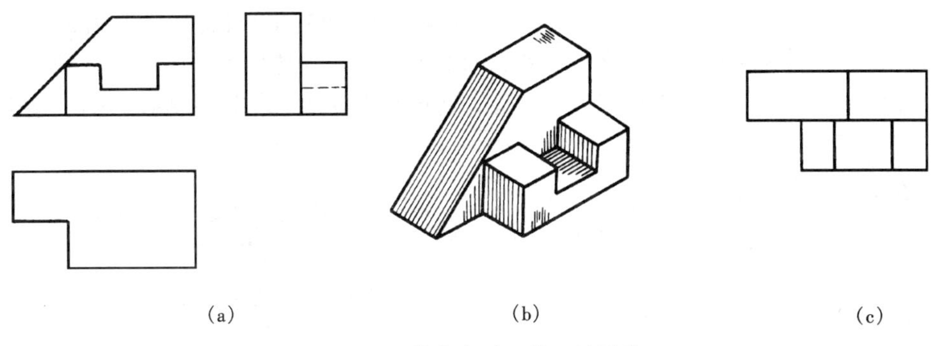

(a) (b) (c)

图 5 - 12 补出水平面缺画的图线

（a）已知；（b）直观图；（c）水平投影图

第六章 轴 测 投 影

第一节 轴测投影的基本知识

前面所学的正投影图是将物体放在三个互相垂直的投影面之间，分别作出它的 H 投影、V 投影和 W 投影，用三个图形共同表示一个物体的形状，如图 6-1（a）所示。

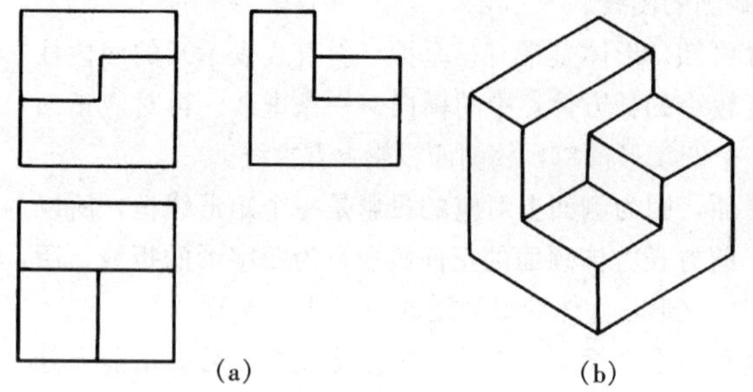

图 6-1 物体的正投影图和轴测投影图
（a）正投影图；（b）轴测投影图

正投影图能够比较完整、准确地表达物体的形状和大小，并且作图也较为简便，是工程上普遍采用的图示方法。但这种图样缺乏立体感，要有一定的识图能力才能看懂。为了便于识图，在工程中经常采用一种富有立体感的投影图来表示物体，作为辅助图样，这种投影图称为轴测投影图，简称轴测图，如图 6-1（b）所示。

轴测图是用一个图形表示出物体的形状，具有较强的立体感，容易看懂。但也存在一定的缺点，它不能准确地反映物体各侧面的实形、大小及比例尺寸。因此，轴测投影图在应用上具有一定的局限性。在给排水、采暖、通风等专业中，常用轴测投影图表达各种管道系统。

一、轴测投影的形成

轴测投影属于平行投影，它是选取适当的投影方向，将物体连同确定物体长、宽、高三个尺度的直角坐标轴，用平行投影的方法投影到一个选定的投影面（轴测投影面）上而形成的，如图 6-2 所示。应用轴测投影的方法绘制的投影图，称为轴测投影图，简称轴测图，一般称为直观图或立体图。

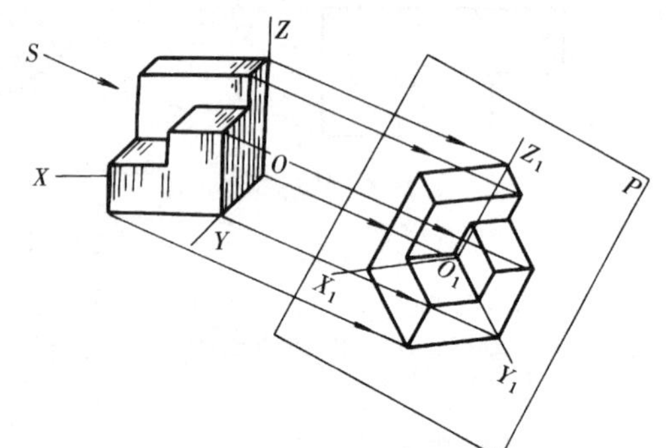

图 6-2 轴测投影的形成

二、轴测投影的种类及特点

（一）轴测投影的种类

按投影方向与轴测投影面的相对位置，轴测投影图分为正轴测图和斜轴测图两大类。当物体的三个直角坐标轴与轴测投影面倾斜，投影线垂直于投影面时，所得到的轴测投影图称为正轴测投影图，简称正轴测图，如图 6-3 所示；当物体两个坐标轴与轴测投影面平行，投影线倾斜于投影面时，所得到的轴测投影图称为斜轴测投影图，简称斜轴测图，如图 6-4 所示。

（二）轴测投影的特点

轴测投影是按照平行投影原理作出的，所以它仍具有平行投影的投影特点：

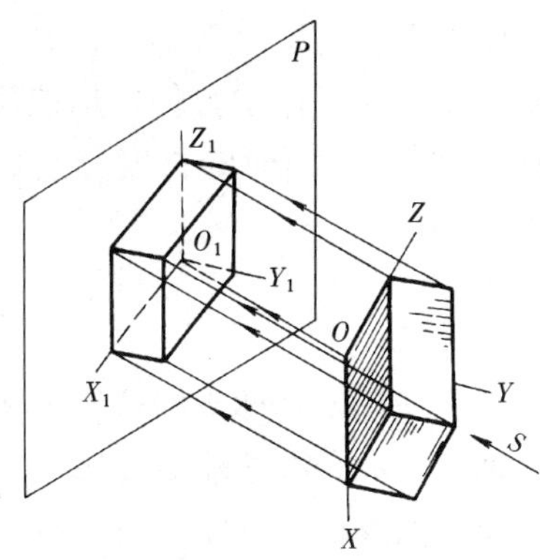

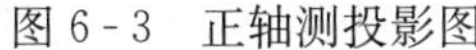
图 6-3 正轴测投影图

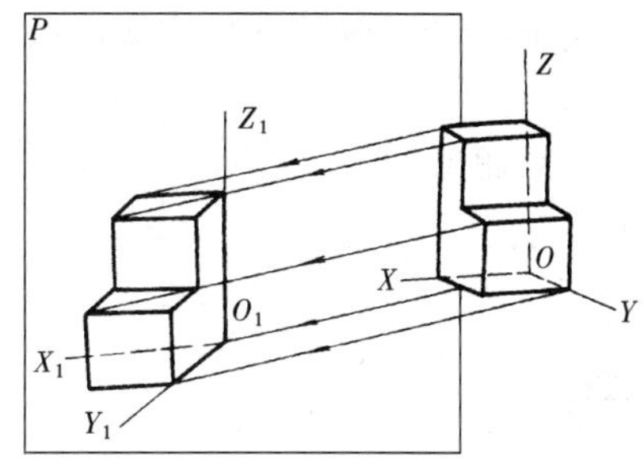

图 6-4 斜轴测投影图

（1）空间互相平行的直线，它们的轴测投影仍然互相平行。

（2）凡物体上与三个坐标轴平行的直线尺寸，在轴测图中均可沿轴的方向量取。

（3）与坐标轴不平行的直线，其投影可能变长或缩短，不能在图上直接量取尺寸，要先定出直线两端点的位置，再画出该直线的轴测投影。

（4）空间两平行直线线段之比，等于它们的轴测投影之比。

三、轴间角及轴向变形系数

在轴测投影中，确定物体长、宽、高三个尺度的直角坐标轴 OX、OY、OZ 在轴测投影面上的投影分别为 O_1X_1、O_1Y_1、O_1Z_1，称为轴测轴。相邻两轴测轴之间的夹角，即 $\angle X_1O_1Z_1$、$\angle Z_1O_1Y_1$、$\angle Y_1O_1X_1$，称为轴间角，且三个轴间角之和为 360°。

在轴测投影中，轴测轴上某段长度与其空间实际长度之比，称为轴向变形系数，分别用 p、q、r 来表示，即：

$$p=\frac{O_1X_1}{OX}\quad q=\frac{O_1Y_1}{OY}\quad r=\frac{O_1Z_1}{OZ}$$

轴间角和轴向变形系数是绘制轴测图的重要元素。由于物体各面或投影线对轴测投影面的倾斜角度不同，同一物体可以画出无数个不同的轴测投影图。在这里仅介绍最常用的三种轴测投影。

（一）正等测图

当确定物体空间位置的直角坐标轴 OX、OY 和 OZ 与轴测投影面的倾角相等时，所得到的轴测投影图称为止等测轴测图，简称正等测图，如图 6-5 所示。

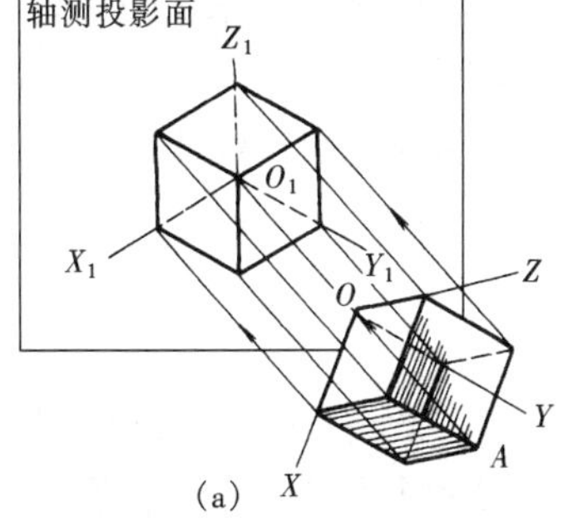

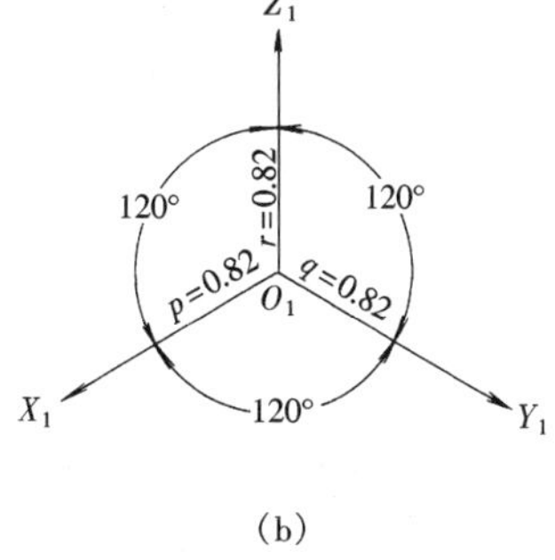

图 6-5 正等测轴测投影

（a）正等测轴测投影的形成；（b）轴间角和轴向变形系数

正等测图的三个轴间角相等，即$\angle X_1O_1Z_1$、$\angle Z_1O_1Y_1$、$\angle Y_1O_1X_1$都是120°，并使O_1Z_1为铅垂线。三个轴测轴的变形系数p、q、r均为0.82。为了作图方便，均取简化变形系数为1，这样画出的轴测图，比实际投影所得到的轴测图，沿轴向的长度分别放大了约1.22倍。

（二）斜轴测图

1. 斜二测图

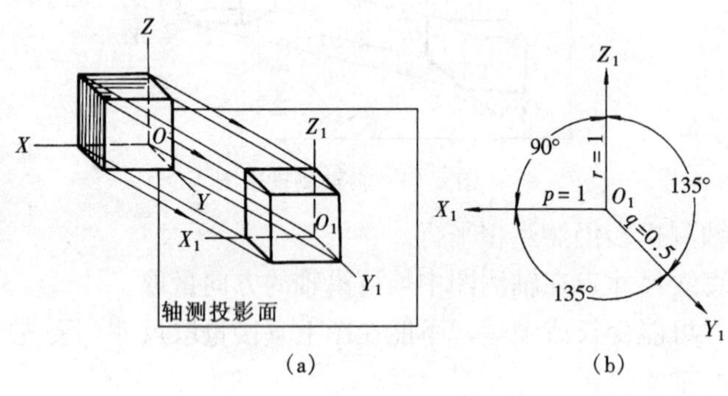

图6-6 斜二测轴测投影

(a) 斜二测轴测投影的形成；(b) 轴间角和轴向变形系数

当确定物体空间位置的直角坐标轴OX和OZ与轴测投影面平行，即坐标面XOZ平行于轴测投影面，投影线方向与轴测投影面倾斜成一定的角度时，所得到的轴测投影图称为斜二测轴测图，简称斜二测图，如图6-6所示。

斜二测图的轴间角$\angle X_1O_1Z_1$为90°，$\angle Y_1O_1X_1$与$\angle Z_1O_1Y_1$常取135°，并使O_1Z_1轴为铅垂线。由于空间坐标面XOZ平行于轴测投影面，所以其轴测投影O_1X_1与O_1Z_1的长度不发生变化，即$p=r=1$，q取0.5。

2. 斜等测图

斜等测图的形成与斜二测图的形成相同，仅OY轴的轴向变形系数不同，即q取1。

第二节 轴测投影图的画法

画轴测投影图常用的方法有坐标法、切割法和叠加法等。坐标法是最基本的方法，切割法和叠加法是以坐标法为基础的。在作图时，往往是几种方法混合使用。

坐标法是根据物体表面上各点的坐标，画出各点的轴测图，然后依次连接各点，即得该物体的轴测图。

切割法是将切割型的组合体，看作一个完整的、简单的基本形体，作出它的轴测图，然后将多余的部分逐步地切割掉，最后得到组合体的轴测图。

叠加法是将叠加型的组合体，用形体分析的方法，分成几个基本形体，再依次按其相对位置逐个地作出轴测图，最后得到整个组合体的轴测图。

轴测图的可见轮廓线宜用中实线绘制，不可见轮廓线一般不绘出，必要时，可用细虚线绘出所需部分。

一、平面体轴测图的画法

（一）正等测图

画正等测图时，首先应画出正等测图的轴测轴。一般将O_1Z_1轴画成铅垂位置，再用丁字尺和三角板配合，作出O_1X_1轴、O_1Y_1轴与水平线的夹角为30°，如图6-7所示。

【例6-1】 用坐标法作长方体的正等测图。

解 作图的方法和步骤如图6-8所示。

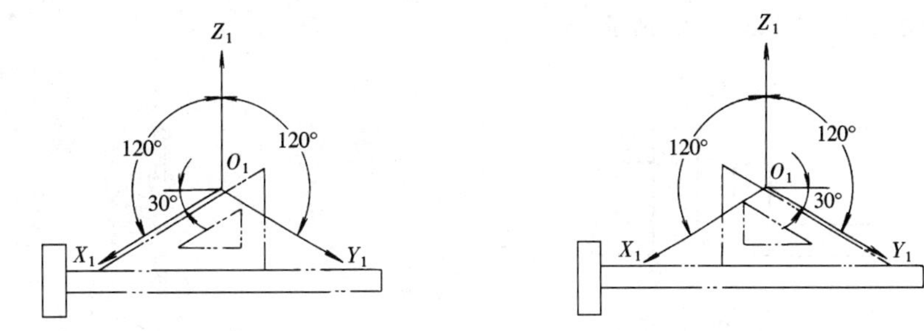

图 6-7 正等测图轴测轴画法

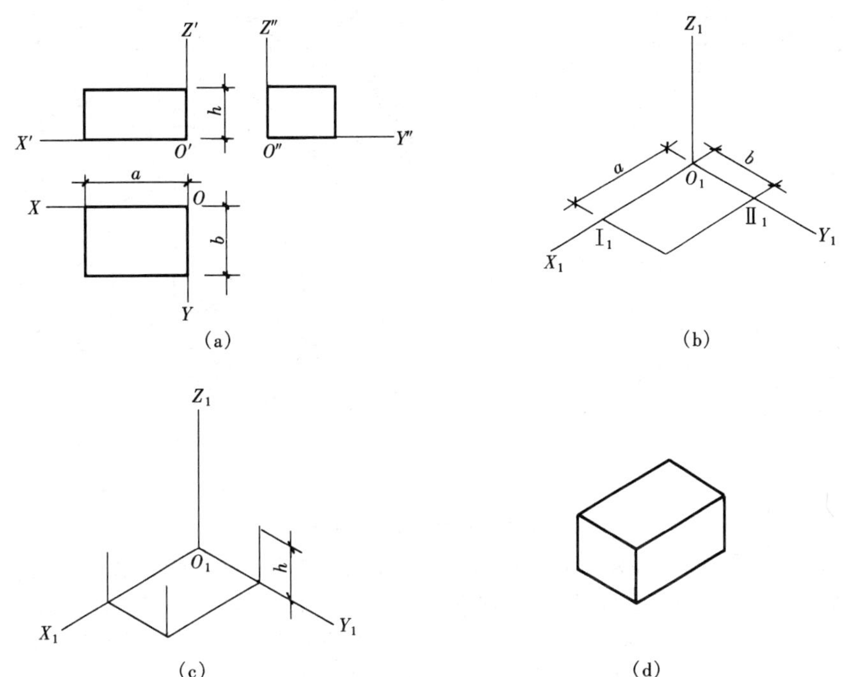

(c)

(d)

图 6-8 长方体的正等测图画法

(a) 在正投影图上定出原点和坐标轴的位置；(b) 画轴测轴，在 O_1X_1 和 O_1Y_1 上分别量取 a 和 b，过Ⅰ$_1$、Ⅱ$_1$ 作 O_1X_1 和 O_1Y_1 的平行线，得长方体底面的轴测图；(c) 过底面各角点作 O_1Z_1 轴的平行线，量取高度 h，得长方体顶面各角点；(d) 连接各角点，擦去多余的线，并描深，即得长方体的正等测图，图中虚线可不必画出

【例 6-2】 用叠加法、切割法作组合体的正等测图。

解 作图的方法和步骤如图 6-9 所示。

(二) 斜轴测图

画斜轴测图时，一般仍将 O_1Z_1 轴画成铅垂位置，O_1X_1 轴画成水平位置，再用丁字尺和三角板配合，作出 O_1Y_1 轴与水平线成 45°，如图 6-10 所示。

斜轴测图的画法和正等测图的画法基本相同，但应注意轴间角和轴向变形系数。画斜二测图时，$p=r=1$，$q=0.5$；画斜等测图时，$p=q=r=1$。

【例 6-3】 用坐标法作六棱锥体的斜二测图。

解 作图的方法和步骤如图 6-11 所示。

【例 6-4】 作垫块的斜二测图。

解　作图的方法和步骤如图 6-12 所示。

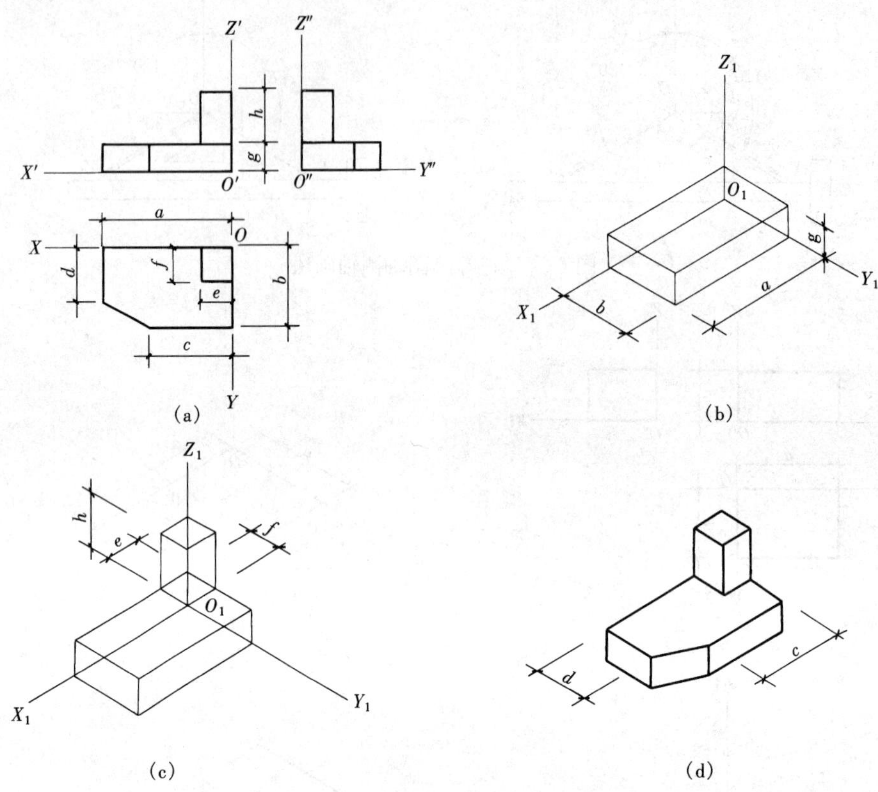

图 6-9　组合体的正等测图画法

(a) 在正投影图上定出原点和坐标轴的位置；(b) 画轴测轴并用坐标法根据尺寸 a、b、g 画出主要轮廓的正等测图；(c) 在长方体上沿 O_1X_1 轴方向量取 e，沿 O_1Y_1 轴方向量取 f，沿 O_1Z_1 轴方向量取 h，通过作图叠加右上角的长方体；(d) 在右下角沿 O_1X_1 轴方向量取 c，在左下角沿 O_1Y_1 轴方向量取 d，通过作图切去一块三棱柱，擦去多余线并描深，即得立体的正等测图

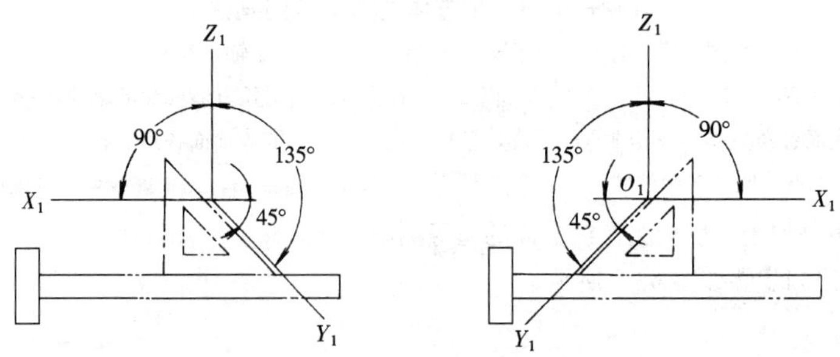

图 6-10　斜轴测图轴测轴画法

二、曲面体轴测图的画法

在正投影中，当圆所在的平面平行于投影面时，其投影仍是圆。当圆所在的平面倾斜于投影面时，它的投影是椭圆。在轴测投影中，除斜轴测投影有一个面不发生变形外，一般情况下，圆的轴测投影是椭圆。

圆的轴测投影是椭圆时，其作图方法通常是作出圆的外切正方形作为辅助图形，先作圆外切正方形的轴测图。

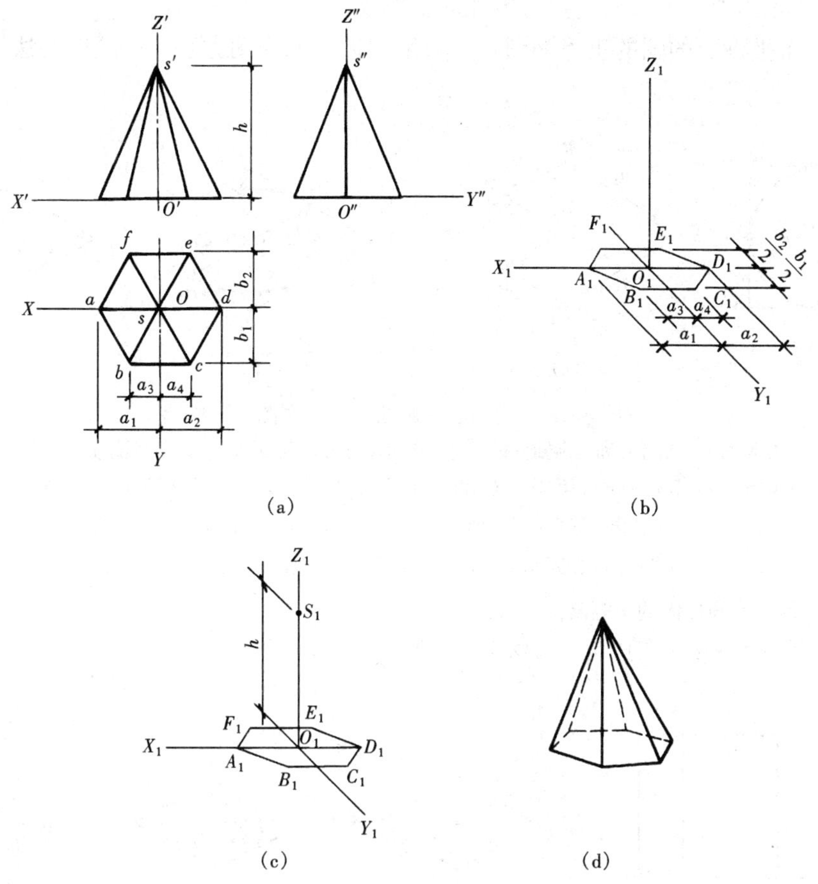

图 6-11 六棱锥体的斜二测图画法

(a) 在正投影图上定出原点和坐标轴的位置；(b) 作斜二测图的轴测轴，沿 O_1X_1 量取 a_1、a_2 得 A_1、D_1，沿 O_1X_1 量取 a_3、a_4，并作 O_1Y_1 轴平行线，沿此线量取 $b_1/2$、$b_2/2$ 得 B_1、C_1、E_1、F_1；(c) 在 O_1Z_1 轴上量取 h 得 S_1；(d) 依次连接各点，擦去多余的线条并加深，即得六棱锥体的斜二测图

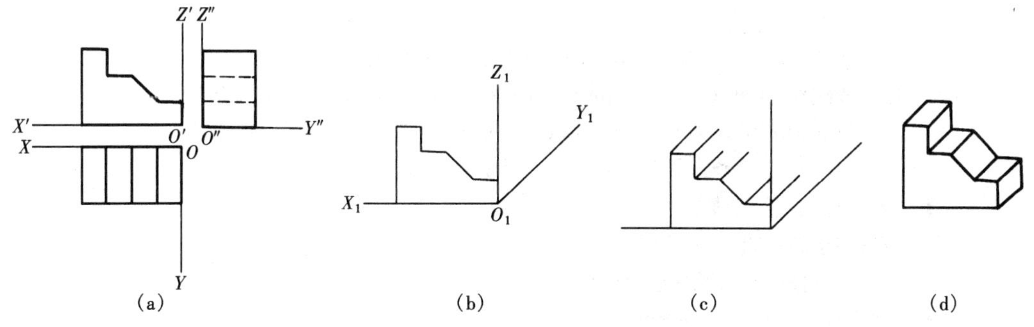

图 6-12 垫块的斜二测图画法

(a) 在正投影图上定出原点和坐标轴的位置；(b) 画出斜二测图的轴测轴，并在 X_1Z_1 坐标面上画出正面图；(c) 过各角点作 Y_1 轴平行线，长度等于原宽度的一半；(d) 将平行线各角点连起来加深即得其斜二测图

当圆的外切正方形在轴测投影中成为菱形时，可用四心法作近似椭圆；当圆的外切正方形在轴测投影中成为一般平行四边形时，可用八点法作椭圆。

（一）正等测图

作平行于坐标面的圆的正等测图，一般采用近似的作图方法——“四心法”，如图 6-13 所示。

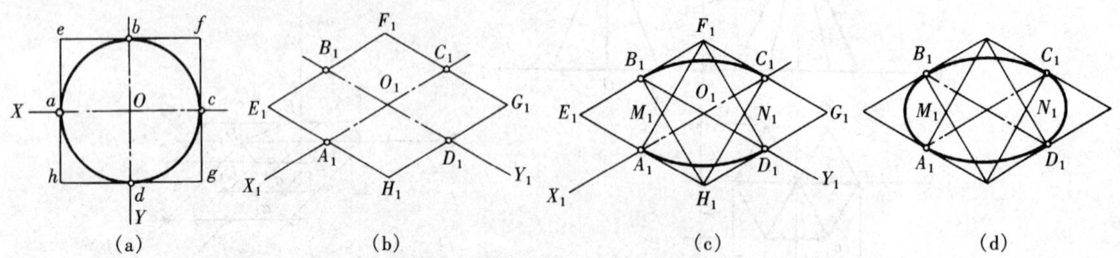

图 6-13 用四心法画圆的正等测图——椭圆

(a) 在正投影图上定出原点和坐标轴位置，并作圆的外切正方形 $efgh$；(b) 画轴测轴及圆的外切正方形的正等测图；(c) 连接 F_1A_1、F_1D_1、H_1B_1、H_1C_1 分别交于 M_1、N_1，以 F_1 和 H_1 为圆心 F_1A_1 或 H_1C_1 为半径作大圆弧 $\overset{\frown}{B_1C_1}$ 和 $\overset{\frown}{A_1D_1}$；(d) 以 M_1 和 N_1 为圆心，M_1A_1 或 N_1C_1 为半径作小圆弧 $\overset{\frown}{A_1B_1}$ 和 $\overset{\frown}{C_1D_1}$，即得平行于水平面的圆的正等测图

【例 6-5】 作圆柱体的正等测图。

解 作图的方法和步骤如图 6-14 所示。

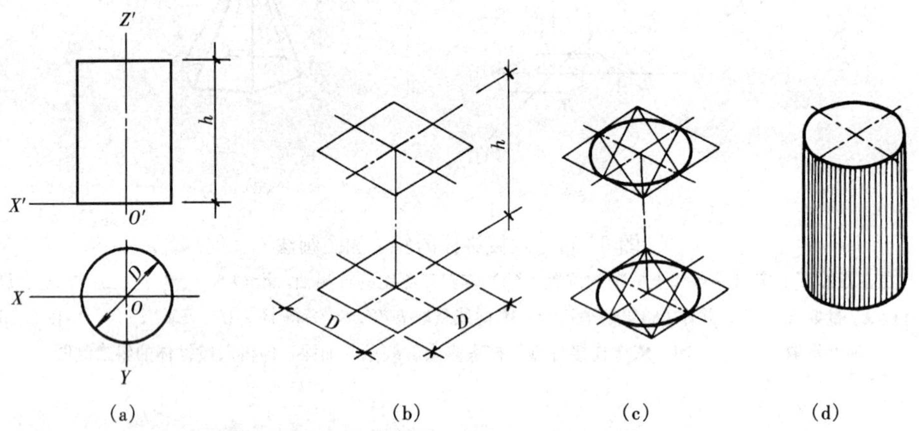

图 6-14 圆柱体的正等测图画法

(a) 在正投影图上定出原点和坐标轴位置；(b) 根据圆柱的直径 D 和高 h，作上下底圆外切正方形的轴测图；(c) 用四心法画上下底圆的轴测图；(d) 作两椭圆公切线，擦去多余线条并描深，即得圆柱体的正等测图

【例 6-6】 作圆台的正等测图。

解 作图的方法和步骤如图 6-15 所示。

圆角的正等测图也可按四心法原理近似求作，如图 6-16 所示。

【例 6-7】 作平板上圆角的正等测图。

解 作图的方法和步骤如图 6-17 所示。

（二）斜轴测图

平行于正立面的圆的斜轴测图仍然是圆。平行于水平面和侧立面的圆的斜轴测图都是椭圆。

作平行于水平面或侧立面的圆的斜二测图，可采用“八点法”作图，如图 6-18 所示。

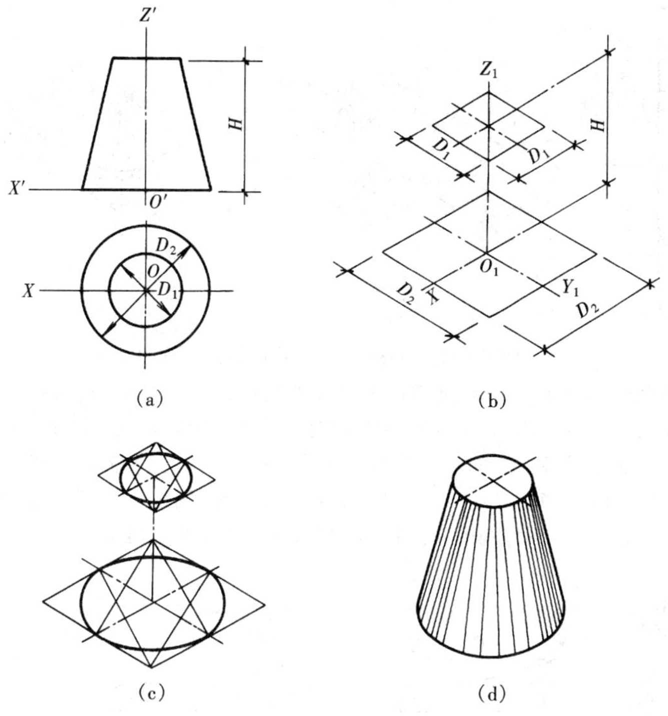

图 6-15　圆台的正等测图画法

(a) 在正投影图上定出原点和坐标轴的位置；(b) 根据上下底圆直径 D_1、D_2 和高 H 作圆的外切正方形的轴测图；(c) 用四心椭圆法作上下底圆的轴测图；(d) 作两椭圆的公切线，擦去多余线条，加深，即得圆台的正等测图

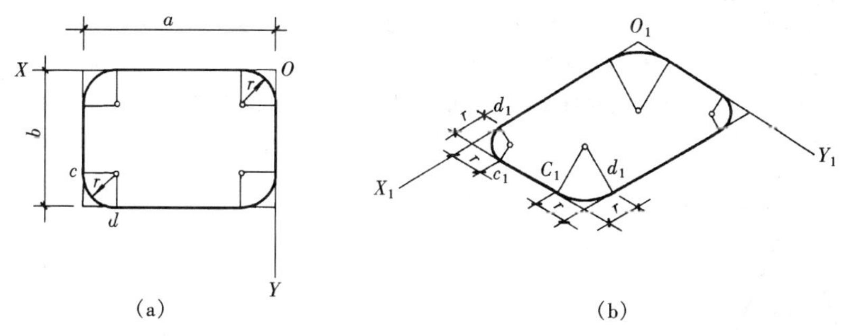

图 6-16　圆角的正等测图画法

(a) 在正投影图上定出原点和坐标轴的位置；(b) 根据 a、b 作四边形的轴测图。由角点沿两边量取圆角半径 r 的长度，得 c_1 及 d_1 两点，过 c_1、d_1 作所在边的垂线，两垂线的交点即为轴测圆角的圆心，再作圆弧与两边相切，即得圆角的正等测图

用八点法作圆的斜二测图，也适用于各类轴测图中各种位置的圆的轴测图。

【例 6-8】　作圆锥的斜二测图。

解　作图的方法和步骤如图 6-19 所示。

【例 6-9】　作带通孔圆台的斜二测图。

解　作图的方法和步骤如图 6-20 所示。

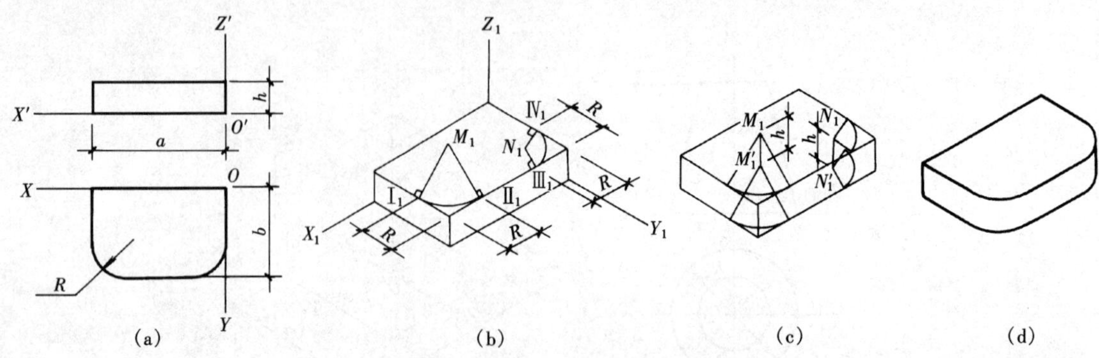

图 6-17 平板上圆角的正等测图画法

(a) 在正投影图中定出原点和坐标轴的位置；(b) 先根据尺寸 a、b、h 作平板的轴测图，由角点沿两边分别量取半径 R 得 Ⅰ$_1$、Ⅱ$_1$、Ⅲ$_1$、Ⅳ$_1$ 点，过各点作直线垂直于圆角的两边，以交点 M_1、N_1 为圆心，M_1Ⅰ$_1$、N_1Ⅲ$_1$ 为半径作圆弧；(c) 过 M_1、N_1 沿 O_1Z_1 方向作直线量取 $M_1M_1'=N_1N_1'=h$，以 M_1'、N_1' 为圆心分别为 M_1Ⅰ$_1$、N_1Ⅲ$_1$ 为半径作弧得底面圆弧；(d) 作右边两圆弧切线，擦去多余线条并描深，即得有圆角平板的正等测图

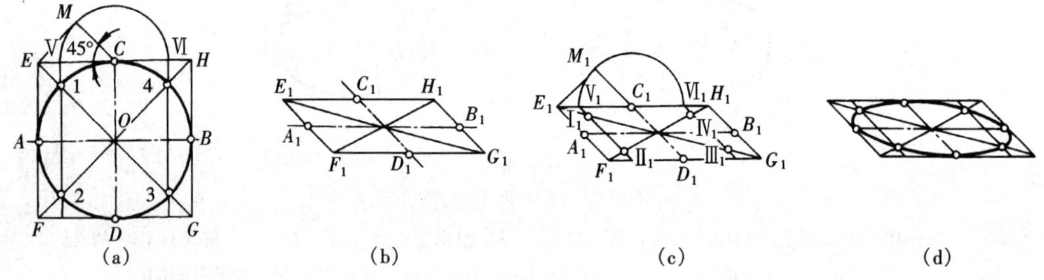

图 6-18 用八点法作圆的斜二测图——椭圆

(a) 作圆的外切正方形 $EFGH$，并连接对角线 EG、FH 交圆周于 1、2、3、4 点；(b) 作圆外切正方形的斜二测图，切点 A_1、B_1、C_1、D_1 即为椭圆上的四个点；(c) 以 E_1C_1 为斜边作等腰直角三角形，以 C_1 为圆心腰长 C_1M 为半径作弧，交 E_1H_1 于 Ⅴ$_1$、Ⅵ$_1$，过 Ⅴ$_1$、Ⅵ$_1$ 作 C_1D_1 的平行线与对角线交 Ⅰ$_1$、Ⅱ$_1$、Ⅲ$_1$、Ⅳ$_1$ 四点；(d) 依次用曲线板连接 A_1、Ⅰ$_1$、C_1、Ⅳ$_1$、B_1、Ⅲ$_1$、D_1、Ⅱ$_1$ 各点即得平行于水平面的圆的斜二测图

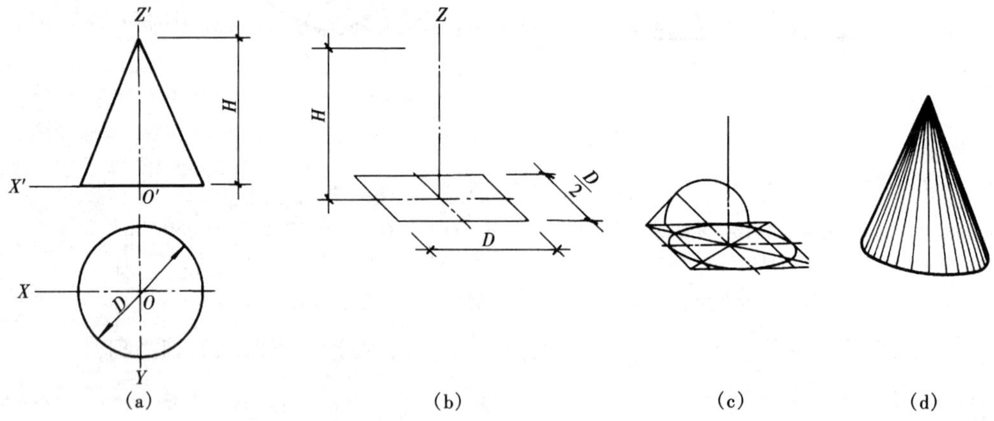

图 6-19 圆锥的斜二测图画法

(a) 在正投影图上定出原点和坐标轴的位置；(b) 根据圆锥底圆直径 D 和圆锥的高 H，作底圆外切正方形的轴测图，并在中心定出高；(c) 用八点法作圆锥底图的轴测图；(d) 过顶点向椭圆作切线，最后检查整理，加深图线或描墨，即为所求

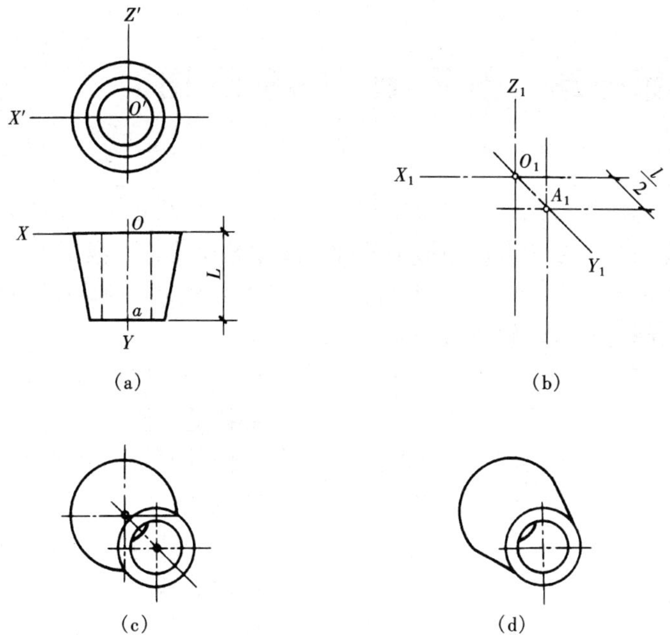

(a) (b) (c) (d)

图 6-20 带孔圆台的斜二测图画法

(a) 在正投影图中定出原点和坐标轴的位置；(b) 画轴测轴，在 O_1Y_1 轴上取 $O_1A_1=l/2$；(c) 分别以 O_1、A_1 为圆心，相应半径的实长作半径画两底圆及圆孔；(d) 作两底圆公切线，擦去多余线条并描深，即得带通孔圆台的斜二测图

第七章　剖面图和断面图

在三面正投影图中，物体上可见的轮廓线用粗实线表示，不可见的轮廓线用虚线表示。但当物体的内部构造较复杂时，必然形成图形中的虚实线重叠交错，混淆不清，无法表示清楚物体的内部构造，既不便于标注尺寸，又不易识图，必须设法减少和消除投影图中的虚线。在工程图中，常采用剖视的方法解决这一问题。

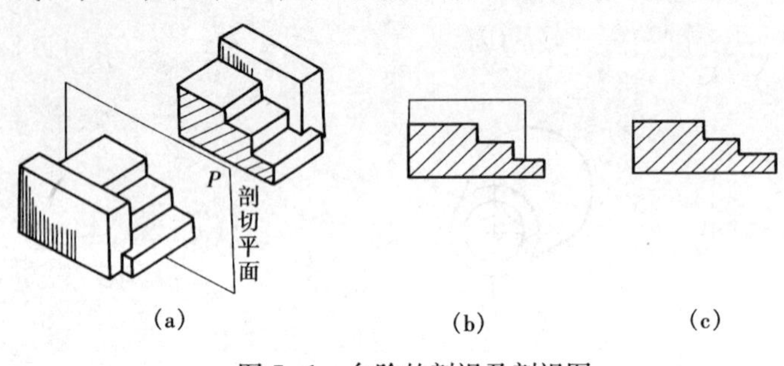

图 7-1　台阶的剖视及剖视图

(a) 剖视；(b) 剖面图；(c) 断面图

为了能清晰地表达物体的内部构造，假想用一个垂直于投影方向的平面（即剖切平面）将物体剖开，并移去剖切平面和观察者之间的部分，然后对剖切平面后面的部分进行投影，这种方法称为剖视，如图 7-1 (a) 所示。

用剖视方法画出的正投影图称为剖视图。剖视图按其表达的内容可分为剖面图和断面图，如图 7-1 (b)、(c) 所示。

第一节　剖　面　图

采用剖视的方法作投影图时，若作出遗留部分的全部投影所得到的投影图，称为剖面图，如图 7-1 (b) 所示。

一、剖面图的画法

（一）确定剖切平面位置

画剖面图时应选择适当的剖切平面位置，使剖切后画出的图形能确切、全面地反映所要表达部分的真实形状。所以，选择的剖切平面应平行于投影面，并且一般应通过物体的对称平面或孔的轴线。

（二）画剖面图

剖面图是按剖切位置移去物体在剖切平面和观察者之间的部分，根据留下的部分画出的投影图。但因为剖切是假想的，因此画其他投影图时，仍应按剖切前的完整物体来画，不受剖切的影响。

剖面图除应画出剖切平面切到部分的图形外，还应画出沿投影方向看到的部分。被剖切平面切到部分的轮廓线用粗实线绘制；剖切平面没有切到，但沿投影方向可以看到的部分，用中实线绘制。

物体被剖切后，剖面图上仍可能有不可见部分的虚线存在，为了使图形清晰易读，应省略不必要的虚线。

（三）画材料图例

剖面图中被剖切到的部分，应画出它的组成材料的剖面图例，以区分剖切到和没有剖切到的部分，同时表明建筑物是用什么材料做成的。

材料图例按国家标准《房屋建筑制图统一标准》规定，在房屋建筑工程图中采用表 7 - 1 规定的常用建筑材料图例。

表 7 - 1　　常用建筑材料图例

序号	名　称	图　例	说　明
1	自然土壤		包括各种自然土壤
2	夯实土壤		
3	砂、灰土		靠近轮廓线绘较密的点
4	砂砾石、碎砖三合土		
5	石材		
6	毛石		
7	普通砖		包括实心砖、多孔砖、砌块等砌体，断面较窄不易绘出图例线时，可涂红
8	耐火砖		包括耐酸砖等砌体
9	空心砖		指非承重砖砌体
10	饰面砖		包括铺地砖、马赛克、陶瓷锦砖、人造大理石等
11	混凝土		1. 本图例指能承重的混凝土及钢筋混凝土；2. 包括各种强度等级、骨料、添加剂的混凝土；3. 在剖面图上画出钢筋时不画图例线；4. 断面图形小，不易画出图例线时，可涂黑
12	钢筋混凝土		
13	焦渣、矿渣		包括与水泥、石灰等混合而成的材料
14	多孔材料		包括水泥珍珠岩、沥青珍珠岩、泡沫混凝土、非承重加气混凝土、硅石制品、软木等
15	纤维材料		包括麻丝、玻璃棉、矿渣棉、木丝板、纤维板等
16	泡沫塑料材料		包括聚苯乙烯，聚乙烯，聚氨酯等多孔聚合物类材料
17	木材		1. 上图为横断面、左上图为垫木、木砖或木龙骨；2. 下图为纵断面

续表

序号	名称	图例	说明	序号	名称	图例	说明
18	胶合板		应注明X层胶合板	23	玻璃		包括平板玻璃、磨砂玻璃、夹丝玻璃、钢化玻璃等
19	石膏板		包括圆孔、方孔石膏板、防水石膏板等	24	橡胶		
20	金属		1. 包括各种金属； 2. 图形小时，可涂黑	25	塑料		包括各种软、硬塑料及有机玻璃等
21	网状材料		1. 包括金属、塑料网状材料 2. 应注明具体材料名称	26	防水材料		构造层次多或比例较大时，采用上面图例
22	液体		应注明具体液体名称	27	粉刷		本图例采用较稀的点

在图上没有注明物体是何种材料时，应在相应位置画出同向、等间距的45°倾斜细实线，即剖面线。

(四) 剖面图的标注

1. 剖切符号

剖面图本身不能反映剖切平面的位置，在其他投影图上必须标注出剖切平面的位置及剖切形式。剖切平面的位置及投影方向用剖切符号表示。

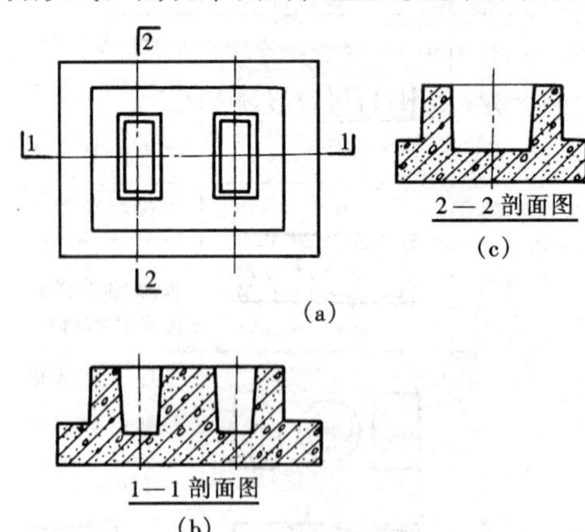

图7-2 剖面图的标注

剖切符号由剖切位置线及剖视方向线组成。这两种线均用粗实线绘制，应尽量不穿越图形。

剖切位置线的长度一般为6～10mm；剖视方向线应垂直于剖切位置线，长度一般为4～6mm，并在剖视方向用阿拉伯数字或拉丁字母注写剖切符号的编号，如图7-2(a)中的1-1、2-2所示。

2. 剖面图的图名注写

剖面图的图名是以剖面的编号来命名的，它应注写在剖面图的下方，如图7-2(b)、(c)中的1-1剖面图，2-2剖面图所示。

二、剖面图的种类

作剖面图时，剖切平面的设置、数量和剖切的方法等，应根据物体的内部和外部形状来选择。通常采用的剖面图有全剖面图、阶梯剖面图、展开剖面图、半剖面图、分层剖切剖面图和局部剖面图。

（一）全剖面图

用一个剖切平面将物体全部剖开后所得到的剖面图，称为全剖面图。

图 7-3 中所示的侧面投影为台阶的全剖面图。

全剖面图常用于不对称的物体。有些物体虽对称，但外形比较简单，或在另一个投影中已将它的外形表达清楚时，也可采用全剖面图表示。

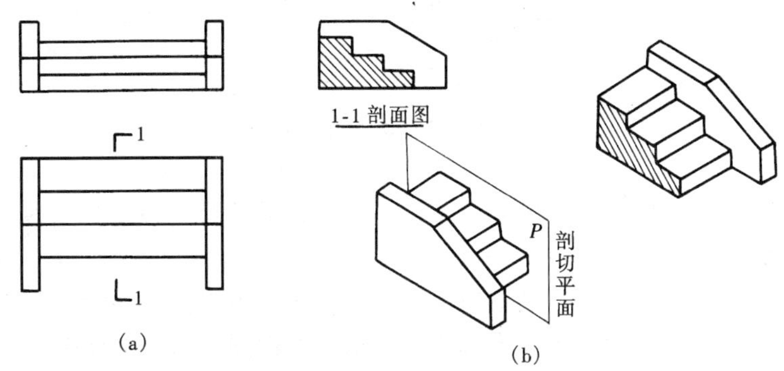

图 7-3 台阶的全剖面图

（a）投影图；（b）直观图

（二）阶梯剖面图

用两个或两个以上的平行剖切平面剖切物体所得到的剖面图，称为阶梯剖面图。

图 7-4 中所示的正面投影为物体的阶梯剖面图。

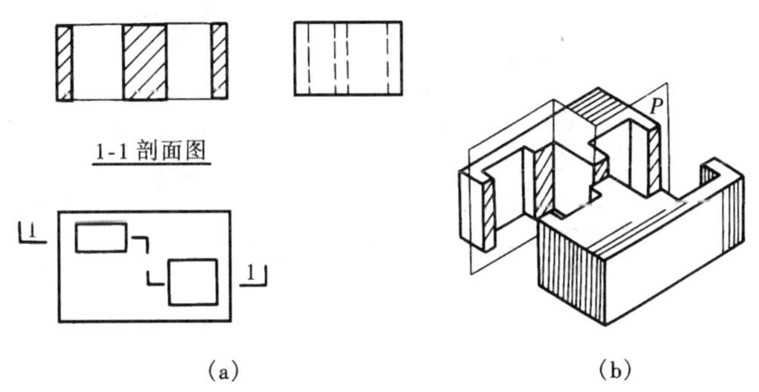

图 7-4 阶梯剖面图

（a）投影图；（b）直观图

阶梯剖面图中，剖切位置线的转折处应用两个端部垂直相交的粗实线画出。在转折处由于剖切所产生的物体轮廓线在剖面图中不应画出。

（三）展开剖面图

用两个或两个以上的相交剖切平面剖切物体所得到的剖面图，称为展开剖面图。

图 7-5 所示为一个楼梯的展开剖面图。

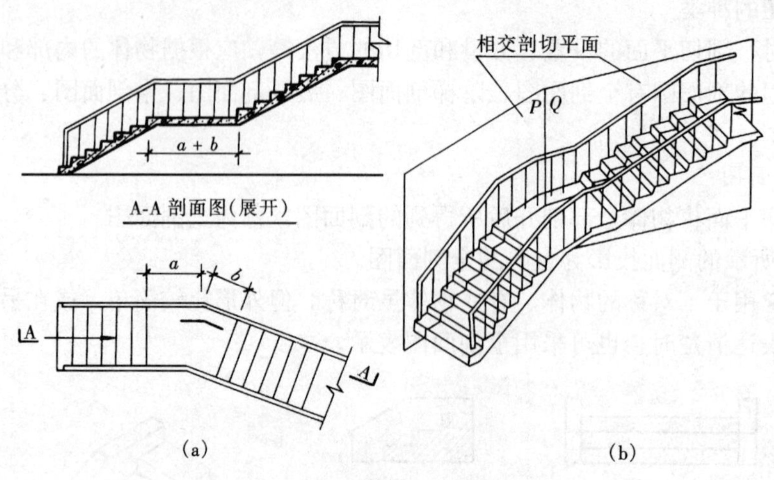

图 7-5 楼梯的展开剖面图
(a) 投影图；(b) 直观图

展开剖面图的图名后应加注“展开”字样，剖切符号的画法如图 7-5 所示。

(四) 半剖面图

如果被剖切的物体是对称的，画图时，可以对称符号为界，一半画外形图，一半画剖面图，用一个图同时表示物体的外形和内部构造，这种剖面图称为半剖面图。

图 7-6 所示为一个杯形基础的半剖面图。

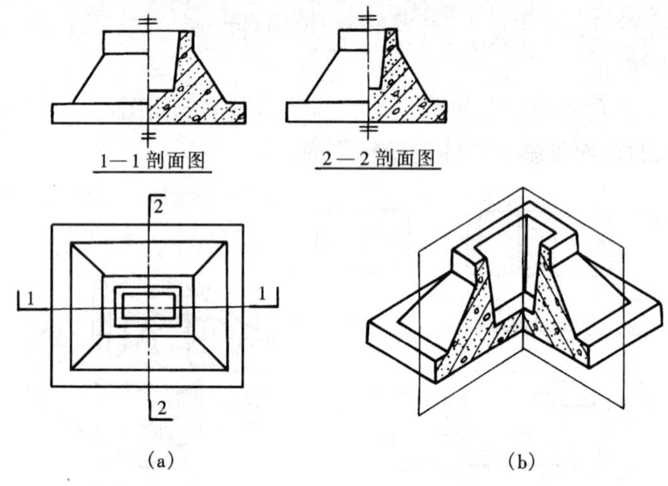

图 7-6 杯形基础的半剖面图
(a) 投影图；(b) 直观图

半剖面图应以对称线作为外形图与剖面图的分界线。当对称线为铅垂线时，剖面图画在对称线的右方；当对称线为水平线时，剖面图画在对称线的下方。

(五) 分层剖切剖面图和局部剖面图

有些建筑物的构件，其构造层次较多或只有局部构造比较复杂，可用分层剖切或局部剖切的方法来表示其内部的构造，用这种剖切方法所得到的剖面图，称为分层剖切剖面图和局部剖面图。

图7-7（a）所示为房屋墙面的分层剖切剖面图；图7-7（b）所示为杯形基础的局部剖面图。

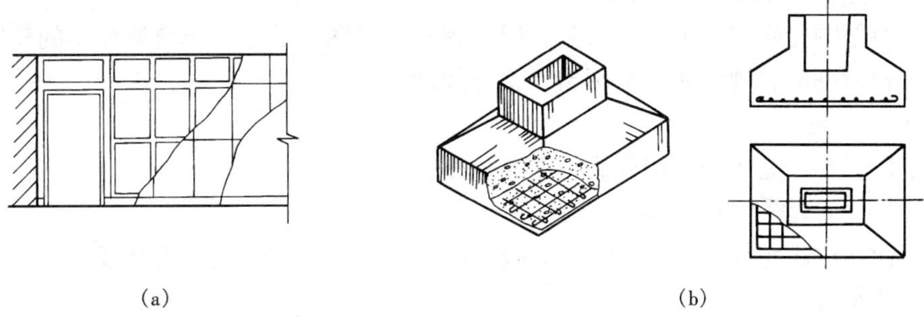

(a)　(b)

图7-7　分层剖切及局部剖面图

（a）分层剖切剖面图；（b）局部剖面图

分层剖切剖面图，应按层次以波浪线将各层隔开；局部剖面图，应用波浪线作为投影图与剖面图的分界线。波浪线不应与任何图线重合。

第二节　断　面　图

采用剖视的方法作投影图时，若只作出剖切平面切到部分的图形，称为断面图，又称截面图，如图7-1（c）所示。在断面图中也需画出材料图例。

一、断面图与剖面图的区别

断面图与剖面图的区别在于：

（1）断面图只需画出物体被剖切后断面的图形；而剖面图除画出断面图形外，还应画出投影方向所能看到的部分，如图7-8所示。

（2）断面图与剖面图的剖切符号不同，断面图的剖切符号只画剖切位置线，其长度为6～10mm的粗实线，不画剖视方向线，编号写在投影方向的一侧。

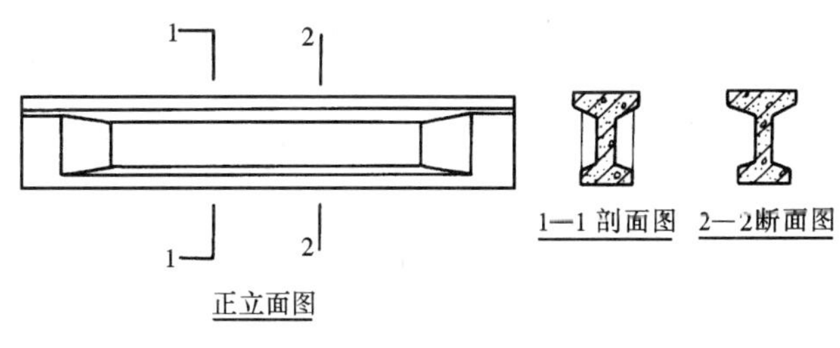

图7-8　剖面图与断面图的区别

二、断面图的表示形式

断面图主要用于表达物体断面的形状，在实际应用中，根据断面图所配置的位置不同，通常采用的断面图有移出断面图、重合断面图和中断断面图。

1. 移出断面图

画在投影图以外的断面图称为移出断面图。

图7-9所示为构件的移出断面图。

移出断面图的轮廓线用粗实线绘制，移出断面图可绘制在靠近物体的一侧或端部处，并按顺序依次排列。在移出断面图下方应注写与剖切符号相应的编号，如1-1、2-2，但不必写“断面图”字样。

2. 重合断面图

画在投影图内的断面图称为重合断面图。

图 7 - 10 所示为杆件的重合断面图。

重合断面图的轮廓线用细实线绘制。但若遇到投影图中的轮廓线与断面图的轮廓线重叠时，则应按投影图的轮廓线完整地画出，不可间断。

3. 中断断面图

画在投影图中断处的断面图称为中断断面图。

图 7 - 11 所示为杆件的中断断面图。

中断断面图的轮廓线用粗实线绘制。投影图的中断处用波浪线或折断线绘制。中断断面图不必画剖切符号。

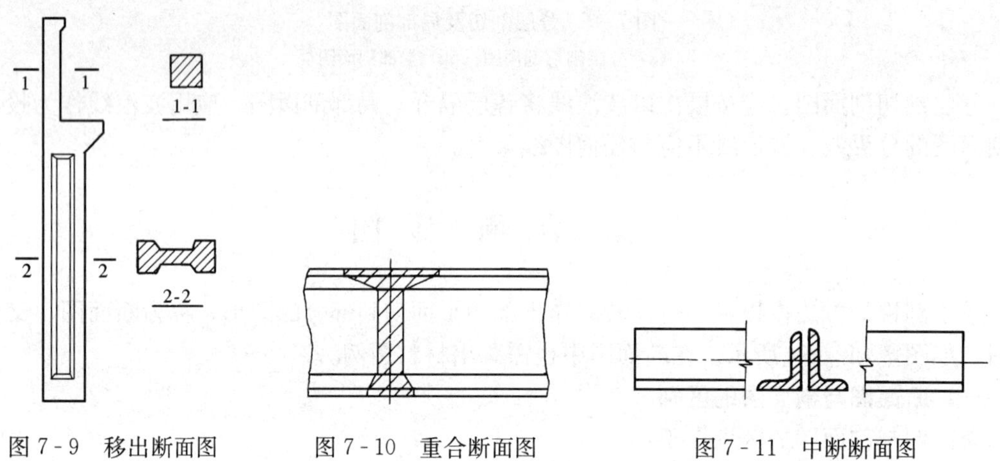

图 7 - 9 移出断面图 图 7 - 10 重合断面图 图 7 - 11 中断断面图

第二篇 建筑工程图的识读

第八章 建 筑 施 工 图

第一节 概　　述

一、房屋建筑工程图的内容

房屋建筑工程图是将建筑物的平面布置、外形轮廓、装修、尺寸大小、结构构造和材料做法等内容，按照“国标”的规定，用正投影方法，详细准确地画出的图样。它是用以组织、指导建筑施工、进行经济核算、工程监理、完成房屋建造的一套图纸，所以又称为房屋施工图。

（一）房屋的设计程序

设计一般分为初步设计和施工图设计两个阶段。

1. 初步设计阶段

初步设计是根据有关设计基础资料，拟定工程建设实施的初步方案，阐明工程在拟定的时间、地点以及投资数额内在技术上的可能性和经济上的合理性，并编制项目的总概算。

2. 施工图设计阶段

施工图设计是根据批准的初步设计文件，对于工程建设方案进一步具体化、明确化，通过详细的计算和安排，绘制出正确、完整的用于指导施工的图纸，并编制施工图预算。

（二）房屋施工图的内容

一套完整的房屋施工图，根据其专业内容或作用的不同，一般分为：

1. 建筑施工图（简称建施）

建筑施工图主要表明建筑物的总体布局、外部造型、内部布置、细部构造、内外装饰等情况。它包括首页图（设计说明）、建筑总平面图、平面图、立面图、剖面图和详图等。

2. 结构施工图（简称结施）

结构施工图主要表明建筑物各承重构件的布置和构造等情况。它包括首页图（结构设计说明）、基础平面图及基础详图、结构平面布置图及节点构造详图、钢筋混凝土构件详图等。

3. 设备施工图（简称设施）

设备施工图是表明建筑物各专业管道和设备的布置及安装要求的图样。它包括给水排水施工图（简称水施）、采暖通风施工图（简称暖施）、电气施工图（简称电施）等。它们一般都是由首页图、平面图、系统图、详图等组成。

一幢房屋全套施工图的编排一般应为：图纸目录、总平面图（施工总说明）、建筑施工图、结构施工图、给水排水施工图、采暖通风施工图、电气施工图等。

二、房屋建筑工程图的有关规定

房屋建筑工程图应按《房屋建筑制图统一标准》（GB/T 50001—2001）的有关规定绘制。

（一）定位轴线

定位轴线是确定建筑物或构筑物主要承重构件平面位置的重要依据。在施工图中，凡是承重的墙、柱子、大梁、屋架等主要承重构件，都要画出定位轴线来确定其位置。对于非承重的隔墙、次要构件等，有时用附加定位轴线（分轴线），来确定其位置，也可由注明其与附近定位轴线的有关尺寸来确定。具体规定如下：

（1）定位轴线应用细单点长画线绘制。

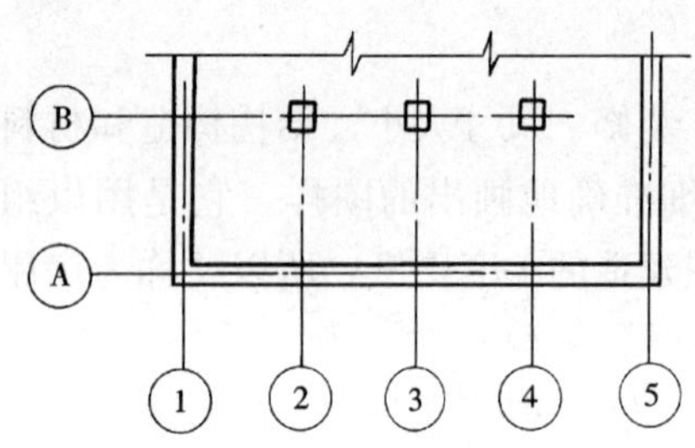

图 8-1 定位轴线的编号顺序

（2）定位轴线一般应编号，编号应注写在轴线端部的圆内。圆应用细实线绘制，直径为 8～10mm，定位轴线圆的圆心，应在定位轴线的延长线上。

（3）平面图上定位轴线的编号，宜标注在图样的下方与左侧，横向编号应用阿拉伯数字，从左到右顺序编号，竖向编号应用大写拉丁字母，从下自上顺序编写，拉丁字母的 *I*、*O*、*Z* 不得用做轴线编号，如图 8-1 所示。

（4）附加定位轴线的编号，应以分数形式表示。两根轴线间的附加轴线，应以分母表示前一轴线的编号，分子表示附加轴线的编号，编号宜用阿拉伯数字顺序编写，如：

(1/2)表示 2 号轴线之后附加的第一根轴线；

(3/C)表示 C 号轴线之后附加的第三根轴线。

1 号轴线或 A 号轴线之前的附加轴线的分母应以 01 或 0A 表示，如：

(1/01)表示 1 号轴线之前附加的第一根轴线；

(3/0A)表示 A 号轴线之前附加的第三根轴线。

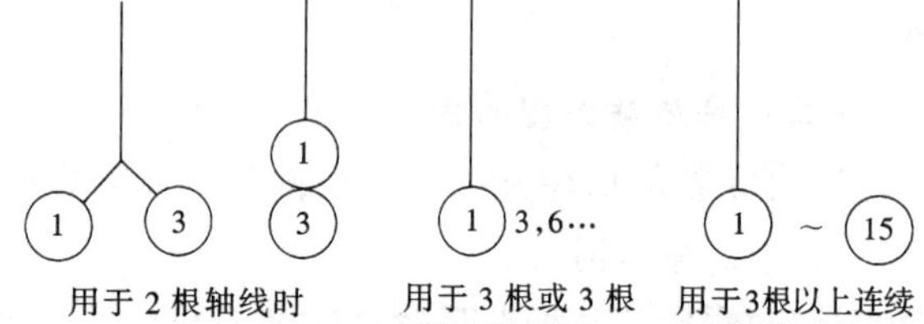

图 8-2 详图的轴线编号

（5）对于详图上的轴线编号，若该详图适用于几根轴线时，应同时标注有关轴线的编号；通用详图中的定位轴线，一端只画圆，不注写轴线编号如图 8-2 所示。

（二）索引符号、详图符号及引出线

施工图中的部分图形或某一构件，由于比例较小或细部构造较复杂，而无法表示清楚时，通常要将这些图形和构件用较大的比例放大画出，这种放大后的图就称为详图。

1. 索引符号

图样中的某一局部或构件，如需另见详图，应以索引符号索引，如图 8-3（a）所示。索引符号是由直径为 10mm 的圆和水平直径组成，圆及水平直径均以细实线绘制。索引符号应按下列规定编写：

（1）索引出的详图，如果与被索引的详图同在一张图纸内，应在索引符号的上半圆中用阿拉伯数字注明该详图的编号，并在下半圆中画一段水平细实线，如图 8-3（b）所示。

（2）索引出的详图，如与被索引的详图不在同一张图纸内，应在索引符号的上半圆中用阿拉伯数字注明该详图的编号，在索引符号的下半圆中用阿拉伯数字注明该详图所在图纸的编号，如图 8-3（c）所示。数字较多时，可加文字标注。

（3）索引出的详图，如采用标准图，应在索引符号水平直径的延长线上加注该标准图册的编号，如图 8-3（d）所示。

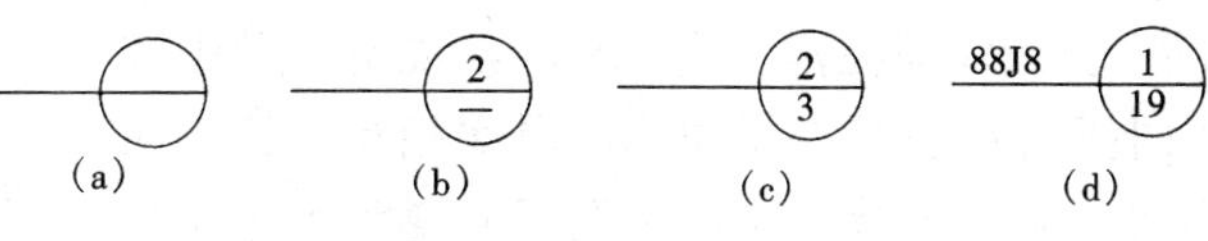

图 8-3 索引符号

（4）索引符号如用于索引剖视详图，应在被剖切的部位绘制剖切位置线，并以引出线引出索引符号，引出线所在的一侧应为投射方向，如图 8-4（a）、（b）、（c）、（d）所示。

2. 详图符号

详图的位置和编号，应以详图符号表示，详图符号的圆应以直径为 14mm 的粗实线绘制。详图应按下列规定编写：

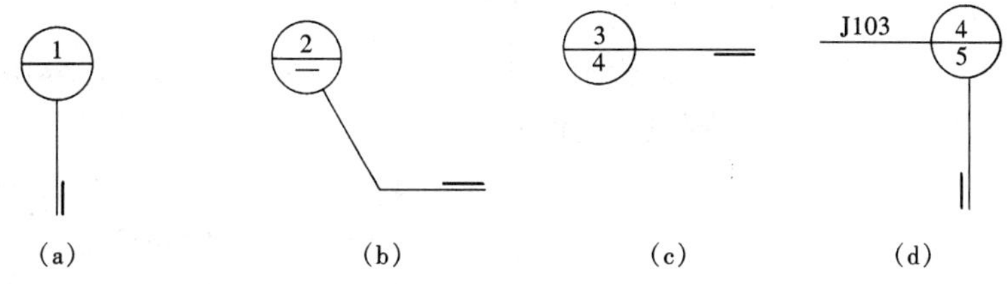

图 8-4 用于索引剖视详图的索引符号

（1）详图与被索引的图样在同一张图纸内时，应在详图符号内用阿拉伯数字注明详图的编号，如图 8-5 所示。

（2）详图与被索引图样不在同一张图纸内，应用细实线在详图符号内画一水平直径，在上半圆中注明详图编号，在下半圆中注明被索引的图纸编号，如图 8-6 所示。

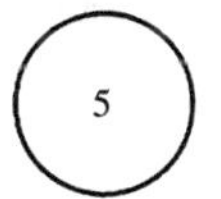

图 8-5 与被索引图样同在一张图纸内的详图符号

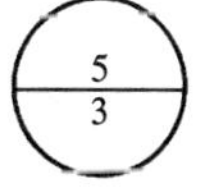

图 8-6 与被索引图样不在一张图纸内的详图符号

3. 引出线

引出线是对图样上某些部位引出文字说明、符号编号和尺寸标注等用的，其画法规定如下：

（1）引出线应以细实线绘制，宜采用水平方向的直线、与水平方向成 30°、45°、60°、90°的直线，或经上述角度再折为水平线。文字说明宜注写在水平线的上方，如图 8-7（a）所示，也可注写在水平线的端部，如图 8-7（b）所示。索引详图的引出线应与水平直径线相连接，如图 8-7（c）所示。

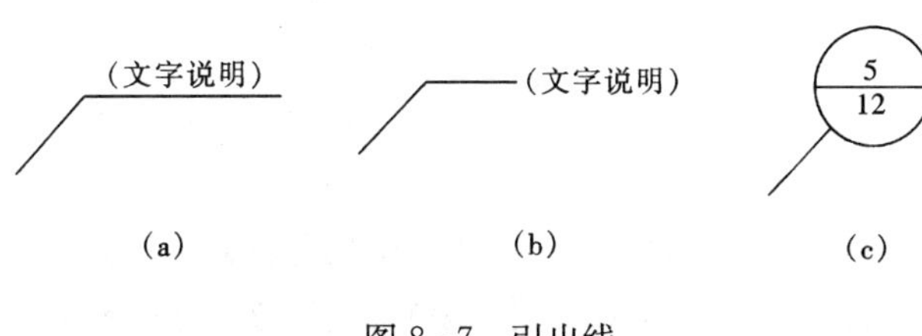

图 8-7 引出线

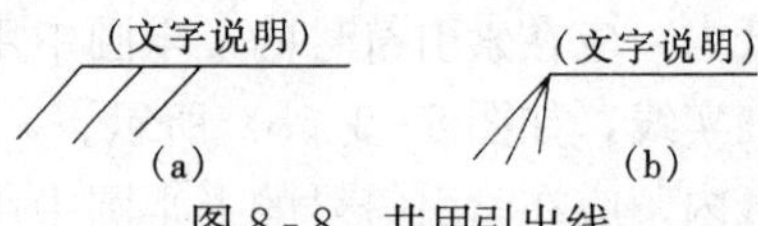

图 8-8 共用引出线

(2) 同时引出几个相同部分的引出线，宜互相平行，如图 8-8 (a) 所示，也可画成集中于一点的放射线，如图 8-8 (b) 所示。

(3) 多层构造或多层管道共用引出线，应通过被引出的各层。文字说明宜注写在水平线的上方或注写在水平线的端部，说明的顺序应由上至下，并应与被说明的层次相互一致；如层次为横向排序，则由上至下的说明顺序应与由左至右的层次相互一致，如图 8-9 所示。

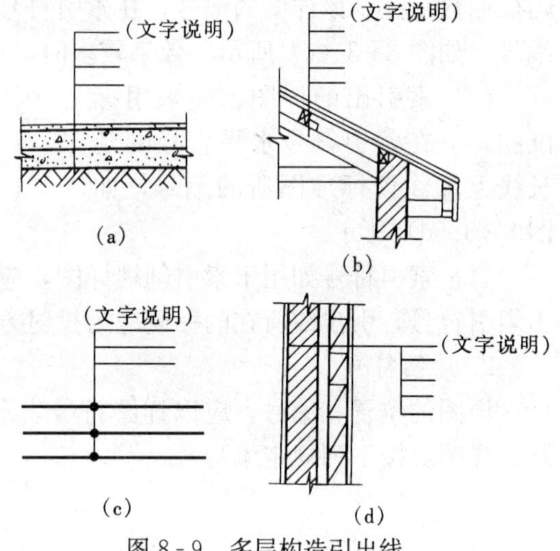

图 8-9 多层构造引出线

(三) 标高

建筑物各部分或各个位置的高度主要用标高来表示。房屋建筑制图统一标准中，规定了它的标注方法。

(1) 标高符号应以直角等腰三角形表示，按图 8-10 (a) 所示形式用细实线绘制。标高符号的具体画法如图 8-10 (c)、(d) 所示，图 8-10 (a)、(b) 所示用于表示实形投影的标高。

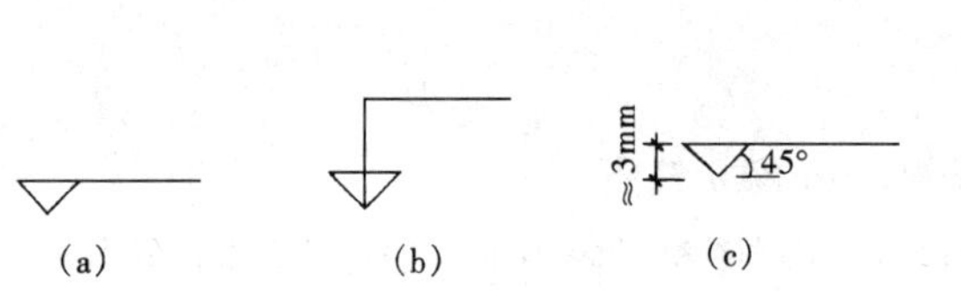

图 8-10 标高符号

l—取适当长度注写标高数字；h—根据需要取适当高度

(2) 总平面图室外地坪标高符号，宜用涂黑的三角形表示，如图 8-11 (a) 所示，具体画法如图 8-11 (b) 所示。

(3) 标高符号的尖端应指至被注高度的位置。尖端一般应向下，也可向上。标高数字应注写在标高符号的左侧或右侧，图 8-12 所示的形式用于标注积聚投影的标高。

(4) 标高数字应以米为单位，注写到小数点以后第三位。在总平面图中，可注写到小数点以后第二位。

(5) 零点标高应注写成±0.000，正数标高不注“+”，负数标高应注“−”，例如 3.000、−0.600。

(6) 在图样的同一位置需表示几个不同标高时，标高数字可按图 8-13 所示的形式注写。

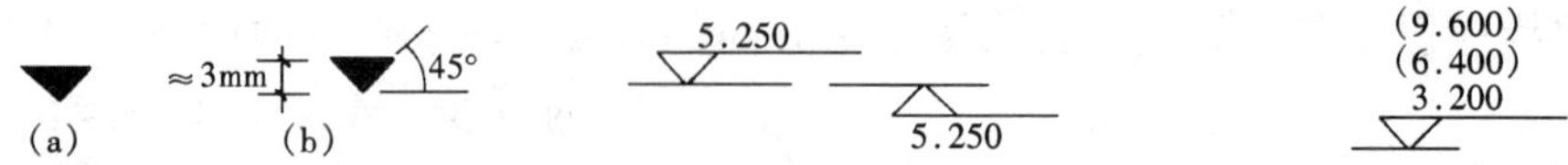

图 8-11 总平面图室外地坪标高符号 图 8-12 标高的指向 图 8-13 同一位置注写多个标高数字

标高有绝对标高和相对标高之分：

绝对标高：我国是以青岛附近的黄海平均海平面为零点，以此为基准而设置的标高。

相对标高：标高的基准面（即±0.000 水平面）是根据工程需要而选定的，这类标高称为相对标高。在一般建筑中，通常取底层室内主要地面作为相对标高的基准面。

房屋的标高、建筑标高和结构标高的区别：

建筑标高：是指构件包括粉刷在内的、装修完成后的标高。

结构标高：是指不包括构件表面的粉饰层厚度，构件在结构施工后的完成面的标高。

(四) 其他符号

1. 对称符号

当建筑物或构配件的图形对称时，可在图形的对称中心处画上对称符号，另一半图形可省略不画。对称符号用对称线和两端的两对平行线组成。对称线用细单点长画线绘制；平行线用细实线绘制，其长度宜为6～10mm，每对间距宜为2～3mm；对称线垂直平分于两对平行线，两端超出平行线宜为2～3mm，如图8-14 (a) 所示。

2. 连接符号

连接符号是用来表示构件图形的一部分与另一部分相接关系的。连接符号应以折断线表示需连接的部位。两部位相距过远时，折断线两端靠图样一侧应标注大写拉丁字母表示连接编号。两个连接的图样必须用相同的字母编号，如图8-14 (b) 所示。

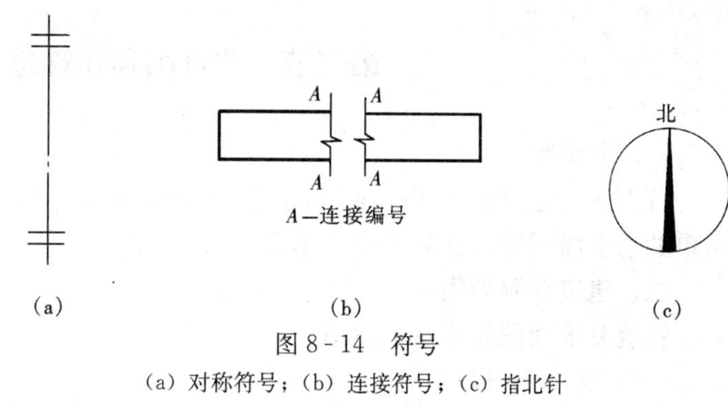

图8-14 符号
(a) 对称符号；(b) 连接符号；(c) 指北针

3. 指北针

指北针是用来指明建筑物朝向的符号。其形状宜如图8-14 (c) 所示，圆的直径宜为24mm，用细实线绘制；指针尾部的宽度宜为3mm，指针头部应注“北”或“N”字。需用较大直径绘制指北针时，指针尾部宽度宜为直径的八分之一。

三、房屋建筑工程图识读的方法和步骤

(一) 准备工作

施工图的绘制是前述各章投影理论、图示方法和有关专业知识的综合应用。因此，要看懂施工图纸的内容，必须做好下面一些准备工作：

(1) 应掌握正投影原理，熟悉房屋建筑的组成和基本构造；

(2) 掌握各专业施工图的用途、图示内容和表达方法；

(3) 熟识施工图中常用的图例、符号、线型、尺寸和比例的意义；

(4) 学会查阅建筑构、配件标准图的方法。

(二) 识读方法和步骤

一套房屋施工图纸，少则几张，多则几十张甚至几百张。因此，在识读施工图时，必须掌握正确的识读方法和步骤。

在识读整套图纸时，应按照“总体了解、顺序识读、前后对照、重点细读”的读图方法进行识读。

(1) 总体了解。一般是先看目录、总平面图和设计总说明，大致了解工程的概况，如工程设计单位、建设单位、新建房屋的位置、周围环境、施工技术要求等。对照目录检查图纸是否齐全，采用了哪些标准图并准备齐这些标准图。然后看建筑平、立、剖面图，大体上想象一下建筑物的立体形状及内部布置。

（2）顺序识读。在总体了解建筑物的情况后，根据施工的先后顺序，从基础、墙体（或柱）、结构平面布置、建筑构造及装修仔细阅读有关图纸。

（3）前后对照。读图时，要注意平面图和剖面图对照着读；建筑施工图和结构施工图对照着读；土建施工图与设备施工图对照着读。做到对整个工程施工情况及技术要求心中有数。

（4）重点细读。根据工种的不同，将有关专业施工图再有重点地仔细读一遍，并将遇到的问题记录下来，及时向设计部门反映。

识读一张图纸时，应按由外向里看、由大到小看、由粗至细看、图样与说明交替看、有关图纸对照看的方法。重点看轴线及各种尺寸关系。

第二节 首页图和建筑总平面图

一、首页图

首页图是建筑施工图的第一页，它的内容一般包括：设计说明、工程做法、门窗表以及简单的总平面图等，如附图中“建施1”所示。

二、建筑总平面图

建筑总平面图简称总平面图。

（一）总平面图的形成

用水平投影的方法和相应的图例，画出新建建筑物在基地范围内的总体布置图，称为总平面图（或称总平面布置图）。

（二）总平面图的用途

总平面图反映新建建筑物的平面形状、层数、位置、标高、朝向及其周围的总体情况。它是新建建筑物定位、施工放线、土方施工及作施工总平面设计的重要依据。

（三）总平面图的图示内容

（1）地形和地物；

（2）测量坐标网、坐标值（或建筑坐标网、坐标值）；

（3）场地四界的测量坐标和建筑坐标（或注尺寸）；

（4）建筑物定位的建筑坐标或相互关系尺寸、名称或编号、室内设计标高及层数；

（5）道路、铁道和排水沟等的建筑坐标或相互关系尺寸，路面宽度及平曲线要素；

（6）指北针或风向频率玫瑰图；

（7）建筑物使用编号时，需开列“建筑物名称编号表”；

（8）绿化规划、管道布置；

（9）说明栏内容：施工图的设计依据、尺寸单位、比例、补充图例等。

上面所列内容，既不是完美无缺，也不是任何工程设计都缺一不可，而应根据工程的特点和实际情况而定。对一些简单的工程，可不画等高线、坐标网或绿化规划和管道的布置等。

（四）总平面图的识读

现以某学院学生公寓中的总平面图为例，如图8-15所示，说明总平面图的识读方法。

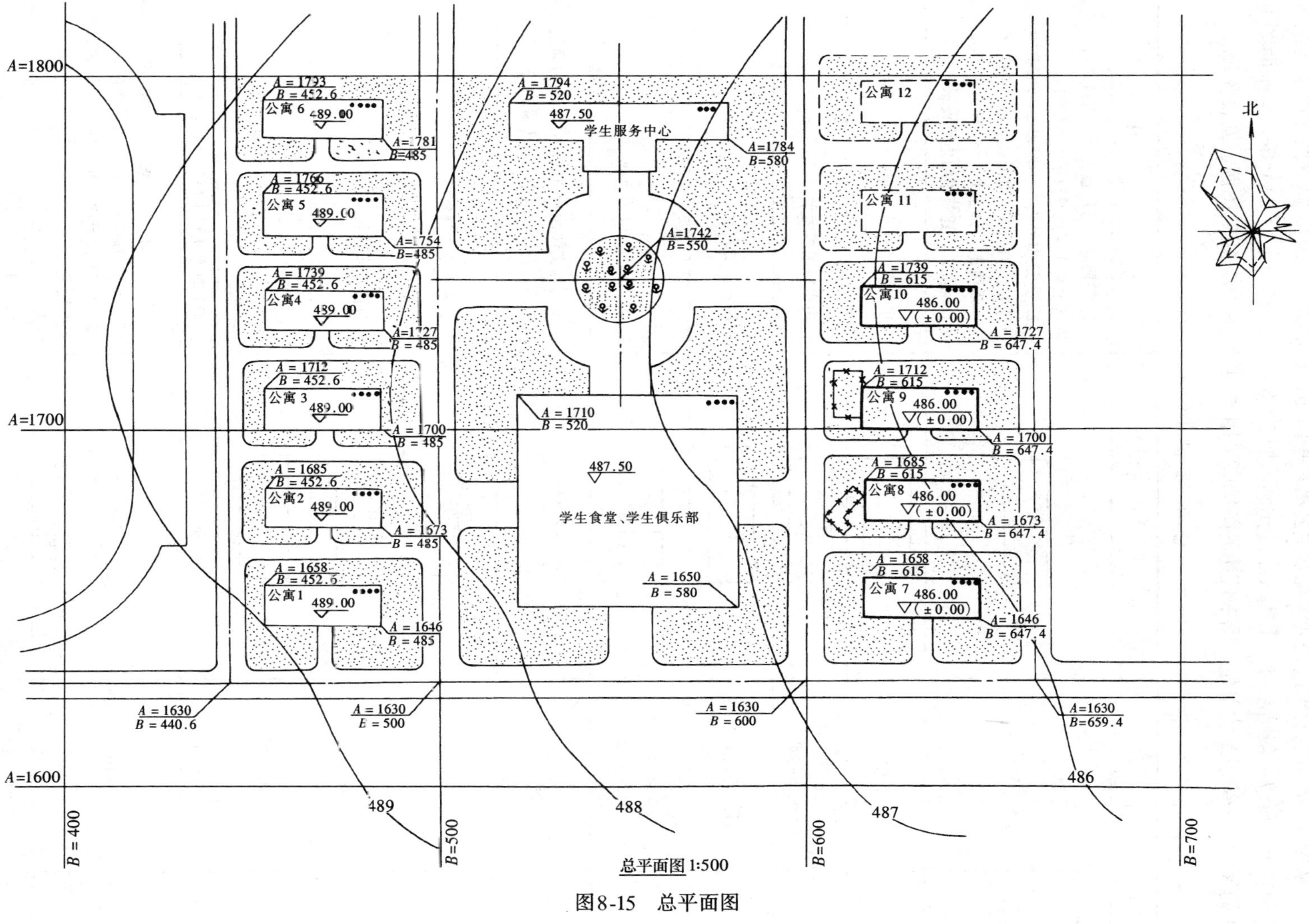

总平面图 1:500

图8-15　总平面图

1. 了解图名、比例、图例及有关的文字说明

从图8-15可以看出这是某学院学生公寓总平面图，比例为1∶500。总平面图由于所绘区域范围较大，所以一般绘制时，采用较小的比例，如1∶500、1∶1000、1∶2000等，总平面图上标注的尺寸，一律以米为单位。图中使用的图例应采用“国标”中所规定的图例，见表8-1。

表8-1 总平面图图例

序号	名称	图例	备注
1	新建建筑物	8 ▲	1. 需要时，可用▲表示出入口，可在图形内右上角用点数或数字表示层数； 2. 建筑物外形（一般以±0.00高度处的外墙定位轴线或外墙面线为准）用粗实线表示。需要时，地面以上建筑用中粗实线表示，地面以下建筑用细虚线表示
2	原有建筑物		用细实线表示
3	计划扩建的预留地或建筑物		用中粗虚线表示
4	拆除的建筑物		用细实线表示
5	建筑物下面的通道		
6	围墙及大门		上图为实体性质的围墙，下图为通透性质的围墙，若仅表示围墙时不画大门
7	坐标	X105.00 Y425.00	上图表示测量坐标
		A105.00 B425.00	下图表示建筑坐标
8	室内标高	151.00 (±0.00)	
9	室外标高	•143.00 ▾143.00	室外标高也可采用等高线表示
10	新建的道路	0.6 101.00 R9 150.00	“R9”表示道路转弯半径为9m，“150.00”为路面中心控制点标高，“0.6”表示0.6%的纵向坡度，“101.00”表示变坡点间距离
11	人行道		

续表

序号	名 称	图 例	备 注
12	拆除的道路	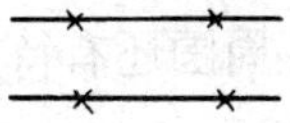	
13	计划扩建的道路		
14	原有道路		
15	桥 梁		1. 上图为公路桥，下图为铁路桥 2. 用于旱桥时应注明
16	花 卉		
17	草 坪	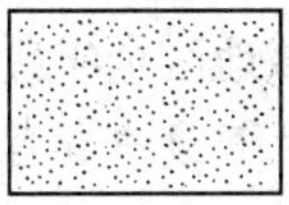	
18	花 坛	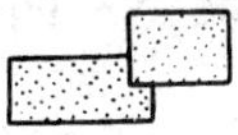	
19	常绿针叶树	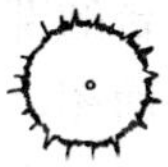	
20	落叶针叶树		
21	常绿阔叶乔木		
22	落叶阔叶乔木		
23	常绿阔叶灌木		

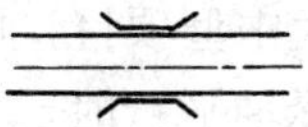

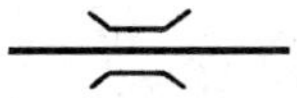

2. 了解工程性质、地形地貌和周围环境等情况

从图 8-15 中可知新建工程是某学院内四幢相同的学生公寓，每幢层数为四层，绝对标高为 486.00 米。它的北向有二幢计划修建的学生公寓；西向有学生服务中心、学生食堂、学生俱乐部以及六幢已建的学生公寓；此外，周围还有待拆房屋及道路等。

3. 了解地势高低情况

从图 8-15 中所注的底层地面和等高线的标高，可知该地势西向高、东向低，自西向东倾斜，从而可了解雨水的排流方向，并可计算填挖土方的数量。总平面图中所注标高均为绝对标高，以米为单位，一般注至小数点后两位。

4. 了解新建房屋的位置

新建房屋的位置在总平面图上的标定方法有两种，对小型项目，一般根据邻近原有永久性建筑物的位置为依据，引出相对位置；对大中型项目，可用坐标来定位。用坐标确定位置时，宜注出房屋三个角的坐标。如房屋与坐标轴平行时，可只注出其对角坐标，如图 8-15 中房屋注出了对角的两个坐标。

5. 了解新建房屋的朝向和主导风向

总平面图上一般均画有指北针或风向频率玫瑰图，以指明房屋的朝向和该地区的常年风向频率。风向频率玫瑰图是根据当地风向资料，将全年中不同风向的天数用同一比例画在一个十六方位线上，然后用实线连接成多边形（虚线表示夏季的风向频率），其箭头表示北向，最大数值为主导风向。如图 8-15 中右上角所示，该地区全年最大的主导风向为西北风。

6. 了解新建房屋四周的道路、绿化规划及管线布置等情况

第三节 建筑平面图

一、建筑平面图的形成

用一个假想的水平剖切平面沿房屋略高于窗台的部位剖切，移去上面部分，向下作剩余部分的正投影而得到的水平投影图，称为建筑平面图，简称平面图。

建筑平面图实质上是房屋各层的水平剖面图。一般地说，房屋有几层，就应画出几个平面图，并在图形的下方注出相应的图名、比例等。沿房屋底层窗洞口剖切所得到的平面图称为底层平面图（或首层平面图），最上面一层的平面图称为顶层平面图，若中间各层平面布置相同，可只画一个平面图表示，称为标准层平面图。

此外还有屋顶平面图，它是在房屋的上方，向下作屋顶外形的水平投影而得到的投影图。一般可适当缩小比例绘制。

二、建筑平面图的用途

建筑平面图主要反映房屋的平面形状、大小和房间的布置，墙（或柱）的位置、厚度和材料，门窗的类型和位置等情况。它是施工放线、砌墙、门窗安装和室内装修及编制预算的重要依据。

三、建筑平面图的图示内容

（1）承重和非承重墙、柱（壁柱），轴线和轴线编号；内外门窗位置和编号；门的开启方向，注明房间名称或编号。

（2）柱距（开间）、跨度（进深）尺寸、墙身厚度、柱（壁柱）宽、深和与轴线关系尺寸。

（3）轴线间尺寸、门窗洞口尺寸、分段尺寸、外包总尺寸。

（4）变形缝位置尺寸。

（5）卫生器具、水池、台、橱、柜、隔断等位置。

（6）电梯（并注明规格）、楼梯位置和楼梯上下方向示意及主要尺寸。

（7）地下室、地沟、地坑、必要的机座、各种平台、夹层、人孔、墙上预留洞、重要设备位置尺寸与标高等。

（8）阳台、雨篷、台阶、坡道、散水、明沟、通风道、垃圾道、消防梯等位置及尺寸。

（9）室内外地面标高、楼层标高（底层地面为±0.000）。

（10）剖切线及编号（一般只注在底层平面）。

（11）有关平面节点详图或详图索引号。

（12）指北针（画在底层平面）。

（13）平面图尺寸和轴线，如系对称平面可省略重复部分的分尺寸；楼层平面除开间、跨度等主要尺寸及轴线编号外，与底层相同的尺寸可省略；楼层标准层可共用一平面，但需注明层次范围及标高。

（14）根据工程性质及复杂程度，应绘制复杂部分的局部放大平面图。

（15）建筑平面较长、较大时，可分区绘制，但须在各分区底层平面上绘出组合示意图，并明显表示出分区编号。

（16）屋顶平面图一般内容有：墙、檐口、天沟、坡度、坡向、雨水口、屋脊（分水线）、变形缝、水箱间、屋面上人孔、消防梯及其他构筑物；详图索引号等。

以上所列内容，可根据具体工程项目的实际情况进行取舍。

四、建筑平面图的图示方法

（1）建筑平面图的方向宜与总平面图方向一致。平面图的长边宜与横式幅面图纸的长边一致。

（2）在同一张图纸上绘制多于一层的平面图时，各层平面图宜按层数由低向高的顺序从左至右或从下至上布置。

（3）顶棚平面图宜用镜像投影法绘制；各种平面图应按正投影法绘制。

（4）平面图图线宽度 b，应根据图样的复杂程度和比例选用。凡是被剖切到的墙或柱断面轮廓线用粗实线表示；没有剖到的可见轮廓线，如墙身、窗台、梯段等用中实线（或细实线）表示；尺寸线、尺寸界线、引出线等用细实线表示；轴线用细单点长画线表示。

（5）平面图的绘制比例常采用1∶50、1∶100、1∶200。若比例大于1∶50时，应画出抹灰层面层线，并宜画出材料图例；若比例为1∶100～1∶200时，抹灰层面层线可不画，而断面材料图例可用简化画法（如砌体墙涂红、钢筋混凝土涂黑等）。

五、建筑平面图的识读

现以某学院学生公寓中的底层平面图为例，如图8-16所示，说明平面图的识读方法。

1. 了解图名、比例及有关文字说明

由图8-16可知，该图为某学生公寓底层平面图，比例为1∶100。

2. 了解平面图的形状与外墙总长、总宽尺寸

该公寓楼平面基本形状为一字形，外墙总长32900mm、总宽15500mm，由此可计算出房屋的用地面积。

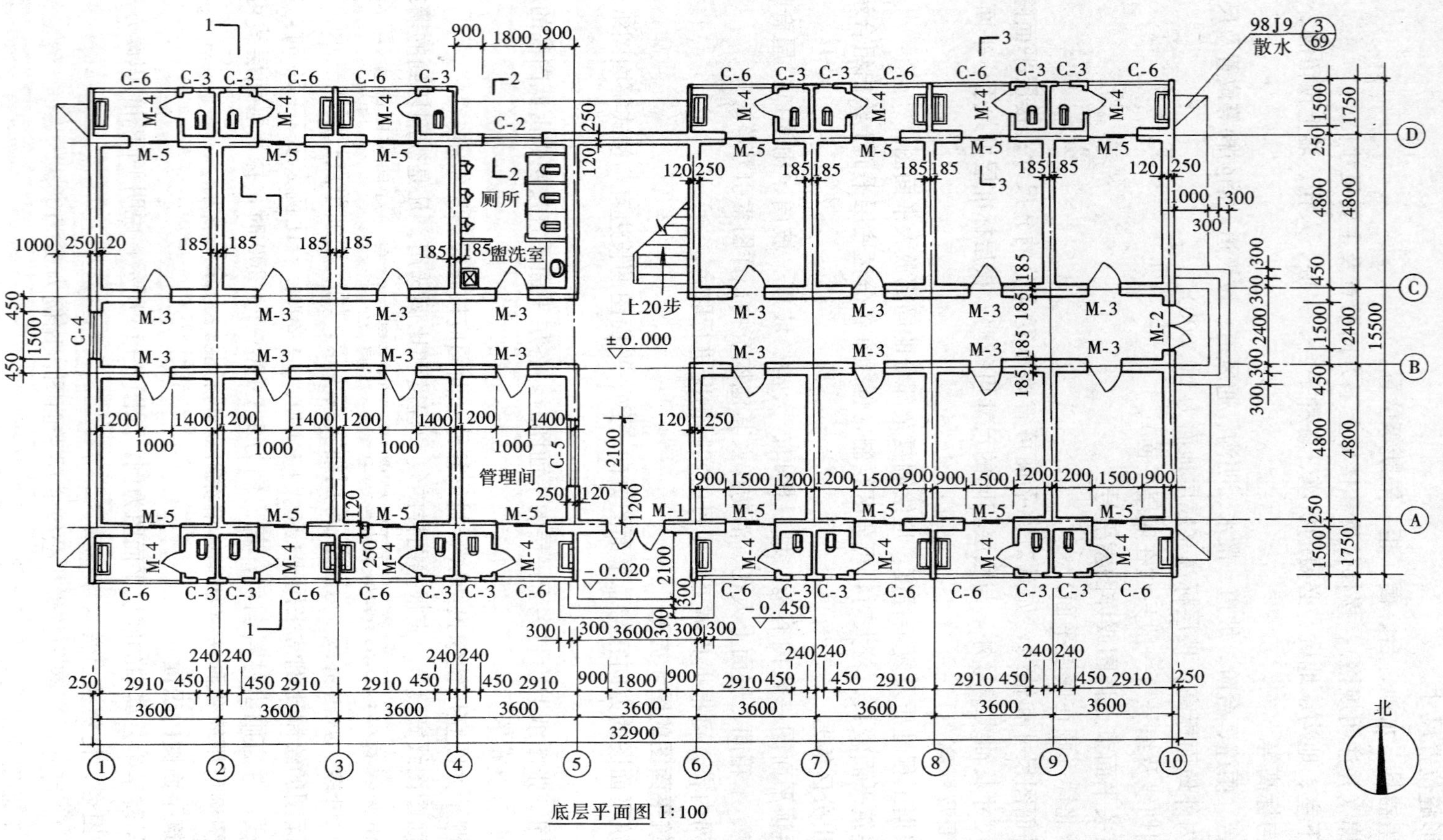

底层平面图 1:100

图 8-16 建筑平面图

3. 了解定位轴线的编号及其间距

图 8-16 中墙体的定位轴线，内墙轴线在墙的中心（楼梯间及门厅除外）；外墙轴线距离室内 120mm，距离室外 250mm。

定位轴线之间的距离，横向的称为开间，竖向的称为进深。

图 8-16 中横向轴线从①到⑩共计九个开间，每个开间均为 3600mm；竖向轴线从Ⓐ到Ⓓ四根轴线，其中Ⓐ～Ⓑ和Ⓒ～Ⓓ为房间的进深，尺寸为 4800mm，Ⓑ～Ⓒ为内走廊的轴线距离，宽度为 2400mm。

4. 了解房屋内部各房间的位置、用途及其相互关系

该公寓楼为内廊式建筑，房间布置在走廊两侧，大小相同，房间内设有阳台，中间是楼梯间和主要入口，走廊东侧设有一个次要入口，楼梯间西侧为盥洗室和厕所。

5. 了解平面各部分的尺寸

平面图尺寸以毫米为单位，但标高以米为单位。平面图的尺寸标注有外部尺寸和内部尺寸两部分。

（1）外部尺寸。为便于识图及施工，建筑平面图的下方及侧向一般标注三道尺寸。

第一道尺寸是细部尺寸，它表示门、窗洞口宽度尺寸和门窗间墙体以及各细小部分的构造尺寸（从轴线标注）。

第二道尺寸是轴线间的尺寸，它表示房间的开间和进深的尺寸。

第三道尺寸是外包尺寸，它表示房屋外轮廓的总尺寸，即从一端的外墙边到另一端的外墙边总长和总宽的尺寸。

另外，台阶（或坡道）、花池及散水等细部的尺寸，可单独标注。

三道尺寸线间的距离一般为 7～10mm，第一道尺寸线应离图形最外轮廓线 10mm 以上。如果房屋平面图前后或左右不对称时，则平面图的上下左右四边都应注写三道尺寸。如有部分相同，另一些不相同，可只注写不同部分。

（2）内部尺寸。内部尺寸应注明室内门窗洞、孔洞、墙厚和设备的大小与位置。

此外，建筑平面图中的标高，通常都采用相对标高，并将底层室内主要房间地面定为 ±0.000。在本例底层平面图中，室内地面标高为 ±0.000，门厅外平台处标高为 −0.020，室外地坪标高为 −0.450。

6. 了解房屋的构造及配件类型、数量及其位置

在平面图中常采用图例表示房屋的构造及配件，“国标”规定了各种常用构造及配件图例，见表 8-2。

表 8-2　　常用构造及配件图例

序号	名　称	图　例	说　明
1	墙 体		应加注文字或填充图例表示墙体材料，在项目设计图纸说明中列材料图例表给予说明
2	隔 断		1. 包括板条抹灰、木制、石膏板、金属材料等隔断； 2. 适用于到顶与不到顶隔断

续表

序号	名 称	图 例	说 明
3	栏 杆		
4	楼 梯	上	1. 图 4 为底层楼梯平面，图 5 为中间层楼梯平面，图 6 为顶层楼梯平面； 2. 楼梯及栏杆扶手的形式和梯段踏步数应按实际情况绘制
5		下 上	
6		下	
7	坡 道	下	图 7 为长坡道， 图 8 为门口坡道
8		下 下	
9	墙预留槽	宽×高×深或 ϕ 底(顶或中心)标高 ××,×××	1. 以洞中心或洞边定位； 2. 宜以涂色区别墙体和留洞位置

续表

<table>
<tr><th>序号</th><th>名　称</th><th>图　例</th><th>说　明</th></tr>
<tr><td>10</td><td>烟　道</td><td> 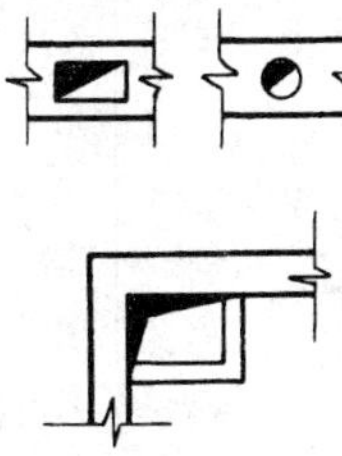</td><td rowspan="2">1. 阴影部分可以涂色代替；
2. 烟道与墙体为同一材料，其相接处墙身线应断开</td></tr>
<tr><td>11</td><td>通风道</td><td></td></tr>
<tr><td>12</td><td>空门洞</td><td>$h =$</td><td>h 为门洞高度</td></tr>
<tr><td>13</td><td>单扇门（包括平开或单面弹簧）</td><td> 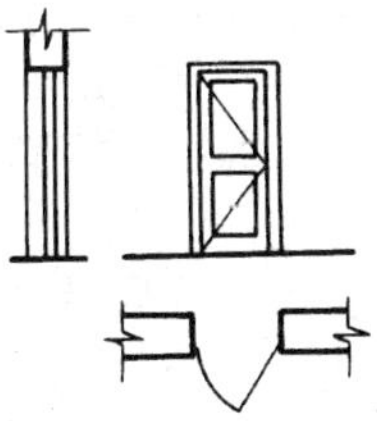</td><td rowspan="2">1. 门的名称代号用 M；
2. 图例中剖面图左为外、右为内，平面图下为外、上为内；
3. 立面图上开启方向线交角的一侧为安装合页的一侧，实线为外开，虚线为内开；
4. 平面图上门线应 90°或 45°开启，开启弧线宜绘出；
5. 立面图上的开启线在一般设计图中可不表示，在详图及室内设计图上应表示；
6. 立面形式应按实际情况绘制</td></tr>
<tr><td>14</td><td>双扇门（包括平开或单面弹簧）</td><td></td></tr>
</table>

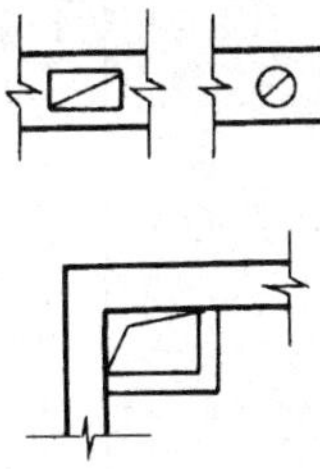

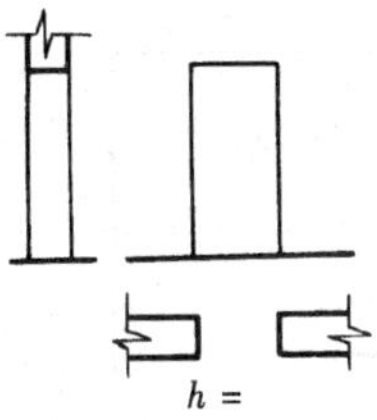

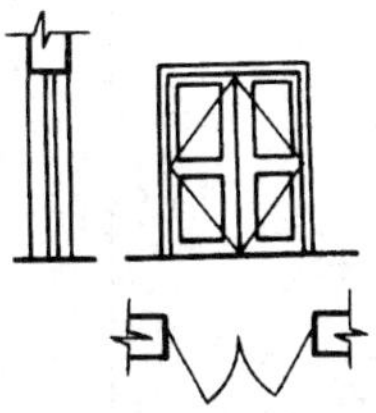

续表

序号	名称	图例	说明
15	墙中双扇推拉门	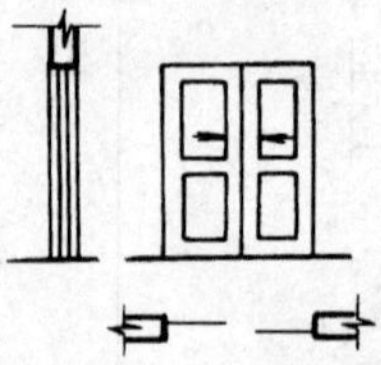	1. 门的名称代号用 M； 2. 图例中剖面图左为外、右为内，平面图下为外、上为内； 3. 立面形式应按实际情况绘制
16	墙外单扇推拉门		
17	墙外双扇推拉门		
18	单扇双面弹簧门	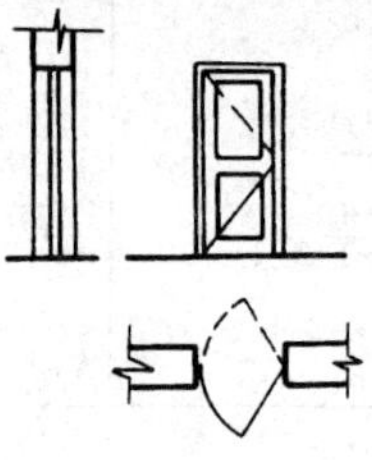	1. 门的名称代号用 M； 2. 图例中剖面图左为外、右为内，平面图下为外、上为内； 3. 立面图上开启方向线交角的一侧为安装合页的一侧，实线为外开，虚线为内开； 4. 平面图上门线应 90°或 45°开启，开启弧线宜绘出； 5. 立面图上的开启线在一般设计图中可不表示，在详图及室内设计图上应表示； 6. 立面形式应按实际情况绘制
19	双扇双面弹簧门		
20	单扇内外开双层门（包括平开或单面弹簧）		

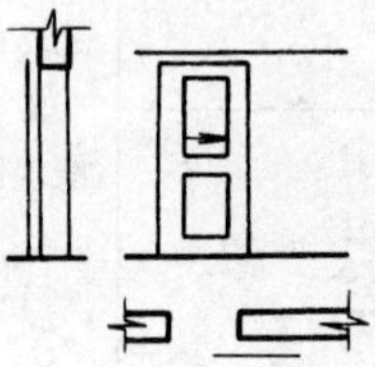

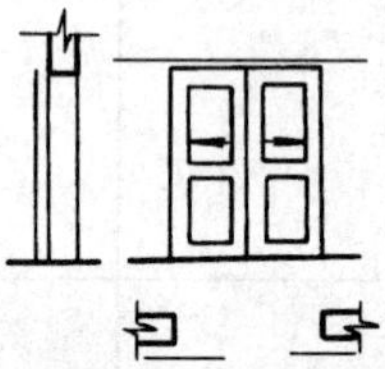

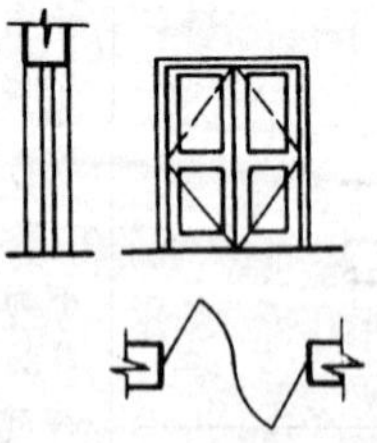

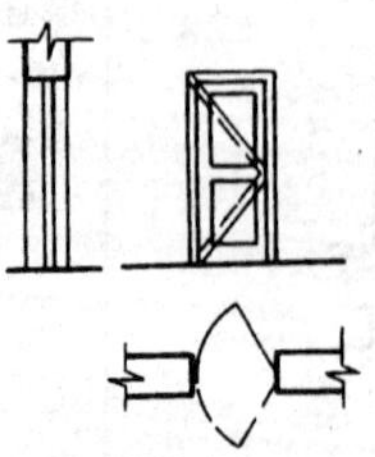

续表

序号	名 称	图 例	说 明
21	转 门	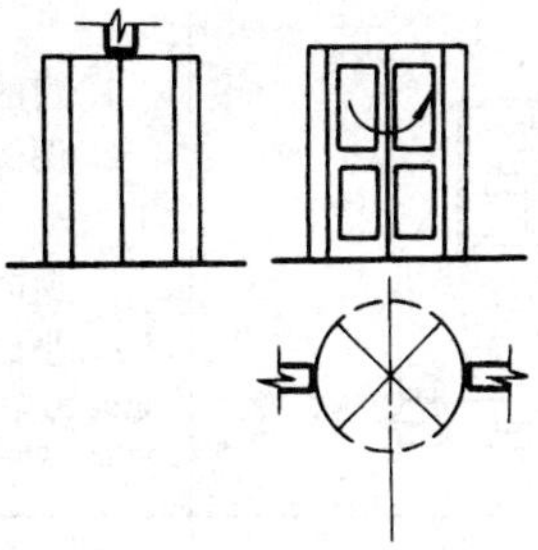	1. 门的名称代号用 M； 2. 图例中剖面图左为外、右为内，平面图下为外、上为内； 3. 平面图上门线应 90°或 45°开启，开启弧线宜绘出； 4. 立面图上的开启线在一般设计图中可不表示，在详图及室内设计图上应表示； 5. 立面形式应按实际情况绘制
22	竖向卷帘门	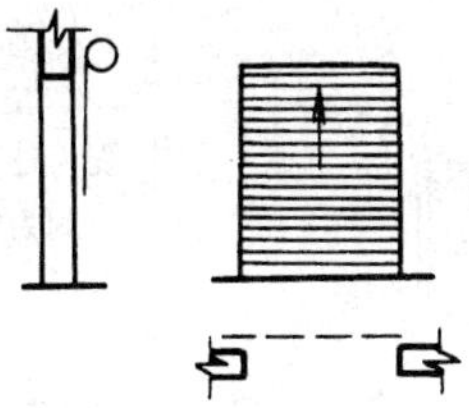	
23	单层固定窗	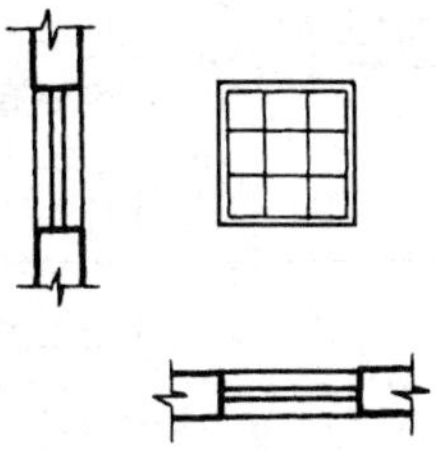	1. 窗的名称代号用 C 表示； 2. 立面图中的斜线表示窗的开启方向，实线为外开，虚线为内开；开启方向线交角的一侧为安装合页的一侧，一般设计图中可不表示； 3. 图例中剖面图左为外、右为内，平面图下为外、上为内； 4. 平面图和剖面图上的虚线仅说明开关方式，在设计图中不需表示； 5. 窗的立面形式应按实际情况绘制； 6. 小比例绘图时平、剖面的窗线可用单粗实线表示
24	单层外开平开窗	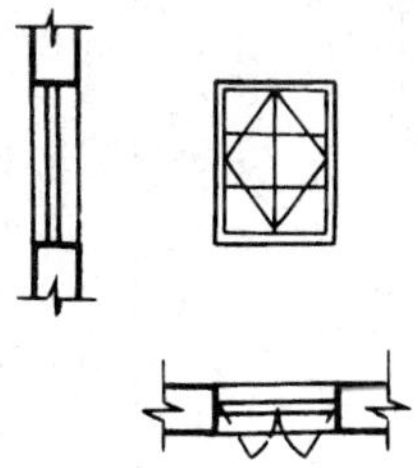	
25	单层内开平开窗	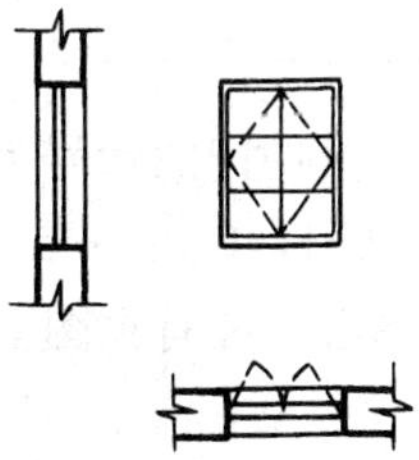	
26	双层内外开平开窗	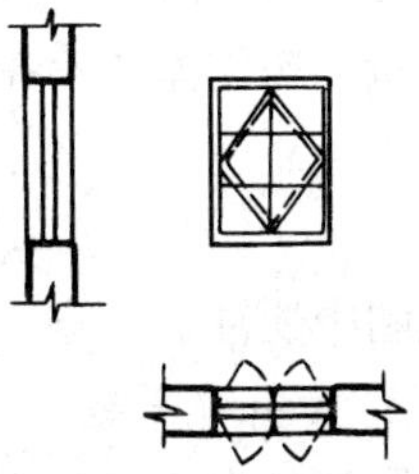	

续表

序号	名　称	图　例	说　明
27	推拉窗	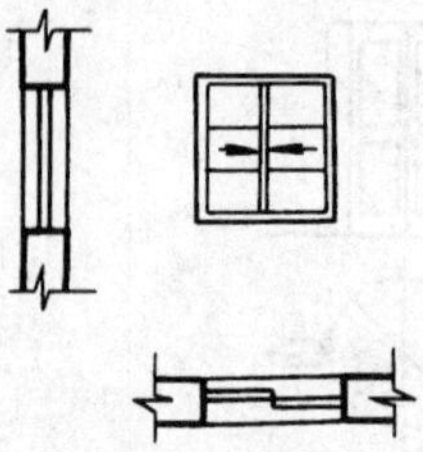	1. 窗的名称代号用C表示； 2. 图例中剖面图左为外、右为内，平面图下为外、上为内； 3. 窗的立面形式应按实际情况绘制； 4. 小比例绘图时平、剖面的窗线可用单粗实线表示
28	百叶窗	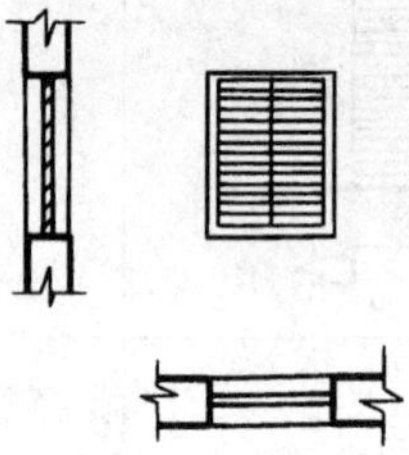	1. 窗的名称代号用C表示； 2. 立面图中的斜线表示窗的开启方向，实线为外开，虚线为内开；开启方向线交角的一侧为安装合页的一侧，一般设计图中可不表示； 3. 图例中剖面图左为外、右为内，平面图下为外、上为内； 4. 平面图和剖面图上的虚线仅说明开关方式，在设计图中不需表示； 5. 窗的立面形式应按实际情况绘制
29	高　窗	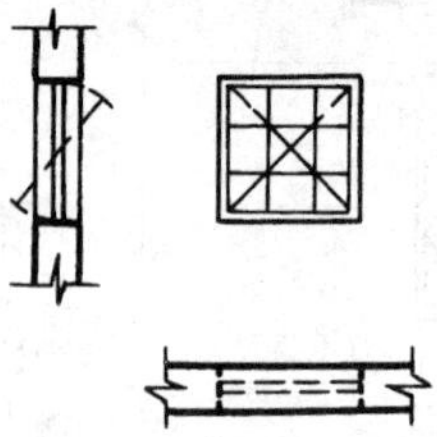 $h=$	1. 窗的名称代号用C表示； 2. 立面图中的斜线表示窗的开启方向，实线为外开，虚线为内开；开启方向线交角的一侧为安装合页的一侧，一般设计图中可不表示； 3. 图例中剖面图左为外、右为内，平面图下为外、上为内； 4. 平面图和剖面图上的虚线仅说明开关方式，在设计图中不需表示； 5. 窗的立面形式应按实际情况绘制； 6. h为窗底距本层楼地面的高度

在平面图中，门窗采用专门的代号标注，其中门的代号为M，窗的代号为C，代号后面用数字表示它们的编号，如M-1、M-2……，C-1，C-2……。一般每个工程的门窗编号、名称、尺寸、数量及其所选标准图集的编号等内容，在首页图上的门窗表中列出，如附图“建施1”所示。

7. 了解其他细部（如楼梯、墙洞和各种卫生器具等）的配置和位置情况

该公寓楼有一部楼梯，设有盥洗室及厕所，盥洗室内有拖布池及洗手盆，厕所有蹲坑及小便斗，阳台上设有洗手盆及卫生间。

8. 了解房屋外部的设施

房屋外部设有散水、台阶，具体尺寸见图中所注。

9. 了解房屋的朝向及剖面图的剖切位置、索引符号等

底层平面图中需画出指北针，以表明房屋的朝向。通过右下角指北针，可以看出该房屋

坐北朝南。在底层平面图中，还应画上剖面图的剖切位置，如 1-1 等，以便与剖面图对照查阅。

各层平面图的主要区别是：从内部看，首先各层楼梯图例不同，其次各层标高也不同。从外部看，底层平面图上还应画出室外的台阶、散水、指北针等，而楼层平面图只表示下一层的雨篷、遮阳板等。

六、建筑平面图的绘制

现以某学院学生公寓中的底层平面图为例，如图 8-16 所示，说明平面图的绘制步骤如图 8-17 所示。

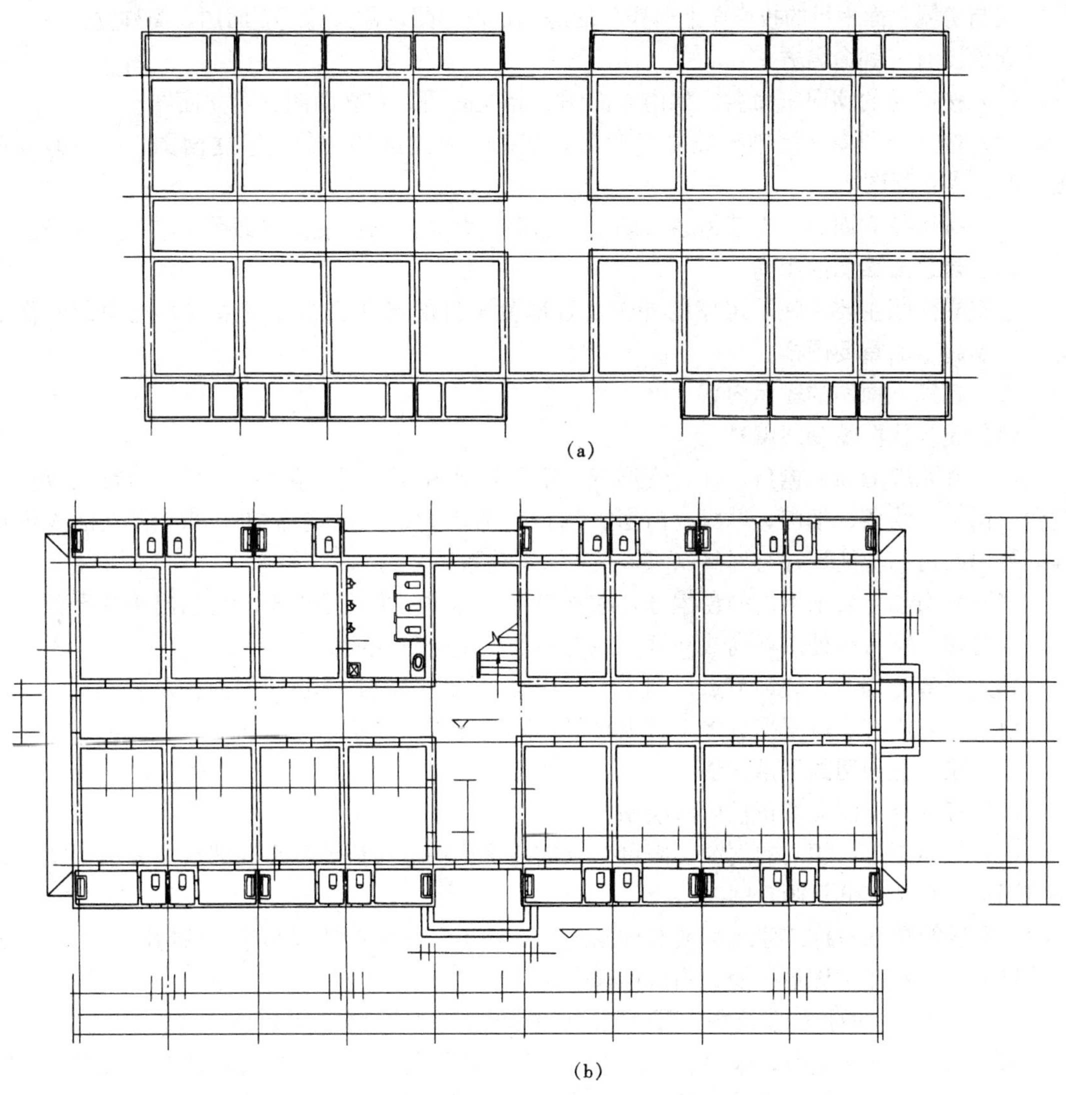

图 8-17 平面图的绘制步骤

(1) 画定位轴线、墙、柱轮廓线，如图 8-17 (a) 所示。

(2) 定门窗洞的位置，画细部，如楼梯、台阶、盥洗室、厕所、散水、花池等，如图 8-17 (b) 所示。

（3）经检查无误后，擦去多余的图线，按规定线型加深。标注轴线编号、标高尺寸、内外部尺寸、门窗编号、索引符号以及书写其他文字说明。在底层平面图中，应画剖切位置线以及在图外适当的位置画上指北针图例，以表明方位。

最后，在平面图下方写出图名及比例等。完成后的平面图见图 8-16。

第四节 建筑立面图

一、建筑立面图的形成

在与房屋立面平行的投影面上所作出的房屋正投影图，称为建筑立面图，简称立面图。

立面图有三种命名方式：

（1）按房屋的朝向来命名，如南立面图、北立面图、东立面图、西立面图。

（2）按立面图中首尾轴线编号来命名，如①～⑩立面图、⑩～①立面图、Ⓐ～Ⓓ立面图、Ⓓ～Ⓐ立面图。

（3）按房屋立面的主次来命名，如正立面图、背立面图、左侧立面图、右侧立面图。

二、建筑立面图的用途

建筑立面图主要反映了房屋的外貌、各部分配件的形状、相互关系以及立面装修做法等，它是施工的重要图样。

三、建筑立面图的图示内容

（1）建筑物两端轴线编号。

（2）女儿墙墙顶、檐口、柱、变形缝、室外楼梯和消防梯、阳台、栏杆、台阶、坡道、花台、雨篷、线条、烟囱、勒脚、门窗、洞口、雨水管、其他装饰构件和粉刷分格线示意等，外墙的留洞应注尺寸与标高（宽×高×深及关系尺寸）。

（3）平面图上表示不出的窗编号，在立面图上标注。平、剖面未能表示出来的屋顶、檐口、女儿墙、窗台等处的标高或高度，应在立面图上分别注明。

（4）各部分构造、装饰节点详图索引。用文字说明外墙各部位所用面材及色彩。

以上所列内容，可根据具体工程项目的实际情况进行取舍。

四、建筑立面图的图示方法

（1）各种立面图应按正投影法绘制。

（2）立面图上，相同的门窗、阳台、外檐装修、构造做法等可在局部重点表示，绘出其完整图形，其余部分只画轮廓线。

（3）较简单的对称式建筑物或对称构配件，在不影响构造处理和施工的情况下，立面图可绘制一半，并在对称轴线处，画对称符号。

（4）平面形状曲折的建筑物，可绘制展开立面图，但均应在图名后加注“展开”二字。

（5）立面图在绘制时，采用多种线型。一般立面图的屋脊线和外墙最外轮廓线用粗实线表示；门窗洞口、檐口、雨篷、阳台、台阶、花池等用中实线表示；门窗扇、栏杆、花格、雨水管、墙面分格线等均用细实线表示；室外地坪线用加粗实线表示。

（6）立面图的绘制比例同平面图一样，常采用 1∶50、1∶100、1∶200。

五、建筑立面图的识读

现以某学院学生公寓中的①～⑩立面图为例，如图 8-18 所示，说明立面图的识读方法。

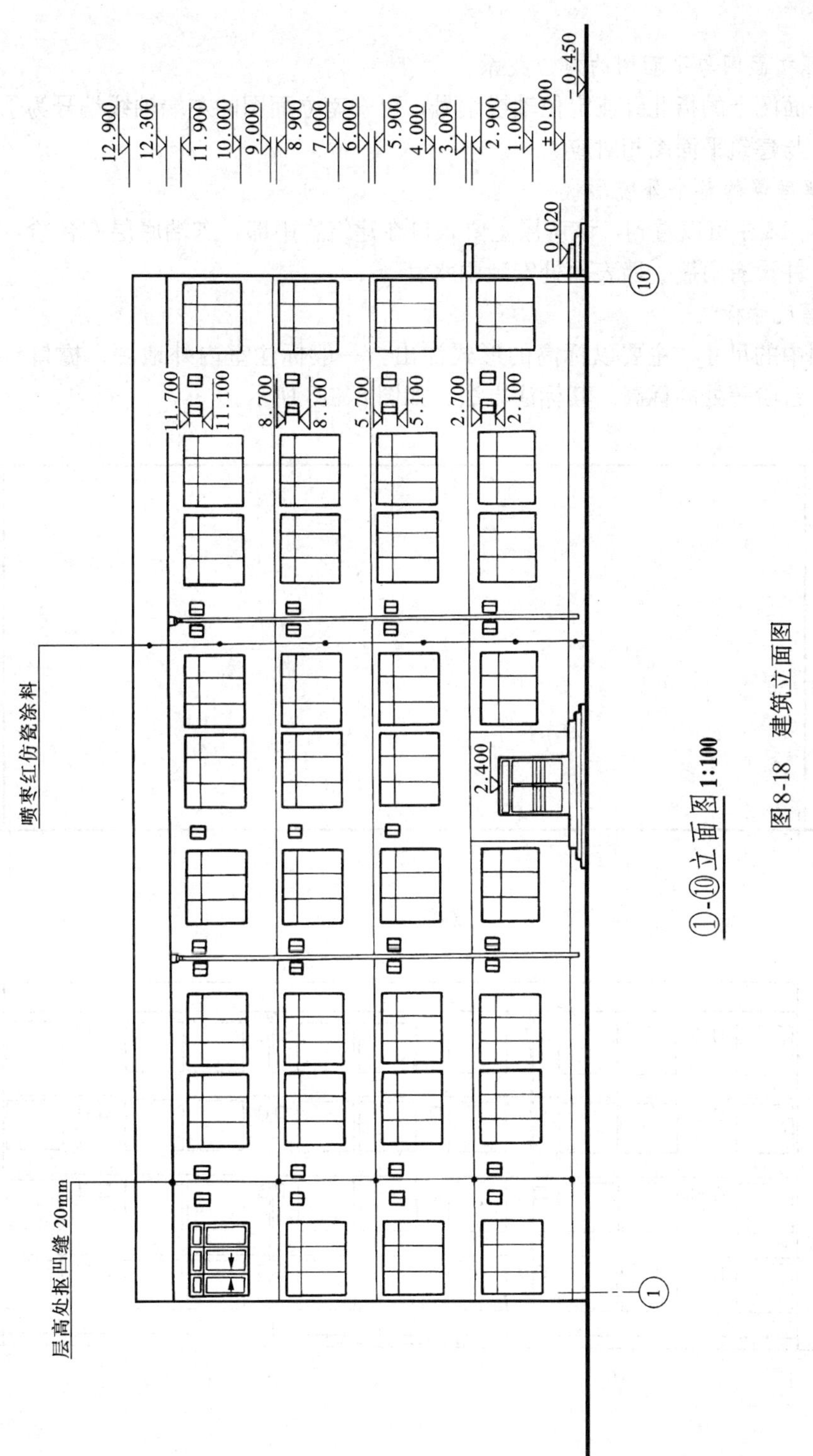

①-⑩立面图 1:100

图8-18 建筑立面图

1. 了解图名及比例

从图名或轴线的编号可知，该图是表示房屋南向的立面图（或①～⑩立面图），比例1∶100。

2. 了解立面图与平面图的对应关系

对照平面图上的指北针或定位轴线编号，可知南立面图的左端轴线编号为①，右端轴线编号为⑩，与建筑平面图相对应。

3. 了解房屋的整个外貌形状

从图 8-18 中可以看到，该房屋主要入口在建筑物中部，东端底层有台阶，故知必有一个出入口，并设有雨篷。墙表面处安装雨水管。

4. 了解尺寸标注

立面图中的尺寸，主要以标高的形式注出。一般标注室内外地坪、檐口、女儿墙、雨篷、门窗、台阶等处的标高。其标注方法，如图 8-18 所示。

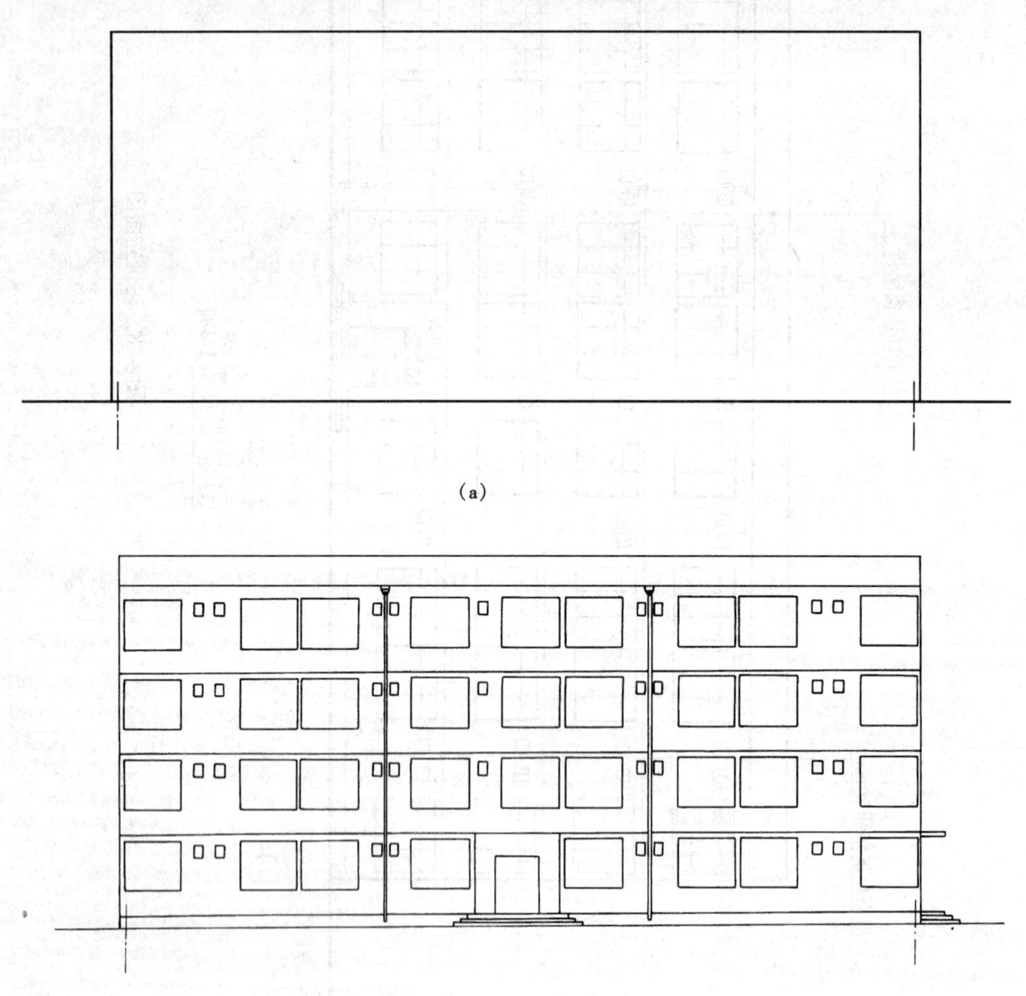

(a)

(b)

图 8-19　立面图的绘制步骤

5. 了解房屋外墙面的装修做法

从图中文字说明可知，外墙面为枣红色仿瓷涂料。

六、建筑立面图的绘制

现以某学院学生公寓中的①～⑩立面图为例，如图 8-18 所示，说明立面图的绘制步骤，如图 8-19 所示。

（1）画室外地坪线，外墙轮廓线，屋面线，如图 8-19（a）所示。

（2）根据层高、各部分标高和平面图门窗洞口尺寸，画出立面图中门窗洞、檐口、雨篷、雨水管等细部的外形轮廓，如图 8-19（b）所示。

（3）画出门窗扇、墙面分格线，并按规定线型加深图线。两端画上首尾轴线及编号，并注写标高、图名、比例及有关文字说明。

完成后的立面图如图 8-18 所示。

第五节 建 筑 剖 面 图

一、建筑剖面图的形成

假想用一个或一个以上的垂直于外墙轴线的铅垂剖切平面将房屋剖开，移去靠近观察者的部分，对剩余部分所作的正投影图，称为建筑剖面图，简称剖面图。

建筑剖面图有横剖面图和纵剖面图。

横剖面图：沿房屋宽度方向垂直剖切所得到的剖面图。

纵剖面图：沿房屋长度方向垂直剖切所得到的剖面图。

二、建筑剖面图的用途

建筑剖面图主要反映房屋内部垂直方向的高度、分层情况、楼地面和屋顶的构造以及各构配件在垂直方向的相互关系等。它与平面图、立面图相配合，是建筑施工图的重要图样，是施工中的主要依据之一。

三、建筑剖面图的图示内容

（1）墙、柱、轴线、轴线编号。

（2）室外地面、底层地（楼）面、地坑、地沟、各层楼板、吊顶、屋顶、檐口、女儿墙、门窗、台阶、坡道、散水、阳台、雨篷、洞口、墙裙及其他装修等可见的内容。

（3）高度尺寸。门窗、洞口高度、层间高度及总高度（室外地面至檐口或女儿墙顶）。有时，后两部分尺寸可不标注。

（4）标高。底层地面标高（±0.000）；以上各层楼面、楼梯、平台标高；门窗洞口标高；屋面板、屋面檐口、女儿墙顶、高出屋面的水箱间、楼梯间、机房顶部标高；室外地面标高；底层以下的地下各层标高。

（5）节点构造详图索引符号。

以上所列内容，可根据具体工程项目的实际情况进行取舍。

四、建筑剖面图的图示方法

（1）各种剖面图应按正投影法绘制。

（2）剖面图的剖切部位，应根据图纸的用途或设计深度，在平面图上选择能反映全貌、构造特征以及有代表性的部位剖切。

(3) 剖面图中，剖切到的墙身、楼板、屋面板、楼梯段、楼梯平台等轮廓线用粗实线表示；未剖切到的可见轮廓线如门窗洞、楼梯段、楼梯扶手和内外墙轮廓线用中实线（或细实线）表示；门窗扇及分格线等用细实线表示；室外地坪线用加粗实线表示。

(4) 剖面图的绘制比例与平面图、立面图相同，常采用 1∶50、1∶100、1∶200。若比例大于 1∶50 时，应画出抹灰层与楼地面、屋面的面层线，并宜画出材料图例；若比例为 1∶100～1∶200时，材料图例可以采用简化画法，但宜画出楼地面、屋面的面层线。

(5) 按习惯画法，除了具有地下室外，一般不画出基础部分。

五、建筑剖面图的识读

现以某学院学生公寓中的 1-1 剖面图为例，如图 8-20 所示，说明剖面图的识读方法。

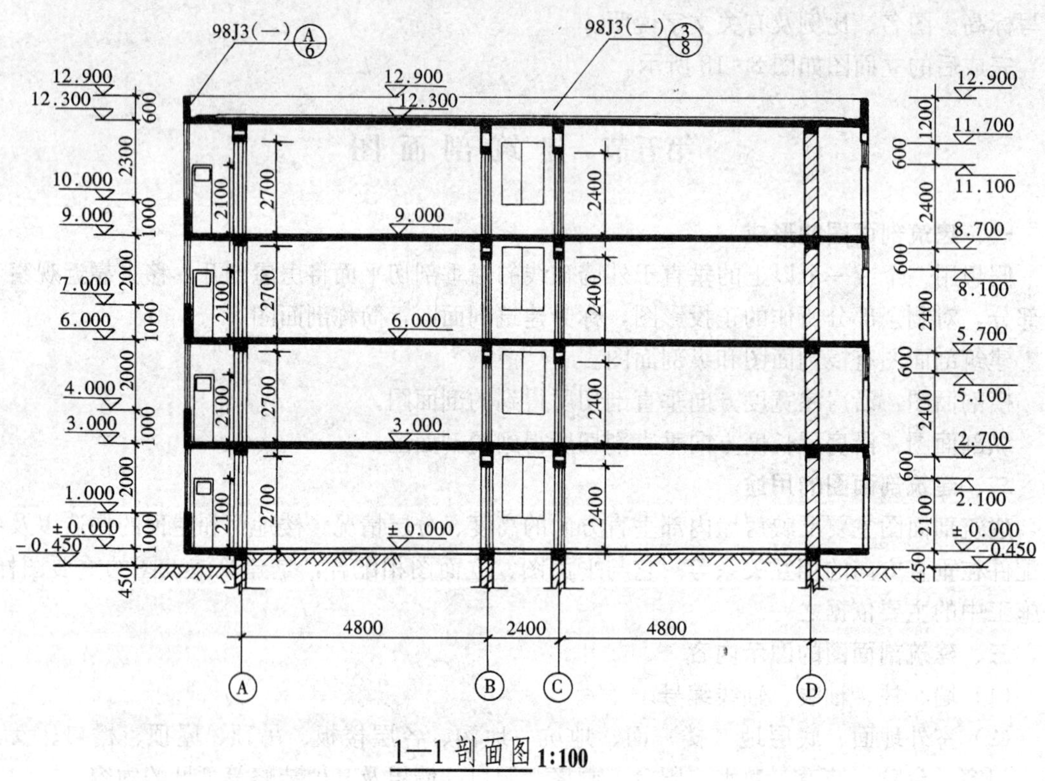

图 8-20 建筑剖面图

1. 了解图名及比例

由图 3-20 可知，该图为 1-1 剖面图，比例为 1∶100，与平面图、立面图相同。

2. 了解剖面图与平面图的对应关系

由图名和轴线编号与平面图上的剖切位置和轴线编号相对照，可知 1-1 剖面图是横剖面图，剖切位置在②～③轴之间的门窗洞处，剖切后向左投影。

3. 了解房屋的结构形式和内部构造

由图 8-20 可知，此房屋的垂直方向承重构件是用砖砌成的，而水平方向承重构件是用钢筋混凝土构成的，所以它属于混合结构形式。从图中可以看出墙体及门窗洞、梁板与墙体的连接等情况。

4. 了解房屋各部位的尺寸和标高情况

在剖面图中画出了主要承重墙的轴线、编号以及轴线的间距尺寸。在外侧竖向注出了房屋主要部位，即室内外地坪、楼层、阳台、檐口或女儿墙顶面等处的标高及高度方向的尺寸。

5. 了解索引详图所在的位置及编号

剖面图中，挑檐及女儿墙另见详图，详图选用标准图集 98J3（一）。

六、建筑剖面图的绘制

现以某学院学生公寓中的 1-1 剖面图为例，如图 8-20 所示，说明剖面图的绘制步骤，如图 8-21 所示。

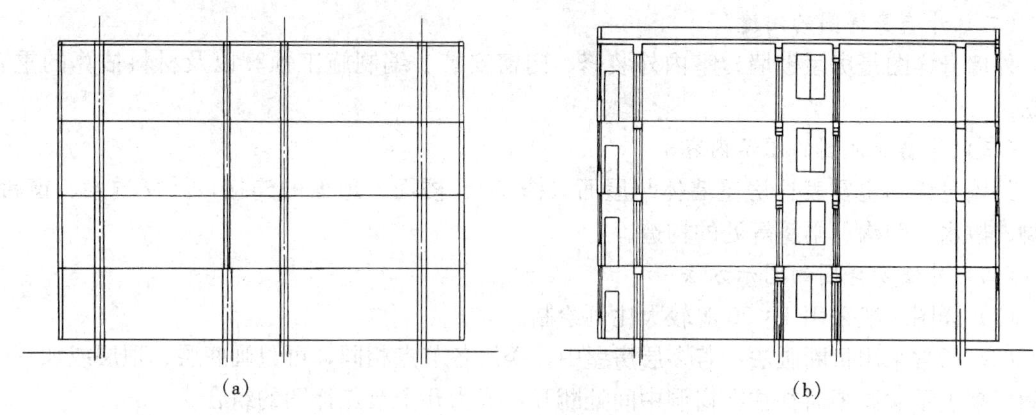

图 8-21 剖面图的绘制步骤

（1）画定位轴线、室内外地坪线、各层楼地面线和屋面线，并画出墙身，如图 8-21（a）所示。

（2）确定门窗位置及细部，如梁、板、檐口等，如图 8-20（b）所示。

（3）经检查无误后，擦去多余线条。按规定线型加深图线，标注标高尺寸和其他尺寸，并书写图名、比例及有关文字说明。

完成后的剖面图如图 8-21 所示。

第六节 建 筑 详 图

由于建筑平、立、剖面图通常采用较小的比例绘制，这样房屋的许多细部构造做法就无法在平、立、剖面图中表达清楚。为了满足施工需要，房屋的局部构造应当用较大的比例详细地画出，这些图样称为建筑详图，简称详图。

详图是对建筑平、立、剖面图等基本图样的深化和补充，是建筑工程细部施工、建筑构配件的制作及编制预算的依据。

绘制详图的比例，一般采用 1∶20、1∶10、1∶5、1∶2 等。详图的图示方法，应视该部位构造的复杂程度而定。有的只需一个剖面详图就能表达清楚（如墙身详图）；有的则需另加平面详图（如楼梯间、厕所等）或立面详图（如阳台详图）；有时还要在详图中补充比例更大的详图。

对于套用标准图或通用图的建筑构配件和节点，只需注明所套用图集的名称、型号或页次，可不必另画详图（如木门窗）。

详图具有比例较大、图示详尽清楚、尺寸标注齐全的特点。

一般房屋的详图主要有外墙身详图，楼梯详图，厨房、阳台、花格、建筑装饰、雨篷、台阶等详图。

下面介绍一般房屋建筑施工图中常见的详图。

一、外墙身详图

（一）外墙身详图的形成

外墙身详图又称外墙身大样图（或外墙身剖面图），它实际上是建筑剖面图中外墙身部分的局部放大图。

（二）外墙身详图的用途

外墙身详图是房屋砌墙、室内外装修、门窗安装、编制施工预算以及材料估算的重要依据。

（三）外墙身详图的图示内容

外墙身详图主要表达房屋墙体与屋面（檐口）、楼面、地面的连接，门窗过梁、窗台、勒脚、散水、明沟、雨篷等处的构造。

（四）外墙身详图的图示方法

（1）详图一般采用 1∶20 等较大比例绘制。

（2）通常采用折断画法。若多层房屋中，楼层各节点相同，可只画底层、顶层或加一个中间层来表示。画图时往往在窗洞中间处断开，成为几个节点详图的组合。

（3）详图的线型与剖面图一样，但由于比例较大，所有内外墙应用细实线画出粉刷线并应标注材料图例。

（4）详图上所注尺寸与建筑剖面图基本相同。

（五）外墙身详图的识读

现以某学院学生公寓中的外墙剖面详图 2-2 剖面为例，如图 8-22 所示，说明外墙身详图的识读方法。

1. 了解图名、比例

根据剖面详图的编号，对照图 8-16 所示平面上相应的剖切符号，可知该剖面详图的剖切位置和投影方向。该剖面详图比例为 1∶20。

2. 了解墙体厚度

该详图为Ⓓ轴线上④～⑤轴墙身剖面，砖墙的厚度为 370mm（偏轴）。

3. 了解屋面、楼面和地面的构造

详图中，凡构造层次较多的地方，如屋面、楼面、地面等处，应用分层构造说明的方法表示。

4. 了解窗台、窗过梁（或圈梁）、板的位置及其与墙身的关系

由详图可知，底层及标准层窗过梁由圈梁代替，顶层窗过梁单独设置，楼板为现浇板，窗框位置设于定位轴线处。

5. 了解散水的做法及屋面排水情况

散水应标注排水坡度、宽度及做法。本例中散水坡度 4%、宽度尺寸 1000mm，做法见图中所示。屋面排水坡度 2%。

4 厚 SBS 改性沥青防水卷材
20 厚 1:3 水泥砂浆找平
1:6 水泥焦渣找坡 2%,最薄处 30 厚
聚苯乙烯泡沫塑料板 60 厚
现浇钢筋混凝土楼板
98J3(一) A/6
80
12.900
12.300
11.700
i = 2%
1500
600
600
(9.900)
(6.900)
3.900
20 厚 1:2 水泥砂浆,压实抹光
刷素水泥浆结合层一道
20 厚 1:4 干硬性水泥砂浆结合层
60 厚 C20 细石混凝土找坡
SBS 防水卷材,周边卷起 150 高
20 厚 1:3 水泥砂浆找平
现浇钢筋混凝土楼板
(9.000)
(6.000)
3.000
900
4/11 98J3(一)
2.700
300
1800
98J4(一) 6/118
0.900
20 厚 1:2 水泥沙浆压实抹光
刷素水泥浆结合层一道
60 厚(最高处)C20 细石混凝土
150 厚 3:7 灰土
素土夯实
±0.000
900
50 厚 C15 混凝土
150 厚 3:7 灰土
素土夯实
i = 4%
-0.450
450
1000
250
120
D
2—2 剖面图 1:20

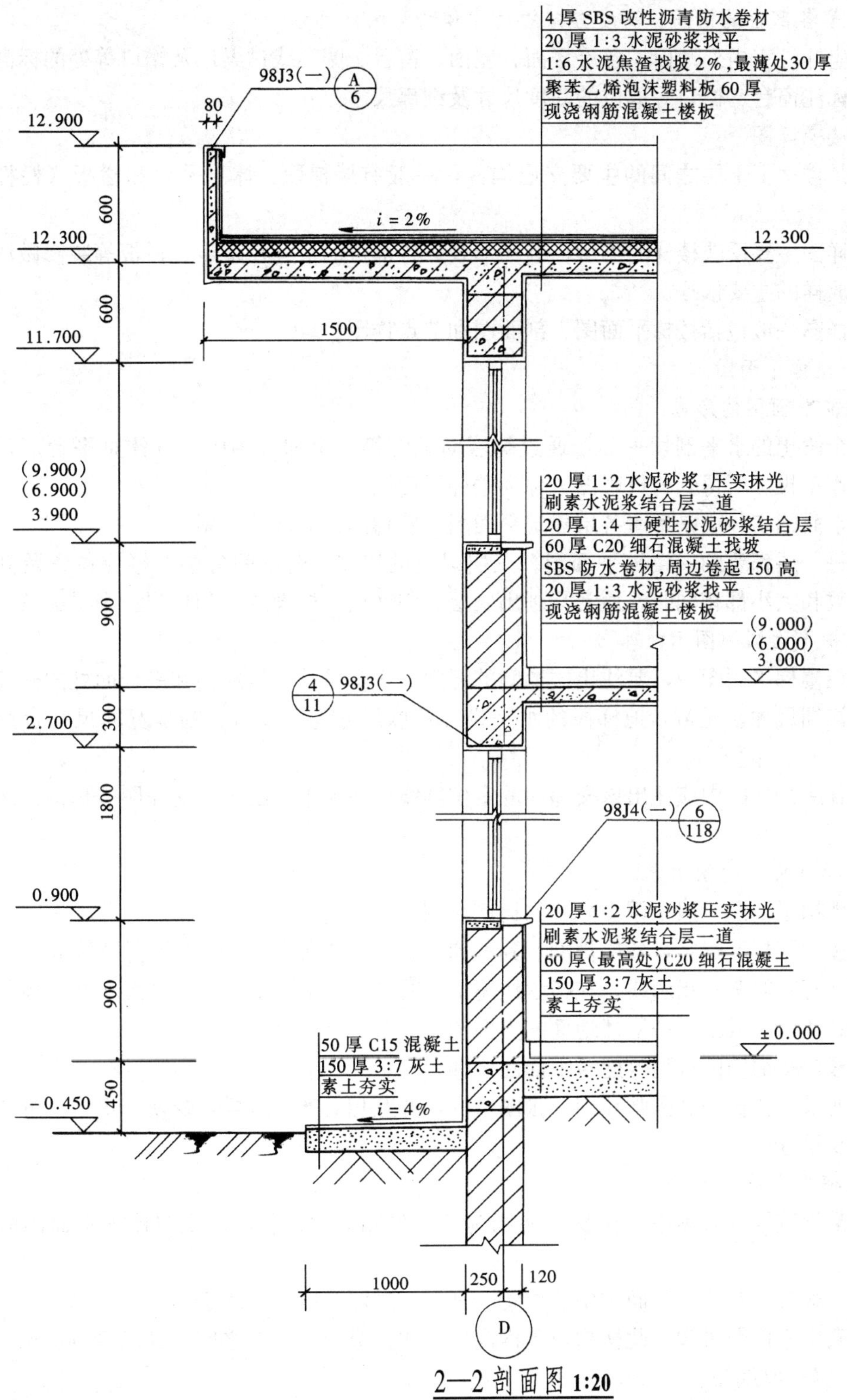

图 8-22 外墙剖面详图

6. 了解各部位的标高、高度方向的尺寸和墙身细部尺寸

详图应标注室内外地面、各层楼面、屋面、窗台、圈梁或过梁以及檐口等处的标高。同时，还应标注窗台、檐口等部位的高度尺寸及细部尺寸。

二、楼梯详图

楼梯是楼房上下层之间的主要交通构件，一般有楼梯段、休息平台和栏板（栏杆）等组成。

楼梯详图主要反映楼梯的类型、结构形式、各部位的尺寸及踏步、栏板等装修做法，是楼梯施工放样的主要依据。

楼梯详图一般包括楼梯平面图、剖面图和节点详图。

（一）楼梯平面图

1. 楼梯平面图的形成

用一个假想的水平剖切平面，通过每层向上的第一个梯段的中部（休息平台下）剖切后，向下作正投影所得到的投影图，称为楼梯平面图。

楼梯平面图实际上是房屋各层建筑平面图中楼梯间的局部放大图。

一般每一层都要画一楼梯平面图。三层以上的房屋，若中间各层的楼梯位置及其梯段数、踏步数和大小都相同时，通常只画出底层、中间层（标准层）和顶层三个平面图。

2. 楼梯平面图的图示内容

（1）在楼梯平面图中，要注出楼梯间的开间、进深尺寸、楼地面和平台面处的标高以及各细部的详细尺寸。通常，把梯段的水平投影长度尺寸与踏步数、踏步宽的尺寸合并写在一起。

（2）各层平面图中应注出该楼梯间的定位轴线；底层平面图中还应注明楼梯剖面图的剖切位置。

3. 楼梯平面图的图示方法

（1）楼梯平面图一般采用1∶50的比例绘制。

（2）按“国标”规定，各层被剖切到的梯段，均在平面图中以45°细折断线表示。在每一梯段处画有带箭头的指示线，在指示线尾部注写“上”或“下”字样及踏步数，表示从该层楼地面到达上（或下）一层楼地面的方向和步级数。

（3）楼梯平面图的线型与建筑平面图一样。

（4）通常，楼梯平面图画在同一张图纸内，并互相对齐。这样，既便于识读又可省略标注一些重复尺寸。

4. 楼梯平面图的识读

现以某学院学生公寓中的楼梯平面图为例，如图8-23所示，说明楼梯平面图的识读方法。

（1）了解楼梯在建筑平面图中的位置、开间、进深及墙体的厚度

对照底层平面图可知，此楼梯位于横向⑤～⑥、纵向Ⓒ～Ⓓ之间。开间3600mm、进深4800mm，墙的厚度为370mm。

（2）了解楼梯段及梯井的宽度

该图中，楼梯段的宽度为1620mm、梯井的宽度为120mm。

（3）了解楼梯的走向及起步位置

由各层平面图上的指示线，可以看出楼梯的走向。第一个梯段踏步的起步位置分别距©轴 120mm。

（4）了解休息平台的宽度、楼梯段长度、踏面宽和数量

该图中，休息平台的宽度为 1860mm。楼梯段长度尺寸为 9×300＝2700mm，表示该梯段有 9 个踏面，每一踏面宽为 300mm。

（5）了解各部位的标高

各部位的标高在图中均已标出。

（6）了解楼梯剖面图的剖切位置及编号

在底层楼梯平面图中，应标注剖切位置及编号，如 *A-A*。

5. 楼梯平面图的绘制

现以图 8 - 23 中所示的标准层楼梯平面图为例，说明楼梯平面图的绘制步骤，如图 8 - 24 所示。

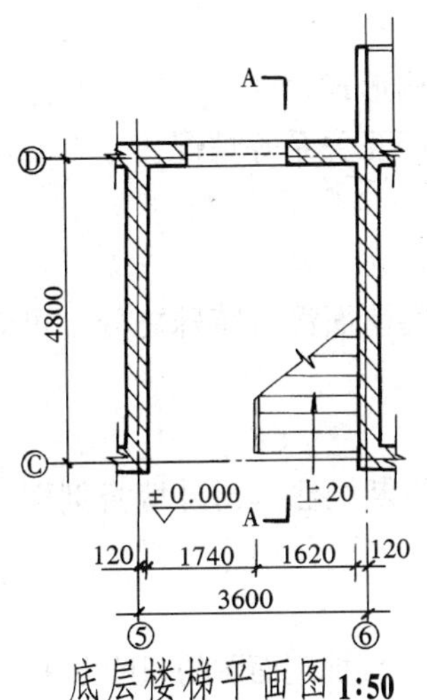

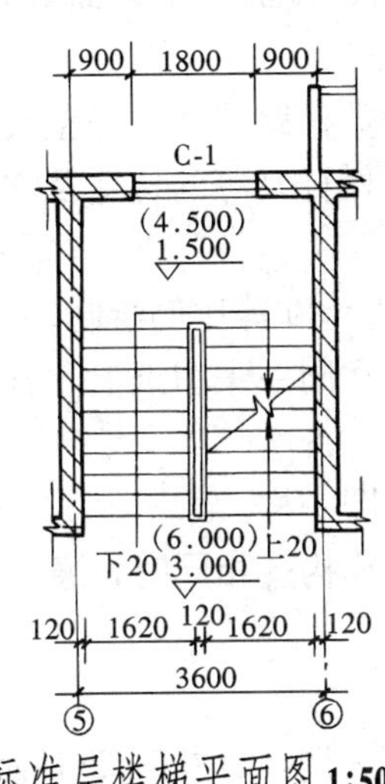

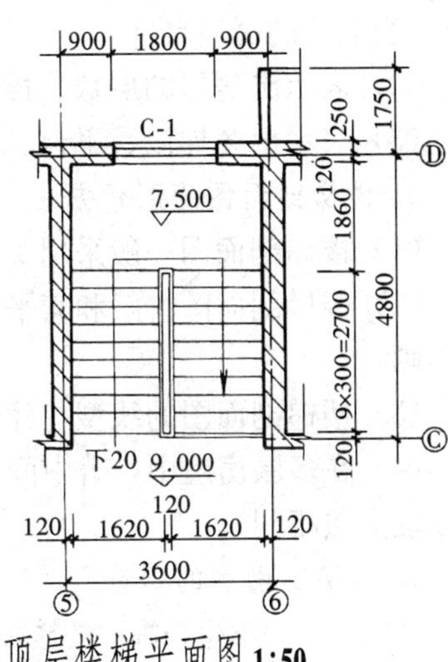

图 8 - 23 楼梯平面图

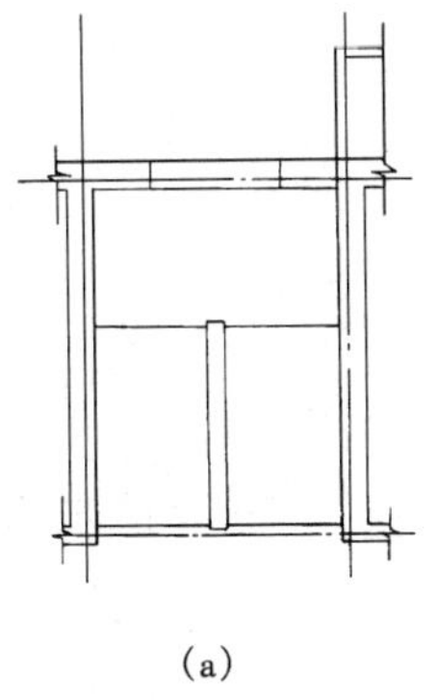

(a)

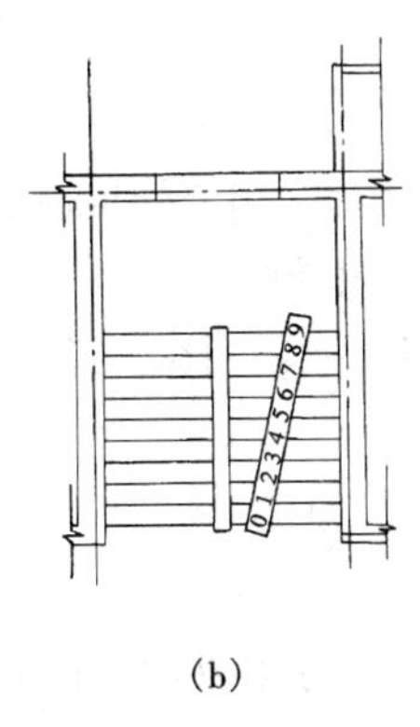

(b)

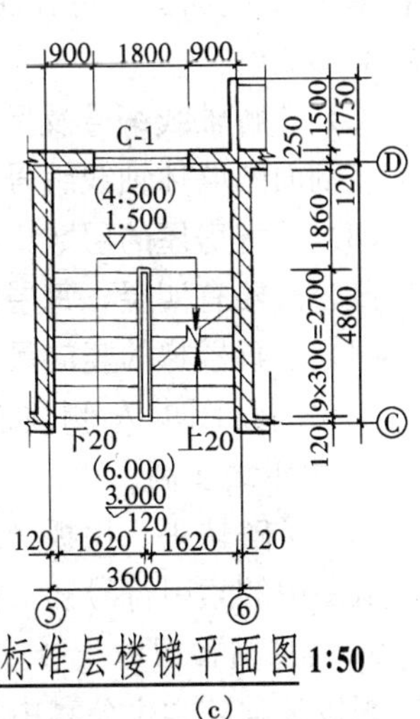

(c)

图 8 - 24 楼梯平面图的绘制步骤

（1）首先画出楼梯间的定位轴线和墙厚、门窗洞位置，确定平台宽度、梯段宽度和长度，如图 8-24（a）所示。

（2）采用两平行线间距任意等分的方法划分踏步，如图 8-24（b）所示。

（3）画栏板（或栏杆），上下行箭头，检查无误后加深图线，注写标高、尺寸、剖切符号、图名、比例及有关文字说明等。

完成后的楼梯平面图如图 8-24（c）所示。

（二）楼梯剖面图

1. 楼梯剖面图的形成

用一个假想的铅垂剖切平面，通过各层的一个梯段和门窗洞将楼梯剖开后，向另一未剖到的梯段方向作投影所得到的投影图，称为楼梯剖面图。

2. 楼梯剖面图的图示内容

（1）在楼梯剖面图中，要注明地面、楼面、平台面等处的标高以及梯段、栏板（或栏杆）、窗洞等的高度尺寸。

（2）表示出房屋的层数、楼梯的段数、踏步数、类型及其结构形式。

（3）表示出各梯段、平台、栏板（栏杆）等的构造及它们的相互关系等情况。

3. 楼梯剖面图的图示方法

（1）楼梯剖面图一般采用 1∶50、1∶30 等比例绘制。

（2）楼梯剖面图一般和其平面图画在同一张图纸上。若楼梯间屋面没有特殊之处，可省略不画。

（3）楼梯剖面图的线型与建筑剖面图一样。

（4）在多层房屋中，若中间各层楼梯构造相同时，通常采用折断画法（与外墙身剖面详图处理方法相同）。

4. 楼梯剖面图的识读

现以某学院学生公寓中的楼梯剖面图为例，如图 8-25 所示，说明楼梯剖面图的识读方法。

（1）与楼梯平面图对照，搞清楚剖切位置及投影方向。

由 *A-A* 剖面图，可在底层楼梯平面图中找到相应的剖切位置，该剖面图是从右往左作投影而形成的。

（2）了解轴线编号及尺寸。

该剖面图墙体轴线编号为Ⓒ和Ⓓ，其轴线尺寸为 4800mm。

（3）了解房屋的层数、楼梯梯段数、踏步数。

该公寓楼有四层，每层的梯段数和踏步数详见图中所示。

（4）了解楼梯的竖向尺寸和各处标高。

A-A 剖面图的左侧注有每个梯段高，如 $10\times150=1500$mm，其中 10 表示踏步数，150mm 表示踏步高。

（5）了解扶手、栏板（或栏杆）、踏步等的详图索引符号。

从图中的索引符号知，扶手、栏板（或栏杆）采用标准图集 98J8。

5. 楼梯剖面图的绘制

现以某学院学生公寓中的楼梯剖面图为例，如图 8-25 所示，说明楼梯剖面图的绘制步骤，如图 8-26 所示。

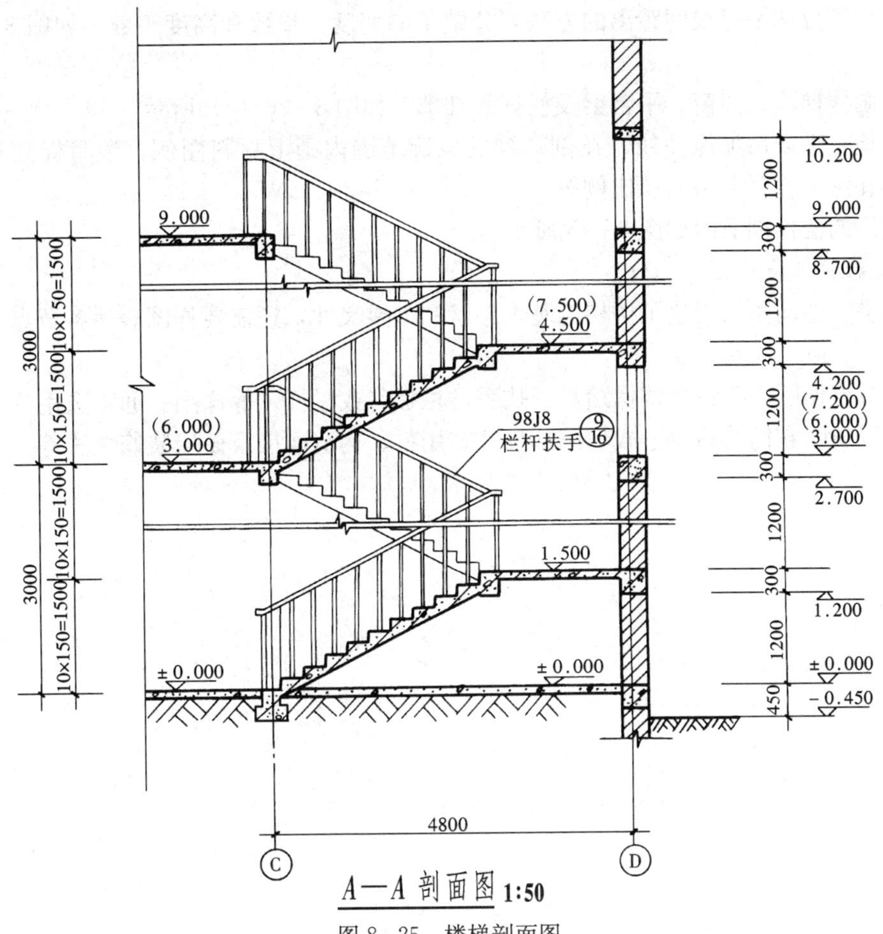

A—A 剖面图 1:50

图 8-25 楼梯剖面图

(1) 画轴线，定室内外地面、楼面、平台位置及墙身、楼（地）面厚度，如图 8-26(a) 所示。

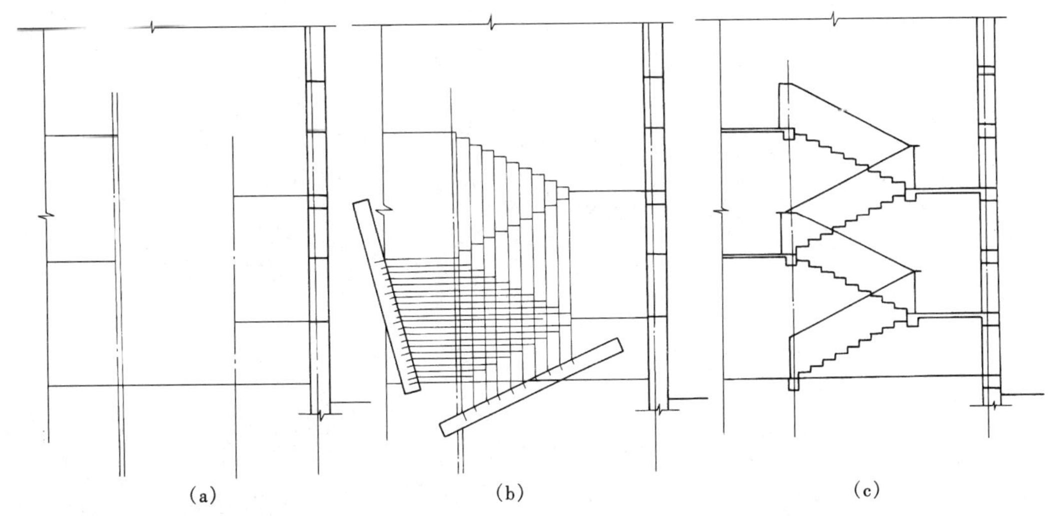

图 8-26 楼梯剖面图的绘制步骤

(2) 用等分两平行线间距离的方法划分踏步的宽度、步数和高度级数，如图 8 - 26（b）所示。

(3) 画楼梯段、门窗、平台梁及栏杆等细部，如图 8 - 26（c）所示。

(4) 检查无误后加深图线，在剖切到的轮廓范围内画上材料图例，注写标高和高度尺寸，最后在图下方写上图名及比例等。

完成后的楼梯剖面图如图 8 - 25 所示。

（三）楼梯节点详图

楼梯平、剖面图只表达了楼梯的基本形状和主要尺寸，还需要详图表达各节点的构造和细部尺寸。

楼梯节点详图主要包括楼梯踏步、扶手、栏板（或栏杆）等详图。通常选用建筑构造通用图集，以表明它们的断面形式、细部尺寸、用料、构造连接及面层装修做法等。

第九章 结构施工图

第一节 概 述

一、结构施工图的形式

在房屋设计中，除了进行建筑设计，画出建筑施工图外，还要进行结构设计，画出结构施工图。

结构设计就是根据建筑各方面的要求，通过结构选型、材料选用、构件布置和力学计算等几个步骤，最后确定房屋各承重构件，如基础、承重墙、梁、板、柱等的布置、大小、形状、材料以及连接情况。将设计结果绘成图样，用以指导施工，这种图样称为结构施工图，简称结施。

二、结构施工图的用途

结构施工图是施工放线、挖基坑、支模板、绑扎钢筋、设置预埋件、浇捣混凝土、安装梁板等预制构件、编制预算和施工组织计划的重要依据。

三、结构施工图的内容

结构施工图通常由首页图（结构设计说明）、基础平面图及基础详图、结构平面图及节点结构详图、钢筋混凝土构件详图等组成。

四、常用构件代号

钢筋混凝土构件种类很多，为了图示简便，在结构施工图中，各类构件一般用代号来表示其名称。常用构件代号是用各构件名称的汉语拼音第一个字母表示的。"国标"规定的常用构件代号见表 9-1。

五、钢筋混凝土基本知识

混凝土是由水泥、石子、砂子和水按一定比例搅拌浇灌成形，经养护后即可达到设计强度的人造石材。混凝土的抗压强度较高，但抗拉强度较低，容易受拉而断裂。为了解决这一矛盾，充分发挥混凝土的受压能力，常在混凝土受拉区内或相应部位加入一定数量的钢筋，使两种材料粘结成一个整体，共同承受外力。这种配有钢筋的混凝土，称为钢筋混凝土。

用钢筋混凝土制成的构件，称为钢筋混凝土构件。它们有工地现浇的，也有工厂预制的，分别称为现浇钢筋混凝土构件和预制钢筋混凝土构件。

（一）钢筋的作用和分类

配置在钢筋混凝土结构中的钢筋，按其受力和作用分为下列几种，如图 9-1 所示。

表 9-1　　常用构件代号

序号	名　称	代　号	序号	名　称	代　号	序号	名　称	代　号
1	板	B	4	槽形板	CB	7	楼梯板	TB
2	屋面板	WB	5	折板	ZB	8	盖板或沟盖板	GB
3	空心板	KB	6	密肋板	MB	9	挡雨板或檐口板	YB

续表

序号	名　称	代　号	序号	名　称	代　号	序号	名　称	代　号
10	吊车安全走道板	DB	25	框支梁	KZL	40	挡土墙	DQ
11	墙板	QB	26	屋面框架梁	WKL	41	地沟	DG
12	天沟板	TGB	27	檩条	LT	42	柱间支撑	ZC
13	梁	L	28	屋架	WJ	43	垂直支撑	CC
14	屋面梁	WL	29	托架	TJ	44	水平支撑	SC
15	吊车梁	DL	30	天窗架	CJ	45	梯	T
16	单轨吊车梁	DDL	31	框架	KJ	46	雨篷	YP
17	轨道连接	DGL	32	刚架	GJ	47	阳台	YT
18	车档	CD	33	支架	ZJ	48	梁垫	LD
19	圈梁	QL	34	柱	Z	49	预埋件	M
20	过梁	GL	35	框架柱	KZ	50	天窗端壁	TD
21	连系梁	LL	36	构造柱	GZ	51	钢筋网	W
22	基础梁	JL	37	承台	CT	52	钢筋骨架	G
23	楼梯	TL	38	设备基础	SJ	53	基础	J
24	框架梁	KL	39	桩	ZH	54	暗柱	AZ

注 1. 预制钢筋混凝土构件、现浇钢筋混凝土构件、钢构件和木构件，一般可直接采用本附录中的构件代号。在绘图中，当需要区别上述构件的材料种类时，可在构件代号前加注材料代号，并在图样中加以说明。

2. 预应力钢筋混凝土构件的代号，应在构件代号前加注“Y-”，如 Y-DL 表示预应力钢筋混凝土吊车梁。

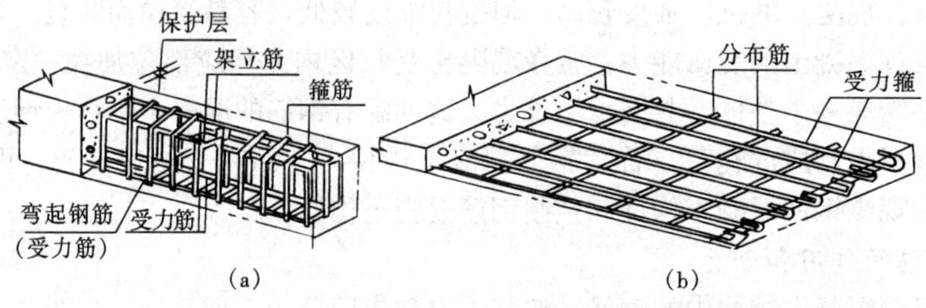

图 9-1 钢筋混凝土构件配筋示意

(a) 梁；(b) 板

(1) 受力筋——承受拉、压等应力的钢筋。

(2) 箍筋——用以固定受力钢筋位置，并承受一部分斜拉应力，一般用于梁和柱中。

(3) 架立筋——用以固定箍筋的位置，构成构件内钢筋骨架。

(4) 分布筋——用以固定受力钢筋位置，使整体均匀受力，一般用于板中。

(5) 其他——因构件的构造要求和施工安装需要配置的钢筋，如腰筋、吊环等。

（二）钢筋的弯钩及保护层

为了增强钢筋与混凝土的粘结力，防止钢筋在受力时滑动，一般把光圆钢筋的端部做成弯钩，其形式如图 9-2 所示。

对于表面有月牙纹的变形钢筋，因其表面较粗糙，能与混凝土产生很好的粘结力，故它们的端部一般不设弯钩。

为了保证钢筋与混凝土的粘结力，防止钢筋锈蚀，在钢筋混凝土构件中，从钢筋的外边缘到构件表面应有一定厚度的混凝土，该混凝土层称为保护层。一般梁与柱的保护层厚度不小于 25mm，板与墙的保护层厚度不小于 15mm。

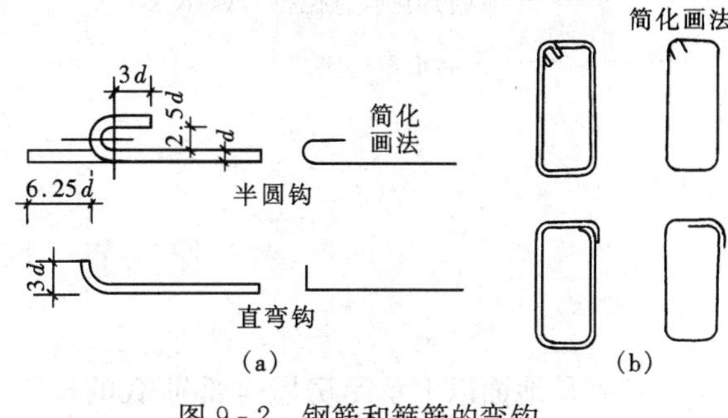

图 9-2 钢筋和箍筋的弯钩

(a) 钢筋的弯钩；(b) 箍筋的弯钩

（三）钢筋的一般表示方法

钢筋的一般表示方法应符合表 9-2 的规定。

表 9-2 钢筋的一般表示方法

序号	名 称	图 例	说 明
1	钢筋横断面	●	
2	无弯钩的钢筋端部		下图表示长、短钢筋投影重叠时，短钢筋的端部用 45°斜划线表示
3	带半圆形弯钩的钢筋端部		
4	带直钩的钢筋端部		
5	带丝扣的钢筋端部		
6	无弯钩的钢筋搭接		
7	带半圆形弯钩的钢筋搭接		
8	带直钩的钢筋搭接		

（四）钢筋的标柱

钢筋的直径、根数或相邻钢筋中心距一般采用引出线方式标注，其标注形式及含义如下所示：

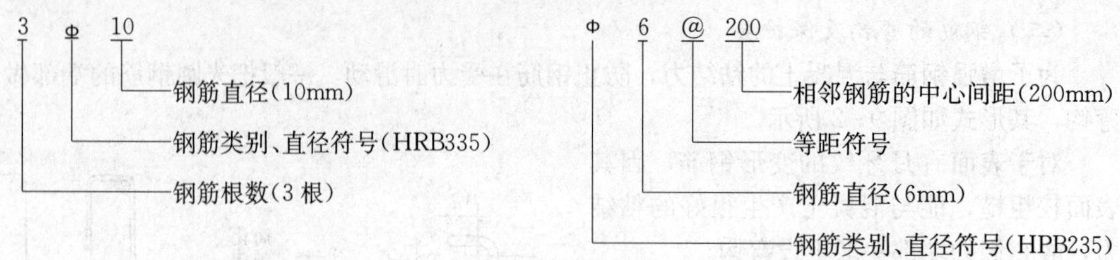

第二节　基　础　图

基础是地面以下承受房屋全部荷载的构件。它的型式有条形基础、独立基础、筏片基础、箱式基础及桩基等。

基础施工图主要反映房屋在相对标高±0.000以下基础结构的情况。它是施工时放灰线、开挖基坑、砌筑基础的依据。

基础施工图一般包括基础平面图、基础详图及文字说明三部分。

一、基础平面图

1. 基础平面图的形成

用一个假想的水平剖切平面沿房屋底层室内地面附近将整幢房屋剖开，移去剖切平面以上的房屋和基础回填土，向下作正投影所得到的水平投影图，称为基础平面图，如图9-3所示。

2. 基础平面图的图示内容

(1) 绘出承重墙、柱网布置、纵横轴线关系，基础和基础梁及其编号、柱号、地坑和设备基础的平面位置、尺寸、标高、基础底标高不同时的放坡示意图。

(2) 表示出±0.000以下的预留孔洞的位置、尺寸、标高。

(3) 桩基应表示出桩位平面布置、桩承台的平面尺寸及承台底标高。

(4) 附注说明：本工程±0.000相应的绝对标高，基础埋置在地基中的位置及所在土层，基底处理措施，地基的承载能力及对施工的有关要求等。

以上内容，根据实际工程情况进行取舍。

3. 基础平面图的图示方法

(1) 基础平面图中采用的比例、图例以及定位轴线编号和轴线尺寸应与建筑平面图一致。

(2) 在基础平面图中，需画出剖切到的基础墙、柱等的轮廓线（用中实线表示）、投影可见的基础底部的轮廓线以及基础梁等构件（用细实线表示），而对其它细部，如垫层、砌砖大放脚的轮廓线均省略不画。

(3) 在基础平面图中，凡基础的宽度、墙厚、大放脚的形式　基础底面标高及尺寸等有不同时，常分别采用不同的断面剖切符号来表示详图的剖切位置及编号。

(4) 基础平面图中的外部尺寸一般只注二道，即开间、进深等各轴线间的尺寸和首尾轴线间的总尺寸。

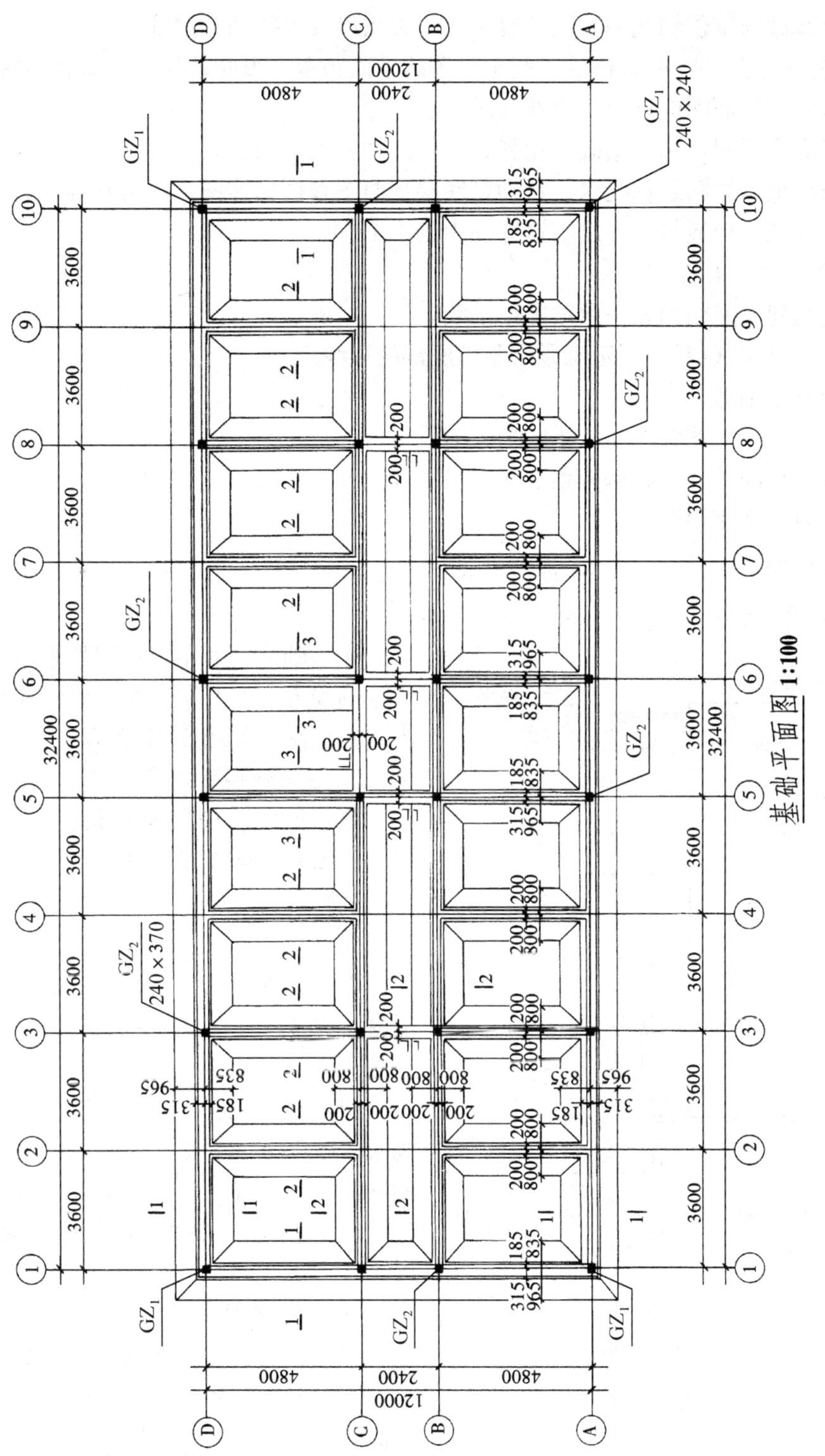

图 9-3 基础平面图

4. 基础平面图的识读

（1）了解图名和比例。

（2）了解基础与定位轴线的平面位置、相互关系以及轴线间的尺寸。

（3）了解基础墙（或柱）、垫层、基础梁等的平面布置、形状、尺寸、型号等内容。

（4）了解基础断面图的剖切位置及其编号。

（5）通过文字说明，了解基础的用料、施工注意事项等内容。

（6）应与其他有关图纸相配合，特别是底层平面图和楼梯详图，因为基础平面图中的某些尺寸、平面形状、构造等内容已在这些图中表明了。

5. 基础平面图的绘制

（1）画出与建筑平面图相一致的定位轴线。

（2）画出基础墙（或柱）、基础梁及基础底部的边线。

（3）画出其他细部。

（4）画出不同断面图的剖切位置线及其编号。

（5）标注轴线间的尺寸、基础梁的平面尺寸等。

（6）注写有关文字说明。

二、基础详图

1. 基础详图的形成

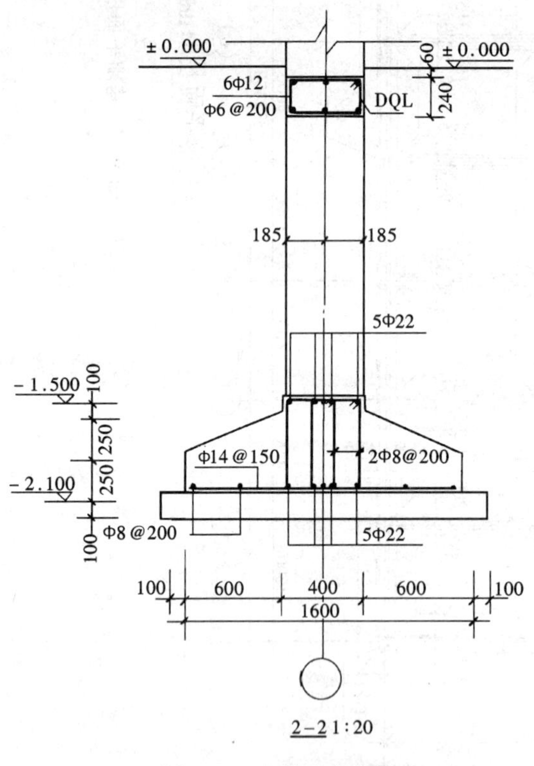

图 9-4 条形基础详图

在基础某一处用铅垂剖切平面，沿垂直定位轴线方向切开基础所得到的断面图，称为基础详图，如图 9-4 所示。

2. 基础详图的图示内容

（1）绘出基础断面形状、大小、材料、配筋、圈梁、防潮层、基础垫层等。

（2）标注基础断面的详细尺寸、标高及轴线关系等。

（3）桩基除绘出承台梁或承台板的钢筋混凝土结构外，还应绘出桩插入承台的构造等。

（4）附注说明：基础、垫层、材料、防潮层等各部分的做法，对回填土及地面以下钢筋混凝土构件的技术施工要求。

以上内容，根据实际工程情况进行取舍。

3. 基础详图的图示方法

（1）基础详图一般采用 1∶20、1∶25、1∶30 等较大的比例绘制，并尽可能与基础平面图画在同一张图纸上。

（2）对于独立基础，除画出基础的断面图外，通常还要画出平面详图用以表明有关平面尺寸等内容，如图 9-5 所示。

（3）详图若为通用图，轴线圆圈内可不予编号。

4. 基础详图的识读

（1）根据基础平面图中的详图剖切符号或基础代号，查阅基础详图。

（2）了解基础断面形状、大小、材料以及配筋等。

（3）了解基础断面的详细尺寸和室内外地面及基础底面的标高等。

（4）了解砖基础防潮层的设置、位置及材料要求。

（5）了解基础梁的尺寸及配筋等内容。

5. 基础详图的绘制

（1）画出与基础平面图相对应的定位轴线。

（2）画出基础底面及室内外地面的位置线，并根据基础的高、宽等尺寸画出基础、基础墙等断面轮廓线。

（3）画出防潮层。

（4）画出基础梁、配筋等内部构造情况。

（5）标注室内外地面、基础底面的标高和其他细部尺寸。

（6）书写有关文字说明。

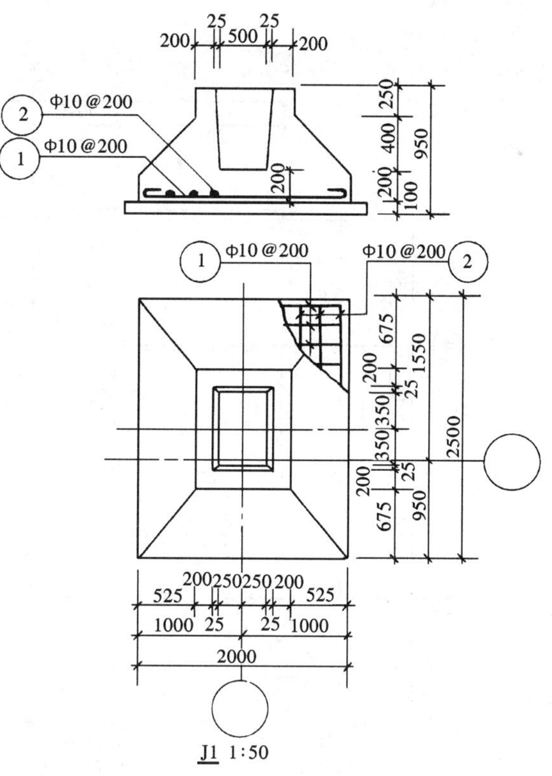

图 9-5 独立基础详图

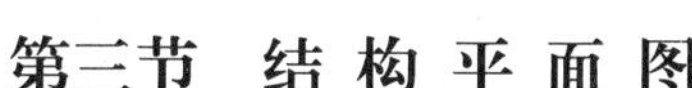

第三节 结构平面图

结构平面图是表示房屋上部各层平面承重构件（如梁、板、柱等）布置的图样。它是施工时布置和安放各层承重构件的依据。

结构平面图一般包括楼面结构平面图及屋面结构平面图。

一、楼面结构平面图

1. 楼面结构平面图的形成

用一个假想的水平剖切平面，在所要表明的结构层没有抹灰时的上表面水平剖开后，向下作正投影而得到的水平投影图，称为楼面结构平面图，如图 9-6 所示。

2. 楼面结构平面图的图示内容

（1）绘出与建筑平面图一致的轴线网及梁、柱、承重砌体墙等位置，并注明编号。

（2）注明预制板的跨度方向、板号、数量，标出预留洞大小及位置。

（3）现浇板沿斜线注明板号、板厚，配筋可布置在平面图上，亦可另绘放大比例的配筋图，注明板底标高。标出直径≥300mm 预留洞的大小和位置，绘出洞边加强配筋。

楼面层结构平面图 1:100
板厚度为100
楼梯间另详
XL-1
TL-1
12000
4800
2400
32400
3600

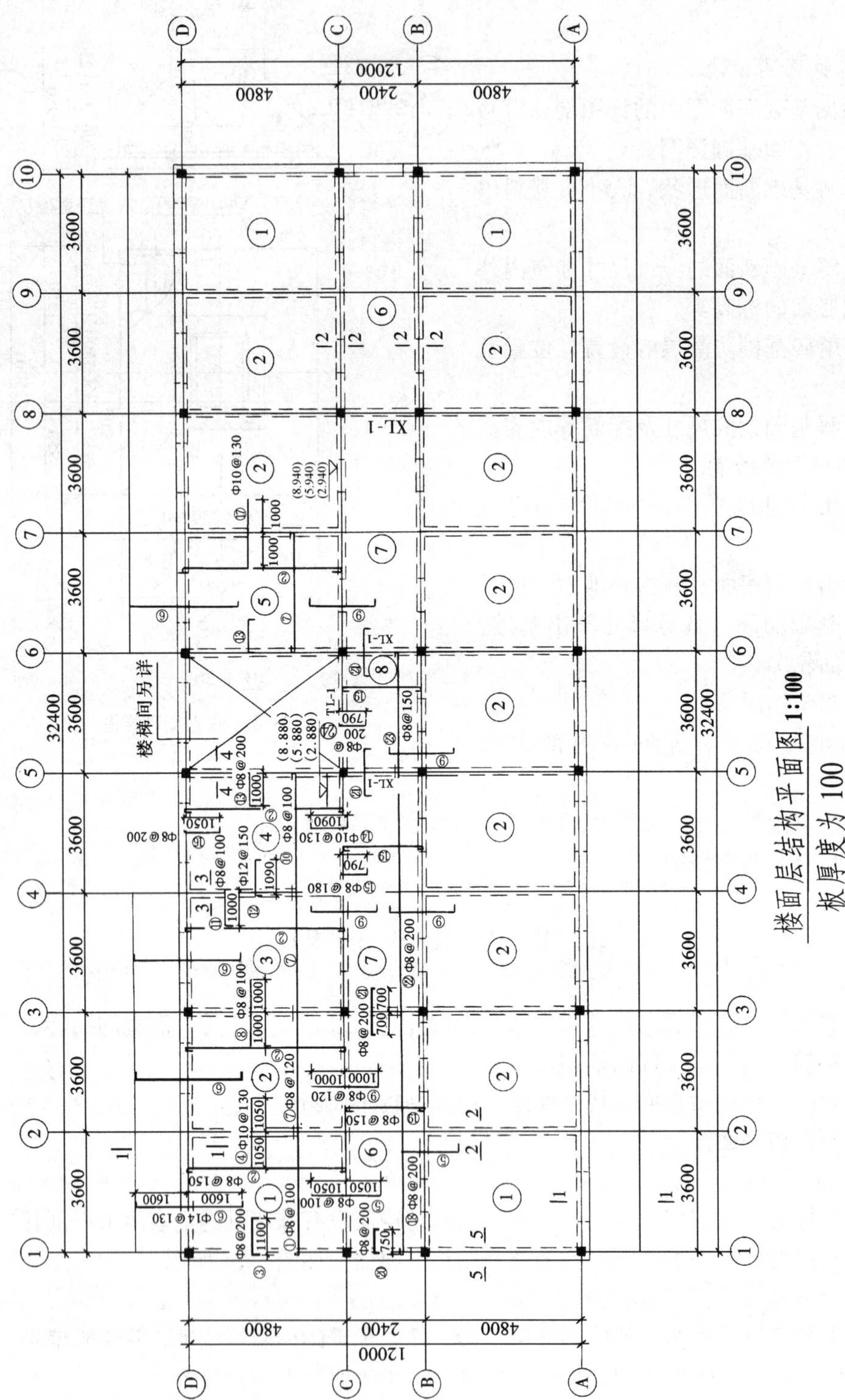

图9-6 楼层结构平面图

（4）有圈梁或门窗过梁时，应注明编号。

（5）电梯间应绘制机房结构平面图，注明梁板编号、板的配筋、预留孔洞位置、大小及板底标高等。

（6）注出有关剖切符号或详图索引符号。

（7）附注说明：选用预制构件的图集代号，各种材料标号以及预制板支承长度及支座处找平做法等。

以上内容，根据实际工程情况进行取舍。

3. 楼面结构平面图的图示方法

（1）楼面结构平面图的比例应与建筑平面图相一致，并标注结构标高。

（2）对于多层建筑，一般应分层绘制楼面结构平面图。但如果各层构件的类型、大小、数量、布置均相同时，可只画一标准层的楼面结构平面图。

（3）在楼面结构平面图中，被剖切到或可见的构件轮廓线一般用中实线表示，被楼板挡住的墙、柱轮廓线用中虚线（或细虚线）表示，预制楼板的平面布置情况一般用细实线表示，梁用粗单点长画线（或细虚线）表示，钢筋用粗实线表示。

（4）在结构平面图中，若干部分相同时，可只绘出一部分，并用阿拉伯数字或大写的拉丁字母外加细实线圆圈表示相同部分的分类符号，其他相同部分仅标注分类符号。

（5）楼梯间绘斜线并注明所在详图号。

（6）楼面结构平面图的外部尺寸，一般只注开间、进深、总尺寸等。

4. 楼面结构平面图的识读

（1）了解图名和比例。

（2）了解定位轴线的布置和轴线间的尺寸。

（3）了解结构层中楼板的平面位置和组合情况。在楼面结构平面图中，预制板的代号、编号的标注内容说明如下：

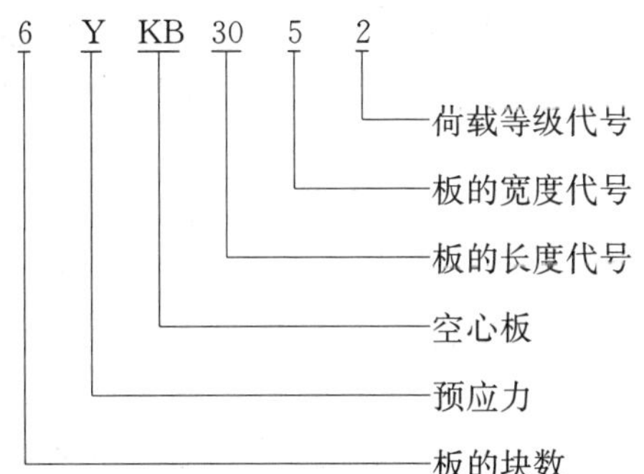

（4）了解梁的平面布置、编号和截面尺寸等情况。

（5）了解现浇板的厚度、标高及支承在墙上的长度。

（6）了解现浇板中钢筋的布置情况。在图中各类钢筋往往仅画一根示意，钢筋的弯钩向上、向左表示底层钢筋；钢筋的弯钩向下、向右表示顶层钢筋，如图 9-7 所示。

（7）了解各节点详图的剖切位置。

（8）了解梁、板高低变化等情况。

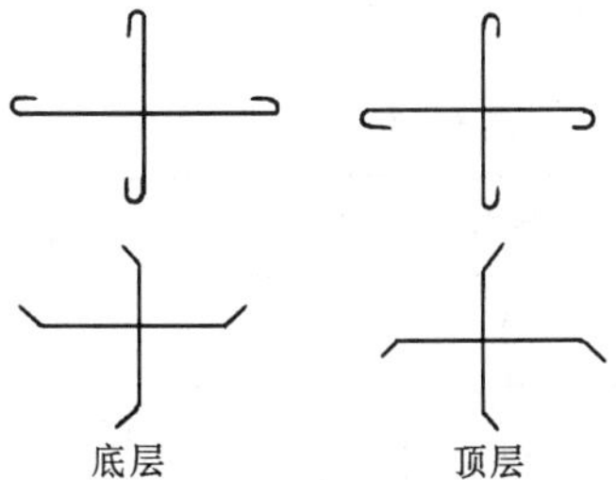

图 9-7　双向钢筋的表示方法

5. 楼面结构平面图的绘制

（1）画出与建筑平面图相一致的定位轴线。

（2）画出平面外轮廓、楼板下的墙身线和门窗洞的位置线以及梁的平面位置。

（3）对于预制板部分，注明预制板的数量、代号和编号。在图上还应注出梁、柱的代号。

（4）对于现浇板部分，画出板的钢筋详图，并标注钢筋的编号、规格、直径等。

（5）标注轴线和各部分尺寸。

（6）书写文字说明。

二、屋面结构平面图

屋面结构平面图是表示屋面承重构件平面布置的图样。它与楼面结构平面图基本相同，但要表示出上人孔、通风道等预留孔洞的位置等。

第四节 钢筋混凝土构件详图

结构平面图只能表示出房屋各承重构件的平面布置情况，关于它们的形状、大小、材料、构造和连接情况等则需要分别画出各承重构件的结构详图来表示。

钢筋混凝土构件详图一般包括模板图、配筋图及钢筋表。

一、模板图

模板图也称外形图，它主要表达构件的外部形状、几何尺寸和预埋件代号及位置。对较复杂的构件才画模板图，若构件形状简单，模板图可与配筋图画在一起。

二、配筋图

配筋图主要用来表示构件内部的钢筋配置、形状、规格、数量等，是构件详图的主要图样，一般用立面图和断面图表示，如图 9-8 所示。

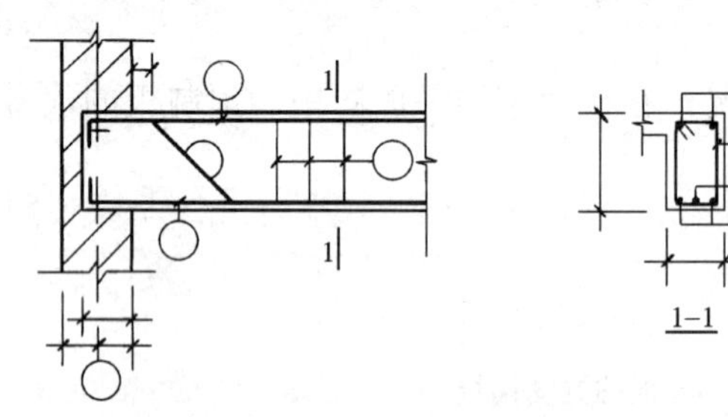

图 9-8 梁的配筋图

在配筋图中，为了突出钢筋，构件轮廓线用细实线画出，图内不画材料图例，钢筋用粗实线（在立面图）和黑圆点（在断面图）表示，箍筋用中实线表示，并对钢筋加以说明标注。

三、钢筋表

钢筋表的设置主要是便于钢筋放样、加工，编制施工预算，同时也便于识图。其内容见表 9-3。

表 9-3 **L-1 梁钢筋表**

编号	钢筋简图	规格	长度/mm	根数	重量/kg
①	3940	ϕ14	3940	2	11
②	4500	ϕ14	4500	1	5
③	3790	ϕ12	3790	2	9

续表

编号	钢筋简图	规格	长度/mm	根数	重量/kg
④	320　220	$\phi6$	1180		

第五节　混凝土结构施工图平面整体表示方法简介

《建筑结构施工图平面整体设计方法》（简称平法）对我国目前混凝土结构施工图的设计表示方法作了重大改革，被国家科委列为《“九五”国家级科技成果重点推广计划》项目和建设部列为“一九九六年科技成果重点推广项目。”

平法的表达形式是把结构构件的尺寸和配筋等，按照平面整体表示方法的制图规则，整体直接表达在各类构件的结构布置平面图上，再与标准构造详图相结合，从而构成一套新型完整的结构设计。它改变了传统的那种将构件从结构平面布置图中索引出来，再逐个绘制配筋详图的繁琐方法。

平法适用于各种现浇混凝土结构的柱、剪力墙、梁等构件的结构施工图设计，如图 9-9 为梁平法施工图平面注写方式示例。

梁平面注写包括集中标注与原位标注。集中标注表达梁的通用数值，原位标注表达梁的特殊数值。施工时，原位标注取值优先。下面以图 9-9 中的 KL2 为例说明梁平面注写的含义，如图 9-10 所示。

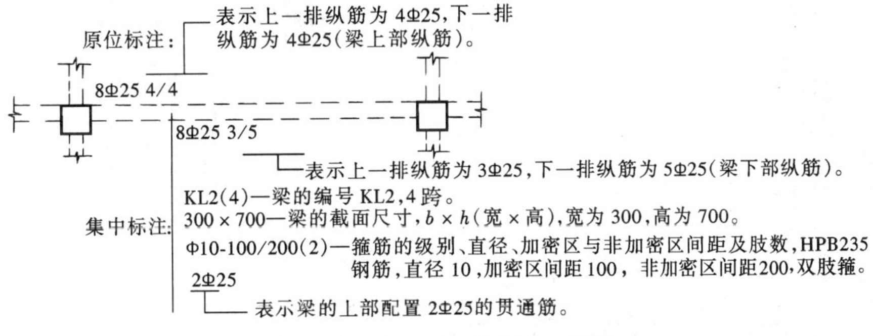

图 9-10　KL2 平面注写方式示例

按平法设计绘制的施工图一般由两大部分构成，即结构构件的平法施工图和标准构造详图。

按平法设计绘制结构施工图时，应注意以下几点：

（1）必须根据具体工程设计，按照各类构件的平法制图规则，在按结构（标准）绘制的平面布置图上，直接表示各构件的尺寸、配筋和所选用的标准构造详图。出图时，宜按基础柱、剪力墙、梁、板、楼梯及其它构件的顺序排列。

（2）在平面布置图上表示各构件尺寸和配筋的方式，分为平面注写方式、列表注写方式和截面注写方式三种。

（3）应将所有构件进行编号，编号中含有类型代号和序号等，其中，类型代号的主要作用是指明所选用的标准构造详图。

层号	标高（m）	层高（m）
屋面2	65.670	
塔层2	62.370	3.30
屋面1（塔层）	59.070	3.30
16	55.470	3.60
15	51.870	3.60
14	48.270	3.60
13	44.670	3.60
12	41.070	3.60
11	37.470	3.60
10	33.870	3.60
9	30.270	3.60
8	26.670	3.60
7	23.070	3.60
6	19.470	3.60
5	15.870	3.60
4	12.270	3.60
3	8.670	3.60
2	4.470	4.20
1	-0.030	4.50
-1	-4.530	4.50
-2	-9.030	4.50

结构层楼面标高
结构层高

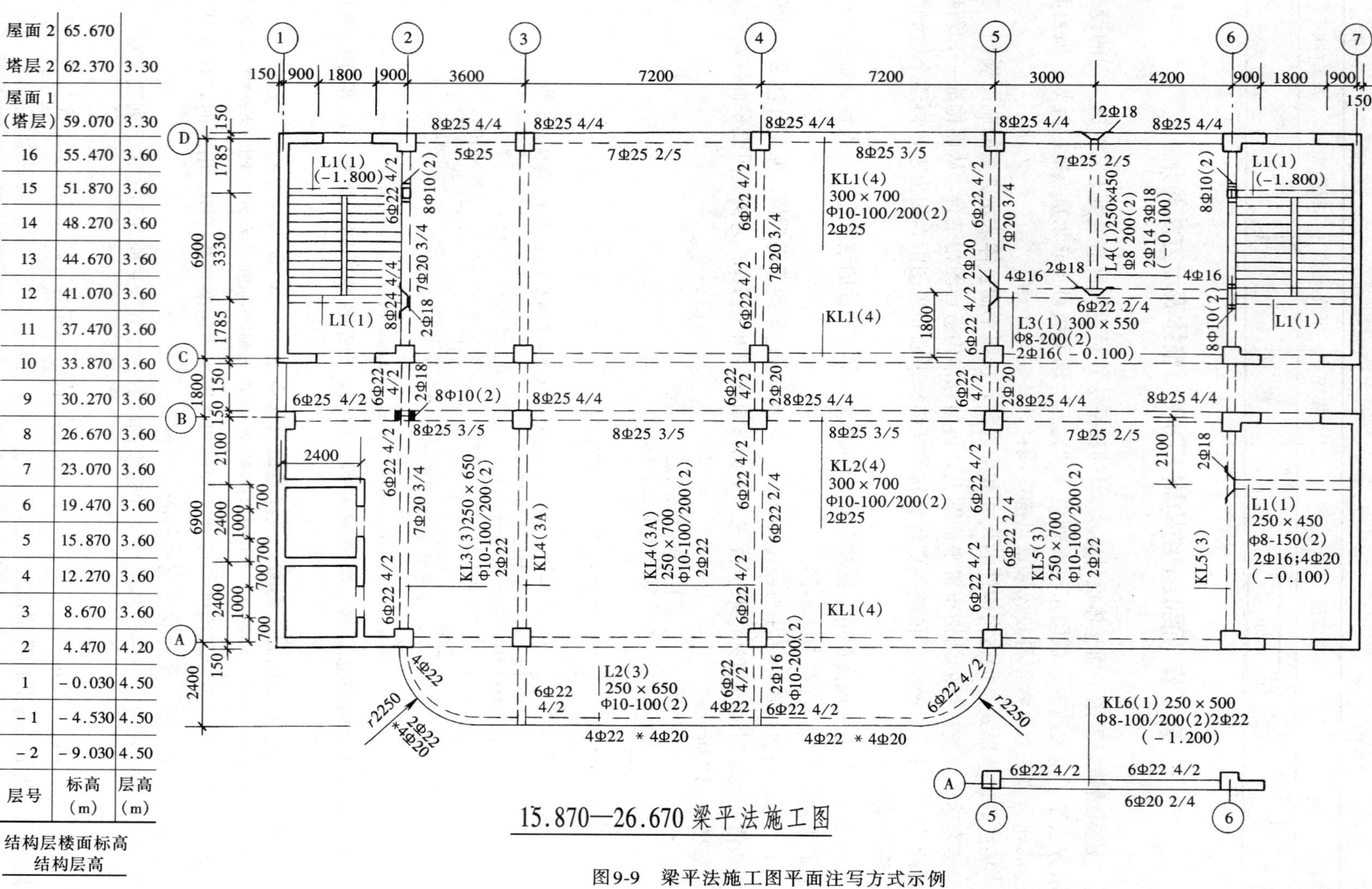

图9-9 梁平法施工图平面注写方式示例

(4) 应当用表格或其他方式注明包括地下和地上各层的结构层楼（地）面标高、结构层高及相应的结构层号。

结构层楼面标高和结构层高在单项工程中必须统一，以保证基础、柱与墙、梁、板等用同一标准竖向定位。

结构层楼面标高系指将建筑图中各层地面和楼面标高值扣除建筑面层及垫层做法厚度后的标高，结构层号应与建筑楼面号对应一致。

(5) 为了确保施工人员准确无误地按平法施工图进行施工，在具体工程的结构设计总说明中必须写明以下与平法施工图密切相关的内容：

1）注明本设计图采用的是平面整体表示方法，并注明所选用平法标准图的图集号。

2）当有抗震设防要求时，应写明抗震设防烈度及结构抗震等级，以明确选用相应抗震等级的标准构造详图；当无抗震设防要求时，也应写明“本图无抗震设防要求”，以明确选用非抗震的标准构件详图。

3）写明各类构件在其所在部位所选用的混凝土的强度等级和钢筋级别，以确定相应的纵向受拉钢筋的最小锚固长度及最小搭接长度等。

4）写明柱（包括墙柱）纵筋、墙身分布筋、梁上部贯通筋等在具体工程中接长时所采用的接头形式及有关要求。

5）对混凝土保护层厚度有特殊要求时，写明不同部位构件所处的环境条件。

第十章　室内设备施工图

室内设备作为房屋的重要组成部分，是一幢房屋能够正常使用的必备条件。它主要包括给水排水设备、采暖通风设备、电气设备等。室内设备施工图所表达的主要内容就是这些设备在房屋中的平面布置及安装等情况。

第一节　室内给水排水施工图

室内给水排水施工图是表示房屋中卫生器具、给水排水管道及其附件的类型、大小以及与房屋的相对位置和安装方式的工程图。它主要包括室内给水排水平面图、系统轴测图和详图等。

一、室内给水排水施工图的图示特点

（1）室内给水排水施工图中的平面图、详图等都是用正投影法绘制，系统图用轴测投影绘制。

（2）室内给水排水施工图中（详图除外），各种卫生器具、管件、附件及闸门等均采用统一图例来表示，常用图例见表 10-1。

（3）给水排水管道一般采用单线以粗线绘制，而建筑、结构的图形及有关设备均采用细线绘制。

（4）不同直径的管道，以相同线宽的线条表示；管道坡度无需按比例画出（画成水平即可）；管径和坡度均用数字注明。

（5）靠墙敷设管道，不必按比例准确表示出管线与墙面的微小距离，图中只需略有距离即可。暗装管道亦与明装管道一样画在墙外，只需说明哪些部分要求暗装。

（6）当在同一平面位置布置有几根不同高度的管道时，若严格按正投影来画，平面图就会重叠在一起，这时可画成平行排列。

（7）有关管道的连接配件均属规格统一的定型工业产品，在图中均不予画出。

二、室内给水排水施工图的图示内容和图示方法

（一）室内给水排水平面图

1. 图示内容

室内给水排水平面图主要表明建筑物内给水排水管道及卫生器具、附件等的平面布置情况，主要包括：

（1）室内卫生设备的类型、数量及平面位置。

（2）室内给水系统和排水系统中各个干管、立管、支管的平面位置、走向、立管编号和管道的安装方式（明装或暗装）。

（3）管道器材设备如阀门、消火栓、地漏、清扫口等的平面位置。

（4）给水引入管、水表节点和污水排出管、检查井的平面位置、走向及与室外给水、排水管网的连接（底层平面图）。

表 10-1　室内给水排水工程图中的常用图例

名称	图　例	说　明	名称	图　例	说　明
管　道		用于一张图上，只有一种管道	放水龙头		
	J P	用汉语拼音字头表示管道类别	室内单出口消火栓		左为平面 右为系统
		用线型区分管道类别	室内双出口消火栓		左为平面 右为系统
交叉管		管道交叉不连接，在下方和后方的管道应断开	自动喷淋头	下喷	左为平面 右为系统
管道连接		左边三通 右边四通	淋浴喷头		
管道立管	JL　JL	J：管道类别 L：立管	水　表		
管道固定支架			立式洗脸盆		
多孔管			浴　盆		
存水弯			污水池		
检查口			盥洗槽		
清扫口		左边平面 右为系统	小便槽		
通气帽		左为成品 右为铅丝球	小便器		
圆形地漏		左为平面 右为系统	大便器		左为蹲式 右为坐式
截止阀		左为 DN≥50 右为 DN<50	延时自闭阀		
闸　阀			柔性防水套　管		
止回阀			可曲挠接头		

（5）管道及设备安装预留洞的位置、预埋件、管沟等方面对土建的要求。

2. 图示方法

（1）室内给水排水平面图的比例。室内给水排水平面图的比例一般采用与建筑平面图相同的比例，常用1∶100，必要时也可采用1∶50、1∶150、1∶200等。

（2）室内给水排水平面图的数量。多层建筑物的给水排水平面图，原则上应分层绘制。对于管道系统和用水设备布置相同的楼层平面可以绘制一个平面图——标准层给水排水平面图，但底层平面图必须单独画出。当屋顶设有水箱及管道时，应画出屋顶给水排水平面图；如果管道布置不复杂时，可在标准层平面图中用双点长画线画出水箱的位置。

（3）室内给水排水平面图中的房屋平面图。在室内给水排水平面图中所画的房屋平面图，仅作为管道系统及用水设备等平面布置和定位的基准，因此，房屋平面图中仅画出房屋的墙、柱、门窗、楼梯等主要部分，其余细部可省略。

底层给水排水平面图应画出整幢房屋的建筑平面图，其余各层可仅画出布置有管道的局部平面图。

（4）室内给水排水平面图中的用水设备。用水设备中的洗脸盆、大便器、小便器等都是工业产品，不必详细表示，可按规定图例画出；而对于现场浇筑的用水设备，其详图由建筑专业绘制，在给水排水平面图中仅画出其主要轮廓即可。

（5）室内给水排水平面图中给水排水管道。

1）室内给水排水平面图是水平剖切房屋后的水平正投影图。平面图的各种管道不论在楼面（地面）之上或之下，都不考虑其可见性。即每层平面图中的管道均以连接该层用水设备的管路为准，而不是以楼层地面为分界。如属本层使用、但安装在下层空间的排水管道，均绘于本层平面图上。

2）一般将给水系统和排水系统绘制于同一平面图上，这对于设计、施工以及识读都比较方便。

3）由于管道连接一般均采用连接配件，往往另有安装详图，平面图中的管道连接均为简略表示，具有示意性。

（6）室内给水排水平面图中给水系统和排水系统的编号。

1）在给水排水工程中，一般给水管用字母“J”表示：污水管及排水管用字母“W”、“P”表示；雨水管用字母“Y”表示。

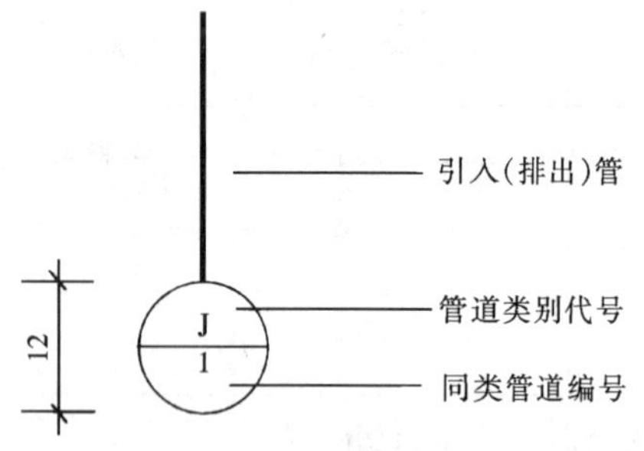

图10-1 给水系统和排水系统编号

2）在底层给水排水平面图中，当建筑物的给水引入管和污水排出管的数量多于一个时，应对每一个给水引入管和污水排出管进行编号。系统的划分一般给水系统以每一个引入管为一个给水系统，排水系统以每一排出管为一排水系统。给水系统和排水系统的编号如图10-1所示。

（7）尺寸标注。

1）在室内给水排水管道平面图中应标注墙或柱的轴线尺寸，以及室内外地面和各层楼面的标高。

2）卫生器具和管道一般都是沿墙或靠柱设置的，不必标注定位尺寸（一般在说明中写出）；必要时，以墙面或柱面为基准标注尺寸。卫生器具的规格可注在引出线上，或在施工说明中说明。

3）管道的管径、坡度和标高均标注在管道的系统图中，在管道的平面图中不必标出。

4）管道长度尺寸用比例尺从图中量出近似尺寸，在安装时则以实测尺寸为准，所以在管道平面图中也不标注管道的长度尺寸。

（二）室内给水排水系统图

1. 图示内容

室内给水排水系统图是给水排水工程施工图中的主要图纸，它分为给水系统图和排水系统图，分别表示给水管道系统和排水管道系统的空间走向，各管段的管径、标高、排水管道的坡度，以及各种附件在管道上的位置。

2. 图示方法

（1）轴向选择。室内给水排水系统图一般采用正面斜等轴测图绘制，*OX* 轴处于水平方向，*OY* 轴一般与水平线呈 45°（也可以呈 30°或 60°），*OZ* 轴处于铅垂方向。三个轴向伸缩系数均为 1。

（2）比例。

1）室内给水排水系统图的比例一般采用与平面图相同的比例，当系统比较复杂时也可以放大比例。

2）当采用与平面图相同的比例时 *OX*、*OY* 轴方向的尺寸可直接从平面图上量取，*OZ* 轴方向的尺寸可依层高和设备安装高度量取。

（3）室内给水排水系统图的数量。室内给水排水系统图的数量按给水引入管和污水排出管的数量而定，各管道系统图一般应按系统分别绘制，即每一个给水引入管或污水排出管都对应着一个系统图。每一个管道系统图的编号都应与平面图中的系统编号相一致。系统的编号如图 10-1 所示。建筑物内垂直楼层的立管，其数量多于一个时，也用拼音字母和阿拉伯数字为管道进出口编号，如图 10-2 所示。

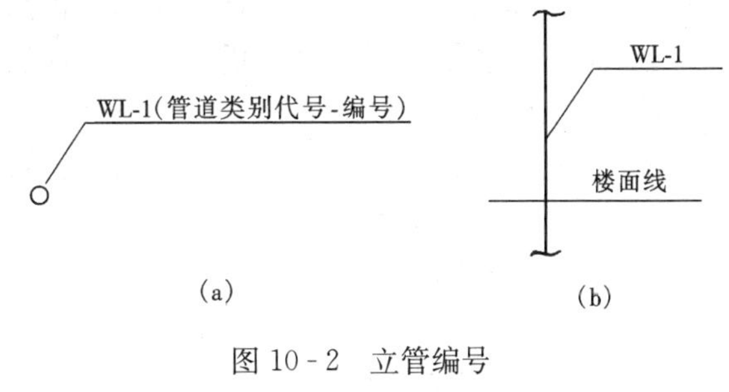

图 10-2　立管编号

（a）平面图；（b）立面图系统图

（4）室内给水排水系统图中的管道。

1）系统图中管道的画法与平面图中一样，给水管道用粗实线表示，排水管道用粗虚线表示；给水、排水管道上的附件（如闸阀、水龙头、检查口等）用图例表示。用水设备不画出。

2）当空间交叉管道在图中相交时，在相交处将被挡在后面或下面的管线断开。

3）当各层管道布置相同时，不必层层重复画出，只需在管道省略折断处标注“同某层”即可。各管道连接的画法具有示意性。

4）当管道过于集中，无法表达清楚时，可将某些管段断开，移至别处画出，在断开处给以明确标记。

（5）室内给水排水系统图中墙和楼层地面的画法。在管道系统图中还应用细实线画出被管道穿过的墙、柱、地面、楼面和屋面，其表示方法如图 10-2 所示。

（6）尺寸标注。

1）管径：管道系统中所有管段均需标注管径。当连续几段管段的管径相同时，仅标注两端管段的管径，中间管段管径可省略不用标注，管径的单位为“毫米”。水煤气输送钢管（镀锌、非镀锌）、铸铁管等管材，管径应以公称直径“DN”表示（如 DN50）；耐陶瓷管、混凝土管、钢筋混凝土管、陶土管等，管径应以内径 d 表示（如 d380）；焊接钢管、无缝钢管等，管径应以外径×壁厚表示（如 D108×4）。

管径在图纸上一般标注在以下位置：①管径变径处；②水平管道标注在管道的上方；斜管道标注在管道的斜上方；立管道标注在管道的左侧，如图 10-3 所示。当管径无法按上述位置标注时，可另找适当位置标注；③多根管线的管径可用引出线进行标注，如图 10-4 所示。

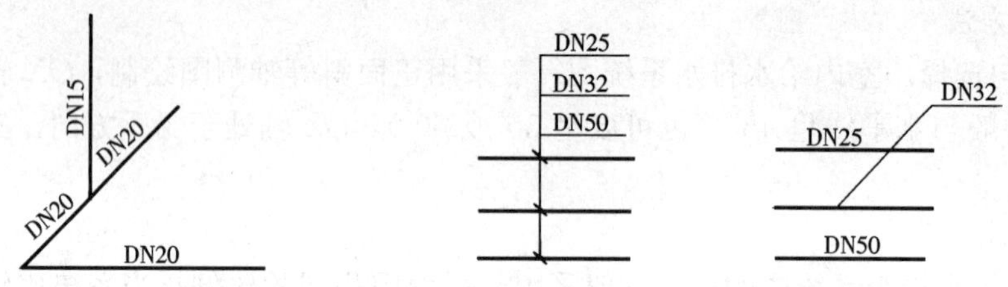

图 10-3 管径标准　　图 10-4 多根管线管径标注

2）标高：室内管道系统图中标注的标高是相对标高。给水管道系统图中给水横管的标高均标注管中心标高，一般要注出横管、阀门、水龙头和水箱各部位的标高。此外，还要标注室内地面、室外地面、各层楼面和屋面的标高。

排水管道系统图中排水横管的标高也可标注管中心标高，但要注明。排水横管的标高由卫生器具的安装高度所决定，所以一般不标注排水横管的标高，而只标注排水横管起点的标高。另外，还要标注室内地面、室外地面、各层楼面和屋面、立管管顶，检查口的标高。标高的标注如图 10-5 所示。

3）凡有坡度的横管都要注出其坡度。管道的坡度及坡向表示管道的倾斜程度和坡度方向。标注坡度时，在坡度数字下，应加注坡度符号。坡度符号的箭头一般指向下坡方向，如图 10-6 所示。一般室内给水横管没有坡度，室内排水横管有坡度。

（7）图例。平面图和系统图应列出统一的图例，其大小要与平面图中的图例大小相同。

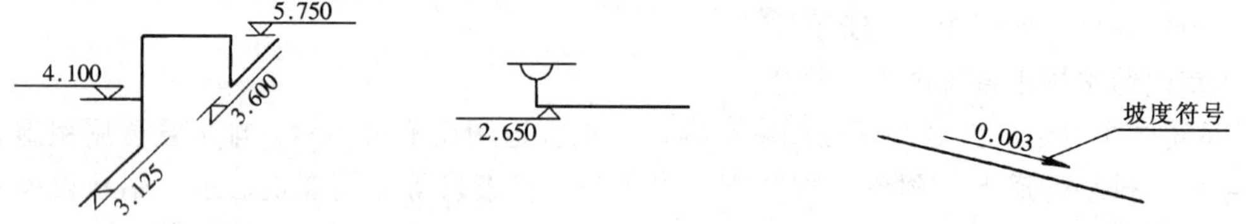

图 10-5 管道标高的标注　　图 10-6 坡度及坡向的表示法

三、室内给水排水施工图的识读

室内给水排水施工图中的管道平面图和管道系统图相辅相依、互相补充，共同表达房屋内各种卫生器具和各种管道以及管道上各种附件的空间位置。在读图时要按照给水和排水的各个系统把这两种图纸联系起来互相对照，反复阅读，才能看懂图纸所表达的内容。

现以某学院学生公寓中的底层给水排水平面图（如图 10-7 所示）给水系统图（如图 10-8 所示）排水系统图（如图 10-9 所示）为例，说明室内给水排水施工图的识读方法。

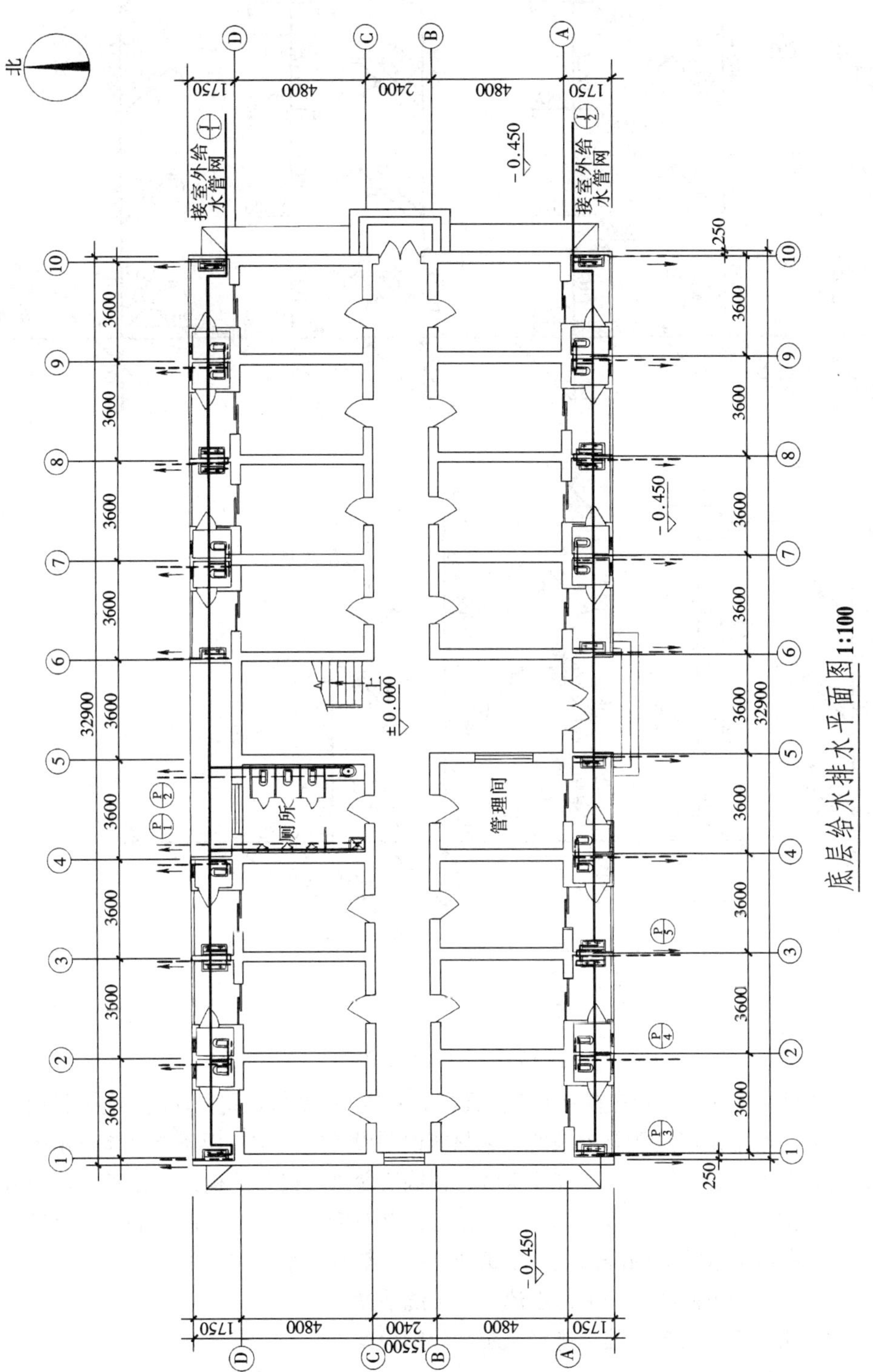

图 10-7　底层给水排水平面图

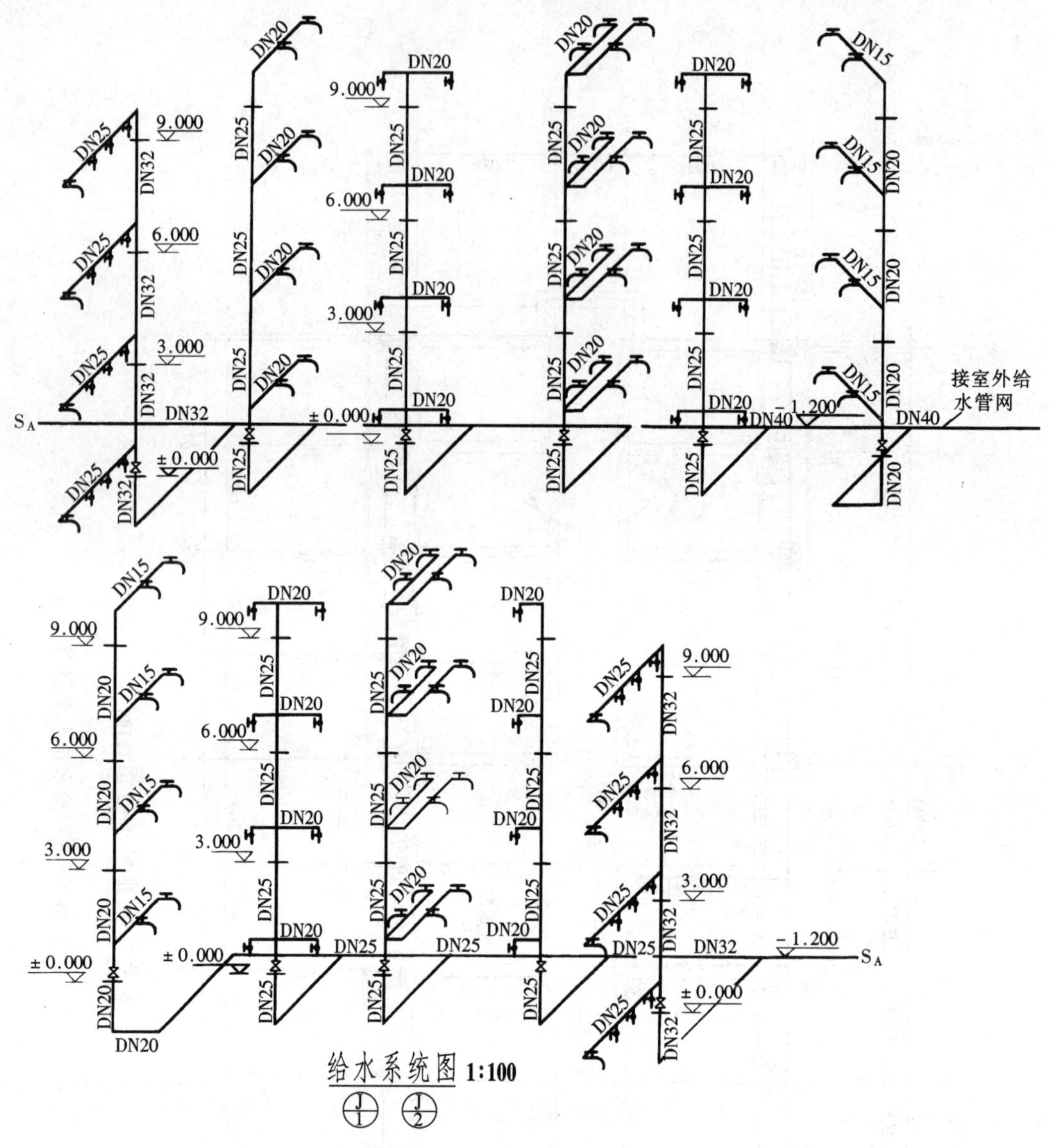

图 10-8 给水系统图

（1）了解平面图中哪些房间布置有卫生器具，卫生器具的具体位置，地面和各层楼面的标高

各种卫生器具通常是用图例画出来的，它只能说明设备的类型，而不能具体表示各部分尺寸及构造。因此识读时必须结合详图或技术资料，搞清楚这些设备的构造、接管方式和尺寸。

通过对给水排水平面图的识读可知：该学生公寓共有四层。每一房间内的阳台上都有一个蹲式大便器、含有两个水龙头的洗涤盆。公寓楼每一层都有一个公共厕所。每个公共厕所内有三个蹲式大便器、三个小便器、一个污水池、一个洗手盆。

（2）弄清有几个给水系统和几个排水系统，分别识读

给水系统（用粗实线表示）有两个布置情况基本相同的系统 J/1 、J/2 。

J/1 、J/2 给水系统的引入管都分别自东向西穿过 10 号轴线的墙体进入室内，供给房间及

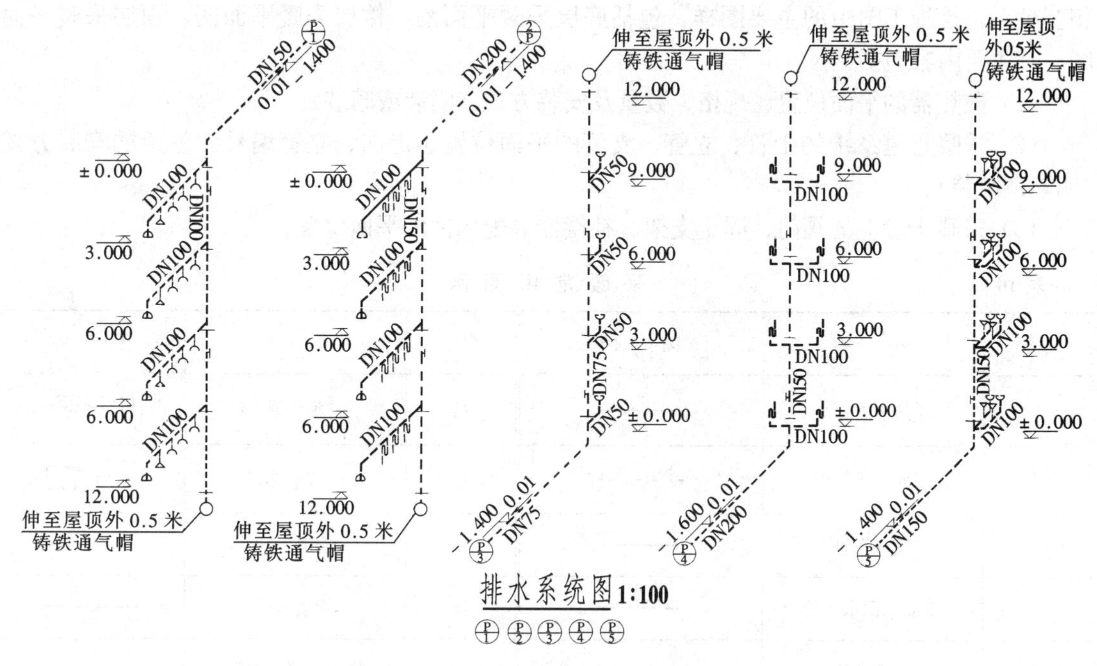

图 10-9　排水系统图

公共厕所间的用水。识读给水系统图时，按水流方向沿引入管——立管——横支管——用水设备的顺序识读。

排水系统（用粗虚线表示）共有 $\frac{P}{1}$、$\frac{P}{2}$、$\frac{P}{3}$、$\frac{P}{4}$、$\frac{P}{5}$五个系统。其中 $\frac{P}{2}$ 污水排放系统是排放各层公共厕所间内的大便器及洗手盆产生的污水；$\frac{P}{1}$ 污水排放系统是排放各层公共厕所间内的小便器、污水池及地漏产生的污水；$\frac{P}{4}$ 污水排放系统是排放各层宿舍内大便器产生的污水；$\frac{P}{3}$、$\frac{P}{5}$ 污水排放系统是排放各层宿舍内洗涤盆产生的污水。识读排水系统图时，按水流方向沿用水设备的存水弯——横支管——立管——排出管的顺序识读。

第二节　室内采暖施工图

室内采暖设备是为了改善人们的生活和工作条件及满足生产工艺、科学实验的环境要求而设置的。随着经济建设的发展和生活水平的提高，采暖设备越来越成为建筑工程不可分割的一部分。

室内采暖施工图是表示一幢建筑物采暖工程的图样，它包括室内采暖平面图、室内采暖系统图和详图等。

一、室内采暖施工图的图示特点

室内采暖施工图的图示特点与室内给水排水施工图的图示特点类似，这里不再详述。室内采暖施工图常用图例见表 10-2。

二、室内采暖施工图的图示内容和图示方法

（一）室内采暖平面图

1. 图示内容

室内采暖平面图主要表示管道、附件及散热设备在建筑平面上的布置情况以及它们之间的

相互关系，是施工图中的主要图样，包括底层采暖平面图、楼层采暖平面图、顶层采暖平面图。其主要内容包括：

（1）散热器的平面位置、规格、数量及安装方式（明装或暗装）。

（2）采暖管道系统的干管、立管、支管的平面位置、走向、立管编号和管道的安装方式（明装或暗装）。

（3）采暖干管上的阀门、固定支架、补偿器等配构件的平面位置。

表 10-2　　采暖常用图例

序号	名称	图例	序号	名称	图例
1	热水干管		15	集气罐	
2	回水干管		16	柱式散热器	
3	蒸汽干管		17	管道下行	
4	冷凝水回水干管		18	管道上行	
5	自来水管		19	供水（汽）立管	
6	热水供给管		20	回水立管	
7	管道固定支架		21	离心水泵	
8	方形伸缩器		22	散热器跑风门	
9	阀门		23	泄水阀	
10	压力表		24	放气阀	
11	止回阀		25	管沟集水井	
12	截止阀		26	疏水器	
13	膨胀管		27	温度计	
14	循环管				

（4）在采暖系统上有关设备如膨胀水箱、集气罐（热水采暖）、疏水器（蒸汽采暖）的平面位置、规格、型号以及这些设备与连接管道的平面布置。

（5）热媒入口及入口地沟情况。同时平面图上还要标明热媒来源、流向及与室外热网的连接情况。

（6）在平面图上还要表明管道及设备安装的预留洞、预埋件、管沟等方面与土建施工的关系和要求等。

2. 图示方法

（1）比例。采暖工程制图选用的比例，宜符合表 10 - 3 的规定。

表 10 - 3　　**比　　例**

图名	常用比例	可用比例
总平面图	1∶500，1∶1000	1∶1500
总图中管道断面图	1∶50，1∶100，1∶200	1∶150
平面、剖面图及放大图	1∶20，1∶50，1∶100	1∶30，1∶40，1∶150，1∶200
详图	1∶1，1∶2，1∶5，1∶10，1∶20	1∶3，1∶4，1∶15

（2）编号。一项建筑工程中同时有供暖、通风等两个及两个以上的不同系统时，应进行系统编号。系统的编号如图 10 - 10（a）所示；当一个系统出现分支时，可采用图 10 - 10（b）的形式。系统代号由大写拉丁字母表示（见表 10 - 4），顺序号由阿拉伯数字表示。系统编号宜标注在系统总管处。

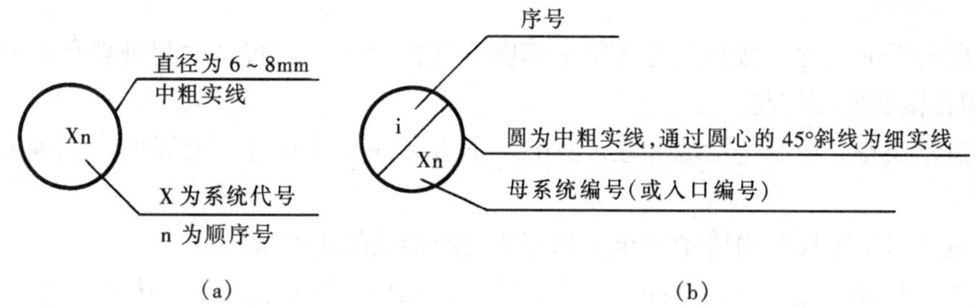

图 10 - 10　系统编号的画法

表 10 - 4　　**系　统　代　号**

序号	字母代号	系统名称	序号	字母代号	系统名称
1	N	（室内）采暖系统	9	X	新风系统
2	L	制冷系统	10	H	回风系统
3	R	热力系统	11	P	排风系统
4	K	空调系统	12	JS	加压送风系统
5	T	通风系统	13	PY	排烟系统
6	J	净化系统	14	P（Y）	排风兼排烟系统
7	C	除尘系统	15	RS	人防送风系统
8	S	送风系统	16	RP	人防排风系统

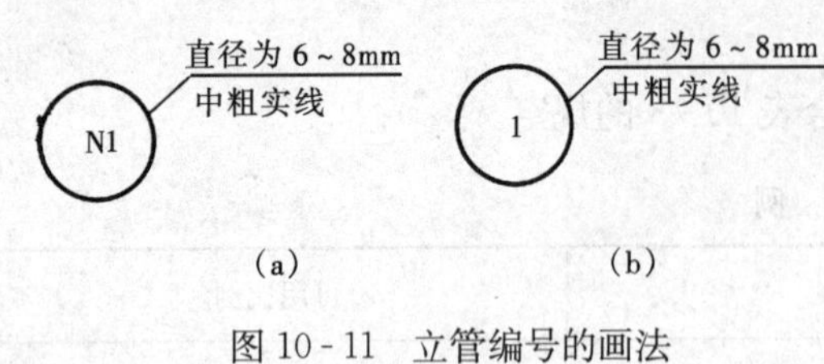

图10-11　立管编号的画法

竖向布置的垂直管道系统，应标注立管编号，如图10-11（a）所示。在不致引起误解时，可只标注序号，如图10-11（b）所示，但应与建筑轴线编号有明显区别。

（3）平面图的数量。多层建筑的采暖平面图原则上应分层绘制。对于管道及散热设备布置相同的楼层平面可绘制一个平面图，但顶层和底层平面图必须单独绘出。

（4）室内采暖平面图中的房屋平面图。本专业需要的建筑部分仅作为管道系统及设备平面布置和定位的基准，因此仅需抄绘房屋的墙身、柱、门窗洞、楼梯、台阶等主要构配件，房屋的细部和门窗代号等均可省略。同时，房屋平面图的图线用细实线绘制；底层平面图要画全轴线；楼层平面图可只画边界轴线。

（5）散热器。散热器等主要设备及部件均为工业产品，不必详细画出，可按所列图例表示，用中、细线绘制。

（6）室内采暖平面图。按正投影法绘制。各种管道不论在楼层地面之上或之下，都不考虑其可见性问题，仍按管道的类型以规定线型和图例画出。管道系统一律用单线绘制。

（7）尺寸标注。

1）房屋的平面尺寸一般只需在底层平面图中注出轴线间的尺寸，另外要标注室外地面的整平标高和各楼层地面标高。

2）管道及设备一般都是沿墙和柱设置的，不必标注定位尺寸。必要时，以墙面和柱面为基准。

3）采暖入口定位尺寸由管中心至所相邻墙面或轴线的距离确定。

4）管道的直径、坡度和标高都标注在管道系统图中，平面图中不必标注。管道长度在安装时以实测尺寸为依据，故图中不予标注。

5）散热器要标注其规格和数量，通常标在窗口或散热器附近。

（二）室内采暖系统图

1. 图示内容

采暖系统图是在平面图的基础上，根据各层采暖平面中管道及设备的平面位置和竖向标高，采用正面斜轴测法绘制出来的。它表明从热媒入口至出口的采暖管道、散热设备、主要附件的空间位置和相互间的关系。该图注有管径、标高、坡度、立管编号、系统编号以及各种设备、部件在管道系统中的位置。把系统图与平面图对照起来可了解整个室内采暖系统的全貌。

2. 图示方法

（1）轴向选择。

1）采暖系统图用正面斜等轴测法绘制。*OX*轴处于水平，*OZ*轴处于垂直，*OY*轴与水平线夹角应选用45°或30°。三轴的伸缩系数都是1。

2）采暖系统图的轴向与平面图轴向一致，即*OX*轴与平面图的长度方向一致，*OY*轴与平面图的宽度方向一致。

（2）比例。

1）系统图一般采用与相对应平面图相同的比例绘制。当管道系统复杂时，亦可放大比例。

2）当采用与相对应平面图相同的比例时，水平的轴向尺寸可直接从平面图上量取，垂直的轴向尺寸，可根据层高和设备安装高度量取。

(3) 管道系统。

1) 采暖系统图中管道系统的编号应与底层采暖平面图中的系统索引符号的编号一致。

2) 采暖系统图应按管道系统编号分别绘制，这样可避免过多的管道重叠和交叉。

3) 管道的画法与平面图相同，供热管道用粗实线绘制；回水管道用粗虚线绘制；设备及部件均用图例表示，以中、细线绘制。

4) 当空间交叉的管道在图中相交时，在相交处被挡住的管线应断开。

5) 当管道过于集中，无法画清楚时，可将某些管段断开，引出绘制，相应的断开处宜用相同的小写拉丁字母注明。如图 10-12 所示。

6) 具有坡度的水平横管无需按比例画出其坡度，但应注明其坡度或另加说明。

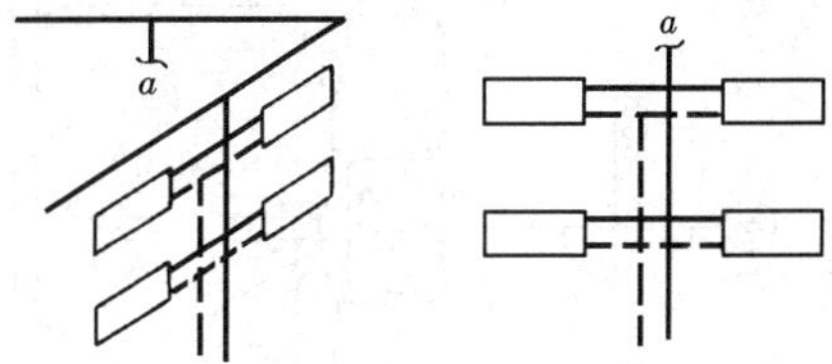

图 10-12　系统图中重叠、密集处的引出画法

(4) 尺寸标注。

1) 管径：管道系统中所有管段均需标注管径，当连续几段的管径相同时，可仅标注其两端管段的管径。焊接钢管应用公称直径“DN”表示，如 DN15 无缝钢管应用“外径×壁厚”表示，如 D114×5。

2) 坡度：凡横管均须标注或说明其坡度。

3) 标高：系统图中的标高是以底层室内地面为±0.000 米的相对标高，采暖管道标注管中心的标高。除标注管道及设备的标高外，尚需标注室内、外地面及各层楼面的标高。

4) 散热器规格、数量的标注。

柱式、圆翼形散热器的数量，注在散热器内；

光管式、串片式散热器的规格、数量应注在散热器的上方。

5) 图例。平面图和系统图应采用统一图例。

三、室内采暖施工图的识读

现以某学院学生公寓中的底层采暖平面图如图 10-13 所示、采暖系统图如图 10-14 所示为例，说明室内采暖施工图的识读方法。

(1) 通过平面图对建筑平面布置情况进行了解。

了解建筑物总长、总宽及建筑轴线情况。学生公寓总长 32.9 米，总宽 15.5 米，东西向定位轴线为①～⑩，南北向定位轴线为Ⓐ～Ⓓ。了解建筑物朝向、出入口和分间情况。该建筑物坐北朝南，建筑出入口有两处，其中一处在⑤～⑥轴线之间，并设楼梯通向二楼，另一处在Ⓑ～Ⓒ轴线之间。一层有 16 个房间，其余各层有 17 个房间，大小面积相等。

(2) 掌握散热器的布置情况。本例散热器全部在各个房间靠窗户一侧、靠墙布置。散热器的片数都标注在散热器图例内或边上，一层和四层各房间内散热器均为 12 片，二、三层各房间内散热器均为 11 片。

(3) 了解室内采暖系统形式及热力入口情况。通过对系统图的识读，可知本例是双管上分式热水采暖系统，热媒干管由南向北穿过Ⓐ轴外墙进入楼内。

(4) 了解管路系统的空间走向、立管设置、标高、管径、坡度等。

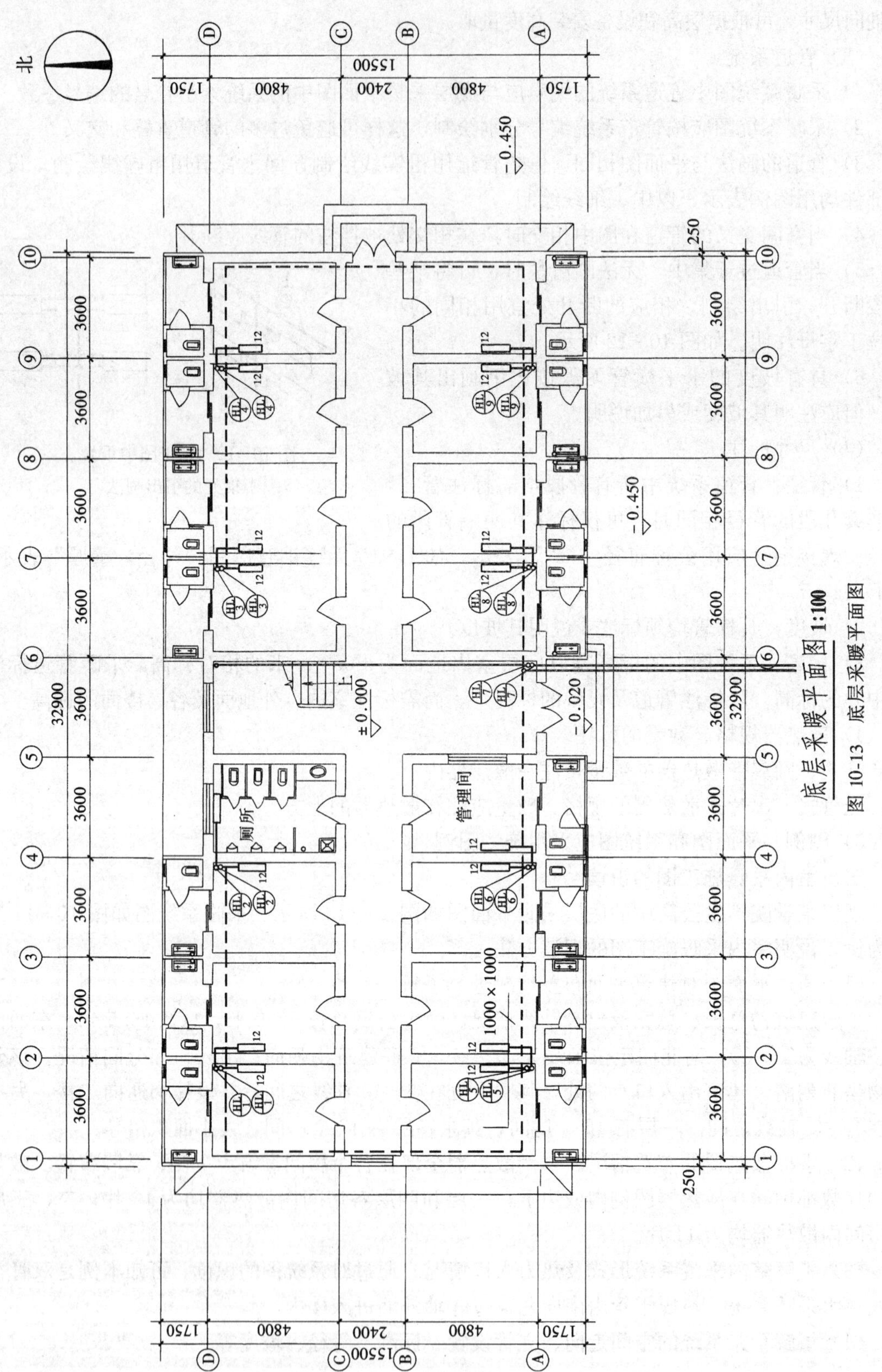

图 10-13 底层采暖平面图

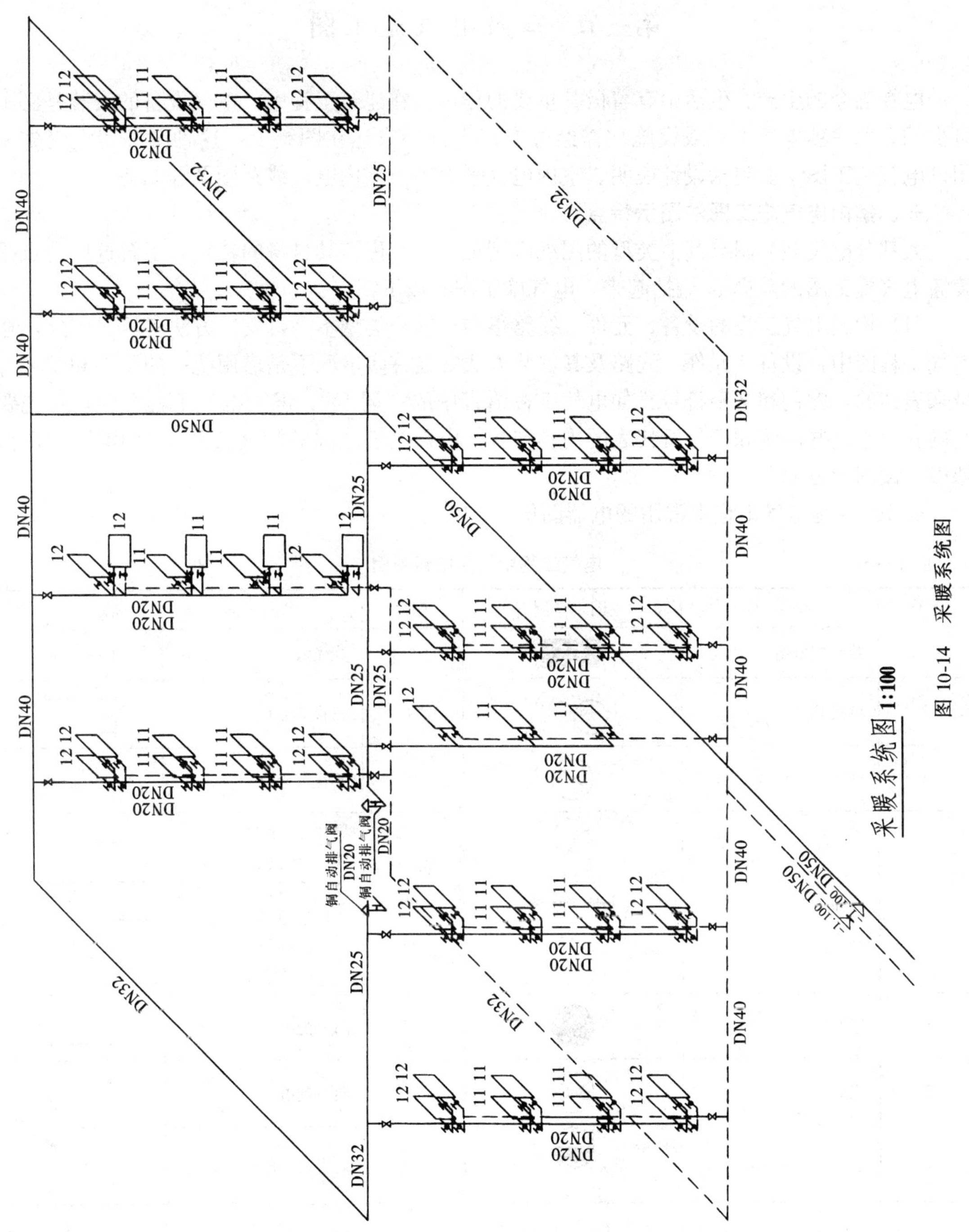

图 10-14　采暖系统图

第三节 室内电气施工图

电在当今的生产、生活中有着极其重要的作用。在建筑工程中，电气设备的安装是必不可少的。每一项电气工程或设施均需经过专门设计并表达在图纸上，这种图即为电气施工图。电气施工图主要包括设计说明、室内电气平面图、室内电气线路图及详图等。

一、室内电气施工图的图示特点

大部分电气施工图与其他类型的图纸区别很大，有许多其自身的特点，了解这些特点是读懂电气施工图的前提 。概括起来，电气施工图有以下特点：

(1) 构成电气工程的设备、元件、线路很多，结构类型不一，安装方法各异。因此，在电气工程图中，设备、元件、线路及其安装方法等在许多情况下是借用统一的图例和文字符号来表达的，图例和文字符号犹如电气工程语言中的“词汇”。识读电气工程图时，首先要明确和熟悉这些图例和符号所代表的内容与含义以及它们之间的相互关系。“词汇”掌握得越多，读图越方便。

表 10 - 5 是电气工程中常用的电器图例。

表 10 - 5　　电气工程中常用电器图例

序号	名　称	图　例	序号	名　称	图　例
1	照明配电箱		8	荧光灯	
2	单极开关		9	三管荧光灯	
3	灯（一般符号）		10	五管荧光灯	5
4	防爆荧光灯		11	导线、导线组、电线、传输通路、线路、母线的一般符号 三根导线 三根导线 n 根导线	 3 n
5	球形灯		12	向上配线	
6	花灯		13	向下配线	
7	壁灯		14	垂直通过配线	

(2) 一般各种电气的平面图，使用与相应建筑平面图相同的比例。此种情况下，如需确定电器设备安装的位置或导线长度时，可在图上用比例尺直接量取。

与建筑图无直接联系的其他电气施工图，可任选比例或不按比例示意性绘制。

二、室内电气施工图的识读

现以某学院学生公寓中的底层电气平面图如图 10 - 15 所示，电气线路图如图 10 - 16 所示为例，说明电气施工图的识读方法。

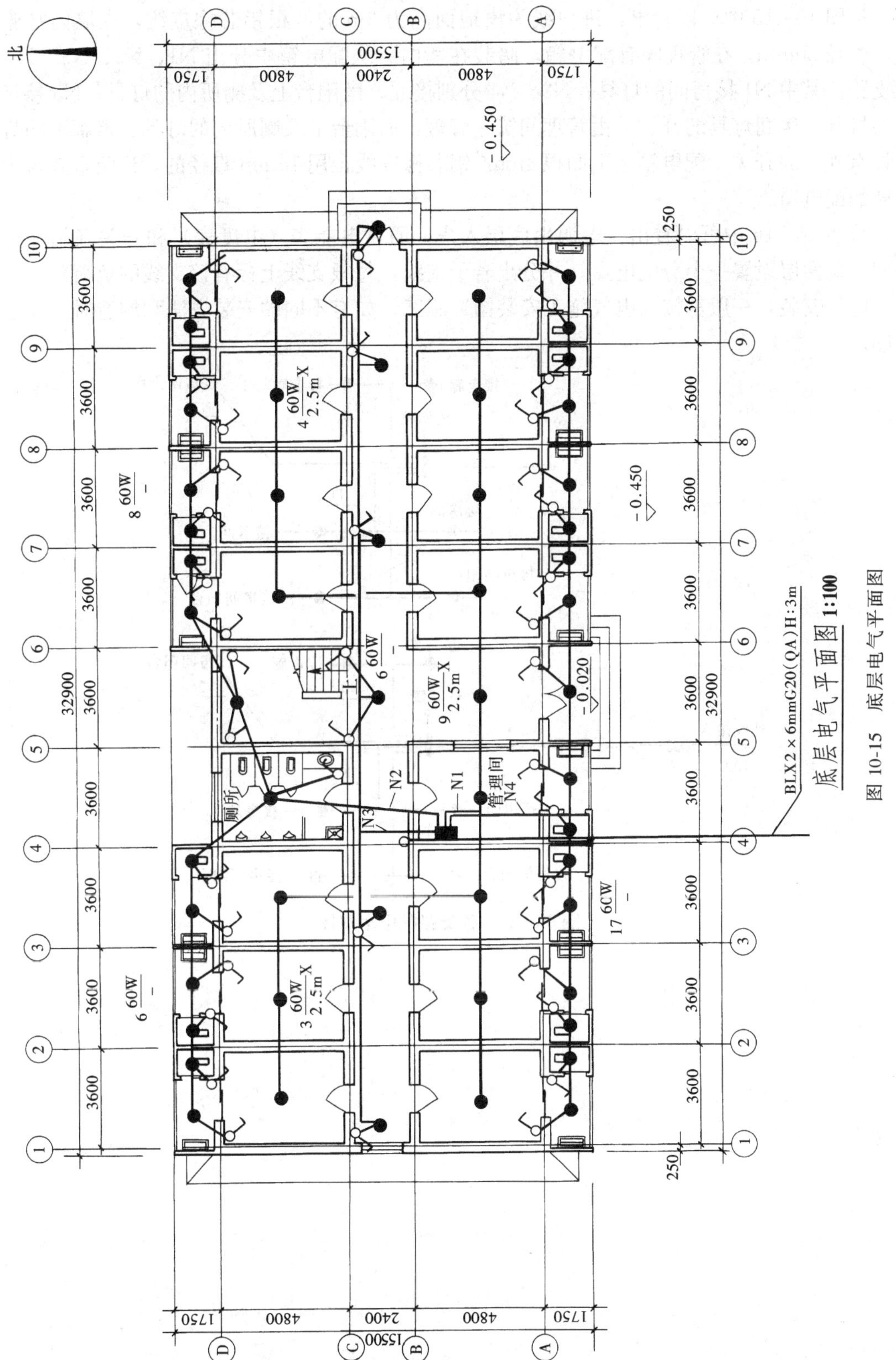

图 10-15　底层电气平面图

从图 10-15 中可以看出：进户线为离地面高为 3m 的两根铝芯橡皮线，在墙内穿管暗敷，管径 20mm。在管理间有配电箱，暗装在墙内。从配电箱中分出 N1、N2、N3、N4 四个支路。其中 N1 接房间的灯具；N2、N4 分别接北、南阳台上及厕所内的灯具；N3 接走廊上的灯具。房间灯具的开、关由管理间统一管理，而阳台上及厕所内的灯具、走廊上的灯具都设有独立的开关。配电箱上引两根 $4mm^2$ 铝芯橡皮线，用 15mm 直径的管道暗敷在墙内至二楼的配电箱。

从图 10-16 中可以看出：电源由底层入户，通过电能表（电度表）和开关（闸）进入房间。每两层设置一个分配电盘，并分出若干支线，每根支线上标有该支线的负荷。

电气安装，一般都按《电气施工安装图》施工，如有不同的安装方法和构造时，需绘制详图。

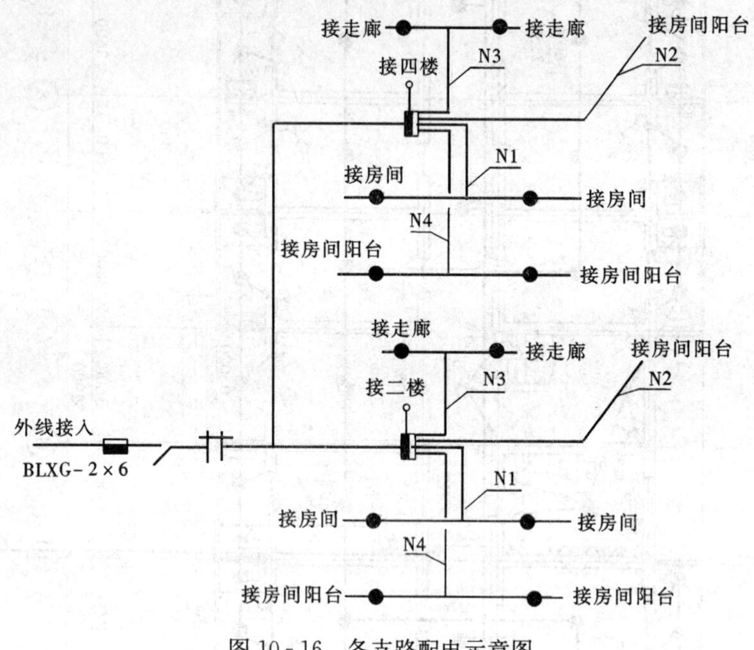

图 10-16 各支路配电示意图

第三篇 建筑构造

第十一章 民用建筑构造概述

第一节 民用建筑的构造组成

一般民用建筑通常是由基础、墙或柱、楼地面、楼梯、屋面、门窗等六个主要部分组成。下面以图 11-1 为例，将民用建筑各组成部分的作用及其构造要求简述如下：

一、基础

基础是建筑物最下部分的承重构件，它承受着建筑物的全部荷载，并把这些荷载传给地基。因此，要求基础应具有足够的承载能力、刚度、耐水、耐腐蚀、耐冰冻，防止不均匀沉降和延长使用寿命。

二、墙或柱

有些建筑物由墙承重，有些建筑物由柱承重，墙或柱是建筑物的垂直承重构件。它承受屋面、楼地面传来的各种荷载，并把它们传给基础。外墙同时也是建筑物的围护构件，抵御自然界各种因素对室内的侵袭，内墙同时起分隔房间的作用。因此，作为承重的墙或柱，要求具有足够的承载能力、稳定性；作为围护和分隔的墙体，应具有良好的热功性能、防火性能及隔声、防水、耐久性能。

三、楼地面

楼地面包括楼层地面（楼面）和底层地面（地面），是楼房建筑中水平方向的承重构件。楼面按房间层高将整个建筑物分为若干部分，它将楼面的荷载通过楼板传给墙或柱，同时还对墙体起着水平支撑作用。因此，要求楼面

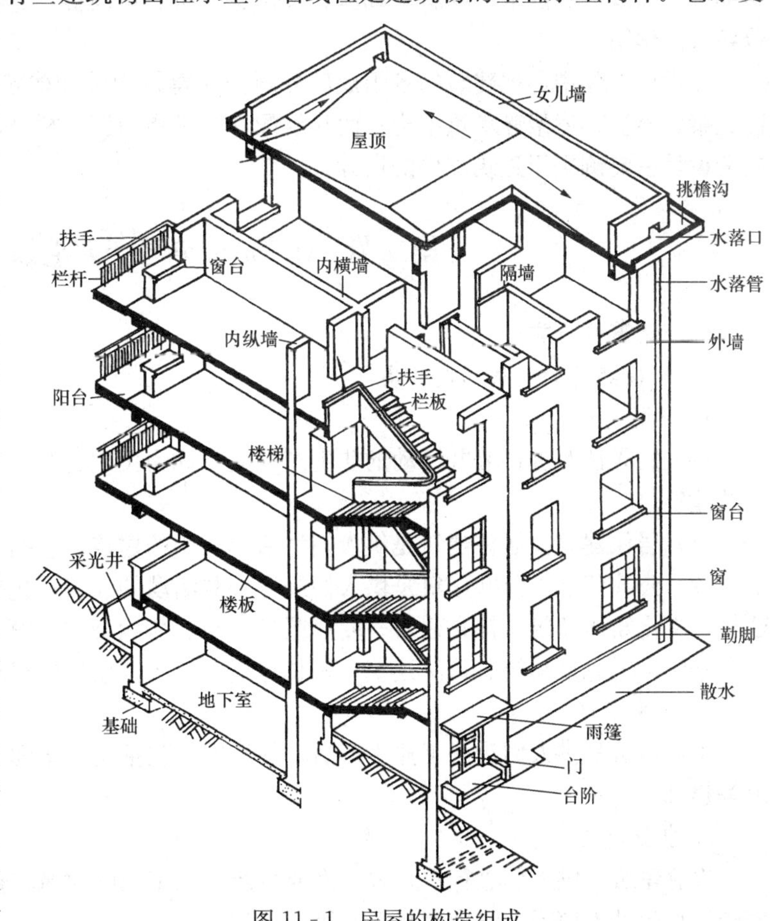

图 11-1 房屋的构造组成

应具有足够的承载能力、刚度，并应具备防火、防水、隔声的性能；地面直接与土壤相连，它承受着首层房间的荷载。因此，要求地面应具有良好的耐磨、防潮、防水、保温的性能。

四、楼梯

楼梯是楼房建筑的垂直交通设施。供人们上下楼层和紧急疏散之用。因此，要求楼梯应具有足够的通行能力、承载能力、稳定性、防火及防滑性能。

五、屋面

屋面是建筑物顶部的承重和围护构件。作为承重构件，它承受着建筑物顶部的荷载（包括自重、雪荷载和风荷载等），并将这些荷载传给墙或柱；作为围护构件，它抵御自然界风、雨、雪的侵袭及太阳辐射热对顶层房间的影响。因此，要求屋面应具有足够的承载能力、刚度及保温、隔热、隔汽、防水性能。

六、门窗

门主要是供人们内外交通和隔离空间之用；窗则主要是采光和通风，同时又有分隔和围护作用。它们都是非承重构件。因此，要求门窗具有隔声、保温、防风沙等性能。

除上述六部分以外，在一幢建筑中，还有许多为人们使用服务和建筑物本身所必需的附属部分，如阳台、散水、勒脚、踢脚、墙裙、台阶、烟囱等。它们各处在不同的部位，发挥着各自的作用。

在设计工作中还把建筑的各组成部分划分为建筑构件和建筑配件。建筑构件主要指墙、柱、梁、楼板、屋架等承重结构；而建筑配件则是指门窗、栏杆、花格、细部装修等。建筑构造设计主要侧重于建筑配件的设计。

第二节 建筑的分类与等级

一、建筑的分类

（一）按建筑的使用功能分类

1. 民用建筑

供人们居住及进行公共活动的非生产性建筑称为民用建筑。民用建筑又分为居住建筑和公共建筑。

（1）居住建筑。居住建筑是供人们生活起居用的建筑，包括住宅、宿舍、公寓等。

（2）公共建筑。公共建筑是供人们进行公共活动的建筑，包括行政办公建筑、文教科研建筑、文化娱乐建筑、体育建筑、商业服务建筑、旅馆建筑、医疗与福利建筑、交通建筑、邮电建筑、纪念性建筑、司法建筑、园林建筑、市政公用设施建筑等。

2. 工业建筑

工业建筑是供人们进行工业生产活动的建筑，包括生产车间、辅助车间、动力用房、仓库等建筑。

3. 农业建筑

农业建筑是供人们进行农、牧、渔业生产和加工用的建筑，包括农机站、温室、畜禽饲养场、水产品养殖场、农副产品仓库等建筑。

（二）按建筑的规模和数量分类

1. 大量性建筑

大量性建筑是指建筑规模不大，但建造数量多，分布较广，与人们生活密切相关的建筑，如住宅、中小学校、幼儿园、中小型商店等。

2. 大型性建筑

大型性建筑是指规模大、标准高、耗资多，对城市面貌影响较大的建筑，如大型体育馆、影剧院、火车站等。

（三）按建筑层数或高度分类

1. 住宅建筑按层数分类

住宅建筑按层数划分为：1～3 层为低层；4～6 层为多层；7～9 层为中高层；10 层及以上为高层。

2. 其他民用建筑按高度分类

建筑高度是指室外设计地面至建筑主体女儿墙或檐口顶部的垂直距离。

（1）普通建筑。建筑高度不超过 24m 的民用建筑和建筑高度超过 24m 的单层民用建筑。

（2）高层建筑。10 层及 10 层以上的住宅，建筑高度超过 24m 的公共建筑（不包括单层主体建筑）。

（3）超高层建筑。建筑高度超过 100m 的民用建筑。

（四）按承重结构的材料分类

1. 木结构建筑

木结构建筑指以木材作为房屋承重骨架的建筑。木结构建筑具有自重轻、构造简单、施工方便等优点，是我国古代建筑的主要结构类型。但木材易腐，耐火性及耐久性差，再加之我国木材资源有限，所以木结构建筑目前已基本不采用。

2. 砖石结构建筑

砖石结构建筑指以砖或石材作为承重墙柱和楼板（砖拱或石拱）的建筑。由于受材料特性的限制，这种结构的层高、总高、开间、跨度均较小，抗震性差，但造价较低，适用于低矮的民居、库房、菜窑等。

3. 混合结构建筑

混合结构建筑指主要承重结构由两种或两种以上材料构成的建筑。如砖墙木楼板的砖木结构建筑；砖墙和钢筋混凝土楼板的砖混结构建筑；钢筋混凝土墙或柱和钢屋架的钢混结构建筑。其中砖混结构在大量性建筑中应用最为广泛，钢混结构多用于大跨度建筑，砖木结构由于木材资源的短缺而极少采用。

4. 钢筋混凝土结构建筑

钢筋混凝土结构建筑指以钢筋混凝土柱、梁、板作为垂直方向和水平方向承重构件的建筑，属于骨架承重结构体系。由于它具有坚固耐久、防火和可塑性强等优点，在当今建筑领域中应用很广泛。大跨度建筑、高层建筑大部分采用这种结构。

5. 钢结构建筑

钢结构建筑指主要承重构件全部采用钢材制作的建筑。钢结构具有力学性能好，结构自重轻，工业化施工程度高，施工受季节影响小的优点，特别适宜于超高层和大跨度建筑。由于我国钢产量有限，这种结构主要应用于少量工业建筑和大型公共建筑中。随着建筑的发展，钢结构的应用趋势将进一步的增长。

（五）按建筑结构形式分类

1. 墙承重结构

墙承重结构是由墙体承受楼板及屋顶传来的全部荷载。这类结构适用于6层或6层以下的大量性民用建筑，如住宅、办公楼等建筑。

2. 框架结构

框架结构是由梁、柱组成的骨架承受楼板及屋顶传来的全部荷载。这类结构适用于荷载及跨度较大的建筑和高层建筑，墙体只起围护和分隔的作用。

3. 部分框架结构

部分框架结构建筑内部由梁柱体系承重，四周用外墙承重。这类结构适用于局部设有较大空间的建筑，如商住楼等建筑。

4. 空间结构

空间结构是指用空间构架，如网架、悬索及薄壳结构来承受全部荷载。这类结构适用于大空间建筑，如体育馆等建筑。

二、建筑的等级

建筑等级是根据建筑物的耐久年限、耐火性能、规模大小和复杂程度来划分等级的。

（一）按建筑的耐久年限分等级

按建筑主体结构确定的建筑耐久年限，建筑等级分为四级，见表11-1。

表11-1 以主体结构确定的建筑耐久年限等级

建筑等级	耐久年限	适用建筑类型
一	100年以上	重要的建筑和高层建筑
二	50~100年	一般性建筑
三	25~50年	次要的建筑
四	15年以下	临时性建筑

（二）按建筑的耐火性能分等级

按照建筑的耐火性能，根据我国现行规范规定，建筑物的耐火等级分为四级，见表11-2。耐火等级标准依据建筑物的主要构件（如墙、柱、梁、楼板、楼梯等）的燃烧性能和耐火极限两个因素来确定。

1. 构件的燃烧性能

建筑构件的燃烧性能分为非燃烧体、难燃烧体、燃烧体三类。

（1）非燃烧体。即用非燃烧材料做成的建筑构件，如天然石材、人造石材、金属材料等。

（2）难燃烧体。即用难燃烧的材料做成的建筑构件，或用燃烧材料制成而用非燃烧材料作保护层的建筑构件，如沥青混凝土、经过防火处理的木材等。

（3）燃烧体。即用容易燃烧的材料做成的建筑构件，如木材等。

2. 构件的耐火极限

建筑构件的耐火极限，是指对任一建筑构件按时间—温度标准曲线进行耐火试验，从受到火的作用时起，到失去支持能力，或完整性破坏，或失去隔火作用时为止的这段时间，用小时（h）表示。具体判定条件如下：

表 11-2 **建筑物的耐火等级**

构件名称 \ 燃烧性能和耐火极限（h） \ 耐火等级		一级	二级	三级	四级
墙	防火墙	非燃烧体 4.00	非燃烧体 4.00	非燃烧体 4.00	非燃烧体 4.00
	承重墙、楼梯间、电梯井的墙	非燃烧体 3.00	非燃烧体 2.50	非燃烧体 2.50	难燃烧体 0.50
	非承重外墙、疏散走道两侧的隔墙	非燃烧体 1.00	非燃烧体 1.00	非燃烧体 0.50	难燃烧体 0.25
	房间隔墙	非燃烧体 0.75	非燃烧体 0.50	难燃烧体 0.50	难燃烧体 0.25
柱	支承多层的柱	非燃烧体 3.00	非燃烧体 2.50	非燃烧体 2.50	难燃烧体 0.50
	支承单层的柱	非燃烧体 2.50	非燃烧体 2.00	非燃烧体 2.00	燃烧体
梁		非燃烧体 2.00	非燃烧体 1.50	非燃烧体 1.00	难燃烧体 0.50
楼　板		非燃烧体 1.50	非燃烧体 1.00	非燃烧体 0.50	难燃烧体 0.25
屋面承重构件		非燃烧体 1.50	非燃烧体 0.50	燃烧体	燃烧体
疏散楼梯		非燃烧体 1.50	非燃烧体 1.00	非燃烧体 1.00	燃烧体
吊顶（包括吊顶搁栅）		非燃烧体 0.25	难燃烧体 0.25	难燃烧体 0.15	燃烧体

（1）失去支持能力。非承重构件失去支持能力的表现为自身解体或垮塌；梁、板等受弯承重构件，失去支持能力的情况为挠曲率发生突变。

（2）完整性破坏。楼板、隔墙等具有分隔作用的构件，在试验中，当出现穿透裂缝或穿火的孔隙时，表明试件的完整性被破坏。

（3）失去隔火作用。具有防火分隔作用的构件，试验中背火面测点测得的平均温度升到140℃（不包括背火面的起始温度），或背火面测温点任一测点的温度到达220℃时，则表明试件失去隔火作用。

（三）按建筑的规模大小、复杂程度分等级

建筑按照其规模大小、复杂程度，分成特级、一级、二级、三级、四级、五级六个级别，具体划分见表11-3

表11-3　民用建筑的等级

工程等级	工程主要特征	工程范围举例
特级	1. 列为国家重点项目或以国际性活动为主的特高级大型公共建筑； 2. 有全国性历史意义或技术要求特别复杂的中小型公共建筑； 3. 30层以上建筑； 4. 高大空间有声、光等特殊要求的建筑物	国宾馆、国家大会堂、国际会议中心、国际体育中心、国际贸易中心、国际大型空港、国际综合俱乐部、重要历史纪念建筑、国家级图书馆、博物馆、美术馆、剧院、音乐厅、三级以上人防工程
一级	1. 高级大型公共建筑； 2. 有地区性历史意义或技术要求复杂的中小型公共建筑； 3. 16层以上29层以下或超过50m高的公共建筑	高级宾馆、旅游宾馆、高级招待所、别墅、省级展览馆、博物馆、图书馆、科学实验研究楼（包括高等院校）、高级会堂、高级俱乐部。≥300床位医院、疗养院、医疗技术楼、大型门诊楼，大中型体育馆、室内游泳馆、室内滑冰馆、大城市火车站、航运站、候机楼、摄影棚、邮电通讯楼、综合商业大楼、高级餐厅、四级人防、五级平战综合人防
二级	1. 中高级、大中型公共建筑； 2. 技术要求较高的中小型建筑； 3. 16层以上29层以下住宅	大专院校教学楼、档案楼、礼堂、电影院，部省级机关办公楼、300床位以下医院、疗养院、地市级图书馆、文化馆、少年宫、俱乐部、排演厅、报告厅、风雨操场、大中城市汽车客运站、中等城市火车站、邮电局、多层综合商场、风味餐厅、高级小住宅等
三级	1. 中级、中型公共建筑； 2. 7层以上（包括7层）15层以下有电梯住宅或框架结构的建筑	重点中学、中等专科学校教学试验楼、电教楼，社会旅馆、饭馆、招待所、浴室、邮电所、门诊部、百货楼、托儿所、幼儿园、综合服务楼，一二层商场、多层食堂、小型车站等
四级	1. 一般中小型公共建筑； 2. 7层以下无电梯的住宅，宿舍及砖混结构建筑	一般办公楼、中小学教学楼、单层食堂、单层汽车库、消防车库、防消站、蔬菜门市部、粮站、杂货店、阅览室、理发室、水冲式公共厕所等
五级	一二层单一功能，一般小跨度结构建筑	

第三节　影响建筑构造的因素和设计原则

一、影响建筑构造的因素

（一）外界环境的影响

外界环境的影响是指自然界和人为的影响，归纳起来有以下三个方面：

1. 外力的影响

作用在建筑物上的各种力统称为荷载。荷载可归纳为恒载（如结构自重等）和活荷载（如人群、家具、雪荷载、地震荷载、风荷载等）两大类。荷载的大小是结构选型、材料选用及构造设计的重要依据。

2. 自然气候的影响

我国幅员辽阔，各地区气候、地质及水文等情况大不相同。日晒、雨淋、风雪、冰冻、地下水、地震等因素将给建筑物带来影响。对于这些影响，在构造上必须考虑相应的防护措施，如防潮、防水、保温、隔热、防温度变形等。

3. 人为因素的影响

人为因素，如火灾、机械振动、噪声等影响，在建筑构造上需采取防火、防振和隔声的相应措施。

（二）建筑技术条件的影响

建筑技术条件是指建筑材料技术、结构技术和施工技术等。随着这些技术的不断发展和变化，建筑构造技术受它们的影响和制约也在改变着。所以建筑构造做法不能脱离一定的建筑技术条件而存在，设计中应采取相适应的构造措施。

（三）建筑标准的影响

建筑构造设计必须考虑建筑标准。标准高的建筑，其装修质量好，设施齐全且档次高，建筑的造价相应也较高；反之，则较低。标准高的建筑，构造做法考究，反之，构造只能采取一般的做法。因此，建筑构造的选材、选型和细部做法无不根据标准的高低来确定。

二、建筑构造的设计原则

在建筑构造设计中，应根据建筑的类型特点、使用功能的要求及影响建筑构造的因素，分清主次和轻重，综合权衡利弊关系，根据以下设计原则，妥善处理。

1. 坚固实用

在进行主要承重结构设计的同时，应确定构造方案。在构造方案上首先应考虑坚固实用，以确保房屋使用安全，经久耐用。

2. 技术先进

建筑构造设计中，在应用改进传统的建筑方法的同时，应大力开发对新材料、新技术、新构造的应用，因地制宜地发展适用的工业化建筑体系。

3. 经济合理

建筑构造无不包含经济因素。在设计中应掌握建筑标准，做到经济合理，在保证工程质量的前提下，尽量降低建筑造价。

4. 美观大方

建筑的美观主要是通过其平面空间组合、建筑体型和立面、材料的色彩和质感、细部的处理及刻画来体现的。建筑要做到美观大方，构造设计是非常重要的一环。

第四节 建筑标准化与模数协调

建筑业是我国国民经济的支柱产业之一。为了适应我国“四化”建设迅速发展的需要，必须改变目前建筑业劳动力密集、手工作业的落后局面，尽快实现建筑工业化，像工厂生产产品那样生产房子。建筑工业化的内容为：设计标准化、构配件生产工厂化、施工机械化、管理现代化。设计标准化是实现其他目标的前提，只有使建筑构配件乃至整个建筑物标准化，才能够实现建筑工业的现代化。

一、建筑标准化

建筑标准化主要包括两方面的内容：首先应制定各种法规、规范标准和指标，使设计有章可循；其次是设计中推行标准化设计。标准化设计可以借助国家或地区通用的标准图集来实现，设计者根据工程的具体情况选择标准构配件。实行建筑标准化，既有利于工厂定型规模生产，又可节省设计力量，加快施工速度，达到缩短设计和施工周期，提高劳动生产率和降低工程造价的目的。

二、建筑模数协调

为了实现建筑设计标准化，使不同材料、不同形状和不同制造方法的建筑构配件（或组合件）具有一定的通用性和互换性，我国颁布了《建筑模数统一协调标准》，用以约束和协调建筑的尺度关系。

（一）建筑模数

建筑模数是选定的标准尺度单位，作为建筑物、建筑构配件、建筑制品以及建筑设备尺寸间相互协调中的增值单位。

1. 基本模数

基本模数是模数协调中最基本的数值，用M表示，即1M=100mm。建筑物和建筑物部件以及建筑组合件的模数化尺寸，应是基本模数的倍数。

2. 导出模数

导出模数分为扩大模数与分模数，其基数应符合下列规定：

（1）扩大模数。指基本模数的整倍数。其中水平扩大模数的基数为3M、6M、12M、15M、30M、60M，其相应的尺寸分别为300、600、1200、1500、3000、6000mm；竖向扩大模数的基数为3M、6M，其相应的尺寸分别为300、600mm。

（2）分模数。指基本模数的分数值。其基数为1/10M、1/5M、1/2M，其相应的尺寸分别为10、20、50mm。

3. 模数数列

模数数列是由基本模数、扩大模数、分模数为基础扩展成的一系列尺寸，它用以保证不同类型的建筑物及其各组成部分间的尺寸统一与协调，减少尺寸的范围以及使尺寸的叠加和分割有较大的灵活性。模数数列见表11-4。

表 11-4　　模数数列　　（单位：mm）

模数名称	基本模数	扩大模数						分模数		
模数基数 基数数值	1M 100	3M 300	6M 600	12M 1200	15M 1500	30M 3000	60M 6000	1/10M 10	1/5M 20	1/2M 50
	100	300						10		
	200	600	600					20	20	
	300	900						30		
	400	1200	1200	1200				40	40	
	500	1500			1500			50		50
	600	1800	1800					60	60	
	700	2100						70		
	800	2400	2400	2400				80	80	
	900	2700						90		
模	1000	3000	3000		3000	3000		100	100	100
	1100	3300						110		
	1200	3600	3600	3600				120	120	
	1300	3900						130		
	1400	4200	4200					140	140	
数	1500	4500			4500			150		150
	1600	4800	4800	4800				160	160	
	1700	5100						170		
	1800	5400	5400					180	180	
	1900	5700						190		
	2000	6000	6000	6000	6000	6000	6000	200	200	200
数	2100	6300							220	
	2200	6600		6600					240	
	2300	6900								250
	2400	7200	7200	7200					260	
	2500	7500			7500				280	
	2600		7800						300	300
列	2700		8400	8400					320	
	2800		9000		9000	9000			340	
	2900		9600	9600						350
	3000				10500				360	
	3100			10800					380	
	3200			12000	12000	12000	12000		400	400
	3300					15000				450
	3400					18000	18000			500
	3500					21000				550
	3600					24000	24000			600

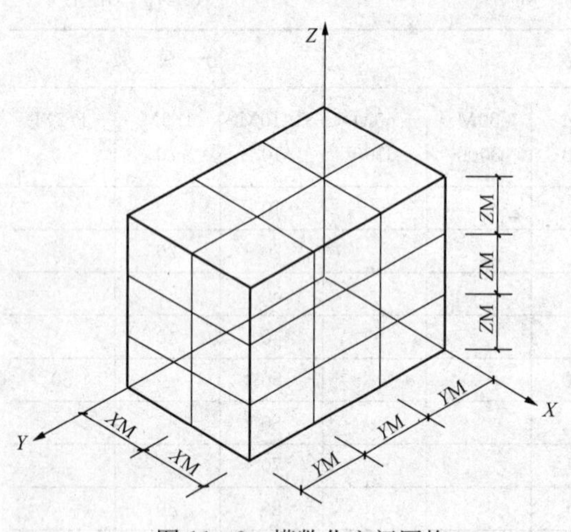

图 11-2 模数化空间网格

模数数列的适用范围如下：

(1) 基本模数数列。主要用于建筑物层高、门窗洞口和构配件截面。

(2) 扩大模数数列。主要用于建筑物的开间或柱距、进深或跨度、层高、构配件截面尺寸和门窗洞口等处。

(3) 分模数数列。主要用于缝隙、构造节点和构配件截面等处。

(二) 定位轴线

把房屋看作是三向直角坐标空间网格的连续系列，当三向均为模数尺寸时称为模数化空间网格，如图 11-2 所示。三向直交面的一个面应是水平的，网格间距应等于基本模数或扩大模数。

在模数化空间网格中，确定主要结构位置的线，如确定开间或柱距、进深或跨度的线称为定位轴线。除定位轴线以外的网格线均为定位线，定位线用于确定模数化构件尺寸，如图 11-3 所示。

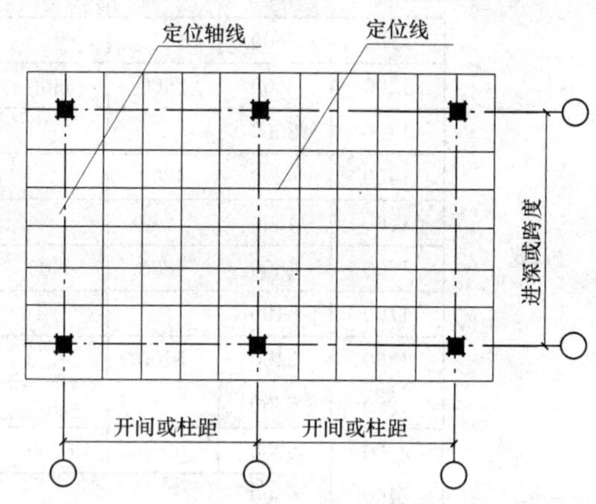

图 11-3 定位轴线和定位线

房屋需在水平和竖向两个方向进行定位，以下介绍砖混结构的定位轴线，其他结构建筑的定位轴线也可以此为参考。

1. 墙身的平面定位轴线

(1) 承重外墙的定位轴线。承重外墙的顶层墙身内缘与平面定位轴线的距离为 120mm (图 11-4)。

(2) 承重内墙的定位轴线。承重内墙的顶层墙身中心线应与平面定位轴线相重合 (图 11-5)。

(3) 非承重墙的定位轴线除可按承重外墙或内墙的规定定位外，还可使墙身内缘与平面定位轴线相重合。

(4) 带壁柱外墙的墙身内缘与平面定位轴线相重合 (图 11-6) 或墙身内缘距平面定位轴线 120mm (图 11-7)。

2. 墙身的竖向定位

(1) 底层及中间层墙身竖向定位应与楼面上表面重合 (图 11-8)。

(2) 顶层墙身竖向定位应为屋顶结构层上表面与距墙内缘 120mm 处的外墙定位轴线的相交处 (图 11-9)。

(三) 几种尺寸及其关系

为了保证建筑制品、构配件等有关尺寸间的统一与协调，《建筑模数协调统一标准》规定了标志尺寸、构造尺寸、实际尺寸及其相互间的关系。

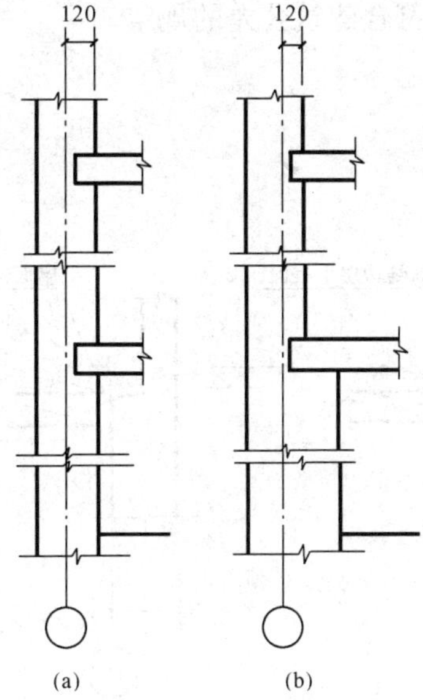

图 11-4　承重外墙定位轴线
(a) 底层与顶层墙厚相同；
(b) 底层与顶层墙厚不相同

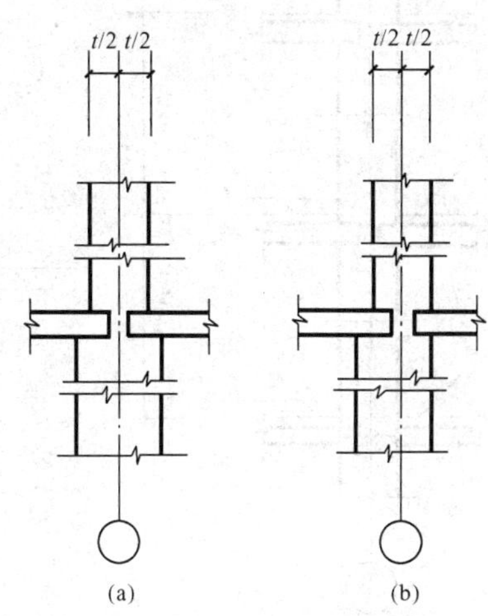

图 11-5　承重内墙定位轴线
(a) 定位轴线中分底层墙身；
(b) 定位轴线偏分底层墙身

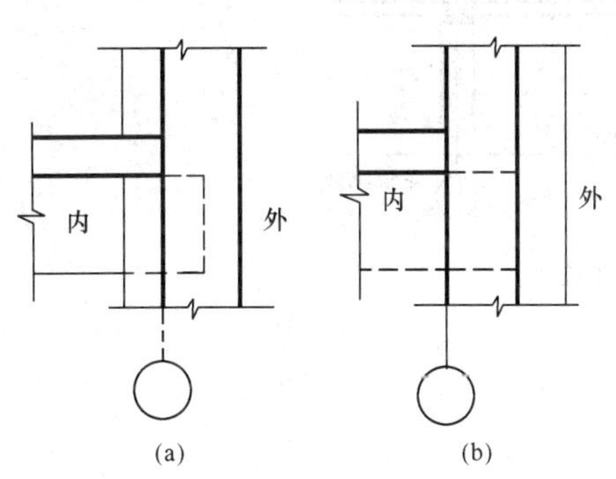

图 11-6　定位轴线与墙身内缘重合
(a) 内壁柱时；(b) 外壁柱时

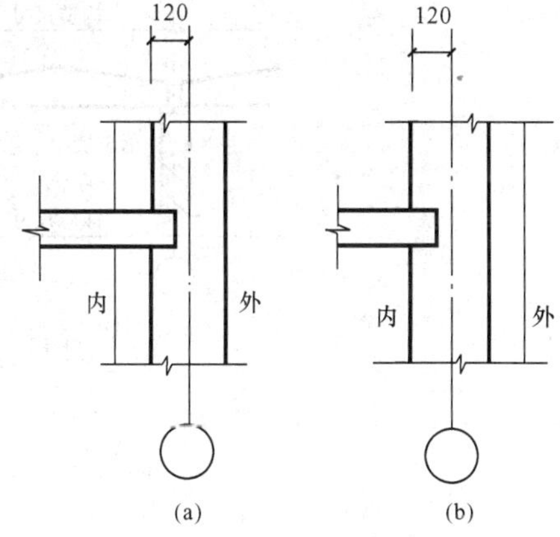

图 11-7　定位轴线距墙身内缘 120mm
(a) 内壁柱时；(b) 外壁柱时

1. 标志尺寸

标志尺寸用来标注建筑物定位轴线、定位线之间的垂直距离（如开间或柱距、进深或跨度、层高等），以及建筑构配件、建筑组合件、建筑制品及有关设备等界限之间的尺寸。标志尺寸应符合模数数列的规定。

2. 构造尺寸

构造尺寸是建筑构配件、建筑组合件、建筑制品等生产的设计尺寸。该尺寸与标志尺寸有一定的差额。一般情况下，构造尺寸加上缝隙尺寸等于标志尺寸。缝隙尺寸也应符合模数数列之规定。

3. 实际尺寸

实际尺寸指建筑构配件、建筑组合件、建筑制品等生产制作后的实际尺寸。这一尺寸因生产误差造成与设计构造尺寸间的差值，这一差值应符合建筑公差的规定。

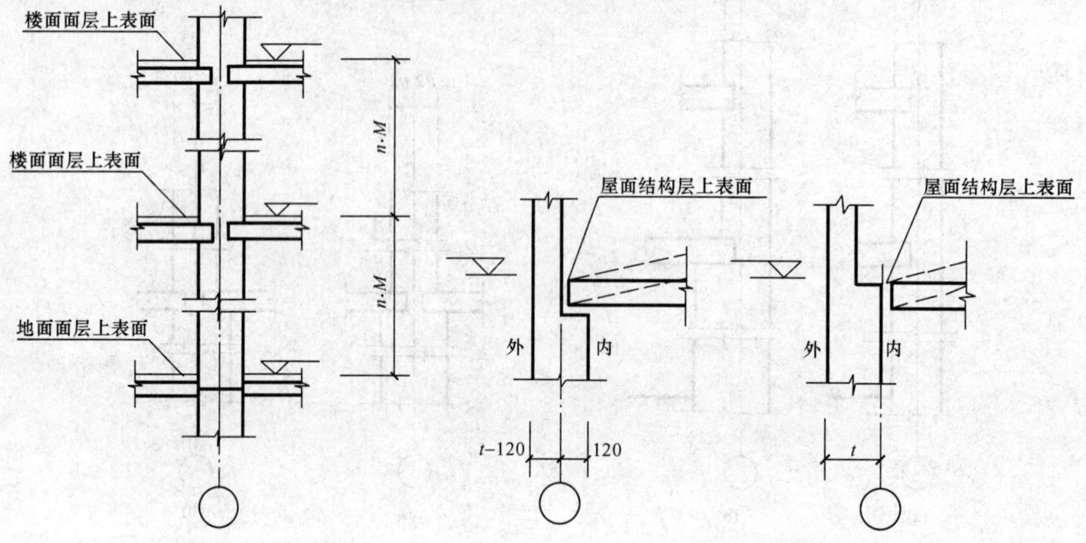

图 11-8 底层及中间层墙身竖向定位

图 11-9 顶层墙身竖向定位

标志尺寸、构造尺寸和缝隙尺寸之间的关系如图 11-10 所示。

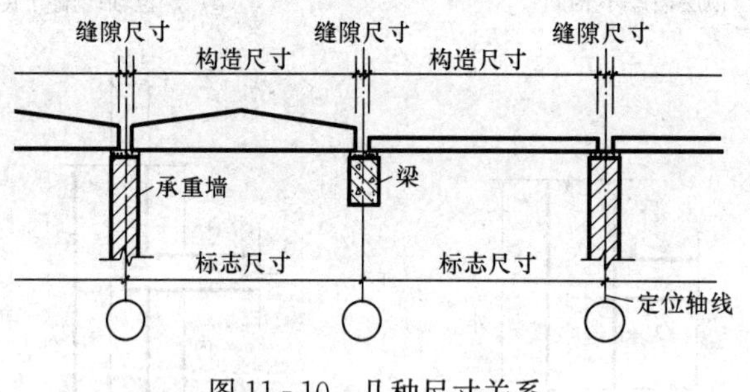

图 11-10 几种尺寸关系

第十二章　基础与地下室

第一节　概　　述

一、基础与地基的涵义和它们的关系

基础是建筑物的墙或柱深入土中的扩大部分，是建筑物的一部分，它承受建筑物上部结构传来的全部荷载，并将这些荷载连同本身的自重一起传到地基上，地基因此而产生应力和应变。

地基是基础下部的土层，它不属于建筑物，地基承受建筑物荷载而产生的应力和应变随着土层深度的增加而减小，在达到一定深度后就可以忽略不计。直接承受荷载的土层称为持力层，持力层以下的土层称为下卧层（图 12-1）。

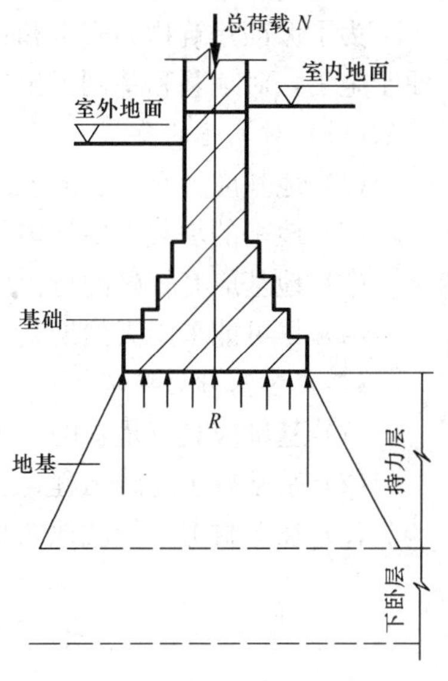

图 12-1　基础与地基的关系

基础是建筑物十分重要的组成部分，没有一个坚固而耐久的基础，上部结构就是建造得再结实，也会出问题。而地基与基础又密切相关，地基虽不是建筑物的组成部分，但它对保证建筑物的坚固耐久具有非常重要的作用。实践证明，建筑物的事故，很多是与地基基础有关的，例如建于 1913 年的加拿大特朗斯康谷仓，由于设计前不了解地基埋藏有厚达 16m 的软黏土层，建成后谷仓的荷载超过了地基的承载能力，造成地基丧失稳定性，使谷仓西侧陷入土中 8.8m，东侧抬高 1.5m，仓身倾斜 27°。

二、地基的分类

建筑物的地基可分为天然地基和人工地基两大类。

（一）天然地基

凡具有足够的承载力和稳定性，不需经过人工加固，可直接在其上建造房屋的土层称为天然地基。岩石、碎石土、砂土、黏性土等，一般可作为天然地基。

（二）人工地基

当土层的承载能力较低或虽然土层较好，但因上部荷载较大，必须对土层进行人工加固，以提高其承载能力，并满足变形的要求。这种经人工处理的土层，称为人工地基。

采用人工加固地基的方法通常有以下三种：

1. 压实法

用各种机械对土层进行夯打、碾压、振动来压实松散土的方法为压实法。土的压实法主要是通过减小土颗粒间的孔隙，挤出土层颗粒间的空气，提高土的密实度，以增加土层的承载力。这种做法比较经济，适用于土层承载力与设计要求相差不大的情况。

2. 换土法

当基础下土层比较软弱，或地基有部分较软弱的土层，不能满足上部荷载对地基的要求，且不宜用压实法加固时，可将软弱土层全部或部分挖去，换成其他较坚硬的材料，这种方法叫换土法。换土法所用材料一般是选用压缩性低的无侵蚀性材料，如砂、碎石、矿渣、石屑等松散材料。这种做法造价较压实法为高。

3. 打桩法

当建筑物荷载很大，地基土层很弱，地基承载力不能满足要求时，可采用桩基。这种方法是将钢筋混凝土桩、钢桩或砂桩打入或灌入土中，使建筑物的全部荷载经过桩传给地基土层，所以也称为桩基础。这种做法造价较高。

三、对地基和基础的要求

为了保证建筑物的安全和正常使用，使基础工程做到安全可靠、经济合理、技术先进和便于施工，对地基和基础提出以下要求：

（一）对地基的要求

（1）地基应具有足够的强度和较低的压缩性；

（2）地基的承载力要均匀；

（3）地基应有较好的持力层和下卧层；

（4）尽可能采用天然地基。

（二）对基础的要求

（1）基础应具有足够的强度和耐久性，以便有效地传递荷载和保证使用年限。

（2）基础属于隐蔽工程，要确保按设计图纸和验收规范施工和验收。

（3）在选材上尽量就地取材，以降低工程造价。

第二节 基础的埋置深度及影响因素

一、基础的埋置深度

基础的埋置深度是指设计室外地面到基础底面的垂直距离，简称埋深，如图 12-2 所示。

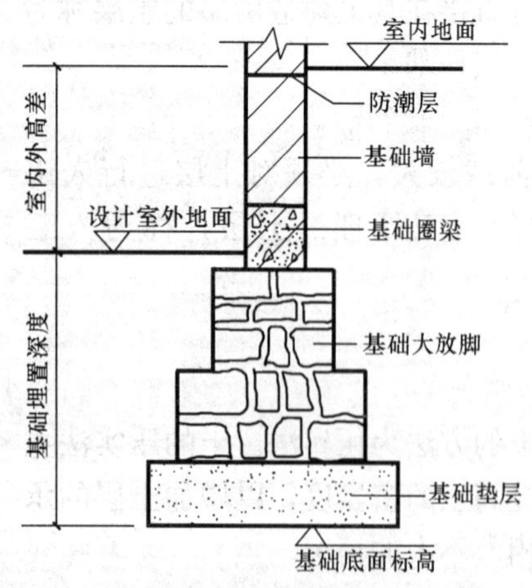

图 12-2 基础埋置深度

基础根据埋深的不同有浅基础和深基础之分。一般情况下，将埋深小于等于 5m 者称为浅基础，埋深大于 5m 者称为深基础。从基础的经济效果看，其埋置深度愈小，工程造价愈低，但如基础没有足够的土层包围，基础底面的土层受到压力后会把基础四周的土挤出，基础将产生滑移而失去稳定；同时，基础埋深过浅，易受外界的影响而损坏，所以基础的埋置深度一般不应小于 500mm。

二、影响基础埋深的因素

影响基础埋置深度的因素很多，一般应根据以下几个方面综合考虑确定：

1. 地基土层构造对基础埋深的影响，见表 12-1。

表 12-1 **地基土层构造对基础埋深的影响**

序号	地基土层构造	基础埋深	图示
1	均匀好土	应尽量浅埋，但也不得浅于 500mm	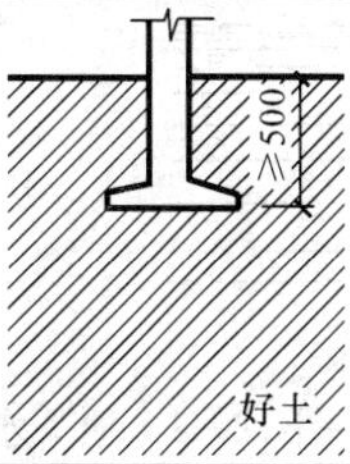 ≥500 好土
2	上层为软土，厚度在 2m 以内，下层为好土	应埋在好土层上，土方开挖量不大，既可靠又经济	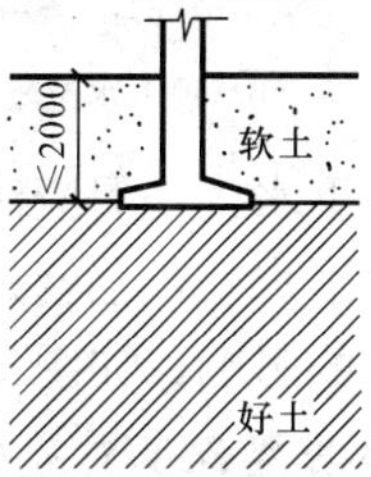 ≤2000 软土 好土
3	上层为软土，厚度在 2～5m	低层轻型建筑仍可埋在软土层内，但应加宽基础底面并加强上部结构的整体性；若是高层重型建筑，则应将基础埋在好土上，以保安全	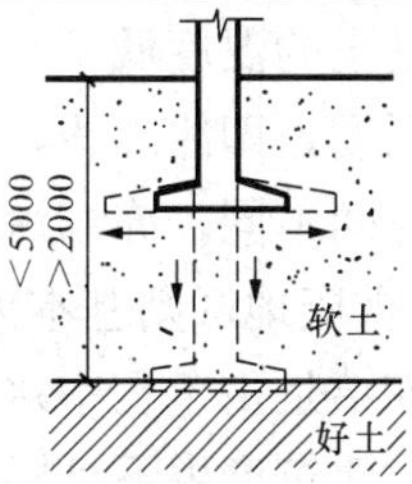 ＜5000 ＞2000 软土 好土
4	上层软土厚度大于在 5m	可做地基加固处理，或者将基础埋在好土上；应作技术经济比较后选定	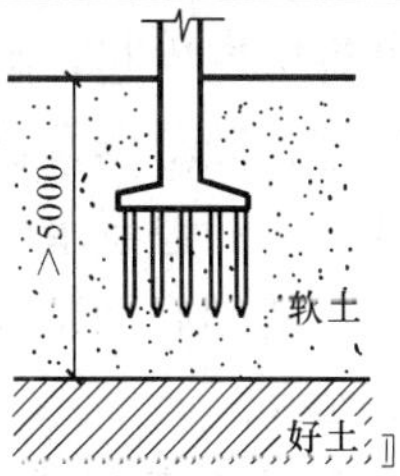 ＞5000 软土 好土
5	上层为好土，下层为软土	应力争将基础浅埋在好土层内，适当加大基础底面，以有足够厚度的持力层，并验算下卧层的应力和应变，确保建筑的安全	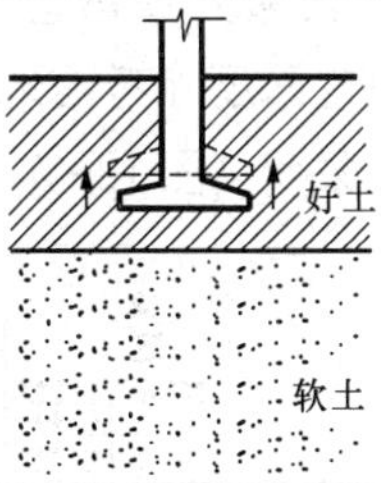 好土 软土
6	地基由好土和软土交替构成	低层轻型建筑应尽可能将基础埋在好土内；重型建筑可采用人工地基或将基础深埋到下层好土上，两方案可经技术经济比较后选定	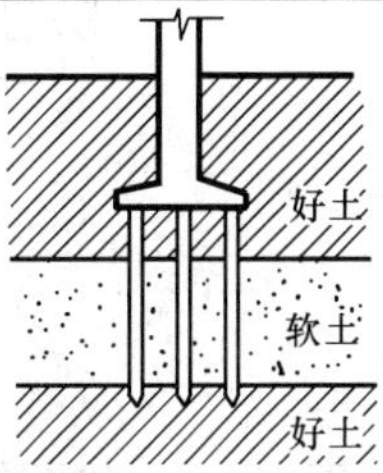 好土 软土 好土

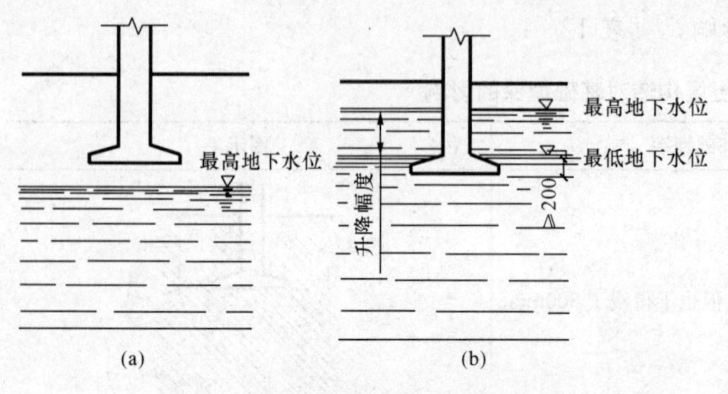

图 12-3 地下水位对基础埋深的影响
(a) 地下水位较低时的基础埋置深度;
(b) 地下水位较高时的基础埋置深度

2. 地下水位对基础埋深的影响

地下水对某些土层的承载能力有很大影响，如黏性土在地下水上升时，将因含水量增加而膨胀，使土的强度降低；当地下水下降时，基础将产生下沉。为避免地下水的变化影响地基承载力及防止地下水对基础施工带来的麻烦，一般基础应力争埋在最高水位以上，如图 12-3（a）所示。

当地下水位较高时，基础不得不埋置在地下水内。但应注意，基础底面宜置于最低地下水位以下 200mm，以使基础底面常年置于地下水中，也就是防止置于地下水位升降幅度之内。这是为了减少和避免地下水的浮力对建筑的影响，如图 12-3（b）所示。

3. 土的冻结深度对基础埋深的影响

当地基土的温度低于 0～1℃时，土内孔隙中的水大部分冻结。地基土冻结的极限深度称为冻结深度，即冰冻线，一是地面以下的冻结土与非冻结土的分界线。各地区气候不同，低温持续时间不同，冻结深度也不同。如哈尔滨为 2m，沈阳为 1.5m，北京为 0.85m，郑州为 0.2m，重庆地区则基本无冻结土。当冻土深度小于 0.5m 时，基础埋深即不受其影响。

土的冻结是由于土中水分受冷冻结成冰，体积膨胀，因而导致冻土膨胀。地基土冻结后，是否对建筑产生不良影响，主要看土冻结后会不会产生冻胀现象。若产生冻胀，冻结时的冻胀力可将房屋拱起，解冻后房屋将下沉。不均匀的冻融，引起不均匀的胀缩，因而导致建筑出现裂缝、倾斜以及破坏。地基土冻结后是否产生冻胀，主要与地基土颗粒的粗细程度、含水量大小和地下水位高低等条件有关。如地基土存在冻胀现象，特别是在粉砂、粉土和黏性土中，基础底面应置于冰冻线以下 200mm，即置于不冻土之中，以避免冻害发生，如图 12-4 所示。

4. 其他因素对基础埋深的影响

基础埋置深度除考虑地基土层构造、地下水位、土的冻结深度等因素外，还应考虑相邻建筑物基础的深度（图 12-5），新建建筑物是否有地下室、设备基础、地下管沟等因素的影响。

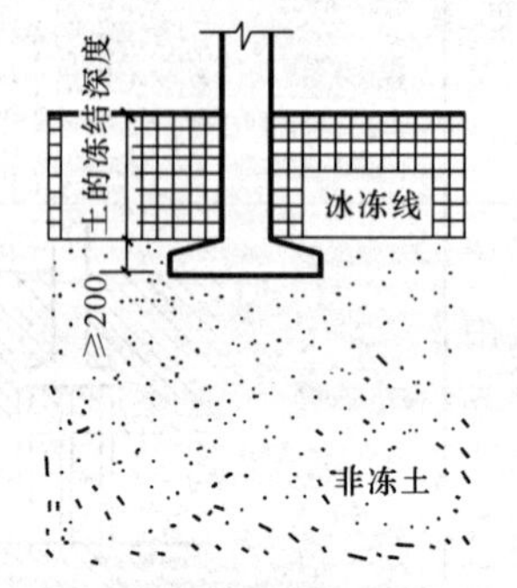

图 12-4 冰冻深度对基础埋深的影响

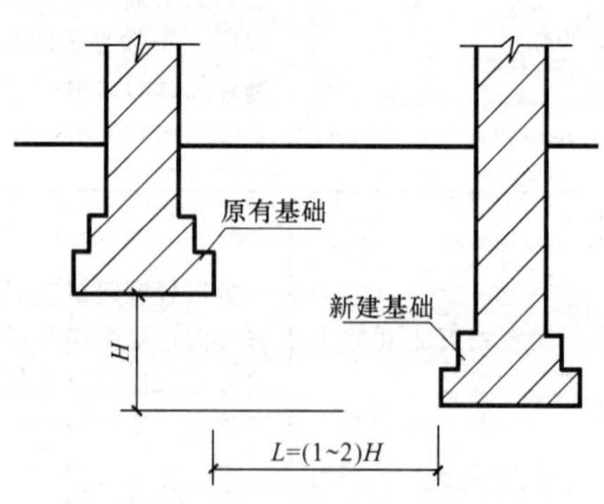

图 12-5 相邻基础的关系

第三节　基础的类型与构造

一、基础的类型

基础的类型很多，对于民用建筑的基础，可以按构造形式、材料和受力特点进行分类。

（一）按基础的构造形式分类

1. 条形基础

当建筑物上部结构采用墙承重时，基础沿墙身设置呈长条形，这种基础称为条形基础或带形基础（图 12-6）。条形基础常用砖、石、混凝土等材料建造。当地基承载能力较小，荷载较大时，承重墙下也可采用钢筋混凝土条形基础。

2. 独立基础

当建筑物上部结构为梁、柱构成的框架、排架及其他类似结构时，其基础常采用方形或矩形的单独基础，称独立基础。独立基础的形式有阶梯形、锥形、杯形等（图 12-7），主要用于柱下。当建筑是以墙作为承重结构，而地基承载力较弱或埋深较大时，为了节约基础材料，减少土石方工程量，亦可采用墙下独立基础。为了支承上部墙体，在独立基础上可设基础梁或拱等连续构件（图 12-8）。

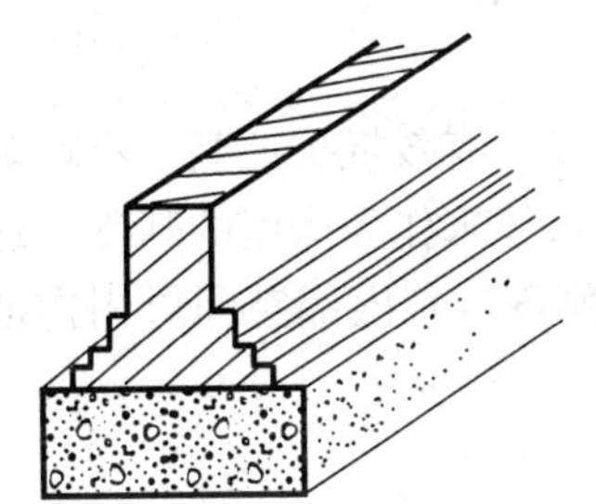

图 12-6　条形基础

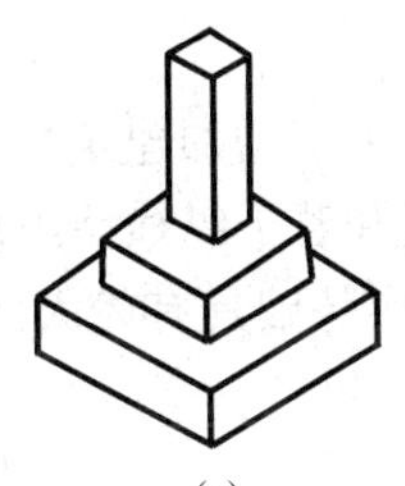

(a)

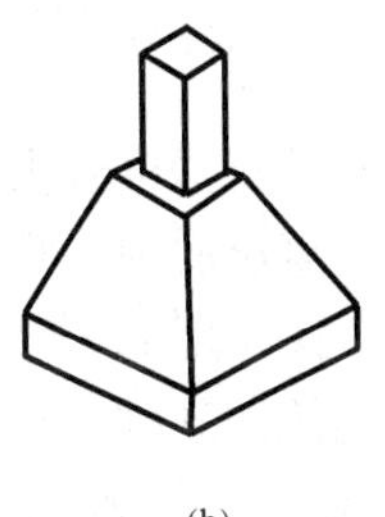

(b)

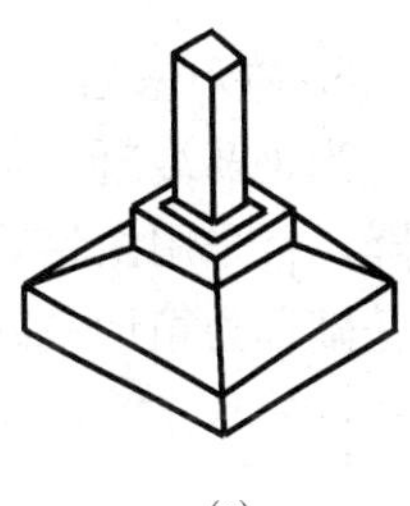

(c)

图 12-7　独立基础

(a) 阶梯形；(b) 锥形；(c) 杯形

3. 井格基础

当建筑物上部荷载不均匀，地基条件较差时，常将柱下基础纵横相连组成井字格状，叫井格基础（图 12-9）。它可以避免独立基础下沉不均的弊病。

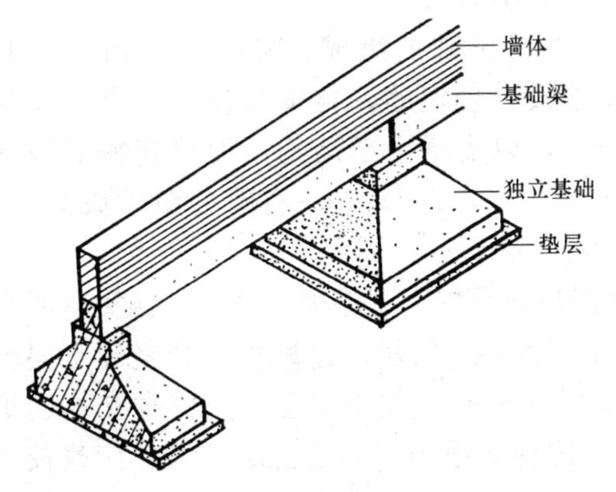

图 12-8　墙下独立基础

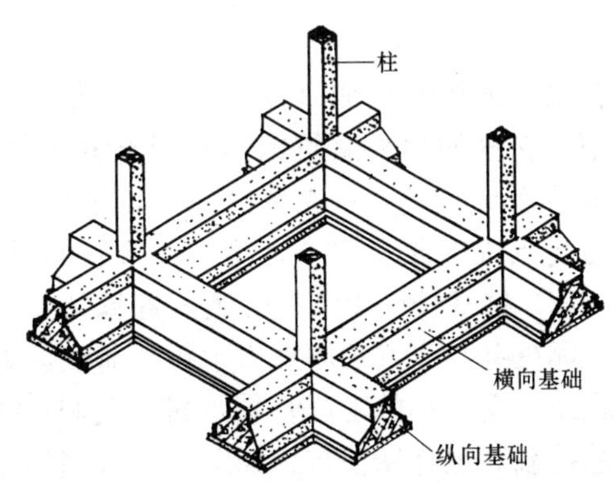

图 12-9　井格基础

4. 筏片基础

当建筑物上部荷载很大或地基的承载力很小时，可由整片的钢筋混凝土板承受整个建筑的荷载并传给地基，这种基础形似筏子，故称筏片基础，也称满堂基础。其形式有板式和梁板式两种（图 12-10）。

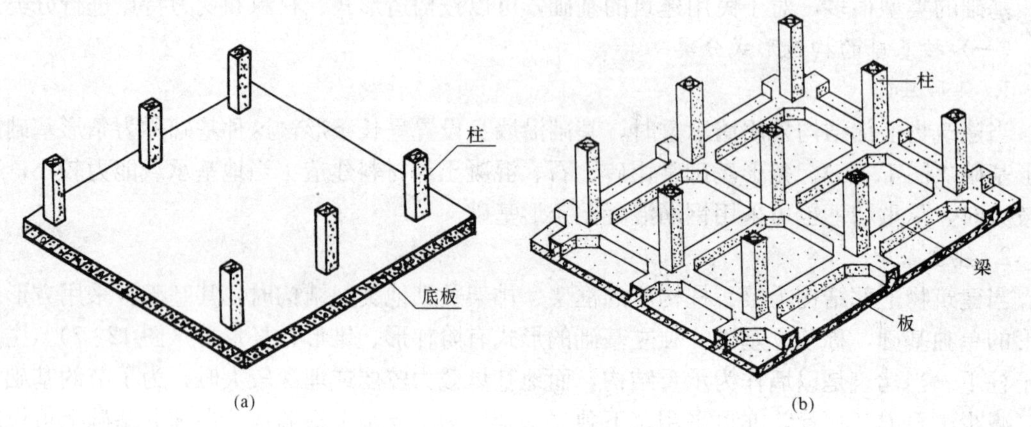

图 12-10　筏片基础

(a) 板式基础；(b) 梁板式基础

5. 箱形基础

当钢筋混凝土基础埋置深度较大，为了增加建筑物的整体刚度，有效抵抗地基的不均匀沉降，常采用由钢筋混凝土底板、顶板和若干纵横墙组成的箱形整体来作为房屋的基础，这种基础称为箱形基础（图 12-11）。箱形基础具有较大的强度和刚度，且内部空间可用作地下室，故常作为高层建筑的基础。

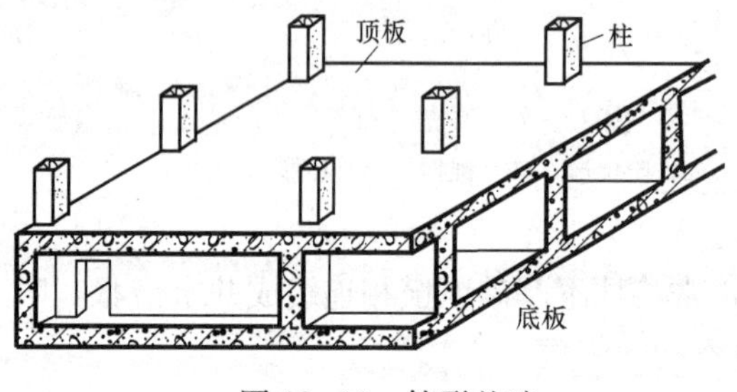

图 12-11　箱形基础

6. 桩基础

当建筑物荷载较大，地基的软弱土层厚度在 5m 以上及基础不能埋在软弱土层内时，常采用桩基础。桩基础具有承载力高，沉降量小，节省基础材料，减少挖填土方工程量，改善施工条件和缩短工期等优点。因此，近年来桩基础应用较为广泛。

(1) 桩基础的组成。桩基础是由桩身和承台梁（或板）组成（图 12-12）。桩身尺寸是按设计确定的，再按照设计的点位置入土中。在桩的顶部灌筑钢筋混凝土承台梁（或板），以支承上部结构，使建筑物荷载均匀地传递到桩基上。在寒冷地区，承台梁下应铺设 100～200mm 左右厚的粗砂或焦渣，以防止土壤冻胀引起承台梁（或板）的反拱破坏。

(2) 桩基按受力情况分类。桩基可分为摩擦桩与端承桩。摩擦桩只是用桩挤实软弱土层，靠桩壁与土壤的摩擦力承担总荷载，如图 12-13 (a) 所示。这种桩适合坚硬土层较深，总荷载较小的工程；端承桩是将桩尖直接支承在岩石或硬土层上，用桩身支承建筑的总荷载，也称做柱桩，如图 12-13 (b) 所示。这种桩适用于坚硬土层较浅、荷载较大的工程。

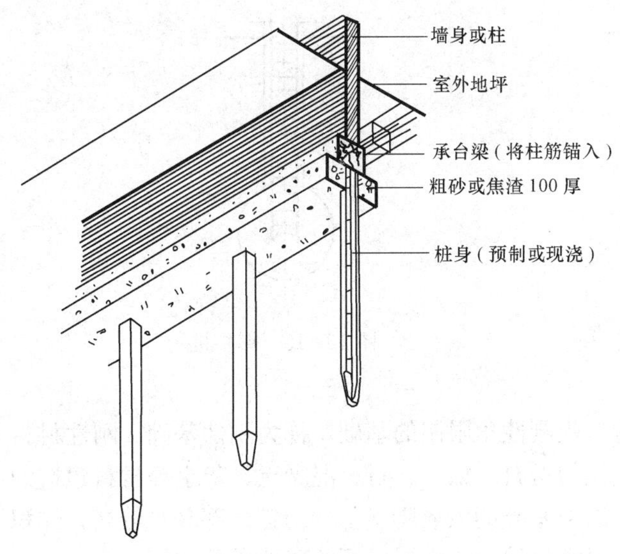

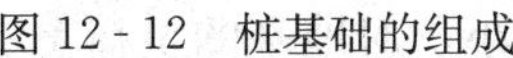
图 12-12 桩基础的组成

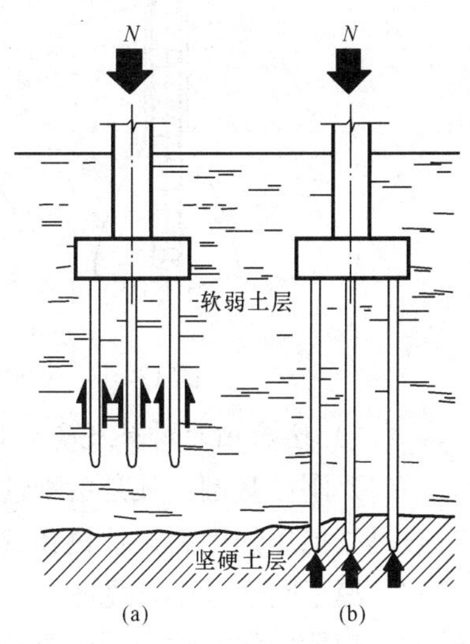

图 12-13 桩基础受力类型

(a) 摩擦桩；(b) 端承桩

(3) 桩基按材料和施工方法分类。桩基按材料不同可分为混凝土桩、钢筋混凝土桩、土桩、木桩、砂桩、钢桩等。目前，我国采用较多的为钢筋混凝土桩，钢筋混凝土桩按施工方法不同又分为预制桩和灌注桩。

1) 预制桩是预先在钢筋混凝土构件厂或现场预制，然后用打桩机打入地基土层中。桩的断面一般为 200～350mm 见方，桩长不超过 12m。预制桩施工方便，容易保证质量，适宜用在新填土或极软弱的地基。但这种桩造价较高，此外，打桩时有较大噪声，影响周围环境。

2) 灌注桩是直接在所设计的桩位上开孔，然后向孔内加放钢筋骨架，浇灌混凝土而成。与钢筋混凝土预制桩比较，灌注桩有施工快，施工占地面积小，造价低等优点，近年来发展较快。常见的灌注桩有以下几种：

(A) 钻孔灌注桩。这种桩的施工方法是使用钻机在桩位上钻孔，然后向孔内浇灌混凝土。桩的直径常为 300 mm 或 400 mm，也可再大些。有时为了增大桩端部阻力，可使用特制钻具，加大桩底部直径，形成扩底灌注桩（图 12-14）。这种桩的优点是施工时振动小、无噪声、施工方便、造价较低。缺点是桩尖处的虚土不易清除干净，影响桩的承载力。

(B) 振动灌注桩。这种桩是将带活瓣桩尖的钢管经振动沉入土中至设计标高，然后在钢管内灌入混凝土，再将钢管振动拨出，使混凝土留在孔中。这种桩的优点是造价较低，桩长、桩顶标高均可控制。缺点是在饱和的粘性土中施工时，有时钢管拨起后，桩身发生颈缩现象。

(C) 爆扩灌注桩。简称爆扩桩。这种桩是用机械或爆扩等方法成孔，孔径一般为 300～400 mm，成孔后用炸药爆炸扩大孔底，然后灌注混凝土而成。爆扩桩端是呈球状的扩大体，一般为桩身直径的 2～3 倍，桩长为 5～7 m（图 12-15）。这种桩的优点是设备简单、施工速度快、劳动强度低及投资少。缺点是受施工和基础条件的局限，不易保证质量。

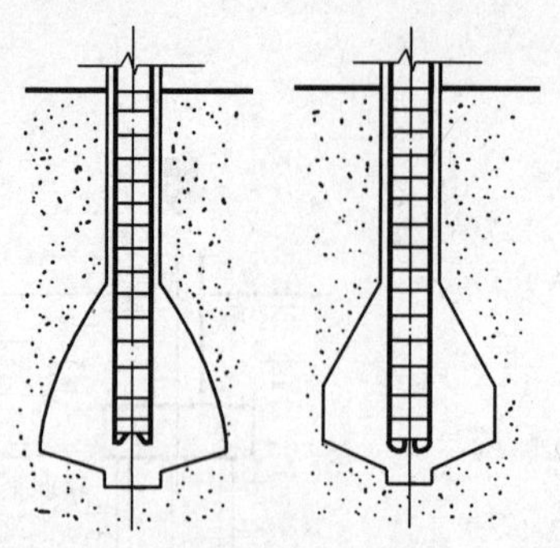

图 12-14 扩底灌注桩

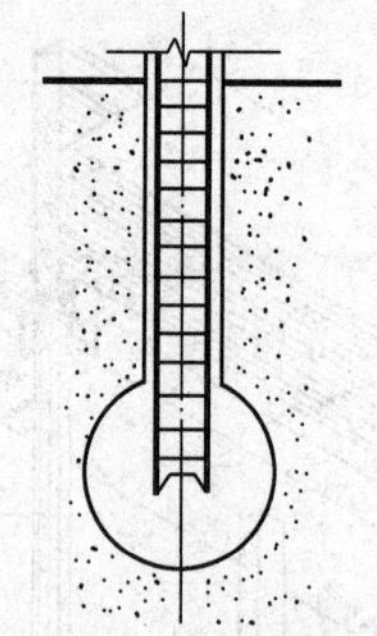

图 12-15 爆扩桩

(二) 按基础的材料及受力特点分类

(1) 刚性基础。凡是由刚性材料建造、受刚性角限制的基础，称为刚性基础。刚性材料一般是指抗压强度高、抗拉和抗剪强度较低的材料。如砖、石、混凝土、灰土等材料建造的基础，属于刚性基础，见图 12-16 (a)。这类基础的大放脚（基础的扩大部分）较高，体积较大，埋置较深。适用于土质较均匀、地下水位较低、六层以下的砖墙承重建筑。

一般情况下，基础的底面积愈大，其底面的压强愈小，对地基的负荷愈有利。但放大的尺寸超过一定范围，超过基础材料本身的抗拉、抗剪能力，就会产生冲切破坏。从图 12-17中可看出，破坏的方向不是沿墙或柱的外侧垂直向下，而是与垂线形成一个角度，这个角度就是材料特有的刚性角 α，它是宽 b 与高 h 所夹的角。只有控制基础的宽高比 ($b:h$)，才能保证基础不被破坏。

(2) 柔性基础（扩展基础）。主要是指钢筋混凝土基础，它是在混凝土基础的底部配以钢筋，利用钢筋来抵抗拉应力，使基础底部能够承受较大的弯矩。这种基础不受材料刚性角的限制，故称为柔性基础，见图 12-16 (b)。这类基础大放脚矮，体积小、挖方少、埋置浅。适用于土质较差、荷载较大、地下水位较高等条件下的大中型建筑。

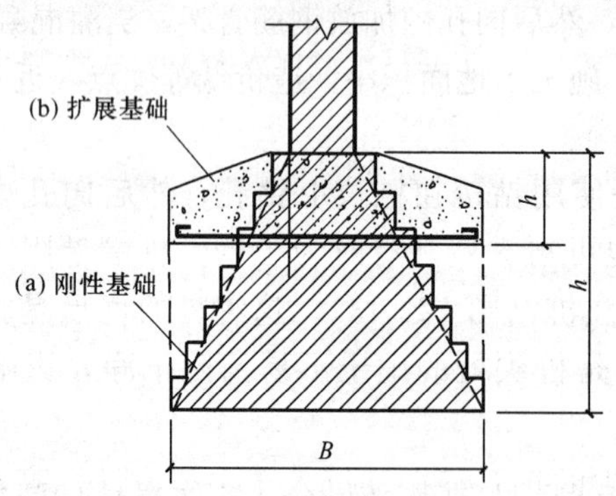

图 12-16 刚性基础与柔性基础（扩展基础）比较

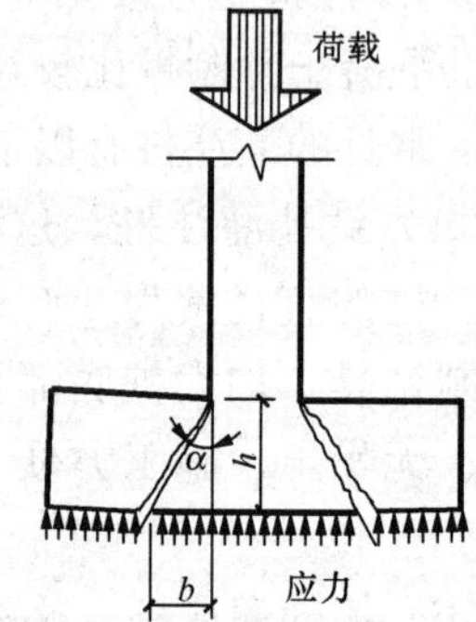

图 12-17 刚性角的形成

二、刚性基础构造

(一) 砖基础

用黏土砖砌筑的基础叫砖基础。它具有取材容易，价格较低，施工简便等优点。但由于砖的强度、耐久性、抗冻性和整体性均较差，因而只适合于地基土质好、地下水位较低，五层以下的砖混结构中。同时，由于其大量消耗耕地，目前，我国有些地区已限制使用黏土砖。

砖基础断面一般都做成阶梯形，这个阶梯形通常称为大放脚（图12-18）。大放脚从垫层上开始砌筑，其台阶宽高比允许值为$b/h \leqslant 1/1.5$。为保证大放脚的刚度，应为“二皮一收”（等高式）或“二皮一收”与“一皮一收”相间（间隔式），但其最底下一级必须用二皮砖厚。一皮即一皮砖，标注尺寸为60mm，每收一次，两边各收1/4砖长。砌筑前基槽底面要铺20mm厚的砂垫层。

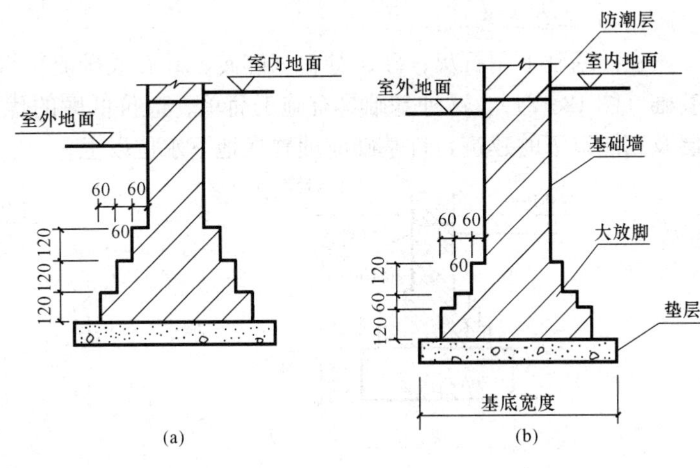

图12-18 砖基础
（a）等高式大放脚；（b）间隔式大放脚

（二）毛石基础

毛石是一种天然石材经粗略加工使其基本方整，便于人力搬运及操作的石料，粒径一般不小于300mm。毛石基础的强度、抗水、抗冻、抗腐蚀性能均较好。但由于毛石自重较大，操作要求高，运输、堆放不便，故毛石基础多适用于邻近山区，石材丰富，一般标准的砖混结构中。

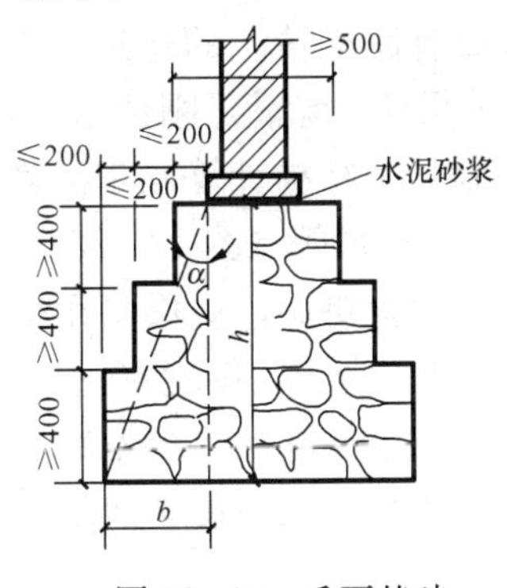

图12-19 毛石基础

毛石基础的做法有两种。一种是毛石灌浆基础，即在基坑内先铺一层高约400mm左右的毛石后，灌以M2.5砂浆，然后分层施工；另一种是浆砌毛石基础，即边铺砂浆边砌毛石。两种做法均要求毛石大小交错搭配，缝内砂浆饱满，灰缝错开。

毛石基础断面形式一般为阶梯形，其台阶宽高比允许值为$b/h \leqslant 1/1.5$（图12-19）。为了便于砌筑和保证砌筑质量，基础顶部宽度不宜小于500mm，且要比墙或柱每边宽出100mm。每个台阶的高度不宜小于400mm，退台宽度不应大于200mm。当基础底面宽度小于700 mm时，毛石基础应做成矩形截面。毛石顶面砌墙时应先铺一层水泥砂浆。

（三）灰土基础

在砖基础下用灰土做垫层，便形成灰土基础（图12-20）。在地下水位较低的地区，低层房屋采用灰土基础，可节省材料，提高基础的整体性。

灰土是用经过消解后的石灰粉和黏性土按一定比例加适量的水拌和夯实而成。其配合比为3∶7或2∶8，一般采用3∶7，即3分石灰粉，7分黏性土（体积比），通常称“三七灰土”。灰土需分层夯实，每层均需铺220 mm，夯实后为150 mm厚，通称一步。三层及三层以上的混合结构和轻型厂房，多采用三步灰土，厚450 mm；三层以下混合结构房屋多采用两步灰土，厚300 mm。垫层超过100 mm按基础使用和计算。

灰土基础具有施工简便，造价便宜，可以节约水泥和砖石材料的优点。但由于灰土抗冻性、耐水性较差，所以灰土基础应设置在地下水位以上，冰冻线以下。

（四）三合土基础

在砖基础下用石灰、砂、骨料（碎砖、碎石或矿渣）组成的三合土做垫层，形成三合土基础（图 12-21）。这种基础具有施工简单、造价低廉的优点。但其强度较低，只适用于四层及四层以下的建筑，且基础应埋置在地下水位以上。

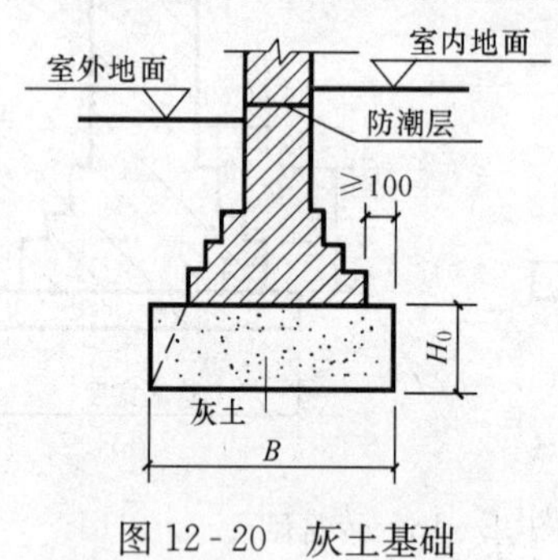

图 12-20 灰土基础

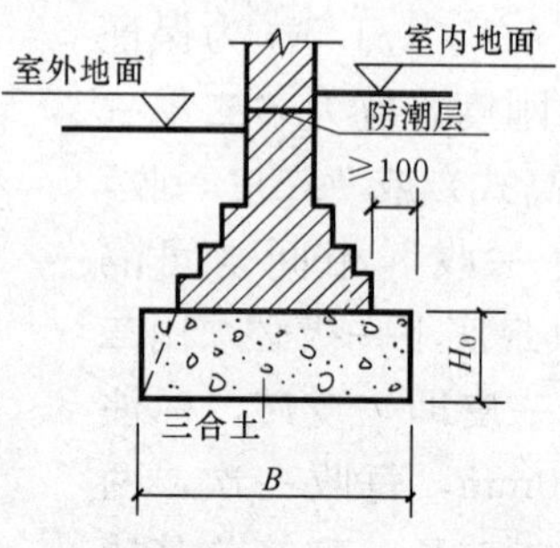

图 12-21 三合土基础

三合土的配比为1∶3∶6或1∶2∶4。三合土应均匀铺入基槽内，加适量水拌合夯实，每层厚 150 mm，总厚度 H_0≥300mm，宽度 B≥600mm。三合土铺至设计标高后，在最后一遍夯打时，宜浇浓灰浆。待表面灰浆略微风干后，再铺上薄薄一层砂子，最后整平夯实。

（五）混凝土和毛石混凝土基础

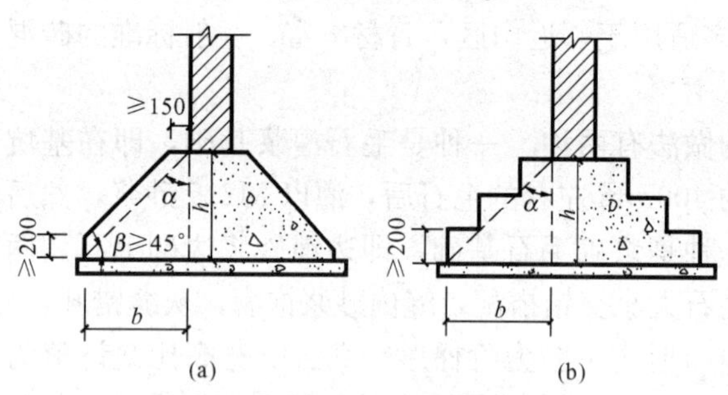

图 12-22 混凝土基础
（a）梯形；（b）阶梯形

这种基础多采用 C15 或 C20 混凝土浇筑而成，它坚固耐久、抗水、抗冰，多用于地下水位较高或有冰冻情况的建筑。它的断面形式和有关尺寸，除满足刚性角外，不受材料规格限制，按结构计算确定。其基本形式有梯形、阶梯形等（图 12-22）。

基础底面下可设置垫层，垫层多用低强度等级的混凝土或三合土，厚度 80～100 mm，每侧加宽 80～100 mm。垫层不计入基础面积，作用是找平坑槽，便于放线和传递荷载。

混凝土的强度、耐久性、防水性都较好，是理想的基础材料。在混凝土基础体积过大时，可以在混凝土中加入适量毛石，即是毛石混凝土基础。加入的毛石粒径不得超过 300mm，也不得大于基础宽度的1/3，加入的毛石体积为总体积的 20%～30%，且应分布均匀。

三、柔性基础（扩展基础）构造

柔性基础就是在基础受拉区的混凝土中配置钢筋，由弯矩产生的拉应力全部由钢筋承担，因而不受刚性角的限制。基础的“放脚”可以做得很宽、很薄，所以也叫板式基础（图 12-23）。它的截面面积较刚性基础小得多，挖土方量也少得多，但是它增加了钢筋和混凝土的用量，综合造价还是较高。

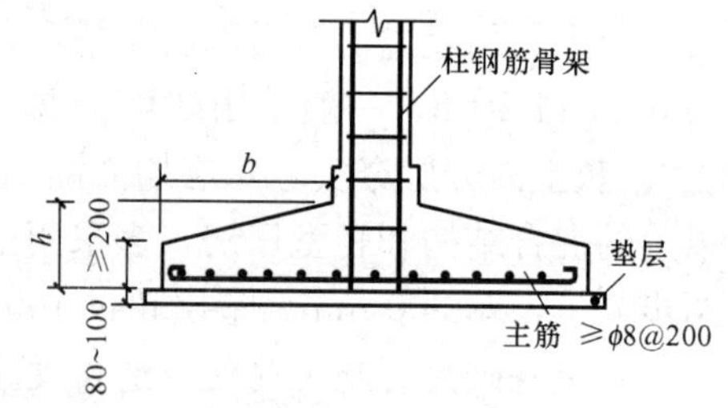

图 12-23 柔性基础（扩展基础）构造

柔性基础相当于倒置的悬臂板，板端最薄处不应小于 200mm，根部厚度需进行计算，一般最经济厚度为 $b/4$。

柔性基础属受弯构件，混凝土的强度等级不宜低于 C20，钢筋需进行计算求得，但受力筋直径不宜小于 8mm，间距不宜大于 200 mm。当用等级较低的混凝土作垫层时，为使基础底面受力均匀，垫层厚度一般为 80～100 mm。为保护基础钢筋，当有垫层时，保护层厚度不宜小于 35 mm，不设垫层时，保护层厚度不宜小于 70 mm。

第四节 地下室构造

在建筑物首层下面的房间叫地下室，它是在限定的占地面积中争取到的使用空间。在城市用地比较紧张的情况下，把建筑向上下两个空间发展，是提高土地利用率的手段之一。如高层建筑的基础很深，利用这个深度建造一层或多层地下室，既增加了使用面积，又省掉房心填土之费用，一举两得。图 12 - 24 为地下室示意图。

一、地下室的类型

地下室按使用功能可分为普通地下室和人防地下室；按埋置深度可分为全地下室和半地下室；按结构材料分为砖混结构地下室和钢筋混凝土地下室等。

二、地下室的组成与构造要求

地下室一般由底板、墙体、顶板、楼梯和门窗五大部分组成。

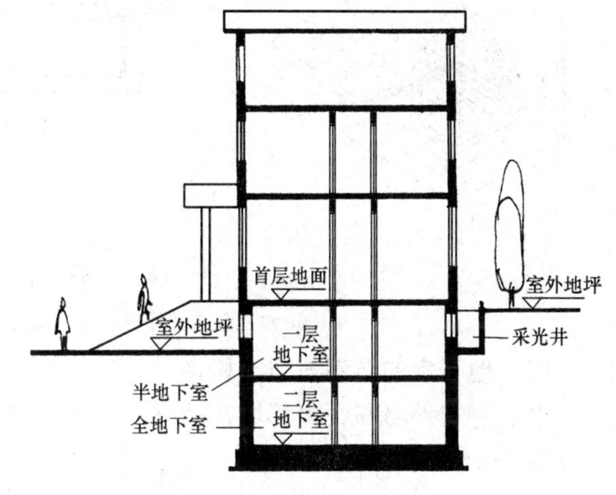

图 12 - 24 地下室示意图

1. 底板

底板处于最高地下水位之上时，可按一般地面工程做法，即垫层上现浇混凝土 60～80mm 厚，再做面层；如底板处于地下水位之中时，底板不仅承受地面垂直荷载，还要承受地下水的浮力。因此，要求它具有足够的强度、刚度和抗渗性能。通常采用钢筋混凝土底板。

2. 墙体

墙体的主要作用是承受上部结构的垂直荷载，并承受土、地下水和土壤冻胀的侧压力。因此，要求它必须具有足够的强度和防潮、防水的性能。一般采用砖墙、混凝土墙或钢筋混凝土墙。

3. 顶板

顶板与楼板基本相同，常采用现浇或预制的钢筋混凝土板。如为人防地下室必须采用现浇板，并按有关规定决定板的厚度和混凝土强度等级。

4. 楼梯

楼梯可与地面以上部分的楼梯间结合布置。对于人防地下室，要设置两个直通地面的出入口，并且必须有一个是独立的安全出口。这个安全出口周围不得有较高的建筑物，以防因突袭倒塌堵塞出口，影响疏散。

5. 门窗

普通地下室的门窗与地上房间门窗相同。地下室外窗如在室外地坪以下时，应设置采光井，以利于室内采光、通风和室外行走安全。人防地下室一般不允许设窗，如需设窗，应做好战时封堵措施。外门应按防护等级要求，设置防护门、防护密闭门。

三、地下室采光构造

地下室的外窗处，可按其与室外地面的高差情况设置采光井。采光井可以单独设置，也可以联合设置，视外窗的间距而定。

采光井由侧墙、底板和防护篦组成。侧墙可用砖砌，底板多为现浇混凝土。底板面应比窗台低 250～300mm，以防雨水溅入和倒灌。井底部抹灰应向外侧倾斜，并在井底低处设置排水管（图 12-25）。

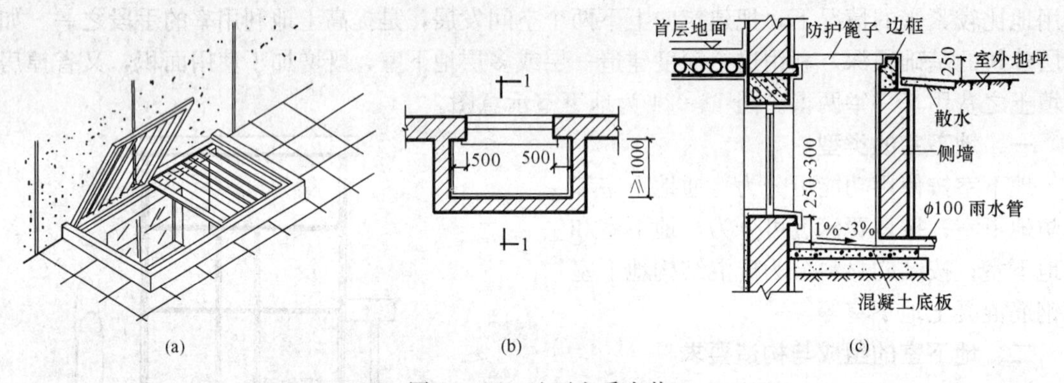

图 12-25　地下室采光井

(a) 单独采光井外观；(b) 采光井平面图；(c) 1—1 剖面图

四、地下室的防潮与防水构造

地下室的外墙和底板都埋在地下，常年受到土中水分和地下水的侵蚀、挤压，如不采取有效的构造措施，地面水或地下水将渗透到地下室内，轻则引起墙皮脱落，墙面霉变，影响美观使用，重则降低建筑物的耐久性，甚至破坏。因此，地下室的防潮和防水是确保地下室能够正常使用的关键环节，应根据现场的实际情况，确定防潮或防水的构造方案。做到安全可靠，万无一失。

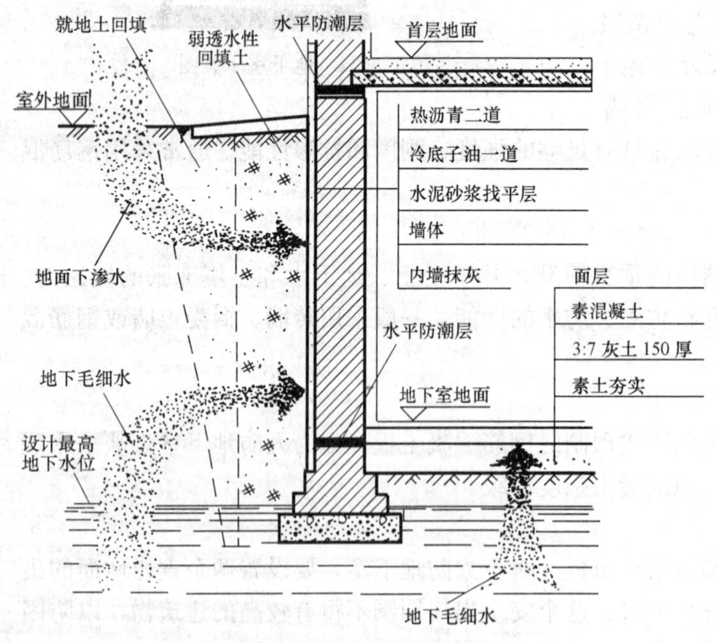

图 12-26　地下室防潮构造

（一）地下室的防潮

当设计最高地下水位低于地下室地面垫层下皮标高，且地下室周围没有其他因素形成的滞水时，地下室外墙和底板只受到土层中潮气的影响，这时只需做防潮处理（图 12-26）。

地下室外墙的防潮做法是：墙体必须采用水泥砂浆砌筑，做到灰缝饱满，避免空隙；外墙用1∶2水泥砂浆抹20mm厚，刷冷底子油一道，热沥青二道；然后在墙体外侧回填弱透水性的土壤，如黏土、灰土等，并逐步夯打密实。以防地面雨水或其他地表水下渗，对地下室造成影响，这部分回填土的宽度不应小于500mm。

地下室底板的防潮做法是：灰土或三合土垫层上浇筑60～80mm厚的密实C15混凝土，然后再做面层。

对外墙与地下室地面交接处，外墙与首层地面交接处，都应分别作好墙身水平防潮处理。

（二）地下室的防水

当设计最高地下水位高于地下室地面底板下皮标高时，底板和部分外墙被浸在水中，外墙受到地下水的侧压力，底板受到浮力。在这种情况下，必须考虑对地下室外墙作垂直防水处理，对底板作水平防水处理。

常见的防水措施有卷材防水（柔性防水）和混凝土防水（刚性防水）两种。

1. 卷材防水

卷材防水按防水层位置的不同有外防水和内防水之分（图12-27）。外防水的防水层在迎水面，受水压力的作用紧贴在外墙上，防水效果好；而内防水的防水层在背水面，受水压力的作用，使防水层局部脱开，对防水不利。因此，一般多采用外防水。

卷材外防水应先做地下室底板的防水，即先浇筑混凝土垫层，在垫层上抹20～30mm厚水泥砂浆找平层，然后粘贴卷材防水层（卷材层视水压大小选定），在防水层上抹20～30mm厚水泥砂浆保护层，再在保护层上浇筑钢筋混凝土板。在铺黏防水卷材时，须在

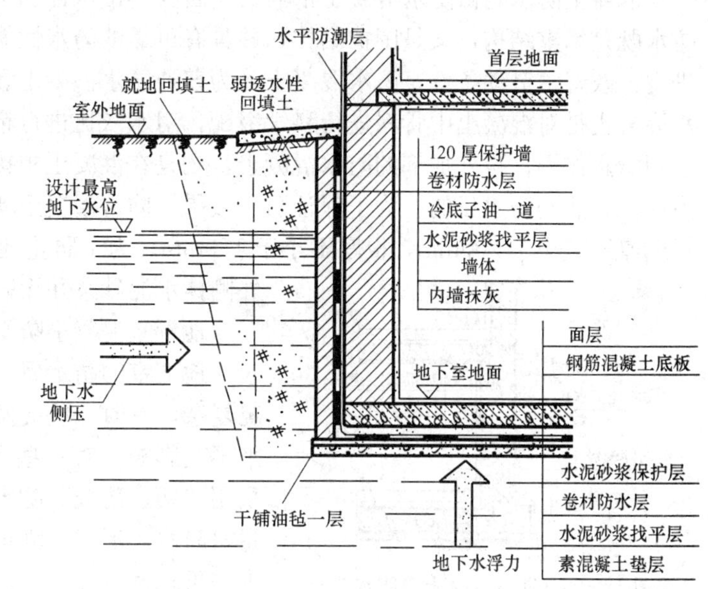

(a)

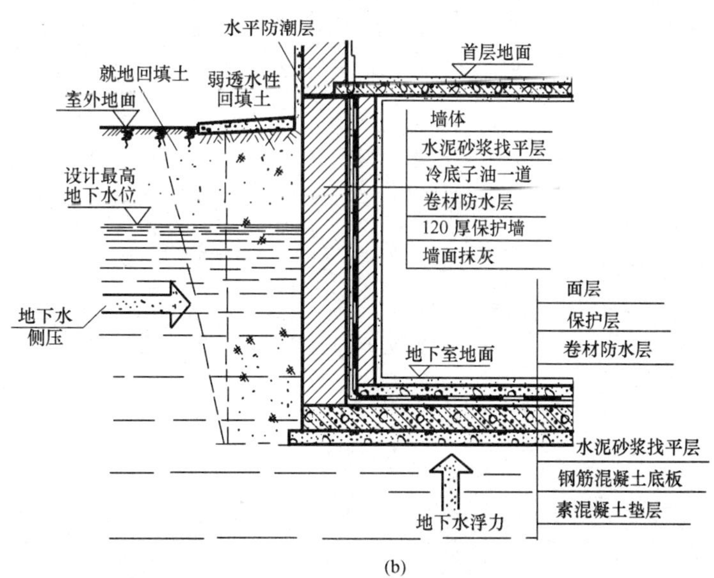

(b)

图12-27 地下室防水构造
(a) 外防水；(b) 内防水

底板四周预留甩茬，以便与垂直防水卷材衔接。

墙体外防水是先在外墙外侧抹20厚1∶3水泥砂浆，并刷冷底子油一道，然后黏贴卷材防水层。此时各层卷材必须与底板卷材甩茬叉接牢靠。为保证防水层充分发挥作用，宜在垂直防水层外侧砌半砖厚保护墙。保护墙下应干铺油毡一层，并沿保护墙长度方向每隔8～10m设垂直通缝，以便使保护墙在水压、土压作用下，能紧贴防水层。垂直防水层和保护墙要做到散水处，邻近保护墙500mm范围内的回填土，应选用弱透水性土，并逐层夯实。

2. 防水混凝土防水

混凝土防水是由防水混凝土依靠材料自身的憎水性和密实性来达到防水的目的。混凝土防水既是承重结构，又是围护结构，并具有可靠的防水性能。因而简化了施工，加快了工程进度，改善了劳动条件。防水混凝土分为普通防水混凝土和掺外加剂的防水混凝土。普通防水混凝土是对混凝土中骨料进行科学级配，对水灰比进行精确计算，按要求严格振捣，从而起到防水作用；掺外加剂的防水混凝土，则是在混凝土中掺入加气剂或密实剂，来提高其抗渗性能而达到防水目的。为了保证防水效果，防水混凝土墙体和底板应具有一定的厚度，一般墙厚不应小于200mm，板厚不小于150mm。为了防止地下水对混凝土的侵蚀，可在墙的外侧抹水泥砂浆并涂刷冷底子油一道，热沥青二道。

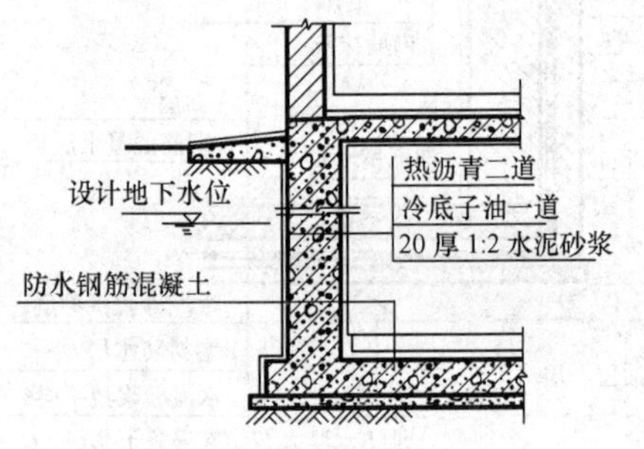

图12-28　防水混凝土自防水构造

地下室混凝土防水构造，如图12-28所示。

地下室的防水属于建筑的隐蔽工程。由于地下的情况复杂，有时一些突发事故也会对建筑的地下室防水带来不利影响。对一些重要的地下室（如人防地下室），采用“两道防线”防水，即在构件自防水的基础上加设卷材防水，形成“刚柔结合”的防水形式，可以提高防水的可靠性。

第十三章　墙　　体

第一节　概　　述

墙体是组成建筑空间的竖向构件。它下接基础，中隔楼板，上连屋顶，是建筑物的重要组成部分。其造价、工程量和自重往往是建筑物所有构件当中所占份额最大的。长期以来，人们一直围绕着墙体的技术和经济问题进行着不懈的努力和探索，并取得了一定的进展。

一、墙体的类型

（一）按墙体在建筑物中所处的位置及方向分类

（1）按墙体所处的位置不同，可分为外墙和内墙。凡位于建筑物四周的墙称为外墙；位于建筑物内部的墙称为内墙。外墙的主要作用是抵抗大气侵袭，保证内部空间舒适，故又称为外围护墙；内墙的主要作用是分隔室内空间，保证各房间的正常使用。

（2）按墙体所处的方向不同，又可分为纵墙和横墙。沿建筑物长轴方向布置的墙称为纵墙，有外纵墙和内纵墙之分，外纵墙也称檐墙；沿建筑物短轴方向布置的墙称为横墙，有外横墙和内横墙之分，外横墙通常称为山墙。墙体的名称如图 13 - 1 所示。

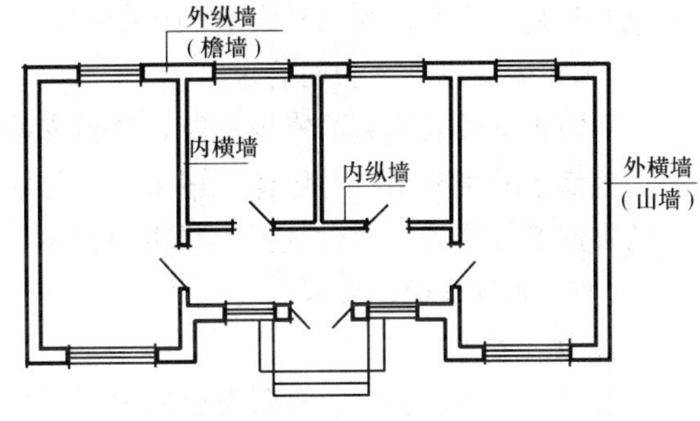

图 13 - 1　墙体的名称

此外，窗与窗或门与窗之间的墙称为窗间墙；窗洞下方的墙称为窗下墙；屋顶上部高出屋面的墙称为女儿墙等。

（二）按墙体受力情况分类

按墙体受力情况的不同，可分为承重墙和非承重墙。凡是承担上部构件传来荷载的墙称为承重墙；不承担上部构件传来荷载的墙称为非承重墙。非承重墙包括自承重墙和隔墙，自承重墙仅承受自身重量而不承受外来荷载，而隔墙主要用作分隔内部空间而不承受外力。在框架结构中，不承受外来荷载，自重由框架承受，仅起分隔作用的墙，称为框架填充墙。

（三）按墙体材料分类

按墙体所用材料不同有砖墙、石墙、土墙、混凝土墙、钢筋混凝土墙，以及利用各种材料制作的砌块墙、板材墙等。

（四）按墙体构造方式分类

按墙体构造方式可以分为实体墙、空体墙和组合墙三种。实体墙由单一材料组成，如普通砖墙、实心砌块墙等。空体墙也由单一材料组成，可由单一材料砌成内部空腔或材料本身具有孔洞，如空斗墙、空心砌块墙等；组合墙由两种及两种以上材料组合而成，如混凝土墙、加气混凝土复合板材墙等。

（五）按墙体施工方法分类

按墙体施工方法不同可分为叠砌式墙、预制装配式墙和现浇整体式墙三种。叠砌式墙是用零散材料通过砌筑叠加而成的墙体，如砖墙、石墙和各种砌块墙等；预制装配式墙是指将在工厂制作的大、中型墙体构件，用机械吊装拼合而成的墙体，如大板建筑、盒子建筑等；现浇整体式墙是现场支模和浇筑的墙体，如现浇钢筋混凝土墙等。

二、墙体的设计要求

（一）具有足够的强度和稳定性

墙体的强度与砌体本身的强度等级、所用砂浆的强度等级、墙体尺寸、构造以及施工技术有关；墙体的稳定性则与墙的长度、厚度、高度密切相关，同时也与受力支承情况有关。一般通过控制墙体的高厚比，利用圈梁、构造柱以及加强各部分之间的连接等措施，增强其稳定性。

（二）满足热工方面的要求

热工要求主要是指外墙体的保温与隔热。对于外墙体的保温，通常采用增加墙体厚度、选择导热系数小的墙体材料、采用多种材料的组合墙以及防止外墙中出现凝结水、空气渗透等措施加以解决；对于外墙的隔热，一般可以通过选用热阻大，重量大，表面光滑、平整、浅色的材料作饰面，窗口外设遮阳等措施，达到降低室内温度的目的。

（三）满足隔声方面的要求

为防止室外及邻室的噪声影响，获得安静的工作和休息环境，墙体应具有一定的隔声能力。为满足隔声要求，对墙体一般采取增加墙体密实性及厚度，采用有空气间层或多孔性材料的夹层墙等措施。通过减振和吸声等作用，提高墙体的隔声能力。

（四）其他方面的要求

1. 防火要求

选择燃烧性能和耐火极限符合防火规范规定的材料。在大型建筑中，还要按防火规范的规定设置防火墙，将建筑划分为若干区段，以防止火灾蔓延。

2. 防水防潮要求

位于卫生间、厨房、实验室等有水的房间及地下室的墙，应采取防水、防潮措施。选择良好的防水材料以及恰当的做法，保证墙体的坚固耐久性，使室内有良好的卫生环境。

3. 建筑工业化要求

建筑工业化的关键是墙体改革。尽可能采用预制装配式墙体材料和构造方案，为生产工厂化、施工机械化创造条件，以降低劳动强度，提高墙体施工的工效。

三、墙体结构布置要求

结构布置是指梁、板、墙、柱等结构构件在房屋中的总体布局。大量性民用建筑的结构布置方案，通常有以下几种，如图 13-2 所示。

（一）横墙承重方案

横墙承重方案是将楼板两端搁置在横墙上，荷载由横墙承受，纵墙只起纵向稳定和围护作用。该方案特点是横向间距小，又有纵墙拉结，使建筑物的整体性好，空间刚度较大，对抵抗风力、地震力等水平荷载的作用十分有利。该方案适用于使用功能为小房间的建筑，如住宅、宿舍等，见图 13-2（a）。

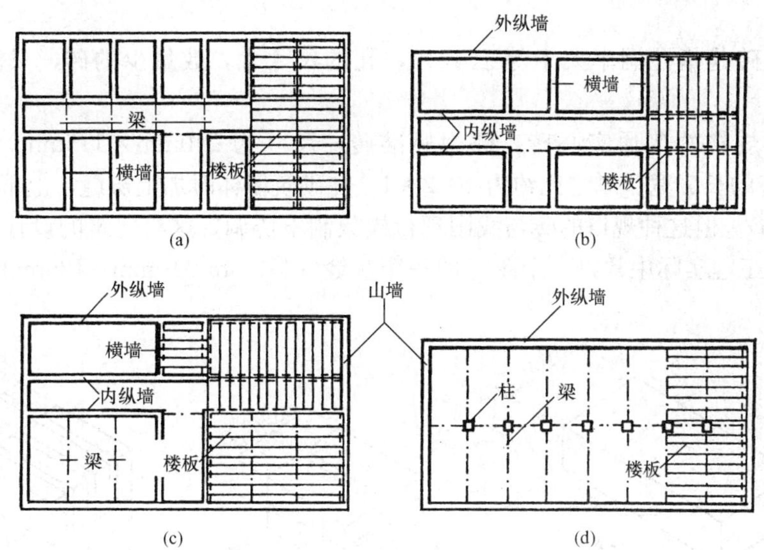

图 13-2　墙体结构布置方案

(a) 横墙承重；(b) 纵墙承重；(c) 纵横墙混合承重；(d) 部分框架承重

(二) 纵墙承重方案

纵墙承重方案是将大梁或楼板搁置在内外纵墙上，荷载由纵墙承受，横墙为非承重墙，仅起分隔房间的作用。该方案特点是房间平面布置较为灵活，适用于需要较大房间的建筑，如教学楼、办公楼等，见图 13-2 (b)。

(三) 纵横墙混合承重方案

由于建筑空间变化较多，结构方案可根据需要布置，房屋中一部分用横墙承重，另一部分用纵墙承重，形成纵横墙混合承重方案。该方案的特点是建筑组合灵活，空间刚度较好。适用于开间、进深变化较多的建筑，如医院、实验楼等，见图 13-2 (c)。

(四) 部分框架承重方案

当建筑需要大空间时，采用部分框架承重，四周为墙承重，楼板的荷载传给梁、柱或墙。该方案的特点是房屋的总刚度主要由框架保证，水泥及钢材用量较大，适用于内部需要大空间的建筑，如商店、综合楼等，见图 13-2 (d)。

第二节　砖　墙　构　造

一、砖墙材料

砖墙材料包括砖和砂浆两种材料。砖墙是由砂浆胶结材料将砖块砌筑而成的砌体。

(一) 砖

砖的种类很多，从材料上看有烧结普通砖、灰砂砖、煤矸石砖、水泥砖及各种工业废料砖等。从形状上看，有普通实心砖（标准砖）、多孔砖和空心砖，其中普通实心砖使用最普遍。

(1) 普通实心砖是指没有孔洞或孔洞率小于 15%的砖，可用于承重、非承重部位。

(2) 多孔砖是指孔洞率大于等于 15%，孔的直径小、数量多的砖，可用于承重、非承重部位。

(3) 空心砖是指孔洞率大于等于15%，孔的尺寸大，数量少的砖，只能用于非承重部位。

全国统一规格的普通实心砖，称为标准砖，尺寸为240mm×115mm×53mm，见图13-3 (a)。砖的长、宽、厚之比约为4∶2∶1。在砌筑墙体时加上灰缝，上下错缝方便灵活见图13-3 (b)。但这种规格的砖与我国现行模数制不协调，这给建筑的设计和施工带来一定的麻烦。在工程实际中常以一个砖宽加一个灰缝（115mm+10mm=125mm）为砌体的组合模数。

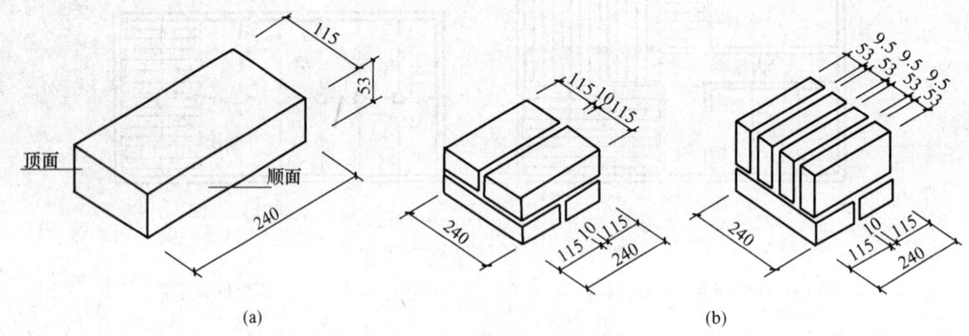

图13-3　标准砖的尺寸关系
(a) 标准砖的尺寸；(b) 标准砖的组合尺寸关系

多孔砖与空心砖的规格一般与普通砖在长、宽方向尺寸相同，而增加了厚度尺寸，并使之符合模数的要求，如240mm×115mm×95mm。

砖的强度等级是根据其抗压强度和抗弯强度综合确定的，分别为MU30、MU25、MU20、MU15、MU10、MU7.5六个等级。

(二) *砂浆*

砂浆是砌体的胶结材料。砖块需经砂浆砌筑成墙体，使其传力均匀。砂浆还起着嵌缝作用，能提高墙体的防寒、隔热和隔声能力。砌筑砂浆要求有一定的强度，以保证墙体的承载能力，同时还要求有适当的稠度和保水性，即有好的和易性，方便施工。

砌筑砂浆通常使用的有水泥砂浆、石灰砂浆及混合砂浆三种。

(1) 水泥砂浆。由水泥、砂加水拌和而成。它属于水硬性材料，强度高，防潮性能好，较适合于砌筑潮湿环境的砌体。

(2) 石灰砂浆。由石灰膏、砂加水拌合而成。它属于气硬性材料，强度不高，常用于砌筑一般、次要的民用建筑中地面以上的砌体。

(3) 混合砂浆。由水泥、石灰膏、砂加水拌和而成。这种砂浆强度较高，和易性和保水性较好，常用以砌筑工业与民用建筑中地面以上的砌体。

砂浆的强度等级分为七级，即M15、M10、M7.5、M5、M2.5、M1和M0.4。M5级以上属高强度级砂浆，常用的砌筑砂浆是M1～M5级砂浆。

二、砖墙的组砌方式

组砌是指砌块在砌体中的排列方式。砖墙在组砌时应遵循“内外搭接、上下错缝”的原则，使砖在砌体中能相互咬合，以增加砌体的整体性，保证砌体不出现连续的垂直通缝，确保砌体的强度。砖与砖之间搭接和错缝的距离一般不小于60mm。

图 13－4 为砖墙的组砌名称及错缝。当墙面不抹灰作清水时，组砌还应考虑墙面图案美观。

在砖墙的组砌中，把砖的长方向垂直于墙面砌筑的砖叫丁砖，把砖的长方向平行于墙面砌筑的砖叫顺砖。上下皮之间的水平灰缝称横缝，左右两砖之间的垂直缝称竖缝。要求丁砖和顺砖交替砌筑，灰浆饱满，横平竖直（图 13－4）。常见的砖砌体有以下几种砌筑方式

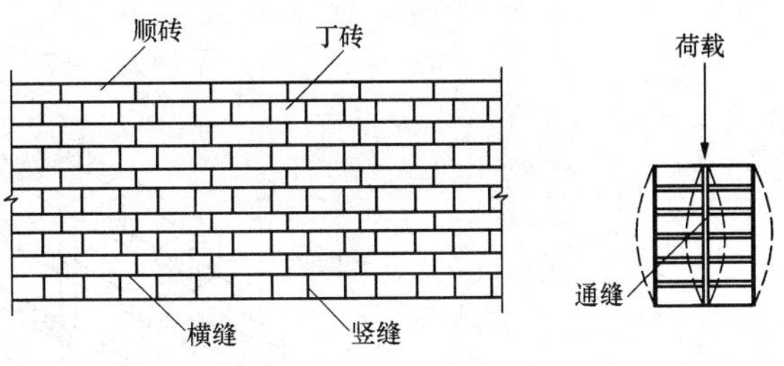

图 13－4　砖墙组砌名称及错缝

1. 实体墙

实体墙的组砌方式如图 13－5 所示。

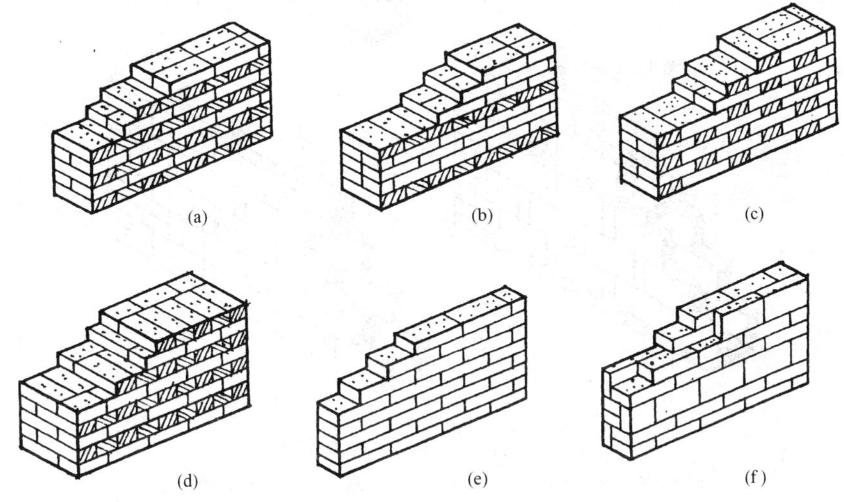

图 13－5　实体墙的组砌方式

（a）一顺一丁；（b）多顺一丁；（c）丁顺相间；（d）370mm 墙；（e）120mm 墙；（f）180mm 墙

2. 空斗墙

侧立砌筑的砖叫斗砖，内外皮斗砖之间离开较大空隙或填入松散材料而形成的墙叫空斗墙。内外皮斗砖之间需用通砖拉结，拉结砖可用丁斗砖，也可用卧砌丁砖（眠砖）。用眠砖拉结的叫有眠空斗墙；用丁斗砖拉结的叫无眠空斗墙，如图 13－6 所示。

空斗墙用料省、自重轻、保温隔热好，适用于炎热、非震区低层民用建筑。

3. 空心墙

用空心砖、多孔砖砌筑墙体时，根据墙厚设计要求可顺砌或丁砌，上下皮搭接 1/2 砖，这种砖一般均有整砖与半砖两种规格。因此，在墙的端头、转角、内外墙交接、壁柱、独立柱等处均不必砍砖，必要时也可用普通砖镶砌，如图 13－7 所示。

4. 组合墙

为改善墙体的热工性能，外墙可采用砖与其他保温材料结合而成的组合墙。组合墙一般有内贴保温材料、中间填保温材料以及在墙体中间留空气间层等构造做法，如图 13－8 所示。

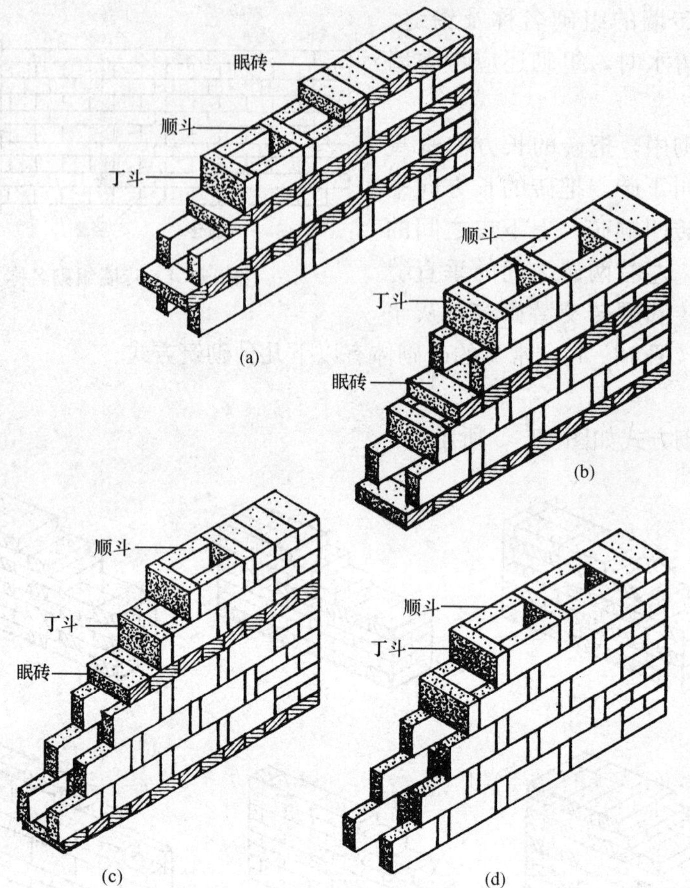

图 13-6 有眠空斗墙与无眠空斗墙

(a) 一眠一斗；(b) 一眠二斗；(c) 一眠三斗；(d) 无眠空斗

三、砖墙的尺度

砖墙的尺度是指厚度和墙段两个方向的尺寸。要确定它们除应满足结构和功能设计要求之外，还必须符合砖的规格。以标准砖为例，根据砖块尺寸和数量，再加上灰缝，即可组成不同的墙厚和墙段。

（一）墙厚

由于标准砖的规格为 240mm×115mm×53mm，用砖块的长、宽、高作为砖墙厚度的基数，在错缝或墙厚超过砖块时，均按灰缝 10mm 进行组砌。常见的砖墙厚度见表 13-1。

表 13-1 **标 准 砖 墙 厚 度**

墙厚名称	1/4 砖	1/2 砖	3/4 砖	1 砖	$1\frac{1}{2}$砖	2 砖	$2\frac{1}{2}$砖
标志尺寸	60	120	180	240	370	490	620
构造尺寸	53	115	178	240	365	490	615
习惯称呼	60 墙	12 墙	18 墙	24 墙	37 墙	49 墙	62 墙

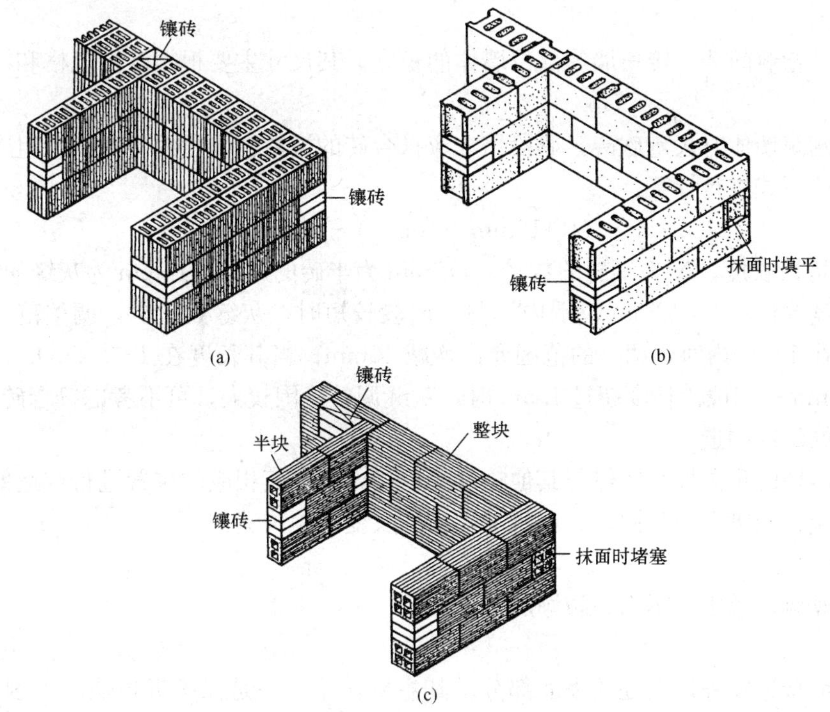

图 13-7 空心墙的构造

(a) 五孔砖墙；(b) 矿渣空心砖墙；(c) 陶土空心砖墙

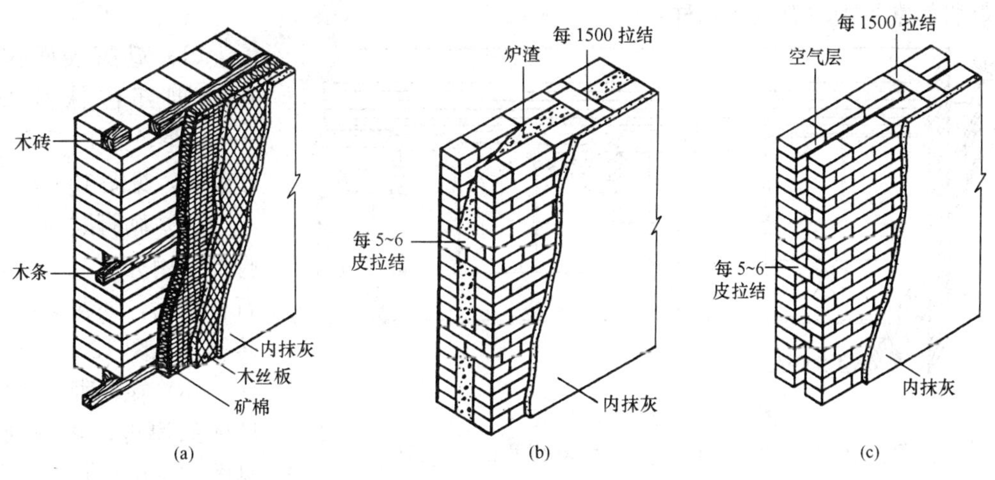

图 13-8 组合墙的构造

(a) 单面贴保温材料；(b) 墙中填保温材料；(c) 墙中留空气层

（二）砖墙洞口与墙段尺寸

1. 洞口尺寸

砖墙洞口主要指门窗洞口，其尺寸应符合建筑模数的规定，以减少门窗规格，有利于工业化生产，提高建筑工业化的程度。我国各地区编制的门窗标准图集，多按扩大模数 3M 的数列编制，因此一般门窗洞口的宽、高尺寸采用 300mm 的倍数，例如 600、900、1200、1500、1800mm 等。

2. 墙段尺寸

墙段尺寸是指窗间墙、转角墙等部位墙体的长度。其尺寸主要根据砖的规格和结构的要求来确定。

为避免在砌筑墙体时大量砍砖，墙段尺寸应符合砖的模数。墙段由砖和灰缝组成，墙段尺寸确定时可按下式进行计算：

$$L = N(115\text{mm} + 10\text{mm}) - 10\text{mm}$$

式中 L 为墙段长度；N 为半砖的数量；115mm 为半砖的尺寸；10mm 为灰缝的宽度。

灰缝的宽度允许在 8～12mm 范围内调整。墙段较短时，灰缝数量少，调整范围小，所以当墙段长度在 1m 以内时，调整的范围允许增减 10mm；当其长度在 1～1.5m 时，调整范围允许增减 20mm；当墙段长度超过 1.5m 时，灰缝调整范围较大，可不考虑符合砖的模数。

四、砖墙的细部构造

为了保证砖墙的耐久性和墙体与其他构件的连接，应在其相应的位置进行构造处理。砖墙的细部构造包括墙脚、门窗洞口、墙身加固措施及变形缝构造等。

（一）墙脚构造

墙脚包括勒脚、散水、明沟、防潮层等部分。

1. 勒脚

勒脚是外墙接近室外地面处的表面部分。其主要作用：一是保护近地墙身不因外界雨、雪的侵袭而受潮、受冻以致破坏；二是加固墙身，以防因外界机械性碰撞而使墙身受损；三是对建筑物立面处理产生一定的效果。

勒脚的常见做法有以下几种：

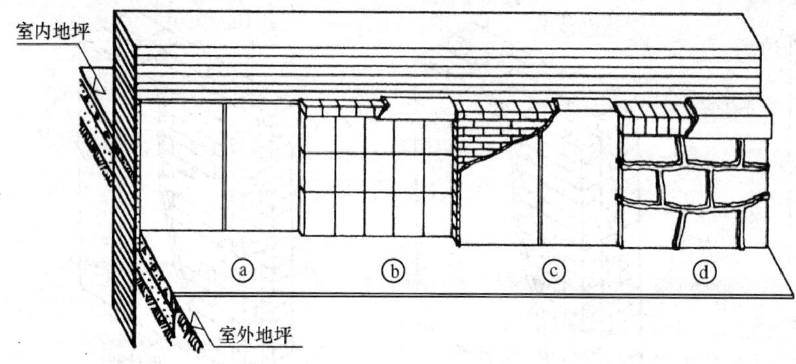

图 13-9 常用勒脚构造
ⓐ—表面抹灰；ⓑ—贴面；ⓒ—加厚墙做饰面；ⓓ—毛石

（1）勒脚表面抹灰。在勒脚部位抹灰 20～30mm 厚，如 1∶2.5 水泥砂浆等，见图 13-9（a）。

（2）勒脚贴面：在勒脚部位用天然石材或人工石材贴面，如花岗石、面砖等，见图 13-9（b）。

（3）在勒脚部位增加墙体的厚度，再做饰面，见图 13-9（c）。

（4）用石材代替砖砌筑勒脚，如毛石等，见图 13-9（d）。

勒脚的高度主要取决于防止地面水上溅的影响，一般应距室外地坪 500mm 以上，同时还应兼顾建筑的立面效果，可以做到窗台或更高些。

2. 散水与明沟

为了防止雨水和室外地面水沿建筑物渗入，危害基础，需在建筑物四周设置散水或明沟，将勒脚附近的地面水导至建筑范围以外。

（1）散水。散水是沿建筑物外墙四周设置的向外倾斜的坡面。其作用是把屋面下落的雨水排到远处，进而保护墙基不受雨水等侵蚀。散水适用于年降水量较少，或建筑四周易于排除地面水的情况，否则应采用明沟。

散水的宽度一般为 600～1000mm。为保证屋面雨水能够落在散水上，当屋面采用无组织排水方式时，散水的宽度应比屋檐的挑出宽度大 200mm 左右。为了加快雨水的流速，散水表面应向外侧倾斜，坡度一般为 3%～5%，外边缘比室外地面高出 20～30mm 为宜。散水所用材料有混凝土、三合土、砖及石材等，构造做法如图 13-10 所示。

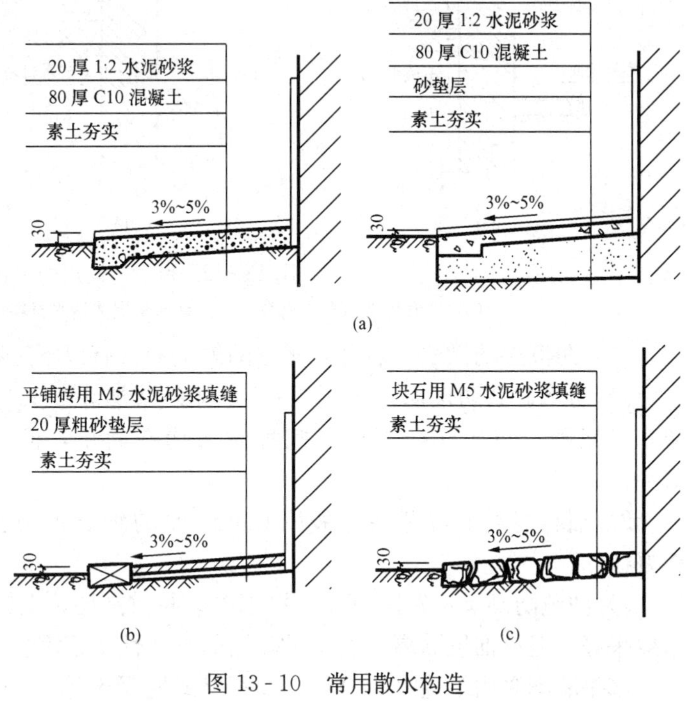

图 13-10　常用散水构造

（a）混凝土散水；（b）砖散水；（c）块石散水

（2）明沟。明沟又称阳沟、排水沟，位于建筑物的四周。其作用是把屋面下落的雨水有组织地导向地下排水集井（又称集水口）而流入下水道，沟底应有不小于 1%的纵向坡度。明沟一般在降雨量较大的地区采用。明沟通常采用混凝土浇筑，也可用砖、石砌筑，并用水泥砂浆抹面。常见做法如图 13-11 所示。

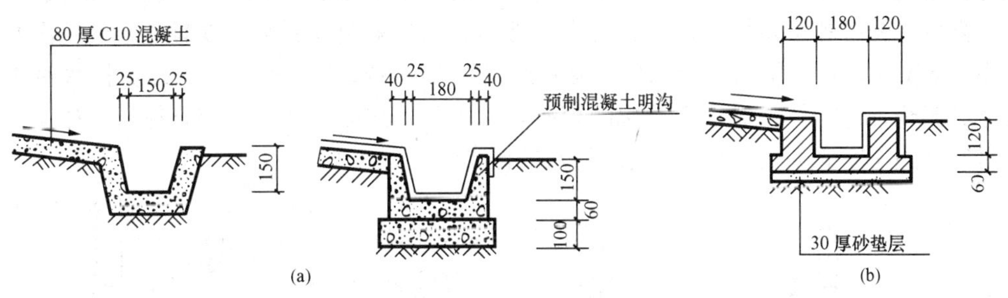

图 13-11　明沟构造

（a）混凝土明沟；（b）砖砌明沟

3. 墙身防潮

墙身防潮的方法是在墙脚铺设防潮层，防止土壤和地面水渗入墙体。

（1）防潮层的位置。当室内地面垫层为混凝土等密实材料时，防潮层的位置应设在垫层范围内，低于室内地面 60mm 处，同时还应至少高于室外地面 50mm；当室内地面垫层为透水材料时（如炉渣、碎石等），其位置可与室内地面平齐或高于室内地面 60mm；当内墙两侧地面出现高差时，应在墙身内设高低两道水平防潮层，并在土壤一侧设垂直防潮层。墙身防潮层的位置如图 13-12 所示。

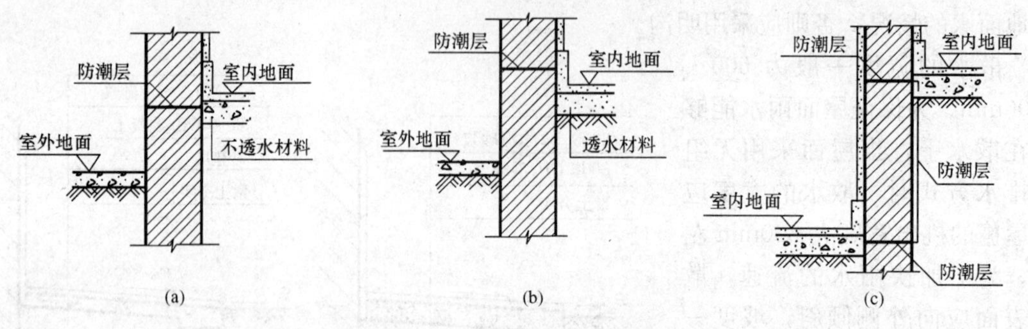

图 13-12 墙身防潮层的位置

(a) 地面垫层为密实材料；(b) 地面垫层为透水材料；(c) 室内地面有高差

(2) 防潮层的做法。墙身防潮层的做法通常有以下三种：

1) 防水砂浆防潮层。采用 1∶2 水泥砂浆加 3%～5%防水剂，厚度为 20～25mm 或用防水砂浆砌三皮砖作防潮层。此种做法构造简单，但砂浆开裂或不饱满时，影响防潮效果。

2) 细石混凝土防潮层。采用 60mm 厚的细石混凝土带，内配 3ϕ6 钢筋。其防潮性能好。

3) 油毡防潮层：先抹 20mm 厚水泥砂浆找平层，上铺一毡二油作防潮层。此种做法防水效果好，但有油毡隔离，削弱了砖墙的整体性，不宜在刚度要求高或地震区采用。

如果墙脚采用不透水的材料（如石材或混凝土等），或设有钢筋混凝土地圈梁时，可以不设防潮层。

(二) 窗台构造

凡位于窗洞口下部的墙体构造处理称为窗台，它分为内窗台和外窗台。

外窗台的主要作用是为了排除雨水；内窗台的主要作用是保护墙面并可放置物品。

外窗台有悬挑和不悬挑两种。悬挑窗台常用砖砌或采用预制钢筋混凝土，其挑出的尺寸应不小于 60mm，且必须抹出滴水槽或鹰嘴线（图 13-13、图 13-14），以免排水时雨水沿窗台底面流至下部墙体；对于不悬挑的窗台，宜采用光洁度较好的外装修材料，如面砖、天然石材等（图 13-15），以减轻对墙面的水迹污染。

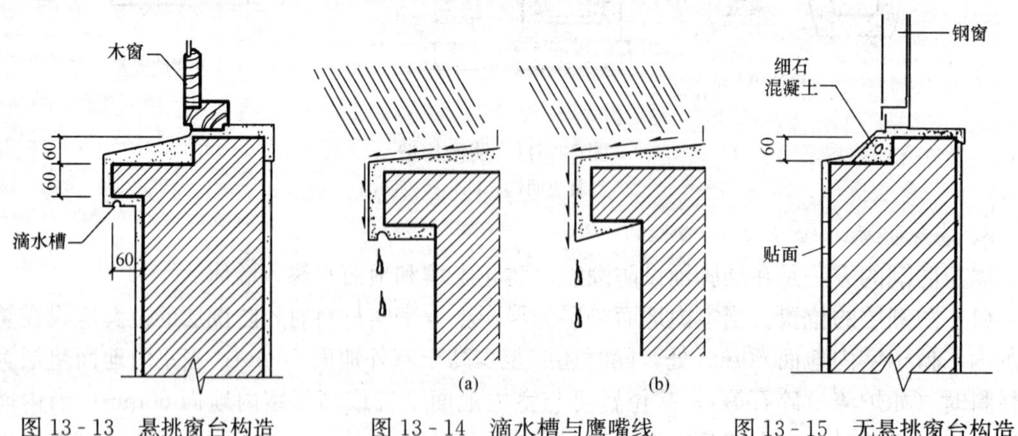

图 13-13 悬挑窗台构造　　图 13-14 滴水槽与鹰嘴线　　图 13-15 无悬挑窗台构造

(a) 滴水槽；(b) 鹰嘴线

外窗台面一般应低于内窗台面，且应抹成外倾坡以利排水，防止雨水流入室内。设计窗台的标高以内窗台为准。内窗台可用水磨石窗台板、大理石窗台板及木窗台板等法。图13-16为几种常见内窗台构造。

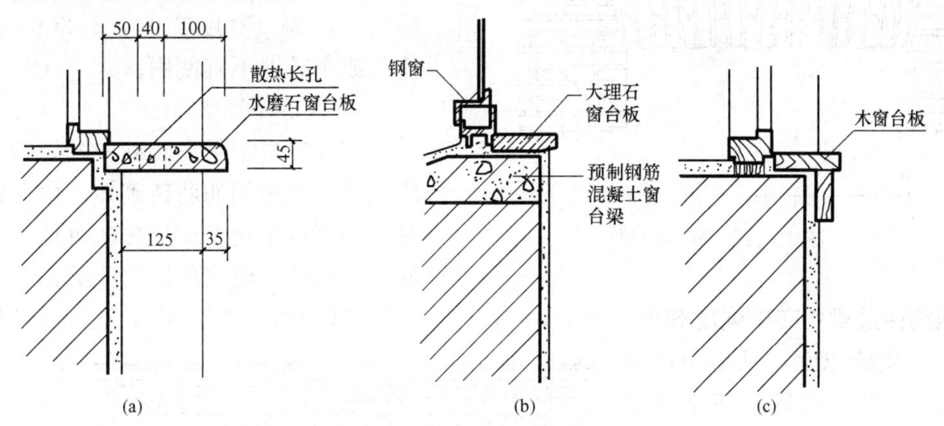

图13-16　几种常见内窗台构造

（a）水磨石窗台板；（b）大理石窗台板；（c）木窗台板

（三）门窗过梁构造

为了支承门窗洞口上传来的荷载，并把这些荷载传递给洞口两侧的墙体，常在门窗洞顶上设置一根横梁，这根横梁叫过梁。根据材料和构造方式不同，过梁有钢筋混凝土过梁、砖拱过梁及钢筋砖过梁三种。

1. 钢筋混凝土过梁

钢筋混凝土过梁承载能力强，适应性强，可用于较宽的门窗洞口。按照施工方法不同，钢筋混凝土过梁可分为现浇和预制两种。其中预制钢筋混凝土过梁施工速度快，是最常用的一种。图13-17为钢筋混凝土过梁的几种形式。

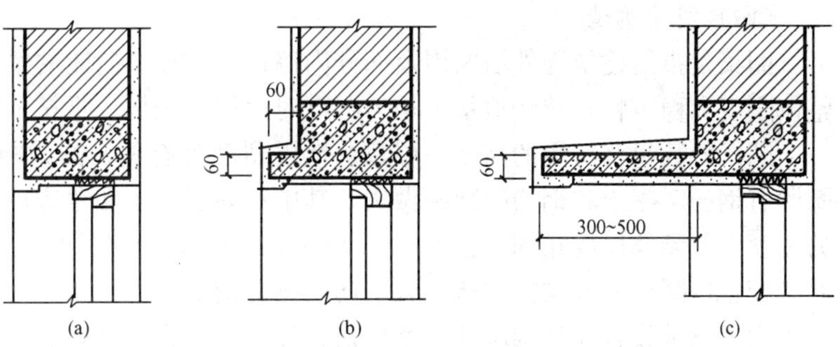

图13-17　钢筋混凝土过梁

（a）平墙过梁；（b）带窗套过梁；（c）带窗楣过梁

平墙过梁（矩形截面过梁）施工制作方便，是常用的形式，见图13-17（a）。过梁宽度一般同墙厚，高度按结构计算确定，但应配合砖的规格，如60、120、180、240mm等。过梁两端伸进墙内的支承长度不小于240mm。在立面中往往有不同形式的窗，过梁的形式应配合处理。如有窗套的窗，过梁截面为L形，挑出60mm，厚60mm，见图13-17（b）。又如带窗楣板的窗，可按设计要求出挑，一般可挑300～500mm，厚度60mm，见图13-17（c）。

2. 砖拱过梁

砖拱过梁是我国的一种传统作法，形式有平拱、弧拱两种。其中平拱在建筑中采用较多。平拱砖过梁是将砖侧砌而成，灰缝上宽下窄，使侧砖向两边倾斜，相互挤压形成拱的作用，两端下部伸入墙内20～30mm，中部的起拱高度约为跨度的1/50～1/100，如图13-18所示。

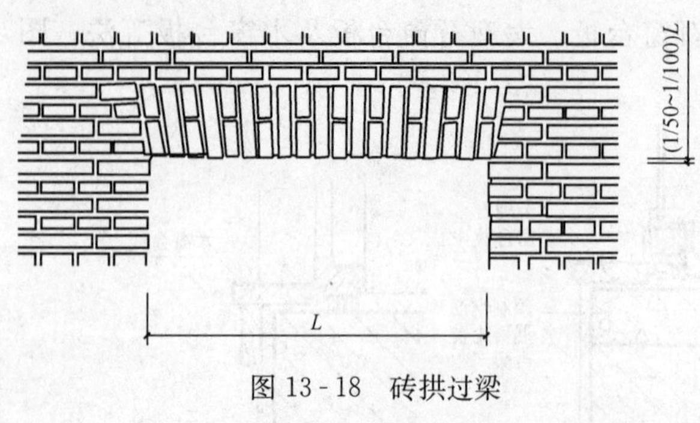

图 13-18 砖拱过梁

平拱砖过梁的优点是钢筋、水泥用量少，缺点是施工速度慢。用于非承重墙上的门窗，洞口宽度应小于 1.2m，有集中荷载或半砖墙不宜使用。

3. 钢筋砖过梁

钢筋砖过梁是在砖缝中配置钢筋，形成能承受弯矩的加筋砖砌体。由于钢筋砖过梁的跨度可达 2m 左右，而且施工比较简单，因此目前应用比较广泛。

钢筋砖过梁中砖的强度等级不小于 MU7.5，砌筑砂浆等级不小于 M5。这部分砖砌体厚度应在 5 皮砖以上，且不小于洞口宽度的 1/5。在砖砌体下部设置钢筋，钢筋两端伸入墙内 240mm，并做 60mm 高的垂直弯钩，钢筋的根数不少于 2 根，同时，不少于每 1/2 砖 1 根。为了使钢筋与上部砖砌体共同工作，底面砂浆的厚度应不小于 30mm，如图 13-19 所示。

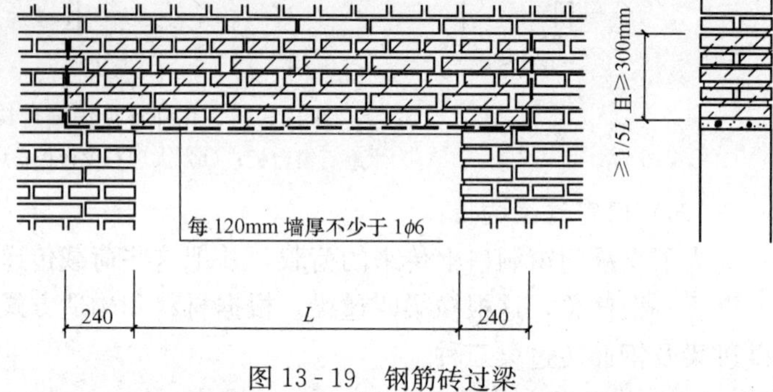

图 13-19 钢筋砖过梁

（四）圈梁构造

圈梁是指沿建筑物外墙四周及部分内墙设置的连续封闭的梁。其主要作用是增强房屋的整体刚度和稳定性，减轻地基不均匀沉降对房屋的破坏，抵抗地震力的影响。

圈梁的数量与房屋的高度、层数及地震烈度等有关，圈梁的位置根据结构的要求确定。圈梁有钢筋混凝土和钢筋砖两种做法，其中钢筋混凝土圈梁应用最为广泛。钢筋混凝土圈梁的宽度宜与墙体厚度相同，且不小于 240mm，高度一般不小于 120mm，通常与砖的皮数尺寸相配合。圈梁一般均按构造配置钢筋，纵向钢筋不应小于 $4\phi10$，箍筋间距不大于 250mm。

圈梁通常设置在基础墙处、檐口处和楼板处。当屋面板、楼板与窗洞口间距较小，而且抗震设防等级较低时，也可以把圈梁设在窗洞口上皮，兼做过梁使用。

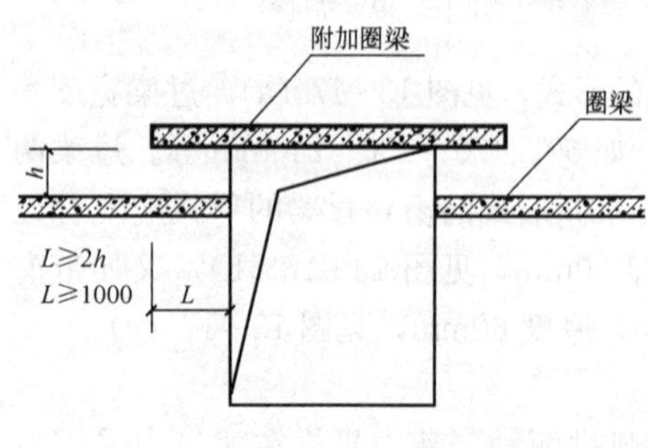

图 13-20 附加圈梁

按照要求，圈梁应连续地设在同一水平面上，并做成封闭状；如遇门窗洞口不能通过时，应增设附加圈梁以确保圈梁为一连续封闭的整体，如图 13-20 所示。

（五）构造柱

在房屋四角及内外墙交接处，楼梯间等部位按构造要求设置的现浇钢筋混凝土柱，称为构造柱。其主要作用是与各层圈梁连接，形成空间骨架，以增强建筑的整体刚度，提高墙体抗变形的能力。构造柱的设置要求见表 13-2。

表 13-2　**多层砖房构造柱的设置要求**

<table>
<tr><th colspan="4">层　数</th><th colspan="2" rowspan="2">设 置 部 位</th></tr>
<tr><th>6 度</th><th>7 度</th><th>8 度</th><th>9 度</th></tr>
<tr><td>四、五</td><td>三、四</td><td>二、三</td><td></td><td rowspan="3">外墙四角，错层部位，横墙与外纵墙交接处，较大洞口两侧，大房间内外墙交接处</td><td>7～8 度时，楼、电梯的四角</td></tr>
<tr><td>六～八</td><td>五、六</td><td>四</td><td>二</td><td>隔一开间（轴线）横墙与外墙交接处，山墙与内纵墙交接处。7～9 度时，楼、电梯的四角</td></tr>
<tr><td></td><td>七</td><td>五、六</td><td>三、四</td><td>内墙（轴线）与外墙交接处，内墙局部较小墙垛外
7～9 度时，楼、电梯间的四角。8 度时无洞口内横墙与内纵墙交接处
9 度时内纵墙与横墙（轴线）交接处</td></tr>
</table>

构造柱下端应锚固于基础之内，上部与楼板层圈梁连接，如圈梁为隔层设置时，应在无圈梁的楼板层设置配筋砖带。构造柱的截面尺寸应不小于 180mm×240mm，内配 4ϕ12 主筋，箍筋间距不大于 250mm。在施工时，应先砌墙，后浇筑钢筋混凝土柱，并应沿墙高每 500mm 设 2ϕ6 拉结钢筋，每边伸入墙内不宜小于 1m，如图 13-21 所示。

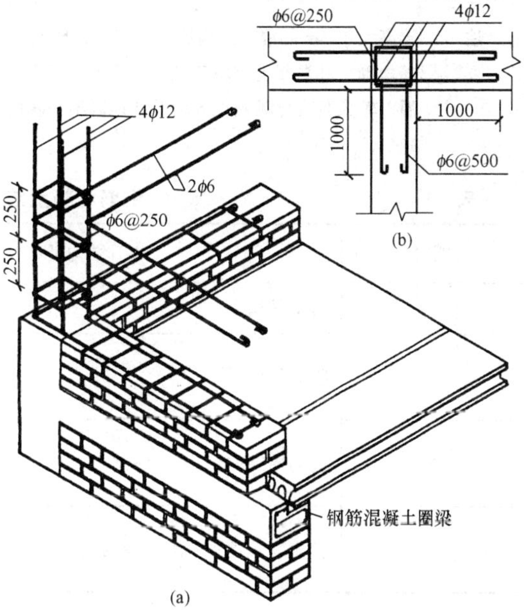

（六）变形缝构造

由于温度变化、地基不均匀沉降和地震因素的影响，使建筑物发生裂缝或破坏。故在设计时，事先将房屋划分成若干个独立的部分，使各部分能自由地变化。这种将建筑物垂直分开的预留缝称为变形缝。变形缝包括伸缩缝、沉降缝和防震缝三种。

图 13-21　构造柱

(a) 外墙转角构造柱；(b) 内外墙构造柱

1. 变形缝的设置

（1）伸缩缝。为防止建筑构件因温度变化，热胀冷缩使房屋出现裂缝或破坏，在沿建筑物长度方向，相隔一定距离预留的垂直缝隙，这种因温度变化而设置的缝叫做伸缩缝或温度缝。伸缩缝是从基础顶面开始，将墙体、楼面、屋面全部构件断开。因为基础埋于地下，受气温影响较小，不必断开。伸缩缝的宽度一般为 20～30mm。伸缩缝的间距主要与结构类型、材料和当地温度变化情况有关，砌体房屋伸缩缝的最大间距见表 13-3；钢筋混凝土结构伸缩缝的最大间距见表 13-4。

表 13-3 **砌体房屋伸缩缝的最大间距** (m)

砌体类别	屋面或楼面的类别		间距
各种砌体	整体式或装配整体式钢筋混凝土结构	有保温层或隔热层的屋面、楼面	50
		无保温层或隔热层的屋面	40
	装配式无檩体系钢筋混凝土结构	有保温层或隔热层的屋面	60
		无保温层或隔热层的屋面	50
	装配式有檩体系钢筋混凝土结构	有保温层或隔热层的屋面	75
		无保温层或隔热层的屋面	60
烧结普通砖 空心砖砌体	粘土瓦或石棉水泥瓦屋面 木屋面或楼面 砖石屋面或楼面		100
石砌体			80
硅酸盐、硅酸盐砌块 和混凝土砌块砌体			75

注 1. 层高大于 5m 的混合结构单层房屋，其伸缩缝间距可按表中数值乘以 1.3 采用，但当墙体采用硅酸盐砖、硅酸盐砌块和混凝土砌块砌筑时，不得大于 75m；

2. 温差较大且变化频繁地区和严寒地区不采暖的房屋及构筑物墙体的伸缩缝最大间距，应按表中数值予以适当减少。

表 13-4 **钢筋混凝土结构伸缩缝最大间距** (m)

项次	结构类型		室内或土中	露天
1	排架结构	装配式	100	70
2	框架结构	装配式	75	50
		现浇式	55	35
3	剪力墙结构	装配式	65	40
		现浇式	45	30
4	挡土墙及地下室墙壁等结构	装配式	40	30
		现浇式	30	20

注 1. 如有充分依据或可靠措施，表中数值可以增减；

2. 当屋面板上部无保温或隔热措施时，框架、剪力墙结构的伸缩缝间距，可按表中露天一栏的数值选用，排架结构可按适当低于室内一栏的数值选用；

3. 排架结构的柱顶面（从基础顶面算起）低于 8m 时，宜适当减少伸缩缝间距；

4. 外墙装配内墙现浇的剪力墙结构，其伸缩缝最大间距按现浇式一栏的数值选用。滑模施工的剪力墙结构，宜适当减小伸缩缝间距。现浇墙体在施工中应采取措施减少混凝土收缩应力。

（2）沉降缝。为防止建筑物各部分由于地基不均匀沉降引起房屋破坏所设置的垂直缝，称为沉降缝。沉降缝将房屋从基础到屋顶全部构件断开，使两侧各为独立的单元，可以垂直自由沉降。沉降缝在建筑中应设置的部位如图 13-22 所示。沉降缝的宽度与地基情况及建筑物的高度有关，地基越软弱，建筑物高度越大，缝宽也就越大，其宽度见表 13-5。

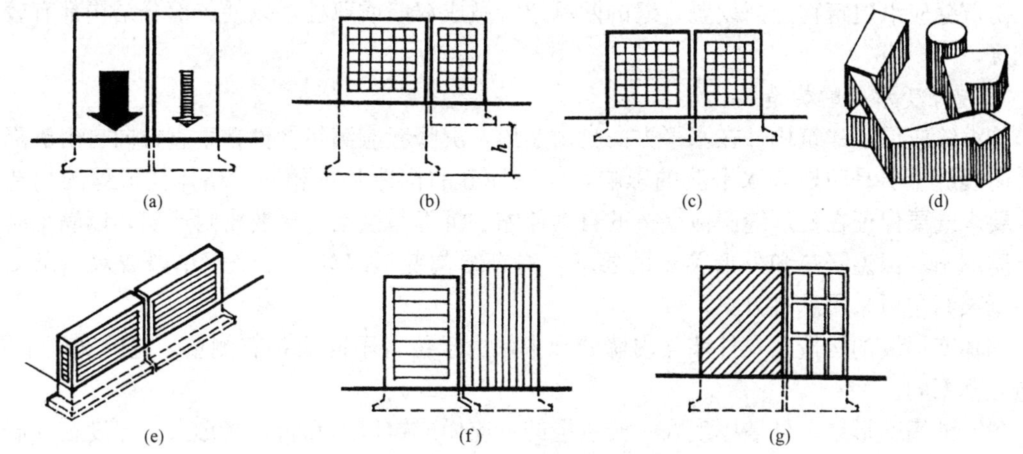

图 13-22　沉降缝的设置部位

(a) 荷载相差悬殊；(b) 埋深相差悬殊；(c) 地基承载力相差较大；
(d) 建筑物体形较复杂；(e) 建筑物长度较大；(f) 与旧建筑物毗连；(g) 结构类型不同

表 13-5　**沉降缝的宽度**

地基情况	建筑物高度	沉降缝宽度 (mm)
一般地基	$H<5$m	30
	$H=5\sim10$m	50
	$H=10\sim15$m	70
软弱地基	2～3 层	50～80
	4～5 层	80～120
	5 层以上	>120
湿陷性黄土地基		≥30～70

(3) 防震缝。为防止建筑物的各部分在地震时相互撞击造成变形和破坏而设置的缝，称为防震缝。在设防烈度为 7～9 度的地区内，应设置防震缝。一般情况下，防震缝仅在基础以上设置，但防震缝应同伸缩缝和沉降缝协调布置，做到一缝多用。当防震缝与沉降缝结合设置时，基础也应断开。防震缝在建筑中应设置的部位如图 13-23 所示。防震缝的宽度与建筑的结构形式和地震设防烈度等因素有关。对多层和高层钢筋混凝土结构房屋，其最小宽度应符合下列要求：

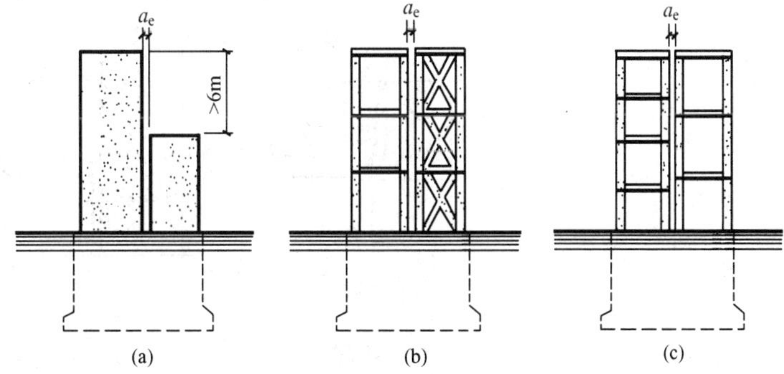

图 13-23　防震缝的设置部位

(a) 高差大于 6m；(b) 结构刚度差异大；(c) 有错层

1) 当高度不超过 15m 时，可采用 70mm；

2) 当高度超过 15m 时，按设防烈度为 7 度、8 度、9 度相应建筑物每增高 4m、3m、2m 时，缝宽在 70mm 基础上增加 20mm。

防震缝应沿建筑物全高设置，缝的两侧通常做成双墙或双柱，以使各部分结构都有较好的刚度。

2. 墙体变形缝的构造

伸缩缝应保证建筑构件在水平方向自由变形，沉降缝应满足构件在垂直方向自由沉降变形，防震缝主要是防地震水平波的影响，但三种缝的构造基本相同。墙体变形缝的构造处理，要求既要保证在变形缝两侧墙体的自由伸缩、沉降与摆动，又要密封严实，以满足防风沙、防飘雨、保温隔热和外形美观的要求。混合结构变形缝处，可采用单墙或双墙承重方案，框架结构可采用悬挑方案。

墙体变形缝的构造，在外墙与内墙处理中，由于位置不同而各有侧重。缝的宽度不同，构造处理不同。

（1）外墙变形缝。外墙厚度在一砖以上的，应做成错口缝和企口缝形式，厚度在一砖或小于一砖的可做成平缝，如图 13 - 24 所示。为保证外墙自由变形，并防止风雨影响室内，应用浸沥青的麻丝填嵌缝隙。当变形缝宽度较大时，缝口可采用镀锌薄钢板或铅板盖缝调节，如图 13 - 25（a）、（b）所示。

（2）内墙变形缝。内墙变形缝着重表面处理，可采用木条或金属盖缝，仅一边固定在墙上，允许自由移动，如图 13 - 25（c）、（d）所示。

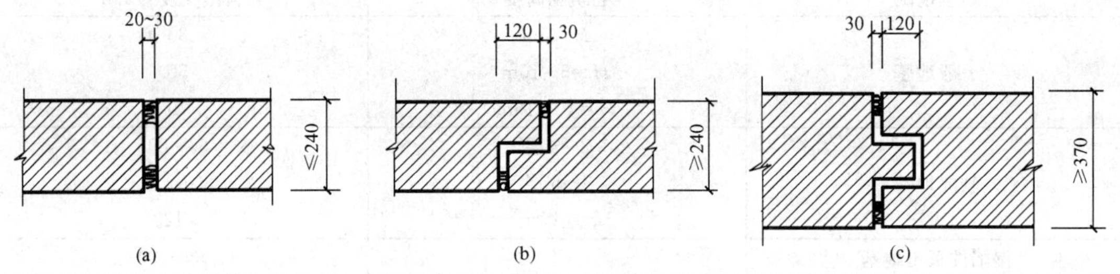

图 13 - 24 砖外墙变形缝

（a）平缝；（b）错缝；（c）企口缝

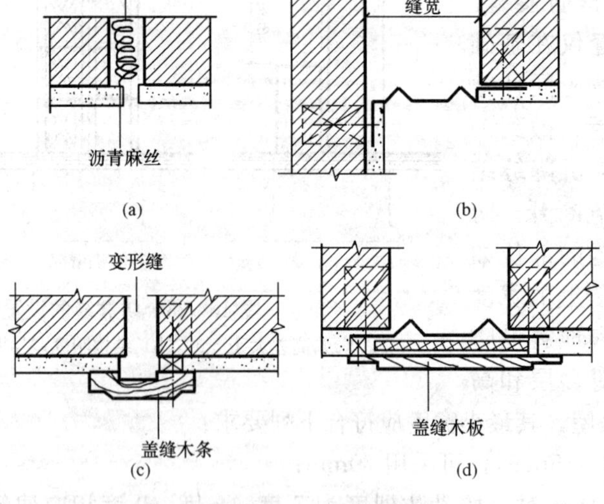

图 13 - 25 变形缝构造

（a）、（b）外墙；（c）、（d）内墙

第三节　隔　墙　构　造

建筑物内分隔房间的非承重墙称为隔墙。在现代建筑中，为了提高平面布局的灵活性，大量采用隔墙以适应建筑功能的变化。由于隔墙不承受任何外来荷载，且本身的重量还要由楼板或小梁来承受，因此对隔墙的基本要求是自重轻、厚度薄、便于拆卸，并具有一定的隔声、防火、防潮和耐腐蚀等性能。

隔墙按构造方式可分为块材隔墙、立筋隔墙和板材隔墙三类。

一、块材隔墙

块材隔墙是用普通砖、空心砖、加气混凝土等块材砌筑而成的，常用的有普通砖隔墙和砌块隔墙。

1. 普通砖隔墙

普通砖隔墙有半砖（120mm）和1/4砖（60mm）两种。

半砖隔墙用普通砖顺砌，砌筑砂浆强度等级一般不低于M5。当隔墙高度大于3m或墙长大于5m时，应采取加强措施。具体方法是使隔墙与两端的承重墙或柱固结，同时在墙内每隔500～800mm设2ϕ6拉结钢筋。为使隔墙的上端与楼板之间结合紧密，隔墙顶部采用斜砌立砖或每隔1m用木楔打紧，图13-26为半砖隔墙构造。

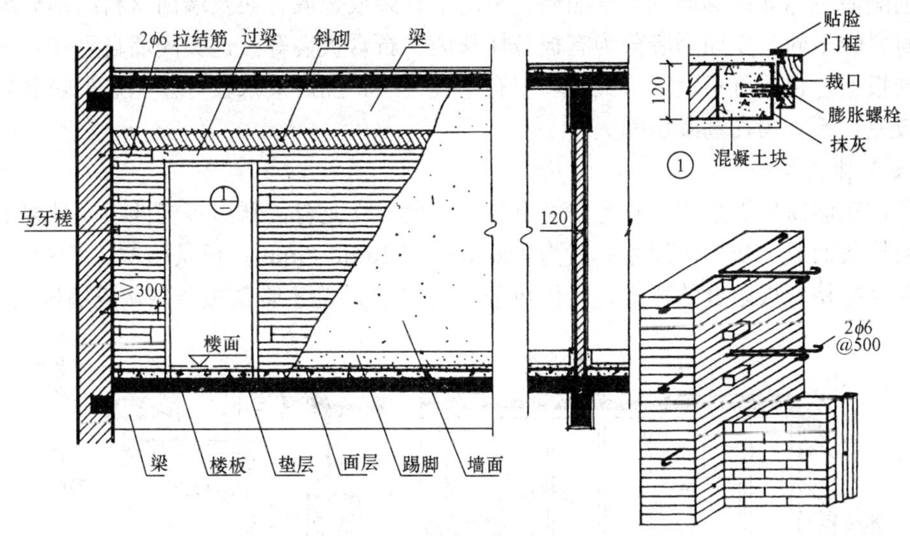

图13-26　半砖隔墙构造

1/4砖隔墙是由普通砖侧砌而成，由于其操作复杂，稳定性差，对抗震不利，不宜提倡。

2. 砌块隔墙

为了减轻隔墙重量，常采用比普通砖大而轻的各种砌块，如加气混凝土砌块、炉渣混凝土砌块、陶粒混凝土砌块等。隔墙厚度由砌块尺寸而定，一般为90～120mm厚。砌块大多具有质轻、孔隙率大、隔热性能好等优点，但吸水性强。因此，砌筑时，应在墙下先砌3～5皮烧结普通砖。

砌块隔墙厚度较薄，也需采取加强稳定性措施，其方法与砖隔墙类似。图13-27为加气混凝土砌块隔墙构造。

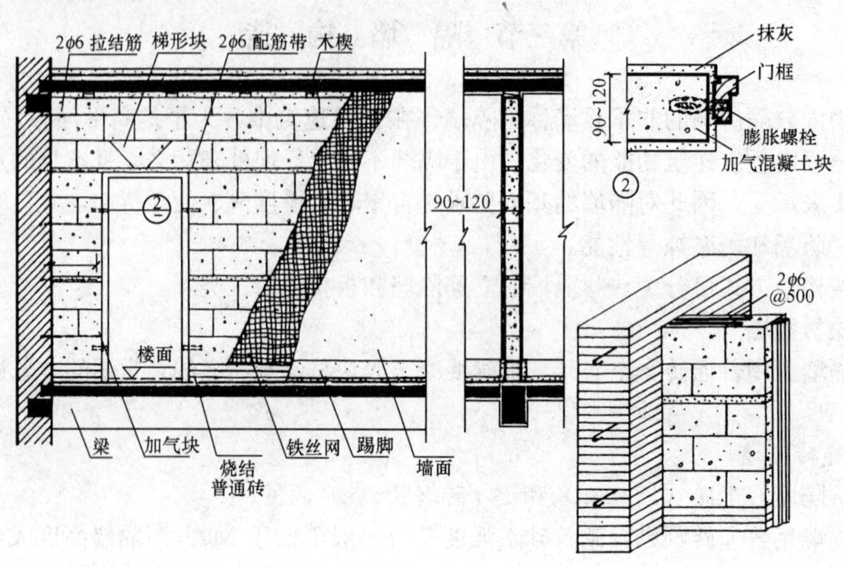

图 13-27 加气混凝土砌块隔墙构造

二、立筋隔墙

立筋隔墙也称立柱隔墙或龙骨隔墙，是由木骨架或金属骨架及墙面材料两部分组成。根据墙面材料的不同，立筋隔墙分为有板条抹灰墙、石膏板墙等。这类隔墙自重轻，一般可直接设在楼板上，板下可不设梁。又因墙中有空气夹层，隔声效果较好。但这类隔墙防水、防潮能力较差，不宜用在潮湿房间。

1. 板条抹灰隔墙

板条抹灰墙简称板条墙。它是在由上槛、下槛、立龙骨、斜撑等构件组成骨架上钉灰板条，然后抹灰而成。灰板条尺寸一般为 1200mm×24mm×6mm。板条间留出 6~10mm 的空隙，使灰浆能挤到板条缝的背面，咬住板条。图 13-28 为木骨架板条抹灰隔墙构造。

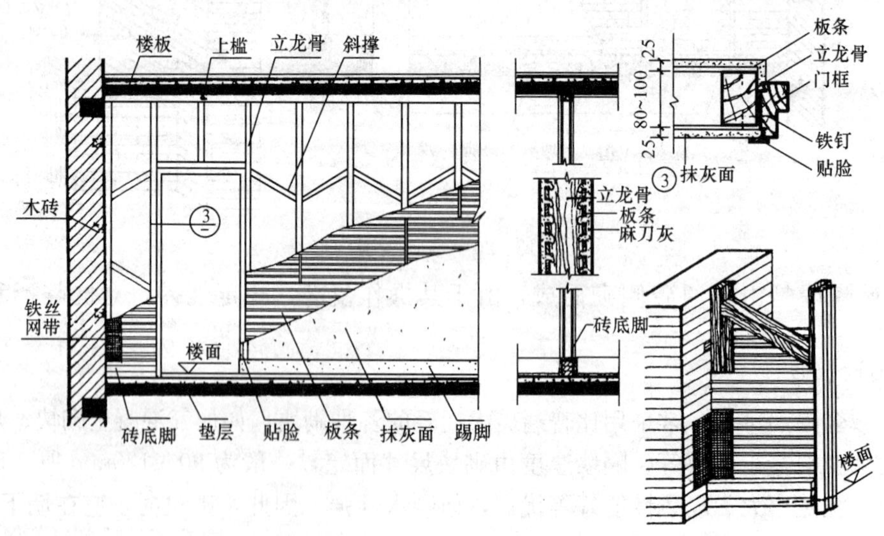

图 13-28 木骨架板条抹灰隔墙构造

板条抹灰隔墙耗费木材多，施工复杂，湿作业多，难以适应建筑工业化的要求，目前已很少采用。

2. 石膏板隔墙

它是用薄壁型钢、石膏板条等材料作骨架，石膏板作面板的隔墙。目前采用薄壁型钢骨架的较多，称为轻钢龙骨石膏板。

轻钢骨架由上槛、下槛、横龙骨、竖龙骨组成。其隔墙做法是，在楼板垫层上浇筑混凝土墙垫，用射钉将下槛、上槛和边龙骨分别固定在墙垫、楼板底和砖墙上，安装中间龙骨及横撑，用自攻螺丝安装底板及面板，用 50mm 宽玻璃纤维带粘贴板缝、壁纸或其他装饰面料。图 13-29 为轻钢龙骨石膏板隔墙构造。

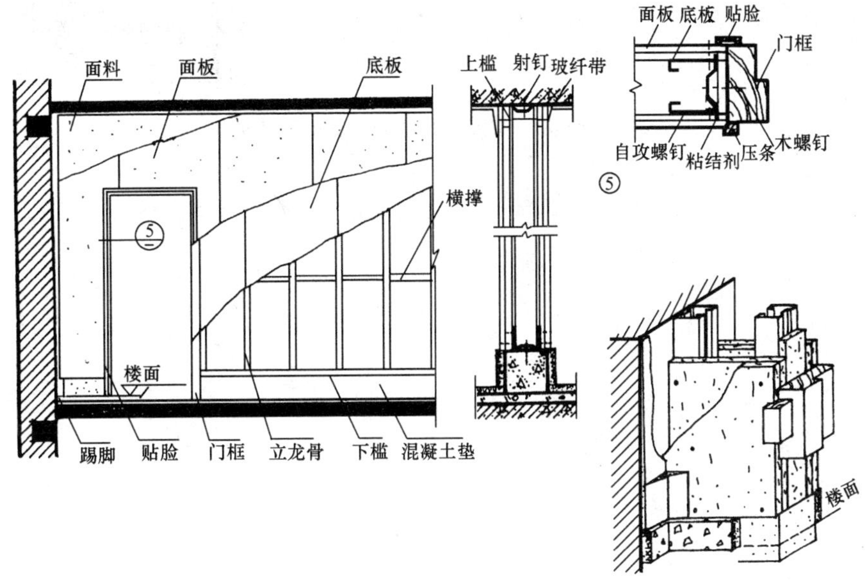

图 13-29　轻钢龙骨石膏板隔墙构造

轻钢龙骨石膏板隔墙具有刚度好、耐火、防水、隔声等特点，是目前在建筑中使用较多的一种隔墙。

三、板材隔墙

板材隔墙是指单板高度相当于房间净高，面积较大，且不依赖骨架，由工厂制作为成品板材，现场组装而成的隔墙。目前成品板材主要有加气混凝土条板、石膏条板、泰柏板等。

板材隔墙的做法是，在楼板垫层上浇筑混凝土墙垫，门洞两侧安装门框板（板上附有木砖），依此安装整块条板，端部不足处安装补板（按尺寸锯割）。板间企口缝用石膏胶泥粘结，门框与门框板连接处用木螺丝固定，粘贴装饰面料后钉木压条。踢脚部分可抹水泥砂浆，也可镶贴水磨石踢脚板。图 13-30 为增强石膏空心条板隔墙构造。

板材隔墙装配性好，施工速度快，现场湿作业少，拆迁较方便，防火性能好；但也存在隔声效果较差，取材受条件限制，抗侧向推力较差等缺点。

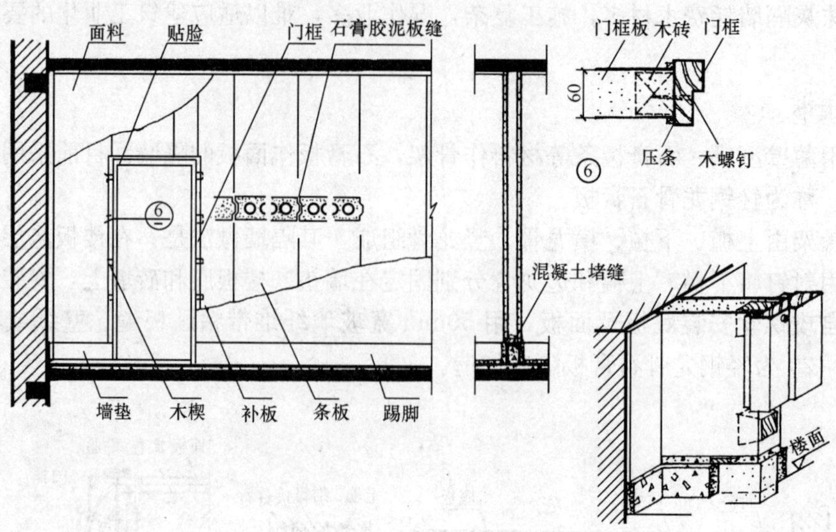

图 13-30 增强石膏空心条板隔墙构造

第十四章 楼 地 面

第一节 概 述

楼地面是楼房建筑中水平方向的承重构件，包括楼层地面（楼面）和底层地面（地面）。楼面分隔上下楼层空间，地面直接与土壤相连。由于它们均是供人们在上面活动的，因而具有相同的面层；但由于它们所处的位置不同、受力不同，因而结构层有所不同。楼面的结构层为楼板，楼板将所承受的上部荷载及自重传递给墙或柱，再由墙、柱传给基础，楼板有隔声等功能要求。地面的结构层为垫层，垫层将所承受的地面荷载及自重均匀地传给夯实的地基，对地面有防潮等要求。

一、楼面的基本组成

为了满足使用要求，楼面通常由面层、结构层（楼板）、顶棚层三部分组成。必要时，对某些有特殊要求的房间加设附加层，如防水层、隔声层和隔热层等。图 14 - 1 为楼面的基本组成。

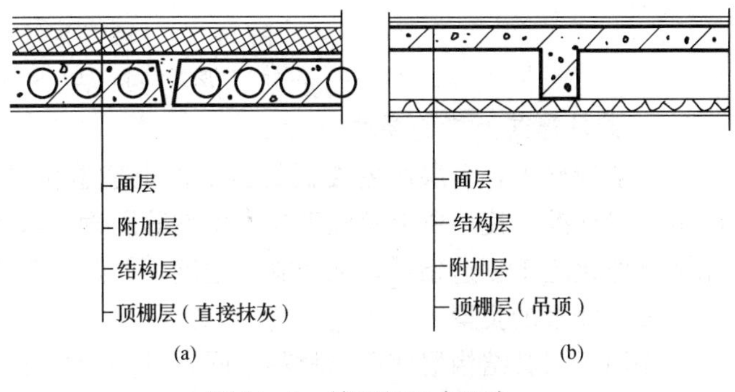

图 14 - 1 楼面的基本组成

（a）预制钢筋混凝土楼板；（b）现浇钢筋混凝土楼板

1. 面层

它是指人们进行各种活动与其接触的楼面表面层。面层起着保护楼板、分布荷载、室内装饰等作用。楼面的名称是以面层所用材料而命名的，如面层为水泥砂浆则称为水泥砂浆楼面。

2. 结构层

结构层又称楼板，由梁或拱、板等构件组成。它承受整个楼面的荷载，并将这些荷载传给墙或柱，同时还对墙身起水平支撑作用。

3. 顶棚层

顶棚层是楼面的下面部分。根据不同建筑物的要求，在构造上有直接抹灰顶棚、粘贴类顶棚和吊顶棚等多种形式。

二、楼面的设计要求

为保证楼面的结构安全和正常使用，对楼面设计三方面要求。

1. 应具有足够的强度和刚度

楼板作为承重构件，应有足够的强度，在承受自重和使用荷载下不会破坏；为保证正常使用，楼面必须具有足够的刚度，在荷载作用下，构件弯曲挠度不会超过许可值。

2. 满足隔声、防火、热工方面的要求

为防止噪声通过上下相邻的房间，影响其使用，楼面应具有一定的隔声能力；楼面应根据建筑物的等级和防火要求进行设计，以避免和减少火灾发生对建筑物的破坏作用；对于有一定的温度、湿度要求的房间，常在楼面中设置保温层，以减少通过楼面的热交换作用。

此外，一些房间，如厨房、厕所、卫生间等，楼面潮湿、易积水，应注意处理好楼面的防渗漏问题；对楼面变形缝也应进行合理的构造处理。楼面变形缝应结合建筑物的结构（墙、柱）变形缝位置而设置，变形缝应贯通楼面各层。其构造做法如图 14 - 2 所示。

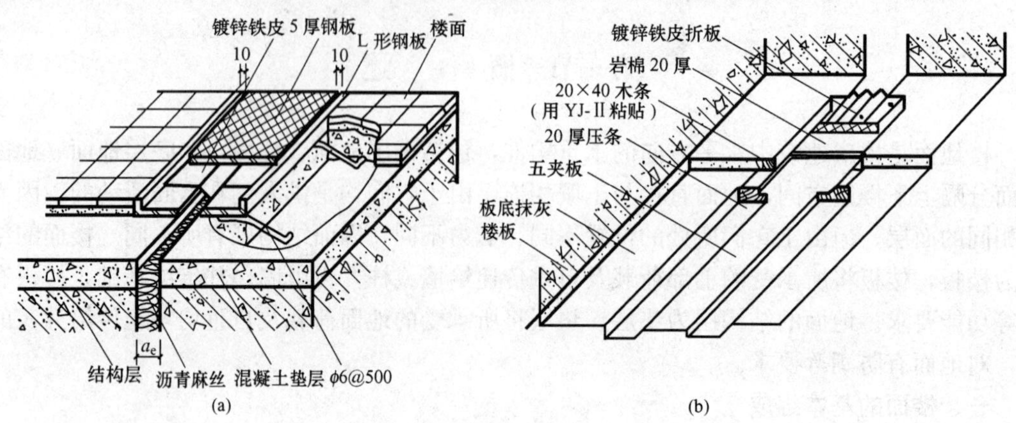

图 14 - 2 楼面变形缝的构造

(a) 面层变形缝；(b) 顶棚变形缝

3. 满足建筑经济的要求

一般情况下，多层房屋楼板的造价占土建造价的 20%～30%。因此，应注意结合建筑物的质量标准、使用要求及施工技术条件等因素，选择经济合理的结构形式和构造方案，尽量为工业化施工创造条件，加快施工速度，并降低工程造价。

三、楼板的类型

楼面根据其结构层使用的材料不同，可分为木楼板、砖拱楼板、钢楼板、压型钢板组合楼板及钢筋混凝土楼板等。

(1) 木楼板具有自重轻、构造简单等优点。但由于它不防火，耐久性差且耗木材量大，现已极少采用。

(2) 砖拱楼板可以节约钢材、水泥、木材，但由于它自重大，承载力及抗震性能较差，施工较复杂，目前一般也不采用。

(3) 钢楼板由于钢材价格昂贵，耗钢量大，应慎重采用。

(4) 压型钢板组合楼板具有刚度大，整体性好且有利于施工等优点，但由于用钢量大，造价高，目前主要用于钢框架结构中。

(5) 钢筋混凝土楼板强度高、刚度大，耐久性和耐火性好，混凝土可塑性大，可浇灌成各种形状和尺寸的构件，因而比较经济合理，被广泛采用。

第二节 钢筋混凝土楼板

钢筋混凝土楼板按其施工方式不同，可分为现浇式、预制装配式和装配整体式三种。

一、现浇式钢筋混凝土楼板

现浇式钢筋混凝土楼板是经在施工现场支模板、绑扎钢筋、浇捣混凝土及养护等工序而成的楼板。这种楼板整体性好，抗震性强，能适应各种建筑平面构件形状的变化。但它模板用量多，现场湿作业量大，工期长，且施工受季节影响较大。

现浇式钢筋混凝土楼板，根据受力和传力情况的不同，可分为板式楼板、梁板式楼板和无梁楼板等。

（一）板式楼板

当房间的跨度不大时，楼板内不设梁，板直接支撑在四周的墙上，荷载由板直接传给墙体，这种楼板称为板式楼板。板式楼板有单向板与双向板之分（图 14-3）。

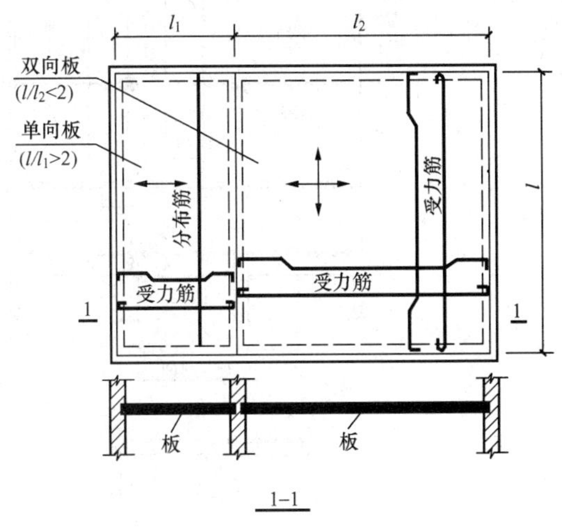

图 14-3　板式楼板

1. 单向板

当板的长边与短边之比大于 2 时，板基本上沿短边单方向承受荷载，这种板称为单向板。通常把单向板的受力钢筋沿短边方向布置。

2. 双向板

当板的长边与短边之比小于或等于 2 时，板上的荷载沿双向传递，在两个方向产生弯曲，这种板称为双向板。在双向板中受力钢筋沿双向布置。它较单向板刚度好，且可节约材料，充分发挥钢筋的受力作用。

板式楼板底面平整、美观、施工方便，适用于小跨度房间，如走廊、厕所和厨房等。

（二）梁板式楼板

当房间的跨度较大时，板的厚度和板内配筋均会增大。为使板的结构更经济合理，常在板下设梁以控制板的跨度。这样楼板上的荷载就先由板传给梁，再由梁传给墙或柱。这种楼板称为梁板式楼板（又称肋形楼板）。根据梁的构造情况又可分为单梁式、复梁式和井梁式楼板。

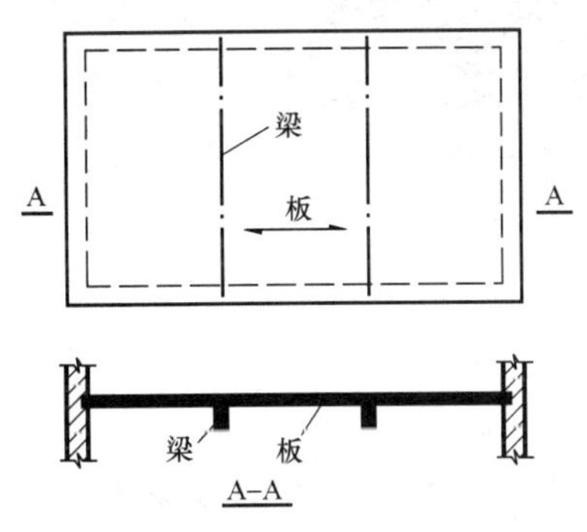

图 14-4　单梁式楼板

1. 单梁式楼板

当房间平面尺寸不大时，可以仅在一个方向设梁，梁可以直接支承在承重墙上，这种楼板称为单梁式楼板见图 14-4。

2. 复梁式楼板

当房间平面尺寸任何一个方向均大于 6m 时，则应在两个方向设梁，甚至还应设柱。梁有主梁和次梁之分。次梁与主梁一般是垂直相交，板搁置在次梁上，次梁搁置在主梁上，主梁搁置在墙或柱上。这种楼板称为复梁式楼板见图 14-5。主梁跨度一般为 5～8m，次梁跨度一般为 4～6m。板跨一般为 1.7～2.7m，板的厚度一般为 60～80mm。

复梁式楼板适用于面积较大的房间，构造简单而刚度大，可埋设管道，施工方便，比较经济，因而被广泛用于公共建筑、居住建筑和多层工业建筑中。

3. 井梁式楼板

当房间尺寸较大，并接近正方形时，常沿两个方向布置等距离、等截面的梁（不分主次梁），从而形成井格式结构，这种结构通常称为井梁式楼板结构（图 14-6）。这种结构中部不设柱，梁跨可达 30m，板跨一般为 3m 左右。为了美化楼板下部的图案，梁格可布置成正井式［图 14-6（a）］和斜井式［图 14-6（b）］。

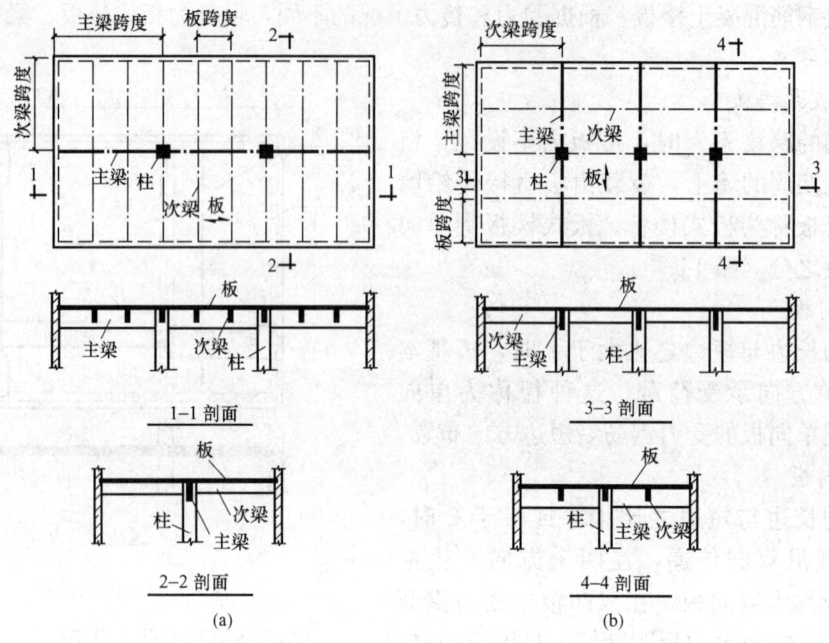

图 14-5 复梁式楼板

（a）纵向主梁方案；（b）横向主梁方案

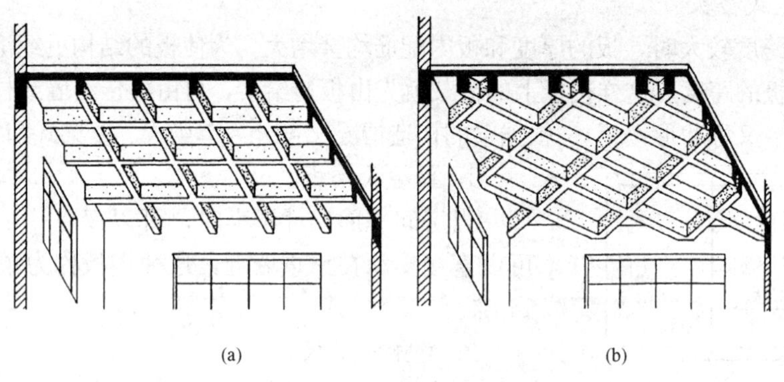

图 14-6 井梁式楼板

（a）正井式；（b）斜井式

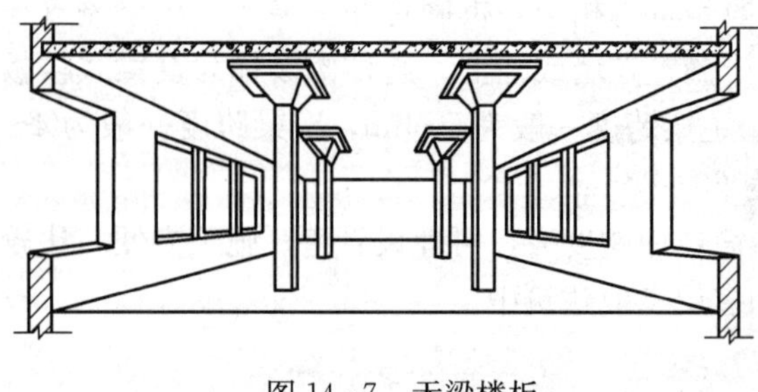

图 14-7 无梁楼板

井梁式楼板一般可用于门厅或需较大空间的大厅。

（三）无梁楼板

直接支承在柱上，而不设主梁和次梁的楼板称为无梁楼板见图 14-7。为增加柱的支承面积，减小板跨，改善板的受力条件，一般可在柱顶上加设柱帽或托板，见图 14-8。无梁楼板柱网一般为正方形，有时也可为矩形。柱距一般为 6m 左右较为经济，板的最小厚度通常为 120mm。

无梁楼板顶棚平整，室内净空大，采光通风效果好，且施工较简单，多用于楼层荷载较大的商场、展览馆和仓库等建筑中。

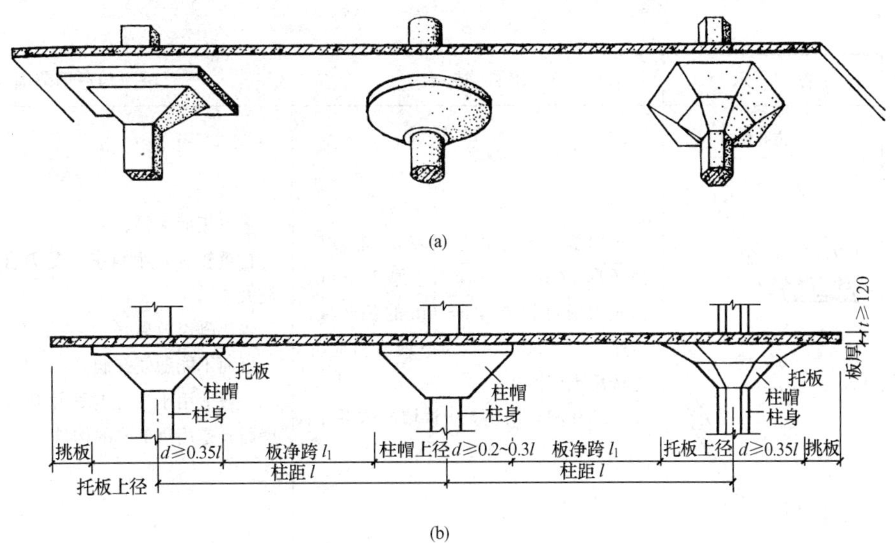

图 14-8　无梁楼板的柱帽形式

（a）仰视图；（b）正视图

二、预制装配式钢筋混凝土楼板

预制装配式钢筋混凝土楼板是指把预制构件厂生产或现场制作的钢筋混凝土板安装拼合而成的楼板。这种楼板可提高建筑工业化施工水平，节约模板，缩短工期，且施工不受季节限制；但其整体性较差，在有较高抗震设防要求的地区应当慎用。

（一）板的类型

常用的预制钢筋混凝土板，根据其截面形式，一般有实心平板、槽形板和空心板三种类型。其构件特点、优缺点与适用范围见表 14-1。

表 14-1　　常用的钢筋混凝土板

构件名称	图　示	构 件 特 点	优缺点与适用范围
实心平板		经济跨度≤2.5m。 板厚可取跨度的$\frac{1}{30}$，一般为 60～100mm，板的宽度为 400～900mm	上下表面平整，制作简单，安装方便 宜用在荷载不大、小跨度的走道、管沟盖板等处
槽形板（正槽）		槽形板可分正槽形板与倒槽形板两种。 槽形板板跨 L 为 3～6m，板宽为 500～1200mm，肋高 h 为 150～300mm	自重轻，节省材料，受力性能好，便于开洞 板面较薄，隔声隔热性能较差，可通过吊顶棚、填充轻质材料等措施解决
槽形板（倒槽）	倒槽板	槽形板需在纵肋之间增加横肋。板端伸入砖墙部分应用砖块填实或从端肋封闭	槽形板大量应用于屋面板，厕所、厨房的楼板及具有高级装修的楼面

续表

构件名称	图　　示	构 件 特 点	优缺点与适用范围
空心板	方孔板 圆孔板	短向板长度为 2.1～4.2m，非预应力板厚 150mm，预应力板厚 120mm。预应力板可制成 4.5～6m 的长向板，板厚 180～240mm。为节约材料应优先选用预应力板 板端孔洞须用混凝土块堵严抹平	上下板面平整。 自重较轻，用料省，受力合理，刚度较大。 隔热隔声效果好。 板面不能随便开洞。 一般适用于工业与民用建筑的楼面和屋面，是用量最多的构件

（二）板的布置方式

在进行板的布置时，首先应根据房间的开间、进深尺寸确定板的支承方式，然后根据板的规格进行布置。板的支承方式有板式和梁板式两种。预制板直接搁置在墙上的称为板式布置，见图 14-9（a）；若预制板支承在梁上，梁再搁置在墙上的称为梁板式布置，见图 14-9（b）。

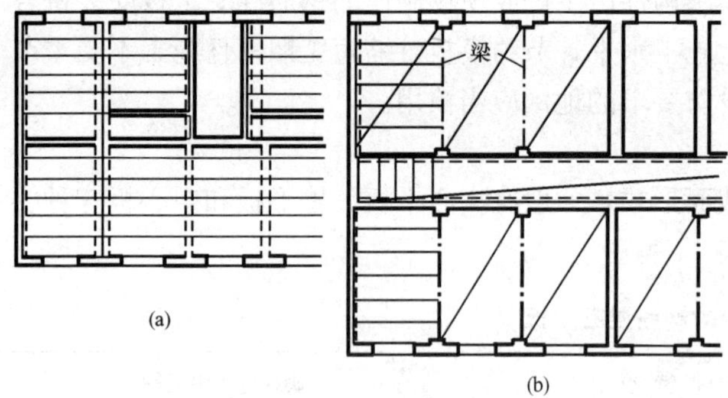

图 14-9　预制楼板结构布置
（a）板式结构布置；（b）梁板式结构布置

在确定板的规格时，应首先以房间的短边为板跨进行，一般要求板的规格、类型愈少愈好，以简化板的制作与安装。同时应避免出现三面支承情况，即楼板的纵边不得搁置在梁上或砖墙内，否则，在荷载作用下，板会产生裂缝。

（三）梁的截面形式

梁的截面形式有矩形、T 形、十字形、花篮形等。其构造特点、优缺点与适用范围见表 14-2。

表 14-2　　常用的钢筋混凝土梁

构件名称	图　　示	构 件 特 点	优缺点与适用范围
矩形梁		预应力钢筋混凝土梁跨度一般在 7m 以内。构件的制作长度一般比跨度小 20～50mm。梁高 h 一般取 $\left(\frac{1}{14}\sim\frac{1}{8}\right)L$（$L$ 为梁的跨度）	外形简单，制作方便，应用广泛

续表

构件名称	图　示	构 件 特 点	优缺点与适用范围
T形梁	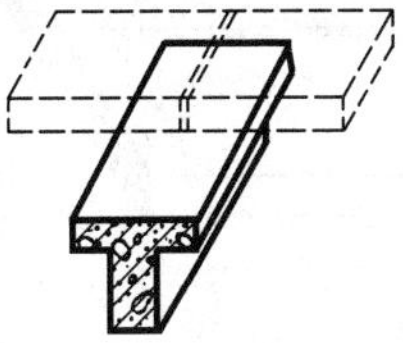	受拉区混凝土截面减小，但梁端支承处应将截面做成矩形	用料省，自重较轻，受力合理。制作较复杂，仰视时，梁底不太美观
倒T形梁	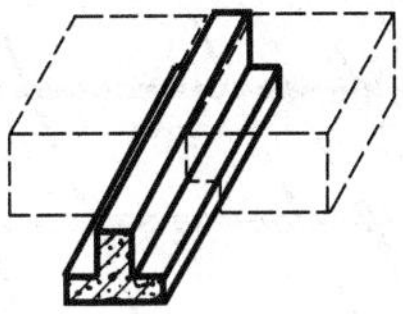	将板搁置在梁底台影处，台影为悬挑结构	梁面与板面平，可增大房屋净空。板端较复杂，制作不便
十字梁	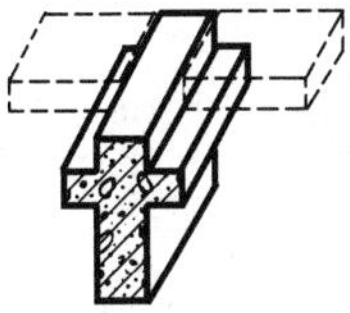	将板搁置在梁上侧台影处，板与梁顶适平	可增大房屋净高，梁截面复杂，制作不便
花篮梁	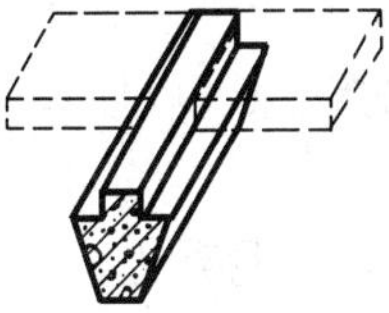	将板搁置在梁上侧台影处，板与梁顶适平	可增大房屋净高，梁截面复杂，制作不便
缺口梁	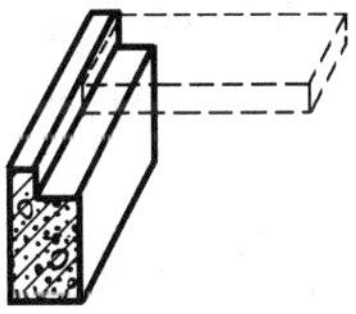	将板搁置在梁顶端缺口处	可增大房屋净高，梁截面复杂，制作不便
L形梁	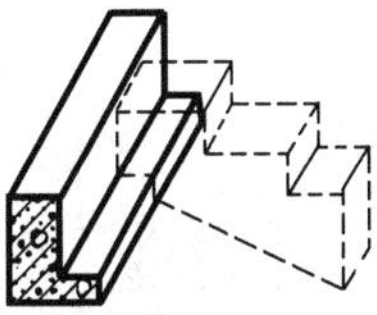	同倒T形梁	适用于装配式楼梯

（四）板的细部构造

1. 板的搁置及锚固

预制板搁置在墙上或梁上时，均应有足够的搁置长度。一般在砖墙上的搁置长度不宜小于100mm；在梁上的搁置长度应不小于80mm。地震地区板端深入外墙、内墙和梁的长度分别应不小于120、100mm和80mm。并且在搁置时，还应采用M5水泥砂浆坐浆20mm厚，以利于二者的连接。

为了增强楼板的整体刚度，特别是在地基条件较差地区或地震区，应在板与墙以及板端与板端连接处设置锚固钢筋，见图 14-10。

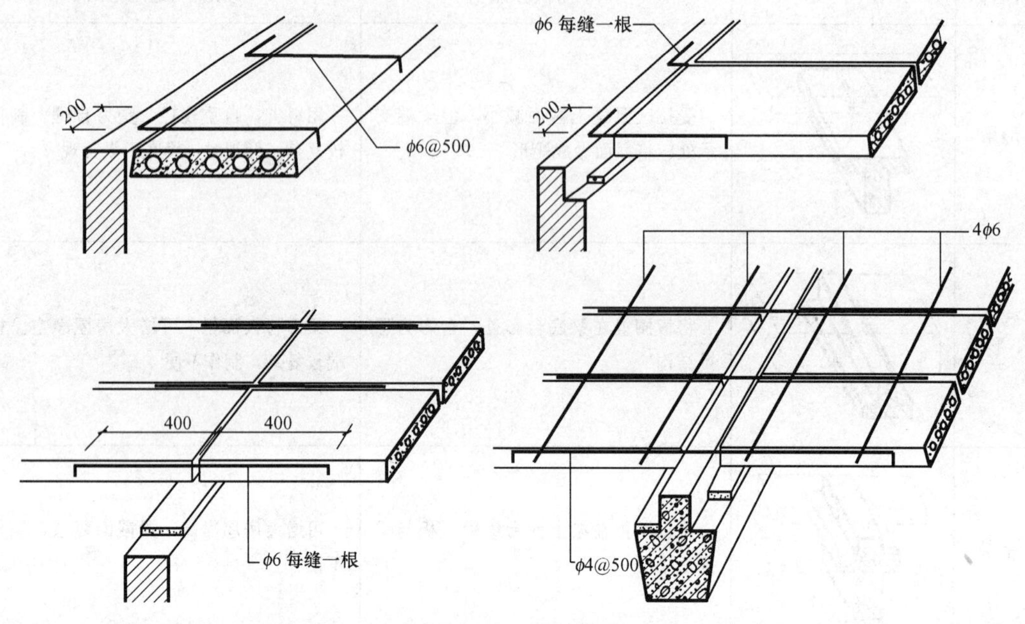

图 14-10 板的锚固

2. 板缝的处理

安装预制板时，为使板缝灌浆密实，要求板块之间离开一定的缝隙，以便填入水泥砂浆或细石混凝土。

板的接缝有端缝和侧缝两种。板的端缝一般需在板缝内灌筑细石混凝土，以加强连接；板的侧缝一般有三种形式：V 形、U 形和凹形，如图 14-11 所示。其中凹形缝有利于加强楼板的整体刚度。

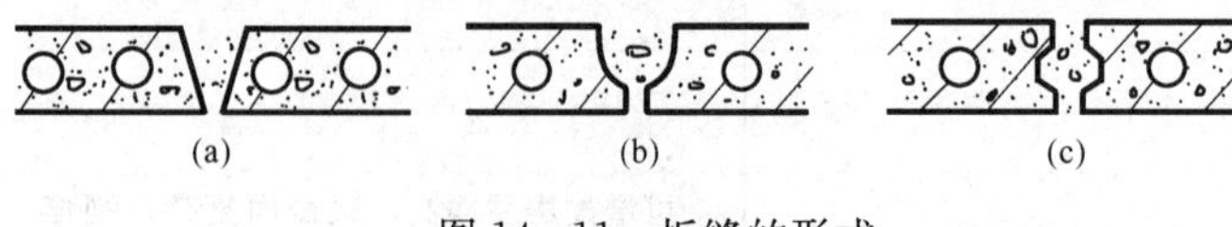

图 14-11 板缝的形式

（a）V 形缝；（b）U 形缝；（c）凹形缝

板的排列受到板宽规格的限制，在具体布置房间楼板时，经常出现小于一块板宽度的缝隙。遇到这种情况，可视缝隙大小采取如下措施，见图 14-12：

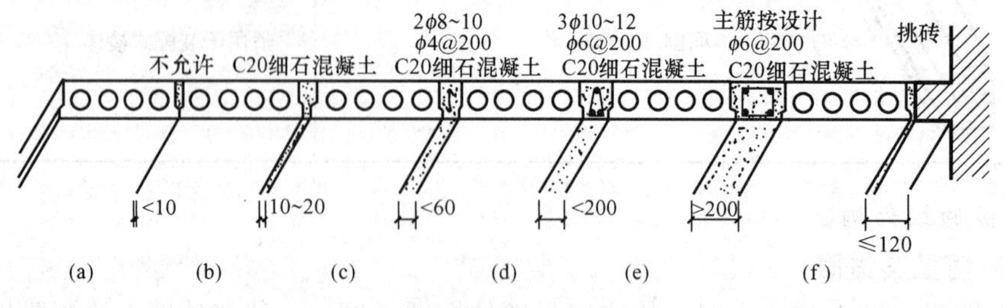

图 14-12 板缝处理措施

（1）当板缝为 10～20mm 宽时，应以细石混凝土灌缝，见图 14-12（b）。

（2）当板缝小于 60mm 时，应加设 2ϕ8～10 钢筋，用细石混凝土灌缝，见图 14-12（c）。

(3) 当板缝小于 200mm 时，应加设 3ϕ10～12 钢筋，用细石混凝土灌缝，见图 14-12 (d)。

(4) 当板缝大于 200mm 时，应按设计计算配置钢筋骨架，用细石混凝土灌缝，见图 14-12 (e)。

(5) 当邻近墙体的距离不大于 120mm 时，可采用挑砖做法，见图 14-12 (f)。

规范要求，板缝不得小于 10mm，以便有利于板间连接，见图 14-12 (a)。

3. 隔墙与楼板的关系

在预制楼板上，采用轻质材料作隔墙时，可将隔墙直接设置在楼板上；若采用自重较大的材料，如烧结普通砖作隔墙，则不宜将隔墙直接搁置在楼板上，特别应避免将隔墙的荷载集中在一块板上。通常将隔墙设置在两块板的接缝处。采用实心平板和空心板的楼板，在隔墙下的板缝处设梁或现浇钢筋混凝土板带来支承隔墙，见图 14-13 (a)、(c)；若采用槽形板的楼板，隔墙可直接搁置在板的纵肋上，见图 14-13 (b)。

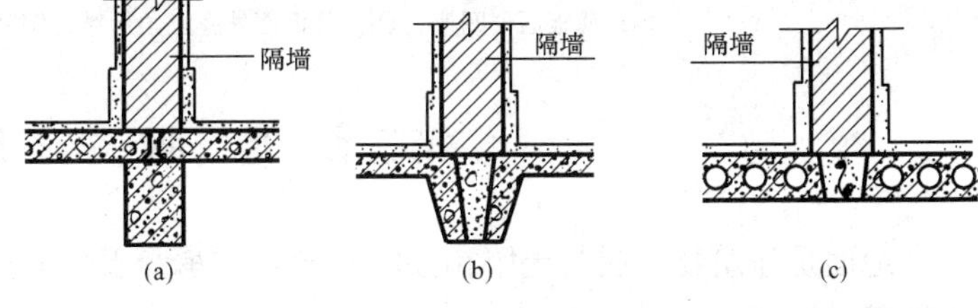

图 14-13　隔墙与楼板的关系

(a) 隔墙支承在梁上；(b) 隔墙支承在纵肋上；(c) 板缝配筋

三、装配整体式钢筋混凝土楼板

装配整体式钢筋混凝土楼板是采用部分预制构件，经现场安装，再整体浇筑混凝土面层所形成的楼板。这种楼板具有整体性强和节约模板的优点。按结构及构造方式的不同，这种楼板有密肋填充块楼板和叠合式楼板等做法。

(一) 密肋填充块楼板

密肋填充块楼板由密肋楼板和填充块叠合而成，如图 14-14 所示。密肋楼板有现浇密肋楼板［图 14-14 (a)］、预制小梁现浇楼板［图 14-14 (b)］等。密肋楼板间填充块，常用陶土空心砖、矿渣混凝土空心砖、加气混凝土块等。

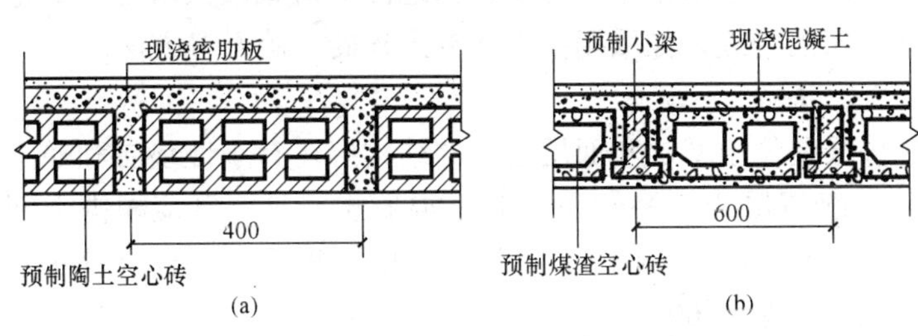

图 14-14　密肋填充块楼板

(a) 现浇密肋填充块楼板；(b) 预制小梁填充块楼板

密肋填充块楼板由于肋间距小，肋的截面尺寸不大，使楼板结构所占的空间较小。此种楼板常用于学校、住宅、医院等建筑中。

(二) 叠合式楼板

叠合式楼板是由预制板和现浇钢筋混凝土层叠合而成的装配整体式楼板。这种楼板节约模板，整体性较好，但施工较麻烦，如图 14-15 所示。

叠合式楼板的预制钢筋混凝土薄板既是永久性模板，又能与上部的现浇层共同工作。预制板底平整，可直接做各种顶棚装修。因此，薄板具有结构、模板、装修三方面的功能。目前这种楼板已在住宅、学校、办公楼、仓库等建筑中应用。

现浇叠合层的厚度一般为 100～120mm，混凝土的强度等级不低于 C20。为保证预制薄板与叠合层有较好的连接，薄板上表面需刻槽处理，见图 14-15（a）；也可在薄板上表面露出较规则的三角形结合钢筋，如图 14-15（b）所示。

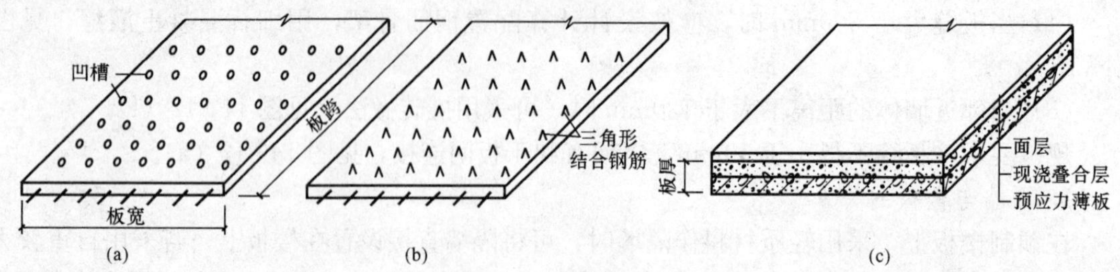

图 14-15 叠合楼板

（a）薄板面刻凹槽；（b）薄板面外露三角形结合钢筋；（c）叠合组合板

第三节 地 面 构 造

地面是建筑物底层与土壤相接的部分，它承受着地面上的荷载，并将这些荷载均匀地传给地基。

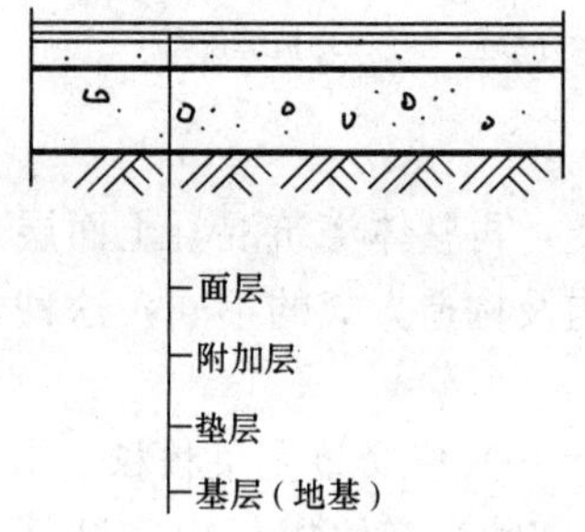

图 14-16 地面的基本构造层

地面的基本构造层为面层、垫层和基层（地基）。为满足其他方面的要求，地面往往还增加相应的附加构造层，如找平层、结合层、防潮层、保温层、防水层等，如图 14-16 所示。

一、基层

基层是位于地面垫层下的承重层，又称地基。当地面上荷载较小时，一般采用素土夯实；当地面上荷载较大时，可对基层进行加固处理，如采用换土或夯入碎砖、碎石等方法。

二、垫层

垫层是位于基层和面层之间的结构层，有刚性垫层和非刚性垫层之分。刚性垫层常用低强度等级混凝土，一般采用 C10 混凝土，其厚度应根据上部荷载的大小确定，常用的厚度为 60～100mm。非刚性垫层常采用砂、碎石、三合土及灰土等材料，其厚度根据材料和构造要求，通常为 60～120mm。

刚性垫层常用于整体面层和薄而脆的块材面层，如水磨石地面、锦砖地面、大理石地面等。

非刚性垫层常用于面层材料厚且强度较高的地坪中，如砖地面、混凝土地面等。

对某些室内荷载大且地基又较差并且有保温等特殊要求的，或面层装修标准较高的建筑，可在基层上先做非刚性垫层，再做一层刚性垫层，即复式垫层，如图 14-17 所示。

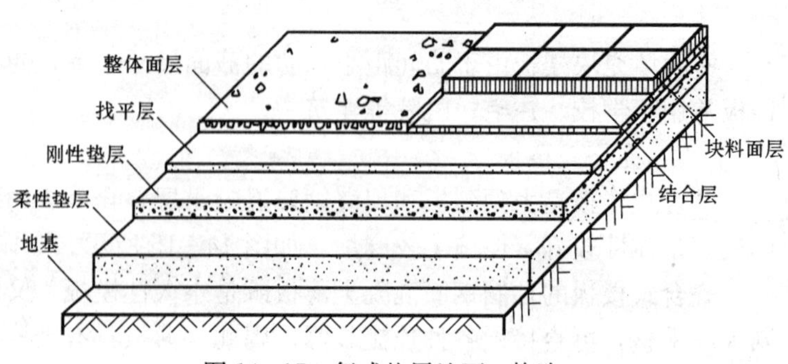

图 14-17 复式垫层地面、构造

三、面层

面层是指人们进行各种活动与其接触的地面表面层。根据房间使用功能的不同，面层应满足坚固、耐磨、平整、光洁、不起尘、易于清洁、有一定的弹性以及防水、防火等方面的要求。地面的名称是以面层所用材料而命名的，如面层为水泥砂浆，则称为水泥砂浆地面；面层为木材，则称为木地面等。

此外，当地面处设有变形缝时，应采取相应的构造措施，如图 14 - 18 所示。

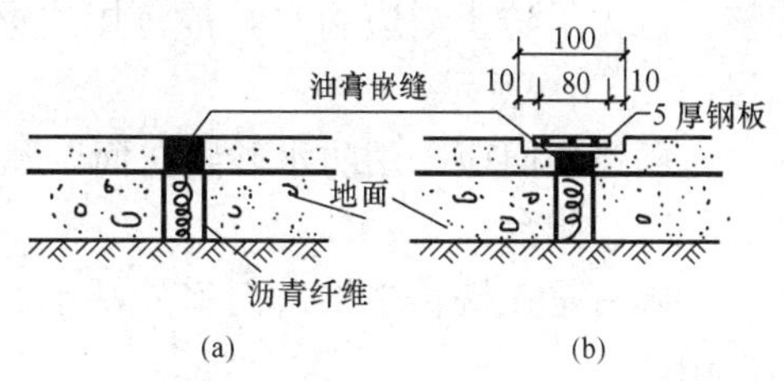

图 14 - 18　地面变形缝构造

(a) 地面油膏嵌缝；(b) 地面钢板盖缝

第四节　雨 篷 与 阳 台

一、雨篷

在房屋入口处为了遮雨需设置雨篷。通常多采用钢筋混凝土悬挑式结构。其悬挑长度一般为 0.9～1.5m。大型雨篷下常加柱，形成门廊，见图 14 - 19。

图 14 - 19　加柱式大型雨篷

雨篷有板式和梁板式，见 14 - 20。当采用现浇雨篷板时，板的厚度可渐变，端部厚度不小于 50mm，根部厚度一般不小于 1/8 板长，且不小于 70mm。为防止雨篷产生倾覆，常将雨篷与门上过梁（或圈梁）浇在一起，如图 14 - 20（a）所示。板式雨篷可采用无组织排水。

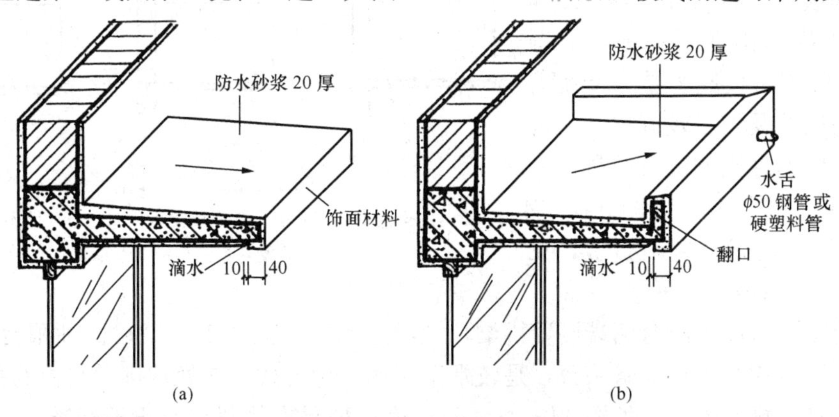

图 14 - 20　雨篷构造

(a) 板式雨篷；(b) 梁板式雨篷

当挑出长度较大时，一般做成梁板式，梁从门过梁（或圈梁）挑出。通常为了底板平整，也为了防止周边滴水，常将周边梁向上翻起，形成反梁式，并采用有组织排水，如图14-20（b）所示。

雨篷顶面应采用防水砂浆抹面，厚度一般为20mm，并在靠墙处做泛水。

二、阳台

阳台是在楼房中供人们室外活动的平台。阳台的设置对建筑物的立面造型起着重要的作用。

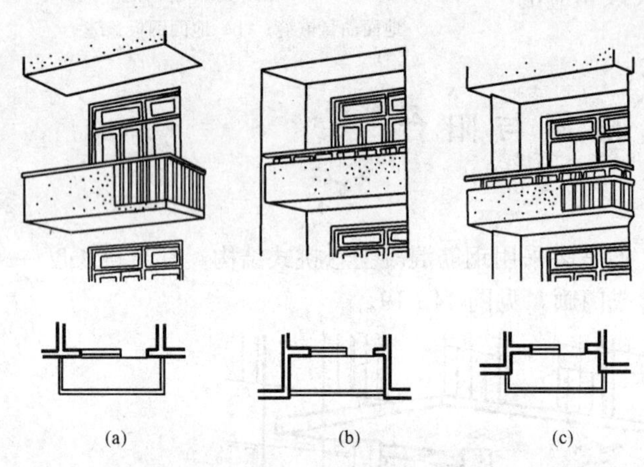

图14-21 阳台的形式

（a）凸阳台；（b）凹阳台；（c）半凸半凹阳台

（一）阳台的形式

阳台按其与外墙的相对位置，可分为凸阳台、凹阳台和半凸半凹阳台，如图14-21所示；阳台按其在建筑平面上的位置，可分为中间阳台与转角阳台；阳台按施工方法可分为现浇阳台和预制阳台。

（二）阳台承重结构的布置

阳台承重结构通常是楼板的一部分，因此，阳台承重结构应与楼板的结构布置统一考虑，主要采用钢筋混凝土阳台板。钢筋混凝土阳台板可采用现浇式、装配式或现浇与装配相结合的方式。

1. 凹阳台

凹阳台实为楼板层的一部分，所以它的承重结构布置可按楼板层的受力分析进行。

2. 凸阳台

凸阳台的受力构件为悬挑构件，按悬挑方式的不同，有挑板式和挑梁式两种。挑出长度在1200mm以内，可用挑板式；大于1200mm可用挑梁式。考虑到下层的采光，阳台进深不宜太大。

（1）挑板式，即阳台的承重结构是由楼板挑出的阳台板构成，见图14-22。这种阳台板底平整、造型简洁，但结构构造及施工较麻烦。挑板式阳台板具体的悬挑方式有两种：一种是楼板悬挑阳台板，见图14-22（a）；另一种是墙梁悬挑阳台板，见图14-22（b）、（c）。

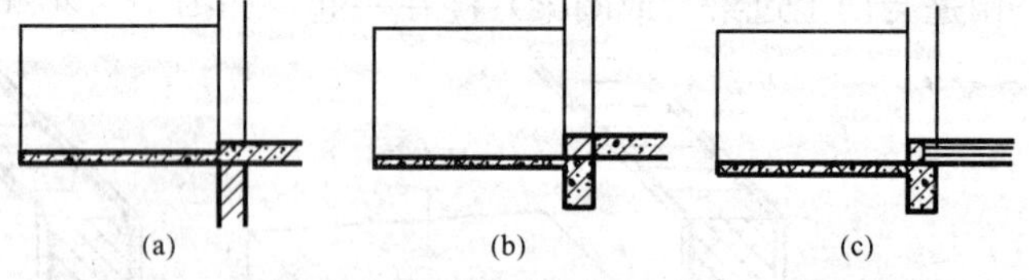

图14-22 挑板式阳台

（a）楼板悬挑阳台板；（b）墙梁悬挑阳台板（墙不承重）；（c）墙梁悬挑阳台板（墙承重）

（2）挑梁式，即在阳台两端设置挑梁，挑梁上搁板，见图14-23。此种阳台构造简单、施工方便，阳台板与楼板规格一致，是较常采用的一种方式。在处理挑梁与板的关系上有几种方式：一种是挑梁外露，见图14-23（a）；第二种是在挑梁梁头设置边梁，见图14-23（b）；第三种是设置L形挑梁，梁上搁置卡口板，见图14-23（c）。

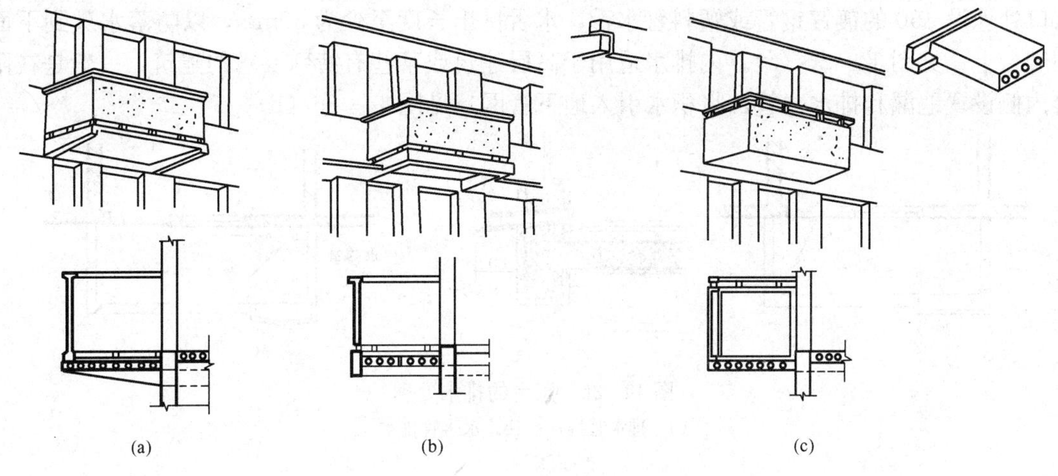

图 14-23 挑梁式阳台

(a) 挑梁外露；(b) 设置边梁；(c) L形挑梁卡口板

（三）阳台的细部构造

1. 栏杆（栏板）的形式

阳台的栏杆（栏板）与扶手均是保证人们在阳台上活动安全而设置的，要求坚固可靠、舒适美观。扶手高度不应低于 1.05m，高层建筑不应低于 1.1m，镂空栏杆的垂直杆件间净距离不能大于 130mm。

栏杆（栏板）从材料上分，有金属、钢筋混凝土和砌体等；从外形上分，有镂空式和实心组合式等，如图 14-24 所示。

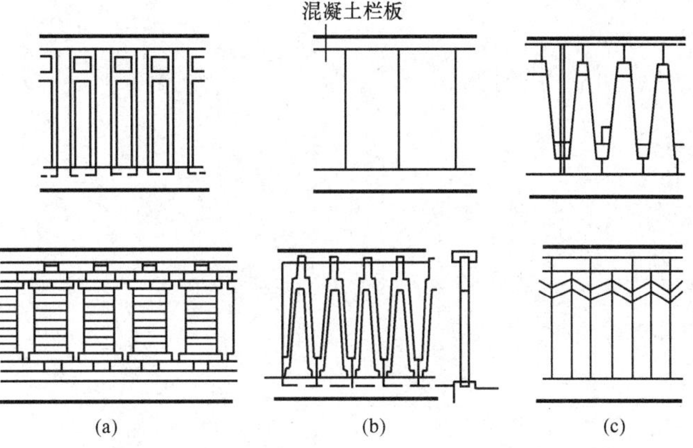

图 14-24 栏杆（栏板）的形式

(a) 砖砌栏杆与栏板；(b) 钢筋混凝土栏杆与栏板；(c) 金属栏杆

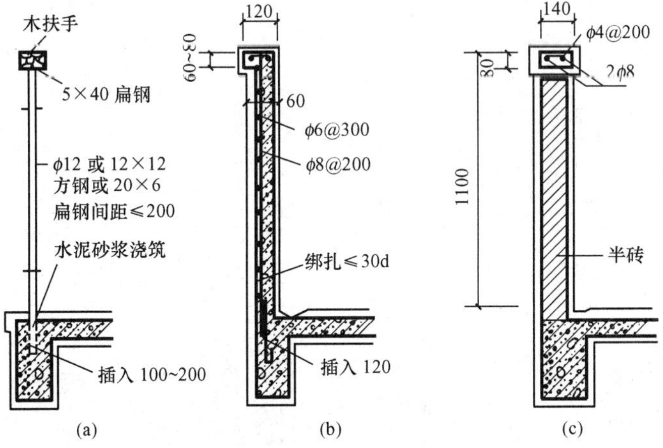

图 14-25 阳台栏杆（栏板）的构造

(a) 金属栏杆；(b) 现浇混凝土栏板；(c) 砖砌栏板

阳台扶手按材料分，有砖砌体、钢筋混凝土及金属材料等。

2. 连接构造

根据阳台栏杆（栏板）及扶手材料和形式的不同，其连接构造方式有多种，如图 14-25 所示。

3. 阳台的排水处理

为防止雨水流入室内，阳台地面的设计标高应较室内地面低 20～50mm，阳台的排水分为外排水和内排水。外排水适应于低层或多层建筑，此时，阳台地面应向排水口做 1%～2%的坡度，排

水口处埋设 ϕ50 的镀锌钢管或塑料管水舌，水舌挑出长度至少为 80mm，以防落水溅到下面的阳台上，见图 14 - 26（a）。内排水适用于高层建筑或某些有特殊要求的建筑，一般是在阳台内侧设置地漏和排水立管，将积水引入地下管网，见图 14 - 26（b）。

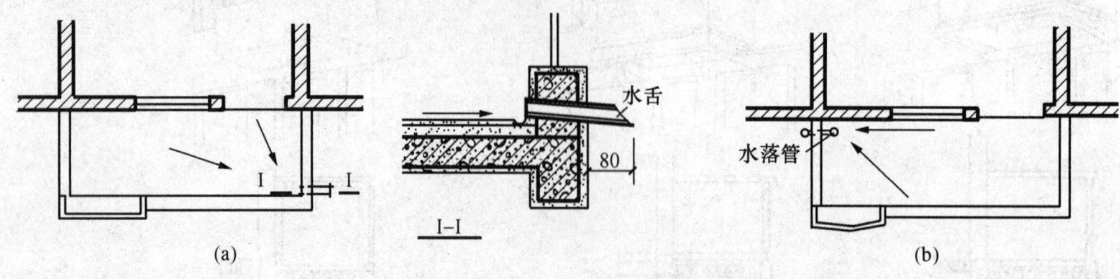

图 14 - 26 阳台的排水处理

（a）排水管排水；（b）水落管排水

第十五章 垂直交通设施

第一节 概述

两层以上的房屋就需要有垂直交通设施，包括楼梯、电梯、自动扶梯、台阶、坡道、爬梯以及工作梯等。这些设施要求做到使用方便、结构可靠、防火安全、造型美观和施工方便。楼梯作为竖向交通和人员紧急疏散的主要设施，使用最为广泛；垂直升降电梯则用于高层建筑或使用要求较高的宾馆等多层建筑；自动扶梯仅用于人流量大且使用要求高的公共建筑，如商场、候车楼等；台阶用于室内外高差之间和室内局部高差之间的联系；坡道则由于其无障碍流线，常用于多层车库通行汽车和医疗建筑中通行担架车等，在其他建筑中，坡道也作为残疾人轮椅车的专用交通设施；爬梯专用于消防和检修等；工作梯是供工作人员工作用的交通设施。

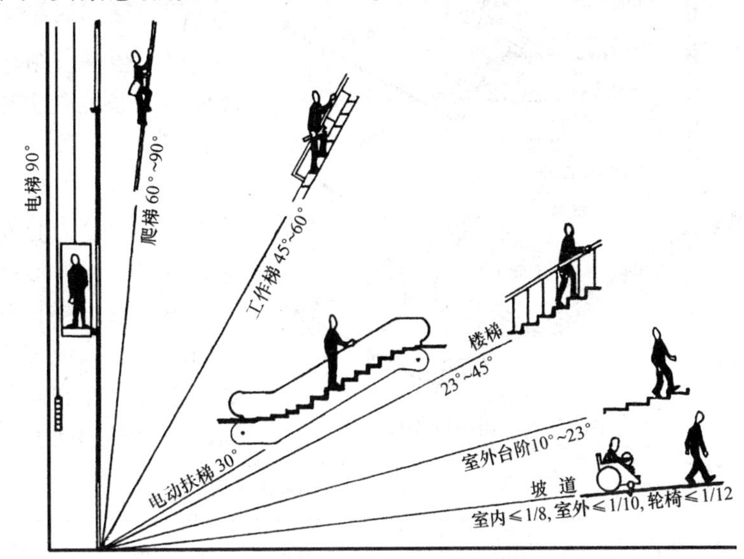

图 15-1 各种垂直交通设施的适用坡度

垂直交通设施的选用，是由建筑本身及环境条件决定的，也就是按垂直方向尺寸（即高差）与水平方向尺寸所形成的坡度来选定，坡度可用角度或高长比值表示，见图 15-1。

第二节 楼梯

一、楼梯的组成

楼梯一般由楼梯段、平台、栏杆（栏板）扶手三部分组成，如图 15-2 所示。

1. 楼梯段

楼梯段是联系两个不同标高平台的倾斜构件，它由若干踏步和斜梁或板构成。为了消除疲劳，每一楼梯段的踏步数量一般不宜超过 18 级，同时考虑人们行走的习惯性，楼梯段的踏步数量也不宜少于 3 级。

2. 平台

平台是指两楼梯段之间的水平构件。根据所处的位置不同，有中间平台和楼层平台之

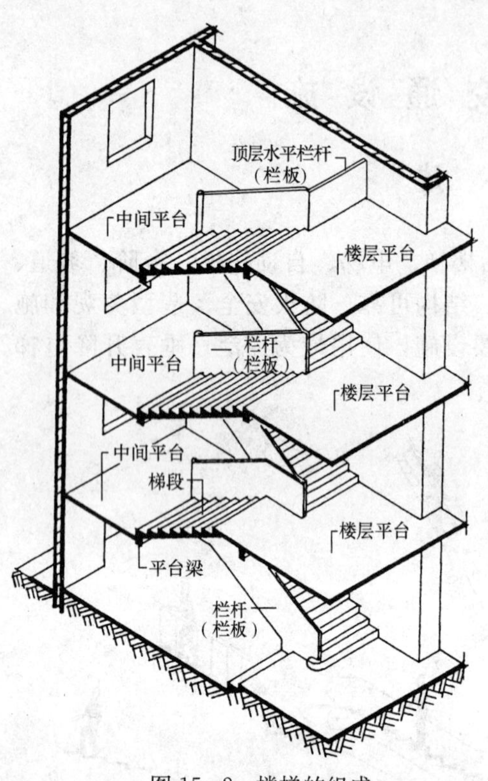

图 15-2 楼梯的组成

分。位于两楼层之间的平台称为中间平台；与楼层地面标高一致的平台称为楼层平台。其主要作用是供人们行走时改变行进方向和缓解疲劳，故又称为休息平台。

3. 栏杆（栏板）扶手

栏杆（栏板）扶手是设在楼梯段及平台边缘的安全防护设施。要求必须坚固可靠，并具有适宜的安全高度。

二、楼梯的类型

（1）楼梯按结构材料的不同，有木楼梯、钢楼梯和钢筋混凝土楼梯等。其中钢筋混凝土楼梯具有坚固、耐久、防火等优点，使用最为广泛。

（2）楼梯按楼层间梯段数量和上下楼层方式的不同，可分为直跑梯、双跑梯、多跑梯、交叉梯、剪刀梯、弧形梯及螺旋梯等多种形式。选用的原则是根据楼梯间的平面形状与大小、楼层高低与层数、人流多少与缓急、使用功能、造型需要、投资限额和施工条件等因素来确定。各种不同的楼梯形式见表 15-1。

表 15-1 **各种不同的楼梯形式**

名 称	图 示	构 造 特 点	适 用 范 围
1. 直跑楼梯	下	只有一个楼梯段，不设中间平台，所占宽度较小，但长度较大	层高较小的建筑，一般层高不超过 3m
2. 双跑直楼梯	下	两个楼梯段间设一个中间平台，两梯段在一条直线上。占用宽度较小，但长度较大	楼梯间窄而长的建筑

续表

名称	图示	构造特点	适用范围
3. 双跑平行楼梯	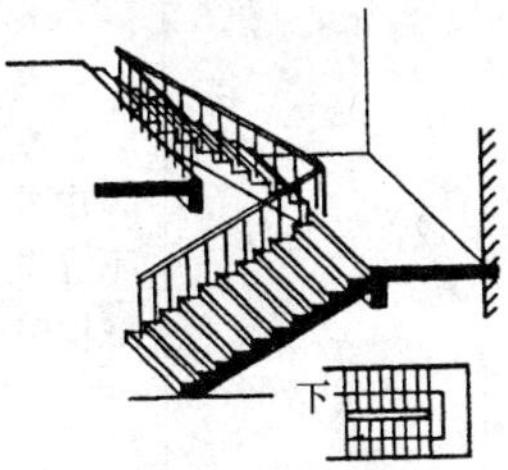 下	由两个楼梯段和一个中间平台组成，在休息平台处转向180°，占用长度较小，但宽度较大	用途最广，如用于住宅及公共建筑
4. 双跑直角楼梯	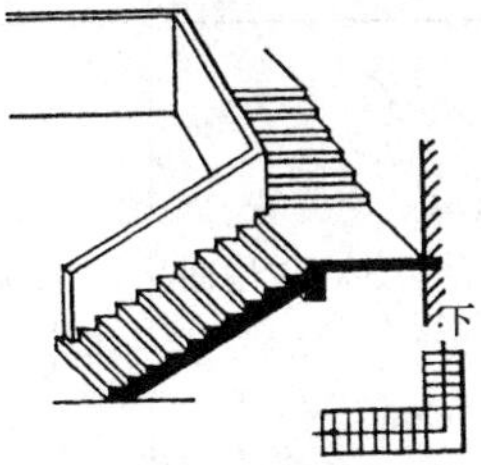 下	中间平台处转角90°，两梯段均可沿墙设置，充分利用空间	公共建筑大厅和窄小的跃层住宅
5. 双合平行楼梯	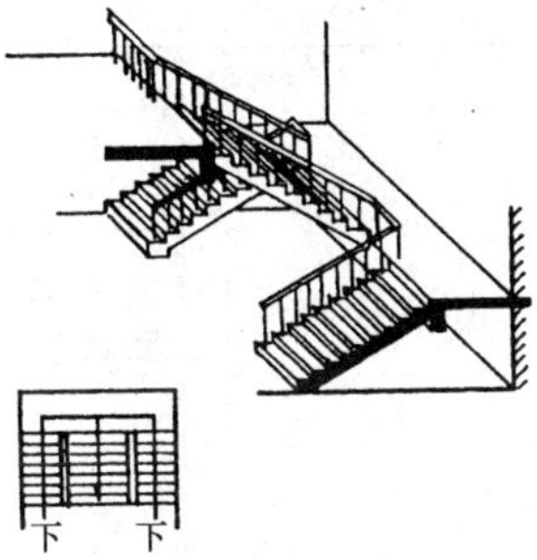 下 下	两个平行梯段到中间平台处合并为一个宽梯段	公共建筑的主要楼梯
6. 双分平行楼梯	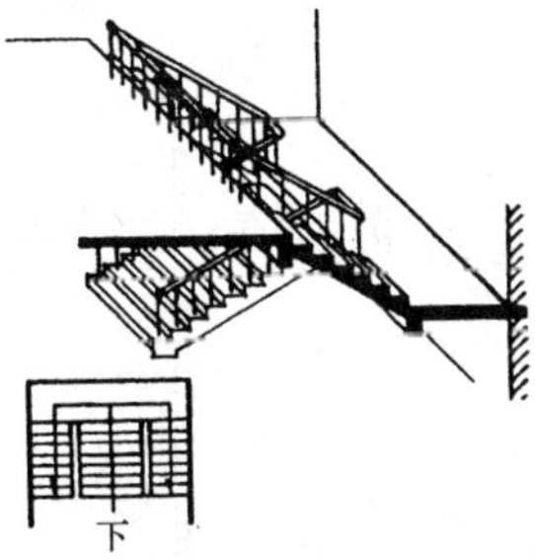 下	一个宽梯段到中间平台处分为两个窄梯段	公共建筑的主要楼梯
7. 三跑楼梯	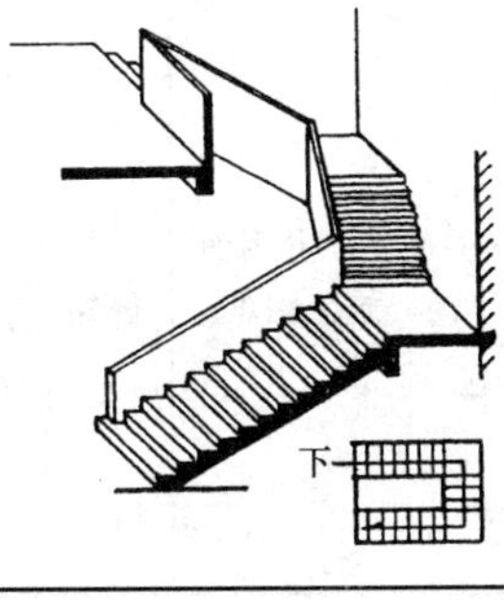 下	由三个梯段和两个中间平台组成，占用面积宽而短，梯井较宽	公共建筑

续表

名　称	图　示	构　造　特　点	适　用　范　围
8. 扇形楼梯	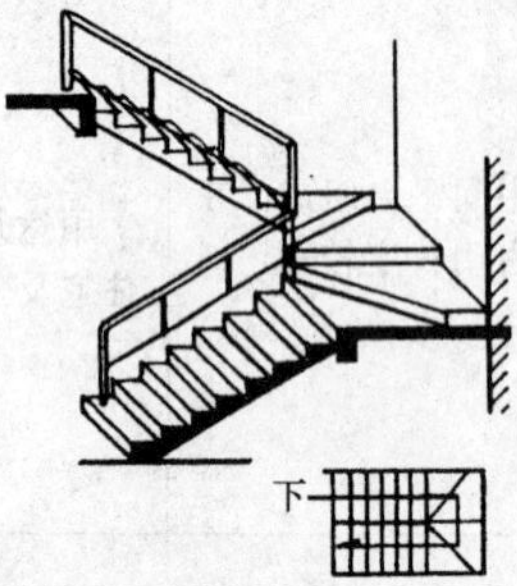 下	中间平台处由扇形踏步组成，转角处行走不便	次要及辅助楼梯，不宜作主要楼梯和疏散楼梯
9. 剪刀式楼梯	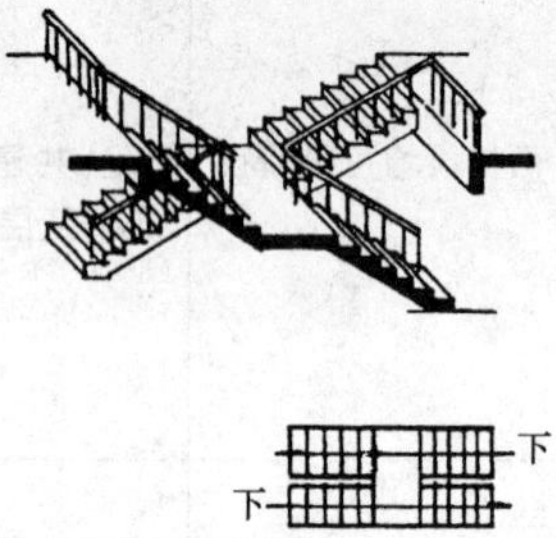 下 下	四个梯段用一个中间平台相连，占用面积较大，行走方便	人流较多的公共建筑
10. 交叉楼梯	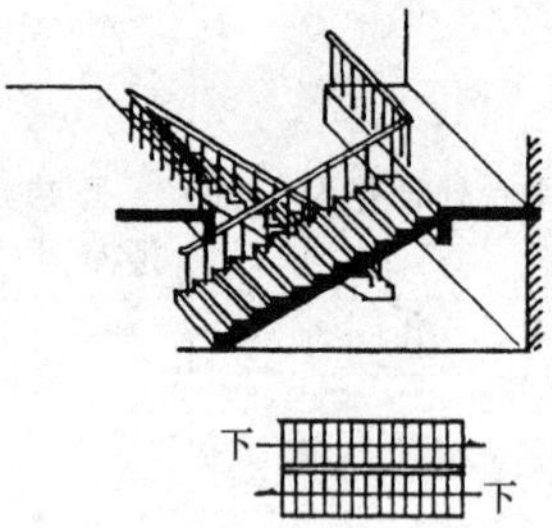 下 下	两个直跑楼梯交叉而不相连	人流较多的公共建筑
11. 弧线形楼梯	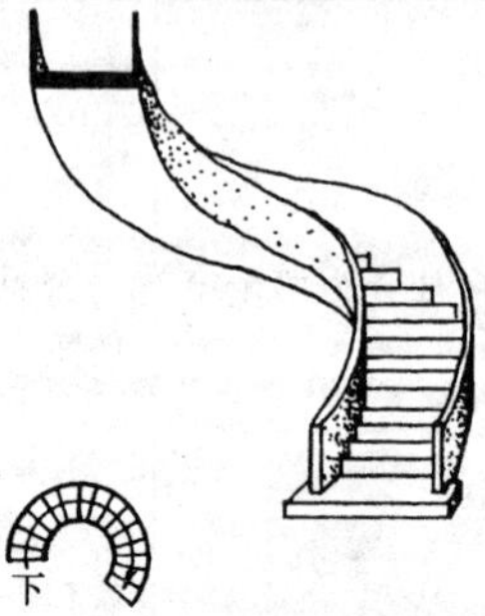 下	楼梯段为弧形，造形优美、构造复杂、施工不便	公共建筑门厅
12. 螺旋楼梯	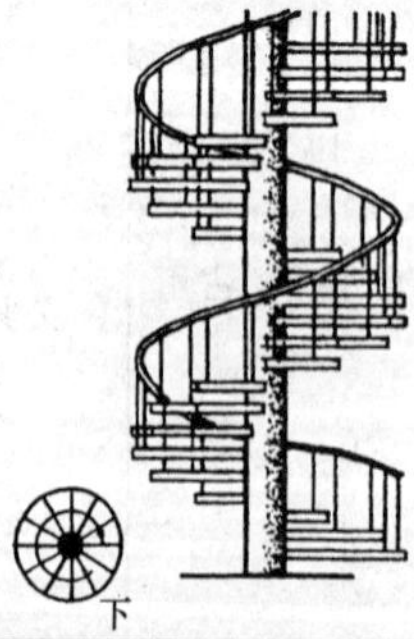 下	楼梯踏步围绕一根中心柱布置，占用面积小，造型优美，但行走不便，施工困难	跃层式住宅和检修梯

三、楼梯的尺度

（一）楼梯的坡度

楼梯的坡度视建筑的功能类型而定，一般情况下，人流多的公共建筑的楼梯应平缓；人流较少的住宅建筑的楼梯可稍陡；次要楼梯可更陡些。楼梯的坡度范围一般在 23°～45°之间。正常情况下应当把楼梯坡度控制在 38°以内，一般认为 30°是楼梯的适宜坡度，如图 15－1 所示。

（二）踏步尺度

踏步由踏面和踢面组成。楼梯踏步尺度是指踏步的宽度和踏步的高度。踏步的宽度应与成人的脚长相适应，踏步的高度应结合踏步宽度符合成人步距。踏步的宽与高必须有一个恰当的比例关系，才会使人行走时不会感到吃力和疲劳。踏步的宽度与高度可用下列经验公式求得

$$2r+g=s$$

式中　r——踏步高度；

g——踏步宽度；

s——人的平均步距一般为 600～620mm。

民用建筑中，楼梯踏步尺寸应符合表 15－2 的规定。

表 15－2　　常用适宜踏步尺寸

名　称	住　宅	学校、办公楼	剧院、食堂	医院（病人用）	幼儿园
踏步高（mm）	156～175	140～160	120～150	150	120～150
踏步宽（mm）	250～300	280～340	300～350	300	260～300

当受条件限制，踏步宽度较小时，可以在踏步的细部进行适当变化来增加踏面的尺寸，如采用加做踏步檐或使踢面倾斜，如图 15－3 所示。

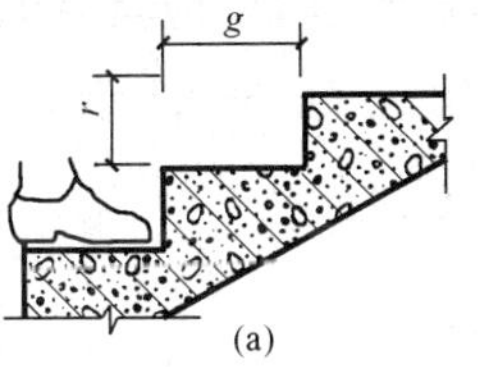

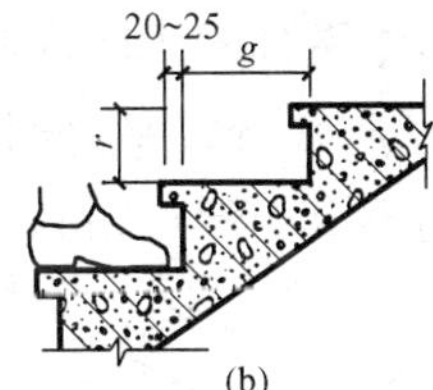

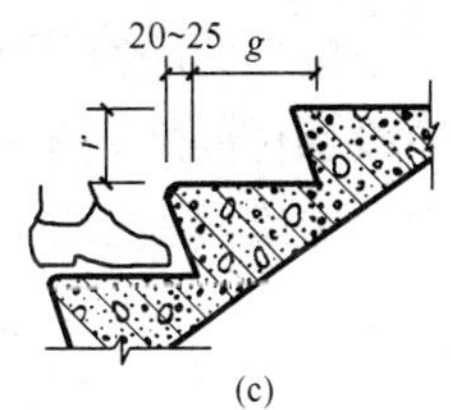

图 15－3　踏步尺寸与人脚的关系

（a）正常处理的踏步；（b）加做踏步檐；（c）踢面倾斜

（三）梯段尺度

楼梯梯段尺度包括梯段宽度和梯段长度。梯段宽度是指楼梯间墙面至扶手中心线的水平距离。它应根据紧急疏散时，要求通过的人流股数多少确定。我国规定每股人流按 0.55m+（0～0.15）m 计算，其中 0～0.15m 为人在行进中的摆幅。一般单股人流通行时，梯段宽度应不小于 900mm，见图 15－4（a）；双股人流通行时为 1100～1400mm，见图 15－4（b）；三股人流通行时为 1650～2100mm，见图 15－4（c）。

梯段长度（L）则是每一梯段的水平投影长度，其值为 $L=(N-1)\times b$，其中 b 为踏步水平投影步宽，N 为梯段踏步数。此处需注意踏步数为踢面步高数。

（四）平台宽度

平台宽度指楼梯间墙面至转角扶手中心线的水平距离，它分为中间平台宽度和楼层平台宽度。中间平台宽度应大于或等于梯段宽度，以利于人流通行和搬运家具设备，见图 15－5。

（五）梯井宽度

梯井是指梯段之间形成的空档，此空档从顶层到底层贯通。为了安全，其宽度应小些，以60～200mm为宜。

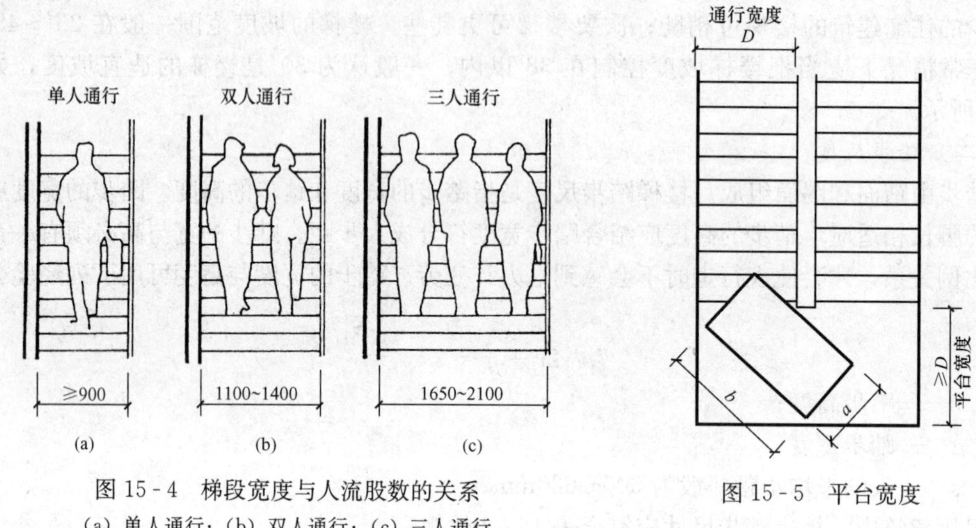

图15-4 梯段宽度与人流股数的关系

（a）单人通行；（b）双人通行；（c）三人通行

图15-5 平台宽度

（六）栏杆（栏板）扶手的高度

梯段栏杆（栏板）扶手的高度是指踏面中心点至扶手顶面的垂直距离。其高度根据人体重心高度和楼梯坡度大小等因素确定，一般为900mm左右；平台处水平栏杆（栏板）扶手的高度不应小于1000mm；供儿童使用的楼梯应在500～600mm高度增设扶手，见图15-6。

（七）楼梯的净空高度

楼梯的净空高度是指平台下或梯段下通行人时，应具有的最低高度要求。规范规定，楼梯段部位的净高不应小于2.2m，平台部位的净高不应小于2.0m。起止踏步前缘与顶部凸出物内边缘线的水平距离不应小于0.3m，见图15-7。

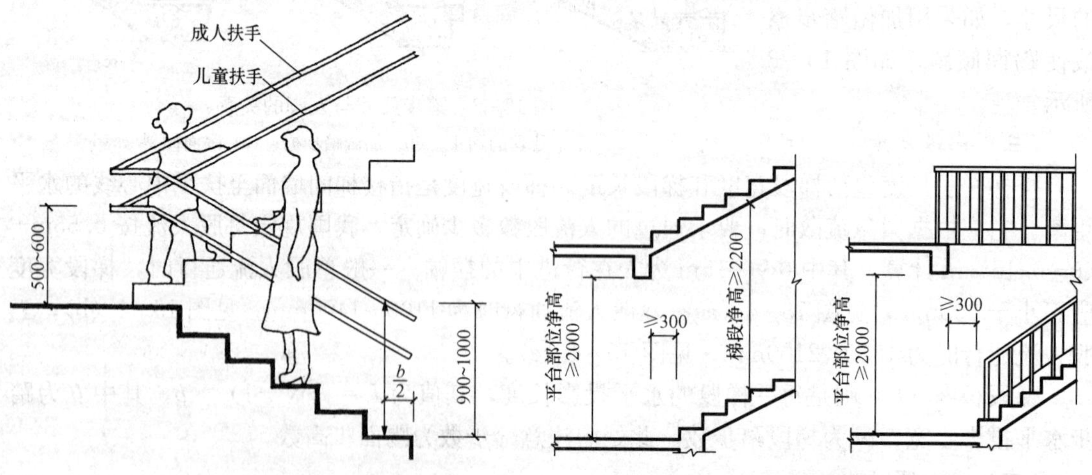

图15-6 栏杆（栏板）扶手高度

图15-7 楼梯的净空高度

当采用平行双跑楼梯且在底层中间休息平台下设置通道时，为保证平台下的净高，可采取以下方式解决：

(1) 改用长短跑楼梯，即将底层的等跑梯段变为长短跑梯段。起步第一跑为长跑，以提高中间平台标高，见图 15-8。这种方式仅在楼梯间进深较大时采用，此时应注意保证平台上面的净空宽度和宽度。

(2) 下沉地面，即局部降低底层中间平台下地坪标高，使其低于底层室内地坪标高±0.000，以满足净空高度要求，见图 15-9。这种处理方式可保持等跑梯段，使构件统一，但提高了整个建筑物的高度。此时应注意，降低后的中间平台下地坪标高仍应高于室外地坪标高，以免雨水内溢。

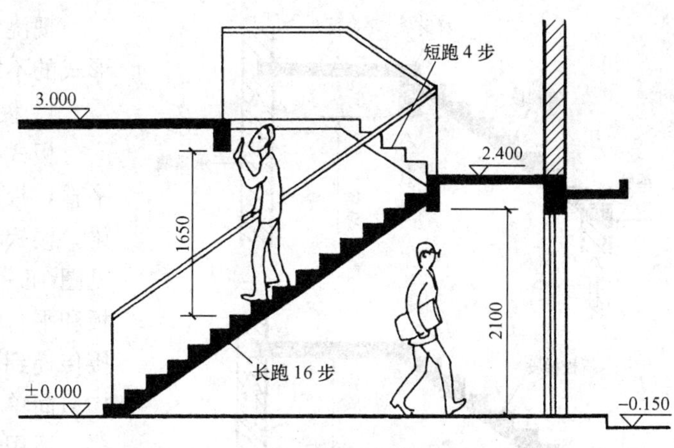

图 15-8 用长短梯段解决通行净高

(3) 综合法，即将长短跑法和下沉地面法综合一体解决通行净高问题（图 15-10）。这种处理方式可兼有前两种方式的优点，并减少其缺点。

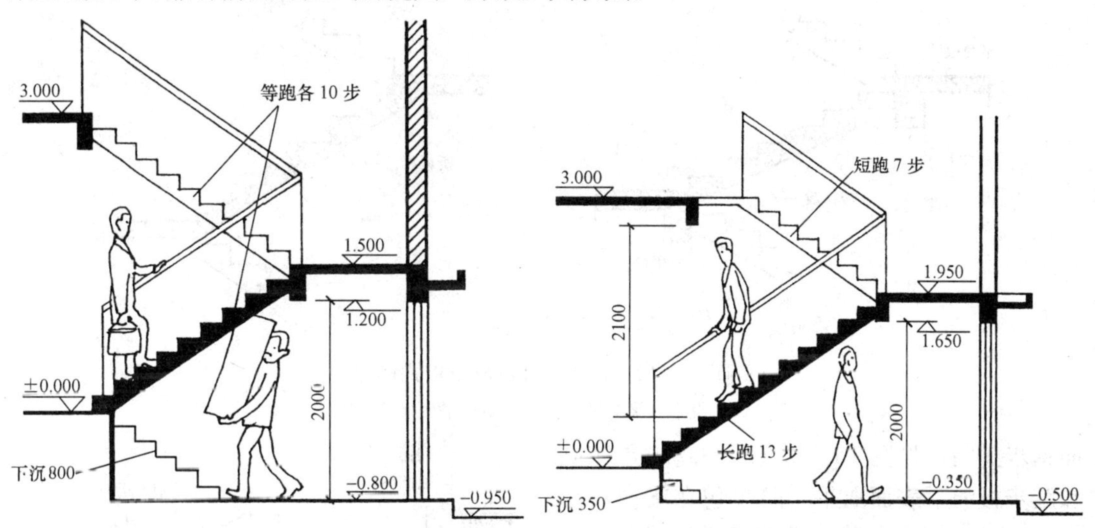

图 15-9 下沉地面解决通行净高

图 15-10 用综合法解决通行净高

(4) 不设置平台梁。平台梁高为其梁长的 1/12 左右，一般均在 300～400mm 之间。如果去掉平台梁，这个尺寸确实在解决通行净高时起着一定作用。不设平台梁是从结构上进行调整，即将上、下梯段和平台组成一个整体式的折板，将板端直接支承在承重墙体上，这样的变动可以解决 200～300mm 的净高问题，见图 15-11。

四、钢筋混凝土楼梯

钢筋混凝土楼梯按施工方式不同，可分为现浇式和预制装配式两类。

（一）现浇钢筋混凝土楼梯

现浇钢筋混凝土楼梯的整体性好，造型随意性强，但现场施工繁琐、湿作业多、工期长，多用于楼梯形式复杂或对抗震要求较高的建筑中。

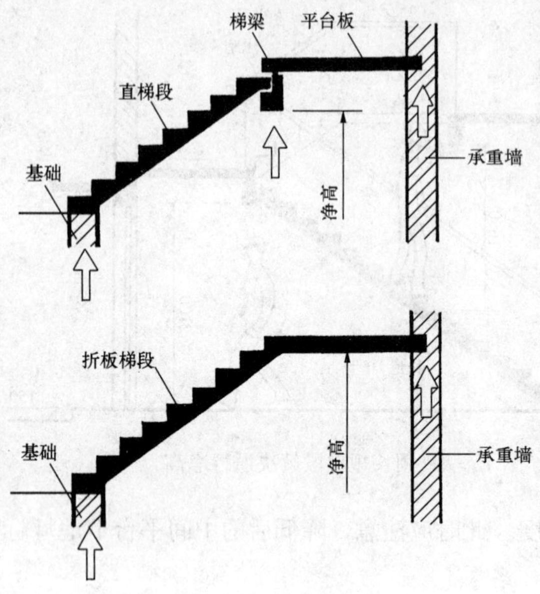

图 15-11　用折板提高通行净高

现浇钢筋混凝土楼梯按受力特点及结构形式的不同，可分为板式楼梯和梁板式楼梯。

1. 板式楼梯

板式楼梯是将楼梯段作为一块板，板底平整，板面上做成踏步，梯段两端设置平台梁，楼梯段上的荷载通过平台梁传到墙上，见图 15-12（a）；也可不设平台梁，将梯段板和平台板现浇为一体，楼梯段上的荷载直接传递到墙上，见图 15-12（b）。这种楼梯构造简单，施工方便，但自重大，材料消耗多，适用于楼梯段跨度及荷载较小的楼梯。

2. 梁板式楼梯

梁板式楼梯是指在梯段中设有斜梁的楼梯。踏步板的荷载通过梯段斜梁传至平台梁，再传到墙上。按斜梁位置的不同有明步和暗步之分。明步是将梁设置在踏步板之下，上面踏步露明，见图 15-13（a）；暗步是使梁和踏步板的下表面取平，踏步包在梁内，见图 15-13（b）。这种楼梯模板比较复杂，但受力较好，用料比较经济，适用于各种长度的楼梯。

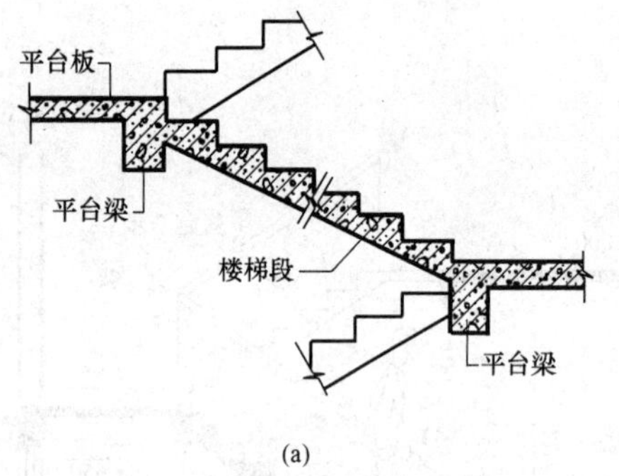

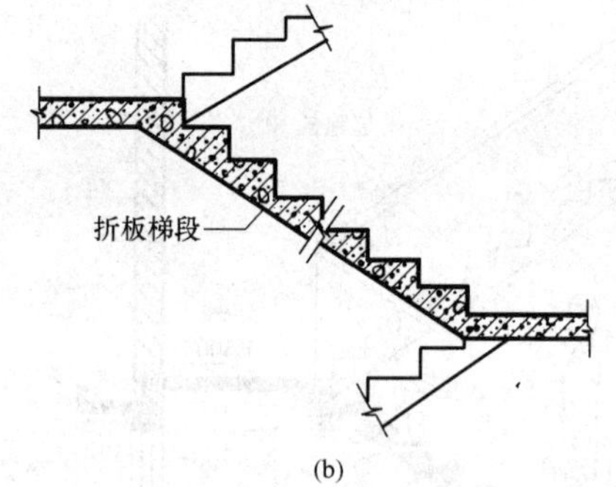

图 15-12　现浇钢筋混凝土板式楼梯

（a）设平台梁的梯段；（b）不设平台梁的梯段

图 15-13　现浇钢筋混凝土梁板式楼梯

（a）明步楼梯；（b）暗步楼梯

（二）装配式钢筋混凝土楼梯

装配式钢筋混凝土楼梯是将楼梯分隔成若干部分，在预制厂制作，到现场安装的楼梯。这种方式可加快施工速度，减少现场湿作业，有利于建筑工业化。但楼梯的造型和尺寸将受到局限，且应具有一定的吊装设备。

装配式钢筋混凝土楼梯按构件尺寸的不同，可分为小型构件装配式楼梯和大、中型构件装配式楼梯两类。

1. 小型构件装配式楼梯

小型构件装配式楼梯具有构件小而轻、容易制作、便于安装的优点，但由于构件数量多，现场湿作业亦较多，施工速度较慢，通常用于施工机械化程度较低的房屋建筑中。

小型构件装配式楼梯主要有墙承式和梁承式两种。

（1）墙承式楼梯。按支承方式的不同有双墙支承式和悬挑踏步式两种。

双墙支承式楼梯是把预制的踏步板搁置在两侧的墙上，在砌筑墙体时，随砌随安放踏步板。这种楼梯两个梯段间设墙后，阻挡了视线、光线，感觉空间狭窄，在搬运大件家具设备时感到不方便。为了解决通视的问题，可以在墙体的适当部位开设观察孔，见图 15 - 14。双墙支承式楼梯宜用于低标准的次要建筑。

悬挑踏步式楼梯是将踏步板的一端嵌固于楼梯间侧墙中，另一端悬挑并安装栏杆的楼梯，见图 15 - 15。这种形式仅适用于次要楼梯且悬挑尺寸不宜大于 900mm，地震区不宜采用。

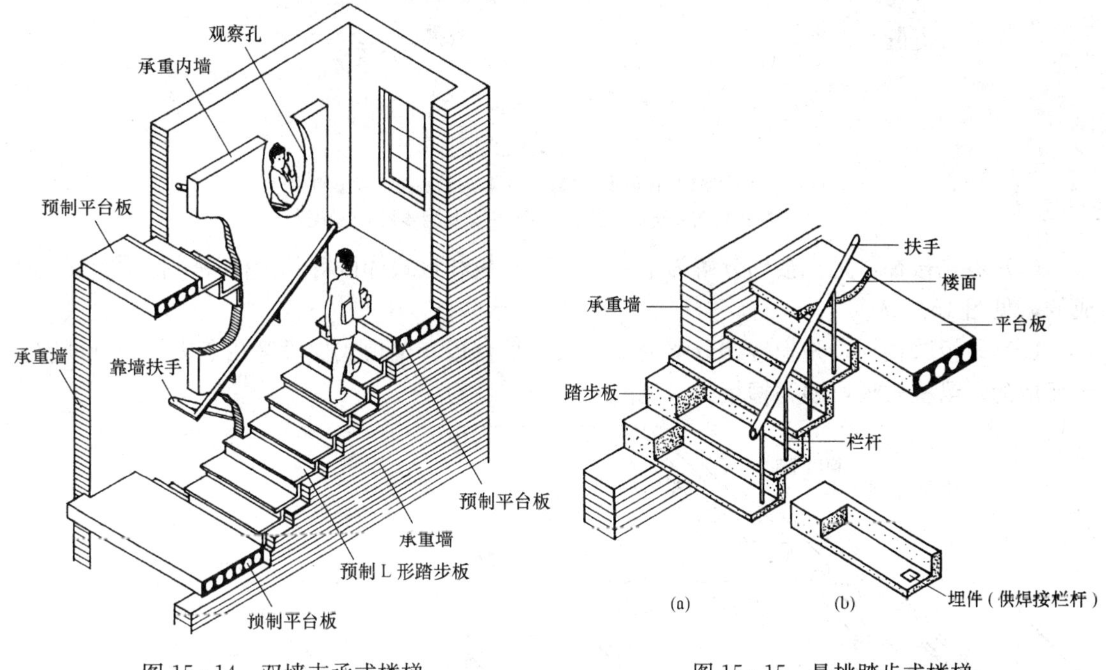

图 15 - 14　双墙支承式楼梯

图 15 - 15　悬挑踏步式楼梯
（a）悬挑踏步式楼梯示意；（b）踏步构件

（2）梁承式楼梯。其梯段是由踏步板和斜梁组成。梯段斜梁通常做成锯齿形、矩形和 L 形。锯齿形斜梁用于支承一字形和 L 形踏步板，见图 15 - 16（a）、（b）；矩形和 L 形斜梁用于支承三角形踏步板，见图 15 - 16（c）、（d）。一字形和 L 形踏步板与斜梁之间用水泥砂浆找平，三角形踏步板与斜梁之间用水泥砂浆自下而上逐个叠砌。

2. 大、中型构件装配式楼梯

大、中型构件装配式楼梯可以减少预制构件的种类和数量，简化施工过程，减轻劳动强度，加快施工速度；但构件制作和运输较麻烦，施工现场需要有大型吊装设备，以满足安装要求。这种楼梯适用于在成片建设的大量性建筑中使用。

按楼梯段构造形式的不同，大、中型构件装配式楼梯主要有板式和梁板式两种。

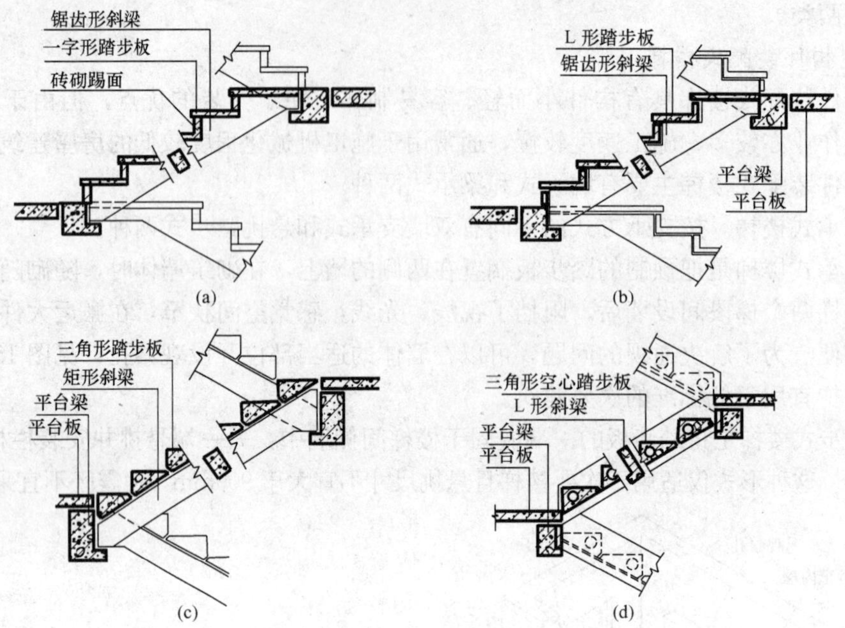

图 15-16 梁承式楼梯

(a) 一字形踏步板锯齿形斜梁；(b) L 形踏步板锯齿形斜梁；
(c) 三角形踏步板矩形斜梁；(d) 三角形踏步板 L 形斜梁

(1) 板式楼梯，是把楼梯分解为平台梁、平台板和板式梯段等几个构件进行预制安装而成的，见图 15-17。

(2) 梁板式楼梯，是把楼梯分解为平台梁、平台板和梁板式梯段等几个构件进行预制安装而成的。梁板式梯段多为槽板式，见图 15-18。

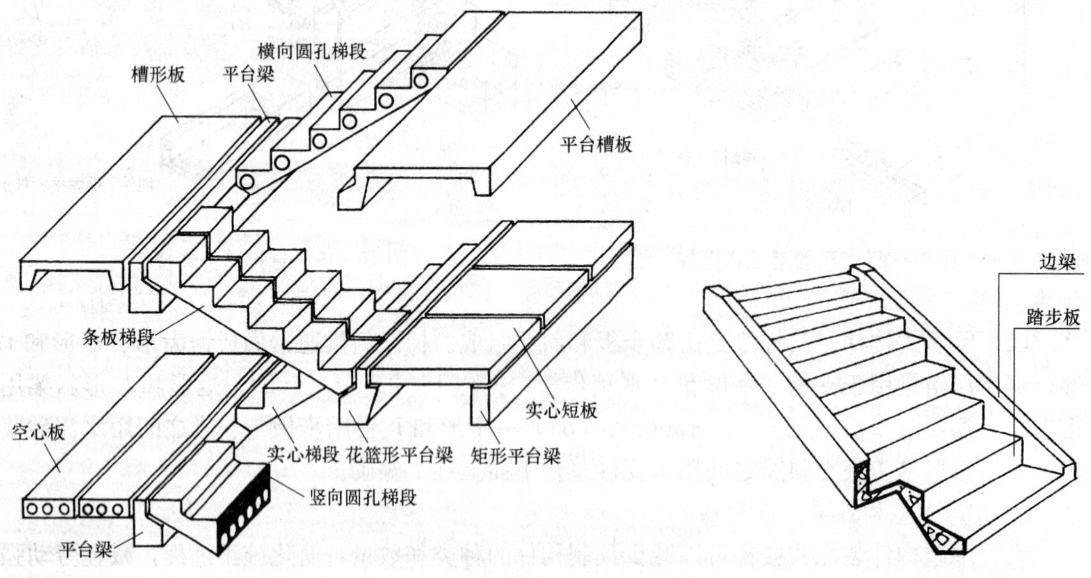

图 15-17 装配式板式楼梯构件组合示意图

图 15-18 梁板式梯段

楼梯段安装时，应用水泥砂浆铺垫，还应在斜梁与平台梁结合处，用插筋套接或预埋钢板电焊的方法连接牢固，见图 15-19。

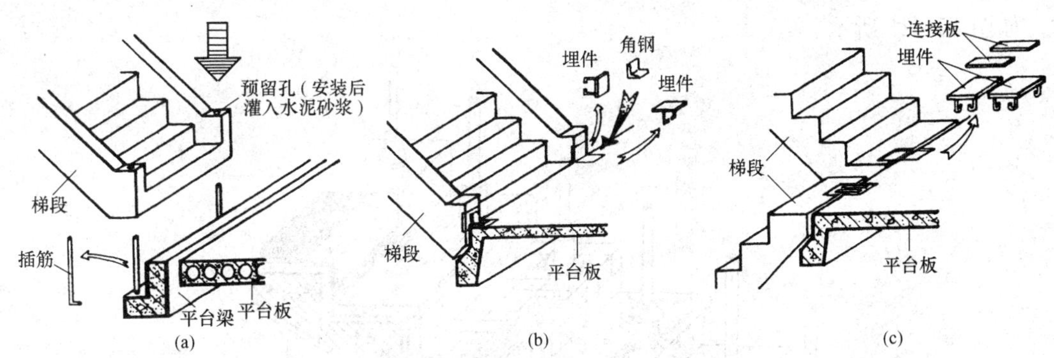

图 15-19 梯段与平台的连接

（a）插筋连接；（b）角钢连接；（c）连接板焊接

位于建筑物底层的第一跑楼梯段下部应设基础，称为梯基。梯基的形式一般为条形，可选用砖、石等材料砌筑而成，见图 15-20（a）；也可采用平台梁代替，见图 15-20（b）。

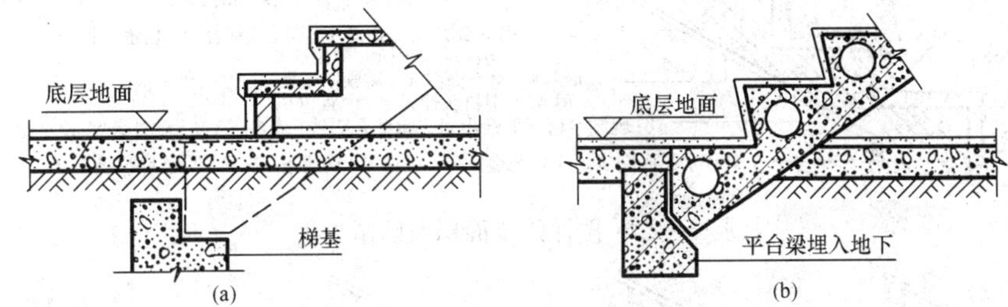

图 15-20 梯基构造示意图

（a）梯段与梯基连接；（b）平台梁代替梯基

五、楼梯的细部构造

（一）踏步面层及防滑处理

1. 踏步面层

楼梯踏步面层的做法与楼地面做法基本相同。选用的材料，应满足平整、耐磨、便于清洁、防滑和美观等方面的要求。根据造价和装修标准的不同，常采用水泥砂浆面、水磨石面、大理石面、地毯面等，如图 15-21 所示。

2. 防滑处理

对于人流量较大的楼梯，为避免行人滑倒，踏步表面应采取防滑措施。通常是在靠踏步阳角部位做防滑条，防滑条的两端应距墙面或栏杆（栏板）留出不小于 120mm 的空隙，以便清扫垃圾和冲洗。防滑条的材料应耐磨、美观、行走舒适，常用的有水泥铁屑、水泥金刚砂、铸铁、铜、铝合金、缸砖等，其具体做法如图 15-21 所示。

（二）栏杆（栏板）及扶手构造

1. 栏杆（栏板）的形式与构造

栏杆（栏板）的形式可分为空花式、栏板式、混合式等类型。

（1）空花式。一般采用扁钢、圆钢、方钢，也可采用木、铝合金等材料制作。其杆件形成的空花尺寸不宜过大，一般不大于 110mm。经常有儿童活动的建筑，栏杆的分格应设计成不易儿童攀登的形式，以确保安全，如图 15-22 所示。

（2）栏板式。一般采用砖、钢板网水泥、钢筋混凝土、有机玻璃及钢化玻璃等材料制作，如图 15-23 所示。

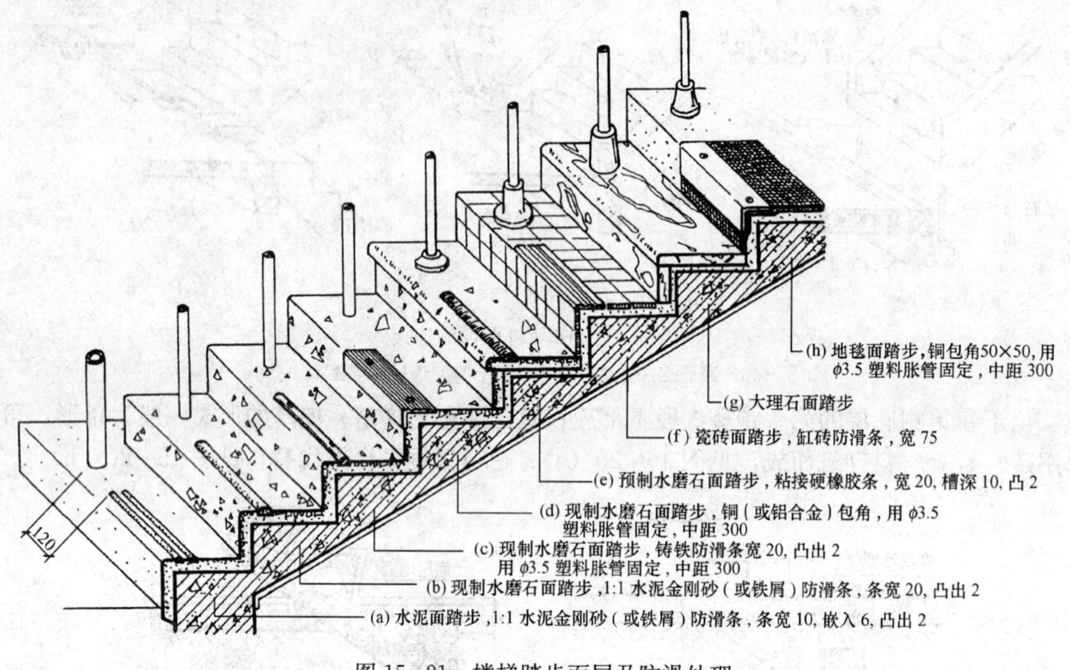

图 15-21 楼梯踏步面层及防滑处理

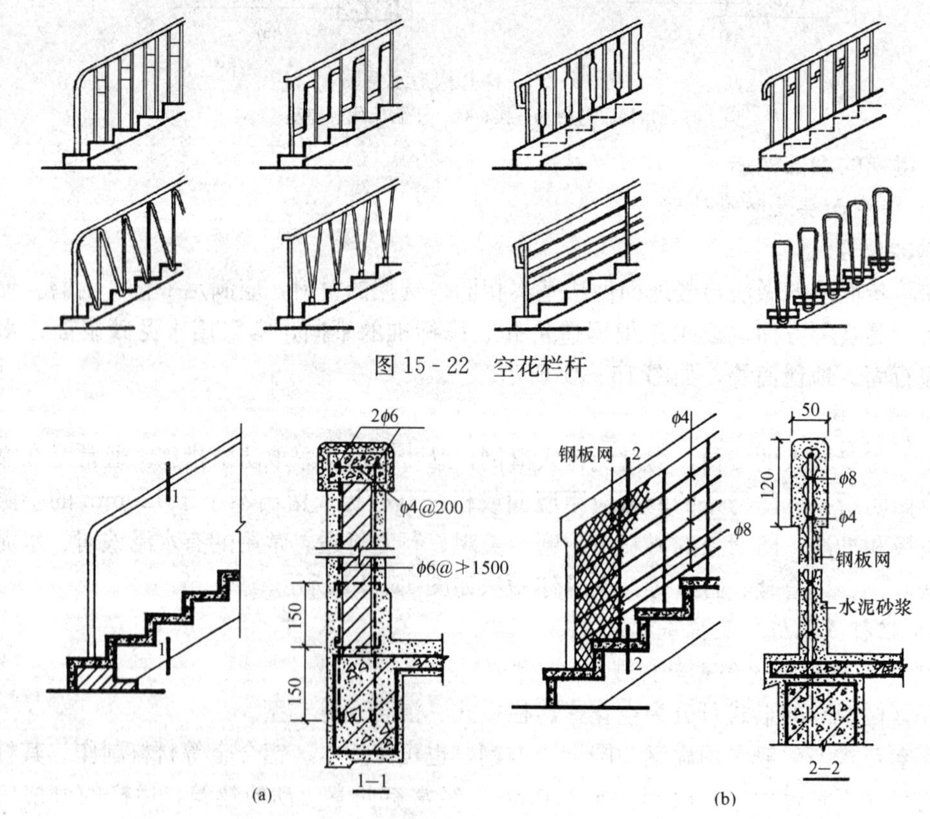

图 15-22 空花栏杆

图 15-23 栏板

(a) 1/4 砖砌栏板；(b) 钢板网水泥栏板

（3）混合式。是指空花式和栏板式两种形式的组合，其栏杆竖杆常采用钢材或不锈钢等材料，其栏板部分常采用轻质美观材料制作，如木板、塑料贴面板、铝板、有机玻璃板和钢化玻璃板等。图 15－24 所示为混合式栏板的几种常见做法。

2. 扶手

楼梯扶手位于栏杆（栏板）顶面，供人们上下楼梯时依扶之用。扶手一般由硬木、钢管、铝合金管及塑料等材料做成。扶手断面形式多样，图 15－25 为几种常见扶手类型。

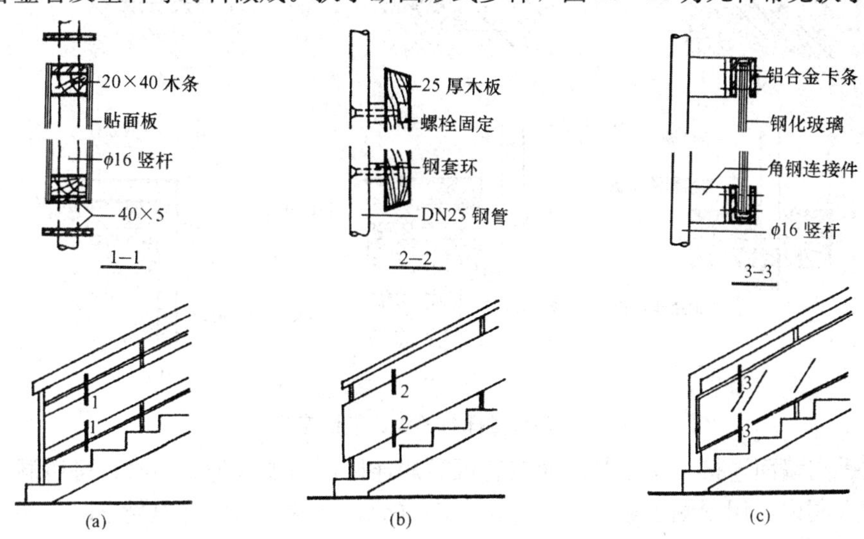

图 15－24 混合式栏杆

3. 栏杆、扶手连接构造

（1）栏杆与扶手连接，如图 15－25 所示。空花式和混合式栏杆，当采用木材或塑料扶手时，一般在栏杆竖杆顶部设通长扁钢与扶手底面或侧面槽口榫接，用木螺钉固定；金属管材扶手与栏杆竖杆连接一般采用焊接或铆接。

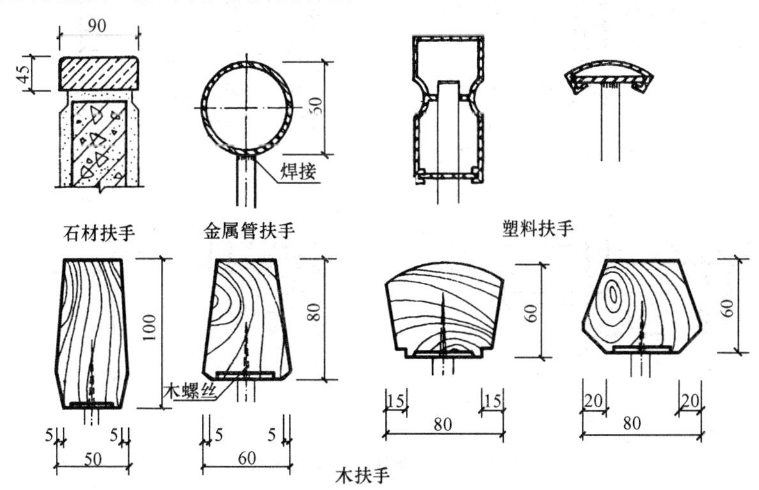

图 15－25 扶手类型

（2）栏杆与梯段、平台连接，见图 15－26。一般是在梯段和平台上预埋钢板焊接或预留孔插接。为了保护栏杆和增加美观，可在栏杆下端增设套环。

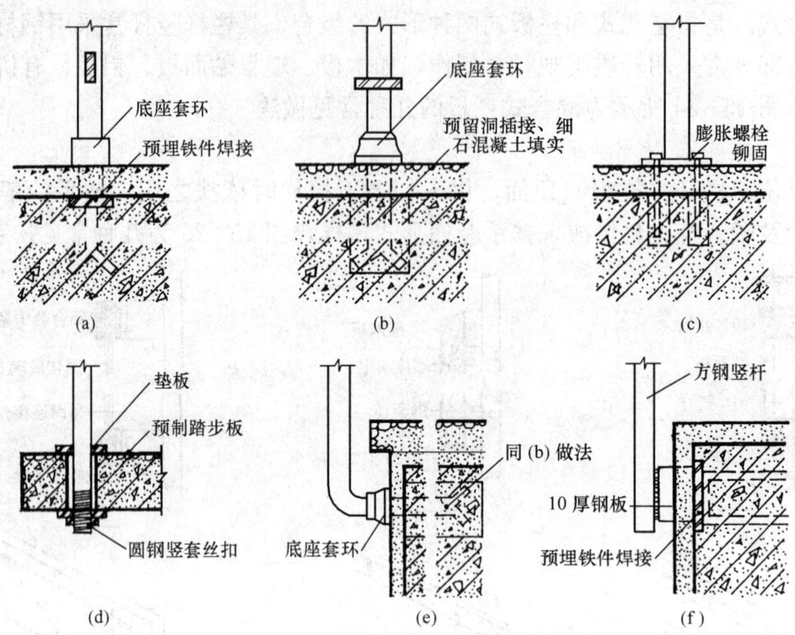

图 15-26 栏杆与梯段、平台连接

(3) 扶手与墙面连接。扶手与墙面应有可靠的连接，当墙体为砖墙时，可留洞，将扶手连接杆件伸入洞内，用混凝土嵌固，见图 15-27 (a)；当墙体为钢筋混凝土时，一般采用预埋钢板焊接，见图 15-27 (b)。在栏杆扶手结束处与墙面相交，也应有可靠的连接，见图 15-27 (c)、(d)。

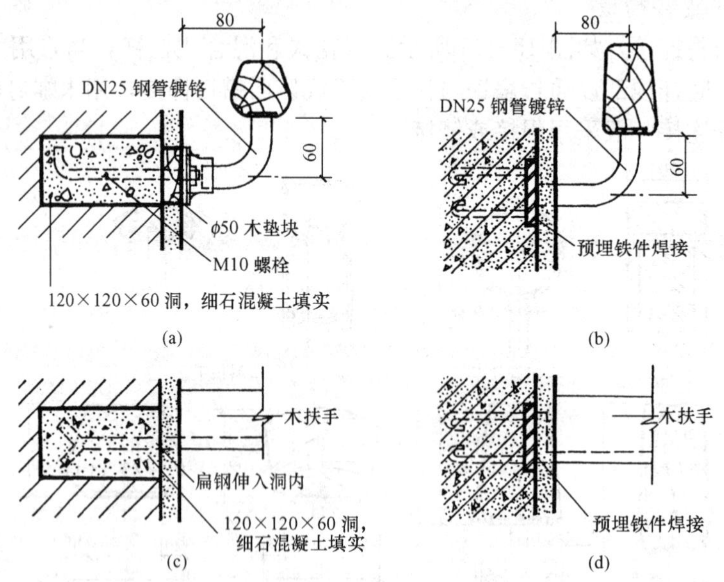

图 15-27 扶手与墙面连接

(4) 楼梯起步和梯段转折处的栏杆扶手处理。在底层第一跑梯段起步处，为增强栏杆刚度和美观，可以对第一级踏步和栏杆扶手进行特殊处理，如图 15-28 所示。在梯段转折处，由于梯段间的高差关系，为了保持栏杆高度一致和扶手的连续，需根据不同情况进行处理，如图 15-29 所示。

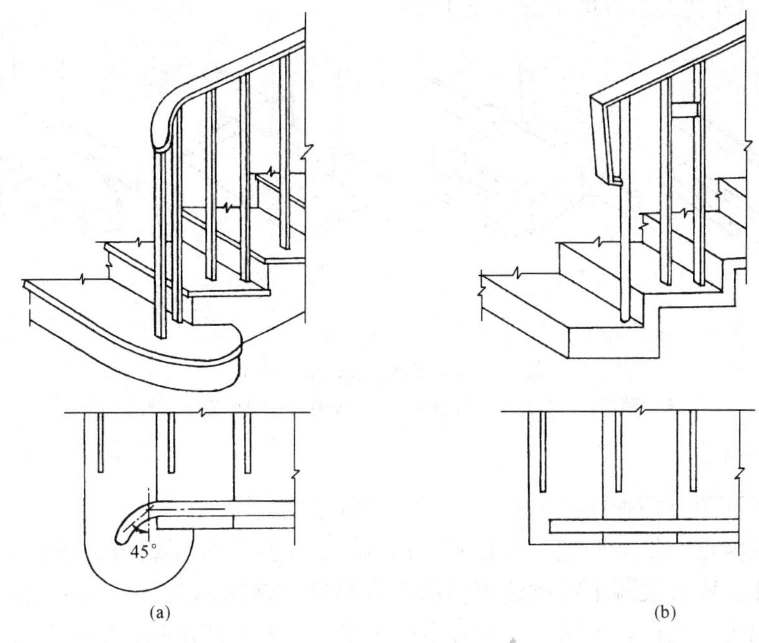

图 15-28 楼梯起步处理

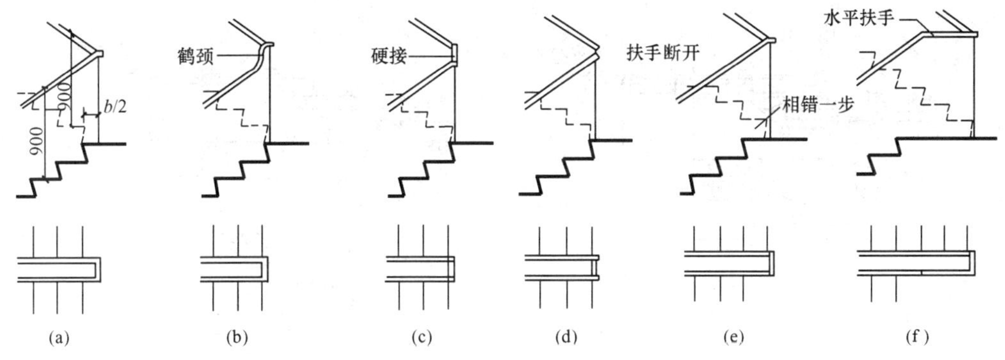

图 15-29 梯段转折处的栏杆扶手处理

第三节 台阶与坡道

大部分台阶和坡道设在室外，是建筑入口与室外地面的过渡。一般建筑物为了防水、防潮等方面的要求，室内外地面应设有高差。民用建筑室内地面通常高于室外地面 300mm，单层工业厂房室内地面通常高于室外地面 150mm。在建筑物出入口处，应设置台阶或坡道，以满足室内外交通联系方便的要求。

一、台阶与坡道的形式

台阶由平台与踏步组成，其形式有三面踏步式及单面踏步式等；坡道多为单面坡式。在某些大型公共建筑中，为考虑汽车能在大门入口处通行，可采用台阶与坡道相结合的形式，如图 15 - 30 所示。室外台阶踏步宽度一般在 300～400mm 左右，踏步高度一般在 100～150mm 左右；室外坡道的坡度不宜大于 1/10。

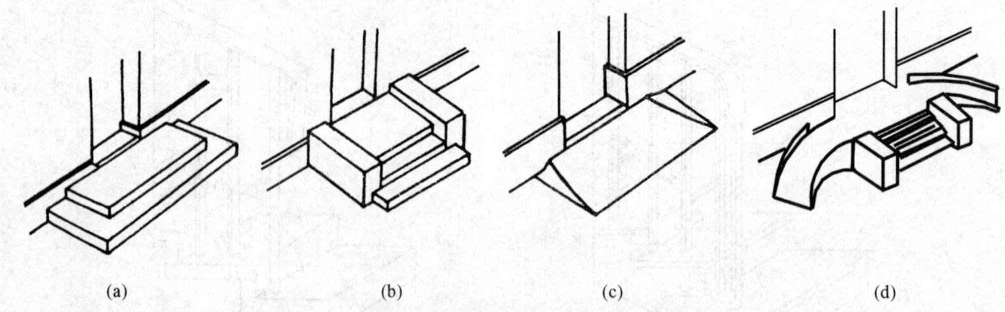

图 15 - 30　台阶与坡道的形式

(a) 三面踏步式；(b) 单面踏步式；(c) 坡道式；(d) 踏步与坡道结合式

二、台阶构造

台阶分实铺和架空两种构造形式，大多数台阶采用实铺。

实铺台阶的构造与地面构造基本相同，由基层、垫层和面层组成。基层是素土夯实层；垫层多为混凝土、碎砖混凝土或砌砖等；面层有整体和铺贴两大类，如水泥砂浆、水磨石、缸砖及天然石材等。在严寒地区，为保证台阶不受土壤冻胀的影响，应把台阶下部一定深度范围内的原土换掉，改设砂垫层。实铺台阶构造如图 15 - 31 所示。

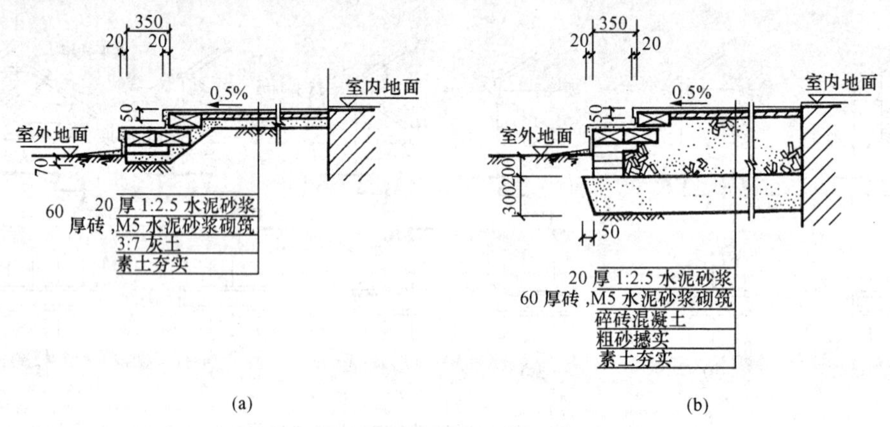

图 15 - 31　实铺台阶构造

(a) 不受冻胀影响的台阶；(b) 考虑冻胀影响的台阶

当台阶尺度较大或土壤冻涨严重时，为保证台阶不开裂，往往选用架空台阶。架空台阶的平台板和踏步板均为预制钢筋混凝土板，分别搁置在梁上或砖砌地垄墙上。架空台阶构造如图 15 - 32 所示。

三、坡道构造

坡道一般均采用实铺，构造要求与台阶基本相同。垫层的强度和厚度应根据坡道长度及上部荷载的大小进行选择，严寒地区的坡道同样需要在垫层下部设置砂垫层。坡道的坡度较大时，可在面层上作防滑处理，以保证行人和车辆的安全。坡道构造如图 15 - 33 所示。

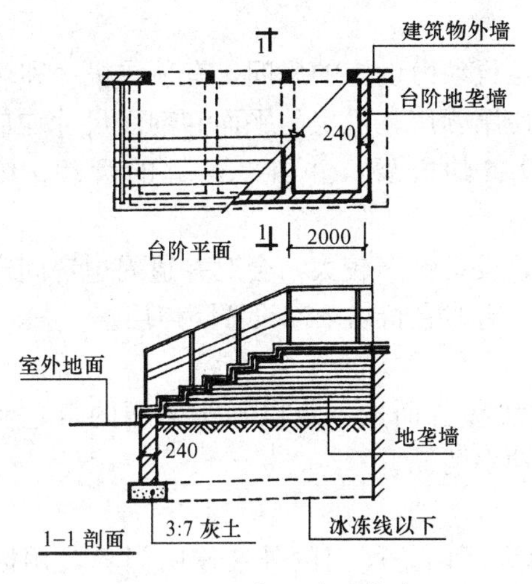

图 15-32 架空台阶构造

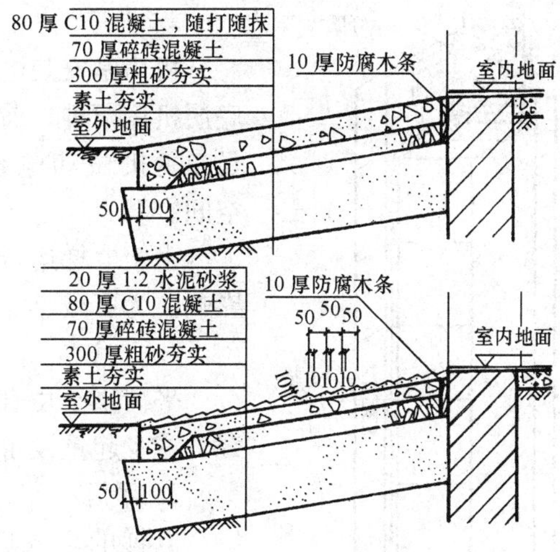

图 15-33 坡道构造

第四节 电梯与自动扶梯

一、电梯

（一）电梯的类型

（1）按使用性质分有客梯、病床梯、货梯、杂物梯和观赏梯等。

（2）按电梯运行速度分有低速电梯、中速电梯和高速电梯。

（3）按电梯的拖动方式分有交流拖动电梯、直流拖动电梯和液压电梯。

（4）按消防要求分有普通乘客电梯和消防电梯。

（二）电梯的组成

电梯主要由井道、轿厢、机房、平衡重等几部分组成，如图 15-34 所示。

1. 井道

井道是电梯运行的竖向通道，可用砖或钢筋混凝土制成。井道内部设置电梯导轨、平衡重等电梯运行配件。井道还应开设通风孔、排烟孔和检修孔。井道应只供电梯使用，不允许布置无关的管线。

2. 轿厢

轿厢是垂直交通和运输的主要容器，要求坚固、防火、通风、便于检修和疏散。轿厢门一般为推拉门，有一侧推拉和中分推拉两种。轿厢内应设置层数指示灯、运行控制器、排风扇、报警器等。

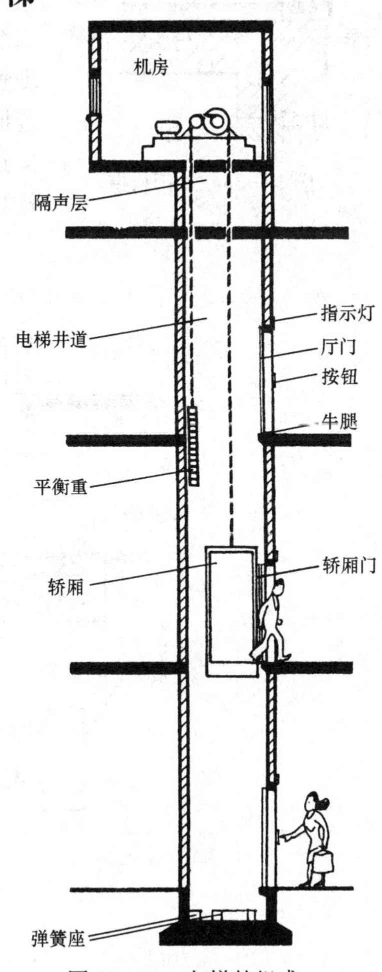

图 15-34 电梯的组成

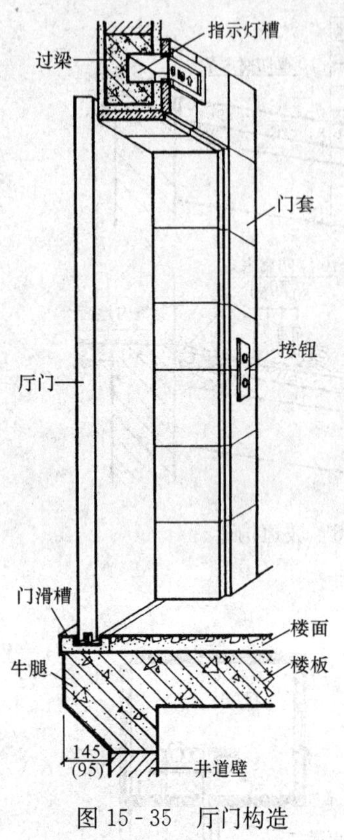

图 15-35　厅门构造

3. 机房

机房是安装电梯运行动力设施的房间，有顶层机房和底层机房两种，前者使用颇广。机房的平面和剖面尺寸均应满足布置机械和电控设备的需要，并留有足够的管理、维护空间。

由于电梯运行时，设备噪声较大，会对井道周边房间产生影响。为了减小噪声，有时在机房下部设置隔声层。

4. 平衡重

平衡重是由铸铁块叠合而成，用以平衡轿厢的自重和荷载，减少起重设备的功率消耗。

5. 厅门

电梯的出入口称为厅门。厅门的外装修叫门套，用以突出其位置并设置指示灯和按钮。厅门构造如图 15-35 所示。

二、自动扶梯

自动扶梯是一种连续运行的垂直交通设施，承载力较大，安全可靠，被广泛用于大量人流的建筑中，如火车站、商场、地铁车站等处。自动扶梯由电动机械牵动，梯级踏步（坡道）连同扶手同步运行，机房设在楼板下面。自动扶梯可以正逆方向运行，既可提升又可下降，在机器停止运行时，可作为普通楼梯（坡道）使用，如图 15-36 所示。

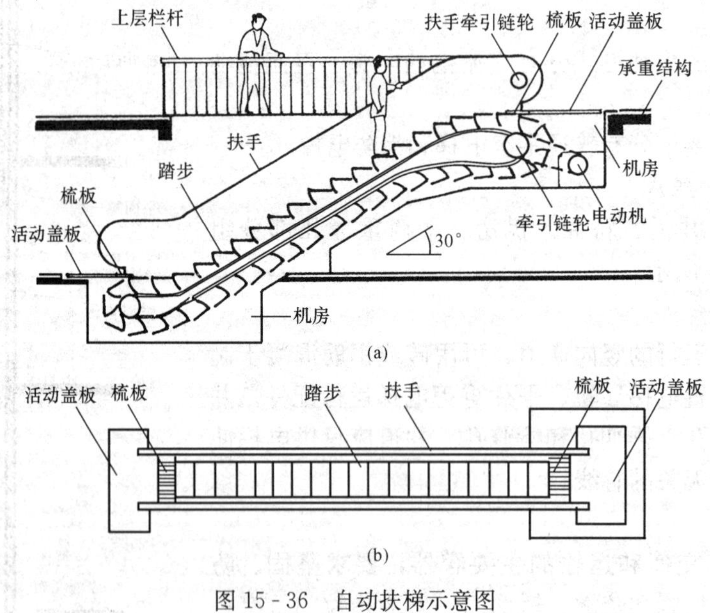

图 15-36　自动扶梯示意图

（a）剖面示意；（b）平面示意

第十六章　屋　　面

第一节　概　　述

一、屋面的作用及要求

屋面也称屋盖，是建筑物最上层的外围护构件，可以抵抗自然界的雨、雪、风、霜、太阳辐射、气温变化等不利因素的影响，保证建筑内部有一个良好的使用环境。它还承受屋面自重、风雪荷载以及施工和检修屋面的各种荷载；同时屋面的形式是体现建筑风格的重要途径。

屋面要满足坚固耐久、防水、保温、隔热、防火和抵御各种不良影响的要求，同时还应做到自重轻、构造简单、施工方便、造价经济，与建筑整体相协调。

二、屋面坡度

屋面坡度是解决漏雨问题的关键之一。一般说，坡度大，排水通畅，积水少，不易漏雨，但坡度超过了限度，会使屋面卷材下滑，开裂以致跌落；反之坡度偏小，屋面防水材料相对稳定，但排水不畅，积水多，极易在屋面防水材料的接缝处渗漏。

屋面坡度的确定应根据屋顶结构形式、屋面基层类别、防水构造形式、材料性能及当地气候等条件确定。恰当的坡度既能满足排水要求，又可做到经济、节约。

三、屋面的形式

屋面按其外形一般可分为平屋面、坡屋面和其他形式屋面。

（一）平屋面

平屋面是指屋面坡度小于或等于5%的屋面，一般常用坡度为2%～3%，上人屋面坡度通常为1%～2%。具体的平屋面形式如图16-1所示。

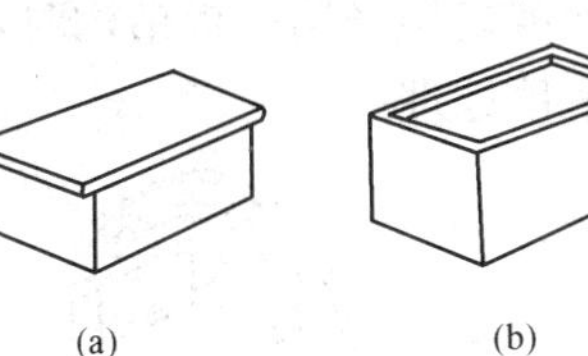
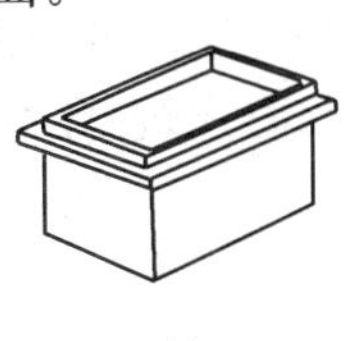
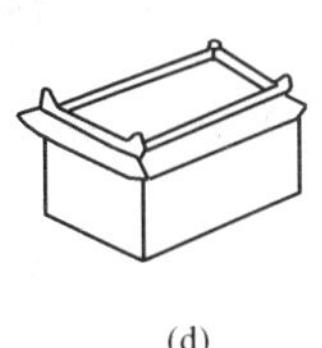

图16-1　平屋面的形式

(a) 挑檐平屋面；(b) 女儿墙平屋面；(c) 挑檐女儿墙平屋面；(d) 盝顶平屋面

（二）坡屋面

坡屋面是指坡度在10%以上的屋面。具体的坡屋面形式如图16-2所示。

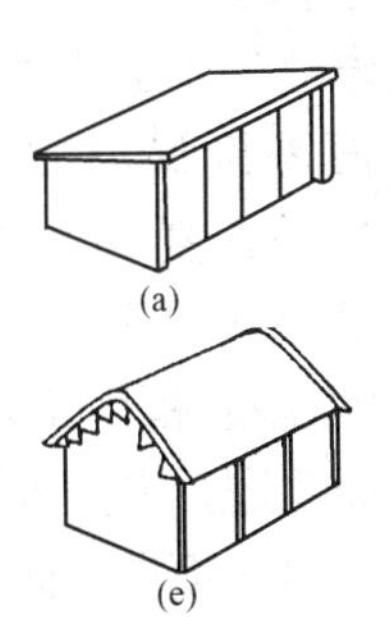
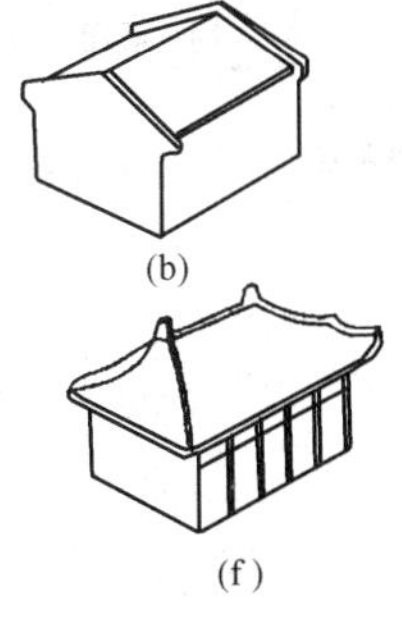
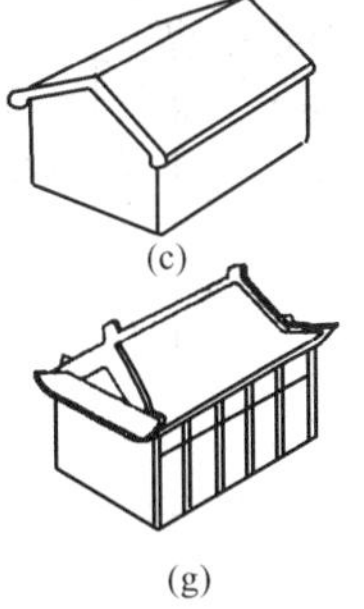
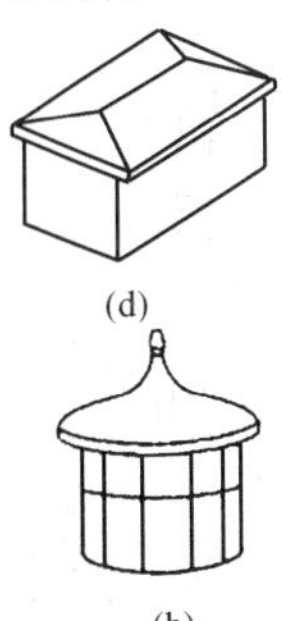

图16-2　坡屋面的形式

(a) 单坡屋面；(b) 硬山屋面；(c) 悬山屋面；(d) 四坡屋面；(e) 卷棚屋面；(f) 庑殿；(g) 歇山；(h) 攒尖

（三）其他形式的屋面

随着科学技术的发展，出现了许多新型的屋面结构形式，如拱屋面、薄壳屋面、折板屋面、悬索屋面、网架屋面等。它们适用于大跨度、大空间和造型特殊的建筑屋面。其他屋面形式如图 16 - 3 所示。

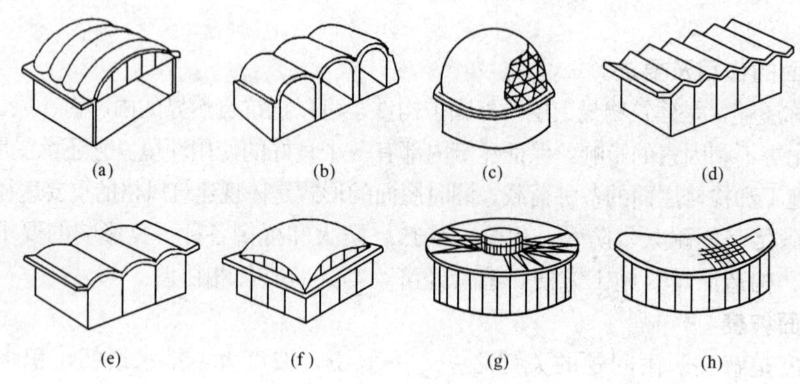

图 16 - 3 其他屋面的形式

（a）双曲拱屋面；（b）砖石拱屋面；（c）球形网壳屋面；（d）V 形网壳屋面；（e）筒壳屋面；（f）扁壳屋面；（g）车轮形悬索屋面；（h）鞍形悬索屋面

四、屋面的基本组成

屋面通常由四部分组成，如图 16 - 4 所示。

（1）顶棚，是指房间的顶面。当承重结构采用梁板结构时，可在梁、板底面抹灰，形成抹灰顶棚。当装修要求较高时，可做吊顶处理。

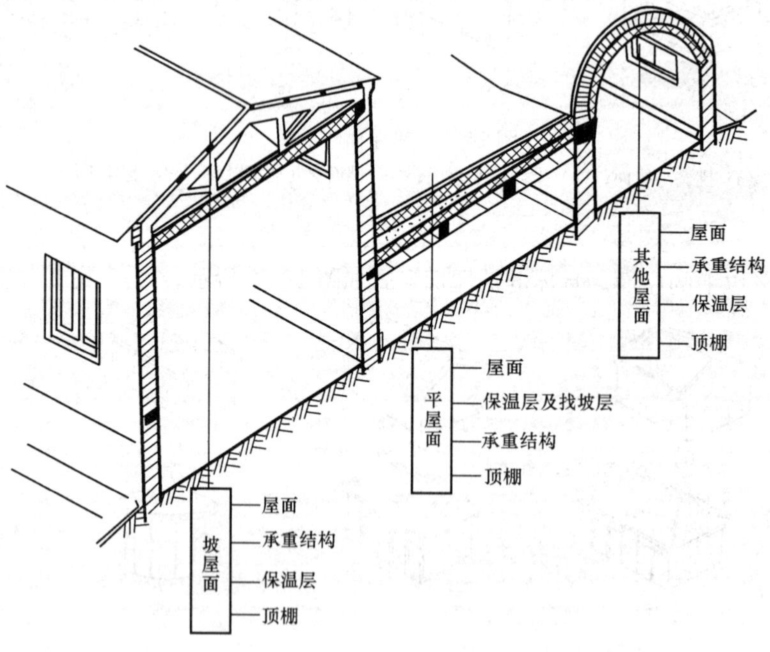

图 16 - 4 屋面组成

（2）承重结构，主要用于承受屋面上所有荷载及屋面自重等，并将这些荷载传递给支承它的墙或柱。

（3）保温（隔热）层。我国北方地区，冬季室内需要采暖，为使室内热量不致散失过快，屋面需设保温层。而南方地区，夏季室外屋面温度高，会影响室内正常的工作和生活，因而屋面要进行隔热处理。

（4）面层。面层材料应具有防水和耐侵蚀的性能，并要有一定的强度。

第二节　平屋面的构造

屋面坡度小于5%的屋面称为平屋面。平屋面的承重结构一般为钢筋混凝土梁板，梁板布置较灵活，有较强适应性，且构造简单，经济耐久。

一、平屋面的排水

（一）排水坡度的形成

绝对水平的屋面是不能排水的。平屋面坡度的形成有材料找坡和结构找坡两种，如图16-5所示。

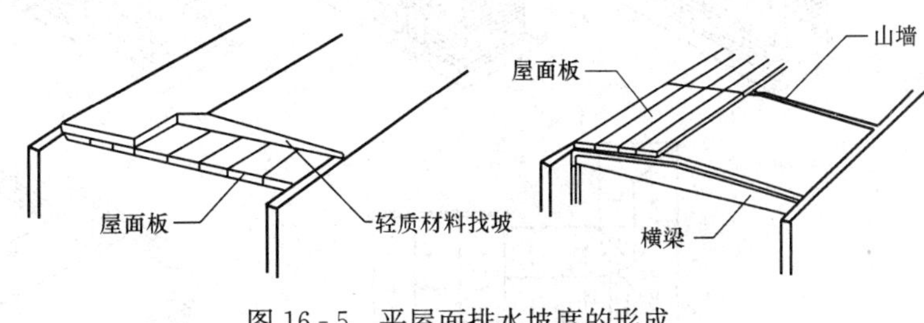

图16-5　平屋面排水坡度的形成

（1）材料找坡，亦称垫置坡度，是在水平搁置的屋面板上用轻质价廉的材料铺设找坡层，然后再在上面做保温（或隔热）层和防水层，也可直接用保温（或隔热）材料找坡。常用的材料有水泥焦渣或水泥膨胀石等。这种做法的室内顶棚面平整，但屋面荷载加大，故屋面坡度不宜过大。

（2）结构找坡，亦称搁置坡度，是把支撑屋面板的墙或梁，做成所需的倾斜坡度，屋面板直接搁置在该斜面上，形成排水坡度，上面直接作保温（或隔热）层和防水层。这种做法省工、省料、较经济，但室内顶棚面是倾斜的，故多用于生产性建筑和有吊顶的公共建筑。

（二）排水方式

平屋面的排水方式分为有组织排水和无组织排水两大类。

1. 无组织排水

无组织排水亦称自由落水，是指雨水经屋檐自由落下至室外地面。这种排水做法构造简单，造价低，不易漏雨和堵塞，但雨水有时会溅湿勒脚，污染墙面，一般用于低矮、次要及降雨量较少地区的建筑。

图16-6为单向、双向、三向、四向排水的屋面排水平面图、示意图及无组织排水组合。

2. 有组织排水

有组织排水亦称天沟排水。天沟是屋面上的排水沟，位于檐口部位时又称檐沟。有组织排水是指在屋面设置与屋面排水方向垂直的天沟，将雨水汇集起来，经雨水口和雨水管排到室外。当建筑物较高或降雨量大时，如采用无组织排水将会出现很大雨水降落噪声及雨水四溅影响墙身和周围环境，所以采用有组织排水避免这些情况。这种排水做法构造较复杂，造价较高，易堵塞和渗漏。

有组织排水分为外排水和内排水。

（1）外排水是把屋面雨水汇集在檐沟，经过雨水口和室外雨水管排下。这种排水方式构造简单，造价较低，渗漏的隐患较少且维修方便，是屋面常用的排水方式。常见有组织外排水方式如图16-7所示。

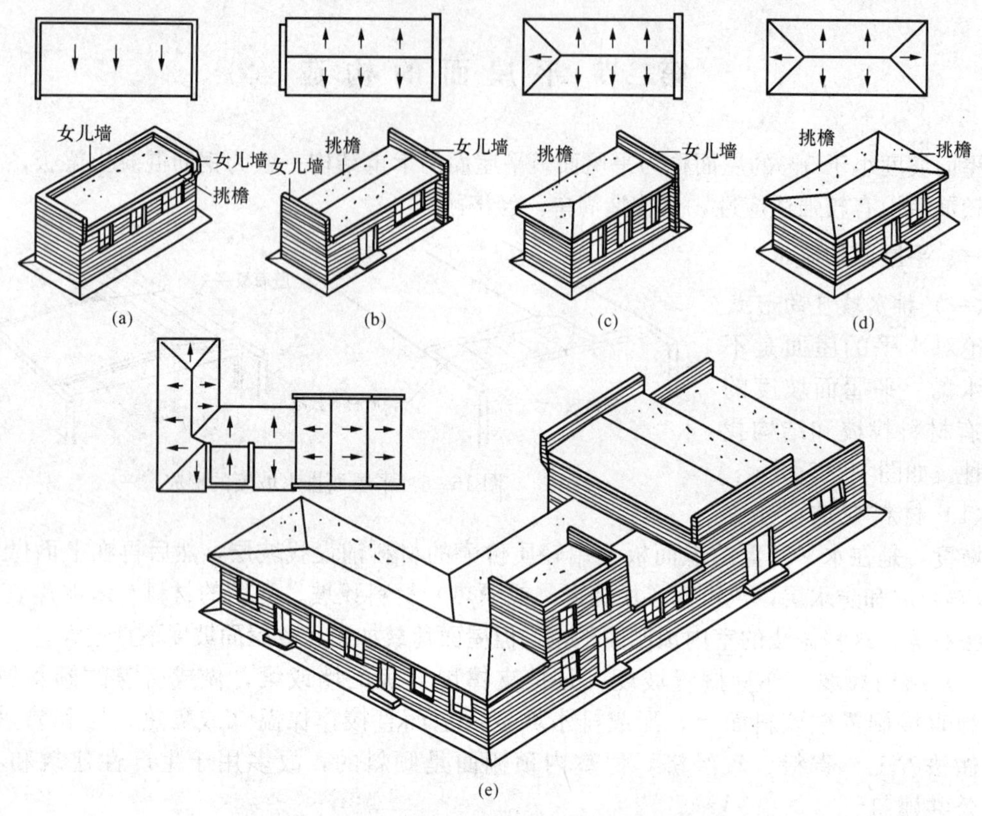

图 16-6 无组织排水方式及无组织排水屋面组合实例

(a) 三面女儿墙单坡排水；(b) 两面女儿墙双坡排水；

(c) 一面女儿墙三坡排水；(d) 四坡排水；(e) 无组织排水屋面组合实例

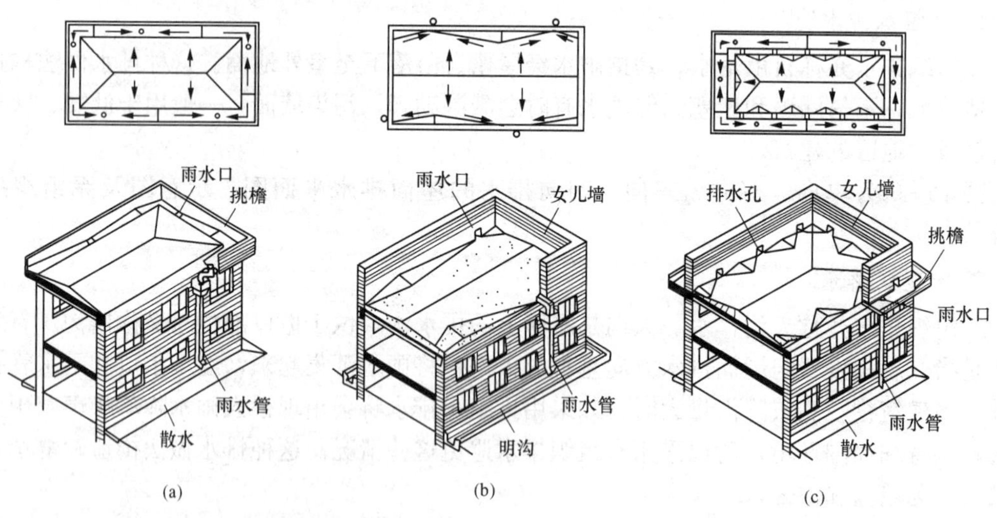

图 16-7 有组织外排水

(a) 檐沟外排水；(b) 女儿墙外排水；(c) 女儿墙挑檐外排水

(2) 内排水是把屋面雨水汇集在天沟内，经过雨水口和室内雨水管排入下水系统。这种排水方式构造复杂，造价、维修费用高，而且雨水管占室内空间。这种排水方式常用于严寒地区，屋面跨度大、高层的建筑物，如图 16-8 所示。

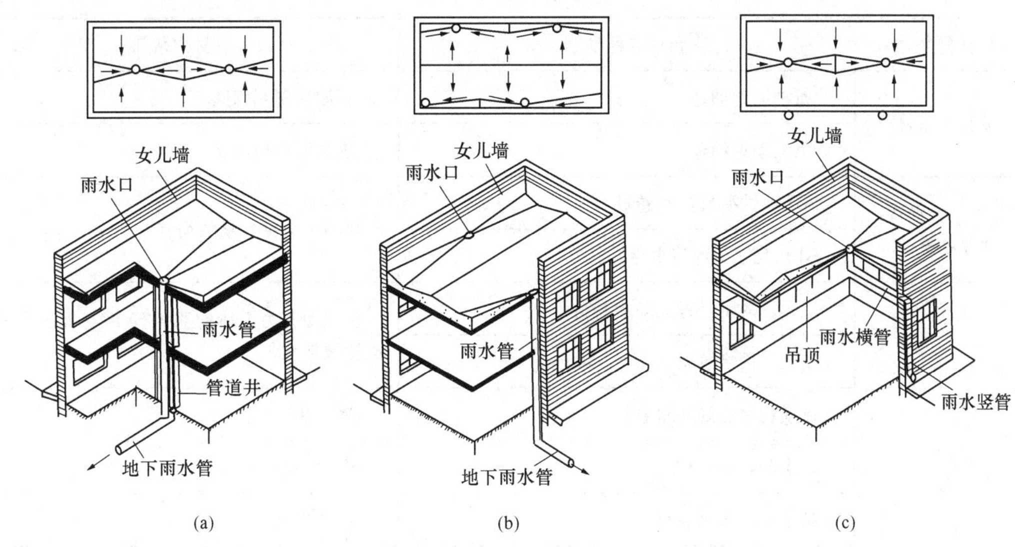

(a) (b) (c)

图 16-8 有组织内排水

(a) 房间中部内排水；(b) 外墙内侧内排水；(c) 外墙外侧内排水

二、平屋面的防水

平屋面防水按屋面防水层做法不同可分为柔性防水、刚性防水屋面等。

(一) 柔性防水屋面

柔性防水屋面亦称卷材防水屋面，是指以防水卷材和胶结材料分层粘贴组成防水层的屋面。

1. 柔性防水屋面的构造组成

柔性防水屋面由多层材料叠合而成，其构造组成有顶棚、结构层、保温层（隔热层）、找坡层、面层，还应根据屋面的使用需要或为提高屋面性能而补充设置构造层，如找平层、结合层、隔汽层等，如图 16-9 所示。

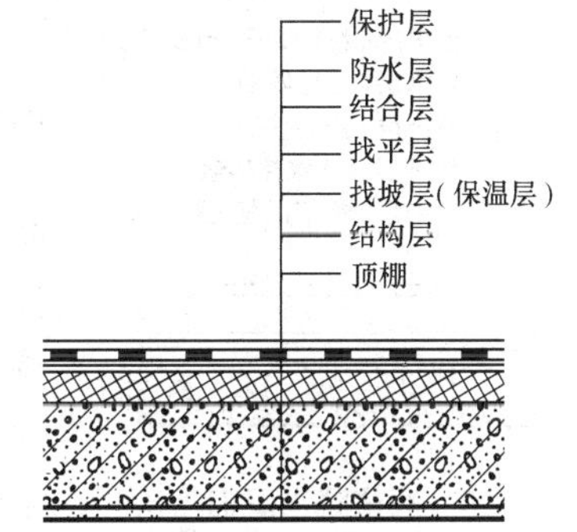

图 16-9 柔性防水屋面的构造组成

(1) 结构层。一般采用现浇或预制钢筋混凝土屋面板。

(2) 找坡层。多用 1∶6～1∶8水泥焦渣拍实，也可用保温（隔热）材料铺设。

(3) 保温（隔热）层。多用水泥珍珠岩、水泥蛭石、泡沫混凝土等多孔材料铺设。

(4) 找平层。柔性防水层要求铺贴在坚固而平整的基层上，以防止卷材凹陷或断裂，故须在结构层或找坡层上设找平层。

(5) 结合层。在水泥砂浆找平层上涂刷热沥青不易粘牢，应先涂刷结合层。沥青类卷材通常用冷底子油作结合层。高分子卷材则多采用配套基层处理剂，也有采用冷底子油或稀释乳化沥青作结合层的。

(6) 防水层。防水层是由卷材和相应的卷材粘结剂构成。目前使用的卷材有沥青类卷材、高聚物改性沥青防水卷材、合成高分子防水卷材等，见表 16-1。

表 16-1 卷材防水层

卷材分类	卷材名称举例	卷材粘结剂
沥青类卷材	石油沥青油毡	石油沥青玛碲脂
	焦油沥青油毡	焦油沥青玛碲脂
高聚物改性沥青防水卷材	SBS改性沥青防水卷材	热溶、自粘、粘结均有
	APP改性沥青防水卷材	
合成高分子防水卷材	三元乙丙丁基橡胶防水卷材	丁基橡胶为主体的双组分A与B液1∶1配比搅拌均匀
	三元乙丙橡胶防水卷材	
	氯磺化聚乙烯防水卷材	CX—401胶
	再生胶防水卷材	氯丁胶粘合剂
	氯丁橡胶防水卷材	CY-409液
	氯丁聚乙烯-橡胶共混防水卷材	BX-12及BX-12乙组分
	聚氯乙烯防水卷材	粘结剂配套供应

1）沥青卷材防水层（以沥青油毡防水层为例）。油毡防水层由多层油毡和石油沥青玛碲脂交替粘合而成。其做法为：在找平层上刷冷底子油一道，将调制好的沥青胶均匀涂刷在找平层上，边刷边铺油毡，铺好后刷沥青胶再铺油毡，如此交替进行至防水所需层数为止，最后一层油毡上面仍需刷一层沥青胶。

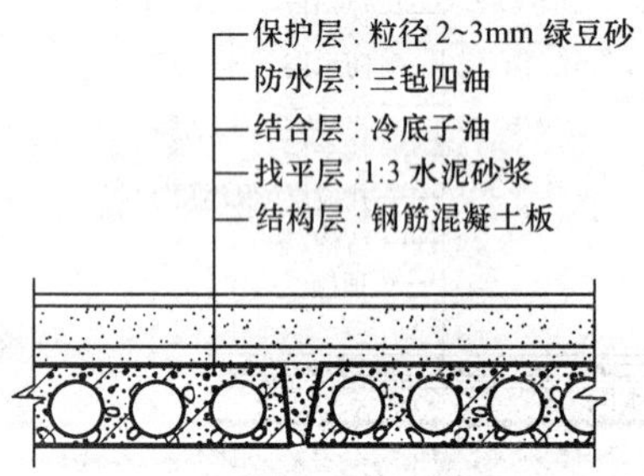

图16-10 油毡防水屋面做法

一般民用及工业建筑应采用三层油毡和四层沥青胶，简称三毡四油。具体做法如图16-10所示。

油毡屋面在我国使用已有几十年的历史，具有较好的防水性能，对屋面基层变形有一定的适应能力。但这种屋面施工麻烦、劳动强度大，且容易出现油毡鼓泡、沥青流淌、油毡老化等方面的问题，使油毡屋面的寿命大大缩短，平均10年左右就要进行大修。随着新型防水材料的不断出现，油毡防水屋面正在逐渐被新型的防水材料屋面取代。

2）高聚物改性沥青防水层。高聚物改性沥青防水卷材的铺贴做法有热熔法和冷粘法两种。热熔法用火焰加热器将卷材均匀加热至表面光亮发黑，然后立刻将卷材滚铺在找平层上，并辊压牢实。冷粘法是用胶粘剂将卷材粘结在找平层上，或利用某些卷材的自粘性进行铺贴。铺贴卷材时注意平整顺直，搭接尺寸准确，不扭曲，并且应排除卷材下面的空气并辊压粘结牢固。

3）合成高分子卷材防水层（以三元乙丙卷材防水层为例）。先在找平层（基层）上涂刮基层处理剂（如CX—404胶等），要求薄而均匀，干燥不粘手后即可铺贴卷材。卷材一般应由屋面低处向高处铺贴，并按水流方向搭接；卷材可垂直或平行于屋脊方向铺贴，卷材铺贴时要求保持自然松弛状态，不能拉得过紧。铺好后立即用工具滚压密实，搭接部位用胶粘剂均匀涂刷粘合。

（7）保护层。设置保护层的目的是保护防水层，使卷材在阳光和大气的作用下不致迅速老化，同时保护层还可以防止沥青类卷材中的沥青过热流淌，并防止暴雨对沥青的冲刷。保护层的材料及做法，应根据防水层所用材料和屋面的利用情况而定。常用的有绿豆砂保护层、铝银粉涂料保护层、混凝土保护层、块材保护层等。

（8）隔汽层。当房间有水蒸汽时，应在保温层下面设置隔汽层，以防水蒸气渗透至保温（隔热）层内影响保温（隔热）效果。甚至进入防水层下引起鼓泡，导致防水层的破裂。其做法有一毡二油或刷热沥青二道。

2. 柔性防水屋面的细部构造

在柔性防水屋面中，除大面积防水层外，尚需各节点部位的防水构造处理。

（1）泛水构造。屋面与墙面交接处的防水构造叫泛水。凡属于防水层与垂直墙面（如女儿墙、山墙、烟囱等）交接处，均须做泛水处理。泛水的高度一般不小于 250mm，一般做法是先用水泥砂浆或细石混凝土在立面与屋面交界处做成半径大于 50mm 的圆弧或 45°斜面，使卷材能铺实粘牢，再在其上粘贴卷材防水层。泛水构造如图 16－11 所示。

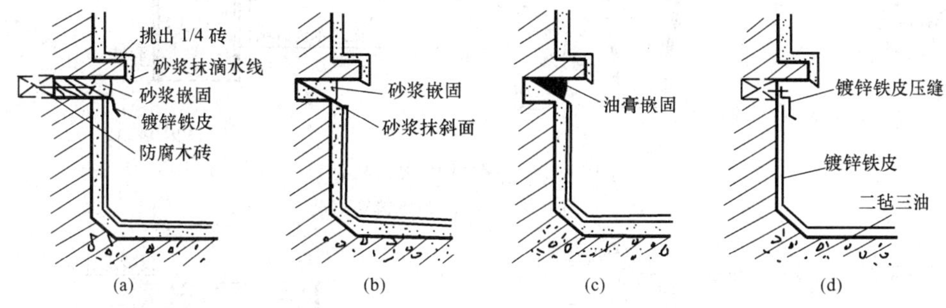

图 16－11　柔性防水屋面泛水构造

（a）铁皮压毡；（b）砂浆嵌固；（c）油膏嵌固；（d）加镀锌铁皮

（2）檐口构造。卷材防水屋面的檐口包括自由落水檐口、挑檐沟檐口等。

1）自由落水檐口，也称挑檐，是从屋面悬挑出不小于 400mm 宽的板，以利雨水下落时不至于浇墙。防水要点一是卷材防水材料在檐口端部的收头做法，二是檐口板底面端头的滴水槽，如图 16－12（a）所示。

2）挑檐沟檐口，在屋面边缘处悬挑出排水天沟，并将雨水导向雨水口。防水要点一是卷材防水材料在檐沟沟壁顶部的收头做法，二是檐沟底角和檐沟下方端头的滴水槽（鹰嘴线），如图 16－12（b）所示。

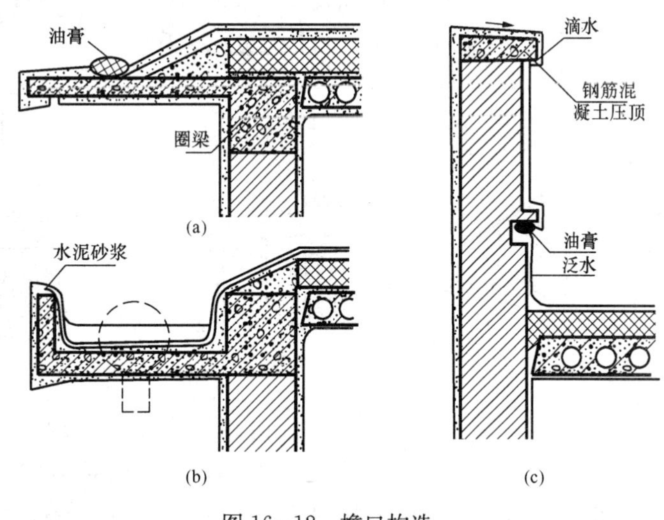

图 16－12　檐口构造

(3) 女儿墙压顶构造。女儿墙是外墙在屋面以上的延续，也称压檐墙。女儿墙不承受垂直荷载，墙厚一般为240mm；为保证其稳定和抗震，高度不宜超过500mm。女儿墙顶端构造叫压顶。压顶处应设置配筋混凝土板并抹水泥砂浆，以防雨水渗透，侵蚀女儿墙，如图16-12 (c) 所示。

(4) 雨水口构造。雨水口是用来将屋面雨水排至落水管而在檐口或檐沟开设的洞口，要求其构造排水通畅，防止渗漏和堵塞。

用于檐沟排水的雨水口有直管式雨水口和女儿墙外排水的弯管式雨水口两种，如图16-13和图16-14所示。

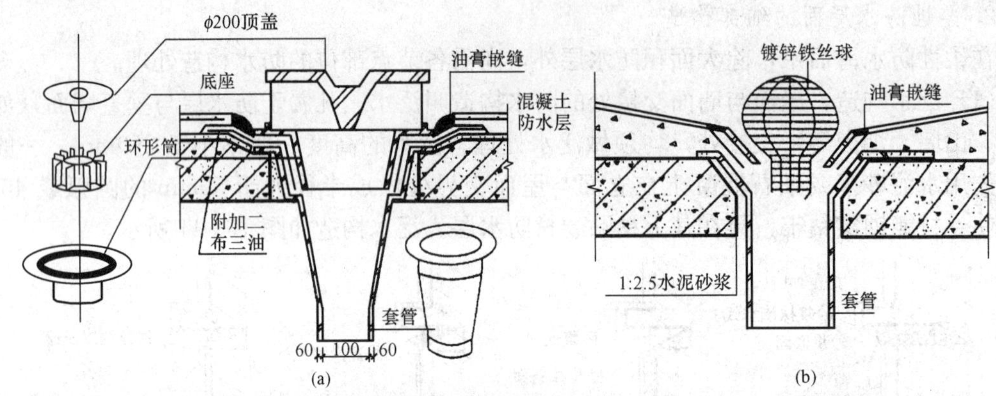

图16-13　直管式雨水口构造

(a) 65型雨水口；(b) 铁丝罩铸铁雨水口

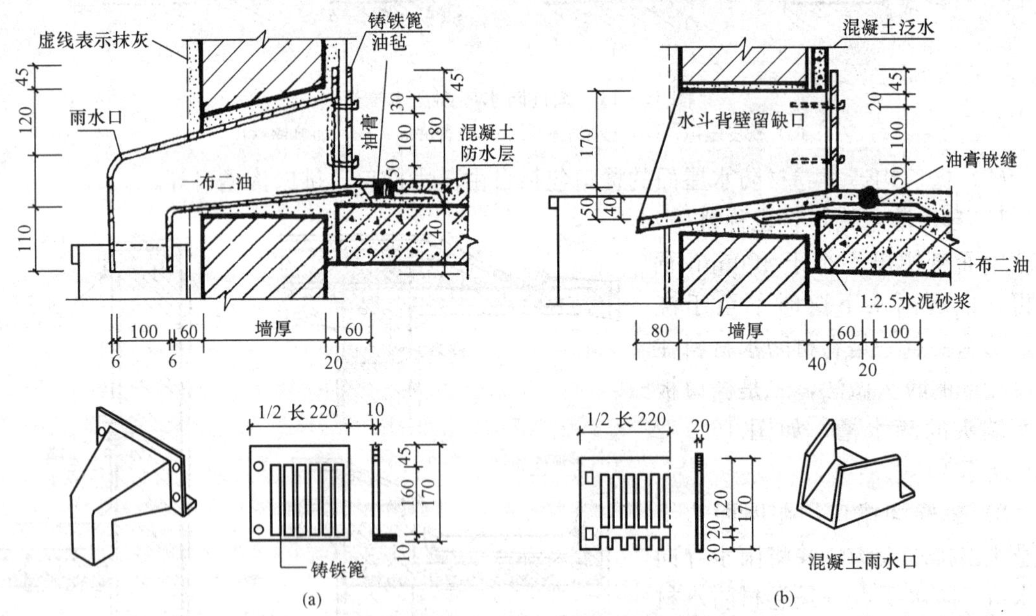

图16-14　弯管式雨水口构造

(a) 铸铁雨水口；(b) 预制混凝土排水槽

雨水口过去一般用铸铁制作，易锈不美观，现在多改为硬质聚氯乙烯塑料 (PVC) 管，具有质轻、不锈、色彩多样等优点，已逐渐取代铸铁管。

(5) 屋面变形缝构造。屋面变形缝的构造处理原则是既要保证屋面有自由变形的可能，又能防止雨水从变形缝处渗入室内。屋面变形缝有等高屋面变形缝构造处理（图16-15）和高低屋面变形缝构造处理（图16-16）。

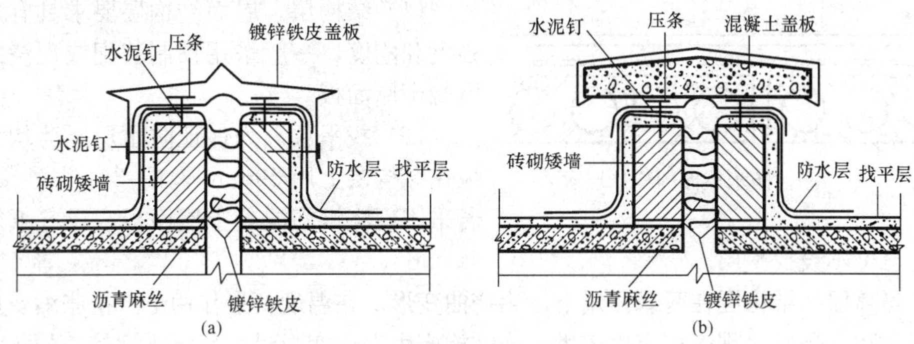

图16-15 等高屋面变形缝

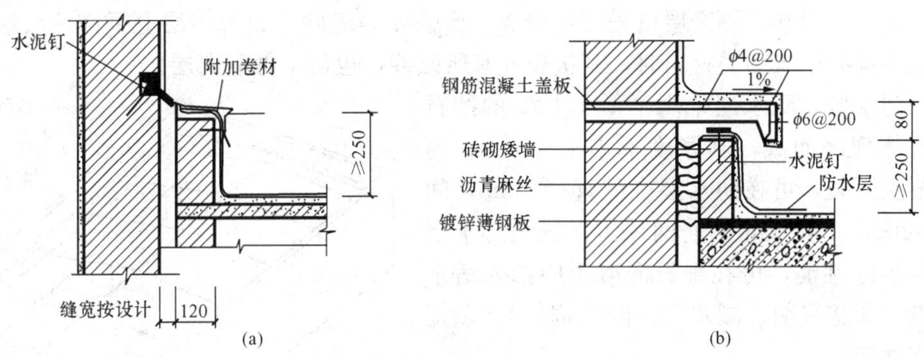

图16-16 高低屋面变形缝

(6) 屋面检修孔、屋面出入口构造。不上人屋面须设屋面检修孔，其做法如图16-17所示。出屋面楼梯间一般需设屋面出入口，如图16-18所示。

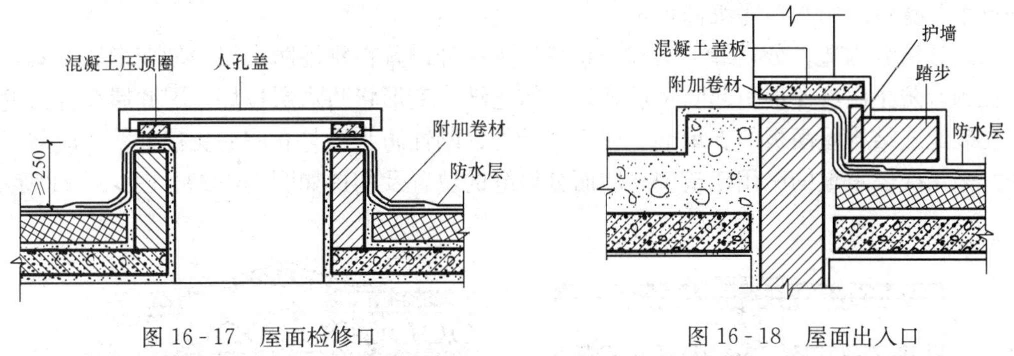

图16-17 屋面检修口　　图16-18 屋面出入口

（二）刚性防水屋面

刚性防水屋面是指以刚性材料作为防水层的屋面，如防水砂浆、细石混凝土、配筋细石混凝土防水屋面等。

这种屋面具有构造简单、施工方便、造价低廉的优点，但对温度变化和结构变形较敏感，容易产生裂缝而渗水，所以多用于日温差较小的我国南方地区的建筑。

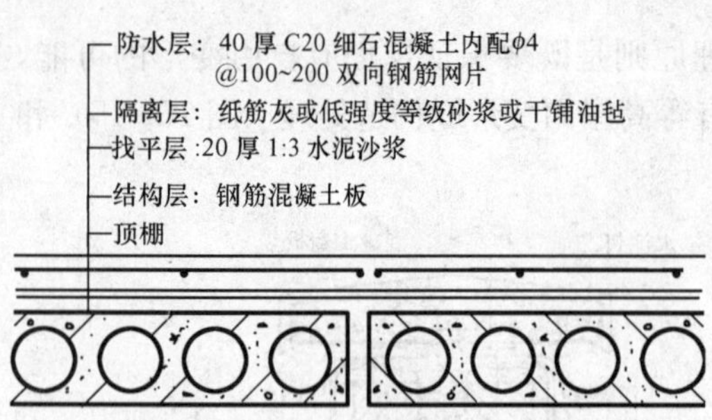

图 16-19 刚性防水屋面的构造层次

1. 刚性防水屋面的构造组成

刚性防水屋面一般由顶棚、结构层、找平层、隔离层和防水层组成，如图 16-19 所示。

（1）结构层。屋面结构层要求具有足够的强度和刚度，一般采用预制装配或现浇的钢筋混凝土屋面板。

（2）找平层。为保证防水层厚薄均匀，常应在结构层上用 20mm 厚 1∶3 水泥砂浆找平。若采用现浇钢筋混凝土屋面板或设有纸筋灰等材料时，也可不设找平层。

（3）隔离层。结构层在荷载作用下产生挠曲变形，在温度变形作用下产生胀缩变形。由于结构层比防水层厚，刚度相应也较大，当结构产生上述变形时容易将刚度较小的防水层拉裂，因此，为减少结构层变形及温度变化对防水层的不利影响，宜在结构层与防水层间设一隔离层，使二者脱开。隔离层可采用纸筋灰、低强度等级砂浆或薄砂层上干铺一层油毡等。当防水层中加有膨胀剂类材料时，其抗裂性有所改善，也可不做隔离层。

（4）防水层。防水层采用不低于 C20 的细石混凝土整体现浇而成，其厚度不小于 40mm。为防止混凝土开裂，可在防水层中配直径 4mm，间距 100～200mm 的双向钢筋网片。为提高防水层的抗裂和抗渗性能，可在细石混凝土中掺入适量的外加剂（如膨胀剂、减水剂、防水剂等），以提高其密实性能。

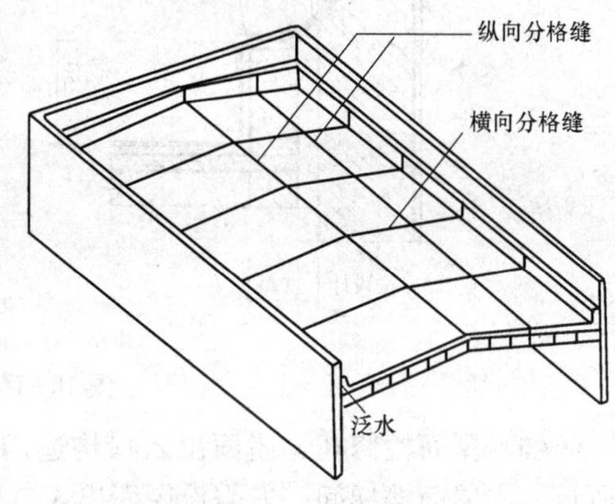

图 16-20 屋面分格缝

2. 刚性防水屋面的细部构造

刚性防水屋面应做好防水层的分格缝构造，同时刚性防水屋面与卷材防水屋面一样，也需处理好泛水、檐口、雨水口等细部构造。

（1）分格缝构造。分格缝（又称分仓缝）是一种设置在刚性防水层中的变形缝。其设置目的在于，防止温度变形引起防水层开裂，防止结构变形将防水层拉坏。因此屋面分格缝应设置在装配式结构屋面板的支承端、屋面转折处、刚性防水层与立墙的交接处，并应与板缝对齐。采用横墙承重的民用建筑中，屋面分格缝的位置及构造如图 16-20、图 16-21 所示。

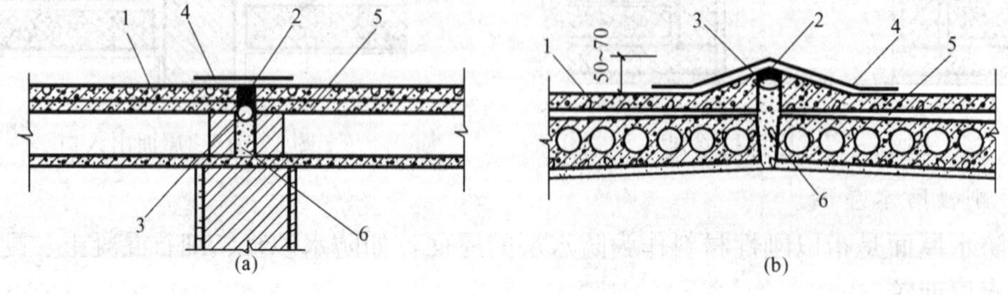

图 16-21 分格缝的构造

（a）横向分格缝；（b）屋脊分格缝

1—刚性防水层；2—密封材料；3—背衬材料；4—防水卷材；5—隔离层；6—细石混凝土

（2）泛水构造。刚性防水屋面与柔性防水屋面泛水构造基本相同。其一般做法是泛水与屋面防水应一次做成，不留施工缝，转角处做成圆弧形，并与垂直墙之间设分仓缝，如图16－22所示。

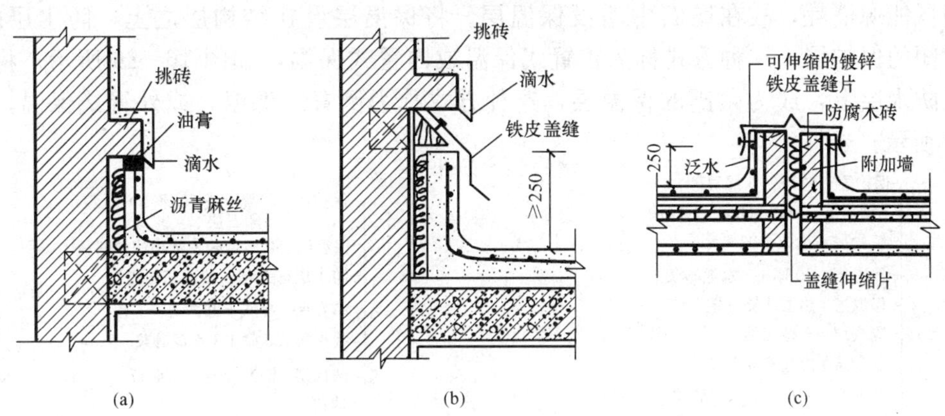

图16－22 刚性防水屋面泛水构造

（a）油膏嵌缝；（b）镀锌铁皮盖缝；（c）横向变形缝泛水

（3）檐口构造。刚性防水屋面常用檐口形式有自由落水檐口、挑檐沟檐口等，其构造做法如图16－23、图16－24、图16－25所示。

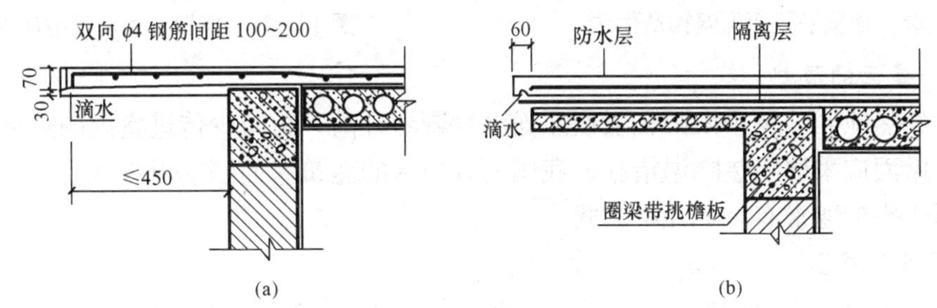

图16－23 自由落水挑檐口

（a）混凝土防水层悬挑檐口；（b）挑檐板挑檐口

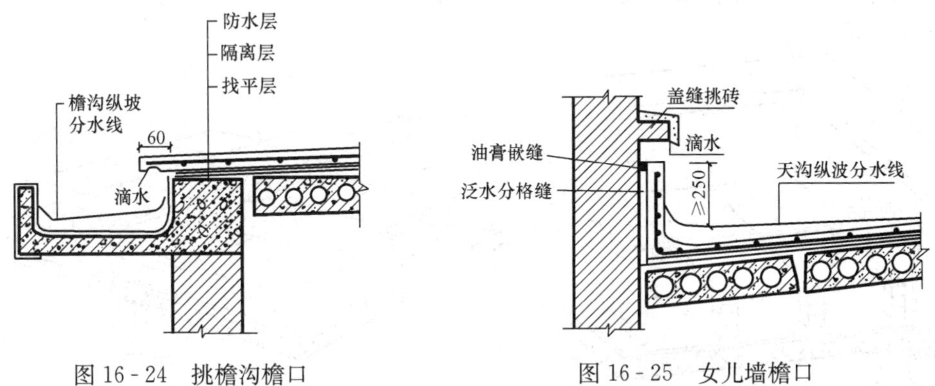

图16－24 挑檐沟檐口　　图16－25 女儿墙檐口

（4）雨水口构造。雨水口是屋面雨水汇集并排至水落管的关键部位，构造上要求排水通畅，防止渗漏和堵塞。刚性防水屋面的水落口常见的做法有两种，与柔性防水相似，故不再赘述。

三、平屋面的保温与隔热

（一）平屋面的保温

在采暖地区的冬季，室内外温差较大，为防止室内热量散失过大，保证房屋的正常使用并降低能源消耗，故在屋面中增设保温层。将保温层设在结构层之上，防水层之下，成为封闭的保护层，这种方式称为正置式保温或内置式保温，如图 16－26 所示；将保温层放在防水层上，成为敞露的保温层，这种方式称为倒置式保温，或外置式保温，如图 16－27 所示。

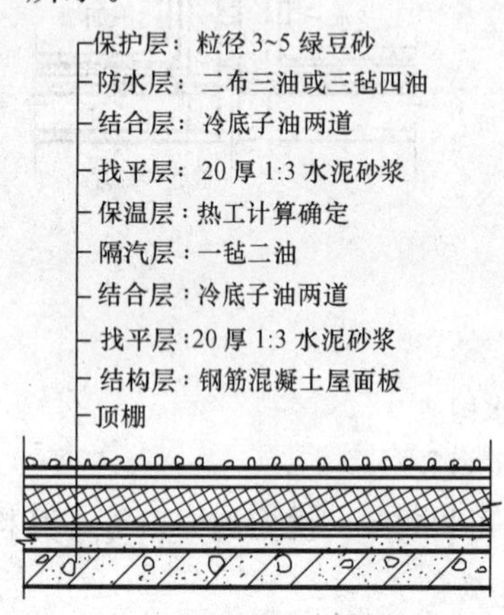

图 16－26 油毡平屋面保温构造做法

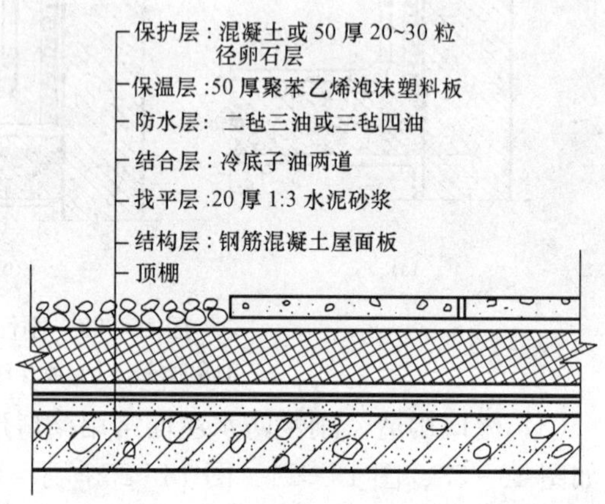

图 16－27 倒置式保温油毡屋面

（二）平屋面的隔热

在气候炎热地区，夏季太阳辐射使屋面温度剧烈升高，为减少传进室内的热量和降低室内的温度，屋面应采取隔热降温措施。我国南方地区的建筑屋面隔热更为重要。

屋面隔热措施通常有以下几种方式。

1. 通风隔热屋面

这种做法是指在屋面中设通风间层，使上层表面起遮挡阳光的作用。利用风压和热压作用把间层中的热空气不断带走，以减少传到室内的热量，从而达到隔热降温的目的。通风隔热屋面一般有架空通风隔热屋面和顶棚通风隔热屋面两种，如图 16－28、图 16－29 所示。

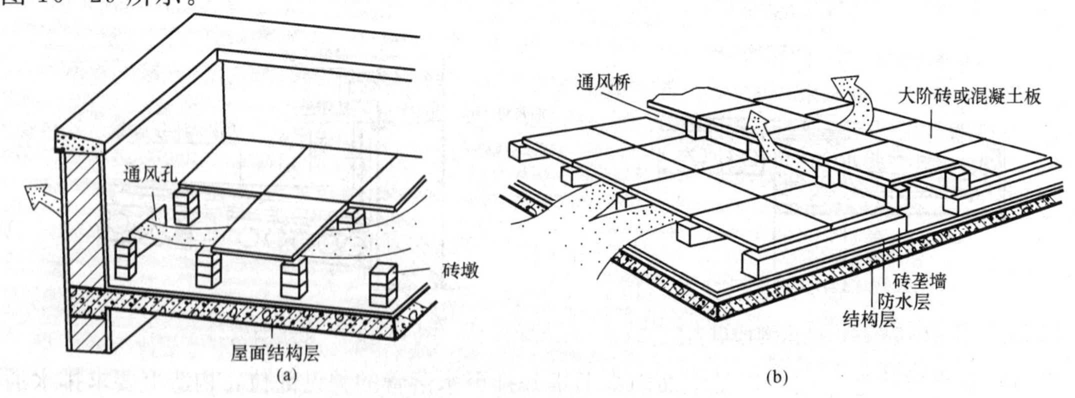

图 16－28 架空通风隔热屋面

（a）架空隔热层与女儿墙通风孔；（b）架空隔热层与通风桥

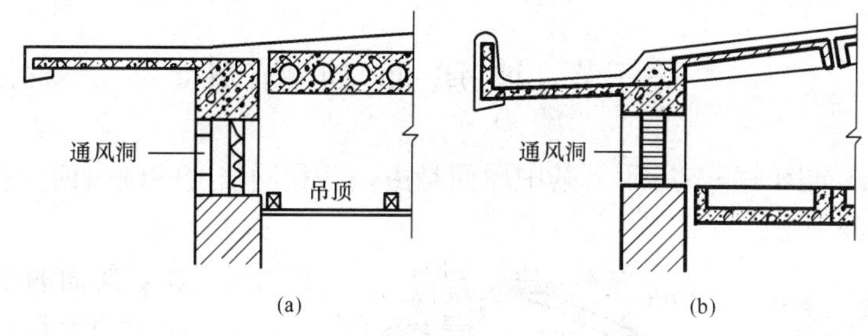

图 16-29　顶棚通风屋面示意图

(a) 吊顶通风层；(b) 双槽板通风层

2. 蓄水隔热屋面

蓄水隔热屋面利用平屋面所蓄积的水层来达到屋面隔热的目的，如图 16-30 所示。在我国南方地区，蓄水隔热屋面对建筑的防暑降温和提高屋面的防水质量能起到很好的作用。

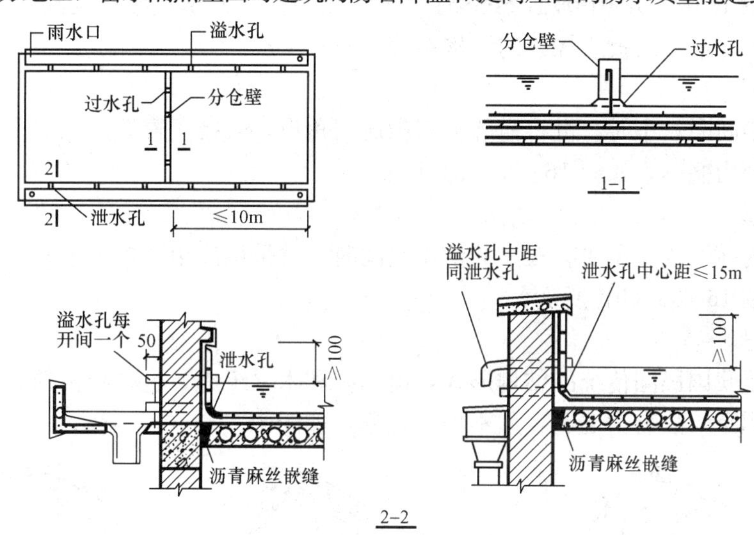

图 16-30　蓄水隔热屋面

3. 种植隔热屋面

种植隔热屋面是在平屋面上种植植物，通过借助栽培介质隔热及植物吸收阳光进行光合作用和遮挡阳光的双重功效来达到降温隔热的目的，如图 16-31 所示。

种植隔热屋面根据栽培介质层构造方式的不同可分为一般种植隔热和蓄水种植隔热屋面两类。

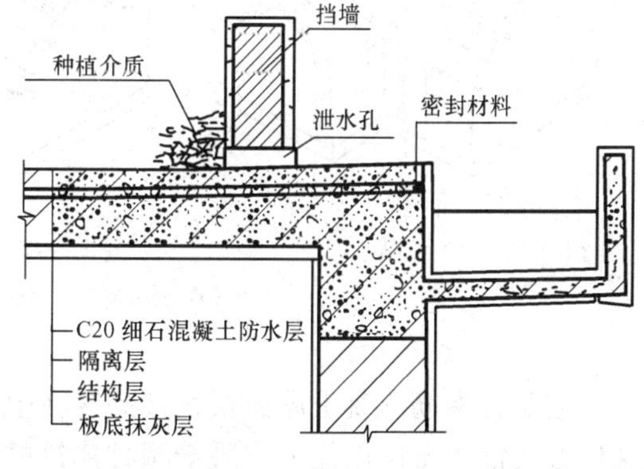

图 16-31　种植隔热屋面

4. 反射降温隔热屋面

反射降温屋面是利用材料的颜色和光滑度对热辐射的反射作用，将一部分热量反射回去从而达到降温目的。如在屋面上采用浅色的砾石混凝土，或在屋面上涂刷白色涂料，均可起到明显的降温隔热作用。

第三节 坡屋面的构造

坡屋面的形式如图 16-2 所示。其中屋面是由一些相同坡度的倾斜面交接而成，其交线的名称如图 16-32 所示。

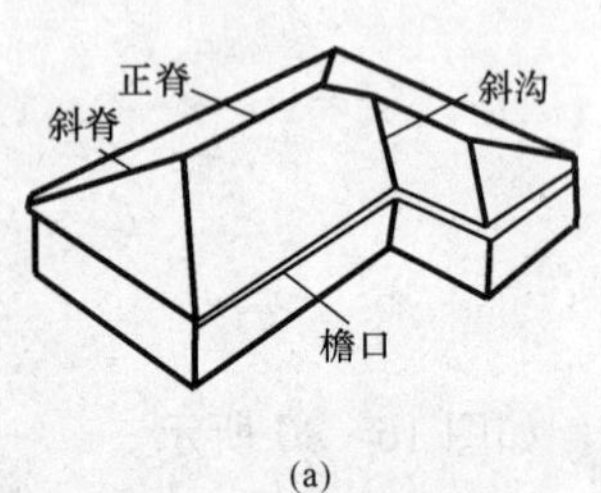

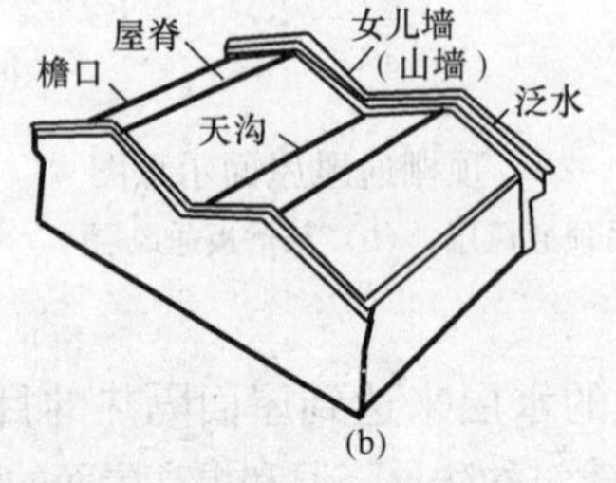

图 16-32 坡屋面坡面交线名称

一、坡屋面的结构承重方式

坡屋面的承重结构与平屋面不同，坡屋面结构屋面坡度较大，直接形成屋面的排水坡度，常见的承重结构有檩式、板式两种。

(一) 檩式结构

檩式结构是在屋架或山墙上支承檩条，檩条上支承屋面板或椽条的结构系统。

1. 硬山搁檩

当房屋横墙间距较小时，可将横墙上部砌成三角形，直接搁置檩条以承受屋面荷载，这种承重方式为硬山搁檩，如图 16-33 (a) 所示。

2. 屋架承重

当房屋的内横墙较少需要有较大的使用空间时，常采用三角形桁架来架设檩条，以承受屋面荷载，如图 16-33 (b) 所示。

3. 梁架承重

梁架承重是我国民间传统的结构形式，由木柱和木梁组成，这种结构的墙只是起围护和分隔作用，不承重，故有“墙倒，屋不塌”之称，如图 16-33 (c) 所示。

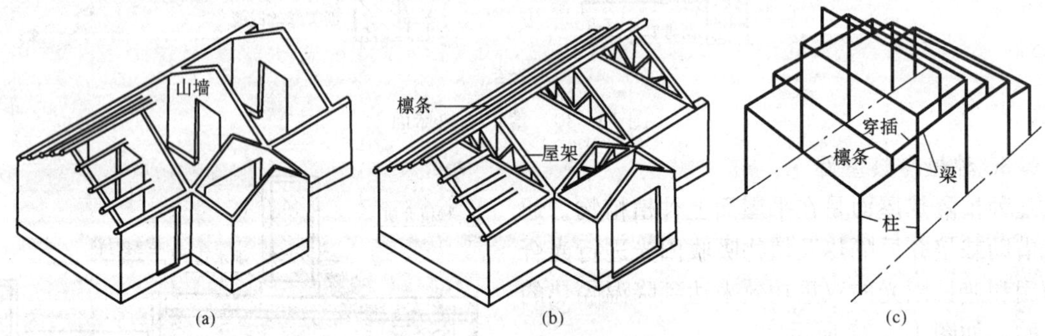

图 16-33 檩式结构屋面

(a) 硬山搁檩；(b) 屋架承重；(c) 梁架承重

(二) 板式结构

它是将钢筋混凝土屋面板直接搁置在上部为三角形的横墙、屋架或斜梁上的支承方式，这种方式常用于民用住宅或风景园林建筑的屋面，如图 16-34 所示。

二、坡屋面的承重结构构件

1. 屋架

屋架形式常为三角形，由上弦、下弦及腹杆组成。所用材料有木材、钢材及钢筋混凝土等，如图 16-35 所示。

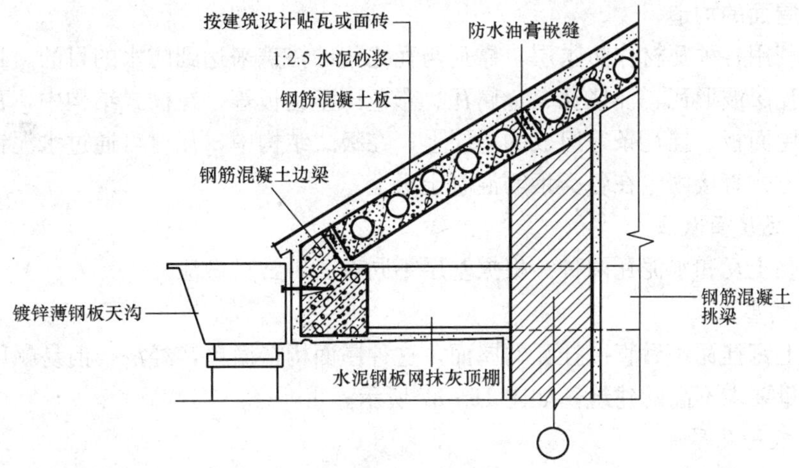

图 16-34　钢筋混凝土板式结构屋面

木屋架一般用于跨度不超过 12m 的建筑。将木屋架中受拉力的下弦及直腹杆件用钢筋或型钢代替，这种屋架称为钢木屋架。钢木屋架一般用于跨度不超过 18m 的建筑，当跨度更大时需采用预应力钢筋混凝土屋架或钢屋架。

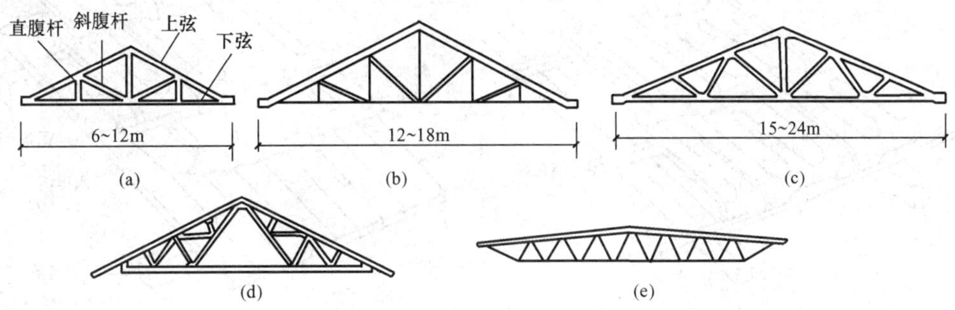

图 16-35　屋架形式

（a）木屋架；（b）钢木屋架；（c）预应力钢筋混凝土屋架；（d）芬式钢屋架；（e）梭行轻钢屋架

2. 檩条

檩条所用材料可分为木材、钢材及钢筋混凝土，檩条材料的选用一般与屋架所用材料相同，使得两者的耐久性接近。檩条的断面形式如图 16-36 所示。

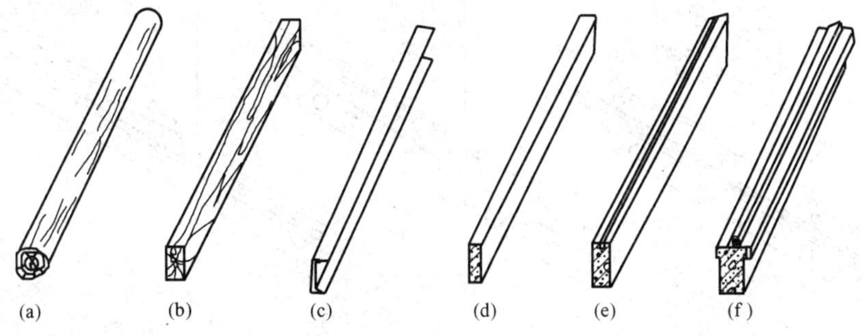

图 16-36　檩条断面形式

（a）圆木檩条；（b）方木檩条；（c）槽钢檩条；（d）、（e）、（f）混凝土檩条

三、坡屋面的构造

屋面是利用各种瓦材作防水层，靠瓦与瓦之间的搭盖来达到防水的目的。目前常用的屋面材料有平瓦、波形瓦、油毡瓦、金属瓦、彩色压型钢板等。在檩式结构中，瓦材通常铺设在由檩条、屋面板、挂瓦条等组成的基层上；在板式结构中，瓦材可通过水泥钉钉、泥背或挂瓦条挂等方式直接固定在各类钢筋混凝土板上。

（一）平瓦屋面做法

平瓦有黏土瓦和水泥瓦两种。根据基层不同有三种常见做法。

1. 冷摊瓦屋面

在椽条上钉挂瓦条后直接挂瓦的屋面，这种屋面构造简单，经济，但易飘风雪，常用于南方地区质量要求不高的建筑，如图16-37所示。

2. 木望板平瓦屋面

它是在檩条或椽条上钉屋面板，屋面板上铺油毡，钉顺水条和挂瓦条的屋面。这种屋面比冷摊瓦屋面的防水、保温隔热效果要好，但耗用木材多，造价高，多用于质量要求较高的建筑物中，如图16-38所示。

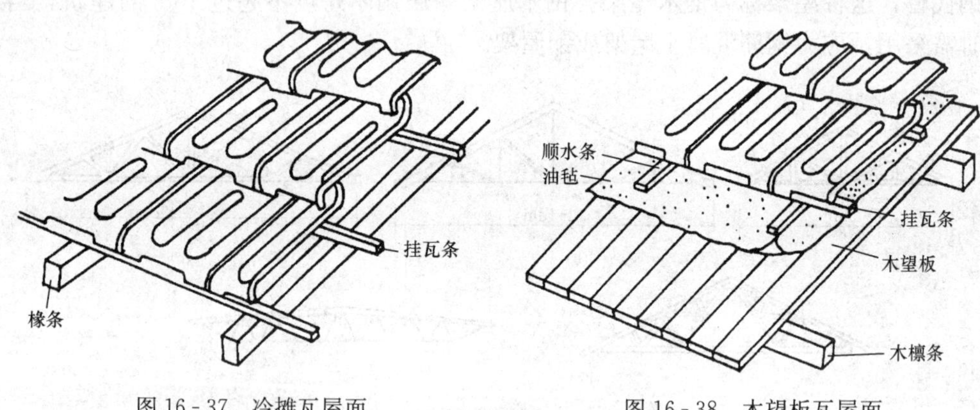

图16-37 冷摊瓦屋面　　图16-38 木望板瓦屋面

3. 钢筋混凝土板盖瓦屋面

它是将各类钢筋混凝土屋面板（现浇板、预制空心板、挂瓦板等）作为瓦屋面的基层，然后盖瓦的屋面。盖瓦的方式有三种，如图16-39所示。

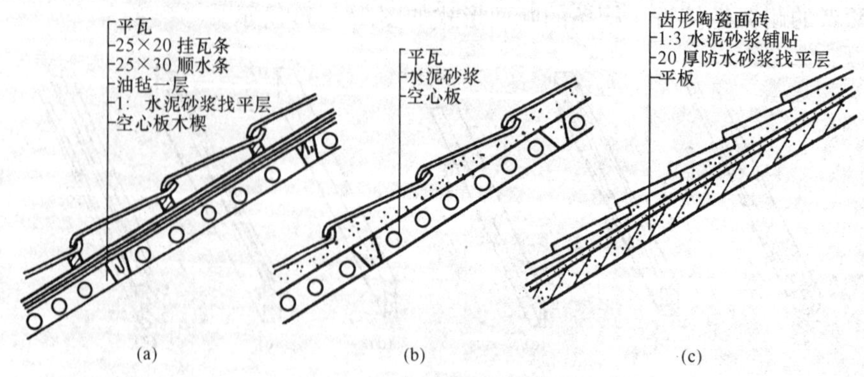

图16-39 钢筋混凝土板瓦屋面构造

（a）木条挂瓦；（b）砂浆贴瓦；（c）砂浆贴面砖

(二) 平瓦屋面的细部构造

平瓦屋面应做好檐口、天沟、屋脊等部位的细部处理。

1. 纵墙檐口构造

纵墙檐口构造与屋面的排水方式、屋面承重结构、屋面基层、屋面出檐长度的大小等有关，其构造做法如图16-40、图16-41、图16-42所示。

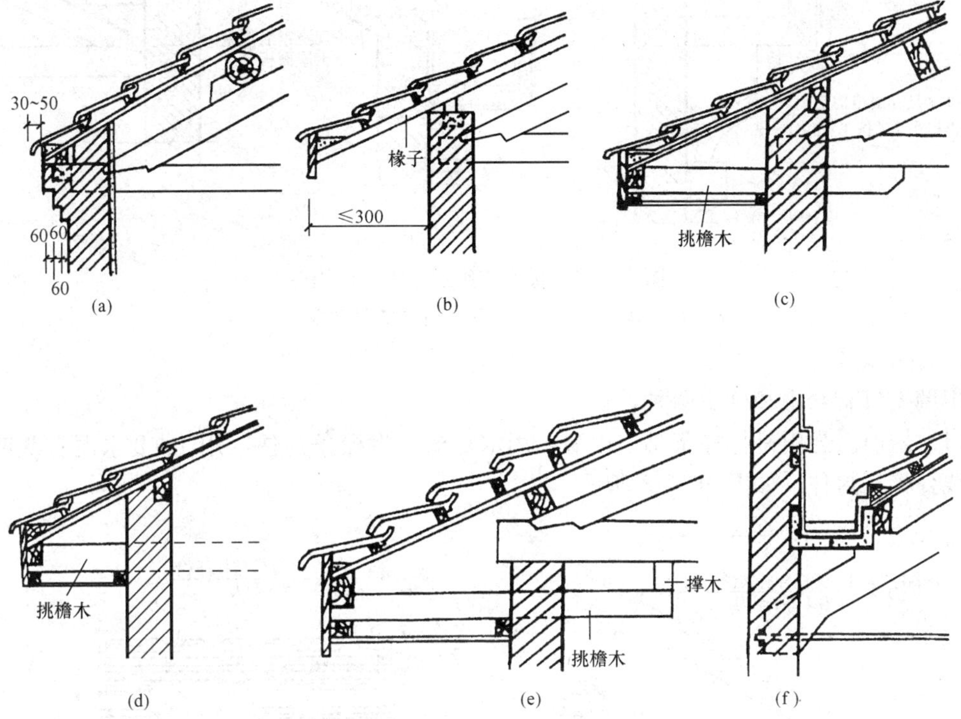

图16-40 平瓦屋面纵墙檐口构造

(a) 砖砌挑檐；(b) 椽条外挑；(c) 挑檐木置于屋架下；

(d) 挑檐木置于承重横墙中；(e) 挑檐木下移；(f) 女儿墙包檐口

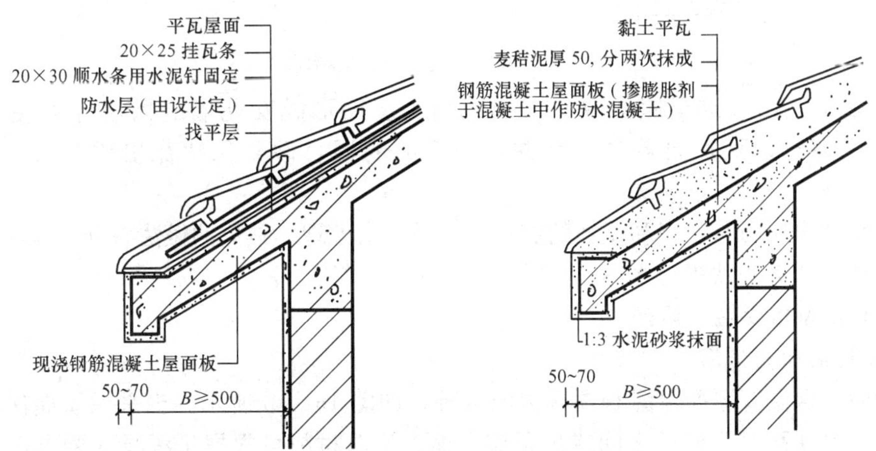

图16-41 现浇钢筋混凝土屋面板挑檐口构造

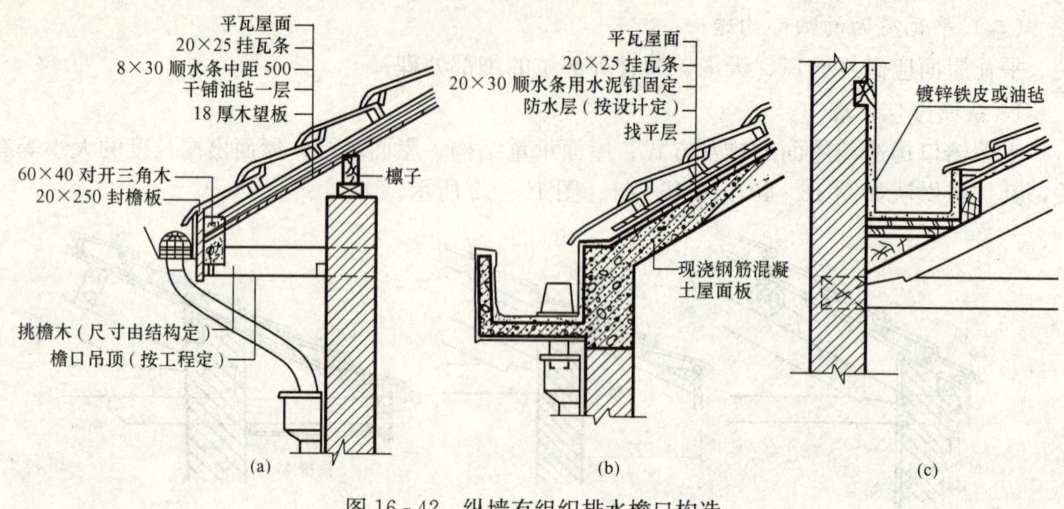

图 16-42　纵墙有组织排水檐口构造

(a)、(b) 外挑檐沟；(c) 女儿墙封檐

2. 山墙檐口

山墙檐口有悬山和硬山两种。

(1) 悬山。悬山是把檩条挑出山墙，用木封檐板将檩条封住，用 1∶2 水泥石灰麻刀做披水线，将瓦封住，如图 16-43 所示。

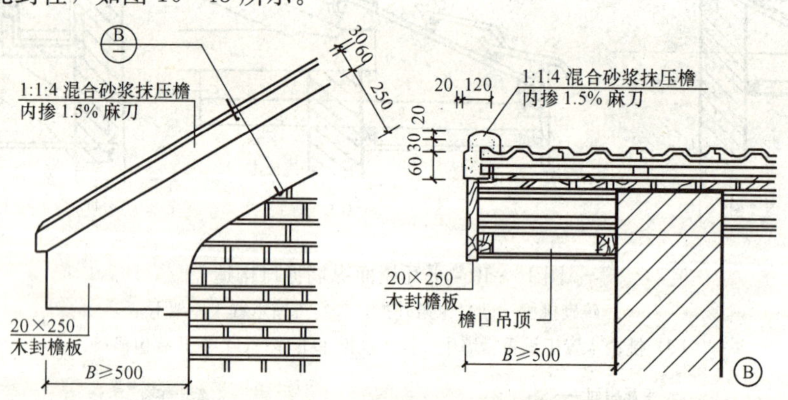

图 16-43　平瓦屋面悬山构造

(2) 硬山。山墙砌至屋面收头或山墙高出屋面形成女儿墙的做法称为硬山。当墙顶与屋面平齐时，瓦片要盖过山墙并用掺麻刀的混合砂浆抹"瓦出线"，如图 16-44 所示。

当山墙高出屋面时，墙和屋面的交接处要做泛水处理。常见的做法有砂浆抹面泛水、小青瓦坐浆泛水和镀锌铁皮泛水等，如图 16-45 所示。

四、坡屋面的保温、隔热

(一) 坡屋面的保温

坡屋面的保温有屋面保温和顶棚保温两种，如图 16-46 所示。当采用屋面保温时，保温层一般布置在瓦材与檩条之间或吊顶棚上面。保温材料可根据工程具体要求选用松散材料、块体材料或板状材料。

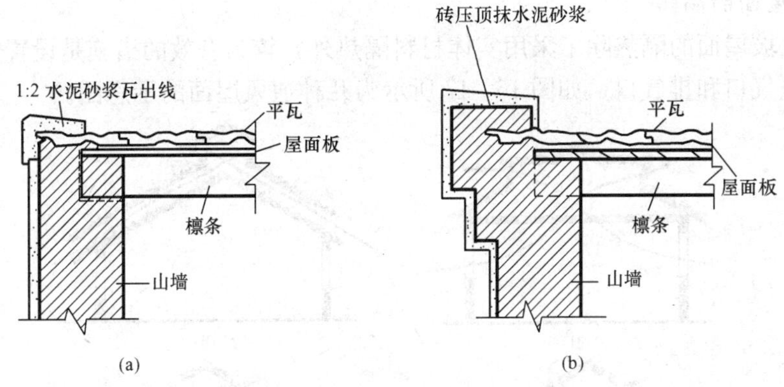

图 16-44　平瓦屋面硬山构造之一

（a）屋面和山墙平齐；（b）屋面挑出一皮砖

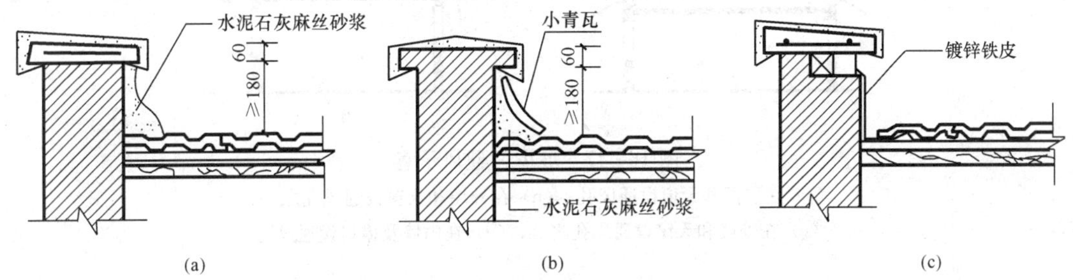

图 16-45　平瓦屋面硬山构造之二

（a）砂浆抹面泛水；（b）小青瓦坐浆泛水；（c）镀锌铁皮泛水

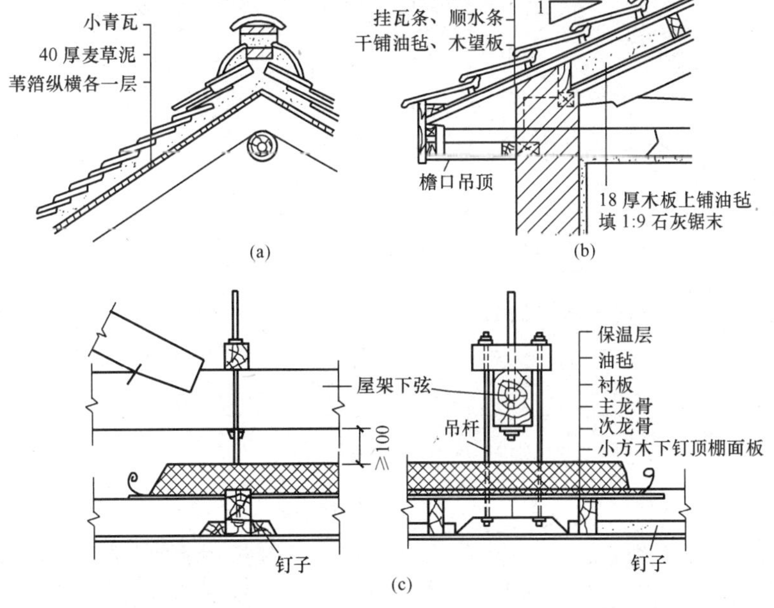

图 16-46　坡屋面保温构造

（a）小青瓦保温屋面；（b）平瓦保温屋面；（c）保温吊顶棚图

（二）坡屋面的隔热

炎热地区坡屋面的隔热除了采用实体材料隔热外，较为有效的措施是设置通风间层，在坡屋面中设进气口和排气口，如图 16-47 所示为几种通风屋面的示意图。

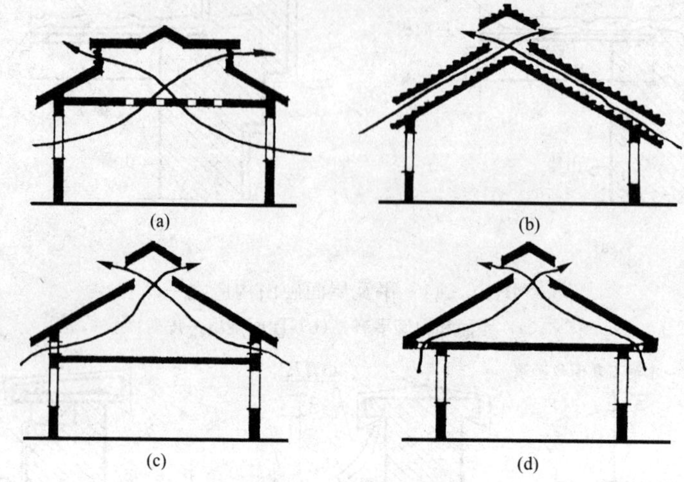

图 16-47 坡屋面通风示意

（a）在顶棚和天窗设通风孔；（b）在外墙和天窗设通风孔之一；（c）在外墙和天窗设通风孔之二；（d）在山墙及檐口设通风孔

第十七章 窗 与 门

窗和门是建筑物重要的围护结构构件。窗的作用主要是采光、通风及眺望；门在房屋建筑中的作用主要是交通联系，交通疏散并兼采光和通风。在不同情况下，窗和门还有分隔、保温、隔声、防火、防辐射、防风沙等作用。

窗、门在建筑立面构图中的影响也较大，它们的尺度、比例、形状、组合、透光材料的类型等，都影响着整个建筑的艺术效果。

窗和门一般都在加工厂，进行标准化和商品化制作，规格尺寸符合模数制要求。窗和门做为建筑的重要组成部分之一，要求坚固耐用，开启方便，关闭紧密，形式大方美观。

第一节 窗的概述及木窗构造

一、窗的作用

1. 采光

为了满足使用的要求，房间的照度可以通过天然采光和人工照明的方法获得。我们应充分发挥和挖掘天然采光的潜力，尽量利用天然采光。一般认为，房间照度值的高低与开窗的面积、位置、透光材料的种类等因素关系较大。目前习惯采用房间开窗面积与房间使用面积的比值（简称窗地比）来衡量房间照度值的高低。

阳光对人体健康和心理状态有较大的影响。因此我国对部分建筑的房间提出了日照的要求。

2. 通风

为了使室内的空气清新，二氧化碳的含量低于规定的标准，房间要有相应的通风设施。一般建筑的通风主要是依靠开窗来解决。

3. 围护

窗是围护的薄弱环节，它是建筑能量损耗的主要途径，能量损耗也是建筑节能要解决的重点问题之一。窗的用料应具有良好的热工性能，同时要有良好的密闭性。窗还要具有良好的防雨、防渗、防尘和隔声能力。

二、窗的分类

1. 按照所用材料分类

窗可分为木窗、钢窗、铝合金窗、不锈钢窗、塑料窗、玻璃钢窗、涂色镀锌钢板窗、预应力钢丝网水泥窗等。

2. 按照开启方式分类

窗的开启方式主要取决于窗扇铰链安装的位置和转动方式。通常窗的开启方式有以下几种，如图 17 - 1 所示。

（1）固定窗。无窗扇、不能开启的窗称为固定窗。固定窗的玻璃直接嵌固在窗框上，可

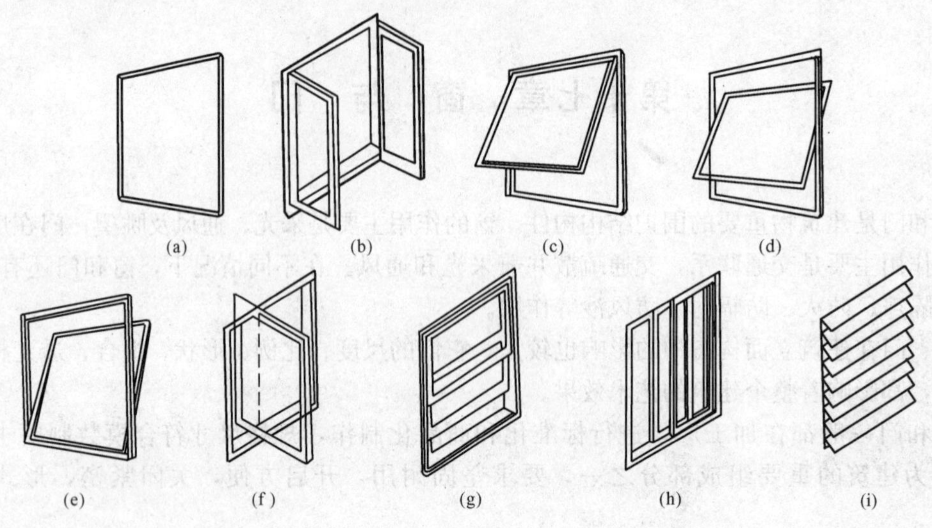

图 17-1 窗的开启方式
(a) 固定窗；(b) 平开窗；(c) 上悬窗；(d) 中悬窗；(e) 下悬窗；(f) 立转窗；
(g) 垂直推拉窗；(h) 水平推拉窗；(i) 百叶窗

供采光和眺望之用。

(2) 平开窗。该类窗铰链安装在窗扇一侧与窗框相连，向外或向内水平开启。它有单扇、双扇、多扇，有向内开与向外开之分。其构造简单，开启灵活，制作维修均方便，是民用建筑中采用最广泛的窗。

(3) 悬窗。该类窗因铰链和转轴的位置不同，可分为上悬窗、中悬窗和下悬窗。上悬窗向外开，中悬窗下边向外开防雨效果好，可作外窗用，而下悬窗不能防雨，只能用于内窗。

(4) 立转窗。该类窗窗扇沿垂直中轴旋转，也叫垂直转窗。该类窗引导风进入室内效果较好，但防雨及密封性较差，多用于单层厂房的低侧窗，不宜用于寒冷和多风沙的地区。

(5) 推拉窗。该类窗分垂直推拉窗和水平推拉窗两种。垂直推拉窗需要设滑轮及平衡措施；水平推拉窗上下设槽轨。它们不多占使用空间，窗扇受力状态较好，适宜安装较大玻璃，但通风面积受到限制。

(6) 百叶窗。该类窗主要用于遮阳、防雨及通风，但采光差。百叶窗可用金属、木材、钢筋混凝土等制作，有固定式和活动式两种形式。

三、窗的尺度

窗的尺度主要取决于房间的采光、通风、构造做法和建筑造型等要求，并要符合现行《建筑模数协调统一标准》的规定。为使窗坚固耐久，一般平开木窗的窗扇高度为 800～1200mm，宽度不宜大于 600mm；上下悬窗的窗扇高度为 300～600mm；中悬窗窗扇高不宜大于 1200mm，宽度不宜大于 1000mm；推拉窗高宽均不宜大于 1500mm。对一般民用建筑用窗，各地均有通用图，各类窗的高度与宽度尺寸通常采用扩大模数 3M 数列作为洞口的标志尺寸，需要时只要按所需类型及尺度大小直接选用。

四、平开木窗的组成及构造

(一) 平开木窗的组成

窗主要是由窗框、窗扇和五金件及附件组成。窗框是窗扇与墙体的连接构件，窗框由边框、上框、下框、中横框（中横档）、中竖框组成。窗扇分成开启扇和固定扇两类，由上冒头、下冒头、边梃、窗芯、镶嵌材料（玻璃、窗纱、百叶）等组成。窗五金零件有铰链、风钩、插销等；附加件有贴脸、筒子板、木压条等，如图 17-2 所示。

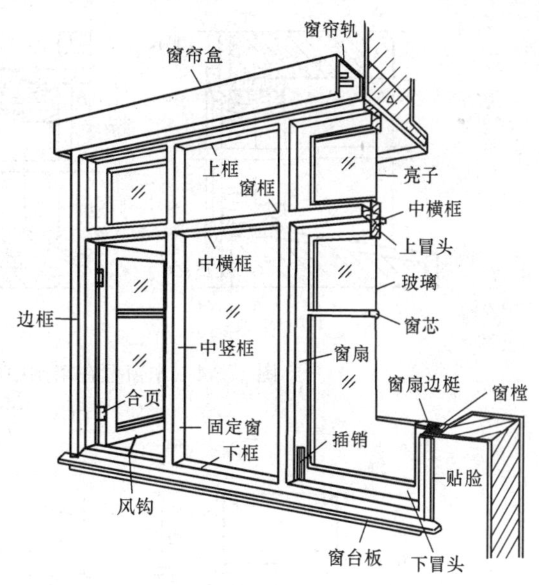

图 17-2 窗的组成

（二）平开木窗的构造

1. 窗框

（1）窗框的安装。窗框位于墙和窗扇之间，木窗窗框的安装方式有两种，如图 17-3 所示。一是立口法，即先立窗框，后砌墙。为使窗框与墙体连接得紧固，应在窗口的上下框各伸出 120mm 左右的端头，俗称“羊角”，嵌入墙内。当窗框的高度较大时，可以在边框外侧每隔 500～700mm，设置一块木砖，以增加窗框与墙的连接点。立口安装具有窗框与墙体连接紧密、牢固的优点，但是在施工时需要不同工种相互配合、衔接，对施工进度略有影响，而且在施工过程中容易造成窗的损坏。其二是塞口法，即在施工时，先预留出窗洞口，等到主体施工完成之后再把窗框塞入洞口当中。塑料窗、铝合金窗通常采用这种施工方式。为了便于窗框的安装，预留的洞口需要大于窗框的外廓尺寸。一般采用在洞口两侧墙体预留埋件的办法来解决窗框与墙的连接问题。塞口安装的施工速度快，施工时不宜破坏窗，但窗框与墙体连接的紧密程度稍差。

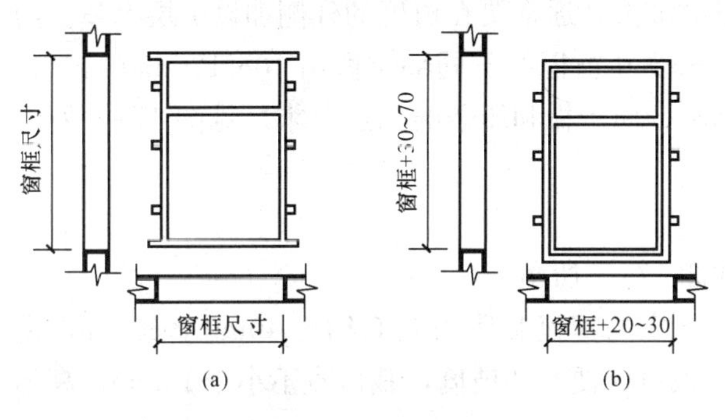

图 17-3 立口和塞口
(a) 立口；(b) 塞口

窗框在墙洞口中的安装位置有三种：一是与墙内表面平（内平），这样内开窗扇贴在内墙面，不占室内空间。二是与墙外表面平（外平），外平多在板材墙或外墙较薄时采用，这时靠室内一面设窗台板。三是位于墙厚的中部（居中），在北方墙体较厚，窗框的外缘多距外墙外表面 120mm（1/2 砖）。这时应内设窗台板，外设窗台。如图 17-4 所示。

（2）窗框的断面形状和尺寸，如图 17-5 所示。在构造上应有裁口及背槽处理，裁口亦有单裁口与双裁口之分。常用木窗框断面形状和尺寸主要应考虑以下要求：横竖框接榫和受力的需要；框与墙、扇结合封闭（防风）的需要；防变形和最小厚度处的劈裂的需要等。一般单层窗的窗框断面厚 40～55mm，宽 70～95mm（净尺寸）。中横框和中竖框因两面有裁口，并且横框常有披水，断面尺寸应相应增大。双层窗窗框的断面宽度应比单层窗宽 20～30mm。

（3）墙与窗框的连接。墙与窗框的连接主要应解决固定和密封问题。在寒冷地区，为了

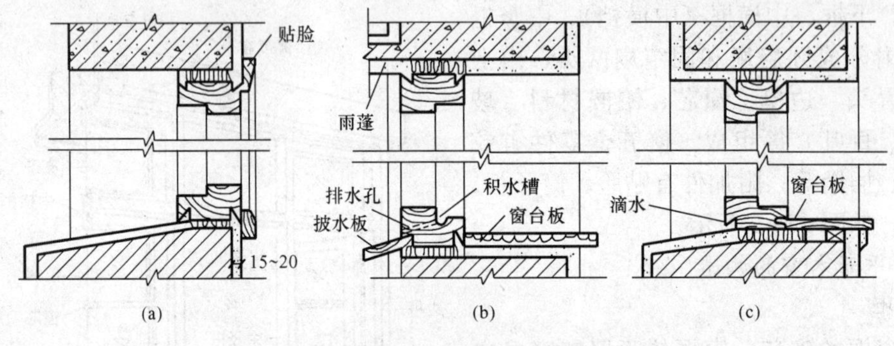

图 17-4 木窗框在墙洞中的位置及窗框与墙缝的处理

（a）内平；（b）外平；（c）居中

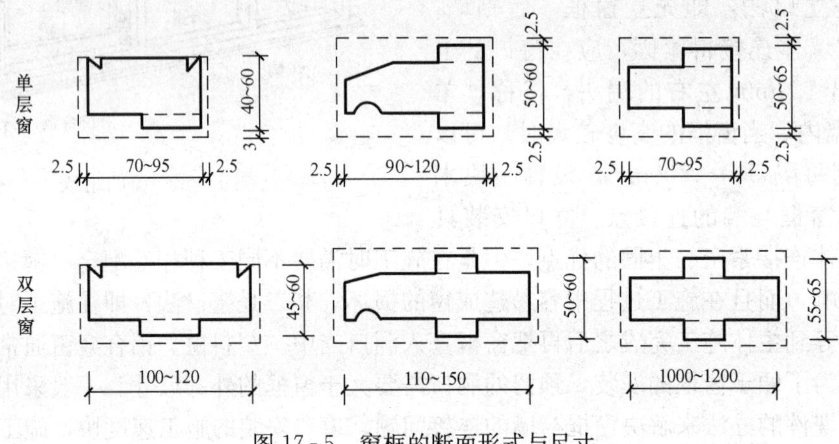

图 17-5 窗框的断面形式与尺寸

提高窗框与墙体之间密闭性，防止室内热量的散失，通常要在窗框的外侧加设一层毛毡。为了安装窗扇及保证窗框与墙体接缝的严密，需要在窗框的不同部位做出 10～12mm 的铲口。在安装窗框时还要充分考虑设置窗台板、贴脸、筒子板和压条的构造要求。见图 17-6 所示为一般安装方法的举例。

2. 窗扇

常见的木窗扇有玻璃窗扇和纱窗扇，如图 17-7 所示。

（1）玻璃窗扇的断面形式与尺寸。玻璃窗扇的窗梃和冒头断面约为 40mm×55mm，窗芯断面尺寸约为 40mm×30mm。窗扇也要有裁口以便安装玻璃，裁口宽不小于 14mm，高不小于 8mm。

（2）玻璃的选择及安装。窗可根据不同要求，选择平板玻璃、磨砂玻璃、压花玻璃、夹丝玻璃、吸热玻璃、有色玻璃、镜面反射玻璃等各种不同特性的玻璃。其中平板玻璃制作工艺简单，价格最便宜，在大量民用建筑中用得最广。玻璃通常用油灰嵌在窗扇的裁口里，要求较高的窗，则采用富有弹性的玻璃密封膏效果更好。油灰和密封膏在玻璃外侧密封有利于排除雨水和防止雨水渗漏。

3. 窗用五金零件

平开木窗常用五金零件有合页（铰链）、插销、撑钩、拉手和铁三角等。采用品种根据窗的大小和装修要求而定。

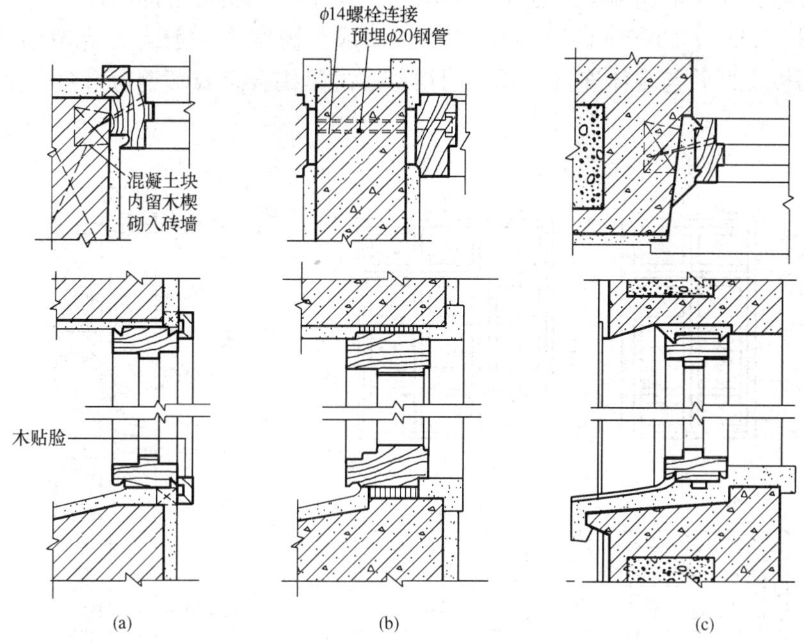

图 17-6　木窗框安装一般做法

(a) 砖墙里平；(b) 现浇钢筋混凝土；(c) 预制钢筋混凝土大型壁板

4. 窗的附件

(1) 披水条。为防止雨水流入室内，在内开窗下冒头和外开窗中横框处附加一条披水板，下边框设集水槽和排水孔，有时外开窗下冒头也做披水板和滴水槽，见图 17-8 所示。

(2) 贴脸板。为防止墙面与窗框接缝处渗入雨水和美观要求，将用料 20mm×45mm 木板条内侧开槽，可刨成各种断面的线脚以掩盖缝隙。

(3) 压缝条。两扇窗接缝处，为防止渗透风雨，除做高低缝盖口外，常在一面或两面加钉压缝条。一般采用 10～15mm 见方的小木条。有时也用于填补窗框与墙体之间的缝隙，以防止热量的散失。

(4) 筒子板。室内装修标准较高时，往往在窗洞口的上面和两侧墙面均用木板镶嵌，与窗台板结合使用。

(5) 窗台板。在窗的下框内侧设窗台板，木板的两端挑出墙面 30～40mm，板厚 30mm。当窗框位于墙中时，窗台板也可以用预制水磨石板或大理石板。

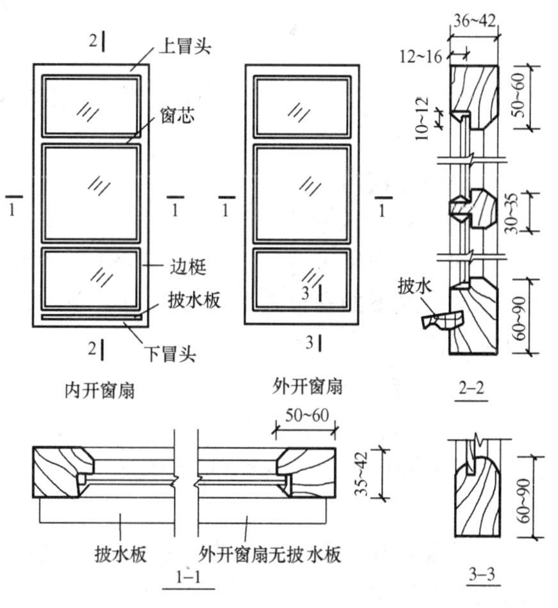

图 17-7　玻璃窗扇构造

(6) 窗帘盒。在窗的内侧悬挂窗帘时，为遮盖窗帘棍和窗帘上部的拴环而设窗帘盒。窗帘盒三面采用 25mm×（100～150）mm 的木板镶成，窗帘棍一般为开启灵活的金属导轨，采用角钢或钢板支撑并与墙体连接。现在用得最多的是铝合金或塑钢窗帘盒，美观牢固、构造简单。

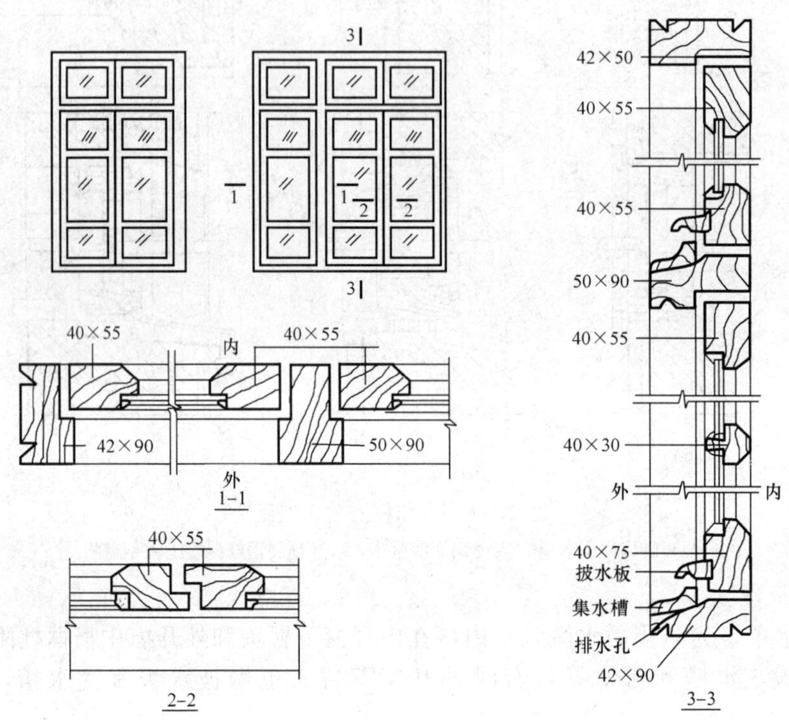

图 17-8 内开窗构造

第二节 门的概述及木门构造

一、门的作用

1. 交通与安全疏散

门的主要作用是解决建筑内、外空间之间，内部空间相互之间的交通问题，同时还要确保在非常情况下的安全疏散。故门的宽度、数量、开启方向、开启方式和所用材料等均应符合有关规范要求。

2. 围护与分隔

门应当具有良好的隔声性能，以保证建筑内部各房间之间避免互相干扰。采暖建筑不同温度区的分隔门要具有保温的能力。

3. 美观

门是人们在建筑空间当中活动的必经之路，其材质、色彩、样式都对人们的心理及建筑空间的整体效果产生相当大的影响。

4. 通风与采光

在门扇上设置小玻璃窗，或利用半截玻璃门或全玻璃门都可以改善采光。门的位置布局要合理，可以与对应门窗组织空气对流，改善通风。

此外，还有密封、防火、防射线等特殊作用。

二、门的分类

按照门的开启方式可分为以下几类（见图 17-9 所示）。

（1）平开门。水平开启的门，铰链安在侧边，有单扇、双扇，有向内开、向外开之分。

（2）弹簧门。形式同平开门，不同的是，弹簧门的侧边用弹簧铰链或下面用地弹簧传动，开启后能自动关闭。

（3）推拉门。可以在上下轨道上滑行的门。推拉门有单扇和双扇之分，可以藏在夹墙内或贴在墙面外，占地少，受力合理，不易变形。

（4）折叠门。为多扇折叠，可以拼合折叠推移到侧边的门。

（5）转门。为三或四扇连成风车形，在两个固定弧形门套内旋转的门。

图 17-9　门的形式
（a）平开门；（b）弹簧门；（c）推拉门；
（d）折叠门；（e）转门

三、门的尺度

门的尺度主要取决于人体的尺度和人流量，搬运家具、设备所需高度尺寸等要求；同时应符合现行《建筑模数协调统一标准》的规定。部分门的宽度不符合 3M 规定，而是根据门的实际需要确定的。常用门的宽度：单扇内门为 800～1000mm，辅助用房如浴室、厕所、储藏室的门为 600～800mm，双扇门为 1200～1800mm。一般门扇高度常在 2000～2100mm 左右，公共建筑大门的高度可按需要适当提高。门上设置亮子时，亮子高度一般为 300～600mm。

四、平开木门的组成及构造

（一）平开木门的组成

门一般由门框、门扇、亮子、五金零件及其附件组成。

门框是门扇、亮子与墙的联系构件。门扇按构造方式的不同，有镶板门、夹板门、拼板门、玻璃门和纱门等类型。亮子又称腰头窗，在门上方，为辅助采光和通风之用，有平开、固定及上、中、下悬几种。五金零件一般有铰链、插销、门锁、拉手、门碰头等。附件有贴脸板、筒子板等。木门的组成如图 17-10 所示。

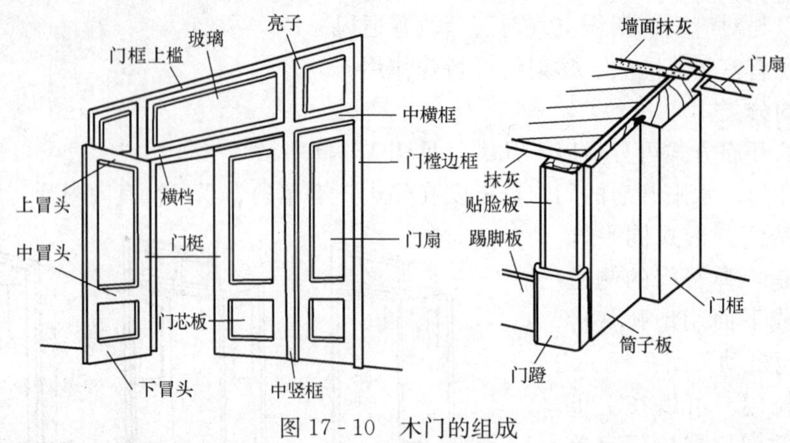

图 17-10 木门的组成

(二) 平开木门的构造

1. 门框

一般由两根竖直的边框和上框组成。当门带有亮子时，还有中横框，多扇门则还有中竖框。

(1) 门框的安装。门框的安装同窗的安装相同，根据施工方式不同分后塞口和先立口两种，如图 17-11 所示。

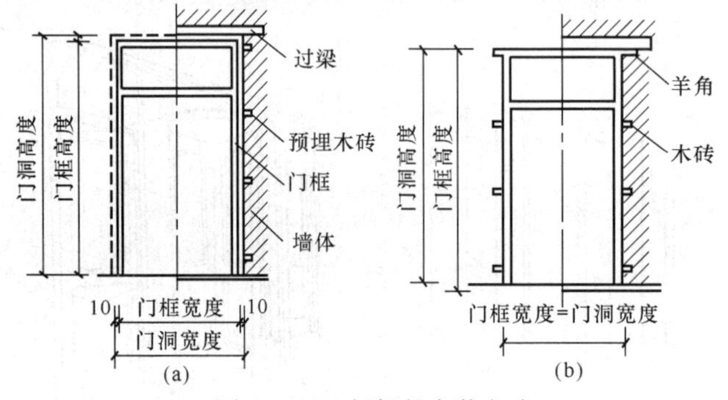

图 17-11 门框的安装方式

(a) 塞口；(b) 立口

门框在墙中的位置，可在墙的中间或与墙的一边平。一般多与开启方向一侧平齐，尽可能使门扇开启时贴近墙面，如图 17-12 所示。

(2) 门框的断面形状和尺寸，如图 17-13 所示。门框的断面形式与门的类型、层数有关，应有利于门的安装，并应具有一定的密闭性。门框断面尺寸与门的总宽度、门扇类型、厚度、重量及门的开启方式等有关。

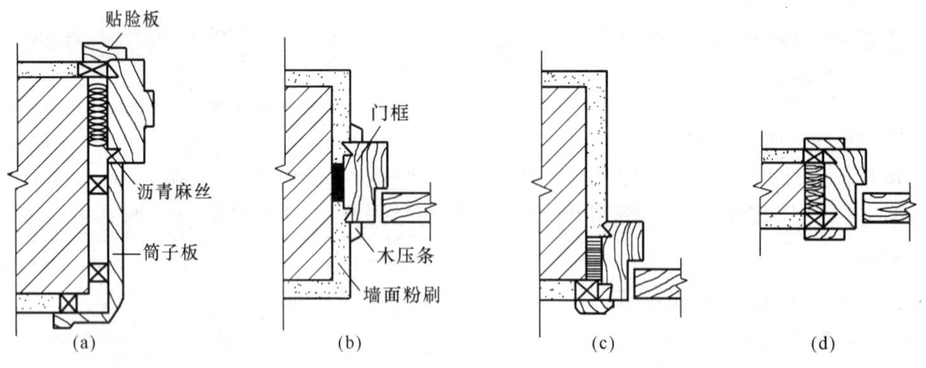

图 17-12 门框位置、门贴脸板及筒子板

(a) 外平；(b) 立中；(c) 内平；(d) 内外平

(3) 门框与墙体的连接。木门经常用在建筑内部，一般没有保温要求，在工程上经常只对门框与墙体接触处做防腐处理，而不用毛毡嵌缝。根据门的位置及建筑结构形式的不同，门框有时需要与不同材料墙体进行连接，如图 17-14 所示是不同材料墙体与门框连接构造的举例。

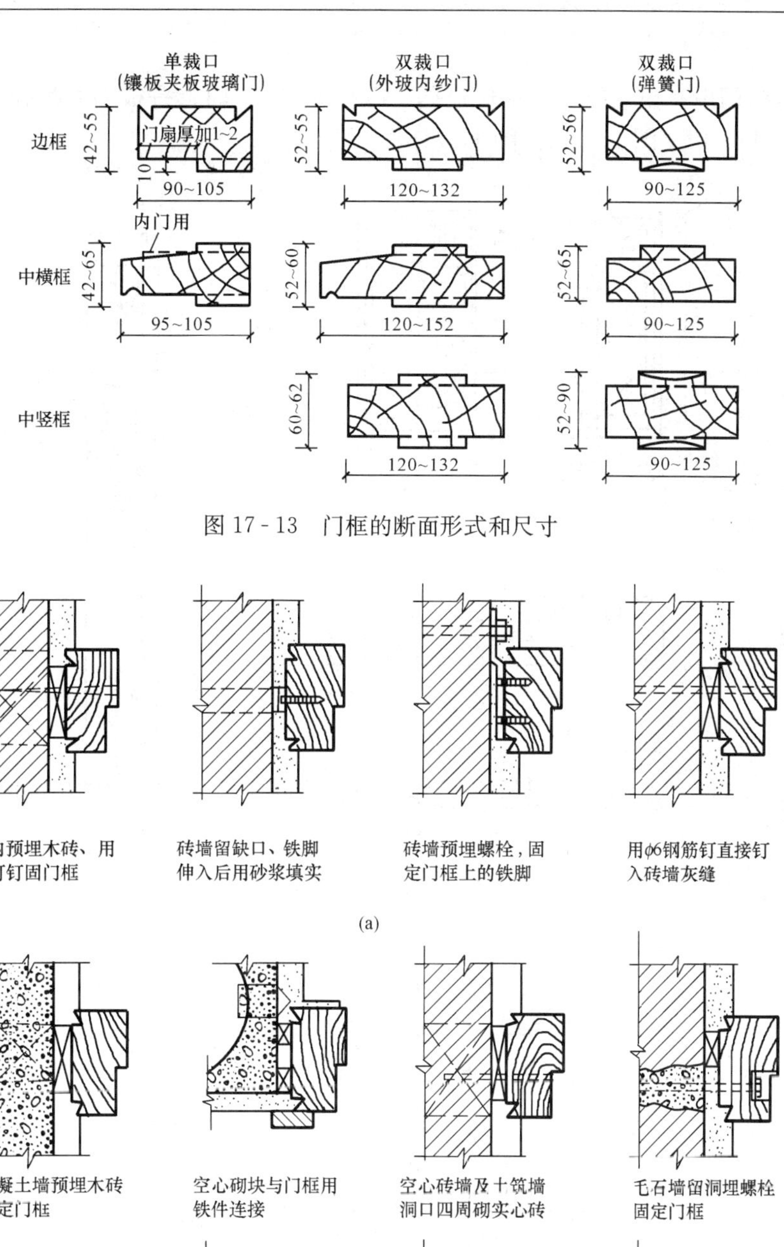

图 17 - 13 门框的断面形式和尺寸

图 17 - 14 墙体与门框的连接

(a) 砖墙与门框连接；(b) 其他墙体与门框连接

2. 门扇

常用的木门门扇有镶板门（包括玻璃门、纱门）、夹板门、拼板门和推拉门等，分别如图 17-15、图 17-16、图 17-17、图 17-18 所示。

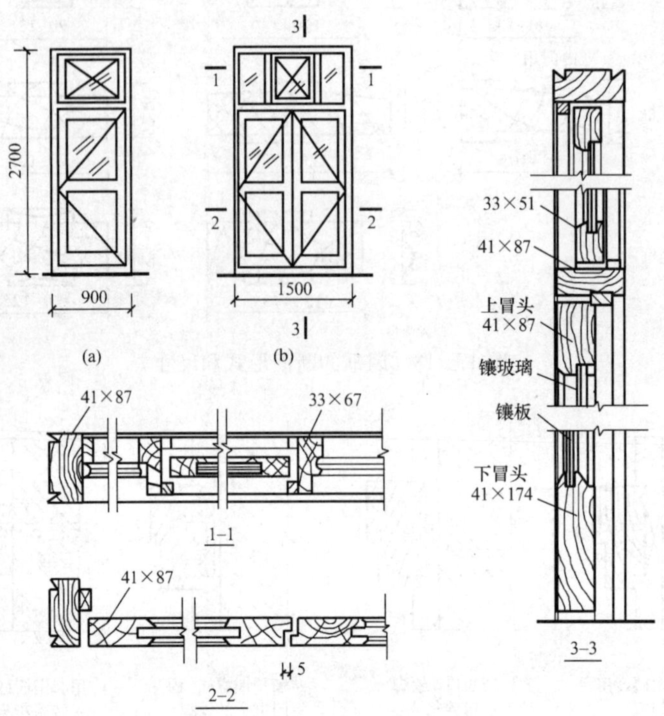

图 17-15 镶板门构造

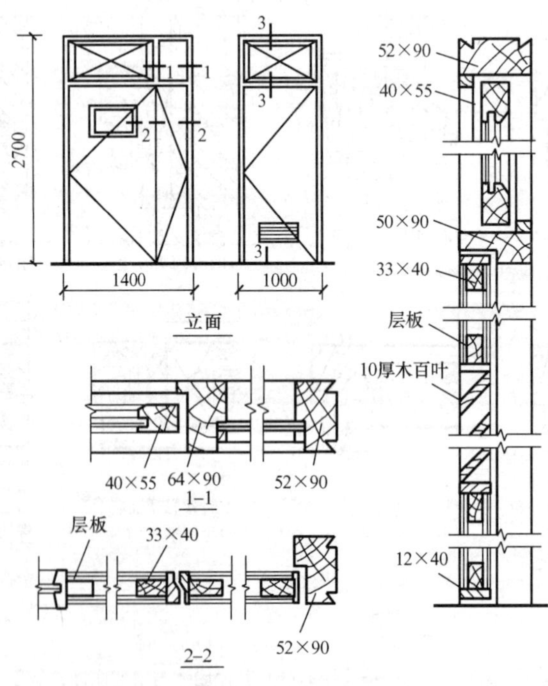

图 17-16 夹板门构造

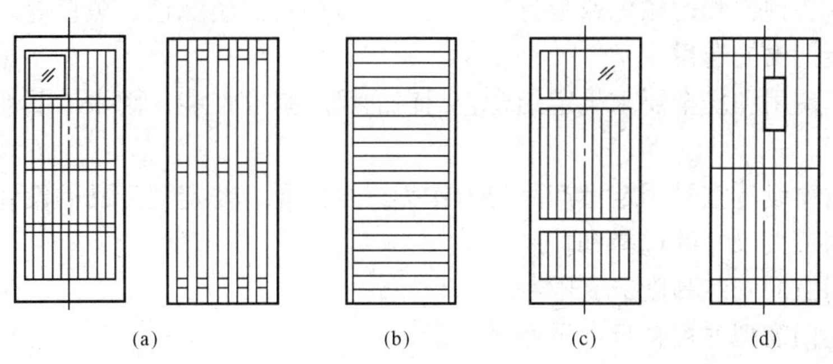

图 17-17　拼板门构造

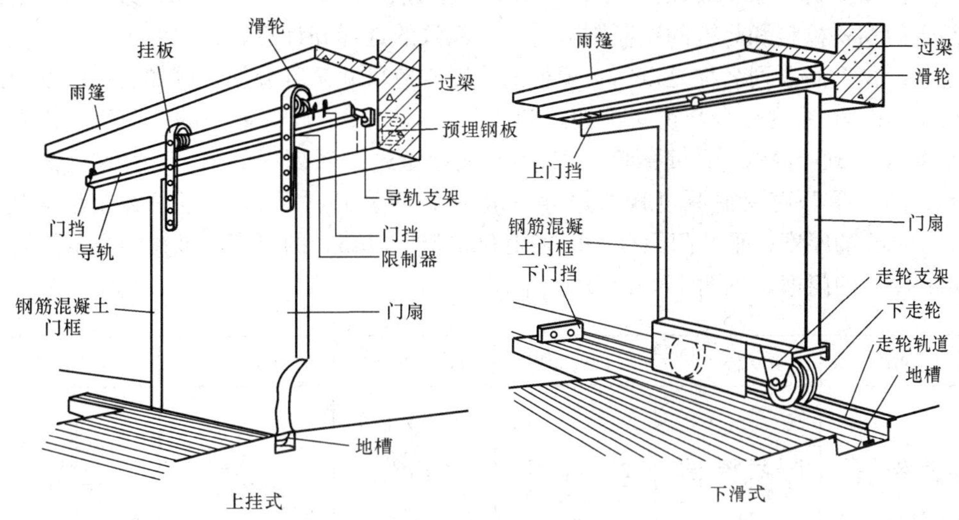

图 17-18　推拉门构造

3. 门用五金零件

门所用五金零件和窗基本相同。此外，门还要加设门锁和拉手等，在此不再赘述。

第三节　铝合金门窗

铝合金窗也是我国民用建筑大量采用的基本窗型，铝合金型材既适合于制窗也适合于制门。铝合金窗的开启方式较多，常见的有平开、滑轴平开、上悬式平开、上悬式滑轴平开、推拉等。

一、铝合金门窗的特点

（1）自重轻。铝合金门窗用料省、自重轻，比钢门窗轻 50%左右。

（2）性能好。铝合金门窗密封性好，气密性、水密性、隔声性、隔热性都比钢、木门窗有显著的提高。

（3）耐腐蚀、坚固耐用。铝合金门窗不需要涂涂料，氧化层不褪色、不脱落，表面不需要维修；强度高，刚性好，坚固耐用，开闭轻便灵活，无噪声，安装速度快。

（4）色泽美观。铝合金门窗框料型材表面经过氧化着色处理后，既可保持铝材的银白色，又可以制成各种柔和的颜色或带色的花纹，如古铜色、暗红色、黑色等。

二、铝合金门窗的选用

(1) 应根据使用和安全要求确定铝合金门窗的风压强度性能、雨水渗漏性能、空气渗透性能等综合指标。

(2) 组合门窗设计宜采用定型产品门窗作为组合单元。非定型产品的设计应考虑洞口最大尺寸和开启扇最大尺寸的选择和控制。

(3) 外墙门窗的安装高度应有限制。

三、铝合金门窗型材用料尺寸及命名

普通铝合金门窗型材壁厚不得小于0.8mm，地弹簧门型材壁厚不得小于2mm，用于多层建筑外铝门窗型材壁厚一般在1.0～1.2mm，高层建筑不应小于1.2mm；必要时可增设加固件。组合门窗拼樘料和竖梃的壁厚则应进行更细致的选择和计算。

铝合金门窗产品系列名称是以门、窗框的厚度构造尺寸来区分的，例如窗框厚度构造尺寸为70mm，称70系列铝合金窗；再如，TLC70—32A—S，此标记中的“TCL”代表“推拉铝合金窗”，“70”表示“70系列”，“32A”表示为这一系列中的第32号A型窗，字母“S”表示纱扇。平开窗窗框厚度构造尺寸一般采用40、50、70mm；推拉窗窗框采用55、60、70、90mm的厚度；平开门门框一般采用50、55、70mm的厚度；推拉铝合金门则采用70、90mm厚度的门框，见图17-19所示。

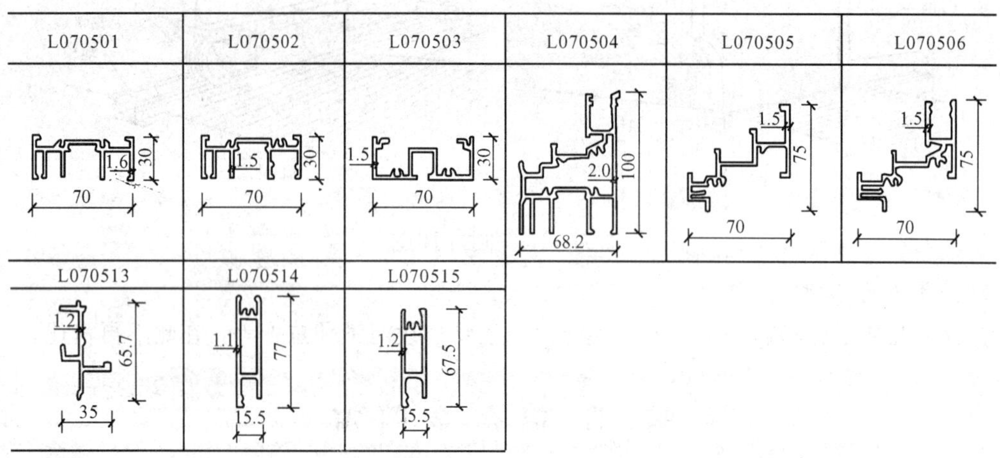

图17-19 70系列铝合金型材截面

四、铝合金门窗的构造和安装

铝合金门窗是将表面处理过的铝材经下料、打孔、铣槽、攻丝等加工，制作成门窗框料的构件，然后与连接件、密封件、开闭五金件一起组合装配而成。铝合金门窗有基本门、基本窗之分。当门窗洞口较大时，则需要对基本门窗进行组合形成一樘较大的门或窗。铝合金门窗进行横向和竖向组合时，应采取套插、搭接形成曲面结合，以保证门窗的安装质量。搭接长度宜为10mm，并用密封膏密封。

门窗安装时宜采用塞口法的施工程序，在抹灰前将铝合金门窗立于门窗洞口处，与墙内预埋件对正，然后用木楔将三边临时固定，经检验确定门窗框水平、垂直、无翘曲后，用射钉枪将射钉打入洞口侧墙或过梁内，或将连接件或框固定在墙（柱、梁）上。门窗框固定好后，门窗框与门洞四周的缝隙，一般采用软质保温材料填塞，如泡沫塑料条、泡沫聚氨脂条、矿棉毡条和玻璃丝毡条等，分层填实，外表留 5～8mm 深的槽口用密封膏密封。

铝合金窗框与墙体的连接主要有预埋铁件、燕尾铁脚、金属膨胀螺栓、射钉固定等方法，见图 17 - 20 所示。

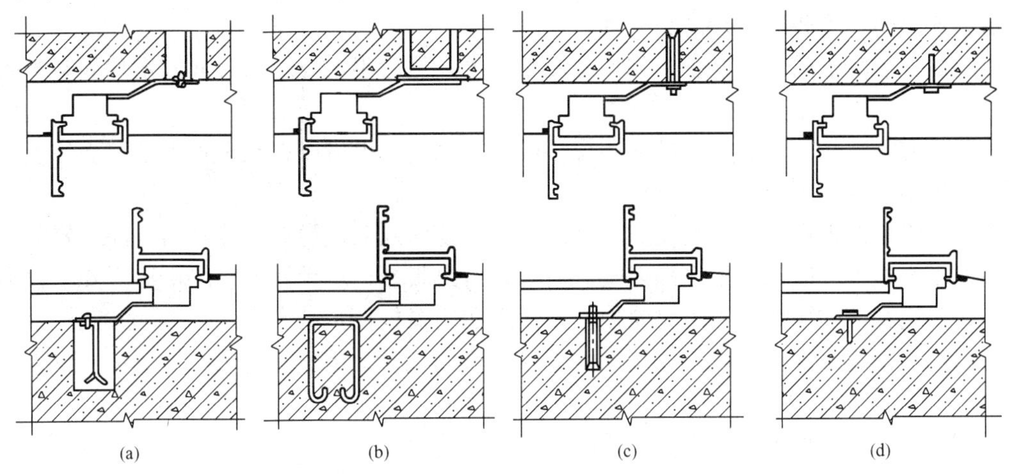

图 17 - 20　铝合金窗框与墙体的固定方式
(a) 预埋铁件；(b) 燕尾铁脚；(c) 金属膨胀螺栓；(d) 射钉

门窗框与墙体等的连接固定点，每边不得少于二点，且间距不得大于 0.7m。在基本风压大于等于 0.7kPa 的地区，不得大于 0.5m；边框端部的第一固定点距端部的距离不得大于 0.2m。

第四节　塑　钢　门　窗

塑钢门窗是以改性硬质聚氯乙烯（简称 UPVC）为主要原料，加上一定比例的稳定剂、着色剂、填充剂、紫外线吸收剂等辅助剂，经挤出机挤出成型为各种断面的中空异型材；经切割后，在其内腔衬以型钢加强筋，用热熔焊接机焊接成门窗框扇，配装上橡胶密封条、压条、五金件等附件而制成的门窗。

一、塑钢门窗优点

塑钢门窗优点：强度高，耐冲击性强；耐候性佳、使用寿命长；隔热性能好、节约能源，热损耗为金属窗的 1/1000；耐腐蚀性强；气密性、水密性好，其气密性为木窗的 3 倍，铝窗的 1.5 倍；隔声性能好，隔声效果比铝窗高 30dB 以上；具备阻燃性、电绝缘性、热膨胀低；塑钢门窗线条清晰、挺拔，造型美观大方，表面光洁细腻容易清洗，有良好的装饰性。因此，塑钢门窗在建筑上得到大量应用。

二、塑钢门窗与墙体的连接

塑钢门窗亦采用后塞口安装，不允许采用立口法安装。塑料门窗框与墙体预留洞口的间隙可视墙体的饰面材料而定。

塑钢门窗在安装前先核准洞口尺寸、预埋木砖位置和数量。安装时必须校正前后、左右的平直度，并按设计要求调整高度和墙面距离，然后用木楔塞紧临时定位。塑钢门窗与墙体的固定应采用金属固定片。门窗框每边固定点不应少于三个。塑钢门窗型材系中空多腔、壁薄材质较脆、因此应先钻孔后用自攻螺丝拧入。

不同的墙体材料，门窗安装固定的方法也不完全一样：

（1）混凝土墙体洞口应采用射钉或塑料膨胀螺钉固定。

（2）砖墙洞口应采用塑料膨胀螺钉或水泥钉固定，并不得固定在砖缝处；当采用预埋木砖与墙体连接时，木砖应进行防腐处理。

（3）加气混凝土墙体洞口、应先预埋胶粘圆木，然后用木螺钉将金属固定片固定于胶粘圆木之上。

（4）设有预埋铁件的洞口，应采用焊接的方式固定，也可以在预埋件上按紧固件规格打基孔，然后用紧固件固定。

安装固定检查无误后，在窗框和墙体间的缝隙处填入毛毡卷或泡沫塑料，注意要分层填塞，填塞不宜过紧，以保证塑料门窗安装后可以自由胀缩；对于保温、隔声等级要求较高的工程，应采用相应的隔热、隔声材料填塞。最后在门窗框四周内外侧与窗框之间用 1∶2 水泥砂浆或麻刀白灰浆嵌实、抹平，用嵌缝膏进行密封处理。安装完毕后 72 小时内防止碰撞震动。

塑钢门窗安装节点详见图 17-21 所示。

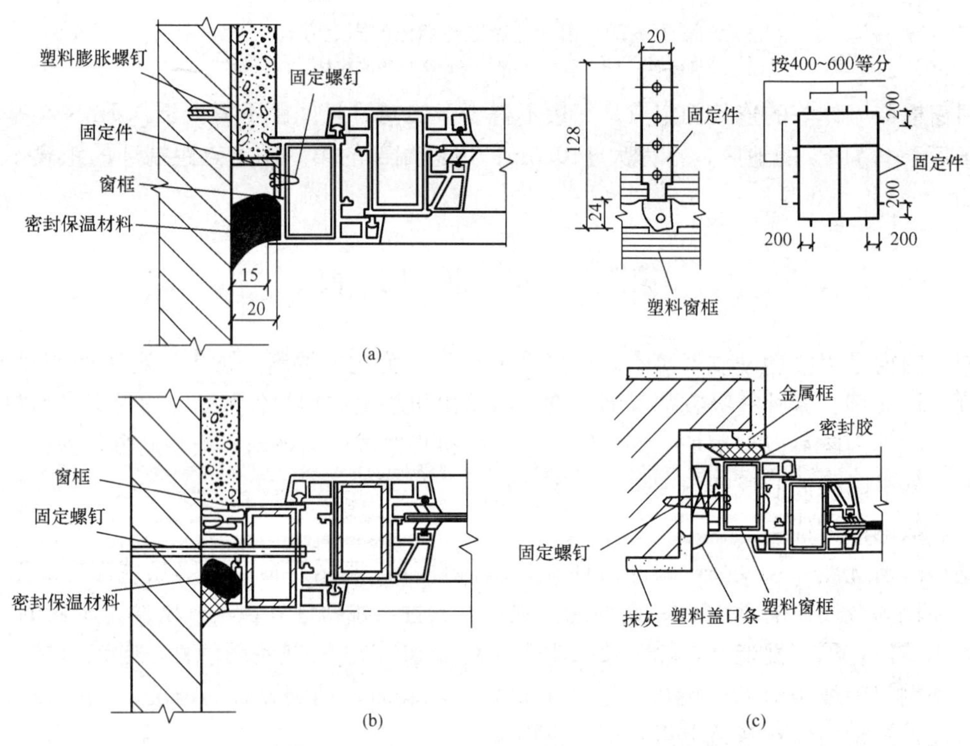

图 17-21　塑钢窗框与墙体的连接节点图

（a）联接件法；（b）直接固定法；（c）假框法

第十八章 建筑装修

第一节 概述

一幢建筑在结构主体完成后，对一般民用建筑来讲只完成了工程量的60%～70%，对要求较高的建筑只完成了工程量的50%，甚至更少。为了满足建筑物的使用功能和美化环境的需要对结构表面如内、外墙面、楼地面、顶棚等有关部位进行一系列的加工处理，即对建筑物进行装修。结构主体完成后的工作都是装修工程涉及的范围，其规模虽没有主体工程宏大，但是它关系到工程质量标准和人们的生产、生活和工作环境的优劣，是建筑物不可缺少的有机组成部分。

一、建筑装修的作用

1. 改善环境条件，满足房屋的使用功能要求

为创造良好的生产、生活和工作环境，无论何种建筑物，一般都需进行装修，所不同的，是装修质量标准的差异。通过对建筑物表面装修处理不仅可以改善其环境条件，且能弥补或提高建筑物的某些功能方面的不足，如砖砌体抹灰后不但能提高建筑物室内及环境照度，而且能防止冬天砖缝可能引起的空气渗透。

2. 保护结构

建筑结构构件暴露在空气中，在风、霜、雨、雪、太阳辐射等的作用下，混凝土可能变得疏松、碳化；构件因热胀冷缩导致结构节点被拉裂；钢铁制品因氧化而锈蚀等。通过建筑物的装修处理，不仅可提高建筑对不利因素的抵抗能力，还可以保护建筑构件不直接受到外力的磨损、碰撞和破坏，进而提高建筑构件的耐久性，延长其使用年限。

3. 装饰和美化建筑物

装修不仅具有满足使用功能和保护作用，还有美化和装饰作用。建筑师根据室内外空间环境的特点，合理运用建筑线形以及不同质地和色彩的饰面材料给人以不同的感受。而且，通过巧妙的组合，创造出优美、和谐、统一而又丰富的空间环境，以满足人们在精神方面对美的追求。

二、建筑装修的设计要求

1. 根据使用功能，确定装修的质量标准

建筑物不同的使用功能，应采用不同装修的质量标准。即使在同一建筑的不同部位，如正、背立面；一般房间与门厅、过道；重要房间与次要房间均可按不同标准加以区别对待。对有特殊要求的房间，如录音室、影剧院等，除选择声学性能良好的饰面材料外，还应采取相应的构造措施。

2. 合理要求耐久性

现代建筑主体结构一般说是耐久的，而装饰饰面由于直接受到各种不利因素的影响，所以材料不同，其耐久性也有显著的差异，耐久性好的材料，经济上不一定合理。故建筑装修饰面应考虑适当的耐久年限，比如重要建筑及高层建筑可采用较高级的装修做法；大量性建筑可考虑较简便的装修做法。

3. 充分考虑经济因素

不同建筑由于装修质量标准，所用材料、构造做法不同而造成投资的差别很大。一般讲，高档装修材料能取得较好的艺术效果，但单纯追求艺术效果，片面提高工程质量标准，浪费国家财产是不对的；反之，片面节约造成不合理使用，甚至影响建筑物的耐久性也是不对的。所以应根据不同等级建筑的不同经济条件，选择、确定与之相适应的装修材料、构造方案和施工方法。

4. 正确合理地选用装修材料

建筑装修材料是装饰工程的重要物质基础，在装修费用中一般占70%左右。装修工程所用材料，量大面广，品种繁多。从烧结普通砖到大理石、花岗岩，从普通砂、石到黄金、锦缎，价格相差很大，能否正确合理选择和利用材料，直接关系到工程质量、效果、造价、做法。其中材料的物理、化学性能及其使用性能是装修用料选择的依据。

5. 充分考虑施工技术条件

装修工程是通过施工来实现的。如果仅有好的设计、材料，没有好的施工技术条件，很难达到理想的效果。因此，在装修设计时应充分考虑影响装修做法的各种因素：如工期长短、施工季节、温度高低、施工队伍的技术管理水平和熟练程度及施工方法等。

第二节 墙面装修构造

墙体是建筑物主要饰面部位之一。墙体装修按装修所处部位不同，分为室外装修和室内装修两类。室外装修要求采用强度高、抗冻性强、耐水性好以及具有抗腐蚀性的材料。室内装修材料则因室内使用功能不同，要求有一定的强度、耐水及耐火性。按饰面材料和施工方式不同，分为抹灰类、贴面类、涂刷类、裱糊类、条板类、清水勾缝、玻璃（或金属）幕墙等。

一、抹灰类墙面装修

抹灰类墙面装修是以水泥、石灰膏为胶结材料，加入砂或石渣与水拌合成砂浆或石渣浆，然后抹到墙面上的一种操作工艺。是我国传统的墙面装修方式，也称“粉刷”。这种饰面具有耐久性低、易开裂、易变色、且多为手工操作、湿作业施工、工效较低的缺点，但取材、施工方便、造价低。因此在大量性建筑中得到广泛的应用。

（一）墙面抹灰的组成

为了避免出现裂缝、脱落，保证抹灰层牢固和表面平整，施工时须分层操作。抹灰装饰层一般由底灰（层）、中灰（层）和面灰（层）三个层次组成，如图 18-1 所示。外墙抹灰一般为 20～25mm，内墙抹灰为 15～20mm，顶棚为 12～15mm。

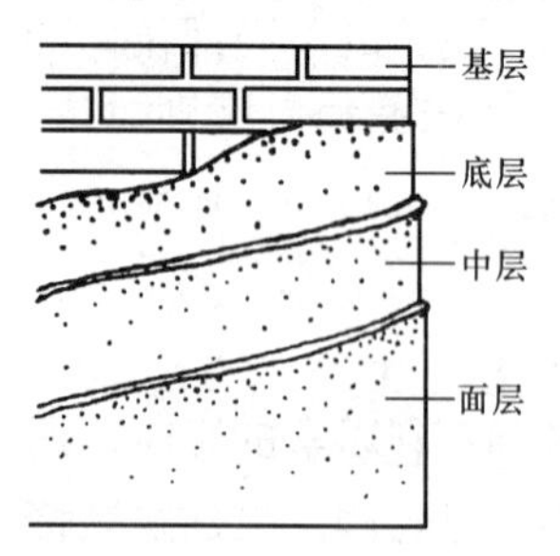

图 18-1 抹灰的组成

底层抹灰也叫刮糙，主要的作用是与基层（墙体表面）粘结和初步找平，厚度为 5～15mm。底层灰浆用料视基层材料而异：普通砖墙常用石灰砂浆和混合砂浆；对混凝土墙应采用混合砂浆和水泥砂浆；板条墙的底灰用麻刀石灰浆或纸筋石灰砂浆；另外，对湿度较大的房间或有防水、防潮要求的墙体，底灰应选用水泥砂浆或水泥混合砂浆。

中层抹灰主要起进一步找平作用，有时可兼作底层与面层之间的粘结层，其所用材料与底层基本相同，也可以根据装修要求选用其他材料，厚度一般为5～10mm。

面层抹灰主要起装修作用，要求表面平整、色彩均匀、无裂纹，可以做成光滑、粗糙等不同质感的表面。

外墙面因抹灰面积较大，由于材料干缩和温度变化，容易产生裂缝，常在抹灰面层作分格，称为引条线。引条线的做法是在底灰上埋放不同形式的木引条，面层抹灰完毕后及时取下引条，再用水泥砂浆勾缝，以提高抗渗能力。

抹灰按质量要求和主要工序划分为三种标准，见表18-1。

表18-1 抹灰类三种标准

层次 标准	底层（层）	中层（层）	面层（层）	总厚度（mm）	适用范围
普通抹灰	1		1	≤18	简易宿舍、仓库等
中级抹灰	1	1	1	≤20	住宅、办公楼、学校、旅馆等
高级抹灰	1	若干	1	≤25	公共建筑、纪念性建筑，如剧院、展览馆等

（二）常用抹灰种类、做法及应用

根据面层所用材料及做法，抹灰装修分为一般抹灰和装饰抹灰。

一般抹灰常用的有石灰砂浆抹灰、水泥砂浆抹灰、混合砂浆抹灰、纸筋石灰浆抹灰、麻刀石灰浆抹灰。

装饰抹灰一般是指采用水泥、石灰砂浆等抹灰的基本材料，除对墙面作一般抹灰之外，利用不同的施工操作方法将其直接做成饰面层。装饰抹灰常用的有水刷石面、斩假石面、喷涂面等。

二、贴面类墙面装修

贴面类墙面装修是利用人造板、块及天然石料直接粘贴于基层表面或通过构造连接固定于基层上的装修做法。这类装修具有耐久性强、施工方便、装饰效果好等优点，但造价较高，一般用于装修要求较高的建筑中。

贴面类装修指在内外墙面上粘贴各种陶瓷面砖、天然石板、人造石板等。

（一）面砖、瓷砖饰面装修

（1）面砖一般用于装饰等级要求较高的工程。面砖是以陶土为原料，经压制成型煅烧而成的饰面块，按特征有上釉的和不上釉的；釉面又有光釉和无光釉两种，表面有平滑和带纹理的。色彩和规格多种多样。面砖具有质地坚硬、防冻、耐腐蚀、色彩丰富等优点。常用规格有113mm×77mm×17mm，145mm×113mm×17mm，233mm×113mm×17mm，265mm×113mm×17mm。瓷砖是以优质陶土烧制而成的饰面材料，其表面挂釉，色彩多样。具有表面光滑、美观、吸水率低、不易积垢、清洁方便。多用于需要经常擦洗的墙面。常用规格有151mm×151mm×5mm，110mm×110mm×5mm，并配有各种边角制品。

（2）外墙面砖的安装。面砖应先放入水中浸泡，安装前取出晾干或擦干净，安装时先抹15mm厚1∶3水泥砂浆找底并划毛，再用1∶0.3∶3水泥石灰混合砂浆或用掺有107胶

（水泥用量 5%～7%）的 1∶2.5 水泥砂浆满刮 10mm 厚于面砖背面紧粘于墙上。对贴于外墙的面砖常在面砖之间留出一定缝隙，见图 18-2 所示。

瓷砖安装是水泥砂浆打底；10～15 厚水泥石灰膏混合砂浆或 2～3 厚掺 107 胶的水泥素浆结合层；即贴瓷砖，一般不留灰缝；细缝用白水泥擦平。

（二）锦砖饰面装修

锦砖有陶瓷锦砖和玻璃锦砖之分。陶瓷锦砖也称为马赛克，是以优质陶土烧制而成的小块瓷砖；特点是质地坚硬、经久耐用、色泽多样、耐酸、耐碱、耐火、耐磨、不渗水、抗压力强、吸水率小，多用于内外墙面。玻璃锦砖饰面又称玻璃马赛克，是以玻璃为主要原料，加入外加剂，经高温熔化、压块、烧结、煺火而成。特点是质地坚硬、性能稳定、耐热、耐寒、耐酸碱、不龟裂、表面光滑。多用于外墙面。

由于锦砖的尺寸较小，根据其花色品种，可拼成各种花纹图案。铺贴时先按设计的图案将小块材正面向下贴在 500mm×500mm 大小的牛皮纸上，然后牛皮纸面向外将马赛克贴于饰面基层上，待半凝后将纸洗掉，同时修整饰面，见图 18-3 所示。

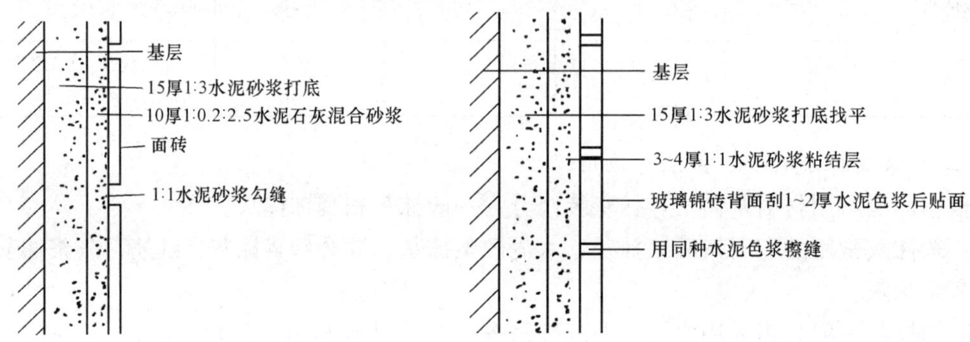

图 18-2 面砖饰面构造示意　　图 18-3 玻璃锦砖饰面构造示意

马赛克安装是 15 厚水泥砂浆打底；2～3 厚水泥纸筋石灰浆或掺 107 胶的水泥浆做结合层；贴马赛克，干后洗去纸皮；水泥色浆擦缝。

玻璃锦砖安装是用 15 厚水泥砂浆分两遍抹平并刮糙（混凝土基层要先刷一道掺 107 胶的素水泥浆）；抹 3 厚水泥砂浆粘结层，即贴玻璃马赛克（在马赛克背面刮一层 2 厚白水泥色浆粘贴）；水泥色浆擦缝。

（三）天然石板及人造石板墙面装修

1. 天然石板墙面

常见的天然石板墙面有花岗岩板、大理石板和碎拼大理石墙面等几种。花岗石主要用于外墙面，大理石主要用于内墙面。

花岗石纹理多呈斑点状，色彩有暗红、灰白等。根据加工方式的不同，从装饰质感上可分为磨光石、剁斧石、蘑菇石三种。花岗石质地坚硬、不易风化，能在各种气候条件下采用。大理石是一种变质岩，属于中硬石材，质地比较密实，抗压强度较高，可以锯成薄板，多数经过抛光打蜡，加工成表面光滑的板材。大理石板和花岗石板有正方形和长方形两种。

天然石材贴面装修构造通常采用拴挂法，有时也采用连接件挂装法。

（1）石材拴挂法（湿法挂贴）。天然石材和人造石材的安装方法相同，先在墙内或柱内

预埋 $\phi6$ 铁箍，间距依石材规格而定，而铁箍内立 $\phi8 \sim \phi10$ 竖筋，在竖筋上绑扎横筋，形成钢筋网。在石板上下边钻小孔，用双股 16 号钢丝绑扎固定在钢筋网上。上下两块石板用不锈钢卡销固定。板与墙面之间预留 20～30mm 缝隙，上部用定位活动木楔作临时固定，校正无误后，在板与墙之间浇筑 1∶3 水泥砂浆，待砂浆初凝后，取掉定位活动木楔，继续上层石板的安装，如图 18-4 所示。

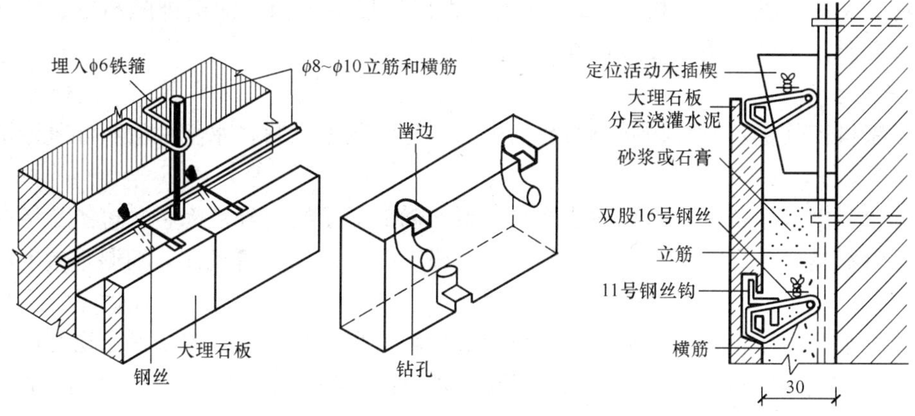

图 18-4 石材拴挂法构造

(2) 干挂石材法（连接件挂接法）。干挂石材的施工方法是用一组高强耐腐蚀的金属连接件，将饰面石材与结构可靠地连接，其间形成空气间层不作灌浆处理，如图 18-5 所示。

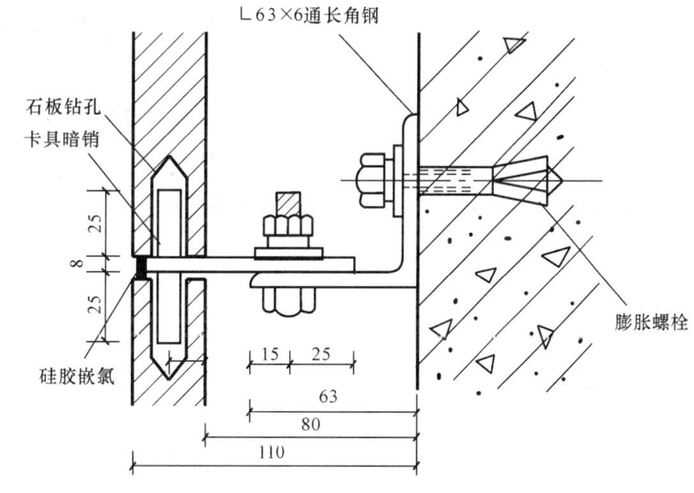

图 18-5 干挂石材法构造

2. 人造石材墙面

人造石材常见的有人造大理石、水磨石板等。其构造与天然石材基本相同，不必在预制板上钻孔，而用预制板背面在生产时露出的钢筋，将板用镀锌钢丝绑牢即可。当预制板为 8～12mm 厚的薄型板材，且尺寸在 300mm×300mm 以内时，可采用粘贴法，就是在基层上用 10mm 厚 1∶3 水泥砂浆打底，随后用 6mm 厚 1∶2.5 水泥砂浆找平，然后用 2～3mm 厚 YJ－Ⅲ型粘结剂粘贴饰面材料。

三、涂料类墙面装修

涂料类墙面装修是将各种涂料喷刷于基层表面而形成牢固的保护膜，从而起到保护墙面和装饰墙面的一种装修做法。这类装修做法材源广，装饰效果好，造价低，操作简单，工期短，工效高，自重轻，维修、更新方便。是当今最有发展前途的装修做法。要求基层平整，施工质量好。

（一）涂料按其成膜物的不同可分为无机涂料和有机涂料两大类

1. 无机涂料

无机涂料主要有石灰浆、大白浆涂料。石灰浆一般刷或喷两遍，为增加其与基层的附着力和耐久性，有的在石灰浆涂料中加入食盐（一般为7%）和明矾，还有的加2%～3%熟桐油。石灰浆的耐久性、耐候性、耐水性及耐污染性均较差。大白浆涂料又称胶白，主要原料是大白粉（又称老粉或白垩粉）、石花和胶。大白浆覆盖力强，涂层细腻洁白、价格低、施工和维修方便，它们多用于一般标准的室内装修。

2. 有机涂料

有机涂料依其主要成膜物质与稀释剂不同，有溶剂型涂料、水溶性涂料和乳液涂料（乳胶漆）三类。

常见的溶剂型涂料有苯乙烯内墙涂料、聚乙烯醇缩丁醛内外墙涂料、过氯乙烯内墙涂料等。这类涂料具有较好的耐水性和耐候性，但施工时挥发出有害气体，潮湿基层上施工会引起脱皮现象。水溶型涂料价格便宜，在潮湿基层上亦可操作，但施工时温度不宜太低。

常见的水溶型涂料有聚乙烯醇水玻璃内墙涂料、聚合物水泥砂浆饰面涂层、改性水玻璃内墙涂料等。这类涂料价格低、无毒无怪味，具有一定的透气性，在较潮湿的基层上亦可操作。

常见的乳液涂料有乙－丙乳胶涂料、苯－丙乳胶涂料等。这类涂料无毒、无味、不易燃烧、耐水性及耐候性较好，具有一定透气性，可在潮湿基层上施工。多用于外墙饰面。

（二）构造做法

建筑涂料的施涂方法，一般分刷涂、滚涂和喷涂。当施涂溶剂型涂料时，后一遍涂料必须在前一遍涂料干燥后进行，否则易发生皱皮、开裂等质量问题。施涂水溶性涂料时，要求与做法同上。每遍涂料均应施涂均匀，各层结合牢固。当采用双组分和多组分的涂料时，施涂前应严格按产品说明书规定的配合比，根据使用情况可分批混合，并在规定的时间内用完。

四、裱糊类墙面装修

裱糊类墙面装修是将各类装饰性的墙纸、墙布和微薄木等卷材类的装饰材料裱糊在墙面上的一种装修。裱糊类墙体饰面装饰性强、造价较经济、施工方法简捷高效、材料更换方便，并且在曲面和墙面转折处粘贴可以顺应基层获得连续的饰面效果。常见的饰面卷材有塑料墙纸、墙布、纤维壁纸、木屑壁纸、金属箔壁纸、皮革、人造革、锦缎、微薄木等。

墙纸按其构成材料和生产方式不同可分为以下几种：

(1) 纸面纸基墙纸。价格便宜，性能差，不耐水。目前已较少见。

(2) 塑料墙纸（PVC墙纸）。以纸基、布基和其他纤维为底层，以聚氯乙稀或聚乙烯为面层。种类：普通墙纸、发泡墙纸、特种墙纸。墙纸的衬底分纸底与布底两类。纸底加工简单、价格低，但抗拉性能较差；布底则有较高的抗拉能力，但价格较高。这类墙纸易于粘贴，施工简单，表面不吸水，擦洗方便，易于更换。

(3) 纤维墙纸。用棉、麻、毛、丝等纤维胶贴在纸基上制成的墙纸。质感强、高雅舒适。不耐脏，不能擦洗，且裱糊用胶会从纤维中渗露出来，潮湿环境中还会霉变。目前多以仿锦缎的塑料壁纸所代替。

(4) 天然材料墙纸。用树叶、草、木材制成的墙纸。它类似于胶合板，具有特殊的装饰效果。

（5）金属墙纸。采用铝箔、金粉、金银等原料制成各种花纹图案，并同用以衬托金属效果的漆面相间配制而成面层，然后将面层与纸质衬底复合压制而成墙纸。这种墙纸可形成多种图案，色彩艳丽，可耐酸，防油污，多用于高级房间的装修。

墙布是以纤维织物直接作为墙面装饰材料。包括玻璃纤维墙面装饰布（以玻璃纤维织物为基材）和织锦等材料。玻璃纤维墙面装饰墙布耐水、防火、抗拉力强，可以擦洗、价格低，但日久变黄并容易泛色。织锦墙面颜色艳丽、色调柔和、但价格昂贵，用于少量的高级装修工程。

墙纸与墙布的裱贴主要在抹灰的基层上进行，首先要处理墙面，然后弹垂直线，再根据房间的高度裁纸，润纸，最后涂胶裱贴。一般用107胶与羧甲基纤维素配制的粘结剂，也可采用8504和8505粉末墙纸胶，而粘贴玻璃纤维布可采用801墙布粘合剂。墙面应采用整幅裱糊，并统一预排对花拼缝。不足一幅的应裱糊在较暗或不明显的部位。裱糊的顺序为先高后低，应使饰面材料的长边对准基层上弹出的垂直准线，用刮板或胶辊赶平压实。阴阳转角应垂直，棱角分明。阴角处墙纸（布）搭接顺光，阳面处不得有接缝，并应包角压实。裱糊工程的质量标准是粘贴牢固，表面色泽一致，无气泡、空鼓、翘边、皱折。

五、板材类墙面装修

板材类装修系指采用天然木板或各种人造薄板借助于镶、钉、胶等固定方式对墙面进行装饰处理。这种做法一般不需要对墙面抹灰，属于干作业范畴，可节省人工，提高工效。一般适用于装修要求较高或有特殊使用功能的建筑工程中。

板材类墙面由骨架和面板组成，骨架有木骨架和金属骨架，木骨架由墙筋和横挡组成，通过预埋在墙上的木砖钉固定到墙身上。墙筋和横挡断面常用50mm×50mm、40mm×40mm，其间距视面板的尺寸规格而定，一般为450～600mm之间。金属骨架多采用冷轧薄钢板构成槽形断面。为防止骨架与面板受潮损坏，可先在墙体上刷热沥青一道再干铺油毡一层；也可在墙面上抹10mm厚混合砂浆并涂刷热沥青两道。

装饰面板多为人造板，有硬木板、胶合板、纤维板、石膏板等各种装饰面板和近年来应用日益广泛的金属面板。

常见的构造方法如下：

1. 木质板墙面

木质板墙面系用各种硬木板、胶合板、纤维板以及各种装饰面板等作装修。具有美观大方、装饰效果好，且安装方便等优点，但防火、防潮性能欠佳，一般多用作宾馆、大型公共建筑的门厅以及大厅面的装修。木质板墙面装修构造是先立墙筋，然后外钉面板，如图18-6所示。

胶合板、纤维板多用圆钉与墙筋和横挡固定。为保证面板有微量伸缩的可能，在钉面板时，板与板之间可留出5～8mm的缝隙。缝隙可以是方形、三角形，对要求较高的装修可用木压条或金属压条嵌固。

2. 金属薄板墙面

金属薄板墙面系指利用薄钢板、不锈钢板、铝板或铝合金板作为墙面装修材料。以其精密、轻盈，体现着新时代的审美情趣。

金属薄板墙面装修构造，也是先立墙筋，然后外钉面板。墙筋用膨胀铆钉固定在墙上，

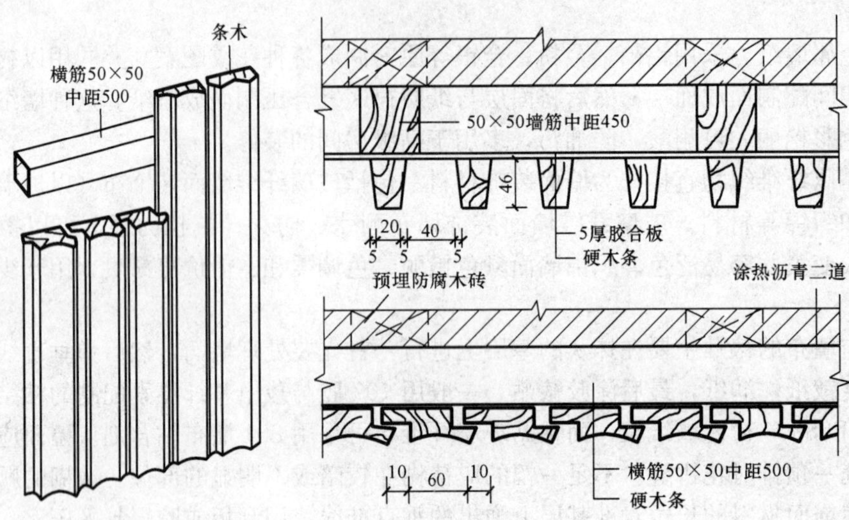

图 18-6　木质板墙面构造

间距为 60～90mm。金属板用自攻螺栓或膨胀铆钉固定，也可先用电钻打孔后用木螺栓固定，如图 18-7 所示。

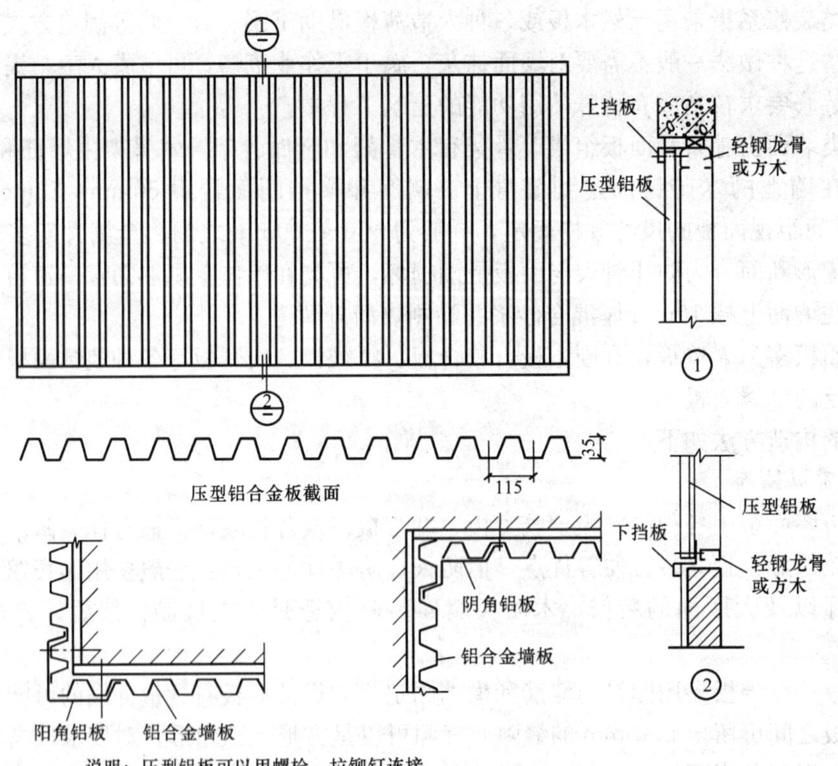

图 18-7　铝合金板材墙的安装

3. 石膏板墙面

一般构造做法是：首先在墙体上涂刷防潮涂料，然后在墙体上铺设龙骨，将石膏板钉在龙骨上，最后进行板面修饰，如图 18-8 所示。

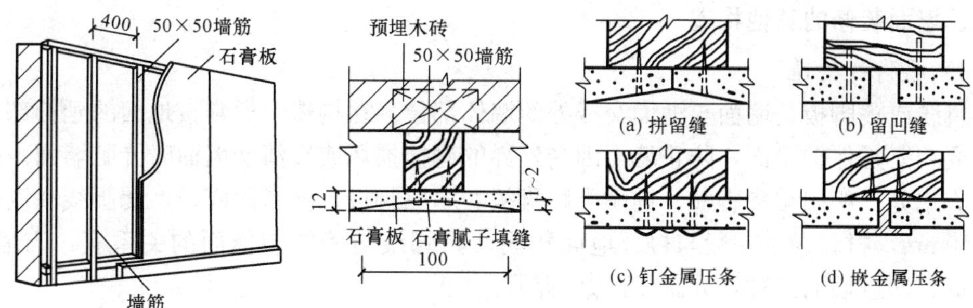

图 18-8　石膏板墙面构造

六、清水墙饰面装修

清水砖墙是暴露墙体本身材料，不作抹灰和饰面，只对缝隙进行处理的墙面。为防止雨水浸入墙身和整齐美观，可用 1∶1 或 1∶2 水泥细砂浆勾缝，勾缝的形式有凹缝、斜缝、凹圆缝、凸圆缝等，如图 18-9 所示。特点是朴素淡雅、耐久性好、不易变色、不易污染、不易褪色和风化，一般有清水砖墙和清水混凝土墙两种。

（一）清水砖墙面

1. 砖

使用烧结普通砖，有青砖和红砖，有时采用过火砖。

材料要求：质地密实、表面晶化、砌体规整、棱角分明、色泽一致、抗冻性好、吸水率低。

2. 装饰方法

墙体的砌筑多采用每皮丁顺相间（梅花丁）的方式，灰缝要整齐一致，及时清扫墙面。

灰缝约占清水墙面面积的六分之一，墙面的勾缝采用水泥砂浆，可在砂浆中掺入一定量的颜料。也可在勾缝之前在墙面涂刷颜色或喷色以加强效果。

（二）清水混凝土墙体

对各种砌块墙体、预制混凝土壁板、滑升模板墙体、大型模板墙体等的墙面装饰。

利用混凝土本身的特点再进行装饰，可节省造价，避免脱壳、脱落等。效果好坏关键在于模板的挑选与排列。墙柱转角部位往往容易撞击破坏，最好处理成斜角或圆角。

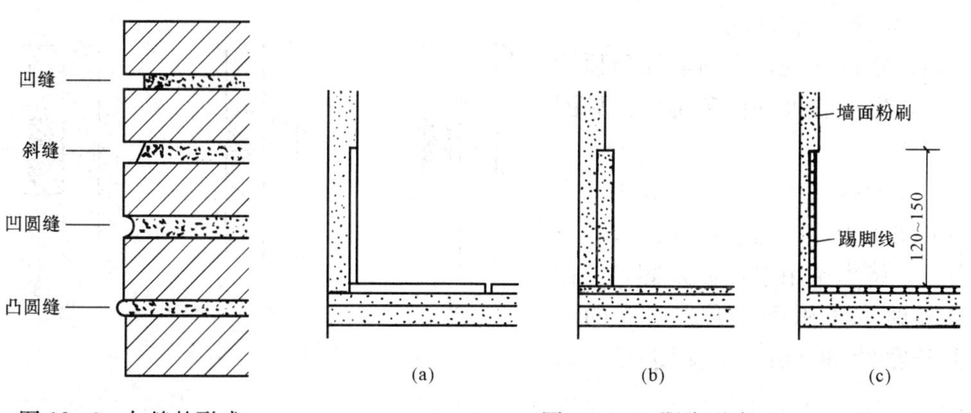

图 18-9　勾缝的形式

图 18-10　踢脚形式

（a）相平墙面粉刷；（b）突出墙面粉刷；（c）凹进墙面粉刷

七、墙面装修的其他构造

（一）踢脚线构造

踢脚线或踢脚板是墙面与地面交接处的墙体部位。在构造上通常按地面的延伸部分来处理。主要功能是保护墙面，防止墙面因受外界的碰撞损坏或在清洗墙面时弄脏墙面。按材料和施工方式分：粉刷类踢脚板、铺贴类踢脚板、木踢脚板、塑料踢脚板。踢脚线高度通常为120～150mm，材料做法一般与楼、地面相同。踢脚线与墙体装修面的关系有：与墙相平、突出墙面、凹进墙面三种，如图 18 - 10 所示。

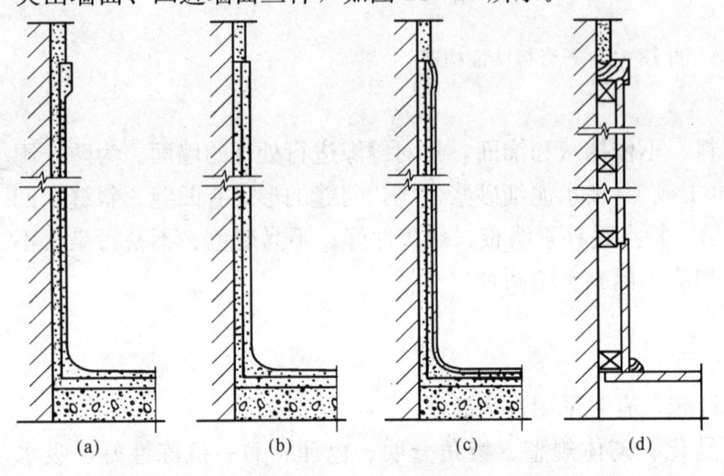

图 18 - 11　墙裙构造

（a）水泥墙裙；（b）水磨石墙裙；（c）瓷砖墙裙；（d）木墙裙

（二）墙裙构造

在内装修中，对有防潮、防水或有较高装饰要求时，常设置墙裙。根据使用要求不同，墙裙高度一般为 900 ～ 2000mm，其材料可用水泥砂浆、水磨石、瓷砖及植物板材等，如图 18 - 11 所示。

（三）护角构造

对内墙阳角部位、门洞转角等处，当采用一般抹灰时可用水泥砂浆做成护角，如图 18 - 12 所示。

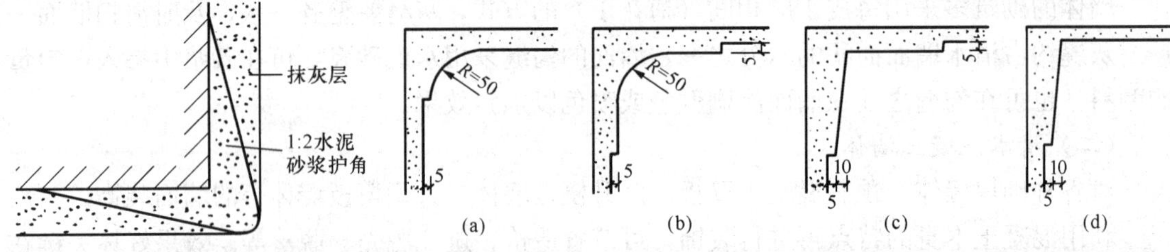

图 18 - 12　护脚构造

图 18 - 13　装饰凸线

（四）装饰凸线及引条

为增加室内美观，在内墙面与顶棚交接处，可做成各种外凸装饰线。见图 18 - 13。

在外墙面抹灰中，为有利施工、立面划分和便于维修，通常可在抹灰前按设计分格，将木条用水泥砂浆固定，抹灰完毕及时取下引条，形成所需的凹线。引条宽约 30mm，详见图 18 - 14 所示。

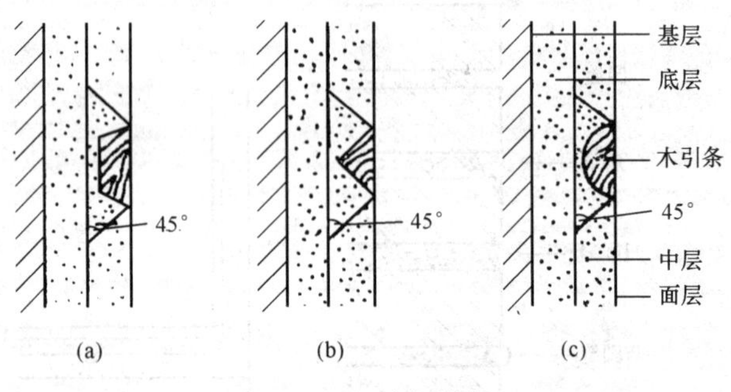

图 18 - 14　引条做法

第三节　楼地面装修构造

楼地面是楼层地面和底层地面的总称。

楼地面饰面按其所用材料和施工方式的不同可分为：整体式、块材式、卷材式。

一、整体式楼地面

整体式楼地面面层没有缝隙，整体效果好，一般是整片施工，也可分区分块施工。具体有水泥砂浆楼地面、细石混凝土楼地面、现浇水磨石楼地面、涂布楼地面等。

（一）水泥砂浆楼地面

水泥砂浆楼地面有单层做法和双层做法。单层做法是先在结构层上刷一道素水泥浆结合层，再抹 15～20mm 厚 1∶2 或 1∶2.5 水泥砂浆并压光。双层做法是以 15～20mm 厚 1∶3 水泥砂浆打底并找平，再以 5～10mm 厚 1∶1.5 或 1∶2 水泥砂浆抹面。这种地面施工方便，造价低，是应用最广泛的低档地面类型，如图 18-15 所示。

（二）细石混凝土楼地面

细石混凝土地面是在结构层上浇 30～40mm 厚细石混凝土，混凝土强度应不低于 C20，施工时用铁滚滚压出浆，为提高表面光洁度，可撒 1∶1 的水泥砂浆抹压光。这种地面具有强度高、整体性好、不易起砂，造价低的优点。

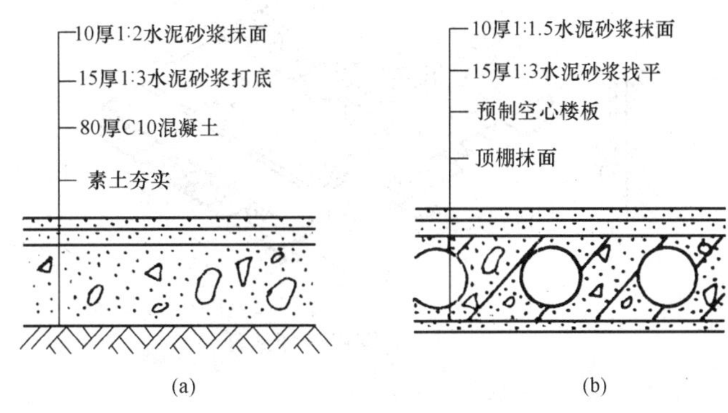

图 18-15　水泥砂浆楼地面

（a）底层地面；（b）楼层地面

（三）现浇水磨石楼地面

水磨石地面是在结构层上抹 10～15mm 厚 1∶3 水泥砂浆找平层，在找平层上镶嵌玻璃条、铜条或铝条分格，再用 1∶1.5～1∶2.5 的水泥石渣抹面，待结硬后磨光而成。它有普通水磨石和彩色水磨石地面之分，所不同的是后者用彩色水泥或白色水泥加入各种颜料配成。这种地面具有强度高、平整光洁、不起尘、易于清洁等优点，如图 18-16 所示。

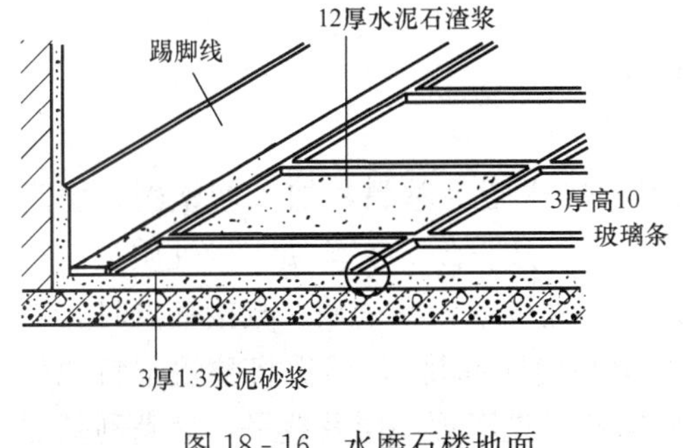

图 18-16　水磨石楼地面

（四）涂布楼地面

在地面上涂布一层溶剂型合成树脂或聚合物水泥材料，硬化后形成整体无缝的面层。

有溶剂型合成树脂涂布地面、聚合物水泥涂布地面等。具体构造做法是用面层材料调配腻子，填补裂缝、凹洞；将涂料用刮板均匀地刮在地面上，每层 0.5 厚，每层干后砂纸打磨，刮三至四遍；干后在上面印画仿木条纹；最后用醇酸清漆罩面，打蜡上光。

二、块材式楼地面

用各种块状或片状材料铺砌成的地面。如瓷砖、缸砖、陶瓷锦砖、水泥花砖、预制水磨石板、大理石板、花岗石板、碎拼大理石等。

(一) 陶瓷锦砖、缸砖、水泥砖楼地面

这种地面的铺贴方式是在结构层找平的基础上，用5~8mm厚1∶1水泥砂浆铺平拍实，砖块间灰缝宽度约3mm，用干水泥擦缝。水泥砖吸水性强，应预先用水浸泡，阴干或擦干后再用，铺设24h后浇水养护，其目的是防止块材将粘结层的水分吸走蒸发而影响其凝结硬化，见图18-17所示。

(二) 预制水磨石板、大理石板、花岗石板楼地面

采用预制水磨石板可减少现场湿作业，施工方便。大理石板及花岗石板质地坚硬、色泽艳丽、美观，多用于门厅、大堂、营业厅等公共场所装饰标准较高的楼地面。这种地面的铺贴方式是在结构层上洒水湿润并刷一道素水泥浆，用20~30mm厚1∶3~1∶4干硬性水泥砂浆作结合层铺贴板材。见图18-18所示。

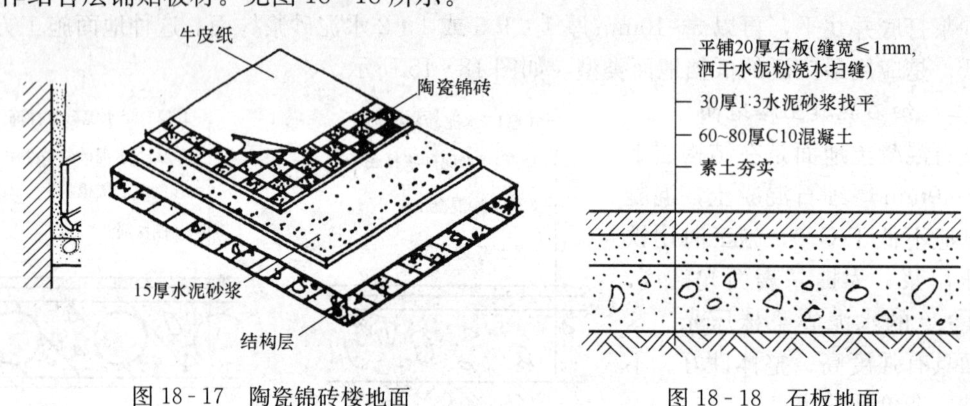

图18-17 陶瓷锦砖楼地面　　图18-18 石板地面

(三) 木楼地面

木楼地面的类型按材质分有普通纯木楼地板、复合木楼地板、软木楼地板。按构造形式分有架空式木楼地板、实铺式木楼地板、粘贴式木楼地板。

架空木地板耗用大量木材，防火差，除特殊房间外已很少采用。实铺木地板时在结构层上设置木龙骨，在木龙骨上钉木地板的地面。有单层和双层两种做法。分别见图18-19(a)、(b)。粘贴式木地面是把木板直接粘贴在结构层的找平层上。见图18-19 (c)。这种作法施工方便，造价低。

三、卷材式楼地面

由橡胶制品、塑料制品、地毯等覆盖而成的楼地面。

(一) 塑料地板楼地面

塑料地面以聚氯乙稀塑料应用最多，它主要以聚乙烯树脂为基料，加入增塑剂、稳定剂、石棉绒等经塑化热压而成。按外形分有块材与卷材类；按材质分有软质与半硬质类；按结构分有单层与多层类。这种地面的铺贴方式可以是直接铺设或胶粘铺贴。直接铺设时先清理基层及找平，按房间尺寸和设计要求排料编号（由中心向四周排），然后将整幅塑料地板革平铺于地面上，四周与墙面间留出伸缩余地。胶粘铺贴时先清理基层及找平，后满刮基层处理剂一遍，塑料毡背面、基层表面满涂粘结剂，最后待不粘手时，粘贴塑料地板。作法见图18-20所示。这类地面具有色彩丰富、装饰性强、耐湿性及耐久性好等优点。多用于住宅、公共建筑及工业建筑中洁净度要求较高的房间。

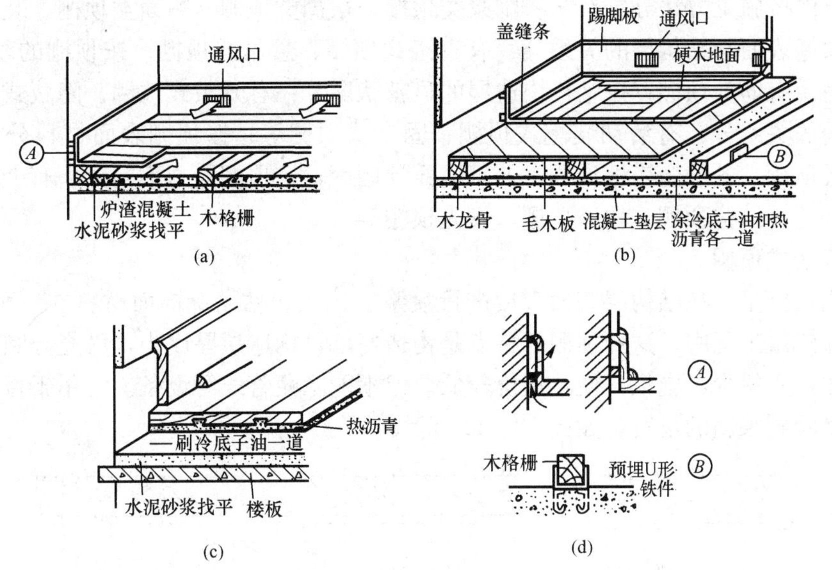

图 18-19　木楼地面

(a) 木龙骨单层楼地面；(b) 木龙骨双层楼地面；(c) 粘贴式木楼地面；(d) A 断面和 B 断面的细部构造

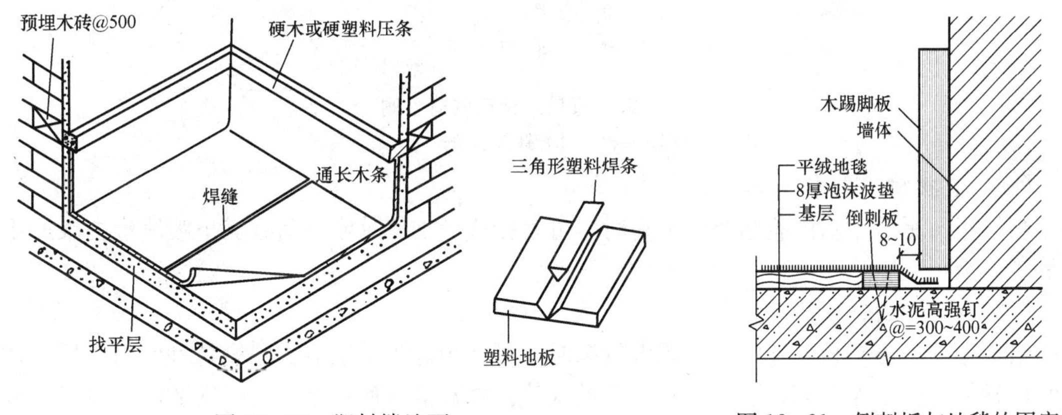

图 18-20　塑料楼地面　　　图 18-21　倒刺板与地毯的固定

（二）地毯楼地面

地毯按原材料分有羊毛地毯和化纤地毯两种。按编织方法分有切绒、圈绒、提花切绒三种。按加工制作方法分有编织、针刺簇绒、熔融胶合等。按产品有卷材、块材、地砖式。地毯铺设方式有固定式和活动式。固定式铺设可用粘贴固定法或倒刺板固定法。见图 18-21 所示。活动式铺设是将地毯直接铺设在其层上即可。

卷材地面的基层必须坚实、干燥、平整、干净。多用水泥砂浆作为基层材料。

第四节　顶 棚 装 修 构 造

顶棚是位于楼盖和屋盖下面的装修层。顶棚的设计与选择要考虑到建筑功能、建筑声学、建筑热工、设备安装、管线敷设、维护检修、防火安全等综合因素。

顶棚装修按顶棚外观分：有平滑式顶棚、井格式顶棚、悬浮式顶棚、分层式顶棚等。

顶棚装修按施工方法分：有抹灰刷浆类顶棚、裱糊类顶棚、贴面类顶棚、装配式板材顶棚等；按顶棚表面与结构层的关系分：有直接式顶棚、悬吊式顶棚；按顶棚的基本构造分：无筋类顶棚、有筋类顶棚；按结构构造层的显露状况分：有开敞式顶棚、隐蔽式顶棚等；按面层与格栅的关系分：有活动装配式顶棚、固定式顶棚等；按顶棚表面材料分：有木质顶棚、石膏板顶棚、各种金属板顶棚、玻璃镜面顶棚等；按顶棚受力不同分：有上人顶棚、不上人顶棚。还有结构顶棚、软体顶棚、发光顶棚等。

一、直接式顶棚

直接式顶棚是指在结构层底面直接进行喷浆、抹灰、粘贴壁饰面材料的一种构造方式。用于大量性建筑工程中。这种顶棚的特点是构造简单，构造层厚度小，可充分利用空间，装饰效果多样，用材少，施工方便，造价较低。但不能隐藏管线等设备。常用于普通建筑及室内空间高度受到限制的场所，如图 18-22 所示。

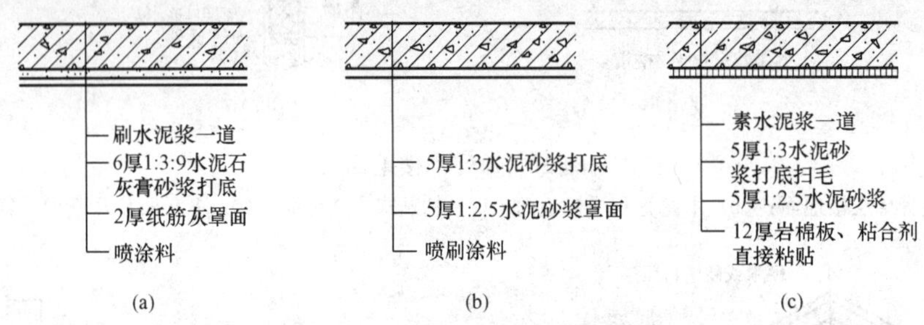

图 18-22 直接式顶棚构造示例

(a) 直接喷涂料顶棚；(b) 抹灰顶棚；(c) 贴面顶棚

(一) 直接喷、刷涂料顶棚

当板底面平整、室内装修要求不高时，可直接或稍加修补刮平后在其下喷刷大白浆或涂料等。

(二) 抹灰顶棚

当板底面不够平整或室内装修要求较高时，可在板底先抹灰后再喷刷各种涂料。顶棚抹灰所用材料可为水泥砂浆、混合砂浆、纸筋灰等。抹灰前板底打毛，可一次成活，也可分两次抹成，抹灰的厚度不宜过大，一般控制在 10～15mm。

(三) 贴面顶棚

一些装修要求较高或有保温、隔热、吸声等要求的房间，可以在板底面粘贴墙纸、墙布及装饰吸声板材，如石膏板、矿棉板等。通常在粘贴装饰材料之间对水泥砂浆找平。

二、悬吊式顶棚

悬吊式顶棚简称吊顶。对使用和美观要求等装修标准较高的房间通常作吊顶处理。这种饰面可埋设各种管线，可镶嵌灯具，可灵活调节顶棚高度，可丰富顶棚空间层次和形式等等。根据结构构件高度及上人、不上人确定，顶棚内部的空间高度。必要时要铺设检修走道。

(一) 吊顶的构造组成

吊顶一般由基层、面层、吊筋组成，如图 18-23 所示。

1. 基层

基层的组成是由主龙骨、次龙骨。主龙骨通过吊筋固定在楼板或屋面结构上，它承受顶棚荷载，并通过吊筋传递给楼板或屋面板。主龙骨所用材料有木材及金属等。

(1) 木基层。由主龙骨、次龙骨组成。主龙骨间距 1.2～1.5m，与吊筋钉接或拴接；次龙骨间距依面层而定，用方木挂钉在主龙骨底部，铁丝绑扎。若面层为抹灰，则次龙骨间距一般为 400～600mm；若面层为板材，则次龙骨通常双向布置。这类基层耐火性较差，多用于造型特别复杂的顶棚。

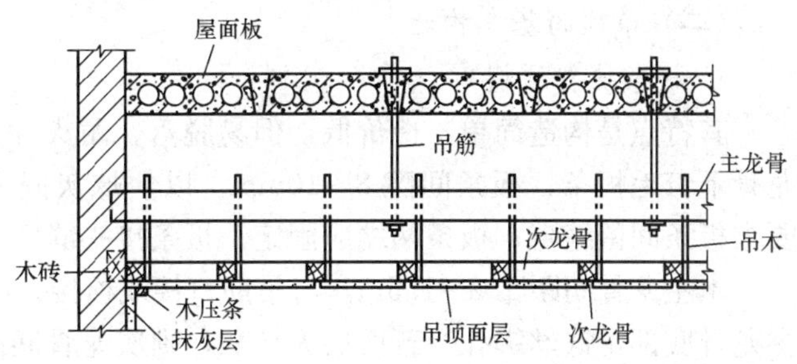

图 18-23　吊顶构造组成

(2) 金属基层。有轻钢基层和铝合金基层。

1) U 形轻钢龙骨基层。采用断面为 U 形的龙骨系列。由大龙骨、中龙骨、小龙骨、横撑龙骨及各种连接件组成。大龙骨分为三种：轻型大龙骨，不上人；中型大龙骨，可偶尔上人；重型大龙骨，可上人，如图 18-24 所示。

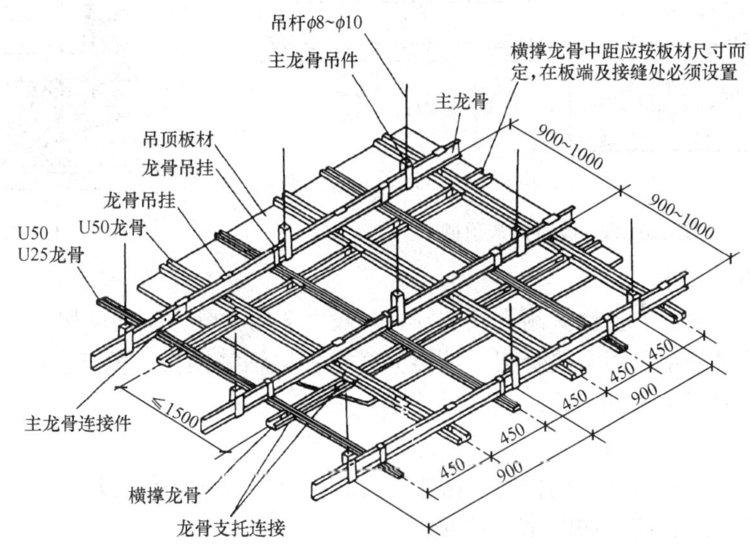

图 18-24　U 型上人轻型钢龙骨安装示意图

2) LT 形铝合金基层。采用断面为 L 形和 T 形的龙骨。由大龙骨、中龙骨、小龙骨、边龙骨及各种连接件组成。大龙骨也分为轻型系列、中型系列、重型系列。

主龙骨用吊件吊杆固定；次龙骨和小龙骨用挂件与主龙骨固定；横撑龙骨撑住次龙骨。

2. 面层

面层即吊顶的表面层。面层的构造设计要结合灯具、风口等进行布置。顶棚面层可分为：抹灰类、板材类、格栅类。

3. 吊筋

吊筋所用材料有钢筋、型钢、木方等。钢筋用于一般顶棚；型钢用于重型顶棚，或整体刚度要求特高的顶棚；木方用于木基层顶棚，用金属连接件加固。

（二）吊顶的基本构造

1. 板条抹灰顶棚

其特点是构造简单、造价低，但易脱落、耐火性差。构造做法是基层一般采用木龙骨；龙骨下钉毛板条，板条间隙 8～10mm，以便抹灰嵌入；板条上做底层、中层和面层抹灰。要求板条间留缝隙；板条两端应固定；板条接头缝应错开。

木主龙骨间距 1.2～1.5m，与吊筋钉接或栓接；次龙骨间距依面层而定，用方木挂钉在主龙骨底部，铁丝绑扎。若面层为抹灰，则次龙骨间距一般为 400～600mm；这类基层耐火性较差，多用于造型特别复杂的顶棚。

顶棚荷载较大，或悬吊点间距很大，或在特殊环境下，必须采用普通型钢做基层，如角钢、槽钢、工字钢等，如图 18-25 所示。

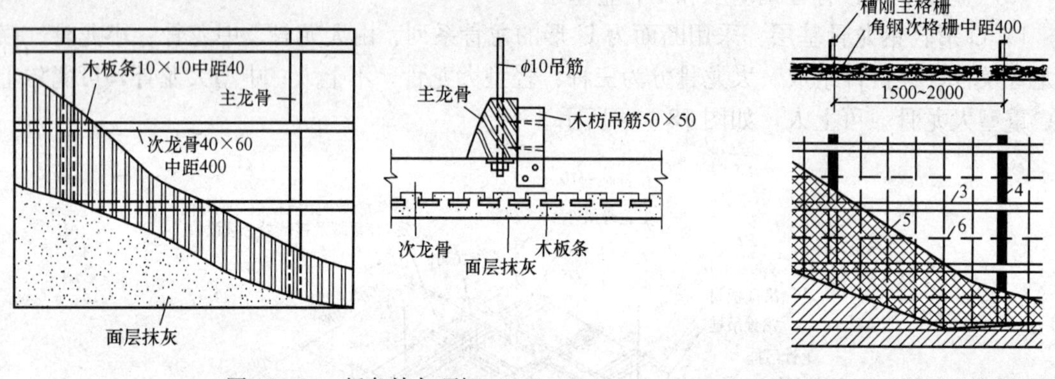

图 18-25 板条抹灰顶棚

图 18-26 钢板网抹灰顶棚

2. 钢板网抹灰顶棚

其特点是耐久性、防振性、耐火性较好。一般由金属龙骨、钢筋网架、钢板网、抹灰层组成。构造做法是基层采用金属骨架；骨架上衬垫一层钢筋网架；网架上绑扎固定钢板网，钢板网上抹灰，如图 18-26 所示。

3. 板条钢板网抹灰顶棚

一般由木龙骨、木板条、钢板网、抹灰层组成。是在板条抹灰的基础上加钉一层钢板网以防止抹灰层的开裂脱落，如图 18-27 所示。

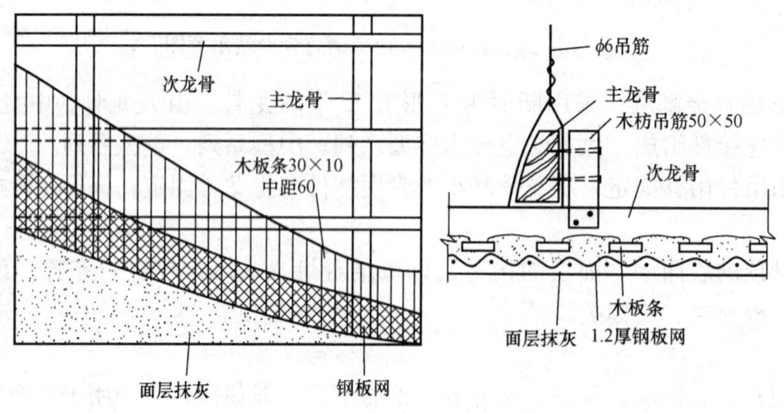

图 18-27 板条钢板网抹灰顶棚

4. 板材类顶棚

板材类顶棚的面层材料有实木板、胶合板、纤维板、钙塑板、石膏板、塑料板、硅钙板、矿棉吸声板、铝合金等金属板材。基本构造：在结构层上用射钉等固定吊筋；将主龙骨固定在吊筋上；次龙骨固定在主龙骨上；再用钉接或搁置的方法固定面层板材。

(1) 木质顶棚。木质顶棚的面层材料是实木条板和各种人造板（胶合板、木丝板、刨花板、填芯板等）。其特点是构造简单、施工方便、具有自然、亲切、温暖、舒适的感觉。

(2) 石膏板顶棚。石膏板顶棚的面板材料有普通纸面石膏板、防火纸面石膏板、石膏装饰板、石膏吸声板等。其饰面特点是自重轻、耐火性能好、抗震性能好、施工方便等。

纸面石膏板可直接搁置在倒T形的方格龙骨上，也可用螺栓固定。大型纸面石膏板用螺栓固定后，可刷色、裱糊墙纸、贴面层或做竖条和格子等。无纸面石膏板多为500mm见方，有光面、打孔、各种形式的凹凸花纹。安装方法同纸面石膏板。

(3) 矿棉纤维板和玻璃纤维板顶棚。这类顶棚具有不燃、耐高温、吸声的性能，适合有防火要求的顶棚。板材多为方形和矩形，一般直接安装在金属龙骨上。其构造方式有暴露骨架（明架）、部分暴露骨架（明暗架）、隐蔽骨架（暗架）。暴露骨架的构造是将方形或矩形纤维板直接搁置在倒T形龙骨的翼缘上。部分暴露骨架的构造是将板材两边做成卡口，卡入倒T形龙骨的翼缘中，另两边搁置在翼缘上。隐蔽式骨架是将板材的每边都做成卡口，卡入骨架的翼缘中，如图18-28所示。

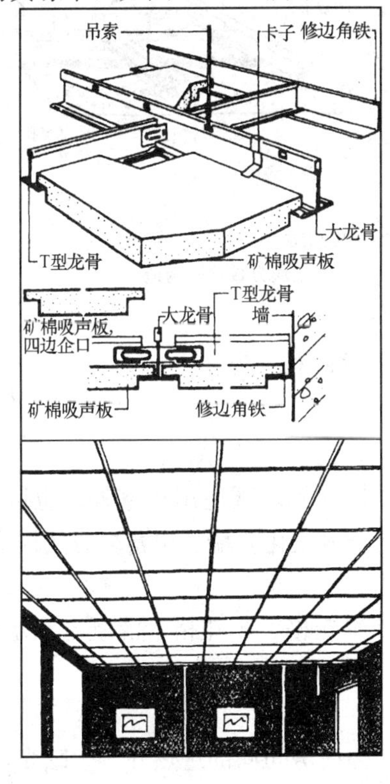

(a)

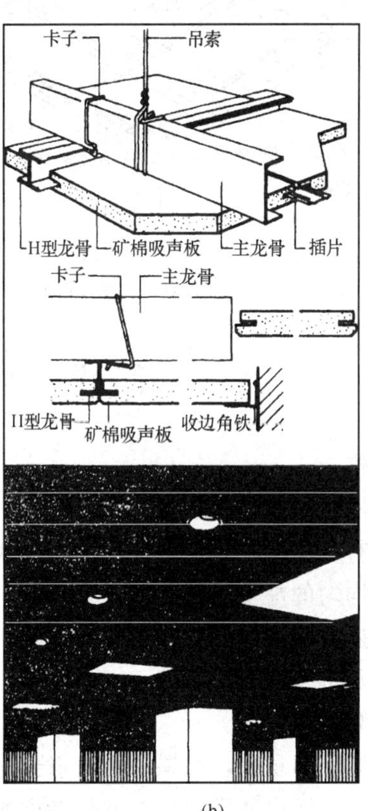

(b)

图18-28 矿棉板吊顶

(a) 跌级半明架矿棉板吊顶；(b) 暗架矿棉板吊顶

(4) 金属板顶棚。金属板顶棚是采用铝合金板、薄钢板等金属板材面层的顶棚。

铝合金板表面作电化铝饰面处理，薄钢板表面可用镀锌、涂塑、涂漆等防锈饰面处理。其特点是自重小、色泽美观大方，具有独特的质感，平挺、线条刚劲明快，且构造简单、安装方便、耐火、耐久。金属板有打孔和不打孔的条形、矩形等形材。

金属条板顶棚中条板呈槽形，有窄条、宽条。条板类型不同和龙骨布置方法不同可做成各式各样的变化效果。按条板的缝隙不同有开放型和封闭型。开放型可做吸声顶棚，封闭型在缝隙处加嵌条或条板边设翼盖。金属条板与龙骨相连的方式有卡口和螺钉两种。

金属方板顶棚中金属方板装饰效果别具一格，易于同灯具、风口、喇叭等协调一致，与柱边、墙边处理较方便，且可与条板形成组合吊顶，采用开放型，可起通风作用。

其安装构造有搁置式和卡入式两种。搁置式龙骨为T型，方板的四边带翼缘搁在龙骨翼缘上。卡入式的方板卷边向上，设有凸出的卡口，卡入有夹翼的龙骨中。方板可打孔，也可压成各种纹饰图案。

金属方板顶棚靠墙边的尺寸不符合方板规格时，可用条板或纸面石膏板处理，如图18-29所示。

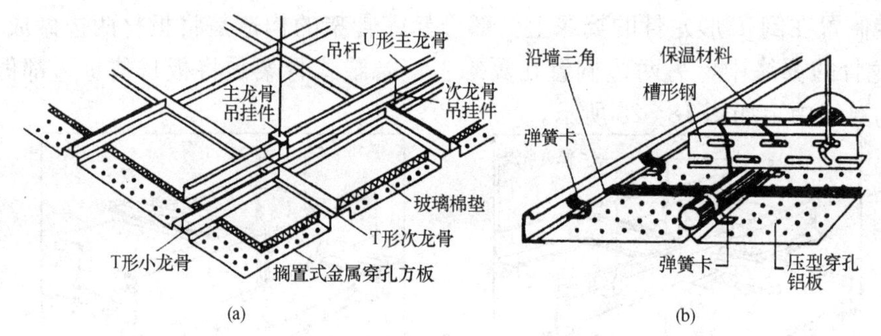

图18-29 金属板顶棚构造
(a) 搁置式金属方板顶棚构造；(b) 卡入式金属方板顶棚构造

第五节 其他装修构造

一、花格

花格常用于围墙、隔墙、遮阳、窗栅、门窗、栏杆等。既适用于室外，也可用于室内。花格采用具有变化又有规律的几何图案形式，可组合成变化多端、丰富多彩的样式，在组合中应能产生均匀的虚实对比的效果。

花格根据材料的不同分为：砖瓦花格、水泥砂浆花格、木花格、混凝土和水磨石花格。混凝土花格及拼装详图，如图18-30所示。

二、遮阳构造

在炎热地区的夏季，如果阳光直射到房间内，会使房间局部过热并产生眩光，影响人们的工作和生活。所以通常在窗户部位考虑遮阳措施。可以通过构件遮阳来达到遮阳的效果。常是在窗前设置遮阳板的方法。遮阳板的基本形式有水平式、垂直式、综合式和挡板式等，如图18-31所示。

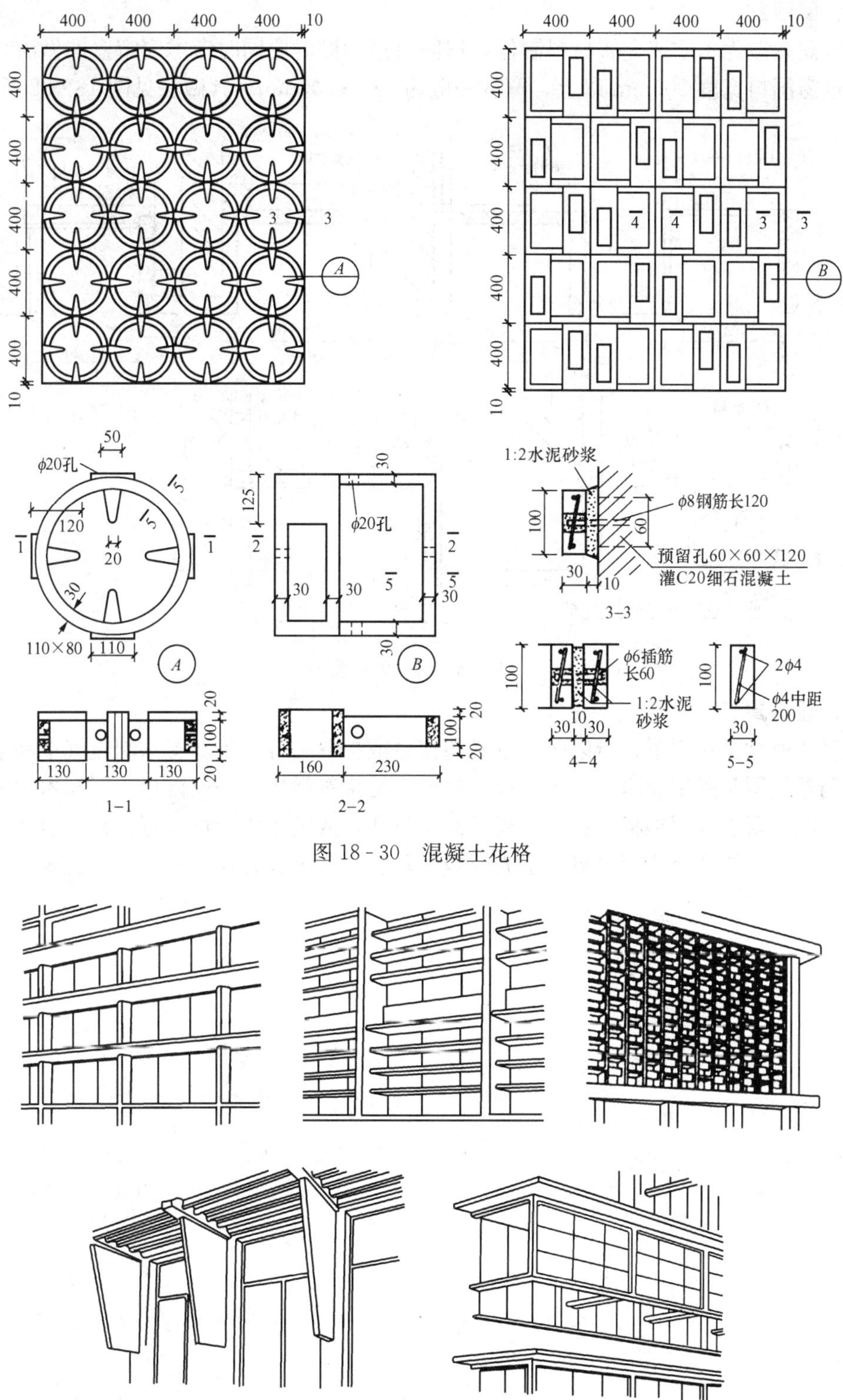

图 18-30 混凝土花格

图 18-31 连续遮阳的示例

三、窗帘盒

窗帘盒一般为木质或金属材料制作，房间有吊顶棚时要同时考虑窗帘盒的做法，其长度通常超过窗洞口宽度 300mm 以上，宽度一般为 120～200mm。其做法见图 18-32 所示。

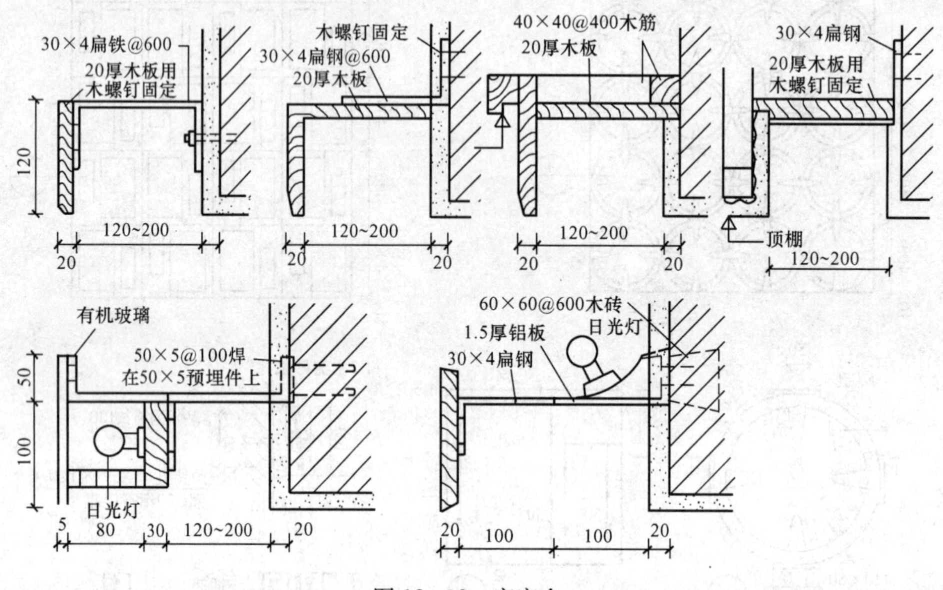

图 18-32 窗帘盒

四、暖气罩

暖气片通常设在窗下，所以暖气罩常与窗台或护壁结合设置。有木制暖气罩和金属暖气罩。木制暖气罩是采用硬木条、胶合板、硬质纤维板等做成格条或格片。可与木护壁结合设置。金属暖气罩是采用钢板、铝合金板等冲压打孔，或做成压型板材等。钢板表面可做成烤漆或搪瓷面层，铝合金表面可氧化出光泽或色彩。固定方式有挂、插、钉、支等。

第十九章　工业建筑概述

工业建筑是为工业生产服务的建筑物和构筑物的总称。前者如厂房、车间、库房，后者如烟囱、水塔、冷却塔。工业建筑既为生产服务，也要满足广大工人的生活要求。厂房的设计除要满足生产工艺的要求外，又要为广大工人创造一个安全、卫生、劳动保护条件良好的生产环境。厂房的建筑构造要力求做到坚固适用、技术先进、经济合理、环境适宜。

第一节　工业建筑的特点与分类

一、工业建筑的特点

（1）工业产品的生产都要经过一系列的加工过程，这个过程称为生产工艺流程。生产所需的设备都应按照工艺流程的要求来布置，因而工业建筑的平面形状应按照工艺流程及设备布置的要求进行设计。

（2）厂房内一般都有笨重的机器设备、起重运输设备（吊车）等，这就要求厂房建筑具有较大的空间。同时，厂房结构要承受较大的静、动荷载以及振动或撞击力等的作用。

（3）某些加工过程是在高温状态下完成的，生产过程中要散发大量的余热、烟尘、有害气体及噪声等，这就要求厂房具有良好的通风和采光。

（4）许多产品的生产需要严格的环境条件，如有些厂房要求一定的温度、湿度和洁净度，有些厂房要求无振动，无电磁辐射等。

（5）生产过程往往需要各种工程技术管网，如上下水、热力、煤气、氧气管道和电力供应等。厂房设计时应考虑各种管道的敷设要求和它们的荷载。

二、工业建筑的分类

（一）按建筑层数分类

1. 单层厂房

主要用于重型机械、冶金工业等重工业。这类厂房的特点是设备体积大、重量重、厂房内以水平运输为主。单层厂房按跨度分有单跨、双跨和多跨（图19-1）。

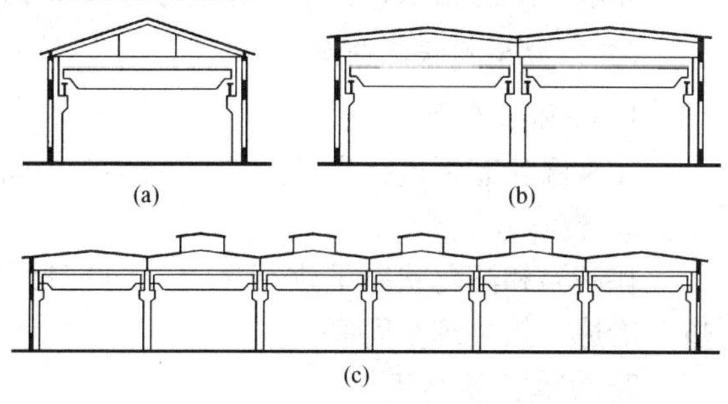

图19-1　单层厂房

(a) 单跨；(b) 双跨；(c) 多跨

2. 多层厂房

常见的层数为2～6层。多用于食品、电子、化工、精密仪器工业等。这类厂房的特点是设备较轻、体积较小、工厂的大型机床一般放在底层，小型设备放在楼层上，厂房内部的垂直运输以电梯为主，水平运输以电瓶车为主（图19-2）。

3. 层数混合的厂房

厂房由单层跨和多层跨组合而成，多用于热电厂、化工厂等。高大的生产设备位于中间的单跨内，边跨为多层（图19-3）。

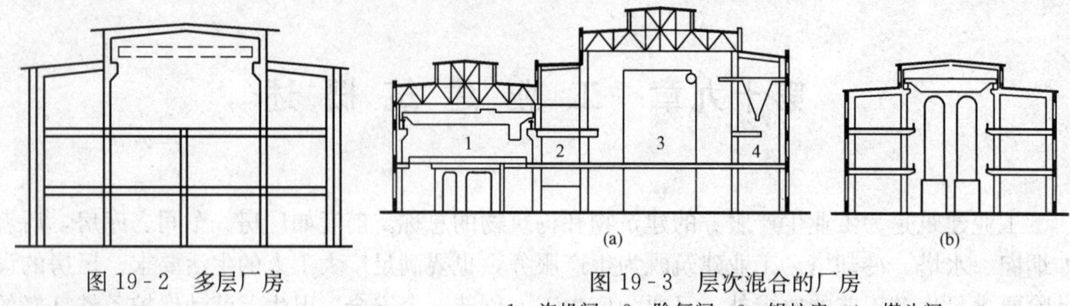

图 19-2 多层厂房

图 19-3 层次混合的厂房
1—汽机间；2—除氧间；3—锅炉房；4—煤斗间

（二）按用途分类

1. 主要生产厂房

在这类厂房中进行生产工艺流程的全部过程，一般包括备料、加工到装配的全过程。如机械制造工厂，包括：铸造车间、锻造车间、冲压车间、铆焊车间、电镀车间、热处理车间、机械加工车间和机械装配车间等。

2. 辅助生产车间

为主要生产厂房服务的车间。如机械修理、工具等车间。

3. 动力用厂房

为全厂提供能源的厂房。如发电站、锅炉房、煤气站等。

4. 储存用房屋

为生产提供存储原料、半成品、成品的仓库。如炉料、砂料、油料、半成品、成品库房等。

5. 运输用房屋

为管理、存储及检修交通工具用的房屋。如机车库、汽车库、电瓶车库等。

6. 其他建筑

如解决厂房给水、排水问题的水泵房、污水处理站等。

（三）按生产状况分类

1. 冷加工车间

在常温状态下进行生产。如机械加工车间、金工车间、机修车间等。

2. 热加工车间

在高温和溶化状态下进行生产，可能散发大量余热、烟雾、灰尘、有害气体等。如铸造、冶炼、热处理车间等。

3. 恒温恒湿车间

为保证产品质量，厂房内要求稳定的温度、湿度条件。如精密仪器、纺织、酿造等车间。

4. 洁净车间

要求在保持高度洁净的条件下进行生产，防止大气中灰尘及细菌的污染。如集成电路车间、精密仪器加工及装配车间、医药工业中的粉针剂车间等。

5. 其他特种状况的车间

如有爆炸可能性、有大量腐蚀性物质、有放射性物质、防微震、防电磁波干扰车间等。

第二节 单层工业厂房的类型及组成

一、单层厂房的结构类型

单层厂房结构按其主要承重结构的型式分，有排架结构和刚架结构两种常用的结构型式。

（一）排架结构

排架结构是目前单层厂房中最基本的、应用比较普遍的结构型式（图19-4）。它的基本特点是把屋架看作一个刚度很大的横梁，屋架（或屋面梁）与柱子的连接为铰接，柱子与基础的连接为刚接。屋架、柱子、基础组成了厂房的横向排架。连系梁、吊车梁、基础梁等均为纵向连系构件，它们和支撑构件将横向排架联成一体，组成坚固的骨架结构系统。

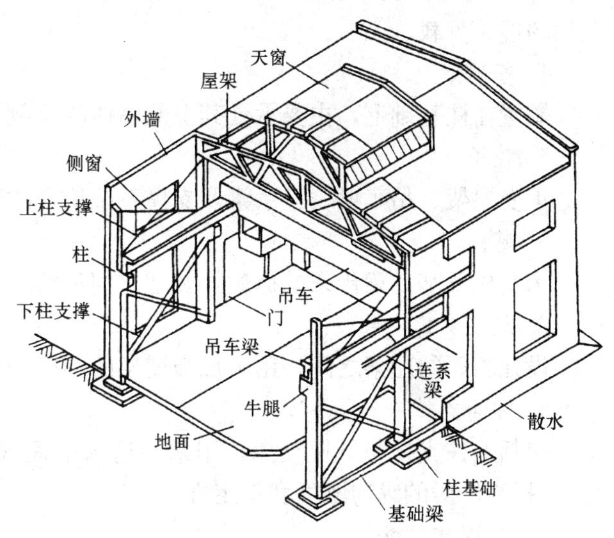

图 19-4 排架结构单层厂房的组成

（二）刚架结构

刚架结构是将屋架（或屋面梁）与柱子合并为一个构件，柱子与屋架（或屋面梁）的连接处为刚性节点，柱子与基础一般做成铰接。刚架结构的优点是梁柱合一，构件种类少，结构轻巧，空间宽敞，但刚度较差，适用于屋盖较轻的无桥式吊车或吊车吨位不大、跨度和高度较小的厂房和仓库。如图19-5是目前单层厂房中常用的两铰和三铰刚架形式。

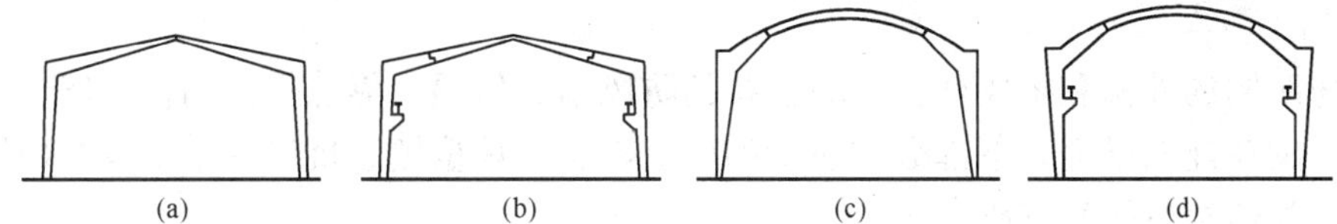

图 19-5 装配式钢筋混凝土门式刚架结构

（a）人字形刚架；（b）带吊车人字刚架；（c）弧形拱刚架；（d）带吊车弧形刚架

二、单层厂房的组成

装配式钢筋混凝土排架结构的单层厂房在工业建筑中应用较为广泛，它由承重结构和围护结构两大部分组成（图19-4）。

（一）承重结构

1. 屋盖结构

包括屋架（或屋面梁）、屋面板及天窗架等。

（1）屋面板铺设在屋架或天窗架上。屋面板直接承受其上面的荷载（包括自重、屋面材料、雨雪、施工等荷载），并把它们传给屋架，或由天窗架传给屋架。

（2）屋架是屋盖结构的主要承重构件。它承受屋面板、天窗架等传来的荷载及吊车荷载（当设有悬挂吊车时）。屋架搁置在柱子上，并将其所受全部荷载传给柱子。

(3) 天窗架承受其上部屋面板及屋面荷载，并将它们传给屋架。

2. 吊车梁

吊车梁搁置在柱牛腿上，承受吊车荷载（包括吊车起吊重物的荷载及启动或制动时产生的纵、横向水平荷载），并把它们传给柱子，同时可增加厂房的纵向刚度。

3. 连系梁

连系梁是柱与柱之间在纵向的水平连系构件，它的作用是增加厂房的纵向刚度，承受其上部的墙体荷载。

4. 基础梁

搁置在柱基础上，主要承受其上部墙体的荷载。

5. 柱子

承受屋架、吊车梁、连系梁及支撑系统传来的荷载，并把它们传给基础。

6. 基础

承受柱及基础梁传来的荷载，并把它们传给地基。

7. 屋架支撑

设在相邻的屋架之间，用来加强屋架的刚度和稳定性。

8. 柱间支撑

包括上柱支撑与下柱支撑，用来传递水平荷载（如风荷载、地震荷载及吊车的制动力等），提高厂房的纵向刚度和稳定性。

（二）围护结构

排架结构厂房的围护结构由屋面、外墙、门窗和地面组成。

1. 屋面

承受外界传来的风、雨、雪、积灰、检修等荷载，并防止外界的寒冷、酷暑对厂房内部的影响，同时屋面板也加强了横向排架的纵向联系，有利于保证厂房的整体性。

2. 外墙

指厂房四周的外墙和抗风柱。外墙主要起防风雨、保温、隔热等作用，一般分上下两部分，上部分砌在连系梁上，下部分砌在基础梁上，属自承重墙。抗风柱主要承受山墙传来的水平荷载，并传给屋架和基础。

3. 门窗

门窗作为外墙的重要组成部分，主要用来交通联系、采光、通风，同时具有外墙的围护作用。

4. 地面

承受生产设备、产品以及堆积在地面上的原材料等荷载，并根据生产使用要求，提供良好的劳动条件。

第三节 工业建筑的起重运输设备

在生产过程中，为了装卸、搬运各种原材料和产品以及进行生产、设备检修等，在厂房内部上空须设置适当的起重吊车。起重吊车是目前厂房中应用最为广泛的一种起重运输设备。厂房剖面高度的确定和结构计算等，同吊车的规格、起重量等有着密切关系。常见的吊车有单轨悬挂吊车、梁式吊车和桥式吊车等。

一、单轨悬挂吊车

单轨悬挂吊车是在屋架（屋面梁）下弦悬挂梁式钢轨，轨梁上设有可水平移动的滑轮组（即电葫芦），利用滑轮组升降起重的一种吊车（图19-6）。单轨悬挂吊车的起重量一般不超过5t。由于钢轨悬挂在屋架下弦，要求屋盖结构有较高的强度和刚度。

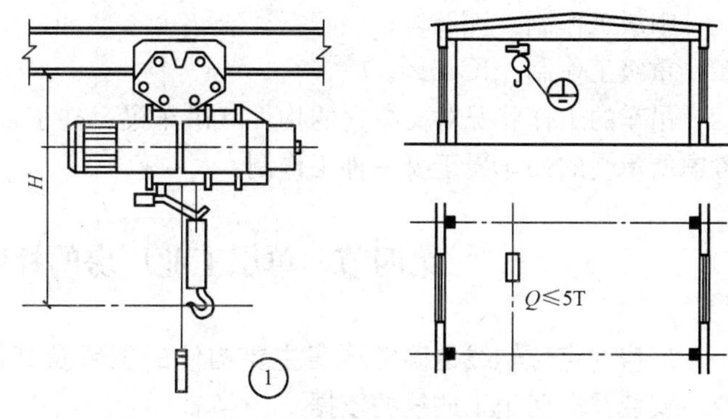

图19-6 单轨悬挂吊车

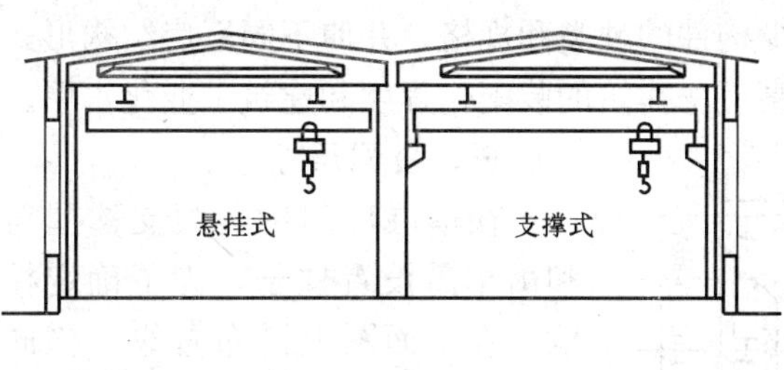

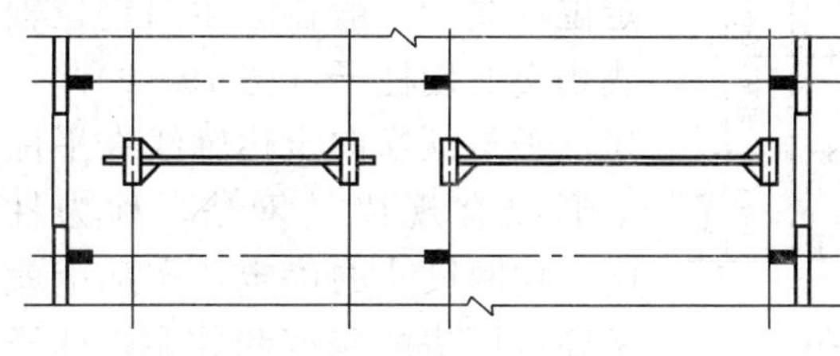

图19-7 梁式吊车

二、梁式吊车

梁式吊车有悬挂式和支撑式两种类型。悬挂式是在屋架（屋面梁）下弦悬挂双轨，在双轨上设置可滑行的单梁，在单梁上设有可横向移动的滑轮组（电葫芦）（图19-7）。支撑式是在排架柱的牛腿上安装吊车梁和钢轨，钢轨上设可滑行的单梁，单梁上设可滑行的滑轮组（图19-7）。两种吊车的单梁都可按轨道纵向运行，梁上滑轮组可横向运行和起吊重物，起重幅面较大，起重量不超过5t。

三、桥式吊车

桥式吊车通常是在厂房排架柱的牛腿上安装吊车梁及钢轨，钢轨上设置能沿着厂房纵向滑移的桥架（或板梁），起重小车安装在桥架上，沿桥架上面的轨道横向运行。在桥架和小车运行范围内均可起重，起重量为5～400t。司机室设在桥架一端的下方（图19-8）。

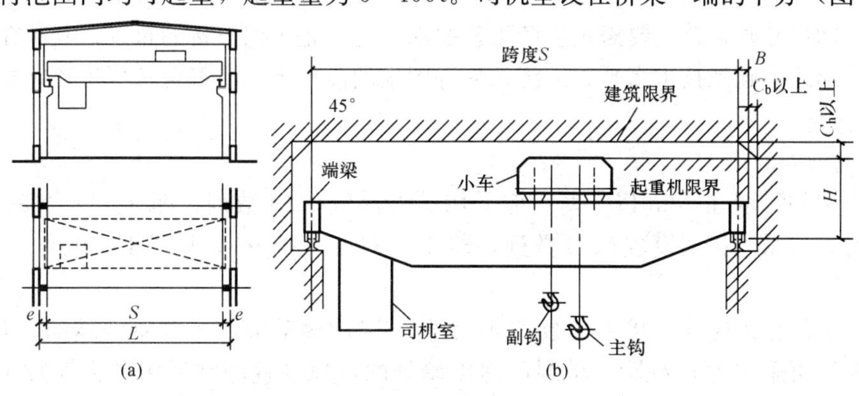

图19-8 电动桥式吊车

(a) 平、剖面示意；(b) 吊车安装尺寸

起重吊车按工作的重要性及繁忙程度分重级、中级、轻级等三种工作制。吊车的工作制是根据吊车开动时间与全部生产时间的比率来划分的，用JC%表示。

轻级工作制：JC15％；

中级工作制：JC25％；

重级工作制：JC40％。

吊车的工作状况对支撑它的构件（吊车梁、柱子）有很大影响，在设计这些构件时必须考虑所承受的吊车属于哪一种工作制。

第四节 单层工业厂房的柱网及定位轴线

厂房的定位轴线是确定厂房主要构件的位置及其标志尺寸的基准线，同时也是设备定位、安装及厂房施工放线的依据。

为了提高厂房建筑设计标准化、生产工厂化和施工机械化的水平，划分厂房定位轴线时，在满足生产工艺要求的前提下应尽可能减少构件的种类和规格，并使不同厂房结构形式所采用的构件能最大限度地互换和通用，以提高厂房建筑的装配化程度和建筑工业化水平。

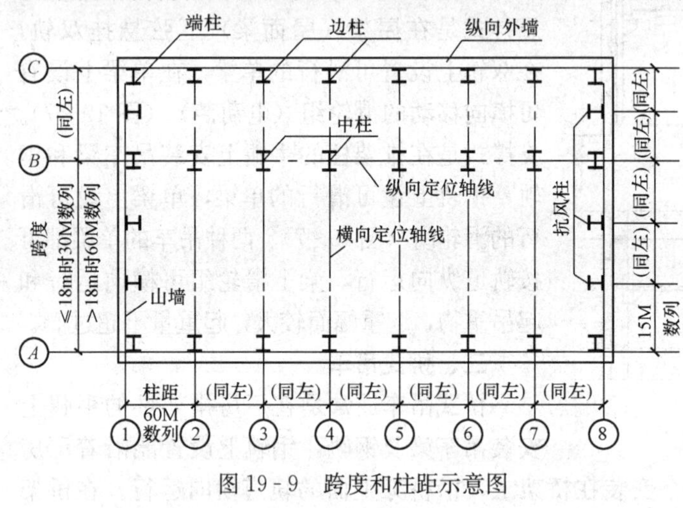

图 19-9 跨度和柱距示意图

一、柱网尺寸

在单层厂房中，为支撑屋盖和吊车需设置柱子，为了确定柱位，在平面图上需布置纵、横向定位轴线。一般在纵横向定位轴线相交处设柱子（图 19-9）。厂房柱子与纵横向定位轴线在平面上形成有规律的网格，称为柱网。柱网尺寸的确定，实际上就是确定厂房的跨度和柱距。柱子纵向定位轴线间的距离称为跨度，横向定位轴线间的距离称为柱距。

确定柱网尺寸时，首先要满足生产工艺要求，尤其是工艺设备的布置；其次在考虑建筑材料、结构形式、施工技术水平、经济效果等因素的前提下，应符合《厂房建筑模数协调标准》的规定：

（一）跨度

单层厂房的跨度在 18m 以下时，应采用扩大模数 30M 数列，即 9、12、15、18m；在 18m 以上时，应采用扩大模数 60M 数列，即 24、30、36m……，见图 19-9。

（二）柱距

单层厂房的柱距应采用扩大模数 60M 数列，采用钢筋混凝土或钢结构时，常采用 6m 柱距，有时也可采用 12m 柱距。单层厂房山墙处的抗风柱柱距宜采用扩大模数 15M 数列，即 4.5、6、7.5m，见图 19-9。

二、定位轴线的划分

厂房定位轴线的划分是在柱网布置的基础上进行的，并与柱网布置保持一致。

厂房的定位轴线分为横向和纵向两种。与横向排架平面平行的称为横向定位轴线；与横向排架平面垂直的称为纵向定位轴线。定位轴线应予编号。

（一）横向定位轴线

与横向定位轴线有关的承重构件，主要有屋面板和吊车梁。此外，横向定位轴线还与连系梁、基础梁、墙板、支撑等其他纵向构件有关。因此，横向定位轴线应与屋面板、吊车梁等构件长度的标志尺寸相一致。

1. 中间柱与横向定位轴线的关系

除了靠山墙的端部柱和横向变形缝两侧的柱以外，一般中间柱的中心线与横向定位轴线相重合，且横向定位轴线通过屋架中心线及屋面板、吊车梁等构件的接缝中心，如图 19 - 10（a）所示。

2. 山墙处柱子与横向定位轴线的关系

当山墙为非承重墙时，墙内缘应与横向定位轴线相重合，且端部柱及端部屋架的中心线应自横向定位轴线向内移 600mm，见图 19 - 10（b）。这是由于山墙内侧的抗风柱需通至屋架上弦或屋面梁上翼并与之连接，同时定位轴线定在山墙内缘，可与屋面板的标志尺寸端部重合，因此不留空隙，形成“封闭结合”，使构造简单。

当山墙为承重山墙时，墙内缘与横向定位轴线的距离应按砌体的块材类别分别为半块或半块的倍数或墙厚的一半，如图 19 - 10（c）所示，以保证伸入山墙内的屋面板与砌体之间有足够的搭接长度。屋面板与墙上的钢筋混凝土垫梁连接。

3. 横向变形缝处柱子与横向定位轴线的关系

在横向伸缩缝处或防震缝处，应采用双柱及两条定位轴线。柱的中心线均应自定位轴线向两侧各移 600mm，见图 19 - 10（d），两条横向定位轴线分别通过两侧屋面板、吊车梁等纵向构件的标志尺寸端部，两轴线间加插入距 a_i，a_i 应等于伸缩缝或防震缝的宽度 a_e。

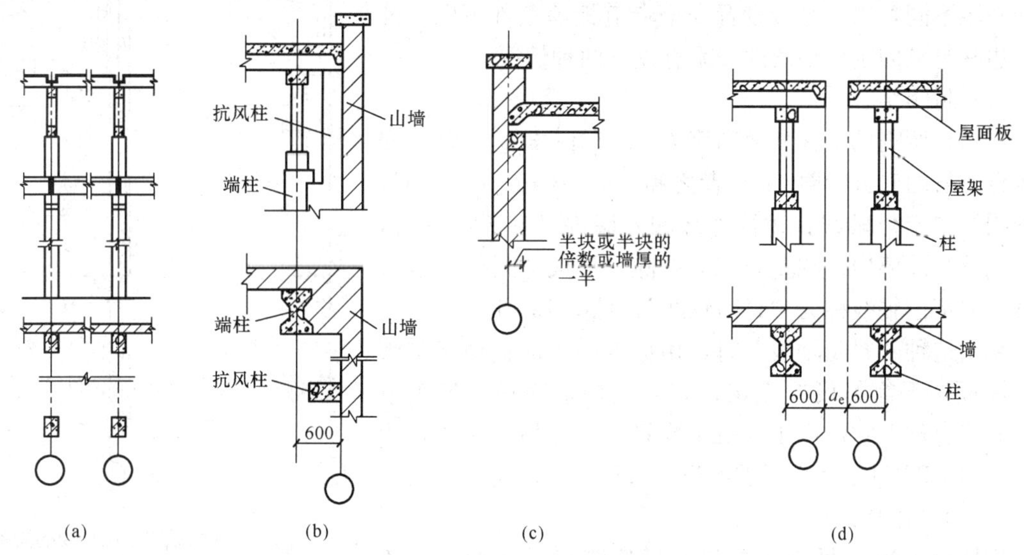

图 19 - 10　横向定位轴线

（a）中间轴的横向定位轴线；（b）山墙处柱子的横向定位轴线；（c）承重山墙的横向定位轴线；（d）变形缝处的横向定位轴线

（二）纵向定位轴线

与纵向定位轴线有关的构件主要是屋架（屋面梁），此外纵向定位轴线还与屋面板宽、吊车等有关。因为屋架（屋面梁）的标志跨度是以 3m 或 6m 为倍数的扩大模数，并与大型屋面板（一般为 1.5m 宽）相配合，因此，一般厂房的纵向定位轴线都是按照屋架跨度的标志尺寸从其两端垂直引下来。

1. 边柱与纵向定位轴线的关系

在有梁式或桥式吊车的厂房中，为了使厂房结构和吊车规格相协调，保证吊车的安全运行，厂房跨度与吊车跨度两者之间的关系规定为

$$S = L - 2e$$

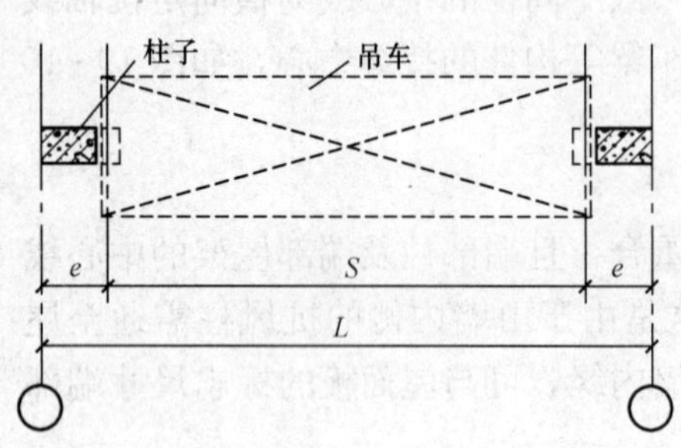

图 19-11 吊车跨度与厂房跨度的关系
L—厂房跨度；S—吊车跨度；
e—吊车轨道中心线至厂房纵向定位轴线的距离

式中 L——厂房跨度，即纵向定位轴线间的距离；

S——吊车跨度，即吊车轨道中心线间的距离；

e——吊车轨道中心线至厂房纵向定位轴线间的距离（一般为 750mm，当构造需要或吊车起重量大于 75t 时为 1000mm）。见图 19-11。

轨道中心线至厂房纵向定位轴线间的距离 e 是根据厂房上柱的截面高度 h、吊车侧方宽度尺寸 B（吊车端部至轨道中心线的距离）、吊车侧方间隙 C_b（吊车运行时，吊车端部与上柱内缘间的安全间隙尺寸）等因素决定的。上柱截面高度 h 由结构设计确定，常用尺寸为 400mm 或 500mm。吊车侧方间隙与吊车起重量大小有关。当吊车起重量<50t 时，为 80mm，吊车起重量>63t 时，为 100mm。吊车侧方宽度尺寸 B 随吊车跨度和起重量的增大而增大。

实际工程中，由于吊车形式、起重量、厂房跨度、高度和柱距不同，以及是否设置安全走道板等条件不同，外墙、边柱与纵向定位轴线的关系有以下两种情况：

（1）封闭结合

当结构所需的上柱截面高度 h、吊车侧方宽度 B 及安全运行所需的侧方间隙 C_b 三者之和 $(h+B+C_b)<e$ 时，可采用纵向定位轴线、边柱外缘和外墙内缘三者相重合，屋架端部与外墙内缘相重合，无空隙，形成“封闭结合”。这种纵向定位轴线称为“封闭轴线”，见图 19-12（a）。

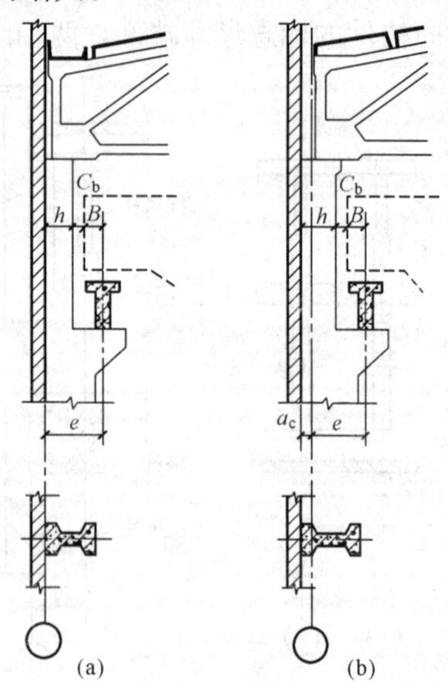

图 19-12 边柱与纵向定位轴线的关系
（a）封闭结合；（b）非封闭结合
h—上柱截面高度；a_c—联系尺寸；
B—吊车侧方尺寸；C_b—吊车侧方间隙

采用这种“封闭轴线”时，用标准的屋面板便可铺满整个屋面，不需另设补充构件，因此构造简单，施工方便，经济合理。它适用于无吊车或只有悬挂吊车及柱距为 6m、吊车起重量不大且不需增设联系尺寸的厂房。

（2）非封闭结合

当柱距>6m，吊车起重量及厂房跨度较大时，由于 B、C_b、h 均可能增大，因而可能导致 $(h+B+C_b)>e$，此时若继续采用“封闭结合”，便不能满足吊车安全运行所需净空要求，造成厂房结构的不安全，因此，需将边柱外缘从纵向定位轴线向外推移，即边柱外缘与纵向定位轴线之间增设联系尺寸 a_c，使（e+

a_c）＞（$h+B+C_b$），以满足吊车运行所需的安全间隙，见图 19-12（b）。当外墙为墙板时，联系尺寸 a_c 应为 300mm 或其整数倍数；当围护结构为砌体时，联系尺寸 a_c 可采用 50mm 或其整数倍数。

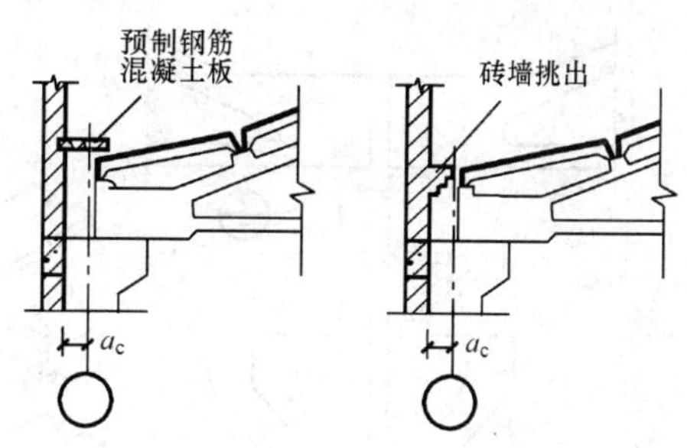

图 19-13　“非封闭结合”屋面板与墙空隙的处理

a_c—联系尺寸

当纵向定位轴线与柱子外缘间有“联系尺寸”时，由于屋架标志尺寸端部与柱子外缘、外墙内缘不能相重合，上部屋面板与外墙之间便出现空隙，这种情况称为“非封闭结合”，这种纵向定位轴线称为“非封闭轴线”。此时，屋面上部空隙处需作构造处理，通常应加设补充构件，一般有挑砖、加设补充小板等（图 19-13）。

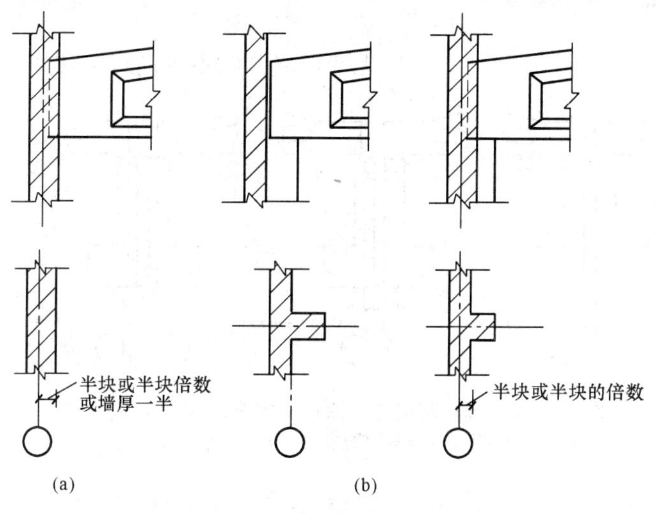

图 19-14　承重墙的纵向定位轴线

（a）无壁柱的承重墙；（b）带壁柱的承重墙

厂房是否需要设置“联系尺寸”及其取值多少，应根据所需吊车规格校核安全净空尺寸，使其在任何可能发生的情况下，均有安全保证。此外，还与柱距以及是否设置吊车梁走道板等因素有关。

当厂房采用承重墙结构时，承重外墙的墙内缘与纵向定位轴线间的距离宜为半块砌体的倍数或墙厚的一半。若为带壁柱的承重墙，其内缘与纵向定位轴线相重合，或与纵向定位轴线相距半块砌体或半块的倍数（图 19-14）。

2. 中柱与纵向定位轴线的关系

中柱处纵向定位轴线的确定方法与边柱相同，定位轴线与屋架（屋面梁）的标志尺寸相重合。

（1）等高跨中柱与纵向定位轴线的关系。

无变形缝时，等高厂房的中柱宜设单柱和一条纵向定位轴线，柱的中心线宜与纵向定位轴线相重合，见图 19-15（a）。当相邻跨为桥式吊车且起重量较大，或厂房柱距较大或有其他构造要求时需设置插入距。中柱可采用单柱，并设两条纵向定位轴线，其插入距 a_i 应符合数列 3M（即 300mm 或其整数倍数），但围护结构为砌体时，a_i 可采用 M/2（即 50mm）或其整数倍数，柱中心线宜与插入距中心线相重合，见图 19-15（b）。

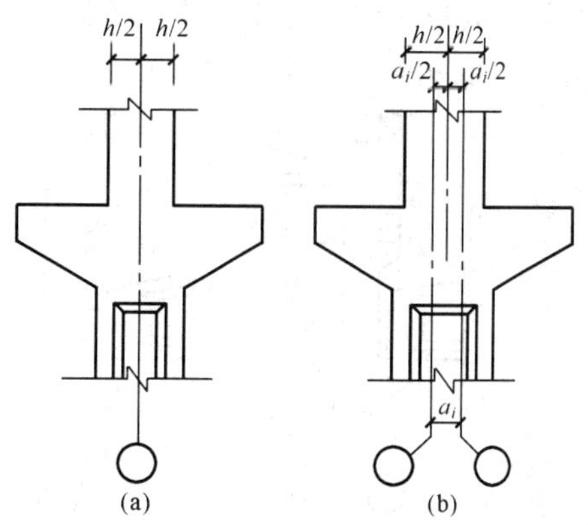

图 19-15　等高跨中柱单柱（无纵向伸缩缝）

（a）一条纵向定位轴线；（b）两条纵向定位轴线

h—上柱截面高度；a_i—插入距

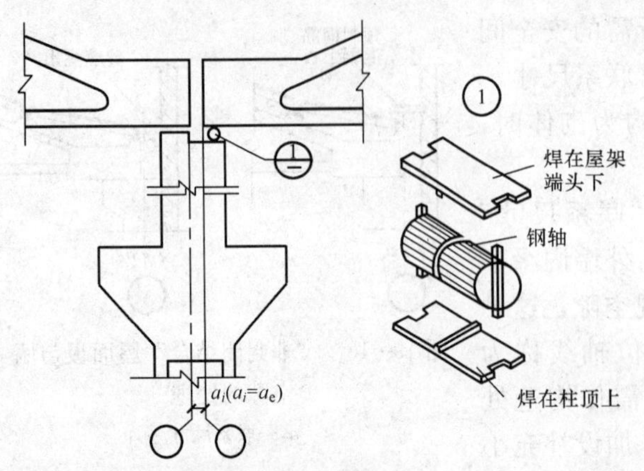

图 19-16　等高跨中柱单柱（有纵向伸缩缝）的纵向定位
a_i—插入距；a_e—伸缩缝宽度

等高跨厂房设有纵向伸缩缝时，中柱可采用单柱并设两条纵向定位轴线，伸缩缝一侧的屋架（屋面梁）应搁置在活动支座上，两条定位轴线间插入距 a_i 为伸缩缝的宽度 a_e，见图 19-16。

等高跨厂房需设置纵向防震缝时，应采用双柱及两条纵向定位轴线。其插入距 a_i 应根据防震缝的宽度及两侧是否“封闭结合”，分别确定为 a_e 或 a_e+a_c 或 $a_c+a_e+a_c$，如图 19-17 所示。

（2）不等高跨中柱与纵向定位轴线的关系

1）无变形缝时的不等高跨中柱

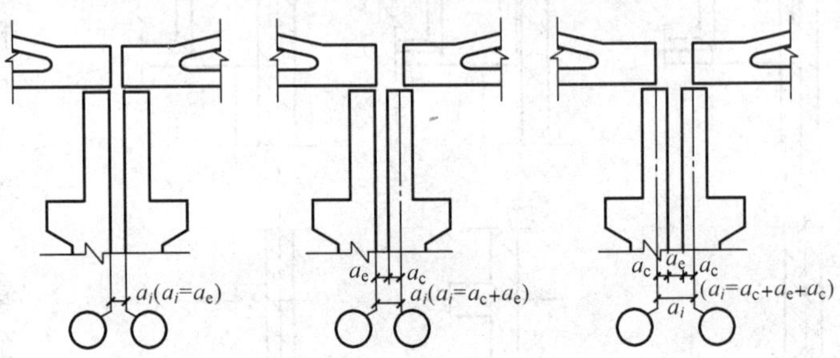

图 19-17　等高跨中柱设双柱时的纵向定位轴线
a_i—插入距；a_e—防震缝宽度；a_c—联系尺寸

不等高跨处采用单柱时，把中柱看作是高跨的边柱，对于低跨，为简化屋面构造，一般采用“封闭结合”。根据高跨是否封闭及封墙位置的高低，纵向定位轴线按下述两种情况定位。

高跨采用“封闭结合”，且高跨封墙底面高于低跨屋面，宜采用一条纵向定位轴线，即纵向定位轴线与高跨上柱外缘、封墙内缘及低跨屋架标志尺寸端部相结合，见图 19-18（a）。若封墙底面低于低跨屋面，宜采用两条纵向定位轴线，其插入距 a_i 等于封墙厚度 t，即 $a_i=t$，见图 19-18（b）。

高跨采用“非封闭结合”，上柱外缘与纵向定位轴线不能重合，应采用两条定位轴线。插入距根据高跨封墙高于或是低于低跨屋面，分别等于联系尺寸或封墙厚度加联系尺寸 a_c，即 $a_i=a_c$ 或 $a_i=a_c+t$，见图 19-18（c）、（d）。

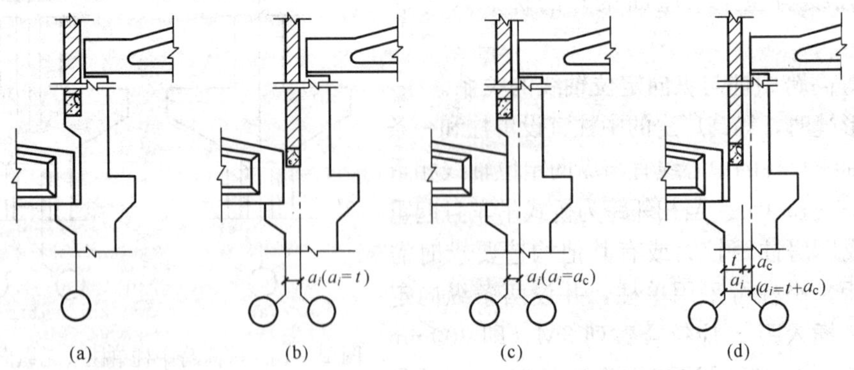

图 19-18　不等高跨中柱单柱（无纵向伸缩缝时）与纵向定位轴线的定位
a_i—插入距；t—封墙厚度；a_c—联系尺寸

2）有变形缝时的不等高跨中柱

不等高跨处采用单柱并设纵向伸缩缝时，低跨的屋架或屋面梁可搁置在活动支座上，不等高跨处应采用两条纵向定位轴线，并设插入距。其插入距可根据封墙的高低位置及高跨是否“封闭结合”分别定位：

当高低两跨纵向定位轴线均采用“封闭结合”，高跨封墙底面低于低跨屋面时，其插入距 $a_i=a_e+t$，见图 19-19（a）。

当高跨纵向定位轴线为“非封闭结合”，低跨仍为“封闭结合”，高跨封墙底面低于低跨屋面时，其插入距 $a_i=a_e+t+a_c$，见图 19-19（b）。

当高低两跨纵向定位轴线均采用“封闭结合”，高跨封墙底面高于低跨屋面时，其插入距 $a_i=a_e$，见图 19-19（c）。

当高跨纵向定位轴线为“非封闭结合”，低跨仍为“封闭结合”，高跨封墙底面高于低跨屋面时，其插入距 $a_i=a_e+a_c$，见图 19-19（d）。

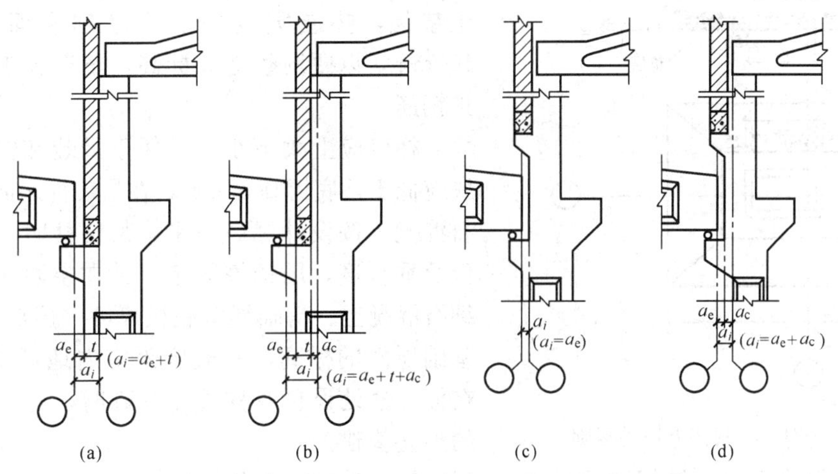

图 19-19 不等高跨中柱单柱（有纵向伸缩缝）与纵向定位轴线的定位

a_i—插入距；a_e—防震缝宽度；t—封墙厚度；a_c 联系尺寸

当厂房不等高跨处需设置防震缝时，应采用双柱和两条纵向定位轴线的定位方法，柱与纵向定位轴线的定位规定与边柱相同。其插入距 a_i 可根据封墙位置的高低以及高跨是否是“封闭结合”，分别定为 $a_i=a_e+t$ 或 $a_i=a_e+t+a_c$，$a_i=a_e$ 或 $a_i=a_e+a_c$（图 19-20）。

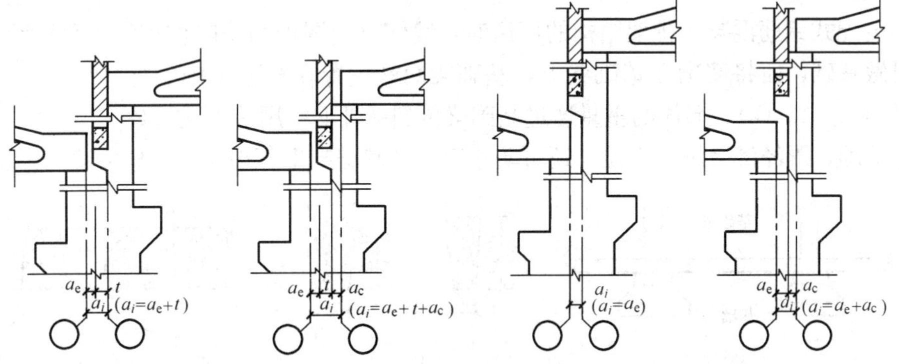

图 19-20 不等高跨设中柱双柱与纵向定位轴线的定位

第五节 单层工业厂房主要结构构件

一、基础及基础梁

（一）基础

和民用建筑一样，基础起着承上传下的作用，它承受厂房结构的全部荷载，并传给地基。因此，基础是工业厂房的重要构件之一。

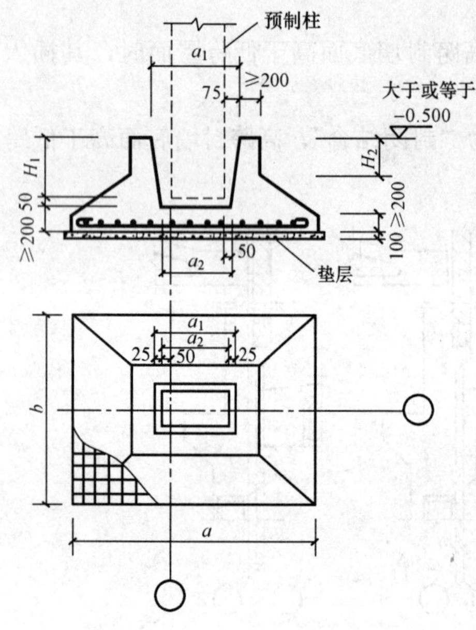

图 19-21 预制柱下杯形基础

单层厂房的基础，主要有独立式和条式两类，当柱距为 6m 或更大，地质情况较好时，多采用独立式基础，其中杯形基础较为常见（图 19-21）。

基础所用的混凝土强度等级一般不低于 C15，基础底面通常要先浇灌 100mm 厚、C10 的素混凝土垫层，垫层宽度一般比基础底面每边宽出 100mm，以便调整地基标高，便于施工放线和保护钢筋。

杯口应上大下小，以便于吊装和锚固，杯口底应低于柱底标高 50mm，在吊装柱之前用 C20 细石混凝土按设计标高找平。吊装柱时，先调整柱位及垂直度，用钢楔固定，并在空隙中填充 C20 细石混凝土。基础杯口底板厚度一般应≥200mm。基础顶面的标高，一般应距室内地坪下 500mm，在伸缩缝处设置双柱独立基础时，可做成双杯口的独立基础。

当场地起伏不平，局部地质较差，或柱基础旁有深的设备基础时，为了使柱子的长度统一，便于制作和吊装，可将局部基础做成高杯形基础（图 19-22）。

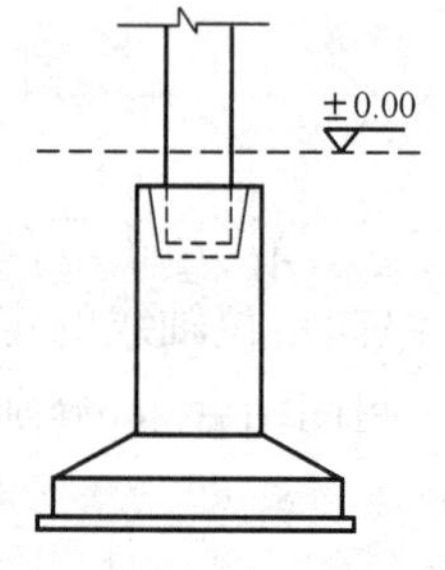

图 19-22 高杯口基础

杯形基础除应满足上述要求外，柱插入杯口深度、基础底面尺寸以及配筋量均须经过结构计算来确定。

（二）基础梁

采用装配式钢筋混凝土排架结构的厂房时，墙体仅起围护和分隔作用，通常不再做基础，而将墙砌在基础梁上，基础梁两端搁置在杯形基础的杯口上，见图 19-23（a）。墙体的重量通过基础梁传到基础上。用基础梁代替一般条形基础，既经济又施工方便，还可防止墙、柱基础产生不均匀沉降导致墙身开裂。

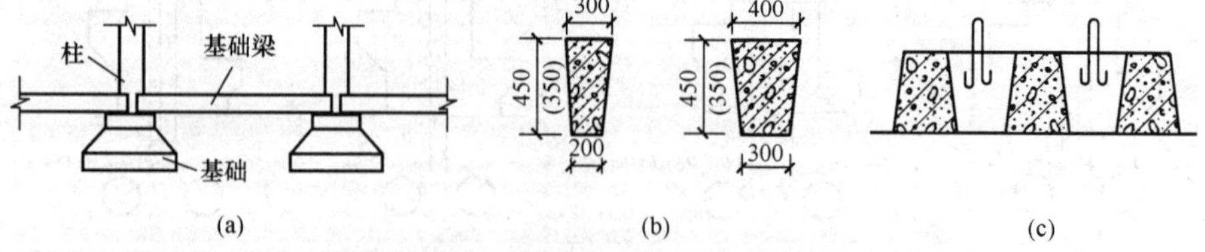

图 19-23 基础梁的位置及截面尺寸

基础梁的断面形状常用倒梯形，有预应力和非预应力钢筋混凝土两种。梯形基础梁的预制较为方便，可利用已制成的梁作为模板，如图 19 - 23（b）、（c）所示。

为了避免影响开门及满足防潮要求，基础梁顶面标高至少应低于室内地坪标高 50mm，比室外地坪标高至少高 100mm。基础梁底回填土时一般不需要夯实，并留有不少于 50～150mm 的空隙，以利于基础梁与柱基础同步沉降。寒冷地区要铺设较厚的干砂或炉渣，以防地基土壤冻胀将基础梁及墙体顶裂（图 19 - 24）。

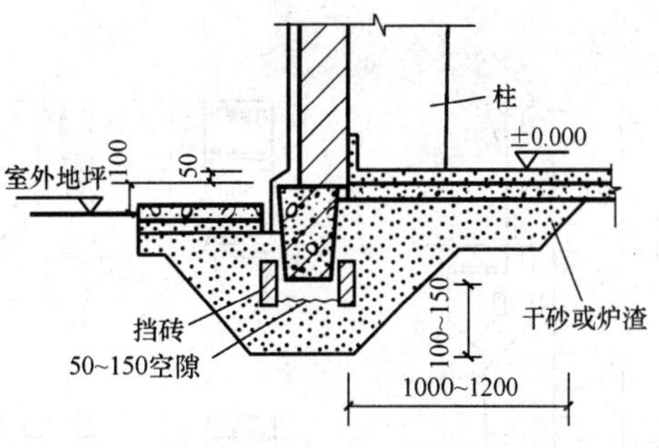

图 19 - 24　基础梁搁置的构造要求及防冻措施

基础梁搁置在杯形基础顶的方式，视基础埋置深度而定（图 19 - 25），当基础杯口顶面距室内地坪为 500mm 时，基础梁可直接搁置在杯口上；当基础杯口顶面距室内地坪大于 500mm 时，可设置 C15 混凝土垫块搁置在杯口顶面，垫块的宽度当墙厚 370mm 时为 400mm，当墙厚 240mm 时为 300mm；当基础埋深较大时，基础梁可搁置于高杯口基础的顶面或柱牛腿上。

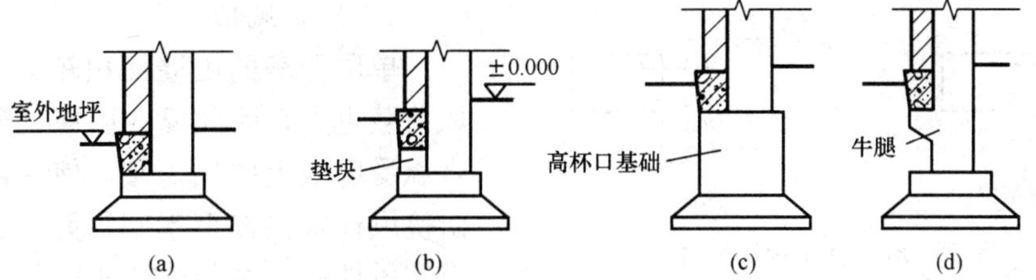

图 19 - 25　基础梁的搁置方式

（a）放在柱基础顶面；（b）放在混凝土垫块上；（c）放在高杯口基础上；（d）放在柱牛腿上

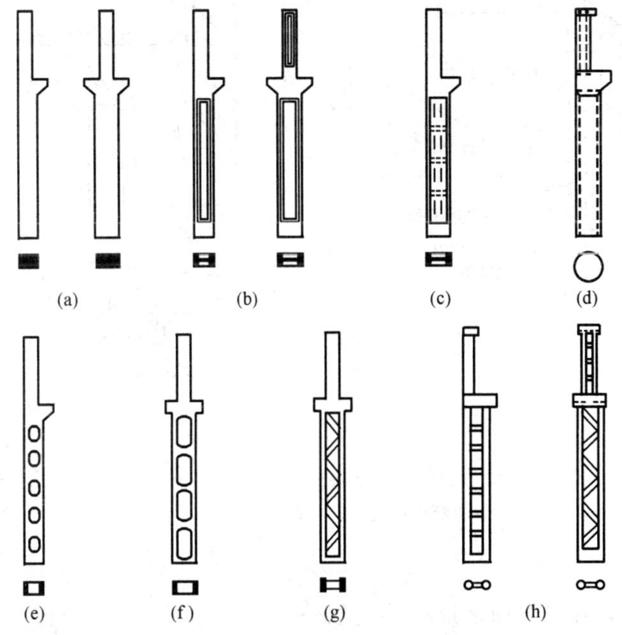

图 19 - 26　常用的几种钢筋混凝土柱

（a）矩形柱；（b）工字形柱；（c）预制空腹板工字形柱；（d）单肢管柱；（e）双肢柱；（f）平腹杆双肢柱；（g）斜腹杆双肢柱；（h）双肢管柱

二、柱

（一）承重柱

在装配式钢筋混凝土排架结构的单层厂房中，柱子主要有承重柱（即排架柱）和抗风柱两类。其中承重柱主要承受屋盖、吊车梁及部分外墙等传来的垂直荷载，以及风荷载和吊车制动力等水平荷载，有时还承受管道设备等荷载，因此承重柱是厂房的主要受力构件之一，应具有足够的抗压和抗弯能力，并通过结构计算来合理确定截面尺寸和形式。

一般工业厂房多采用钢筋混凝土柱。跨度、高度和吊车起重量都比较大的大型厂房可以采用钢柱。

单层工业厂房钢筋混凝土柱，基本上可分为单肢柱和双肢柱两大类（图 19 - 26）。单肢柱截面形式有矩形、工字形及单管圆形。双肢柱截面形式是由两肢矩形柱或两肢圆形管柱，用腹杆（平腹杆或斜腹杆）连接而成。

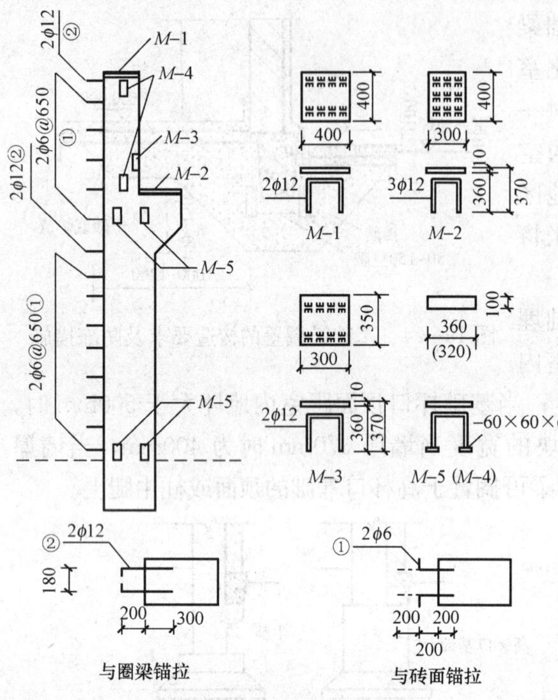

图 19-27　柱子预埋铁件

钢筋混凝土柱除了按结构计算需要配置一定数量的钢筋外，还要根据柱的位置以及柱与其他构件连接的需要，在柱上预先埋设铁件（即柱的预埋件）（图 19-27）。在进行柱子设计和施工时，必须将预埋件准确无误地设置在柱上，不能遗漏。

M-1 与屋架焊接；

M-2、M-3 与吊车梁焊接；

M-4 与上柱支撑焊接；

M-5 与下柱支撑焊接；

2φ6 预埋钢筋与砖墙锚拉；

2φ12 预埋钢筋与圈梁锚拉。

（二）抗风柱

单层厂房的山墙面积较大，所受到的风荷载也大，因此要在山墙处设置抗风柱来承受墙面上的风荷载，使一部分风荷载由抗风柱直接传至基础，另一部分风荷载由抗风柱的上端（与屋架上弦连接），通过屋盖系统传到厂房纵向柱列上去。根据以上要求，抗风柱与屋架之间一般采用竖向可以移动、水平方向又具有一定刚度的“Z”弹簧板连接，屋架与抗风柱间应留有不少于 150mm 的间隙，见图 19-28（a）。若厂房沉降较大时，则宜采用螺栓连接，见图 19-28（b）。一般情况下抗风柱须与屋架上弦连接；当屋架设有下弦横向水平支撑时，抗风柱可与屋架下弦相连接，作为抗风柱的另一支点。

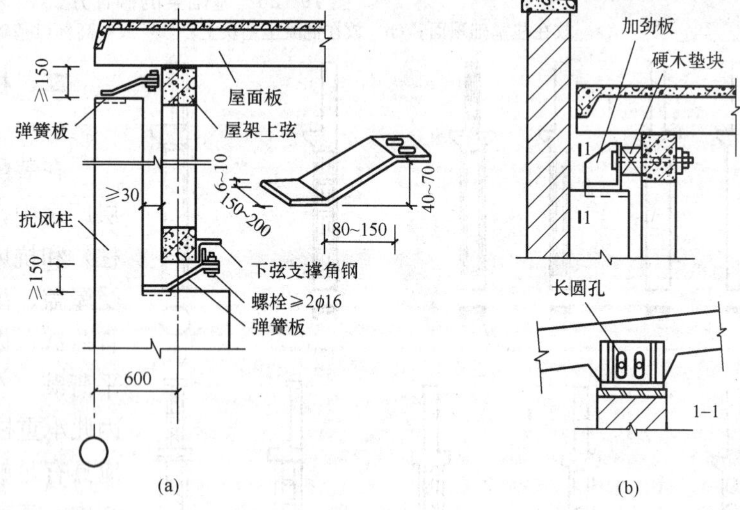

图 19-28　抗风柱与屋架的连接构造

（a）“Z” 形弹簧板连接；（b）螺栓连接

三、屋盖结构构件

厂房屋盖起围护与承重作用。它包括覆盖构件和承重构件两部分。

单层厂房屋盖结构形式大致可分为无檩体系和有檩体系两类（图 19-29）。无檩体系是将大型屋面板直接焊接在屋架或屋面梁上，其整体性好，刚度大，是目前单层厂房比较广泛采用的一种体系。有檩体系是将各种小型屋面板搁置在檩条上，檩条支撑在屋架或屋面梁上。有檩体系屋盖的整体性和刚度较差，适用于中、小型厂房。

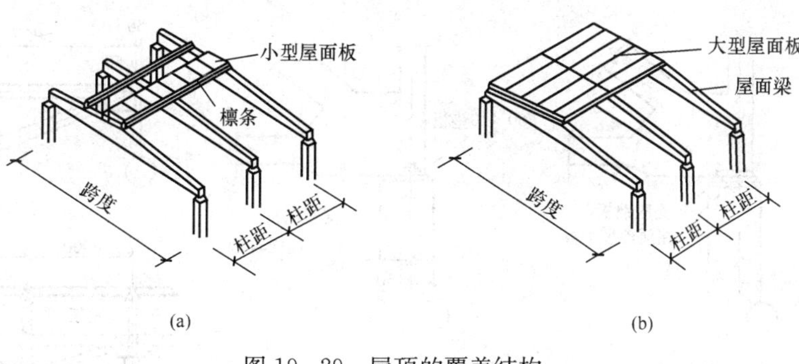

图 19-29 屋顶的覆盖结构
(a) 有檩体系；(b) 无檩体系

(一) 屋盖承重构件

屋架（或屋面梁）一般采用钢筋混凝土或型钢制作，直接承受屋面、天窗荷载及安装在其上的顶棚、悬挂吊车、各种管道和工艺设备的重量，并传给支承它的柱子（或纵墙），屋架（或屋面梁）与柱、基础构成横向排架。

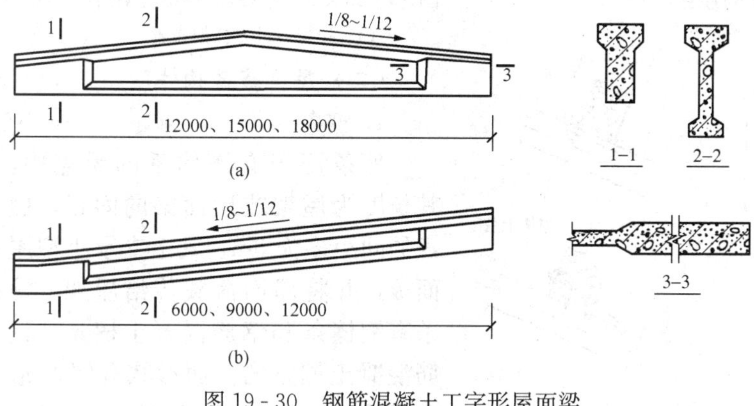

图 19-30 钢筋混凝土工字形屋面梁
(a) 双坡屋面梁；(b) 单坡屋面梁

1. 屋面梁

屋面梁截面有 T 形和工字形两种，外形有单坡和双坡之分，单坡一般用于厂房的边跨（图 19-30)。屋面梁的特点是形式简单，制作和安装较方便，梁高小，重心低，稳定性好，但自重大，适用于厂房跨度不大，有较大振动荷载或有腐蚀性介质的厂房。

2. 屋架

屋架按材料分为钢屋架和钢筋混凝土屋架两种，除跨度很大的重型车间和高温车间采用钢屋架外，一般多采用钢筋混凝土屋架。钢筋混凝土屋架的构造形式很多，常用的有三角形屋架、梯形屋架、拱形屋架、折线形屋架等（图 19-31)。

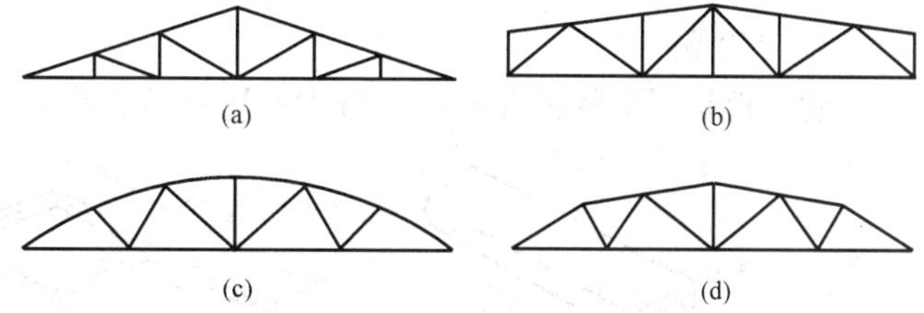

图 19-31 钢筋混凝土屋架的外形
(a) 三角形屋架；(b) 梯形屋架；(c) 拱形屋架；(d) 折线型屋架

屋架与柱子的连接方法有焊接和螺栓连接两种，焊接连接是在屋架下弦端部预埋钢板，与柱顶的预埋钢板焊接在一起，见图 19-32 (a)。螺栓连接是在柱顶伸出预埋螺栓，在屋架下弦端部焊上带有缺口的支承钢板，就位后用螺栓固定，见图 19-32 (b)。

3. 屋架托架

当厂房全部或局部柱距为 12m 或 12m 以上，屋架间距仍保持 6m 时，需在 12m 柱距间设置托架（图 19-33）来支撑中间屋架，通过托架将屋架上的荷载传递给柱子。吊车梁也相应采用 12m 长。托架有预应力混凝土和钢托架两种。

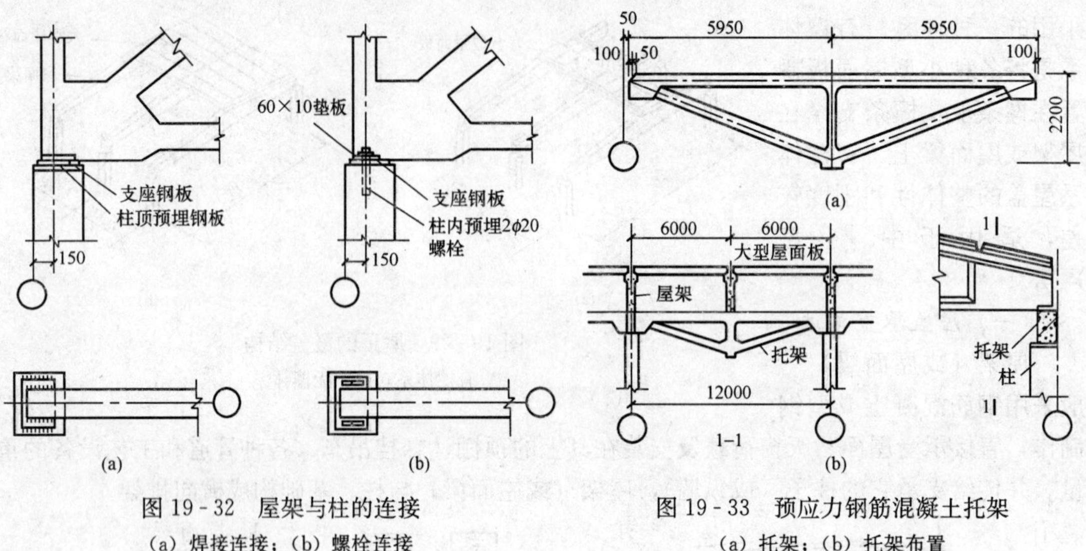

图 19-32 屋架与柱的连接

（a）焊接连接；（b）螺栓连接

图 19-33 预应力钢筋混凝土托架

（a）托架；（b）托架布置

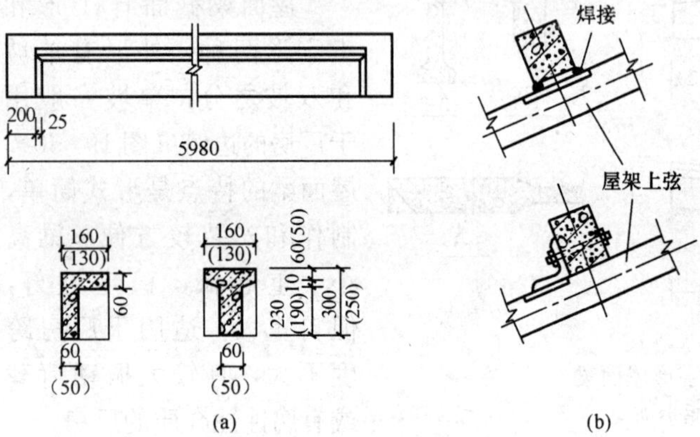

（二）屋盖覆盖构件

1. 檩条

檩条用于有檩体系的屋盖中，其长度为屋架或屋面梁的间距，檩条的间距多为 3m，其上支承小型屋面板，并将屋面荷载传给屋架。檩条有钢檩条和钢筋混凝土檩条。钢筋混凝土檩条的截面形状有倒 L 形和 T 形，两端底部埋有铁件，以备与屋架或屋面梁顶部铁件连接（图 19-34）。两檩条在屋架上弦的对头空隙应用水泥砂浆填实。

图 19-34 檩条及其连接构造

（a）檩条的截面形式；（b）檩条与屋架的连接

2. 屋面板

屋面板是屋面的覆盖构件，分大型屋面板和小型屋面板两种（图 19-35）。

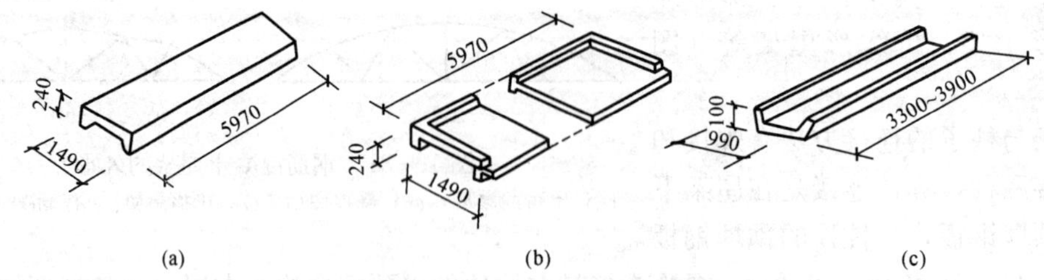

图 19-35 屋面板的类型举例

（a）大型屋面板；（b）“F”型屋面板；（c）钢筋混凝土槽板

在无檩体系中，用的最多的就是预应力钢筋混凝土大型屋面板。这种屋面板的长度即为柱距 6m，宽度 1.5m，与屋架或屋面梁的跨度相适应。大型屋面板与屋架采用焊接连接，即将每块屋面板纵向主肋底部的预埋件与屋架上弦相应预埋件相互焊接，焊接连接点不宜少于三点，板间缝隙用不低于 C15 的细石混凝土填实（图 19 - 36）。天沟板与屋架的焊接点不少于 4 点。

小型屋面板（如槽瓦）与檩条通过钢筋钩或插铁固定，这就需在槽瓦端部预埋挂环或预留插销孔（图 19 - 37）。

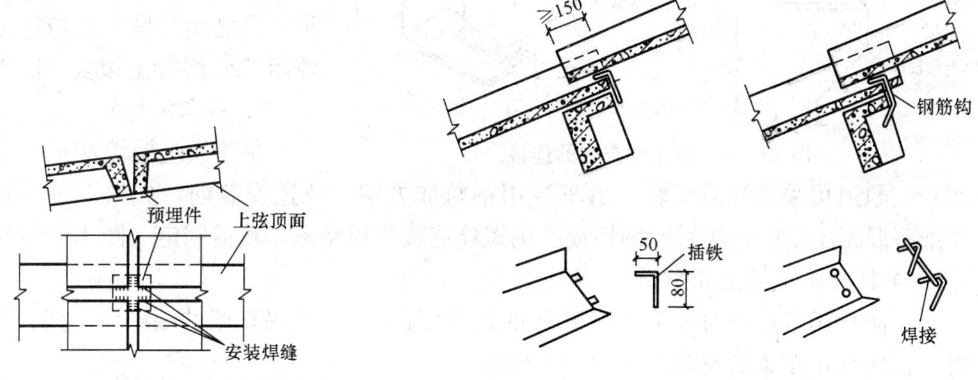

图 19 - 36　大型屋面板与屋架焊接

图 19 - 37　槽瓦的搭接和固定

四、吊车梁、连系梁及圈梁

（一）吊车梁

吊车梁设在有梁式吊车或桥式吊车的厂房中，承受吊车工作时各个方向的动力荷载（即起吊荷载、横向与纵向刹车时的冲击力），同时起到加强厂房纵向刚度和稳定性的作用。

1. 吊车梁的类型

吊车梁一般用钢筋混凝土制成，有普通钢筋混凝土和预应力钢筋混凝土两种，按其外形和截面形状分有等截面的 T 形、工字形和变截面的鱼腹式吊车梁等（图 19 - 38）。

2. 吊车梁的预埋件

吊车梁两端上下边缘各埋有铁件，作为与柱子连接用（图 19 - 39）。由于端柱处、伸缩缝处的柱距不同，因此，在预制和安装吊车梁时应注意预埋件的位置。在吊车梁的上翼缘处留有固定轨道用的预留孔。有车挡的吊车梁应预留与车挡连接用的钢管或预埋件。

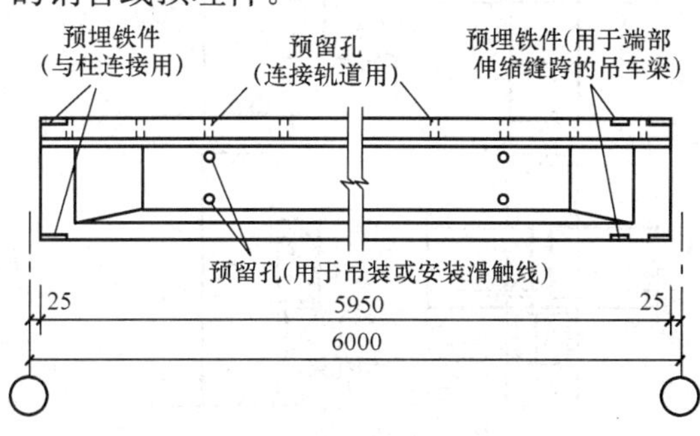

图 19 - 39　吊车梁的预埋件

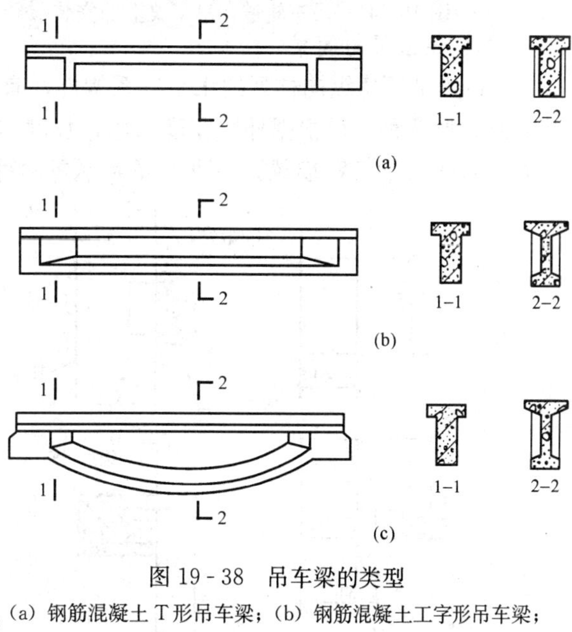

图 19 - 38　吊车梁的类型

（a）钢筋混凝土 T 形吊车梁；（b）钢筋混凝土工字形吊车梁；（c）预应力混凝土鱼腹式吊车梁

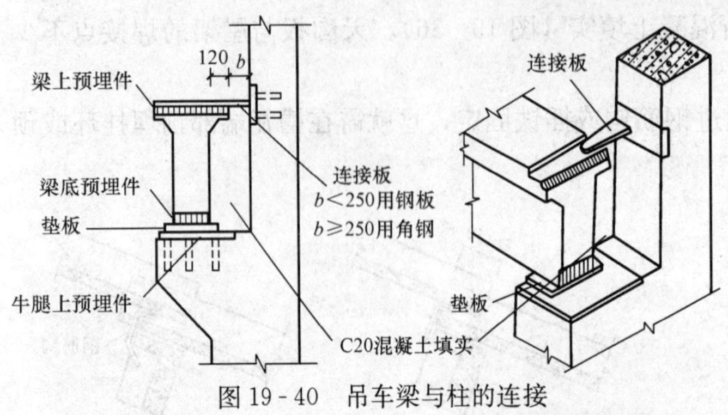

图 19-40 吊车梁与柱的连接

3. 吊车梁与柱的连接

吊车梁与柱的连接多采用焊接连接。上翼缘与柱间用钢板或角钢焊接，底部通过吊车梁底的预埋角钢和柱牛腿面上的预埋钢板焊接，吊车梁之间、吊车梁与柱之间的空隙用 C20 混凝土填实（图 19-40）。

4. 吊车轨道在吊车梁上的安装

吊车轨道铺设在吊车梁上供吊车运行。轨道可采用铁路钢轨、吊车专用钢轨或方钢。轨道安装前，先做 30～50mm 厚的 C20 细石混凝土垫层，然后铺钢垫板，用螺栓连接压板将吊车轨道固定（图 19-41）。

5. 车挡在吊车梁上的安装

为了防止吊车运行时来不及刹车而冲撞到山墙上，需在吊车梁的端部设车挡。车挡一般用螺栓固定在吊车梁的翼缘上（图 19-42）。

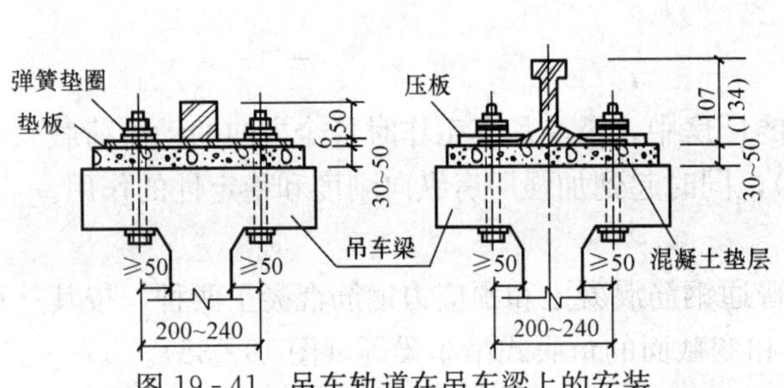

图 19-41 吊车轨道在吊车梁上的安装

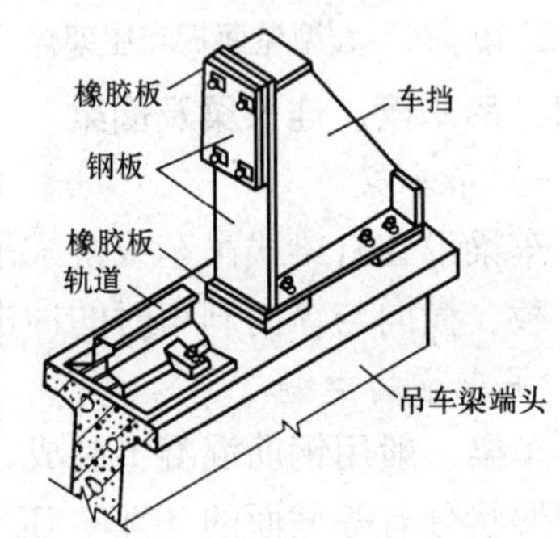

图 19-42 车挡在吊车梁上的安装

（二）连系梁与圈梁

连系梁是厂房纵向柱列的水平连系构件，有设在墙内和不在墙内两种。它的截面形状有矩形和 L 形两种，可根据外墙厚度选用，长度与柱距和抗风柱距相适应（6m 或 4.5m）。设在墙内的连系梁又称墙梁，分非承重和承重两种（图 19-43）。非承重墙梁的主要作用是传

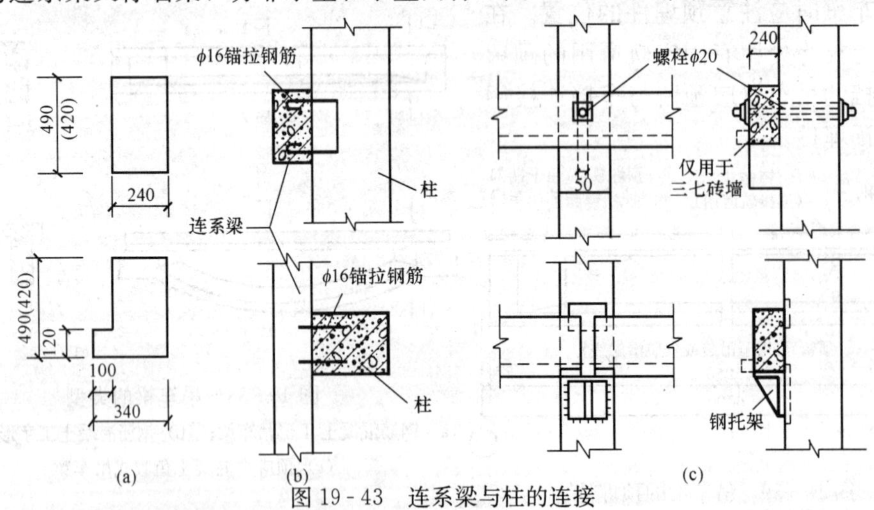

图 19-43 连系梁与柱的连接

(a) 连系梁的截面尺寸；(b) 非承重连系梁与柱的连接；(c) 承重连系梁与柱的连接

递山墙传来的风荷载到纵向柱列，增加厂房的纵向刚度。它将上部墙荷载传给下面墙体，由墙下基础梁承受。非承重墙一般为现浇，它与柱间用钢筋拉接，只传递水平力而不传竖向力。承重墙梁除了起非承重连系梁的作用外，还承受墙体重量并传给柱子，有预制与现浇两种，搁置在柱的牛腿上，用螺栓或焊接的方法与柱连接。

不在墙内的连系梁主要起联系纵向柱列，增加厂房纵向刚度的作用，一般布置在多跨厂房的中列柱中。

圈梁的作用是将围护墙同排架柱、抗风柱等箍在一起，以加强厂房的整体刚度，防止由于地基不均匀沉降或较大的振动荷载对厂房的不利影响。圈梁仅起拉结作用而不承受墙体的重量，其截面宽度与墙体相适应，高度多用240、300、360mm。一般位于柱顶、屋架端头顶部、吊车梁附近。圈梁一般为现浇，也可预制，施工时应与柱侧的预埋筋连为一体（图19-44）。

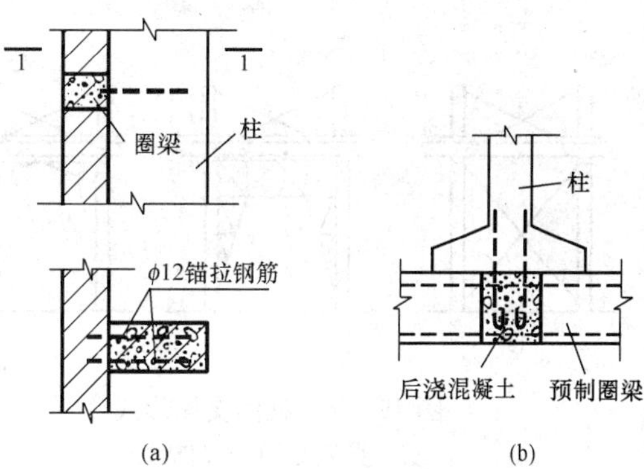

图19-44　圈梁与柱的连接
（a）现浇圈梁；（b）预制圈梁

实际布置时，应与厂房立面结合起来，尽量调整圈梁、连系梁的位置，使其兼起过梁的作用。

五、支撑系统

在装配式单层厂房中大多数构件节点为铰接，整体刚度较差，为保证厂房的整体刚度和稳定性，必须按结构要求，合理布置必要的支撑。支撑构件是连系各主要承重构件以构成厂房空间结构骨架的重要组成部分。支撑系统包括屋盖支撑和柱间支撑。

（一）屋盖支撑

屋盖支撑主要用以保证屋架受到吊车荷载、风荷载等水平力后的稳定，并将水平荷载向纵向传递。屋盖支撑包括三类八种。（图19-45）

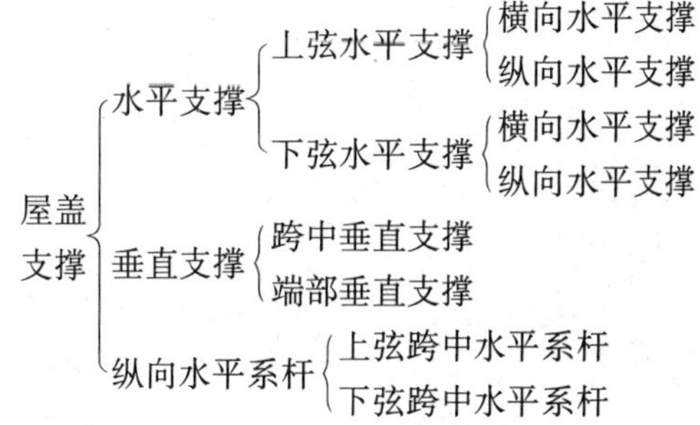

纵向水平支撑和纵向水平系杆沿厂房总长设置，横向水平支撑和垂直支撑一般布置在厂房端部和伸缩缝两侧的第二（或第一）柱间。

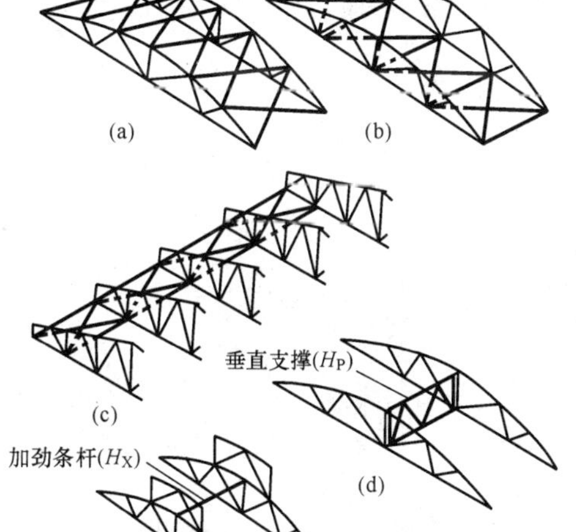

图19-45　屋盖支撑的种类
（a）上弦横向水平支撑；（b）下弦横向水平支撑；
（c）纵向水平支撑；（d）垂直支撑；
（e）纵向水平系杆（加劲杆）

（二）柱间支撑

柱间支撑的作用是将屋盖系统传来的风荷载及吊车制动力传至基础，同时加强柱稳定性。柱间支撑以牛腿为分界线，分上柱支撑和下柱支撑，多用型钢制成交叉形式，也可制成门架式以免影响开设门洞口（图 19-46）。

柱间支撑适宜布置在各温度区段的中央柱间或两端的第二个柱距中。支撑杆的倾角宜在 35°～55°之间，与柱侧的预埋件焊接连接（图 19-47）。

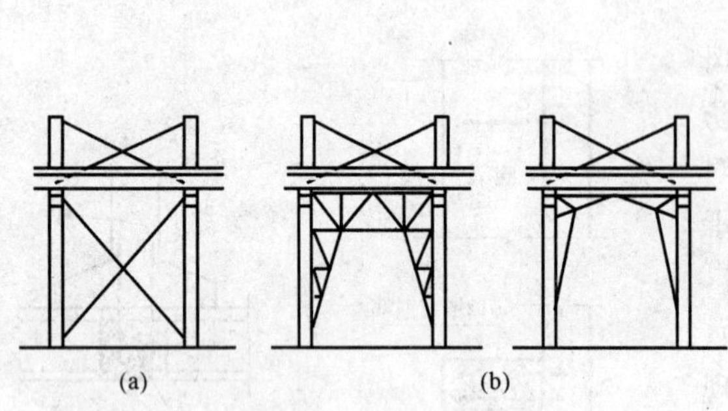

图 19-46 柱间支撑形式

(a) 交叉式；(b) 门架式

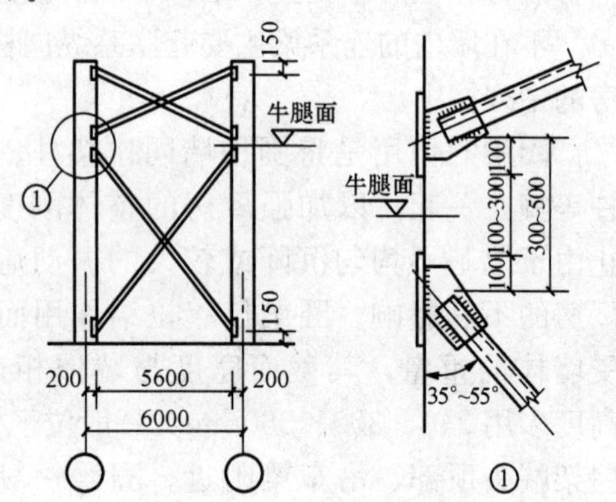

图 19-47 柱间支撑与柱的连接构造

第二十章　单层工业厂房构造

第一节　墙　　体

单层工业厂房的墙体，包括外墙、内墙和隔墙。外墙由于高度与长度都比较大，要承受较大的风荷载，同时还要受到机器设备与运输工具振动的影响，因此墙身的刚度与稳定性应有可靠的保证。

厂房外墙一般只起围护作用，根据外墙所用材料的不同，有砌体墙、板材墙和开敞式外墙等几种类型。

一、砌体墙

砌体墙包括普通砖墙和各种材料、各种规格的砌块墙。普通砖墙的厚度有 240mm 和 370mm 两种，砌块墙的厚度多为 180mm 和 190mm。

（一）墙体的位置

1. 墙体在柱子外侧

外墙包在柱子的外侧，具有构造简单，施工方便，热工性能好的优点，便于基础梁与连系梁等构配件的标准化，用途广泛，见图 20 - 1（a）。

2. 墙体嵌在柱列之间

墙体在柱子中间，具有节省建筑占地面积、加强柱子和墙体的刚度，有利抗震，也可省掉柱间支撑。但砌筑时砍砖多，柱子与墙体间有缝隙，热损失大，柱子因热桥效应不利保温，基础梁与连系梁的长度因柱子宽度的不同而不利标准化。这种做法可用于不需保温的简易厂房和厂房的内墙，见图 20 - 1（b）、（c）。

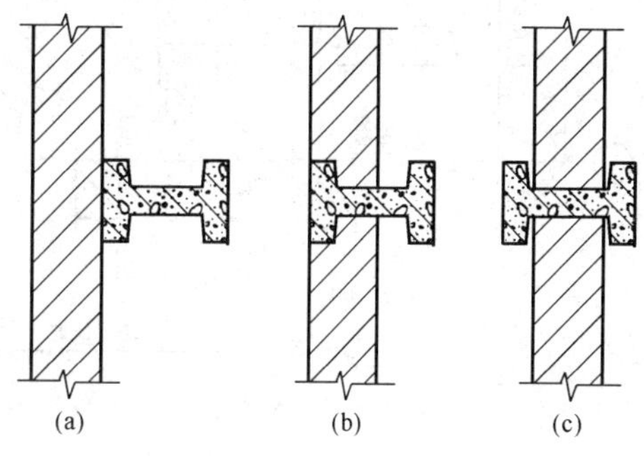

图 20 - 1　墙体与柱的相对位置

（a）墙体在柱外侧；（b）墙体外缘与柱外缘重合；（c）墙体在柱中

（二）墙与柱的连接

为保证墙体的稳定性和提高其整体刚度，墙体应与柱有可靠的连接。常用的做法是在预制柱时，沿柱高每隔 500～600mm 伸出两根 $\phi6$ 钢筋，每根伸出长度不小于 500mm，砌墙时把伸出的钢筋砌在灰缝中。

端柱距外墙内缘的空隙应在砌墙时填实，以利于柱对墙体起骨架作用，见图 20 - 2。

（三）墙与屋架的连接

屋架的上弦、下弦或屋面梁可采用预埋钢筋拉接墙体；若在屋架的腹杆上预埋钢筋不方便时，可在腹杆预埋钢板，再焊接钢筋与墙体拉接，见图 20 - 3。

（四）墙与屋面板的连接

当外墙伸出屋面形成女儿墙时，为保证女儿墙的稳定性，墙和屋面板之间应采取拉结措施。纵向女儿墙，需在屋面板横向缝内放置一根 $\phi12$ 钢筋（长度为板宽度加上纵墙厚度一半和两头弯钩），在屋面板纵缝内及纵向外墙中各放置一根 $\phi12$（长度为 1000mm）钢筋相连接，形成工字形的钢筋，然后在缝内用 C20 细石混凝土捣实，见图 20 - 4（a）；山墙处应在山墙上部沿屋面设置 2 根 $\phi8$ 钢筋于墙中，并在屋面板的板缝中嵌入一根 $\phi12$（长度为 1000mm）钢筋与山墙中钢筋拉结，见图 20-4（b）。

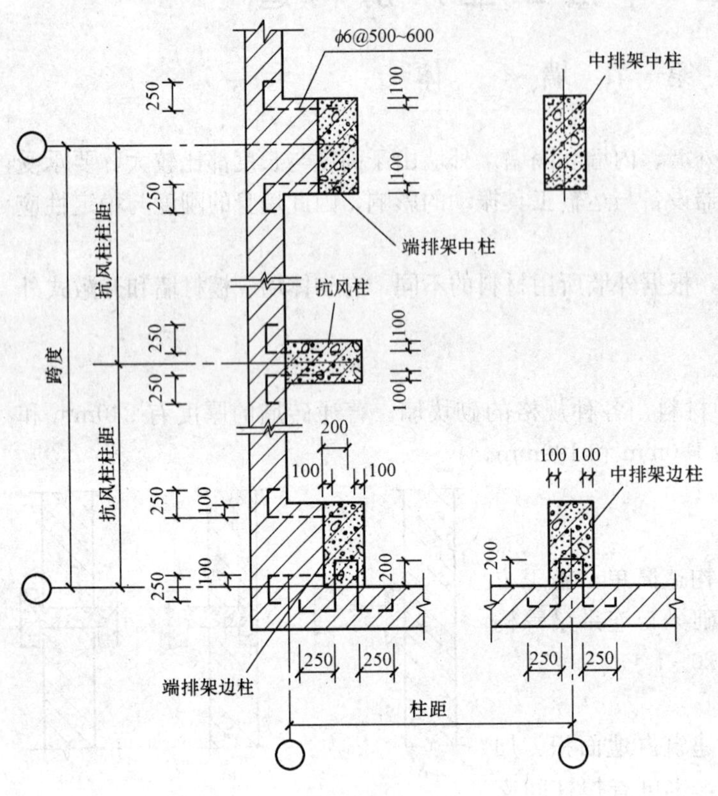

图 20-2 墙与柱的连接构造

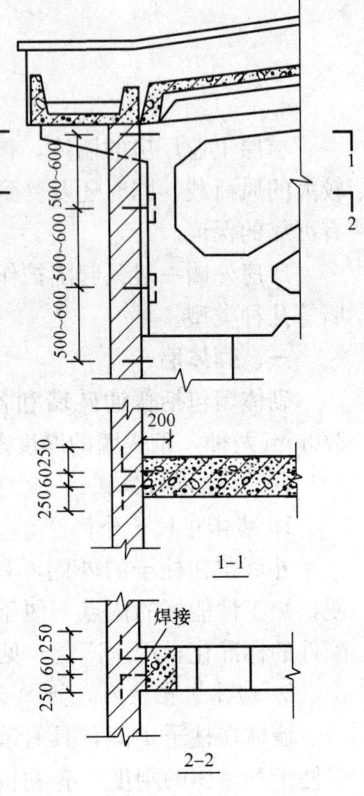

图 20-3 墙与屋架的连接

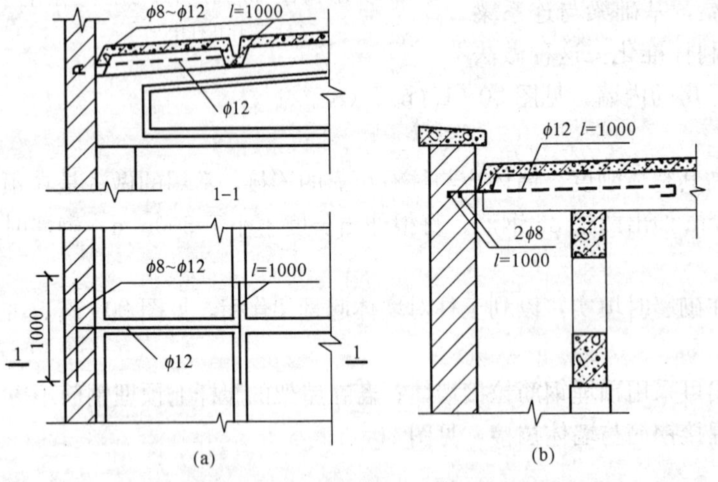

图 20-4 外墙与屋面板的连接

（a）纵向女儿墙与屋面板的连接；（b）山墙与屋面板的连接

二、板材墙

板材墙是采用工厂生产的大型墙板，现场装配而成。与砌体墙相比，能充分利用工业废料和地方材料，简化、净化施工现场，加快施工速度，促进建筑工业化。

（一）墙板的规格和类型

一般墙板的长和宽应符合扩大模数 3M 数列，板长有 4500、6000、7500、12000mm 等，板宽有 900、1200、1500、1800mm 等。板厚以 20mm 为模数进级，常用厚度为 160～240mm。

墙板的分类方法很多，按照墙板在墙面位置的不同，可分为：檐口板、窗上板、窗下板、窗框板、一般板、山尖板、勒脚板、女儿墙板等。按照墙板的构造和组成材料的不同，分为单一材料的墙板（如：钢筋混凝土槽形板，空心板，配筋轻混凝土墙板）和复合墙板（如各种夹心墙板）。

（二）墙板的位置

墙板的布置方式有横向布置、竖向布置和混合布置三种（图 20-5），其中以横向布置应用最多，其特点是以柱距为板长，板型少，可省去窗过梁和连系梁，便于布置窗框板或带形窗，连接简单，构造可靠，有利于增强厂房的纵向刚度。

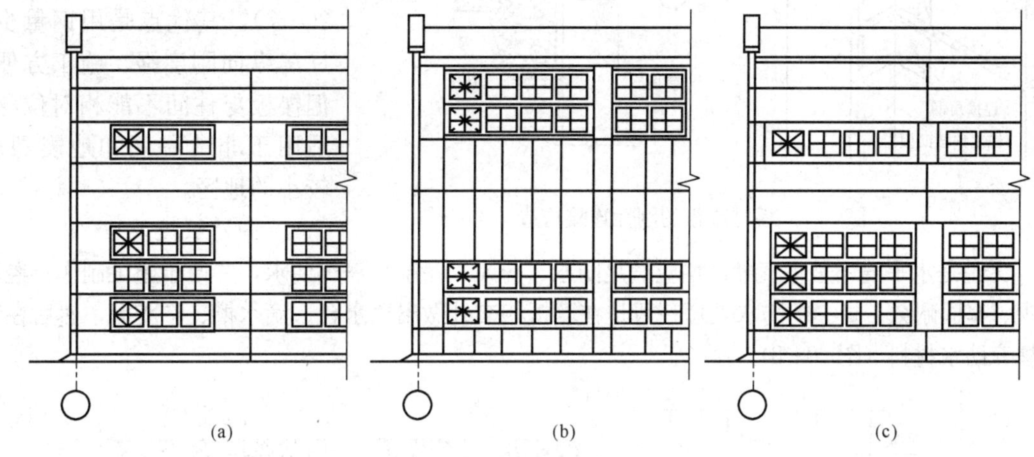

图 20-5　板材墙板的布置

(a) 横向布置；(b) 竖向布置；(c) 混合布置

（三）墙板与柱的连接

墙板与柱的连接分为柔性连接和刚性连接。

1. 柔性连接

柔性连接包括螺栓连接和压条连接等做法。螺栓连接是在水平方向用螺栓、挂钩等辅助件拉结固定，在垂直方向每 3～4 块板在柱上焊一个钢支托支承，见图 20-6（a）。压条连接是在柱上预埋或焊接螺栓，然后用压条和螺母将两块墙板压紧固定在柱上，见图 20-6（b）。

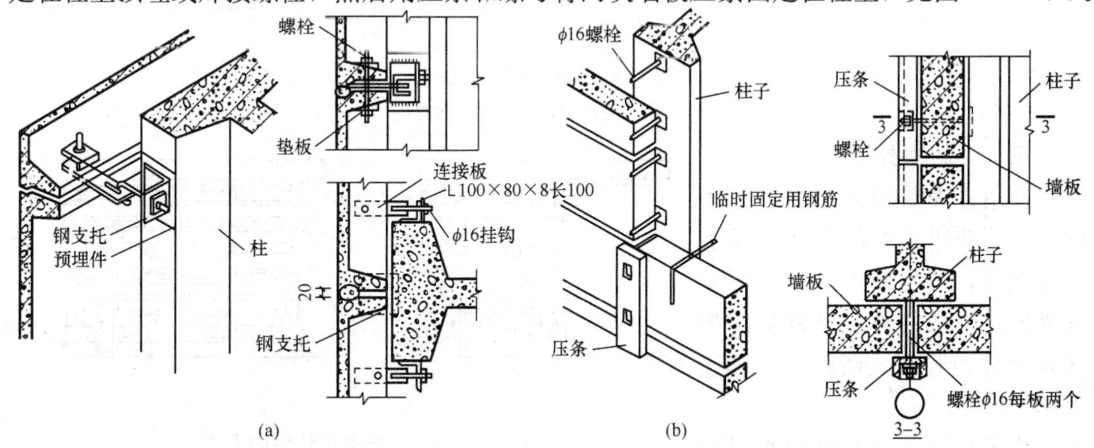

图 20-6　板材墙板的柔性连接构造

(a) 螺栓连接；(b) 压条连接

柔性连接可使墙与柱在一定范围内相对位移，能够较好地适应变形，适用于地基沉降较大或有较大振动影响的厂房。

2. 刚性连接

刚性连接是在柱子和墙板上先分别设置预埋件，安装时用角钢或 $\phi16$ 的钢筋段把它们焊接在一起（图 20-7）。其优点是用钢量少、厂房纵向刚度强、施工方便，但楼板与柱间不能相对位移，适用于非地震区和地震烈度较小的地区。

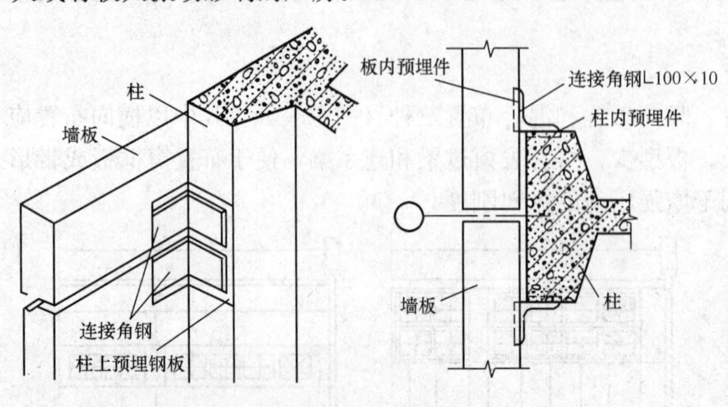

图 20-7　板材墙板的刚性连接构造

（四）板缝处理

无论是水平缝还是垂直缝，均应满足防水、防风、保温、隔热要求，并便于施工制作、经济美观、坚固耐久。板缝的防水处理一般是在墙板相交处做出挡水台、滴水槽、空腔等，然后在缝中填充防水材料（图 20-8）。

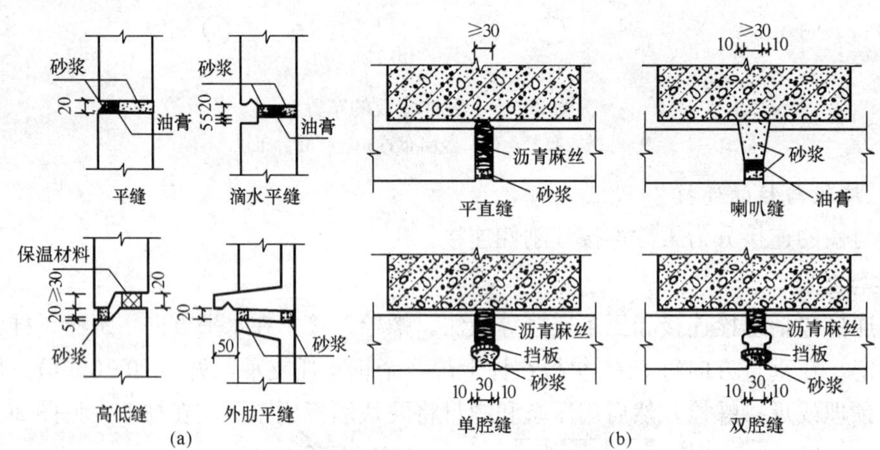

图 20-8　板材墙的板缝构造

（a）水平缝构造；（b）垂直缝构造

三、开敞式外墙

在南方炎热地区和热加工车间，为了获得良好的自然通风和散热效果，厂房外墙可做成开敞式外墙。开敞式外墙最常见的形式是上部为开敞式墙面，下部设矮墙（图 20-9）。

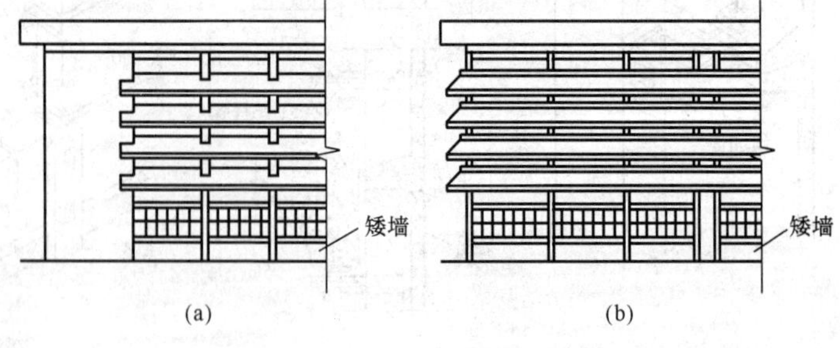

图 20-9　开敞式外墙的形式

（a）单面开敞式外墙；（b）四面开敞式外墙

为了防止太阳光和雨水通过开敞口进入厂房，一般要在开敞口处设置挡雨遮阳板。挡雨遮阳板每排之间距离，与当地的飘雨角度、日照以及通风等因素有关，设计时应结合车间对防雨的要求来确定，一般飘雨角度可按45°设计，风雨较大地区可酌情减少角度。挡雨板有两种做法，一种是用支架支承石棉水泥瓦挡雨板或钢筋混凝土挡雨板，见图20-10（a）、（b）；一种是无支架钢筋混凝土挡雨板，见图20-10（c）。

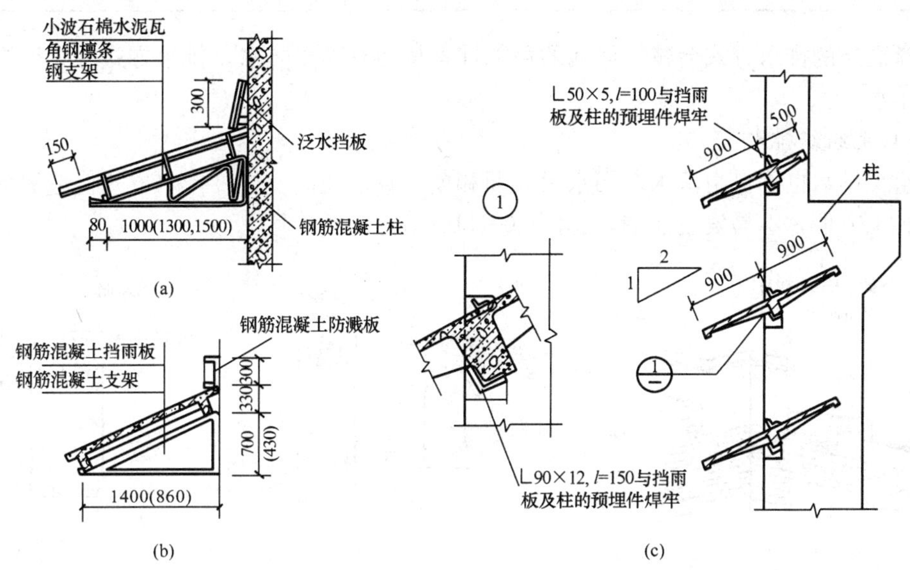

图20-10　开敞式厂房挡雨板

（a）钢支架挡雨板；（b）钢筋混凝土支架挡雨板；（c）无支架挡雨板

第二节　屋　面

一、单层厂房屋面的特点

单层厂房屋面与民用建筑屋面相比，具有以下特点：

（1）屋面面积大；

（2）屋面板多采用装配式，接缝多；

（3）屋面受厂房内部的振动、高温、腐蚀性气体、积灰等因素的影响；

（4）特殊厂房屋面要考虑防爆、泄压、防腐蚀等问题。

这些都给屋面的排水和防水带来困难，因此，单层厂房屋面构造的关键问题是排水和防水。

二、屋面排水

单层工业厂房的屋面集水面积和排水量较大，为了减少雨水在屋面上的停留时间，屋面须有一定的坡度。屋面排水坡度的选择，主要取决于屋面基层的类型，防水构造方式、材料性能、屋架形式以及当地气候条件等因素。一般说来，坡度越陡对排水越有利，但某些卷材（如油毡），在屋面坡度过大时则夏季会因气温过高产生沥青流淌，使卷材下滑。通常，各种屋面的坡度可参考表20-1选择。

表 20-1 屋面坡度选择参考表

防水类型	卷材类型	非卷材防水		
		嵌缝式	F板	石棉瓦等
选择范围	1∶4～1∶50	1∶4～1∶10	1∶3～1∶8	1∶2～1∶5
常用坡度	1∶5～1∶10	1∶5～1∶8	1∶5～1∶8	1∶2.5～1∶4

选择适当的排水方式会减少渗漏的可能性，从而有助于防水。排水方式分无组织排水和有组织排水。

(一) 无组织排水

无组织排水也称自由落水，雨水沿坡面和檐口直落地面。这种排水方式构造简单，造价便宜，施工方便，不易发生泄漏，见图 20-11 (a)。

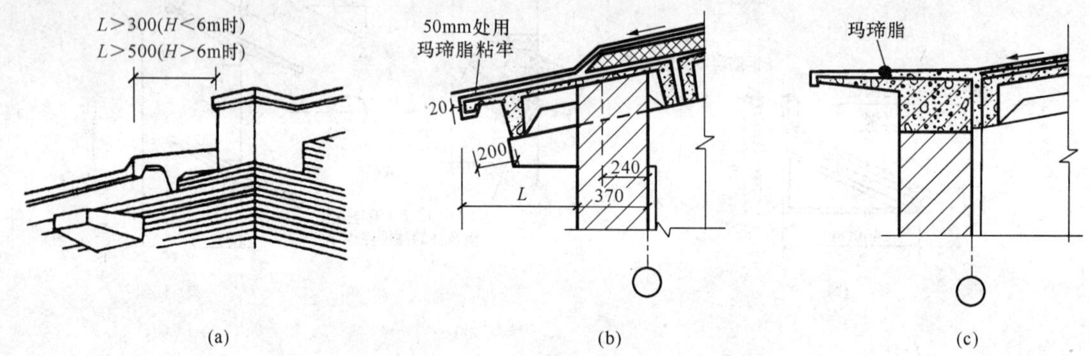

图 20-11 无组织排水
(a) 无组织排水示意；(b) 檐口板挑檐；(c) 圈梁挑出挑檐

无组织排水适用于地区年降雨量不超过 900mm，檐口高度小于 10m，或地区年降雨量超过 900mm，檐口高度小雨 8m 的厂房。对屋面有特殊要求的厂房，如屋面容易积灰的冶炼车间，屋面防水要求很高的铸工车间以及对雨水管具有腐蚀作用的炼铜车间等，宜采用无组织排水。

无组织排水挑檐长度与檐口高度有关，当檐口高度在 6m 以下时，挑檐挑出长度不宜小于 300mm；当檐口高度超过 6m 时，挑檐挑出长度不宜小于 500mm。挑檐可由外伸的檐口板形成，也可利用顶部圈梁挑出挑檐板。见图 20-11 (b)、(c)。

(二) 有组织排水

有组织排水是将屋面雨水有组织地汇集到天沟或檐沟内，再经雨水斗、落水管排到室外或下水道。有组织排水又分外排水和内排水。这种排水方式构造较复杂，造价较高，容易发生堵塞和渗漏，适用于联跨多坡屋面和檐口较高、屋面集水面积较大的大中型厂房。

1. 檐沟外排水

当厂房较高或地区年降雨量较大，不宜作无组织排水时，可把屋面的雨、雪水组织在檐沟内，经雨水口和立管排下。这种方式具有构造简单、施工方便、造价低、且不影响车间内部工艺设备的布置等特点，故在南方地区应用较广。檐沟一般采用钢筋混凝土槽形天沟板，天沟板支承在屋架端部的水平挑梁上。见图 20-12。

2. 长天沟外排水

当厂房内天沟长度不大时，可采用长天沟外排水，即沿厂房纵向设通长天沟汇集雨水，天沟内的雨水由端部的雨水管排至室外地坪。这种排水方式构造简单，施工方便，造价较低。但受地区降雨量、汇水面积、屋面材料、天沟断面和纵向坡度等因素的制约。

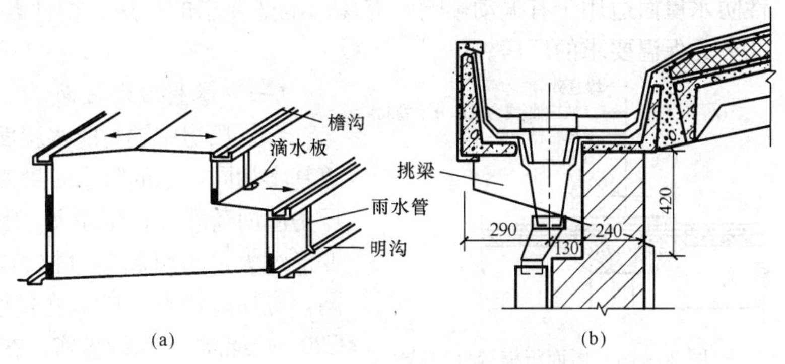

图 20-12　檐沟外排水构造

(a) 檐沟外排水示意；(b) 挑檐沟构造

当采用长天沟外排水时，须在山墙上留出洞口，天沟板伸出山墙，并在天沟板的端壁上方留出溢水口，洞口的上方应设置预制钢筋混凝土过梁（见图 20-13）。

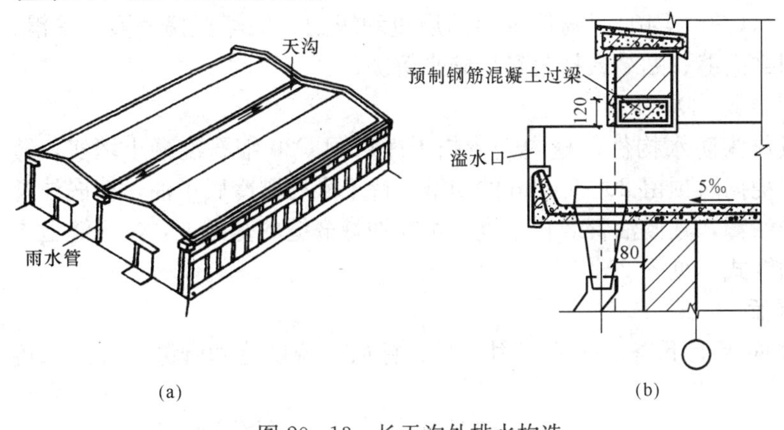

图 20-13　长天沟外排水构造

(a) 长天沟外排水示意；(b) 长天沟构造

3. 内排水

内排水是将屋面雨水由设在厂房内的雨水管及地下雨水管沟排除。其特点是不受厂房高度限制，排水组织灵活，但排水构造复杂，造价及维修费高，且室内雨水管易与地下管道、设备基础、工艺管道等发生矛盾。内排水常用于多跨厂房，特别是严寒多雪地区的采暖厂房和有生产余热的厂房（见图 20-14）。

4. 内落外排水

内落外排水是将屋面雨水先排至室内的水平管，水平管设有 0.5%～1%的坡度，再由室内水平管将雨水导至墙外的排水立管。这种排水方式避免了内排水与地下干管布置的矛盾，也克服了内排水室内雨水管影响工艺设备布置等缺点，但水平管易堵塞，不宜用于屋面有大量积尘的厂房（见图 20-15）。

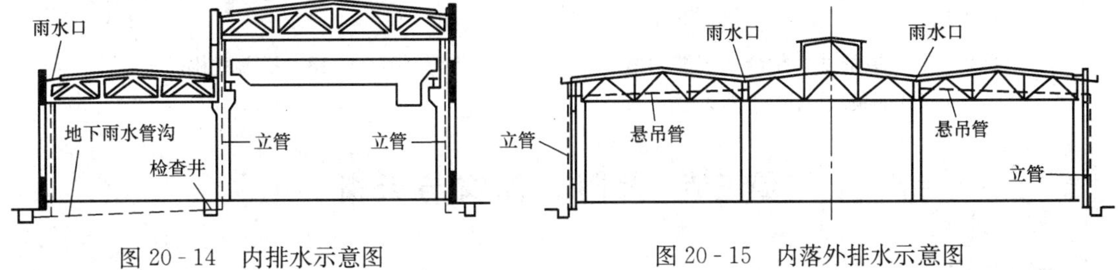

图 20-14　内排水示意图

图 20-15　内落外排水示意图

三、屋面防水

按照屋面防水材料和构造做法，单层厂房的屋面分柔性防水屋面和构件自防水屋面。柔性防水屋面适用于有振动影响和有保温隔热要求的厂房。构件自防水屋面适用于南方地区和北方无保温要求的厂房。

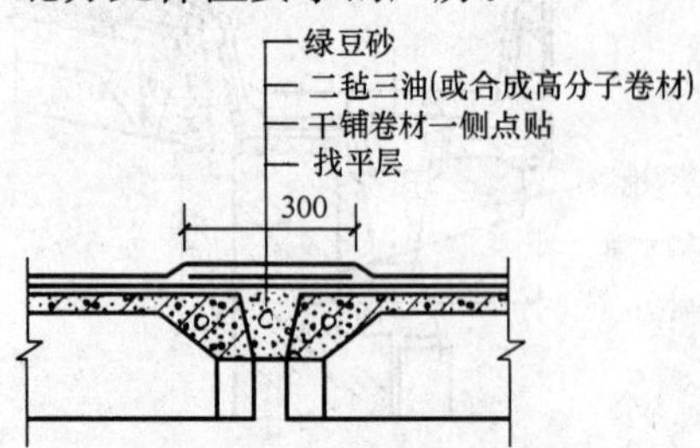

图 20-16 屋面板横缝处构造

(一) 卷材防水屋面

单层厂房中卷材防水屋面的构造原则和做法与民用建筑基本相同，它的防水质量关键在于基层和防水层。由于厂房屋面荷载大，振动大，因此变形可能性大，一旦基层变形过大，易引起卷材拉裂，施工质量不高也会引起渗漏，应加以处理。具体做法为：在屋面板的板缝处，须用C20细石混凝土灌缝填实；在板的横缝处应加铺一层干铺卷材延伸层后，再做屋面防水层（见图 20-16)。

(二) 构件自防水屋面

构件自防水屋面是利用屋面板自身的混凝土密实性和抗渗性来承担屋面的防水作用，应采用较高强度等级的混凝土（C30～C40)。确保骨料的质量和级配，保障振捣密实、平滑、无裂缝。屋面板缝的防水则靠嵌缝、贴缝或搭盖等措施来解决。

1. 嵌缝式、贴缝式构件自防水屋面

利用钢筋混凝土屋面板作为防水构件，缝内先清扫干净后用C20细石混凝土填实，缝的下部在浇捣前应吊木条，浇捣时预留20～30mm的凹槽，待干燥后刷冷底子油，填嵌油膏防水，即为嵌缝式；为保护油膏，减慢油膏老化速度，可在油膏嵌缝的基础上，在板缝上再粘贴一条卷材覆盖层则称贴缝式。见图 20-17。

2. 搭盖式构件自防水屋面

利用钢筋混凝土F形屋面板上下搭盖纵缝，用盖瓦、脊瓦覆盖横缝和脊缝的方式来达到屋面防水，见图 20-18。

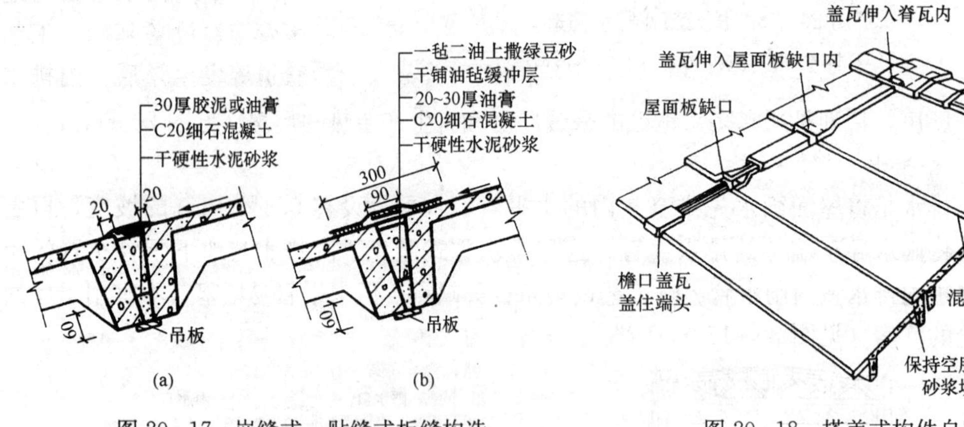

图 20-17 嵌缝式、贴缝式板缝构造
(a) 嵌缝式；(b) 贴缝式

图 20-18 搭盖式构件自防水

第三节 大门、侧窗与天窗

一、大门

(一) 大门洞口尺寸

工业厂房的大门是运输原材料、成品、设备的重要出入口，因而它的洞口尺寸应满足运输车辆、人流通行等要求，为使满载货物的车辆能顺利通过大门，门洞的尺寸应比满载货物车辆的外轮廓加宽600～1000mm，加高400～500mm。同时，门洞的尺寸还应符合《建筑模数协调标准》的规定，以扩大模数3M为进级。我国单层厂房常用的大门洞口尺寸如图20-19所示。

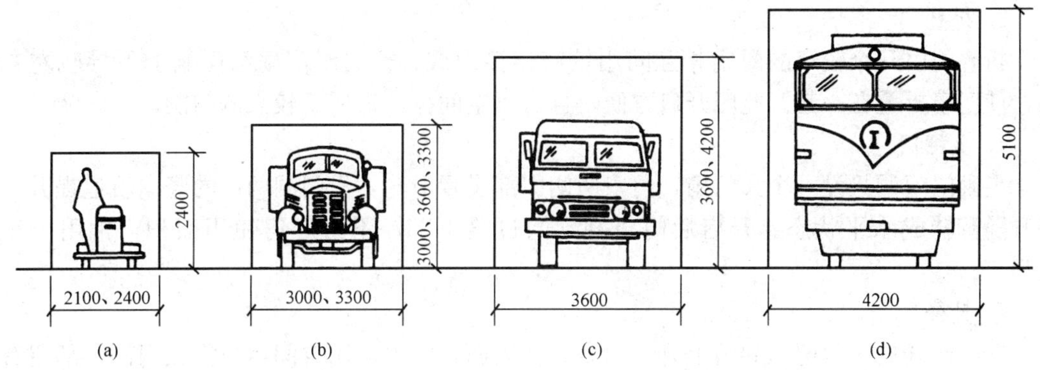

图20-19　常用厂房大门的尺寸

（a）电瓶车；（b）一般载重汽车；（c）重型载重汽车；（d）火车

（二）大门的类型

工业厂房的大门按用途分为一般大门和特殊大门。特殊大门是根据特殊要求设计的，有保温门、防火门、防风砂门、隔声门、冷藏门、烘干室门、射线防护门等。

厂房大门按开启方式分为平开门、推拉门、折叠门、上翻门、升降门、卷帘门等（图20-20）。

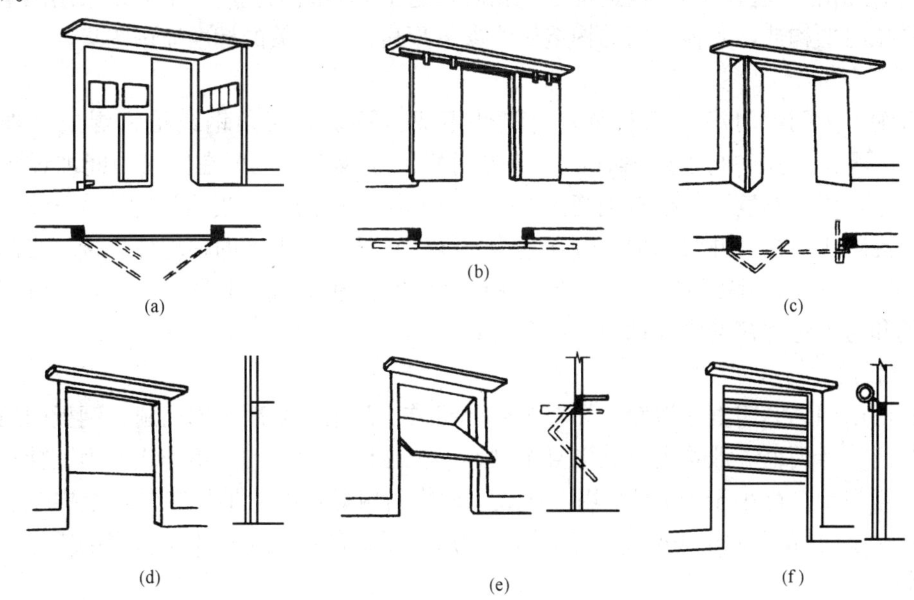

图20-20　厂房大门的开启方式

（a）平开门；（b）推拉门；（c）折叠门；（d）升降门；（e）上翻门；（f）卷帘门

1. 平开门

平开门构造简单，开启方便，是单层厂房常用的大门型式。门扇通常向外开，洞口上部设雨篷，以保护门扇和方便出入。平开门一般采用双扇门，每侧门扇各自用铰链侧挂在门框上。当平开门的门扇尺寸过大时，易产生下垂或扭曲变形，须用斜撑等进行加固。

2. 推拉门

推拉门在门洞的上下部设轨道，门扇通过滑轮沿导轨左右推拉开启。推拉门扇受力合理，不易变形，但密闭性较差，不宜用于密闭要求高的车间。

3. 折叠门

折叠门由几个较窄的门扇相互间用铰链连接而成，开启时门扇沿门洞上下导轨左右滑动，使门扇折叠在一起。此门开启方便，且占用空间少，适用于较大的门洞。

4. 上翻门

上翻门门洞只设一个大门扇，门扇两侧中部设置滑轮，沿门洞两侧的竖向轨道提升，随提升随翻转成水平状态。开启后门扇翻到门过梁下部，不占厂房使用面积，常用于车库大门。

5. 升降门

升降门开启时门扇沿导轨上升，门扇贴在墙面，不占使用空间，只需在门洞上部留有足够的上升高度。升降门可以手动或电动开启，适用于较高大的大型厂房。

6. 卷帘门

卷帘门门扇用冲压而成的金属片连接而成，开启时采用手动或电动开启，将帘板卷在门洞上部的卷筒上。这种门不受高度限制，但制作复杂，造价较高，适用于不经常开启的高大门洞。

(三) 大门的构造

大门的规格、类型不同，构造也各不相同，这里只介绍工业厂房中较多采用的平开钢木大门和推拉门的构造，其他大门的构造做法参见厂房建筑有关的标准通用图集。

1. 平开钢木大门

平开钢木大门由门扇、门框和五金配件组成。门扇采用角钢或槽钢焊成骨架，上贴15～25mm厚木门芯板并用ϕ6螺栓固定。当门扇尺寸较大时，可在门扇中间加设角钢横撑和交叉支撑以增强刚度。门框有钢筋混凝土门框和砖门框两种，当门洞宽度大于3m时，应采用钢筋混凝土门框，并将门框与过梁连为一体，铰链与门框上的预埋件焊接。当门洞宽度小于3m时，一般采用砖门框，砖门框应在铰链位置上镶砌混凝土预制块，其上带有与砌体的拉接筋和与铰链焊接的预埋铁件（图20-21）。

2. 推拉门

推拉门由门扇、门框、滑轮、导轨等部分组成。门扇可采用钢木门扇、钢板门扇和空腹薄壁钢板门等。门框一般均由钢筋混凝土制作。推拉门按门扇的支承方式分为上挂式和下滑式两种。当门扇高度小于4m时采用上挂式，即将门扇通过滑轮吊挂在导轨上推拉开启（图20-22）。当门扇高度大于4m时，多采用下滑式，下部的导轨用来支承门扇的重量，上部导轨用于导向。

二、侧窗

单层厂房侧窗除应满足采光通风要求外，还应满足生产工艺上的特殊要求，如泄压、保温、防尘、隔热等。侧窗需综合考虑上述要求来确定其布置型式和开启方式。

(一) 侧窗的布置型式及窗洞尺寸

单层厂房侧窗的布置型式有两种，一种是被窗间墙隔开的独立窗，一种是沿厂房纵向连

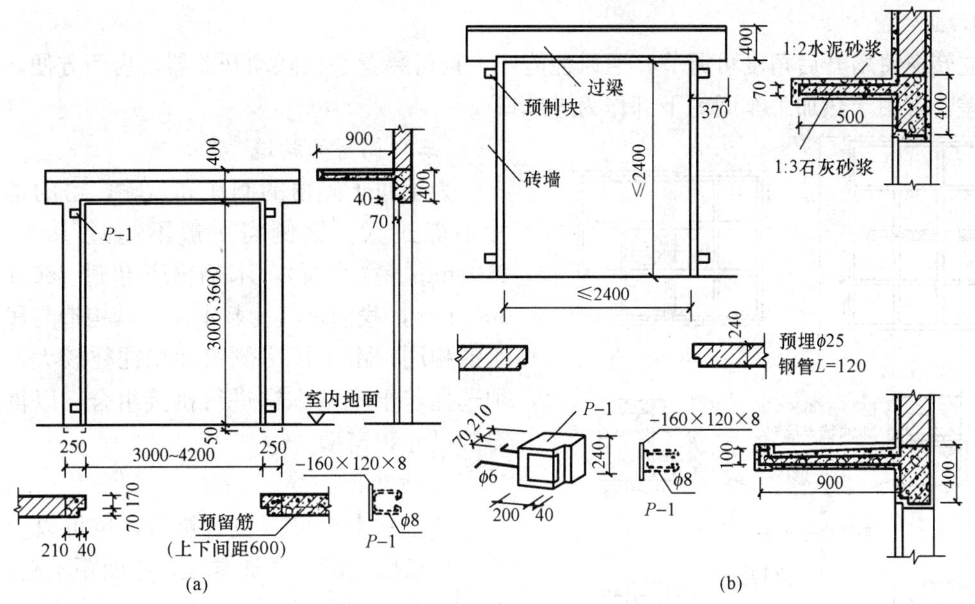

图 20-21　平开钢木大门构造

(a) 钢筋混凝土门框与过梁构造；(b) 砖砌门框与过梁构造

续布置的带形窗。

窗口尺寸应符合建筑模数协调标准的规定。洞口宽度在 900～2400mm 之间时，应以扩大模数 3M 为进级，在 2400～6000mm 之间时，应以扩大模数 6M 为进级。

（二）侧窗的类型

侧窗按开启方式分为中悬窗、平开窗、固定窗、立转窗等。由于厂房的侧窗面积较大，故一般采用强度较大的金属窗，如铝合金窗、钢窗等，少数情况下采用木窗。

1. 中悬窗

中悬窗窗扇沿水平中轴转动，开启角度大，通风良好，有利于泄压，便于采用侧窗开关器进行启闭，但构造复杂，窗扇与窗框之间有缝隙，易漏雨，不利于保温。

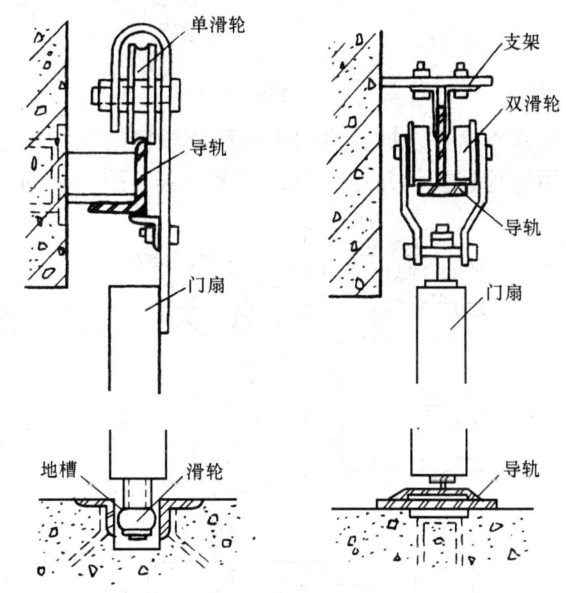

图 20-22　上挂式推拉门

2. 平开窗

平开窗构造简单，通风效果好，但防水能力差，且不便于设置联动开关器，只能用手逐个开关，不宜布置在较高部位，通常布置在外墙的下部。

3. 固定窗

固定窗构造简单，节省材料，造价低。常用在较高外墙的中部，既可采光，又可使热压通风的进、排气口分隔明确，便于更好地组织自然通风。

4. 立转窗

立转窗窗扇开启角度可调节，通风性能好，且可装置手拉联动开关器，启闭方便，但密封性差，常用于热加工车间的下部作为进风口。

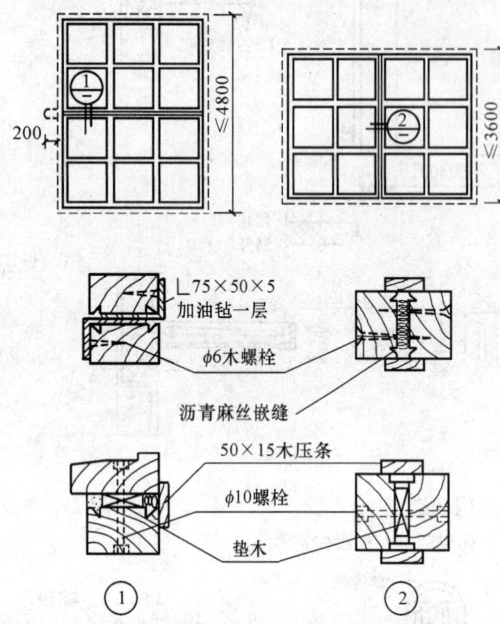

图 20-23 木窗拼框节点

（三）侧窗的构造

为了便于侧窗的制作和运输，窗的基本尺寸不能过大，钢侧窗一般不超过 1800mm×2400mm（宽×高），木侧窗不超过 3600mm×3600mm，我们称其为基本窗，其构造与民用建筑的相同。由于厂房侧窗面积往往较大，就必须选择若干个基本窗进行拼接组合，以得到所需的尺寸和窗型。

1. 木窗的拼接

两个基本窗可以左右拼接，也可以上下拼接。拼接固定的方法通常是，用间距不超过 1m 的 ϕ6 木螺钉或 ϕ10 螺栓将两个窗框连接在一起。窗框间的缝隙用沥青麻丝嵌缝，缝的内外两侧用木压条盖缝。（图 20-23）

2. 钢窗的拼接

钢窗拼接时，需采用拼框构件来连系相邻的基本窗，以加强窗的刚度和调整窗的尺寸。左右拼接时应设竖梃，上下拼接时应设横档，用螺栓连接，并在缝隙处填塞油灰（图 20-24）。

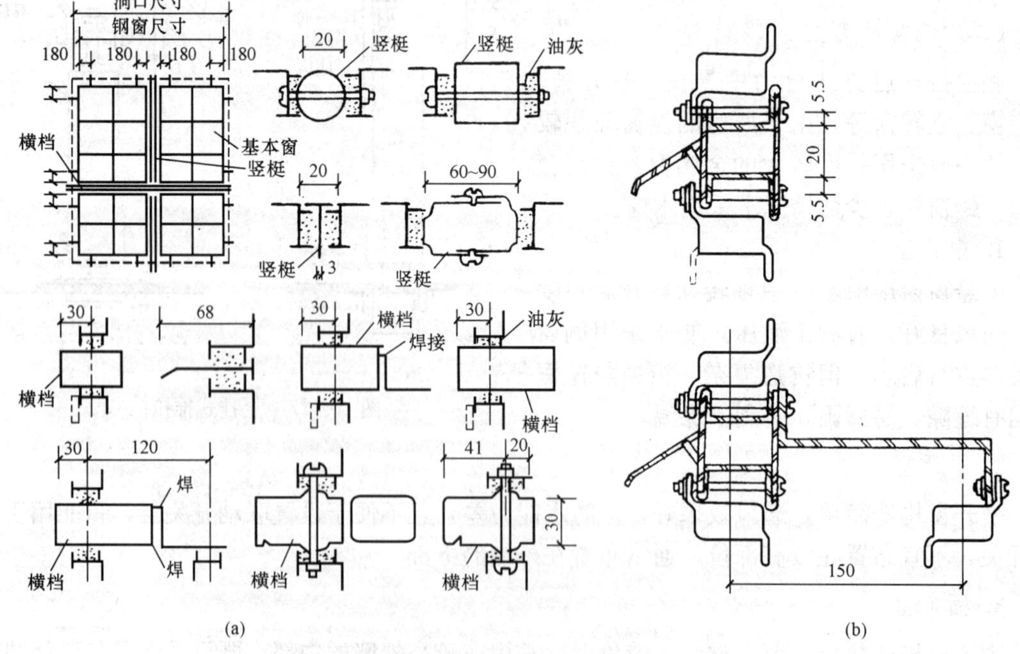

图 20-24 钢窗拼装构造举例

（a）实腹钢窗；（b）空腹钢窗（沪 68 型）

竖梃与横档的两端或与混凝土墙洞上的预埋件焊接牢固，或插入砖墙洞的预留孔洞中，用细石混凝土嵌固。见图 20-25。

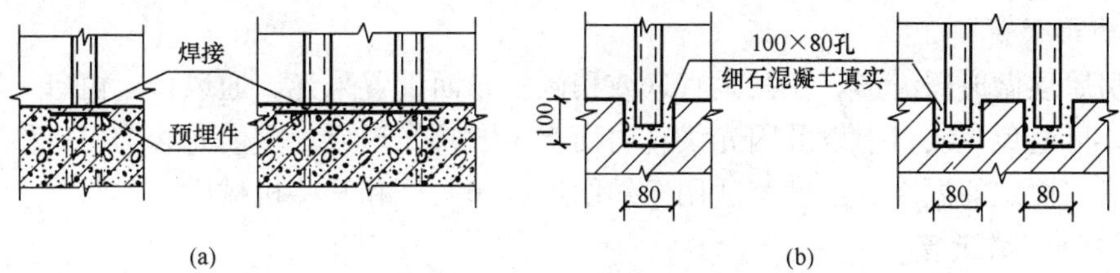

图 20-25　竖梃、横档安装节点

（a）竖梃安装；（b）横档安装

三、天窗

对于多跨厂房和大跨度厂房，为了解决厂房内的天然采光和自然通风问题，除了在侧墙上设置侧窗外，往往还需要在屋顶上设置天窗。

（一）天窗的类型和特点

天窗的类型很多，按构造形式分有矩形天窗、M 形天窗、锯齿形天窗、纵向下沉式天窗、横向下沉式天窗、井式天窗、平天窗等（图 20-26）。

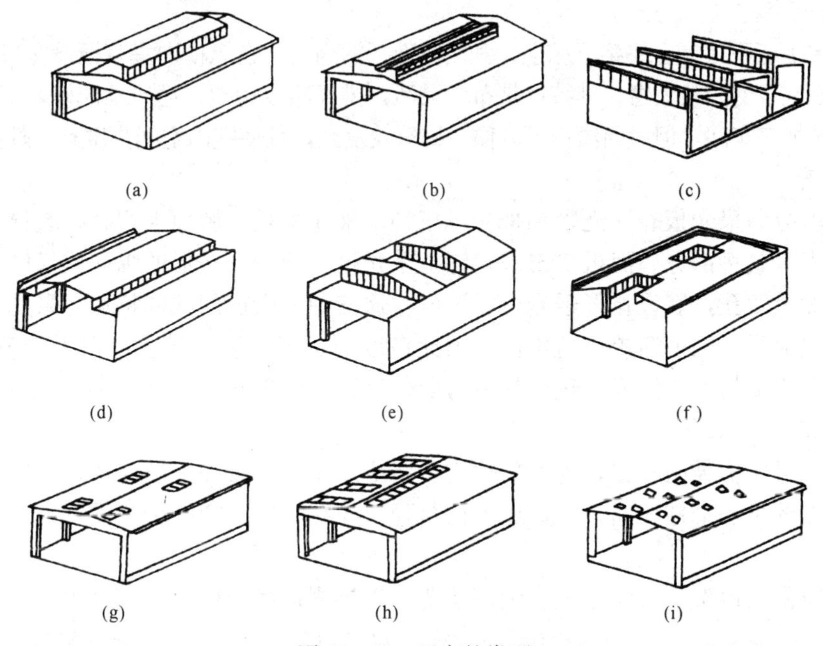

图 20-26　天窗的类型

（a）矩形天窗；（b）M 形天窗；（c）锯齿形天窗；（d）纵向下沉式天窗；（e）横向下沉式天窗；（f）井式天窗；（g）采光板平天窗；（h）采光带平天窗；（i）采光罩平天窗

1. 矩形天窗

矩形天窗一般沿厂房纵向布置，断面呈矩形，两侧的采光面垂直，玻璃不易积灰并易于防雨，采光通风效果好，所以在单层厂房中应用最广。其缺点是构造复杂、自重大、造价较高。

2. M 形天窗

M 形天窗是将矩形天窗屋顶从两边向中间倾斜形成的。倾斜的屋顶有利于通风，且能增强光线反射，所以M形天窗的采光、通风效果比矩形天窗好，缺点是天窗屋顶排水构造复杂。

3. 锯齿形天窗

将厂房屋顶做成锯齿形，在其垂直（或稍倾斜）面设置采光、通风口。窗口一般朝北或接近北向，可避免光线直射以及因光线直射而产生的眩光现象，室内光线均匀、稳定，有利于保证厂房内恒定的温度、湿度，适用于纺织厂、印染厂和某些机械厂。

4. 横向下沉式天窗

将一个柱距或几个柱距内的整跨屋面板上下交替布置在屋架上下弦上，利用屋面板的高度差在横向垂直面设天窗口。这种天窗适用于纵轴为南北向的厂房，天窗采光效果较好，但均匀性差，且窗扇形式受屋架形式限制，规格多，构造复杂，厂房的纵向刚度较差，屋面的清扫、排水不便。

5. 纵向下沉式天窗

将厂房的屋面板沿纵向连续下沉搁置在屋架下弦上，利用屋面板的高度差在纵向垂直面设置天窗口。这种天窗适用于纵轴为东西向的厂房，且多用于热加工车间，厂房纵向刚度较横向下沉式天窗好，但布置于跨中时，其排水较复杂。

6. 井式天窗

将局部屋面板下沉铺在屋架下弦上，利用屋面板的高度差在纵横向垂直面设窗口，形成一个个凹嵌在屋面之下的井状天窗。其特点是布置灵活，排风路径短捷，通风性能好，采光均匀，因此广泛用于热加工车间，但屋面清扫不方便，构造较复杂，且使室内空间高度有所降低。

7. 平天窗

平天窗可分为采光板、采光带和采光罩三种。采光板是在屋面上留孔，装设平板透光材料形成；采光带是将部分屋面板空出来，铺上采光材料做成长条形的纵向或横向采光带；采光罩是在屋面上留孔，装设弧形透光材料形成。这三种平天窗的共同特点是采光均匀，采光效率高，布置灵活，构造简单，造价低，因此在冷加工车间应用较多，但平天窗不易通风，易积灰，阳光直射易产生眩光，透光材料易受外界影响而破碎。

（二）矩形天窗的构造

矩形天窗沿厂房纵向布置，为了简化构造并留出屋面检修和消防通道，在厂房两端和横向变形缝两侧的第一个柱间通常将矩形天窗断开，并在每段天窗的端壁设置上天窗屋面的检修梯。

矩形天窗由天窗架、天窗屋顶、天窗端壁、天窗侧板和天窗扇五部分组成（图20-27）。

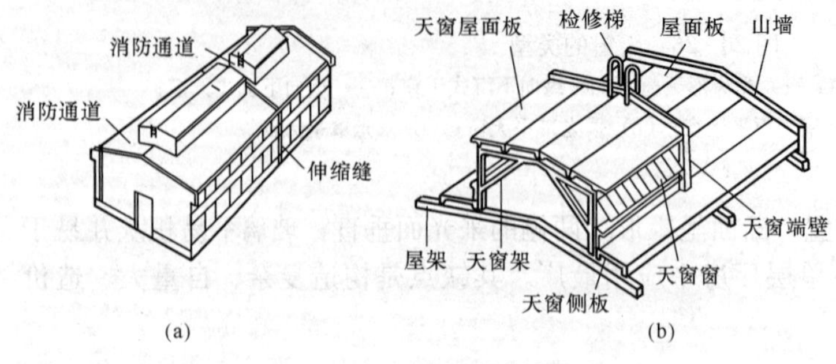

图20-27 矩形天窗布置与组成

(a) 矩形天窗布置与消防通道；(b) 矩形天窗的组成

1. 天窗架

天窗架是天窗的承重构件，支承在屋架或屋面梁上，其高度根据天窗扇的高度确定。天窗架的跨度一般为厂房跨度的1/3~1/2，且应符合扩大模数30M系列，常见的有6、9、12m三种。天窗架有钢筋混凝土天窗架和钢天窗架两种（图 20-28），钢天窗架重量轻，制作吊装方便，多用于钢屋架上，也可用于钢筋混凝土屋架上。钢筋混凝土天窗架则要与钢筋混凝土屋架配合使用。

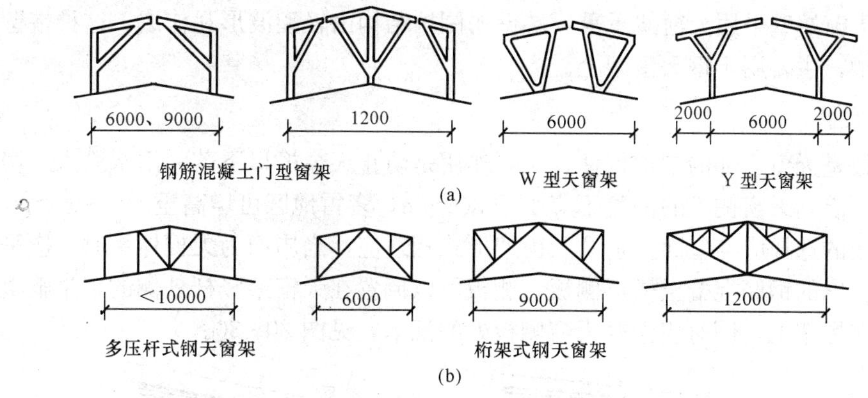

图 20-28　天窗架形式

(a) 钢筋混凝土天窗架；(b) 钢天窗架

为便于天窗架的制作和吊装，钢筋混凝土天窗架一般加工成两榀或三榀，在现场组合安装，各榀之间采用螺栓连接，与屋架采用焊接连接。钢天窗架一般采用桁架式，自重轻，便于制作和安装，其支脚与屋架一般采用焊接连接，适用于较大跨度的厂房。

2. 天窗屋顶

天窗屋顶与厂房屋顶的构造相同，因天窗的集水面积不大，一般可采取无组织排水形式，即在天窗的檐口部分搁置檐口板，挑出长度 300～500mm。但应在天窗檐口的对应屋面范围内铺设混凝土滴水板，以防天窗屋顶落水损伤屋面防水层。

3. 天窗端壁

天窗端壁是天窗端部的山墙。有预制钢筋混凝土天窗端壁（可承重）、石棉瓦天窗端壁（非承重）等。

预制钢筋混凝土天窗端壁（图 20-29）可以代替端部天窗架，具有承重与围护双重功能。端壁板一般有两块或三块组成，其下部焊接固定在屋架上弦轴线的一侧，与屋面交接处

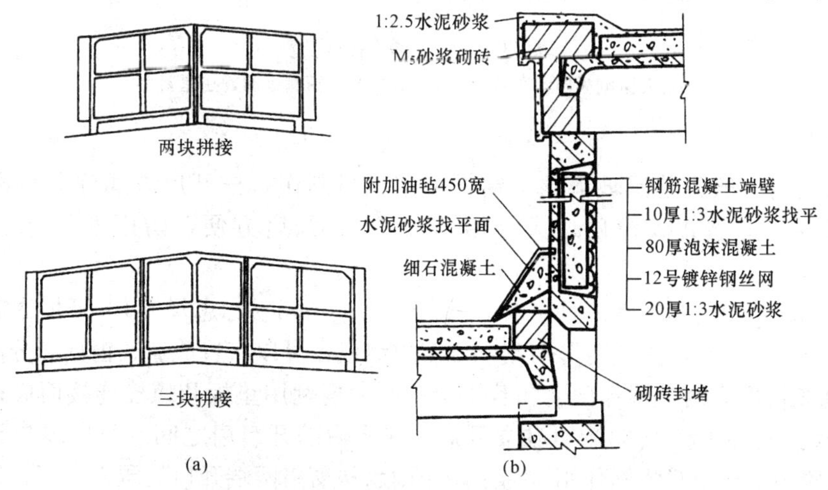

图 20-29　天窗端壁构造

(a) 天窗端壁组成；(b) 天窗端壁立面

应作泛水处理，上部与天窗屋面板的空隙，采用 M5 砂浆砌砖填补。对端壁有保温要求时，可在端壁板内侧加设保温层。

石棉瓦天窗端壁采用天窗架承重，端壁的围护结构由轻型波形瓦作成，这种端壁构件琐碎，施工复杂，主要用于钢天窗架上。

4. 天窗侧板

天窗侧板是天窗下部的围护构件。主要作用是防止天窗檐口下落的雨水溅入厂房及积雪影响窗扇的开启。天窗侧板的高度不应小于 300mm，多雪地区可增高至 400～600mm。

天窗侧板的选择应与屋面构造及天窗架形式相适应，当屋面为无檩体系时，应采用与大型屋面板等长度的钢筋混凝土槽形侧板，侧板可以搁置在天窗架竖杆外侧的钢牛腿上，也可以直接搁置在屋架上，同时应做好天窗侧板处的泛水，见图 20-30。

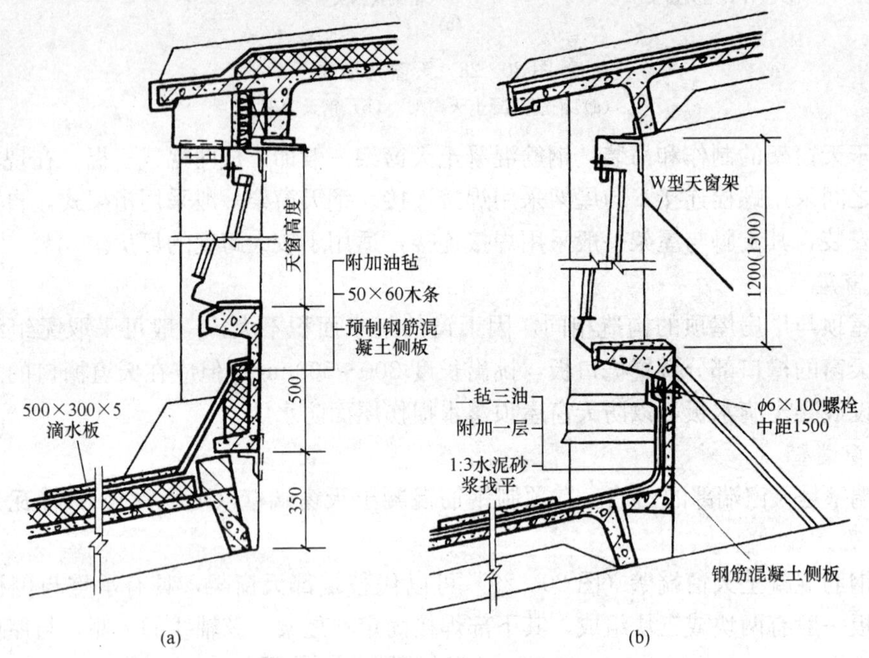

图 20-30 天窗侧板构造

(a) 天窗侧板搁置在角钢牛腿上；(b) 天窗侧板搁置在屋架上

5. 天窗扇

天窗的窗扇一般为单层玻璃扇，窗框多用钢材制作。按开启方式分上悬式钢天窗和中悬式钢天窗。上悬式天窗扇最大开启角为 45°，开启方便，防雨性能好，所以采用较多。

上悬式钢天窗扇的高度有三种：900、1200、1500mm（标志尺寸），可根据需要组合形成不同的窗口高度。窗扇主要有开启扇和固定扇组成，可以布置成通长窗扇和分段窗扇（图 20-31）。通长窗扇有两个端部窗扇和若干个中间窗扇利用垫板和螺栓连接而成；分段窗扇是每个柱距设一个窗扇，各窗扇可独立开启。在天窗的开启扇之间及开启扇与天窗端壁之间，均须设置固定窗扇起竖框作用。为了防止雨水从窗扇两端开口处飘入车间，须在固定扇的后侧附加 600mm 宽的固定挡雨板。

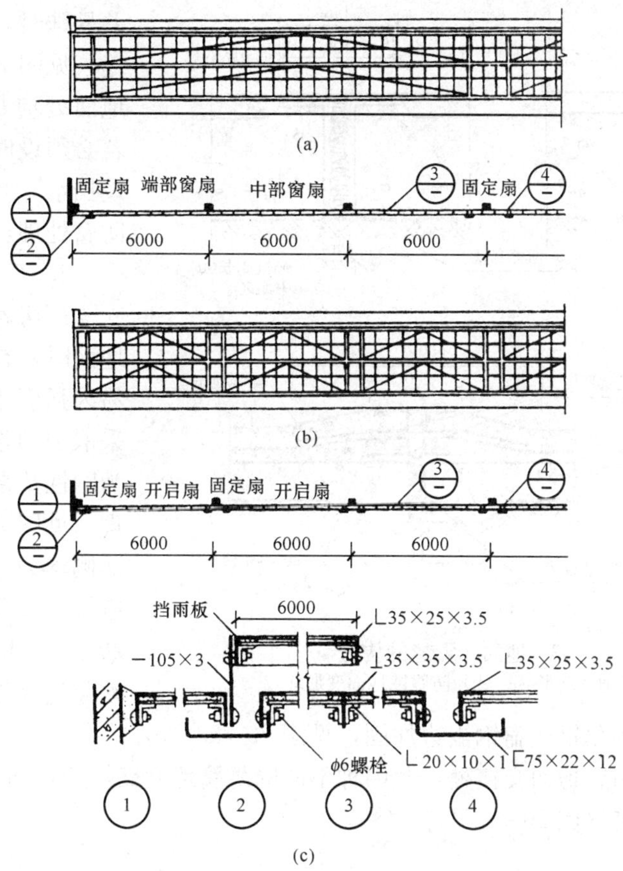

图 20-31　上悬式钢天窗扇

(a) 通长天窗扇；(b) 分段天窗扇；(c) 细部构造

第四节　地面及其他设施

一、地面

(一) 厂房地面的特点

厂房地面与民用建筑地面相比，其特点是面积较大，承受荷载较重，材料用量多，并应满足不同生产工艺的不同要求，如防尘、防爆、耐磨、耐冲击、耐腐蚀等。同时厂房内工段多，各工段生产要求不同，地面类型也应不同，这就增加了地面构造的复杂性。所以正确而合理地选择地面材料和构造，将直接影响到建筑造价、产品质量以及工人的劳动条件等。

(二) 厂房地面的构造

厂房地面与民用建筑一样，由面层、垫层和基层三个基本层次组成，有时，为满足生产工艺对地面的特殊要求，需增设结合层、找平层、防潮层、保温层等，其基本构造与民用建筑相同。此处只介绍厂房地面特殊部位构造。

1. 地面变形缝

当地面采用刚性垫层，且厂房结构设置有温度缝和沉降缝时，应在地面相应位置处设地面变形缝；一般地面与振动大的设备（如锻锤、破碎机等）基础之间，以及相邻地段荷载相差悬殊时，均应设置地面变形缝，见图 20 - 32（a）。防腐蚀地面处应尽量避免设变形缝，若必须设时，需在变形缝两侧设挡水，并做好挡水和缝间的防腐处理，见图 20 - 32（b）。

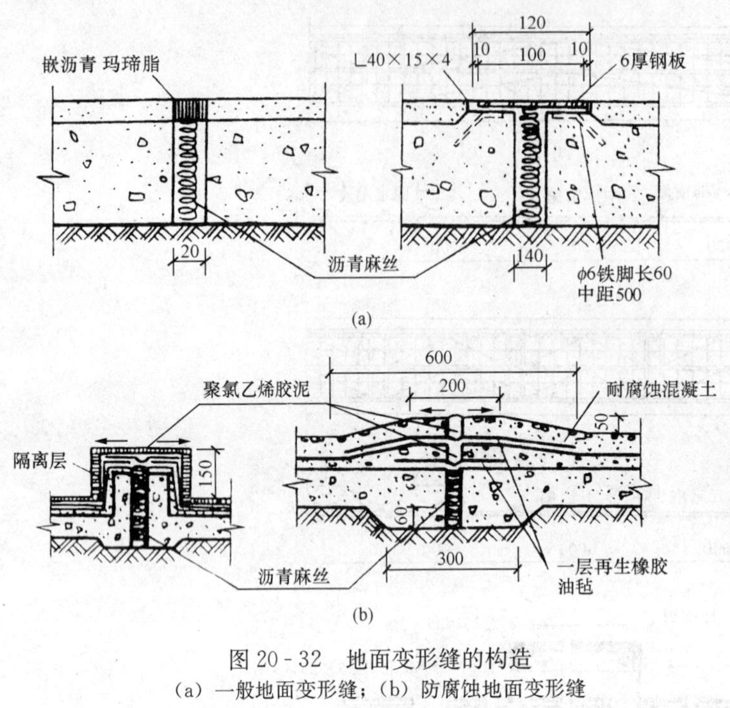

图 20 - 32 地面变形缝的构造
（a）一般地面变形缝；（b）防腐蚀地面变形缝

2. 不同地面的接缝

厂房若出现两种不同类型地面时，在两种地面交接处容易因强度不同而遭到破坏，应采取加固设施。当接缝两边均为刚性垫层时，交界处不做处理，见图 20 - 33（a）；当接缝两侧均为柔性垫层时，其一侧应用 C10 混凝土作堵头，见图 20 - 33（b）；当厂房内车辆频繁穿过接缝时，应在地面交界处设置与垫层固定的角钢或扁钢嵌边加固，见图 20 - 33（c）。

防腐地面与非防腐地面交接处，及两种不同的防腐地面交接处，均应设置挡水条，防止腐蚀性液体或水漫流（图 20 - 34）。

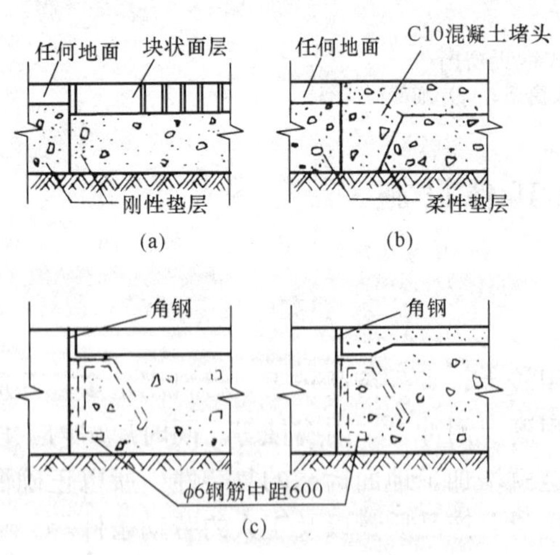

图 20 - 33 不同地面的接缝构造

图 20 - 34 不同地面接缝处的挡水构造

3. 轨道处地面处理

厂房地面设轨道时，为使轨道不影响其他车辆和行人通行，轨顶应与地面相平。为了防止轨道被车辆碾压倾斜，轨道应用角钢或旧钢轨支撑。轨道区域地面宜铺设块材地面，以方便更换枕木（图 20 - 35）。

（三）地沟

由于生产工艺的需要，厂房内有各种生产管道（如电缆、采暖、压缩空气、蒸汽管道等）需要设在地沟内。

地沟由底板、沟壁、盖板三部分组成。常用有砖砌地沟和混凝土地沟两种。砖砌地沟一般须作防潮处理，见图 20-36。

二、其他设施

（一）钢梯

厂房需设置供生产操作和检修使用的钢梯，如作业平台钢梯、吊车钢梯、屋面消防检修钢梯等。

1. 作业钢梯

作业钢梯是为工人上下操作平台或跨越生产设备联动线而设置的通道。多选用定型钢梯，其坡度一般较陡，有 45°、59°、73°、90° 四种，宽度有 600、800mm 两种。

作业钢梯由斜梁、踏步和扶手组成。斜梁采用角钢或钢板，踏步一般采用网纹钢板，两者焊接连接。扶手用 $\phi22$ 的圆钢制作，其垂直高度为 900mm。钢梯斜梁的下端和预埋在地面混凝土基础中的预埋钢板焊接，上端与作业台钢梁或钢筋混凝土梁的预埋件焊接固定（图 20-37）。

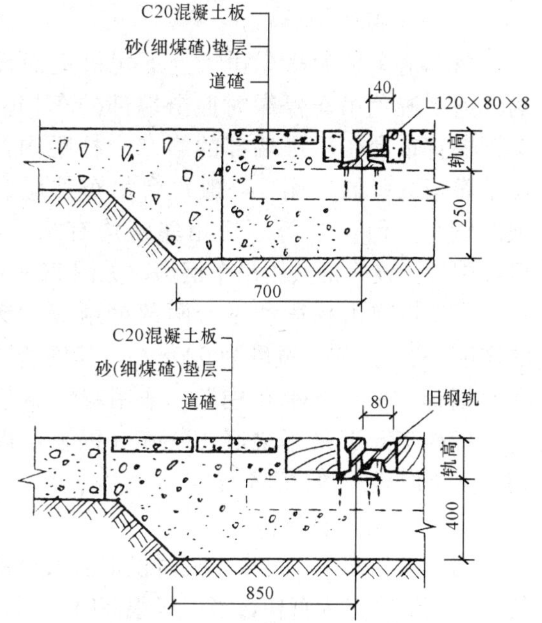

图 20-35 轨道区域的地面

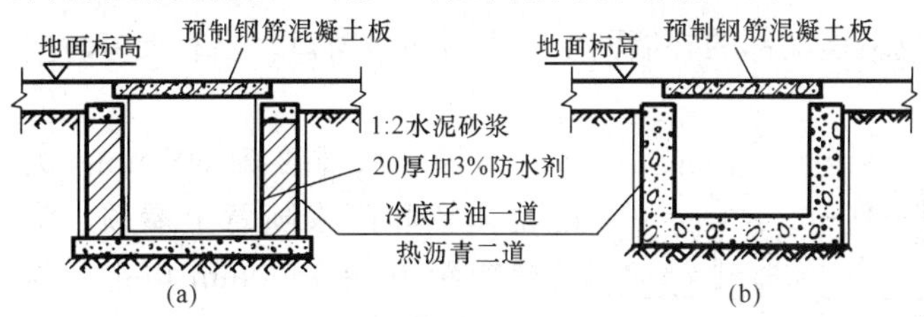

图 20-36 地沟构造

（a）砖砌地沟；（b）混凝土地沟

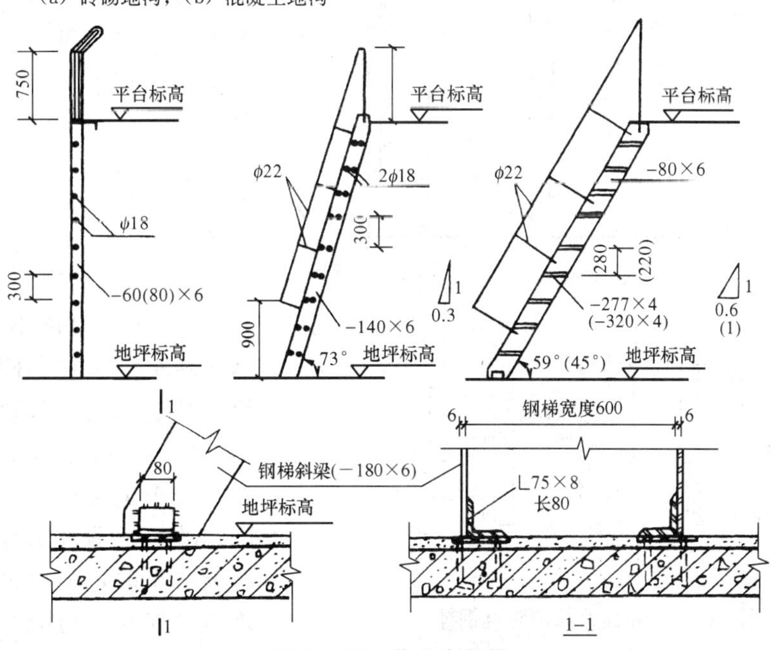

图 20-37 作业台钢梯

2. 吊车钢梯

吊车钢梯是为吊车司机上下司机室而设置的。为了避免吊车停靠时撞击端部的车挡，吊车钢梯宜布置在厂房端部的第二个柱距内，且位于靠司机室的一侧。一般每台吊车都应有单独的钢梯，但当多跨厂房相邻跨均有吊车时，可在中柱上设一部共用吊车钢梯，见图 20-38。

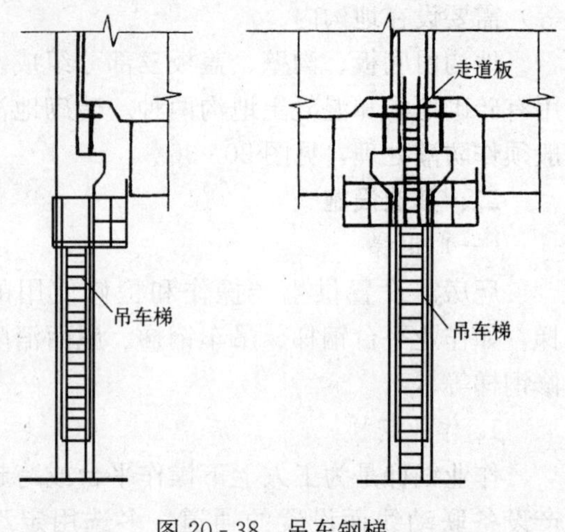

图 20-38 吊车钢梯

吊车钢梯由梯段和平台两部分组成。梯段的坡度一般为 63°，宽度为 600mm，其构造同作业台钢梯。平台支承在柱上，采用花纹钢板制作，标高应低于吊车梁底 1800mm 以上，以免司机上下时碰头。

3. 屋面消防检修梯

消防检修梯是在发生火灾时供消防人员从室外上屋顶之用，平时兼作检修和清理屋面时使用。其形式多为直梯，当厂房很高时，用直梯既不方便也不安全，应采用设有休息平台的斜梯。

消防检修梯一般设于厂房的山墙或纵墙端部的外墙面上，不得面对窗口。当有天窗时应在天窗端壁上设置上天窗屋面的直梯。

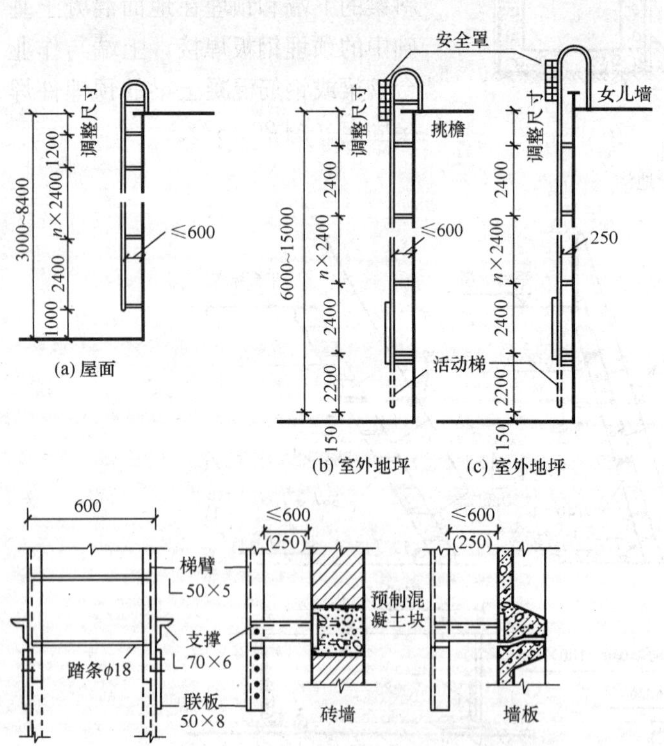

图 20-39 屋面检修消防直钢梯

直梯一般宽度为 600mm，为防止儿童和闲人随意上屋顶，消防梯应距下端 1500mm 以上。钢梯与外墙距离通常不小于 250mm。梯身与外墙应有可靠的连接，一般是将梯身上每隔一定的距离伸出短角钢埋入墙内，或与墙内的预埋件焊牢（图 20-39）。

(二) 吊车梁走道板

走道板是为维修吊车和吊车轨道的人员行走而设置的，应沿吊车梁顶面铺设。当吊车为中级工作制，轨顶高度小于 8m 时，只需在吊车操纵室一侧的吊车梁上设通长走道板；若轨顶高度大于 8m 时，则应在两侧的吊车梁上设置通长走道板；如厂房为高温车间、吊车为重级工作制，或露天跨设吊车时，不论吊车台数、轨顶高度如何，均应在两侧的吊车梁上设通长走道板。

走道板有木板、钢板及预制钢筋混凝土板三种。目前采用较多的是预制钢筋混凝土走道板，其宽度有400、600、800mm三种，板的长度与柱子净距相配套。走道板的铺设方法有以下三种：

（1）在柱身预埋钢板，上面焊接角钢，将钢筋混凝土走道板搁置在角钢上，见图20-40（a）。

（2）走道板的一侧支承在侧墙上，另一侧支承在吊车梁翼缘上，见图20-40（b）。该做法不适宜地震区使用。

（3）走道板铺放在吊车梁侧面的三角支架上，见图20-40（c）。

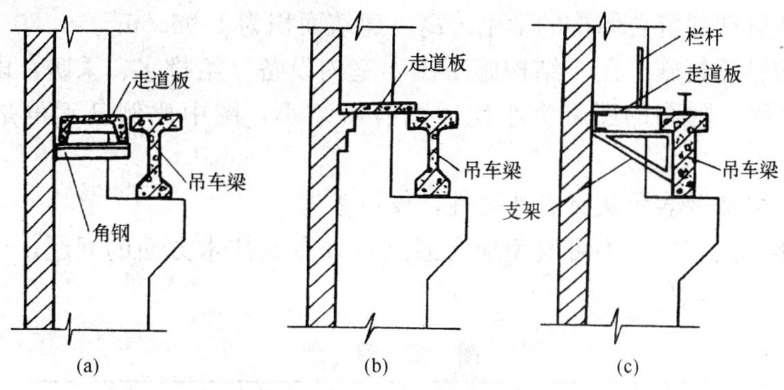

图20-40　走道板的铺设方式

附图 某学院学生公寓施工图

一、附图说明

1. 为使读者更好地识读房屋施工图，特选编某学院学生公寓的施工图作为本书附图，供读者练习识读。

2. 附图是一幢四层混合结构的学生公寓，建筑面积为 1996.6m^2。

3. 附图中包括建筑施工图、结构施工图、室内设备（给排水、采暖、电气照明）施工图。由于制版原因，附图的图幅大小比原图有所缩小，图中比例已不再是原图所标注的比例。

4. 部分构造做法及表示法具有地区性，仅供参考。

5. 在识读本图过程中，不可避免地会遇到各种专业技术方面的问题，有待于在今后的继续学习中逐步加以解决。

图 纸 目 录

序号	图别	编号	图纸名称	序号	图别	编号	图纸名称
1	建施	1	设计说明、门窗表、工程做法	17	结施	3	基础详图、设计说明
2	建施	2	总平面图	18	结施	4	楼面结构平面图
3	建施	3	底层平面图	19	结施	5	楼面圈梁布置图及节点详图
4	建施	4	标准层平面图	20	结施	6	屋面结构平面图
5	建施	5	顶层平面图	21	结施	7	屋面圈梁布置图及节点详图
6	建施	6	屋面平面图	22	结施	8	楼梯配筋平面图、1-1、钢筋表
7	建施	7	①～⑩立面图	23	结施	9	TB-1、TB-2、TB-3、TL-L 配筋图
8	建施	8	⑩～①立面图	24	水施	1	底层给水排水平面图
9	建施	9	Ⓐ～Ⓓ立面图 Ⓓ～Ⓐ立面图	25	水施	2	标准层给水排水平面图
10	建施	10	1-1 剖面图	26	水施	3	给水系统图
11	建施	11	2-2 剖面图	27	水施	4	排水系统图
12	建施	12	3-3 剖面图	28	暖施	1	底层采暖平面图
13	建施	13	楼梯详图	29	暖施	2	标准层采暖平面图
14	建施	14	阳台平面图、厕所、盥洗室平面图	30	暖施	3	顶层采暖平面图
15	结施	1	结构设计说明	31	暖施	4	采暖系统图
16	结施	2	基础平面图	32	电施	1	底层电气平面图
				33	电施	2	各支路配电示意图

二、建筑施工图

设 计 说 明

1. 本工程为某学院学生公寓，层数为四层，平面形式为一字形、内廊式，建筑面积为 1996.6m^2。
2. 总平面布置：本工程位于学院学生生活区内，建筑坐北朝南，行列式布置。本期工程为四幢，编号为 7～10 号。
3. 本工程为四层砖混结构，抗震设防烈度为 8 度，抗震柱设防以结施图为准。
4. 本工程均采用烧结普通砖。
5. 新建学生公寓底层室内地坪 ±0.000，相当于绝对标高 486.00。
6. 图中尺寸除标高以米为单位外，其余均以毫米为单位。
7. 本工程卫生器具及涂料由建设单位自定。
8. 本工程施工时，建筑、结构、水、暖、电各工种必须密切配合，准确预留孔洞，禁止事后开凿，影响质量。
9. 散水、地面、楼面、屋面的工程做法详建施图。
10. 图中未尽事宜，由设计、施工、建设单位协商解决。

门 窗 表

统一编号	图集编号	洞口尺寸	数量	材料	部　位	备　注
M-1	3M$_1$58	1800×2400	1	木	入口	参照定做　镶木板
M-2	3M$_1$58	1500×2400	1	木	入口	镶木板
M-3	3M$_1$18	1000×2400	67	木	房间、厕所	镶木板
M-4	3M07	750×2100	63	木	阳台卫生间	镶木板
M-5		1500×2700	63	木	阳台	镶木板
C-1		1800×1200	3	塑钢	楼梯间	现场定做
C-2		1800×1800	4	塑钢	厕所	现场定做
C-3		450×600	63	塑钢	阳台卫生间	现场定做
C-4		1500×1800	7	塑钢	走廊	现场定做
C-5		2100×2100	1	塑钢	管理间	现场定做
C-6		2340×1900	63	塑钢	阳台	现场定做

工 程 做 法

名　称	工　程　做　法	部　位
台阶	1.20 厚 1:2.5 水泥砂浆抹面压实赶光 2. 素水泥浆结合层一道 3.60 厚 C15 混凝土台阶面向外坡 1% 4.150 厚碎石夯实灌 M2.5 混合砂浆 5. 素土夯实	出入口
外墙 1	1. 刷外墙涂料 2.6 厚 1:2.5 水泥砂浆找平 3.12 厚 1:3 水泥砂浆打底扫光	所有外墙
外墙 2	1. 刷外墙涂料 2. 基层用 EC 聚合物砂浆修补平整	阳台栏板
踢脚	1.6 厚 1:2.5 水泥砂浆压实赶光 2.6 厚 1:3 水泥砂浆打底扫毛	
内墙 1	1. 刮内墙仿瓷涂料 2.6 厚 1:0.3:0.5 水泥石灰膏砂浆抹面压实赶光 3.12 厚 1:1:6 水泥石灰膏砂浆打底扫毛	房间 走廊 楼梯
内墙 2	1. 白水泥擦缝 2. 贴 5 厚釉面砖（在釉面砖粘贴面上随贴随刷一道混凝土界面处理剂） 3.8 厚 1:0.1:2.5 水泥石灰膏砂浆结合层 4.12 厚 1:3 水泥砂浆打底扫毛	厕所、盥洗室、阳台、卫生间
顶棚	1. 刷涂料 2. 底板腻子刮平	
油漆 1	1. 调和漆二度 2. 底油一度 3. 满刮腻子	木门 木扶手
油漆 2	1. 调和漆二度 2. 刮腻子 3. 防锈漆一度	金属构件

××建筑设计事务所				工程名称	某某学院学生公寓	
所　长		校　对		设计说明、门窗表、工程做法	工程编号	
总工程师		设　计			图　别	建　施
审　核		制　图			图　号	1
项目负责人					日　期	2005.2

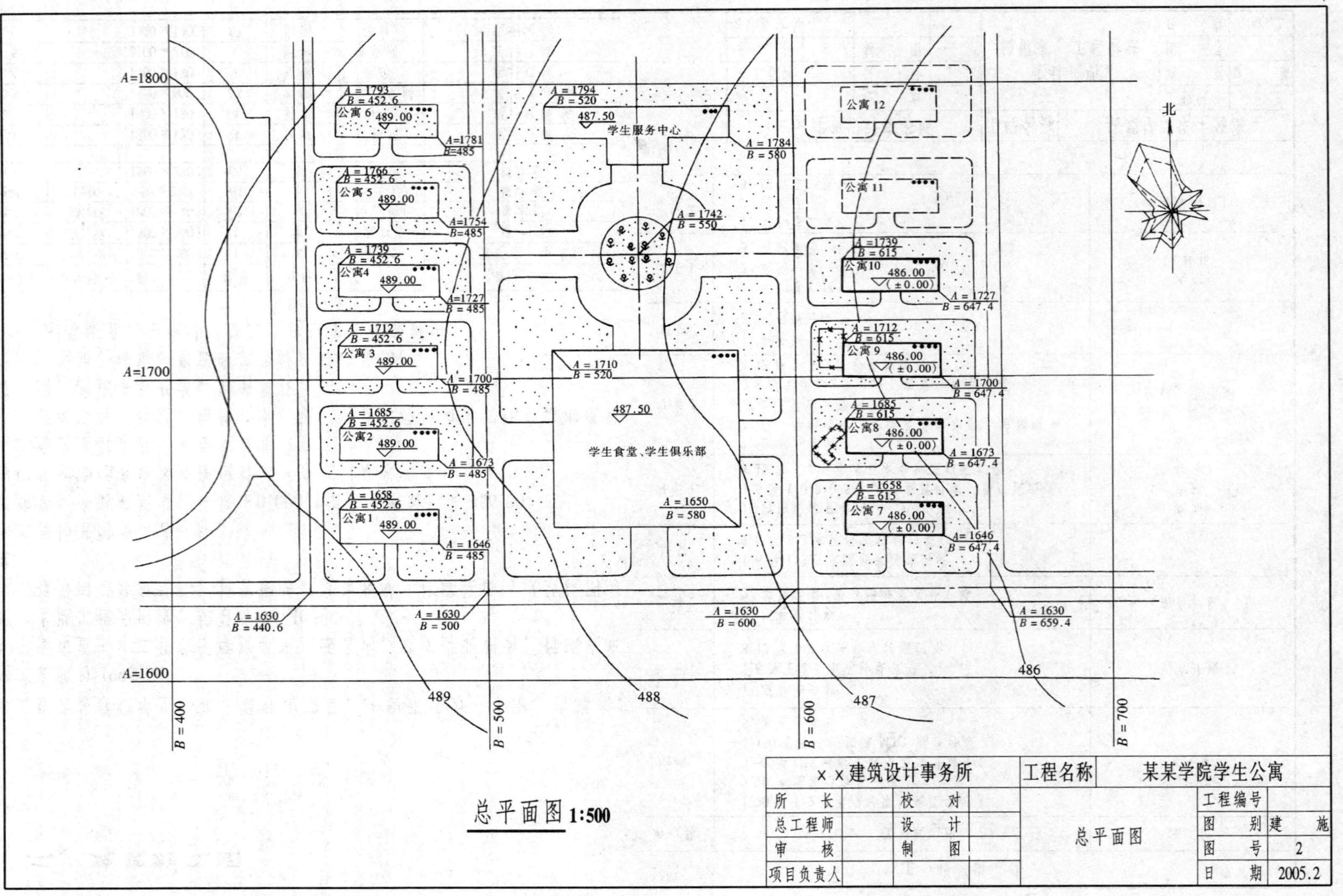
北
公寓 12
公寓 11
公寓10
公寓 9
公寓8
公寓 7
学生服务中心
学生食堂、学生俱乐部
公寓 6
公寓 5
公寓4
公寓 3
公寓2
公寓1
总平面图 1:500
××建筑设计事务所
所长
总工程师
审核
项目负责人
校对
设计
制图
工程名称
某某学院学生公寓
总平面图
工程编号
图别 建施
图号 2
日期 2005.2

98J9 散水
厕所
盥洗室
管理间
1:20 步
±0.000
-0.020
-0.450
15500
32900
北
××建筑设计事务所
工程名称
某某学院学生公寓
所　长
校　对
总工程师
设　计
审　核
制　图
项目负责人
底层平面图
工程编号
图　别　建　施
图　号　3
日　期　2005.2
底层平面图 1:100

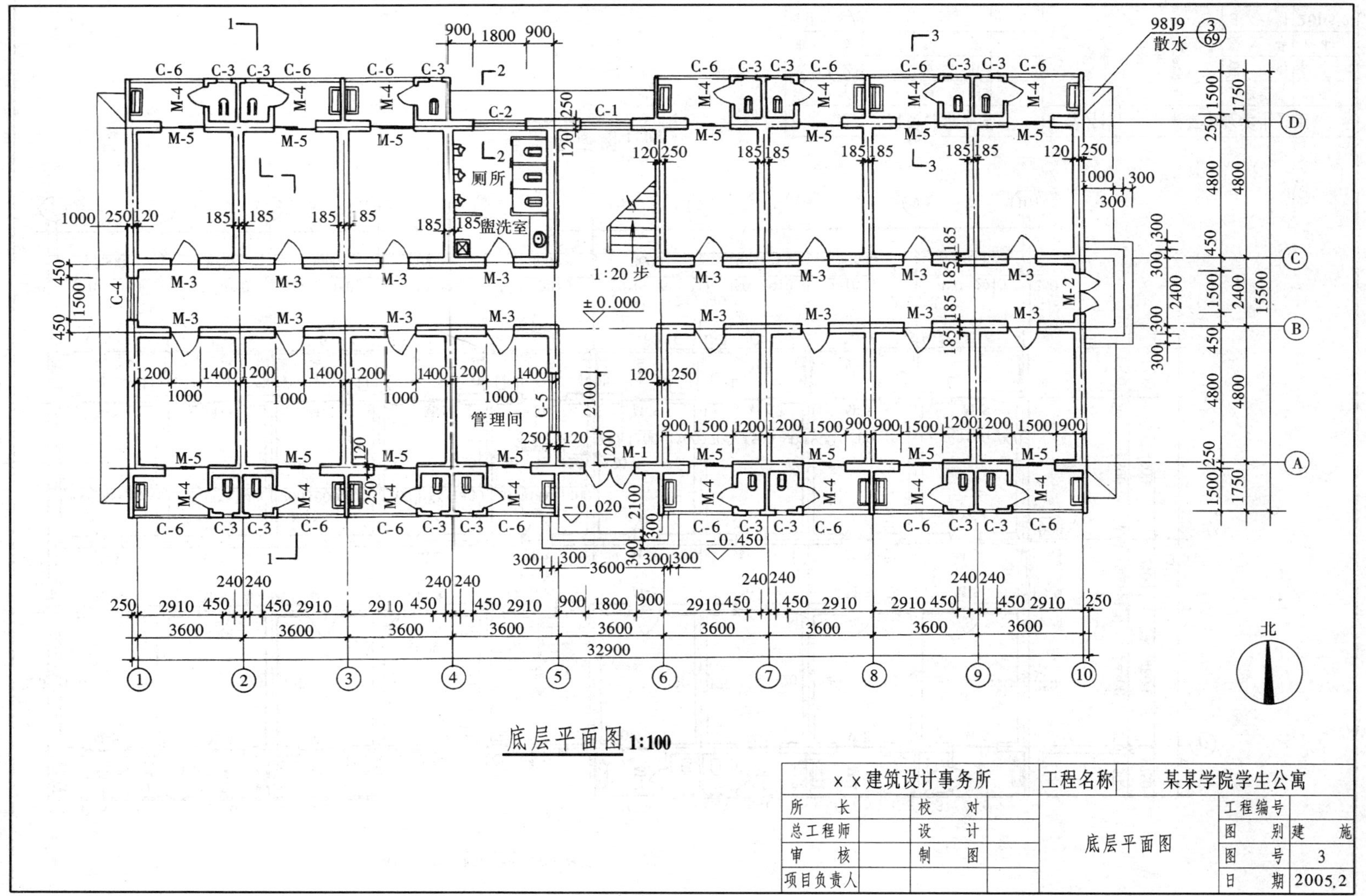

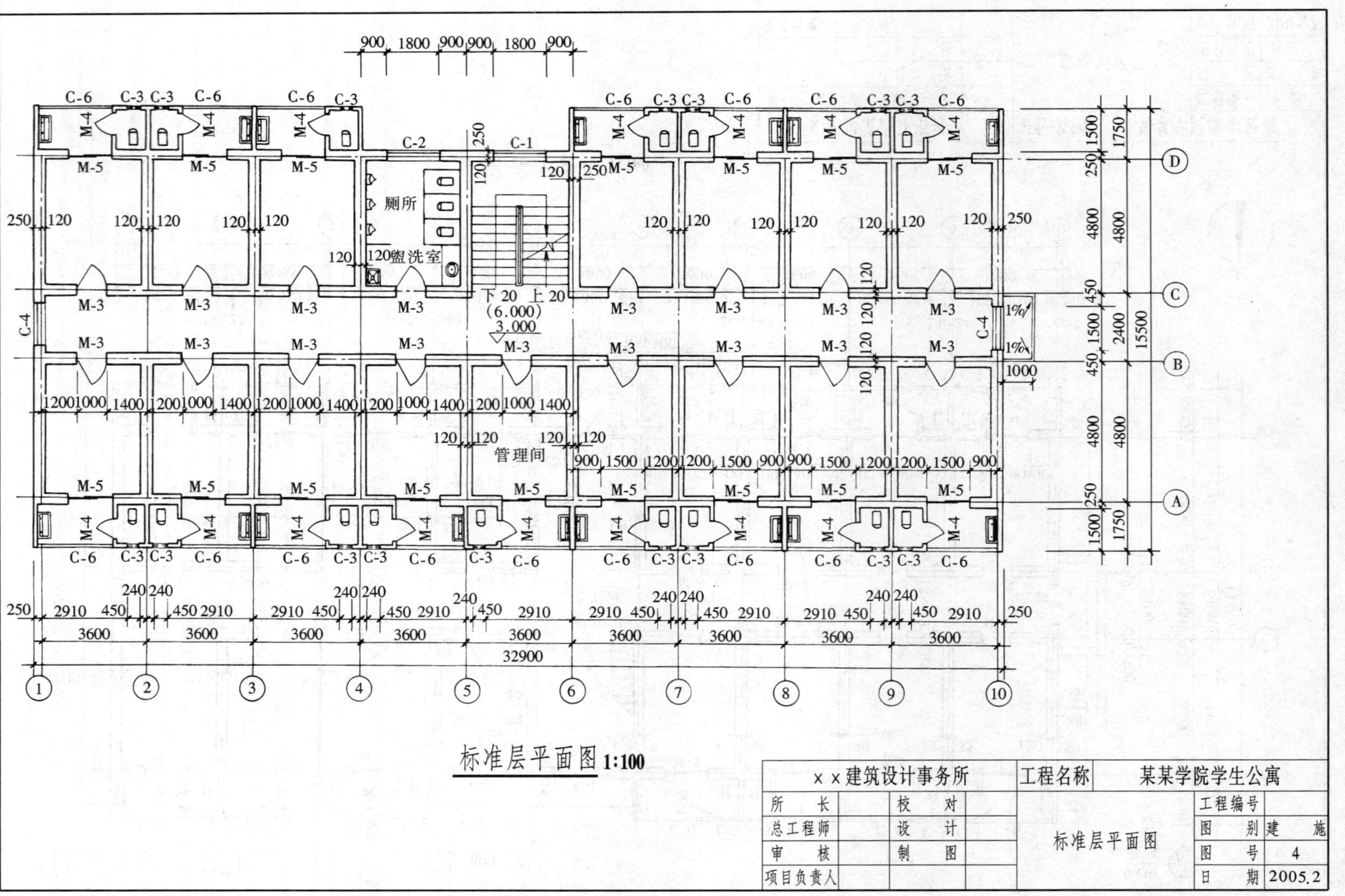

标准层平面图 1:100

××建筑设计事务所				工程名称	某某学院学生公寓	
所长		校对		标准层平面图	工程编号	
总工程师		设计			图别	建施
审核		制图			图号	4
项目负责人					日期	2005.2

××建筑设计事务所
工程名称
某某学院学生公寓
所　长
总工程师
审　核
项目负责人
校　对
设　计
制　图
顶层平面图
工程编号
图　别　建　施
图　号　5
日　期　2005.2
厕所
盥洗室
管理间
9.000
下20
15500
32900

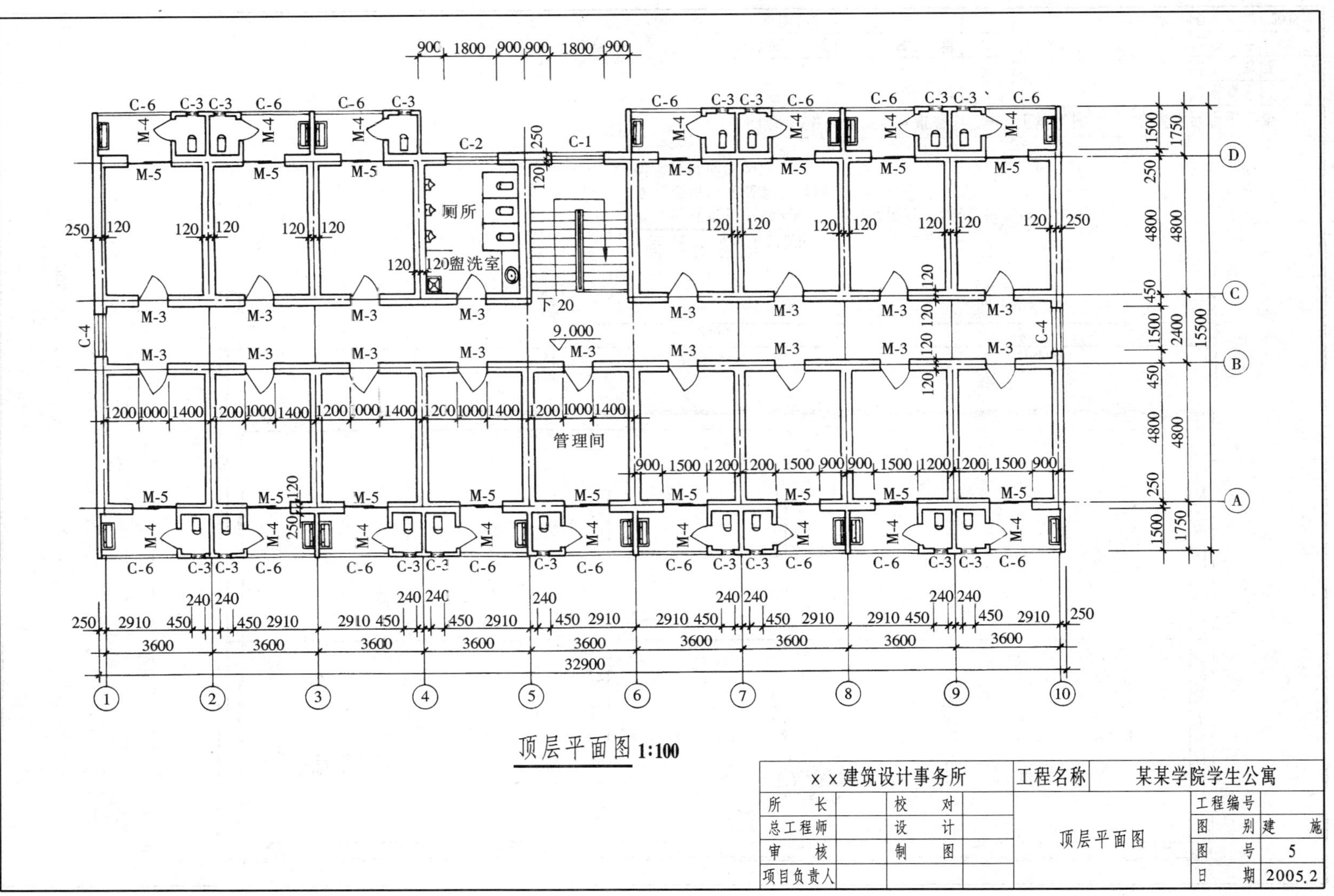

顶层平面图 1:100

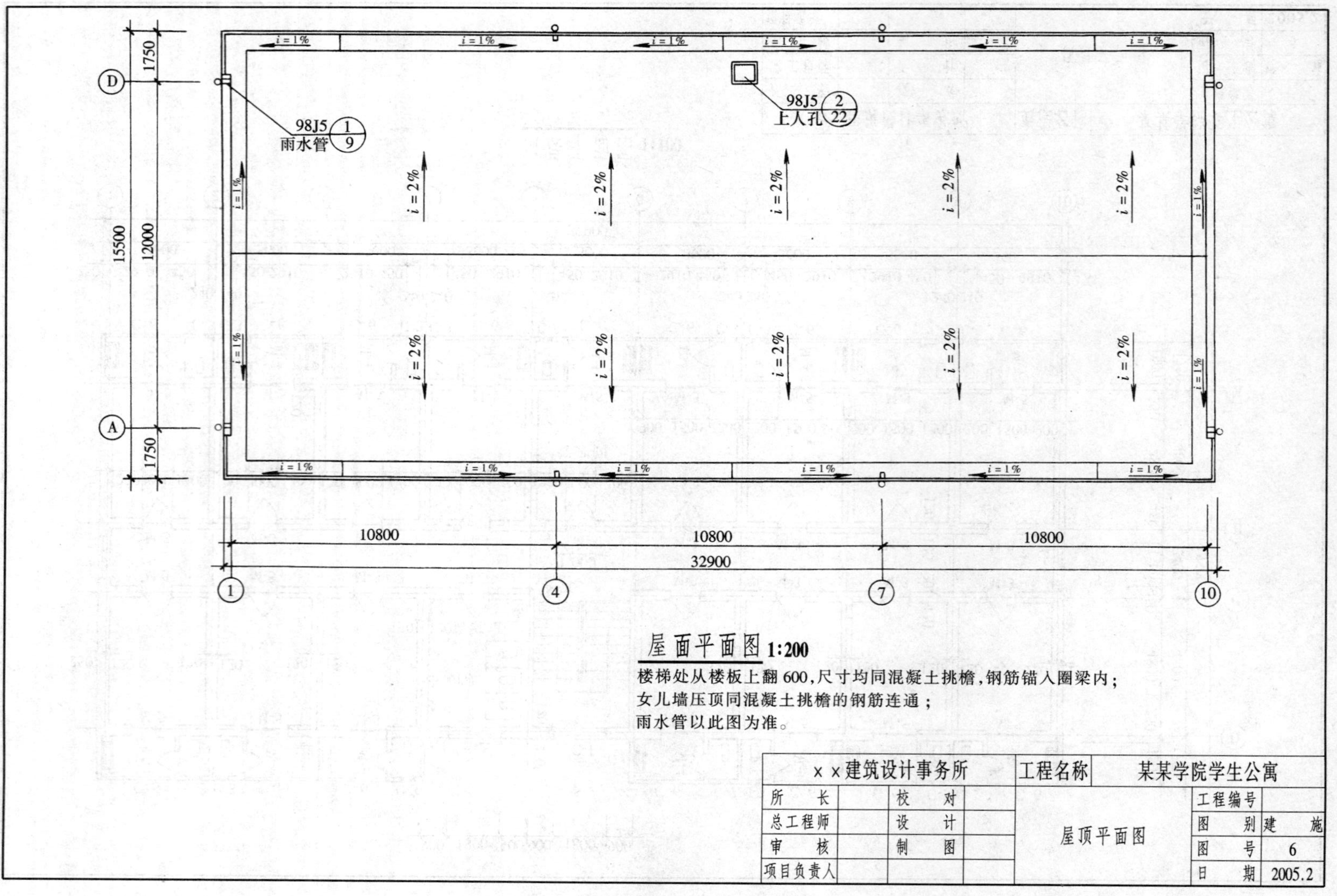
98J5 1/9
雨水管
98J5 2/22
上人孔
i = 2%
i = 1%
1750
12000
1750
15500
D
A
10800
10800
10800
32900
1
4
7
10
屋面平面图 1:200
楼梯处从楼板上翻 600,尺寸均同混凝土挑檐,钢筋锚入圈梁内;
女儿墙压顶同混凝土挑檐的钢筋连通;
雨水管以此图为准。
××建筑设计事务所
工程名称
某某学院学生公寓
所长
校对
总工程师
设计
审核
制图
项目负责人
屋顶平面图
工程编号
图别 建施
图号 6
日期 2005.2

层高处抠凹缝 20mm
喷枣红仿瓷涂料
12.900
12.300
11.900
10.000
9.000
8.900
7.000
6.000
5.900
4.000
3.000
2.900
1.000
±0.000
-0.450
-0.020
11.700
11.100
8.700
8.100
5.700
5.100
2.700
2.100
2.400
①
⑩
××建筑设计事务所
所　长
总工程师
审　核
项目负责人
校　对
设　计
制　图
工程名称
某某学院学生公寓
①—⑩立面图
工程编号
图　别　建　施
图　号　7
日　期　2005.2

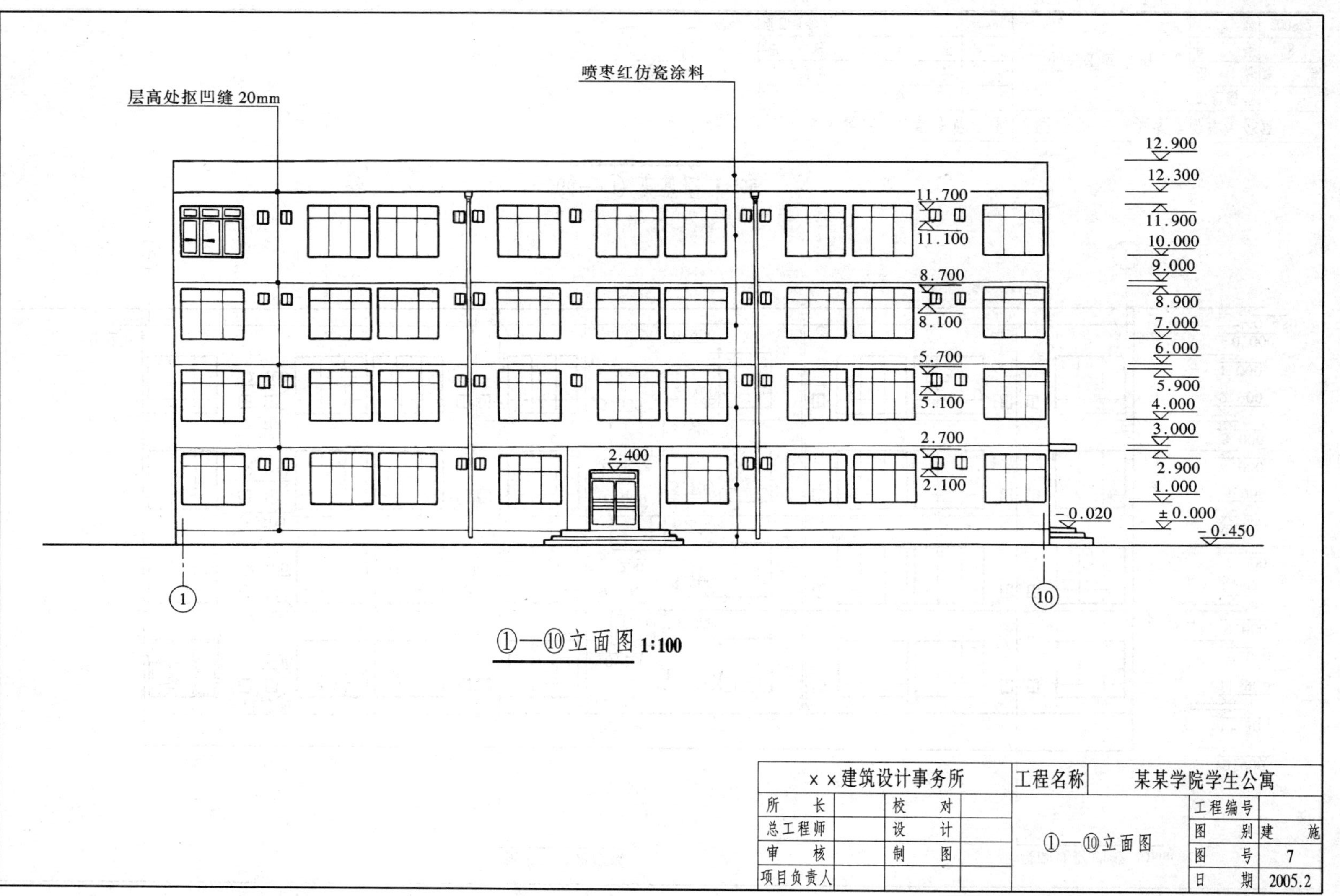

①—⑩立面图 1:100

喷枣红仿瓷涂料
层高处抠凹缝 20mm
12.900
12.300
11.900
10.000
9.000
8.900
7.000
6.000
5.900
4.000
3.000
2.900
1.000
±0.000
-0.450
-0.020
11.700
11.100
8.700
8.100
5.700
5.100
2.700
2.100
10.200
9.000
7.200
6.000
4.200
3.000
11.700
9.900
8.700
6.900
5.700
3.900
2.700
0.900
10
1
××建筑设计事务所
工程名称
某某学院学生公寓
所　长
校　对
总工程师
设　计
审　核
制　图
项目负责人
⑩—①立面图
工程编号
图　别　建　施
图　号　8
日　期　2005.2

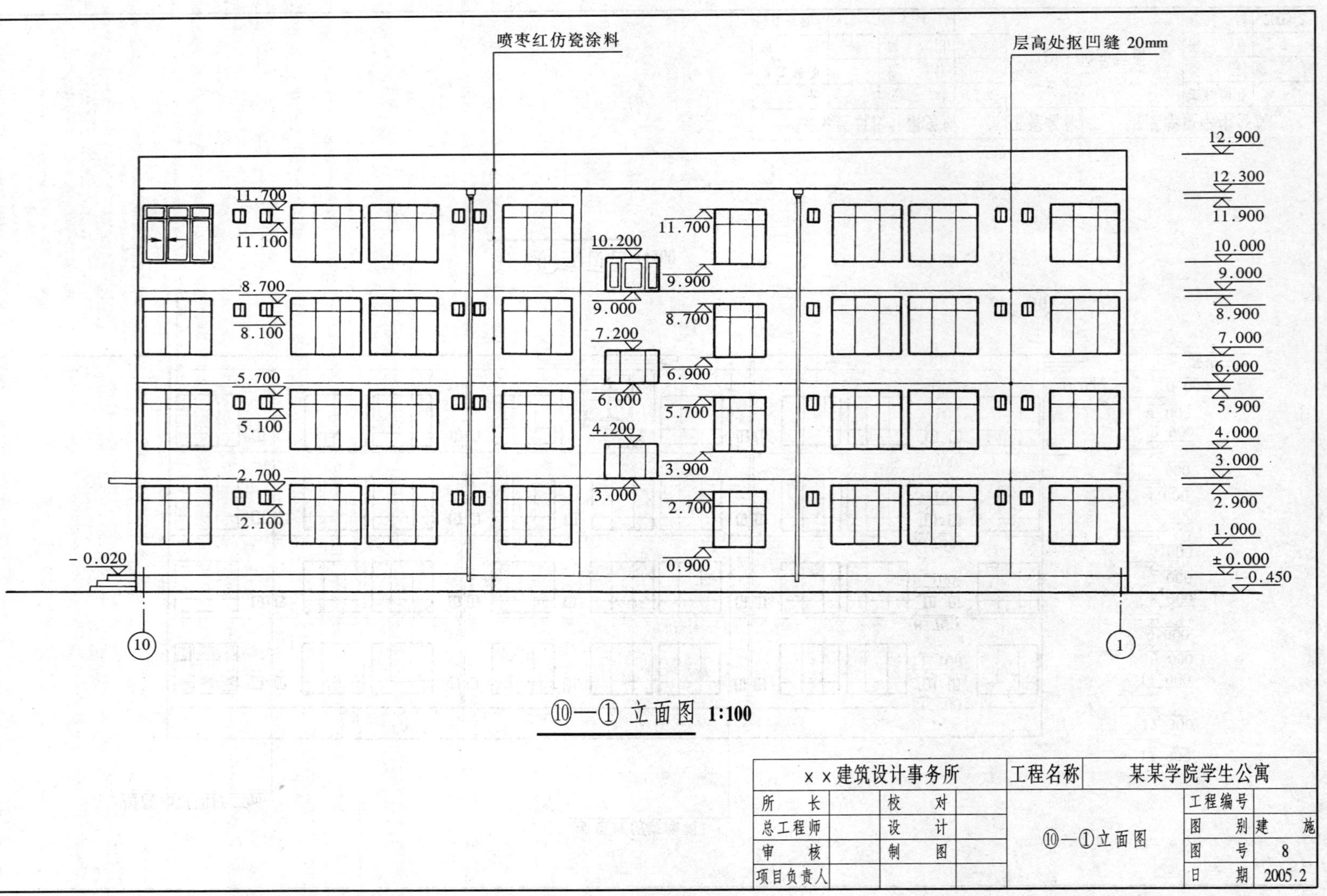

⑩—① 立面图 1:100

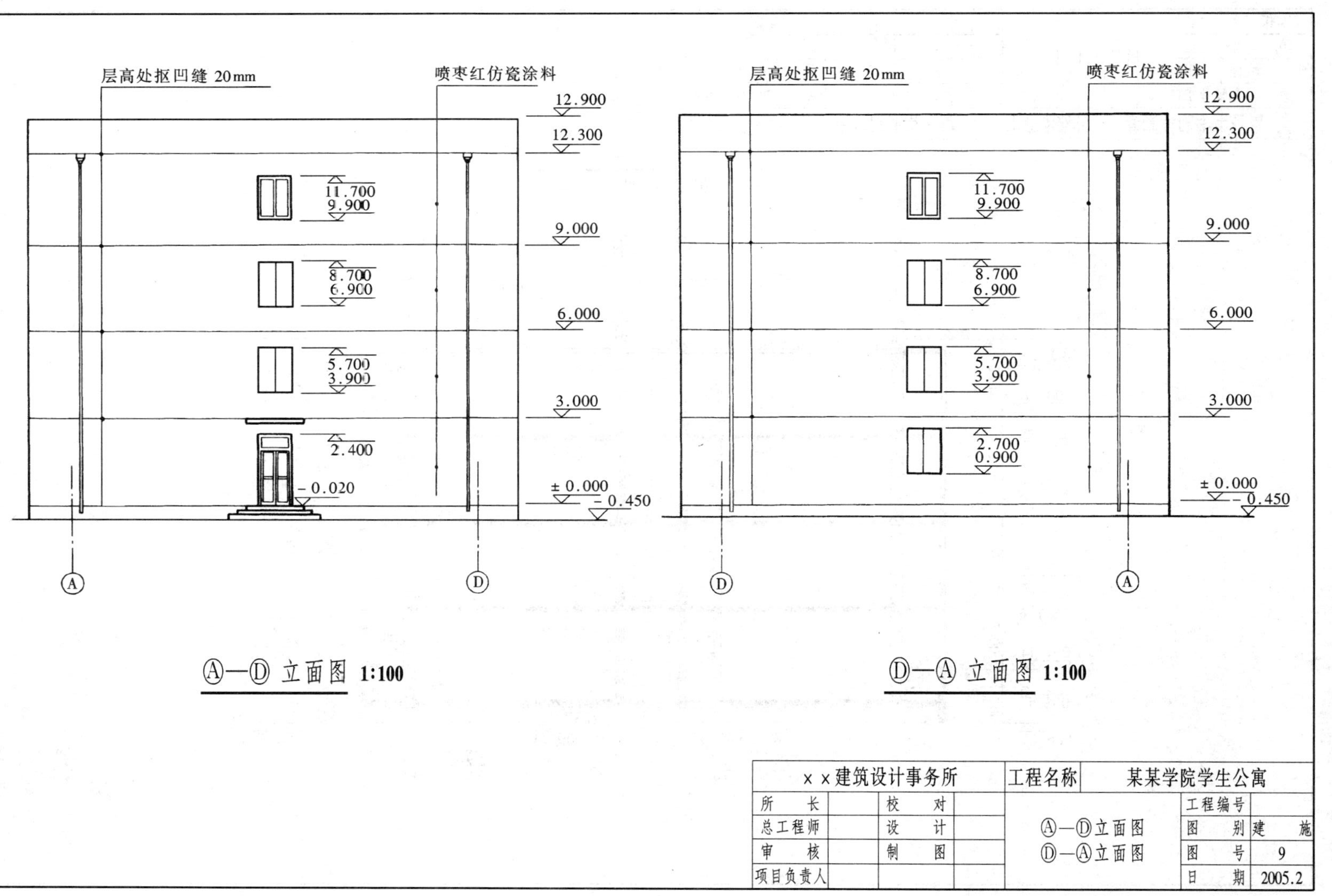
层高处抠凹缝 20mm
喷枣红仿瓷涂料
12.900
12.300
11.700
9.900
9.000
8.700
6.900
6.000
5.700
3.900
3.000
2.400
-0.020
±0.000
-0.450
层高处抠凹缝 20mm
喷枣红仿瓷涂料
12.900
12.300
11.700
9.900
9.000
8.700
6.900
6.000
5.700
3.900
3.000
2.700
0.900
±0.000
-0.450
Ⓐ—Ⓓ立面图 1:100
Ⓓ—Ⓐ立面图 1:100
××建筑设计事务所
所　长
总工程师
审　核
项目负责人
校　对
设　计
制　图
工程名称
某某学院学生公寓
Ⓐ—Ⓓ立面图
Ⓓ—Ⓐ立面图
工程编号
图　别　建　施
图　号　9
日　期　2005.2

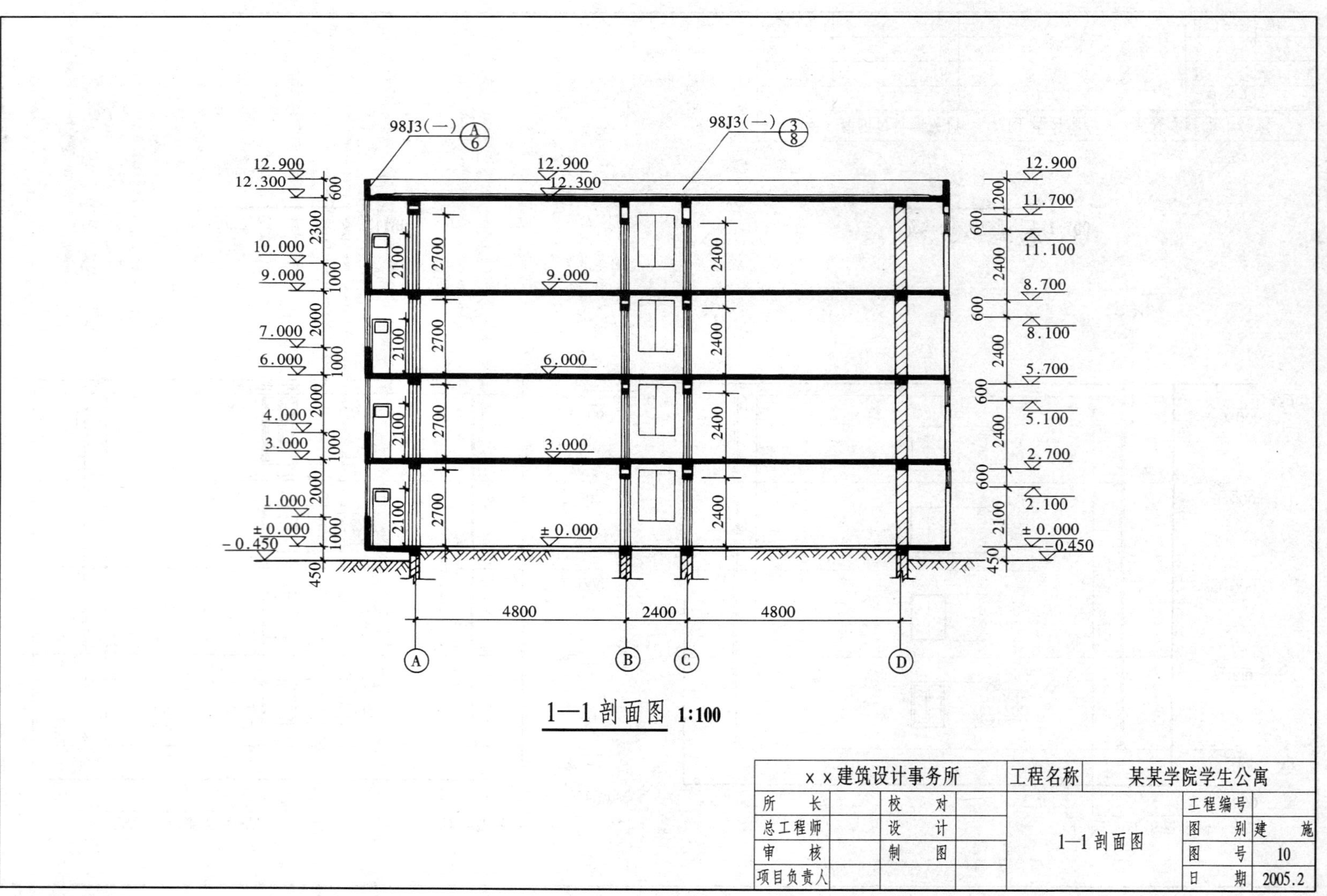
1—1剖面图 1:100
××建筑设计事务所
所长
总工程师
审核
项目负责人
校对
设计
制图
工程名称 某某学院学生公寓
1—1剖面图
工程编号
图别 建施
图号 10
日期 2005.2

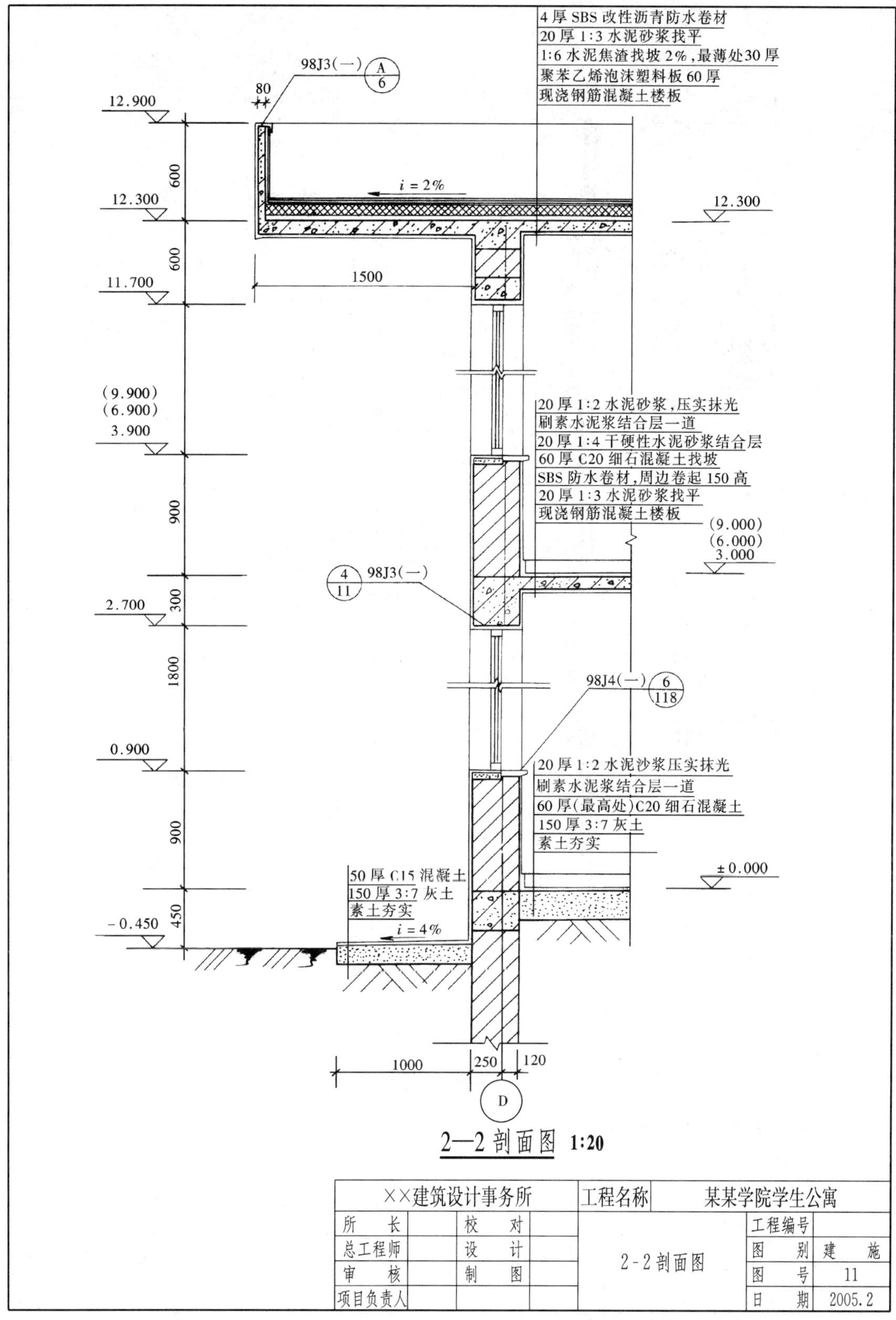

2—2 剖面图 1:20

××建筑设计事务所				工程名称	某某学院学生公寓	
所　长		校　对		2-2 剖面图	工程编号	
总工程师		设　计			图　别	建　施
审　核		制　图			图　号	11
项目负责人					日　期	2005.2

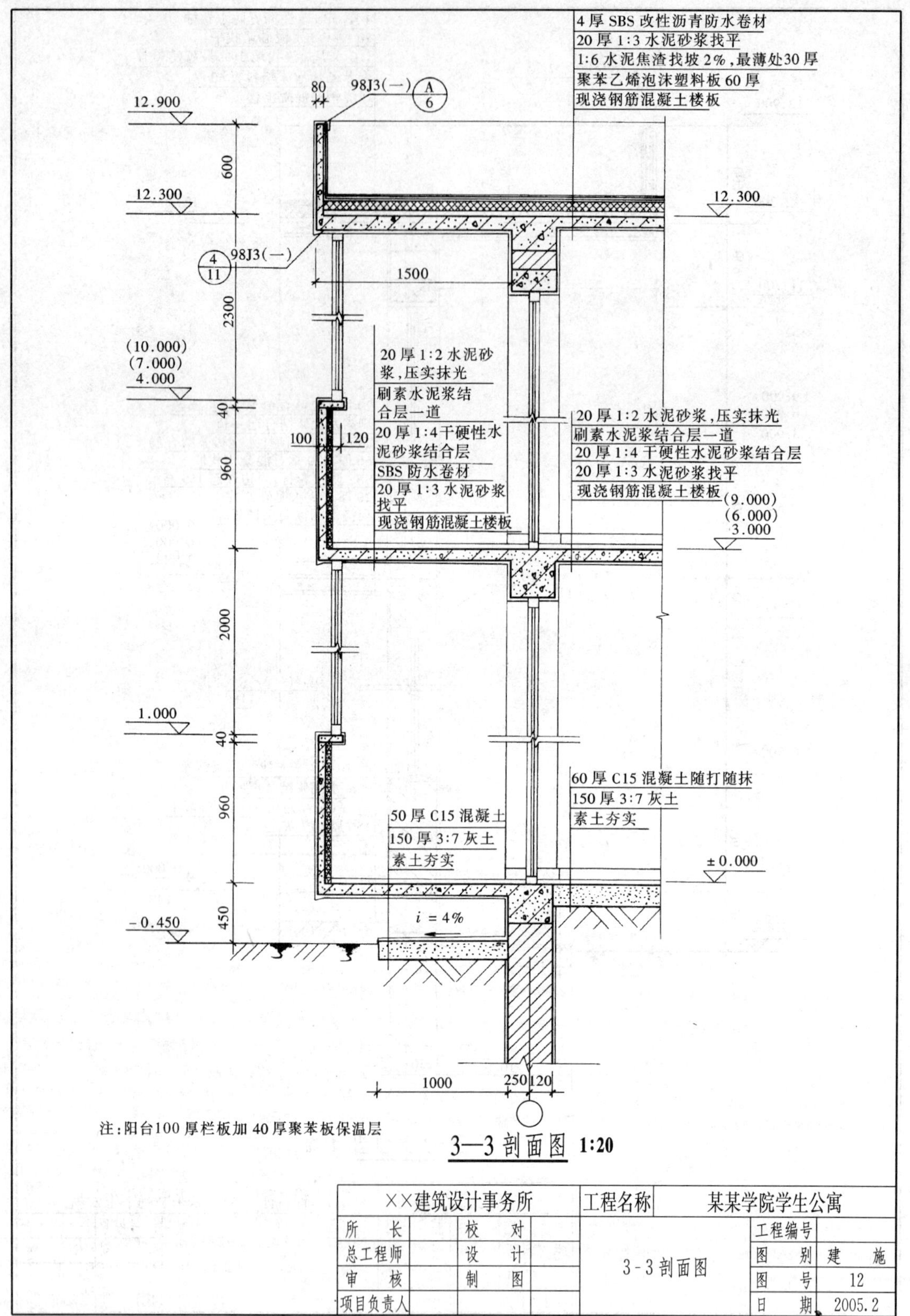

3—3剖面图 1:20

××建筑设计事务所				工程名称	某某学院学生公寓	
所长		校对		3-3剖面图	工程编号	
总工程师		设计			图别	建施
审核		制图			图号	12
项目负责人					日期	2005.2

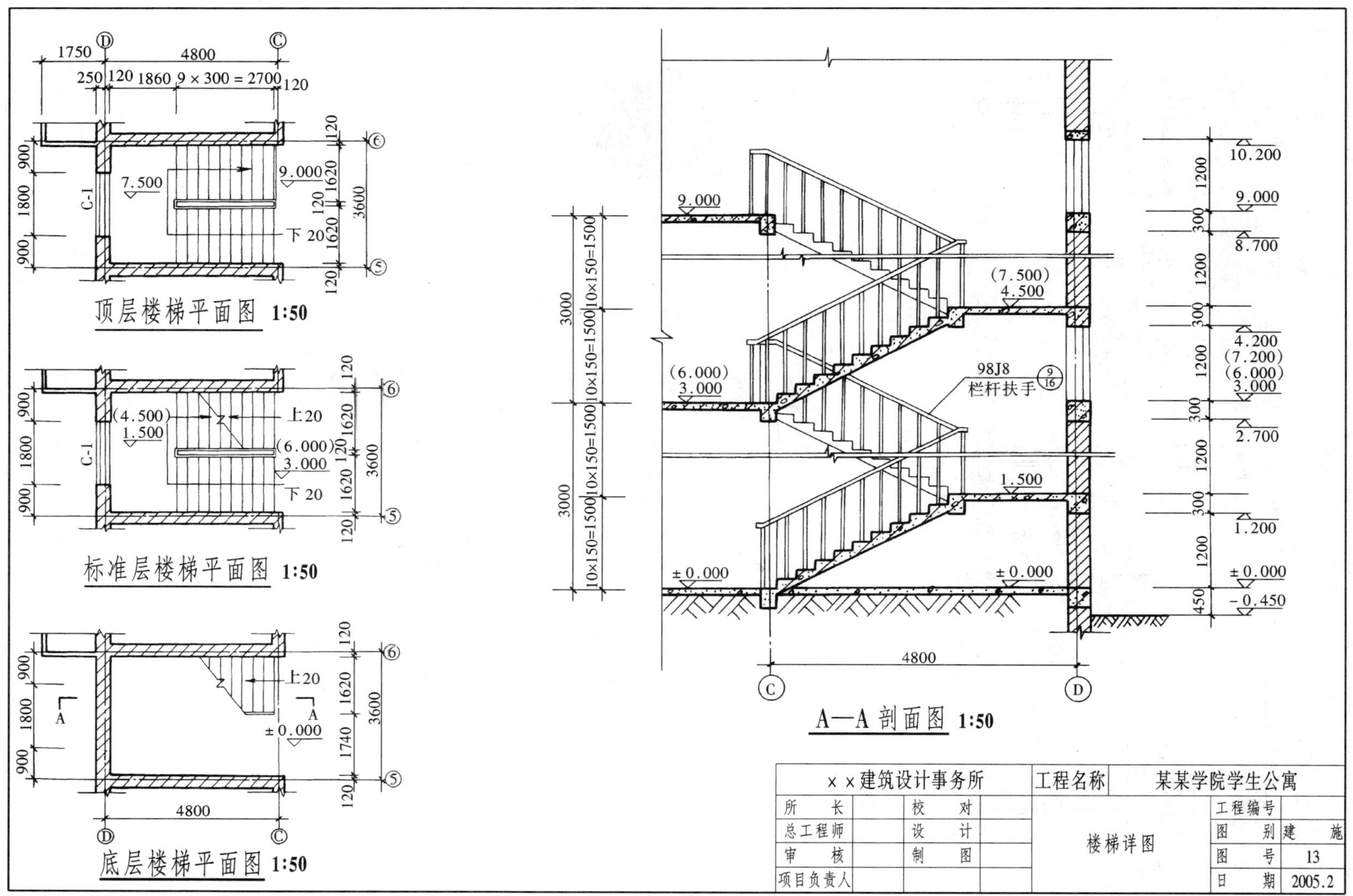
顶层楼梯平面图 1:50
标准层楼梯平面图 1:50
底层楼梯平面图 1:50
A—A 剖面图 1:50
98J8
栏杆扶手
××建筑设计事务所
所　长
总工程师
审　核
项目负责人
校　对
设　计
制　图
工程名称
某某学院学生公寓
楼梯详图
工程编号
图　别　建　施
图　号　13
日　期　2005.2

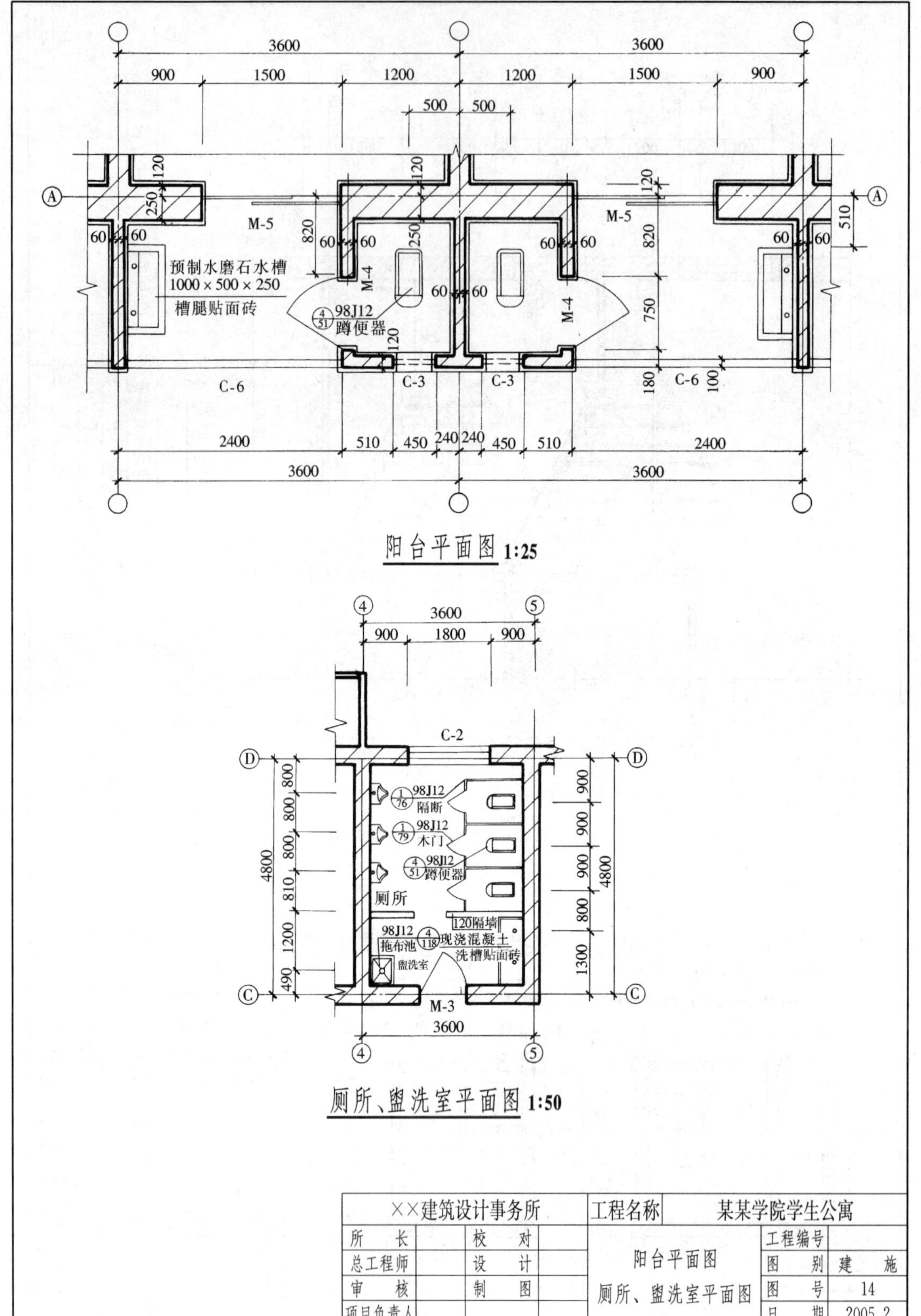

3600
900
1500
1200
500
M-5
M-4
C-6
C-3
预制水磨石水槽
1000×500×250
槽腿贴面砖
98J12
蹲便器
2400
510
450
240
阳台平面图 1:25
3600
900
1800
C-2
98J12
隔断
98J12
木门
98J12
蹲便器
厕所
120隔墙
98J12
拖布池
现浇混凝土
洗槽贴面砖
盥洗室
M-3
4800
厕所、盥洗室平面图 1:50
××建筑设计事务所
工程名称
某某学院学生公寓
所　长
校　对
总工程师
设　计
审　核
制　图
项目负责人
阳台平面图
厕所、盥洗室平面图
工程编号
图　别
建　施
图　号
14
日　期
2005.2

三、结构施工图

结构设计说明

一、设计依据

(1) 某学院学生公寓设计要求。

(2) 已批准的可行性论证报告。

(3) 工程地质、水文地质资料。

(4) 现行建筑结构设计规范。

二、地基基础工程

(1) 本工程地基经省建筑勘察设计院地质勘察队勘探，地表下1.8~3.2m为黏性土夹有薄层沙土，土层分布稳定，是主要的持力层，承载力为110kPa。

(2) 基础垫层为C15素混凝土，厚100。

(3) 砖砌基础墙为MU10标准砖，M10水泥砂浆。

(4) 地圈梁混凝土标号为C15，钢筋为HPB235。

(5) 地圈梁顶标高设在-0.060m处，代替防潮层。

(6) 地基开挖后，应进行验槽、钎探，间距1.5m，深2.6m。如发现异常及湿陷性黄土时，应通知设计人员至现场共同研究解决。

三、砖砌工程

(1) 本工程±0.000标高以下，采用MU10标准砖，M10水泥砂浆砌筑。±0.000以上墙体采用MU10标准砖，M5混合砂浆砌筑。

(2) 支承钢筋混凝土梁、板的砖墙，在支承处应以1:2水泥砂浆找平，厚20。

(3) 预埋木砖要求防腐处理。

(4) 墙的施工质量应按国家有关部门所颁发的《砖石结构施工质量验收规范》的有关规定执行。

四、钢筋混凝土工程

(1) 本工程钢筋Φ表示钢筋类别为HPB235。

(2) 本设计所用钢筋、水泥等材料均应有出厂合格证明，方能使用。

(3) 厕所、盥洗室及阳台的现浇钢筋混凝土楼板均用C20细石混凝土，混凝土应按防水混凝土配制。

(4) 所有砖墙门洞应设钢筋混凝土过梁。

(5) 所有预埋铁件均应采用防锈措施，一般可用钢丝刷除锈后，刷红丹二遍，再刷防锈漆一遍。

(6) 钢筋混凝土工程的施工质量均应按国家有关部门所颁发的《钢筋混凝土工程施工质量验收规范》的有关规定执行。

五、其他事项

(1) 施工过程中的质检记录、混凝土记录及隐蔽工程记录应妥善保存。待工程验收后一并存档。

(2) 本工程未尽事宜，经发现后，由建设单位、施工单位、设计单位共同协商解决。

××建筑设计事务所				工程名称	某某学院学生公寓	
所　长		校　对		结构设计说明	工程编号	
总工程师		设　计			图　别	结　施
审　核		制　图			图　号	1
项目负责人					日　期	2005.2

32400
3600
12000
4800
2400
GZ1
GZ1 240×240
GZ2
GZ2 240×370
GZ3
GZ3 370×370
LL
××建筑设计事务所
工程名称
某某学院学生公寓楼
所 长
校 对
总工程师
设 计
审 核
制 图
项目负责人
基础平面图
工程编号
图 别 结 施
图 号 2
日 期 2005.2

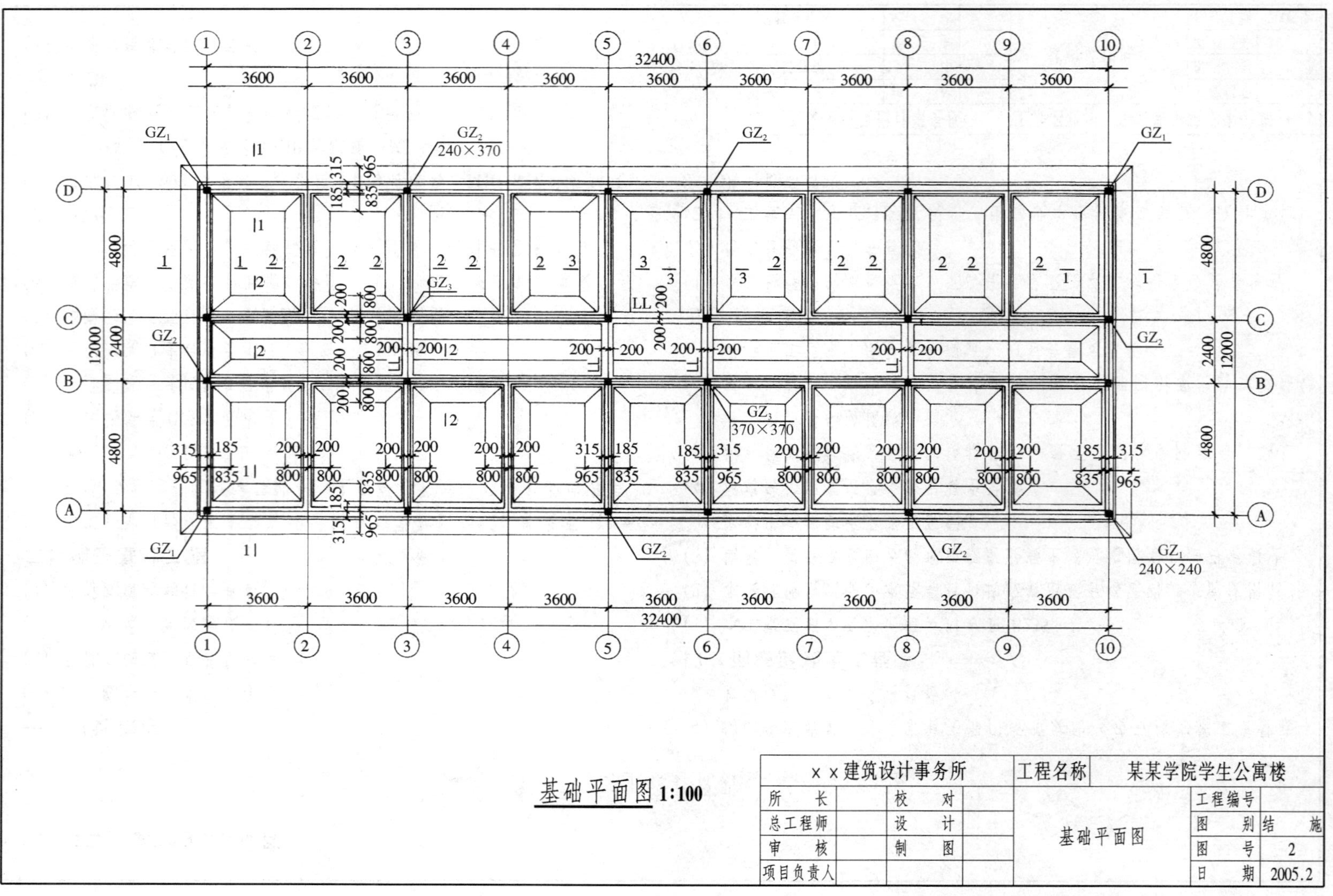

基础平面图 1:100

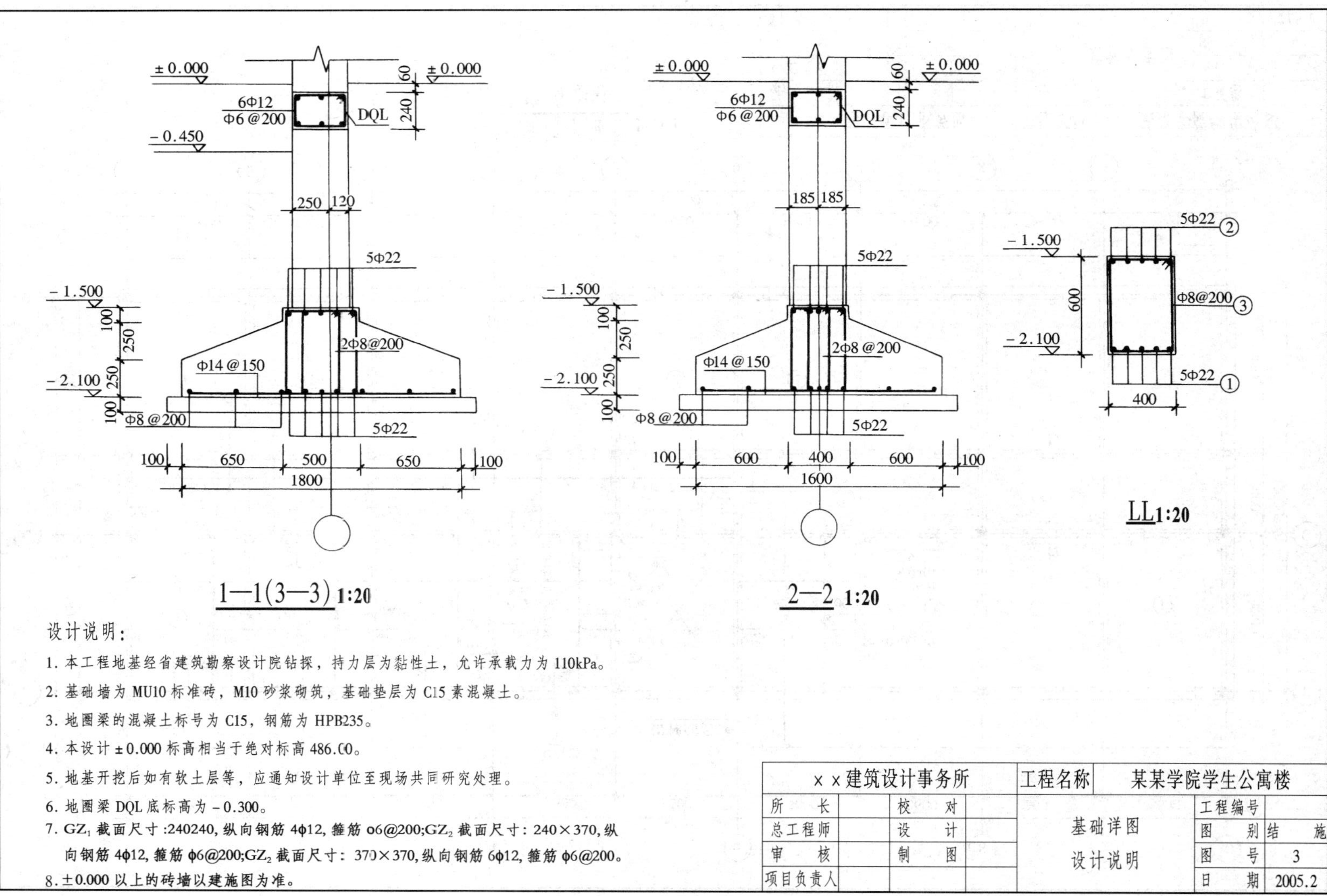

设计说明：

1. 本工程地基经省建筑勘察设计院钻探，持力层为黏性土，允许承载力为110kPa。
2. 基础墙为MU10标准砖，M10砂浆砌筑，基础垫层为C15素混凝土。
3. 地圈梁的混凝土标号为C15，钢筋为HPB235。
4. 本设计±0.000标高相当于绝对标高486.00。
5. 地基开挖后如有软土层等，应通知设计单位至现场共同研究处理。
6. 地圈梁DQL底标高为-0.300。
7. GZ_1截面尺寸:240240,纵向钢筋4ϕ12,箍筋ο6@200;GZ_2截面尺寸：240×370,纵向钢筋4ϕ12,箍筋ϕ6@200;GZ_2截面尺寸：370×370,纵向钢筋6ϕ12,箍筋ϕ6@200。
8. ±0.000以上的砖墙以建施图为准。

××建筑设计事务所				工程名称	某某学院学生公寓楼	
所长		校对		基础详图 设计说明	工程编号	
总工程师		设计			图别	结施
审核		制图			图号	3
项目负责人					日期	2005.2

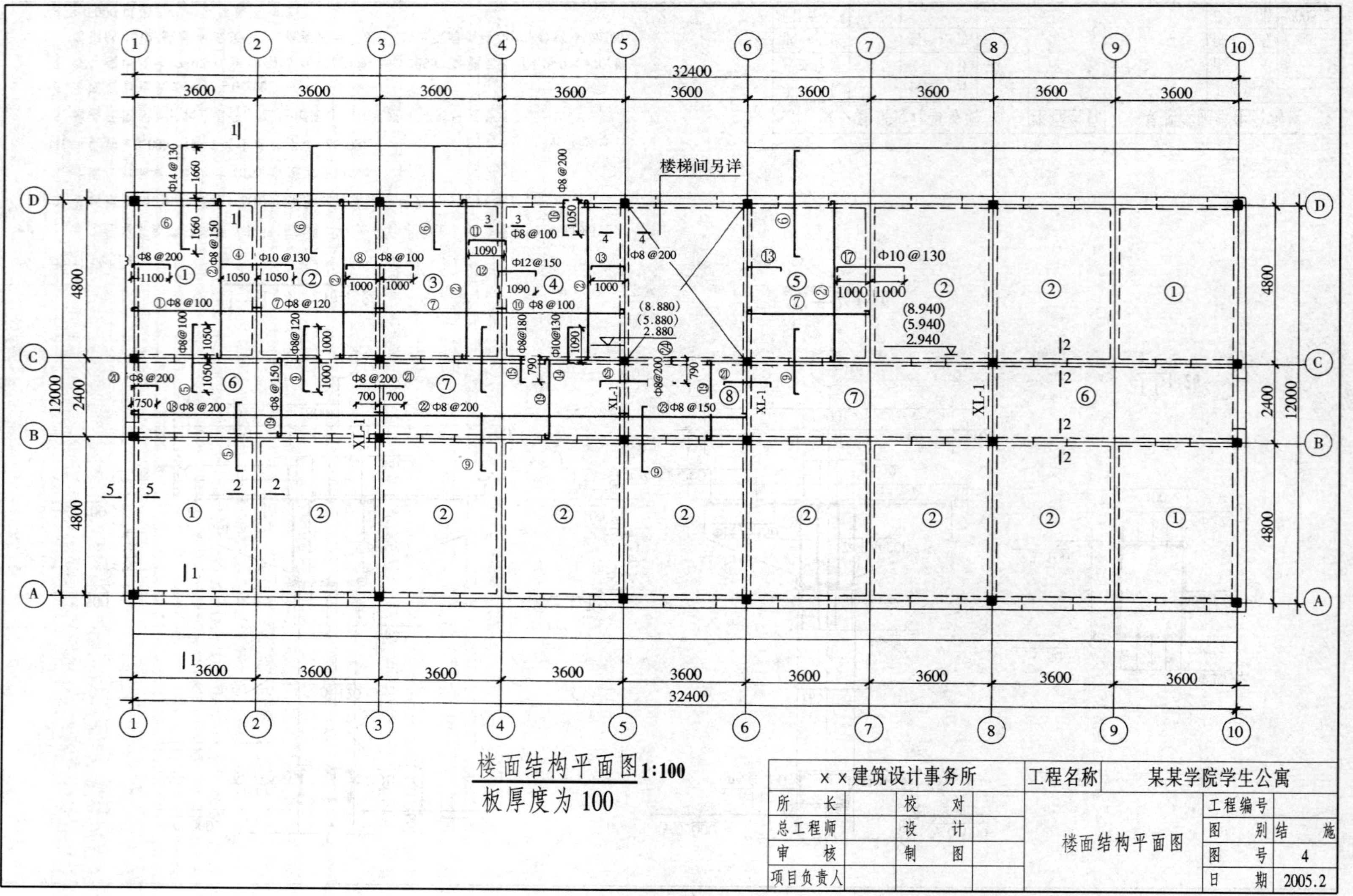
楼面结构平面图 1:100
板厚度为100
楼梯间另详
XL-1
32400
12000
4800
2400
3600
××建筑设计事务所
所长
总工程师
审核
项目负责人
校对
设计
制图
工程名称
某某学院学生公寓
楼面结构平面图
工程编号
图别 结施
图号 4
日期 2005.2

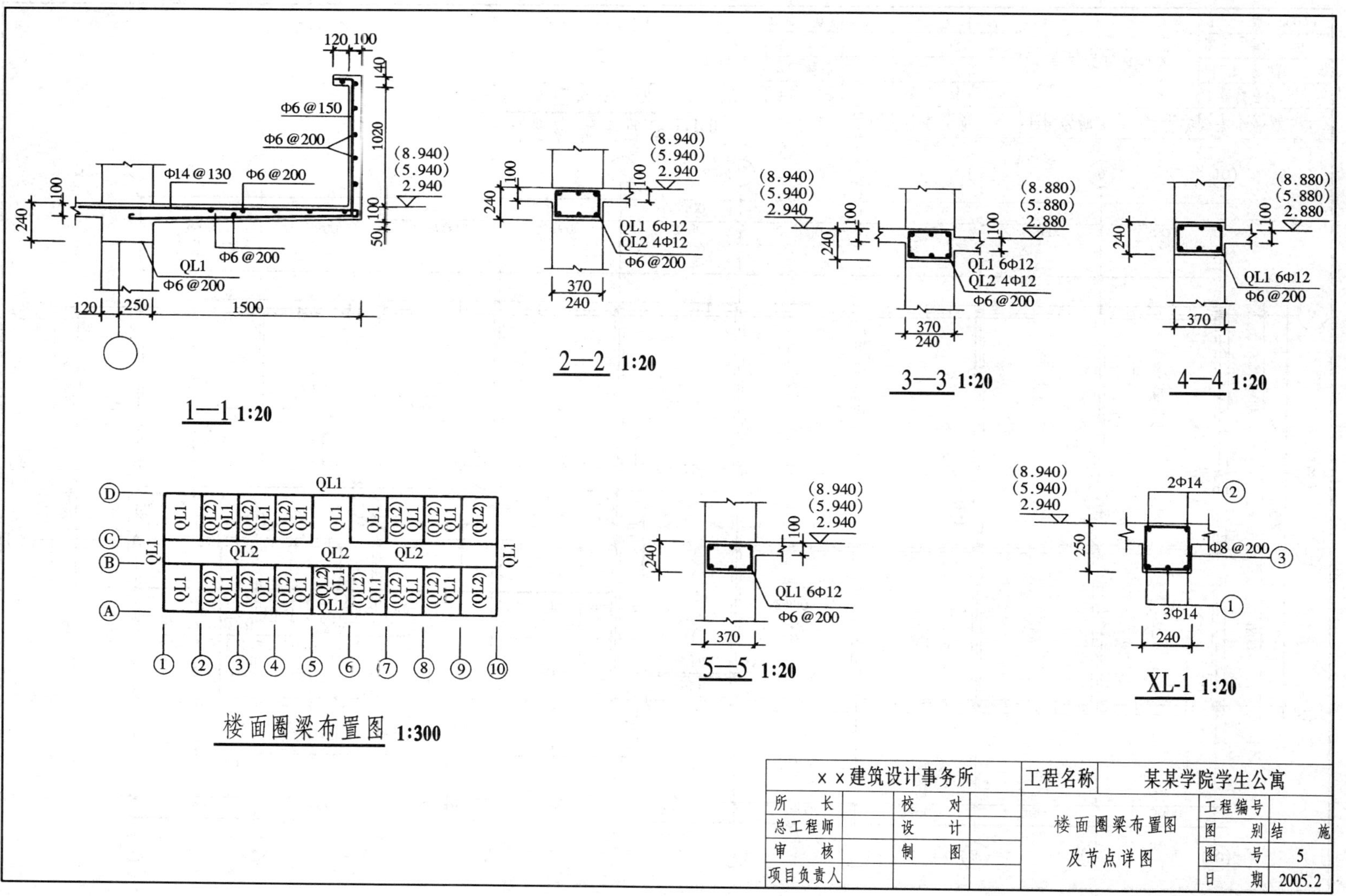
1—1 1:20
2—2 1:20
3—3 1:20
4—4 1:20
5—5 1:20
XL-1 1:20
楼面圈梁布置图 1:300
××建筑设计事务所
所　长
总工程师
审　核
项目负责人
校　对
设　计
制　图
工程名称
某某学院学生公寓
楼面圈梁布置图
及节点详图
工程编号
图　别　结　施
图　号　5
日　期　2005.2

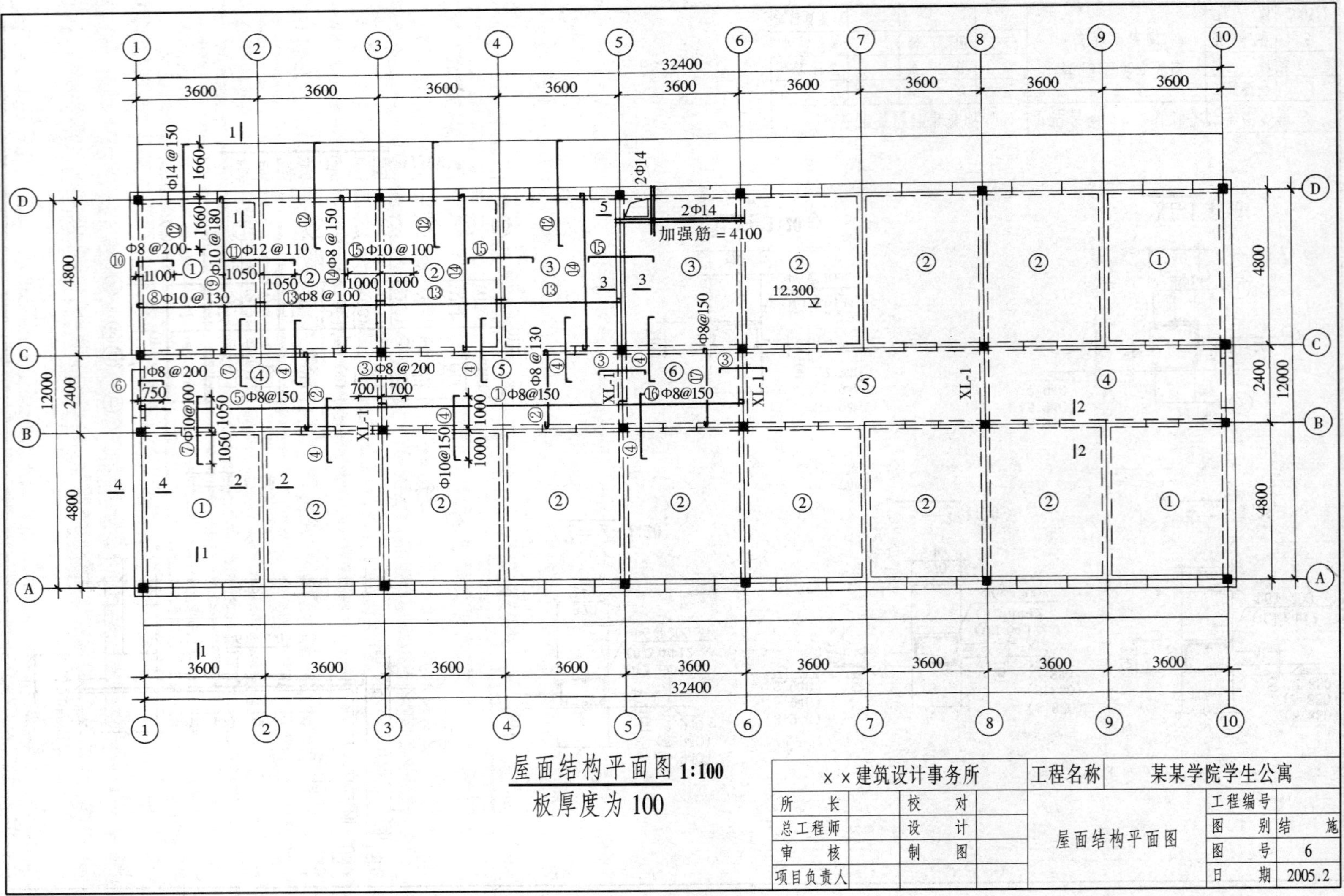

32400
3600
4800
2400
12000
Φ14@150
1660
Φ8@200
Φ10@180
Φ12@110
Φ8@150
Φ10@100
1100
1050
1000
Φ10@130
Φ8@100
2Φ14
加强筋 = 4100
12.300
Φ8@130
Φ8@150
Φ8@200
700
750
Φ10@100
Φ10@150
XL-1
屋面结构平面图 1:100
板厚度为100
××建筑设计事务所
工程名称
某某学院学生公寓
所长
总工程师
审核
项目负责人
校对
设计
制图
屋面结构平面图
工程编号
图别 结施
图号 6
日期 2005.2

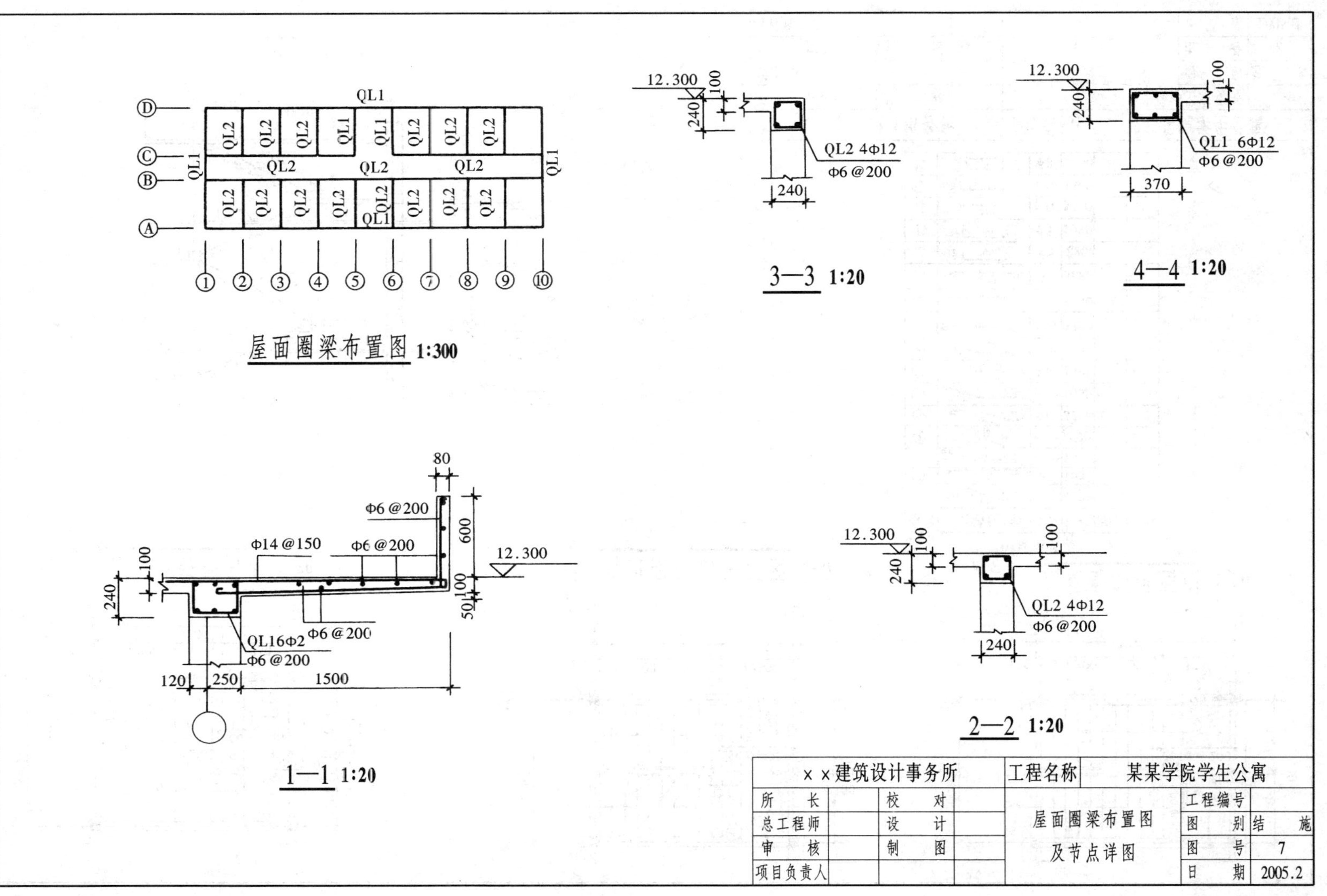
屋面圈梁布置图 1:300
QL1
QL2
3—3 1:20
QL2 4Φ12
Φ6@200
4—4 1:20
QL1 6Φ12
Φ6@200
1—1 1:20
Φ14@150
Φ6@200
QL16Φ2
12.300
2—2 1:20
QL2 4Φ12
Φ6@200
××建筑设计事务所
工程名称
某某学院学生公寓
所　长
总工程师
审　核
项目负责人
校　对
设　计
制　图
屋面圈梁布置图
及节点详图
工程编号
图　别　结　施
图　号　7
日　期　2005.2

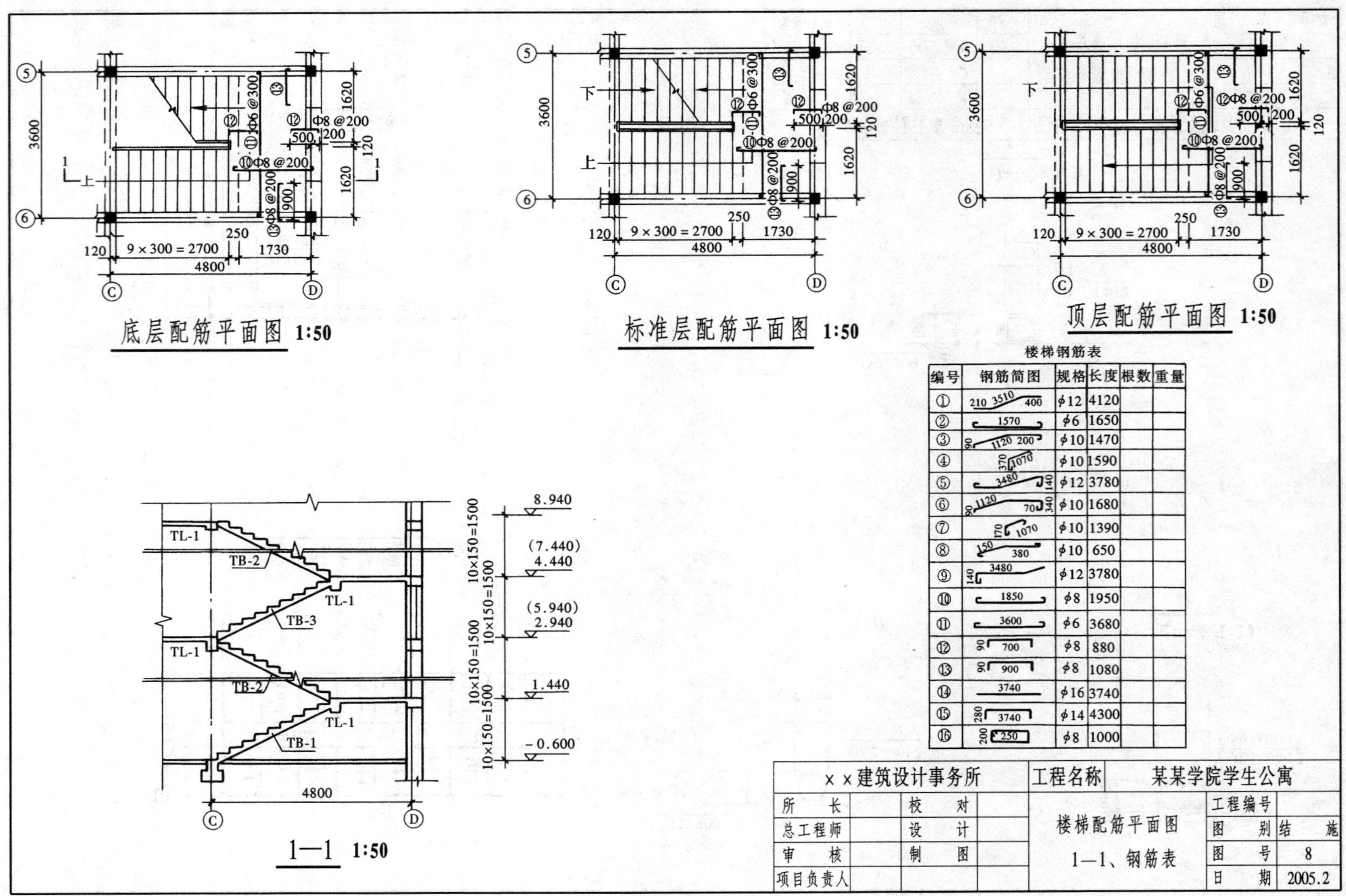

楼梯钢筋表

编号	钢筋简图	规格	长度	根数	重量
①	210 3510 400	φ12	4120		
②	1570	φ6	1650		
③	90 1120 200	φ10	1470		
④	370 1070	φ10	1590		
⑤	3480 140	φ12	3780		
⑥	90 1120 70 340	φ10	1680		
⑦	170 1070	φ10	1390		
⑧	150 380	φ10	650		
⑨	140 3480	φ12	3780		
⑩	1850	φ8	1950		
⑪	3600	φ6	3680		
⑫	90 700	φ8	880		
⑬	90 900	φ8	1080		
⑭	3740	φ16	3740		
⑮	280 3740	φ14	4300		
⑯	200 250	φ8	1000		

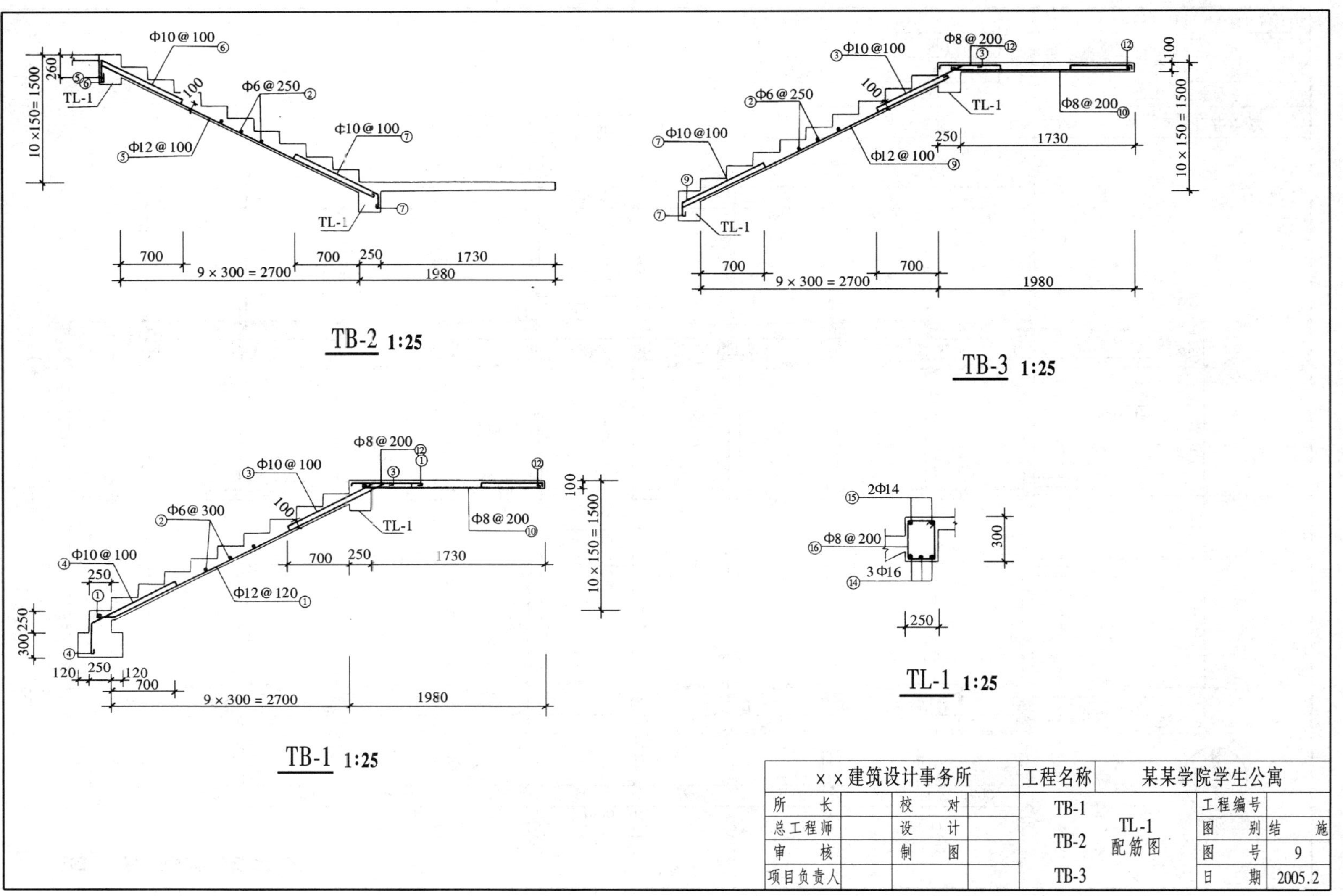
Φ10@100
Φ6@250
Φ12@100
Φ10@100
TL-1
TL-1
260
10×150=1500
700
700
250
1730
9×300=2700
1980
TB-2 1:25
Φ10@100
Φ8@200
Φ6@250
TL-1
Φ8@200
Φ10@100
250
1730
Φ12@100
TL-1
100
10×150=1500
700
700
9×300=2700
1980
TB-3 1:25
Φ8@200
Φ10@100
Φ6@300
TL-1
Φ8@200
Φ10@100
250
700
250
1730
Φ12@120
300
250
120
250
120
700
9×300=2700
1980
100
10×150=1500
TB-1 1:25
2Φ14
Φ8@200
3Φ16
300
250
TL-1 1:25
××建筑设计事务所
工程名称
某某学院学生公寓
所　长
校　对
总工程师
设　计
审　核
制　图
项目负责人
TB-1
TB-2
TB-3
TL-1
配筋图
工程编号
图　别　结　施
图　号　9
日　期　2005.2

四、给排水施工图

北
接室外给水管网
接室外给水管网
-0.450
-0.450
±0.000
上
厕所
管理间
1750 4800 2400 4800 1750
15500
3600 3600 3600 3600 3600 3600 3600 3600 3600
32900
250
底层给水排水平面图 1:100
××建筑设计事务所
工程名称 某某学院学生公寓
所长 校对
总工程师 设计
审核 制图
项目负责人
底层给水排水平面图
工程编号
图别 水施
图号 1
日期 2005.2

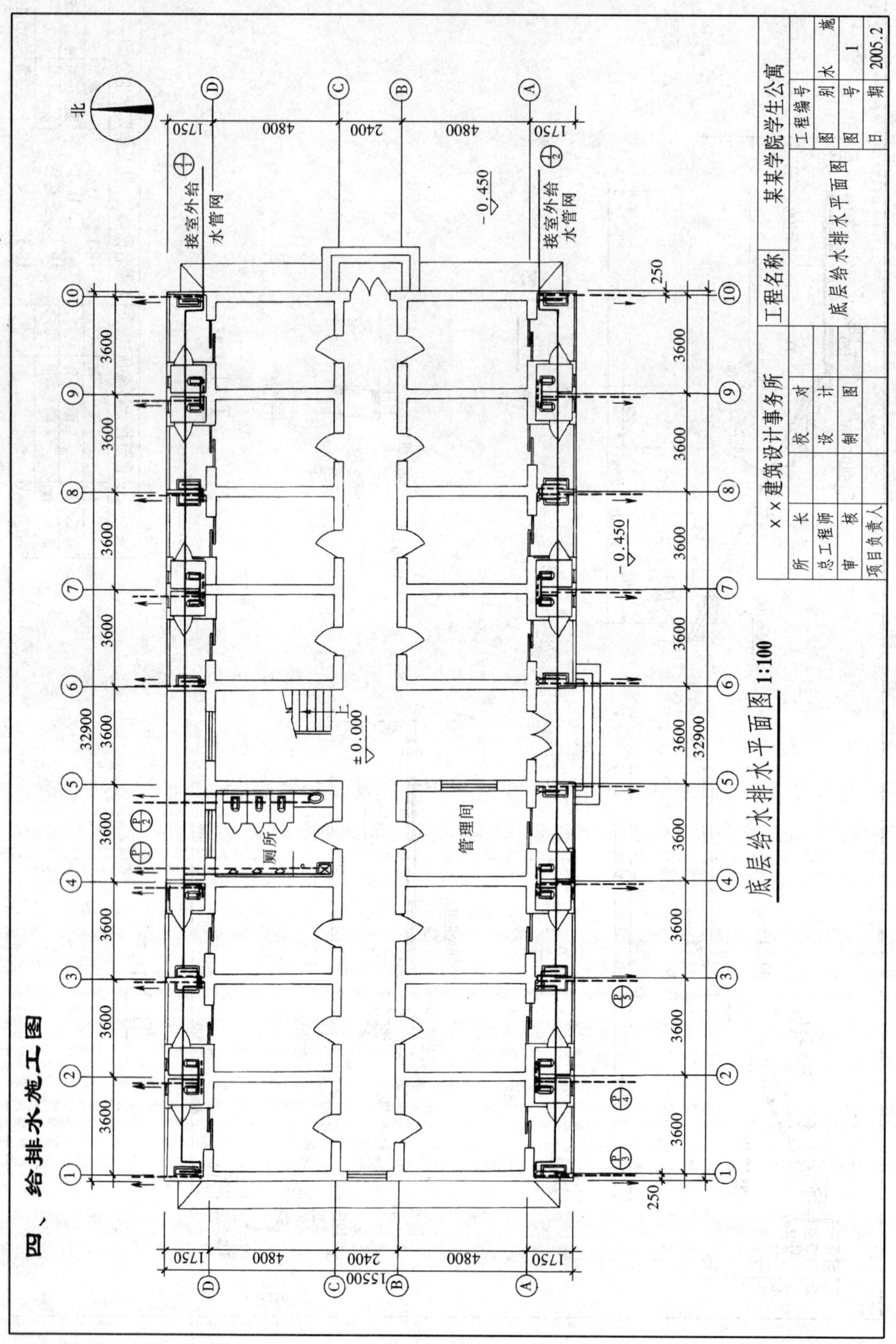

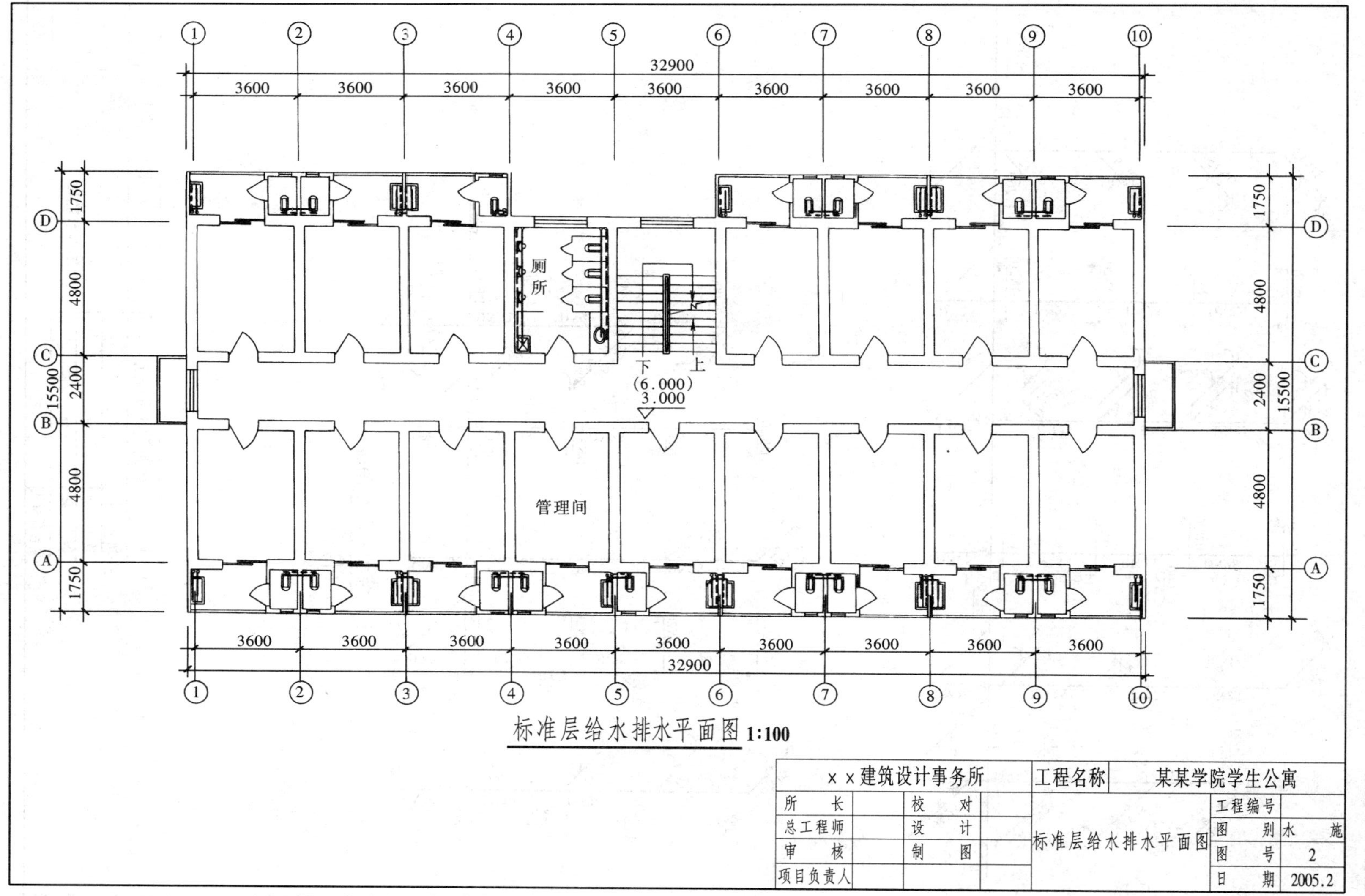

标准层给水排水平面图 1:100

××建筑设计事务所				工程名称	某某学院学生公寓		
所　长		校　对		标准层给水排水平面图	工程编号	
总工程师		设　计			图　别	水　施
审　核		制　图			图　号	2
项目负责人					日　期	2005.2

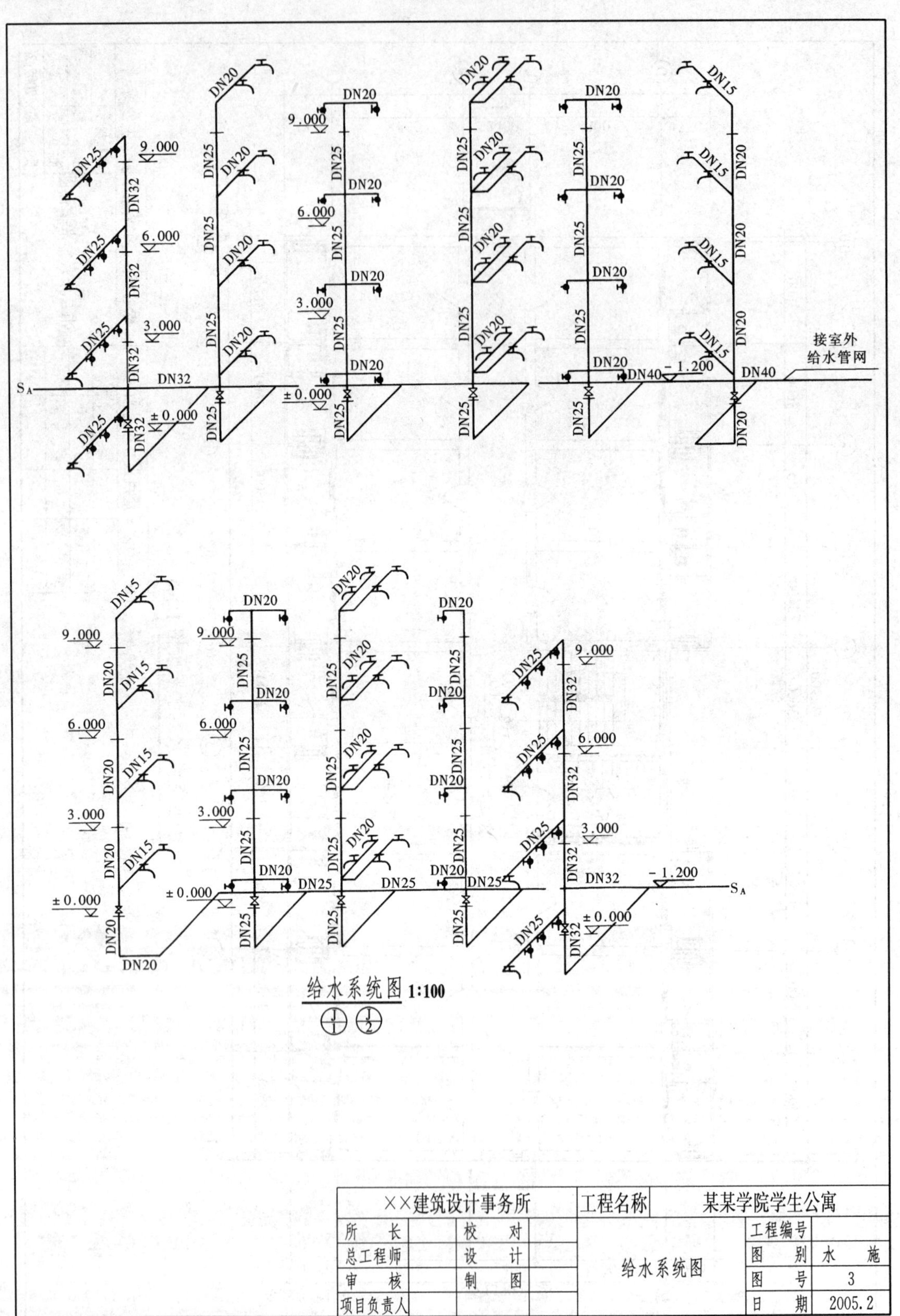

××建筑设计事务所				工程名称	某某学院学生公寓	
所 长		校 对		给水系统图	工程编号	
总工程师		设 计			图 别	水 施
审 核		制 图			图 号	3
项目负责人					日 期	2005.2

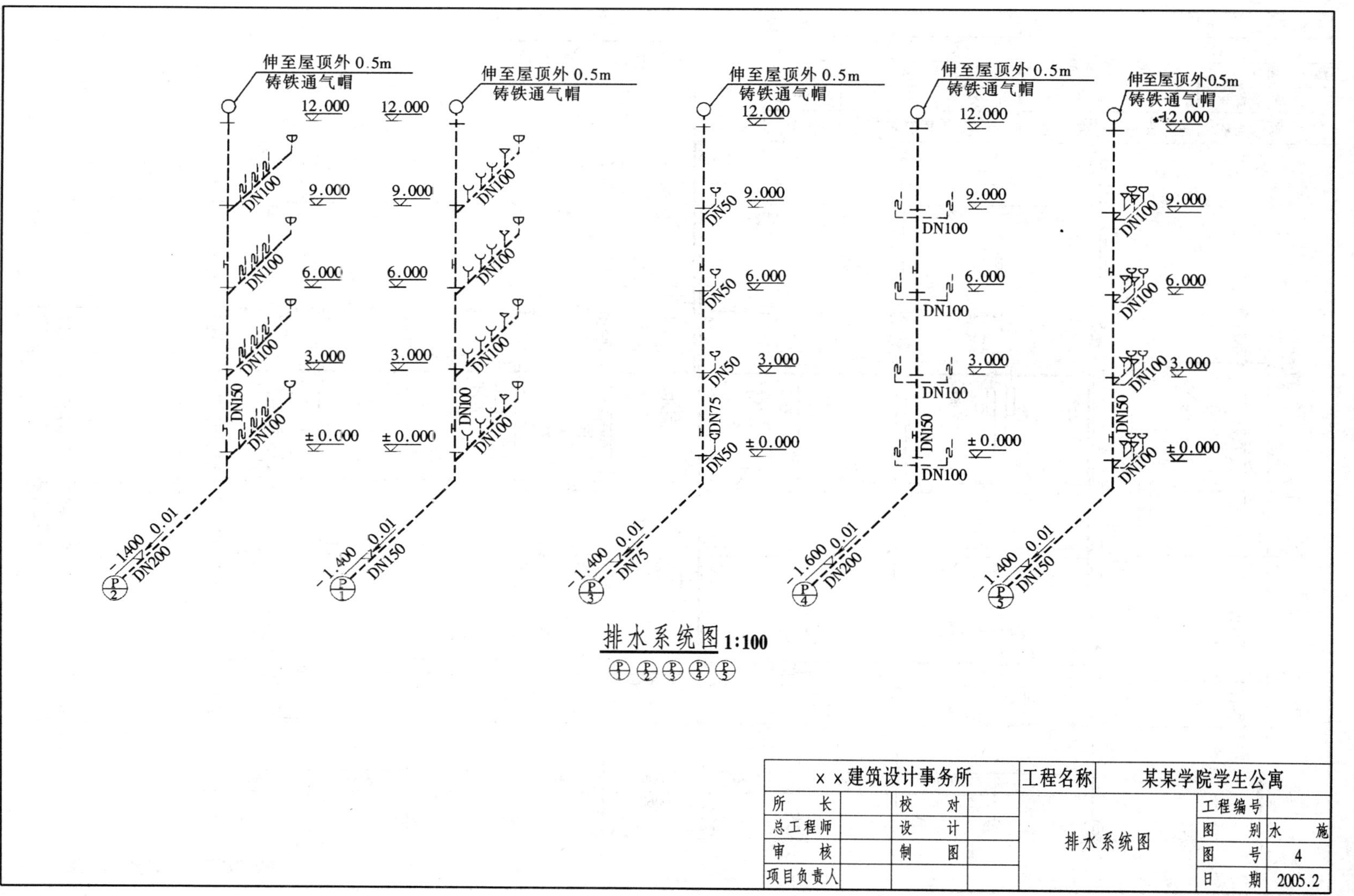
伸至屋顶外0.5m
铸铁通气帽
12.000
9.000
6.000
3.000
±0.000
DN50
DN75
DN100
DN150
DN200
-1.400 0.01
-1.600 0.01
排水系统图 1:100
××建筑设计事务所
所长
总工程师
审核
项目负责人
校对
设计
制图
工程名称
某某学院学生公寓
排水系统图
工程编号
图别 水施
图号 4
日期 2005.2

五、采暖施工图

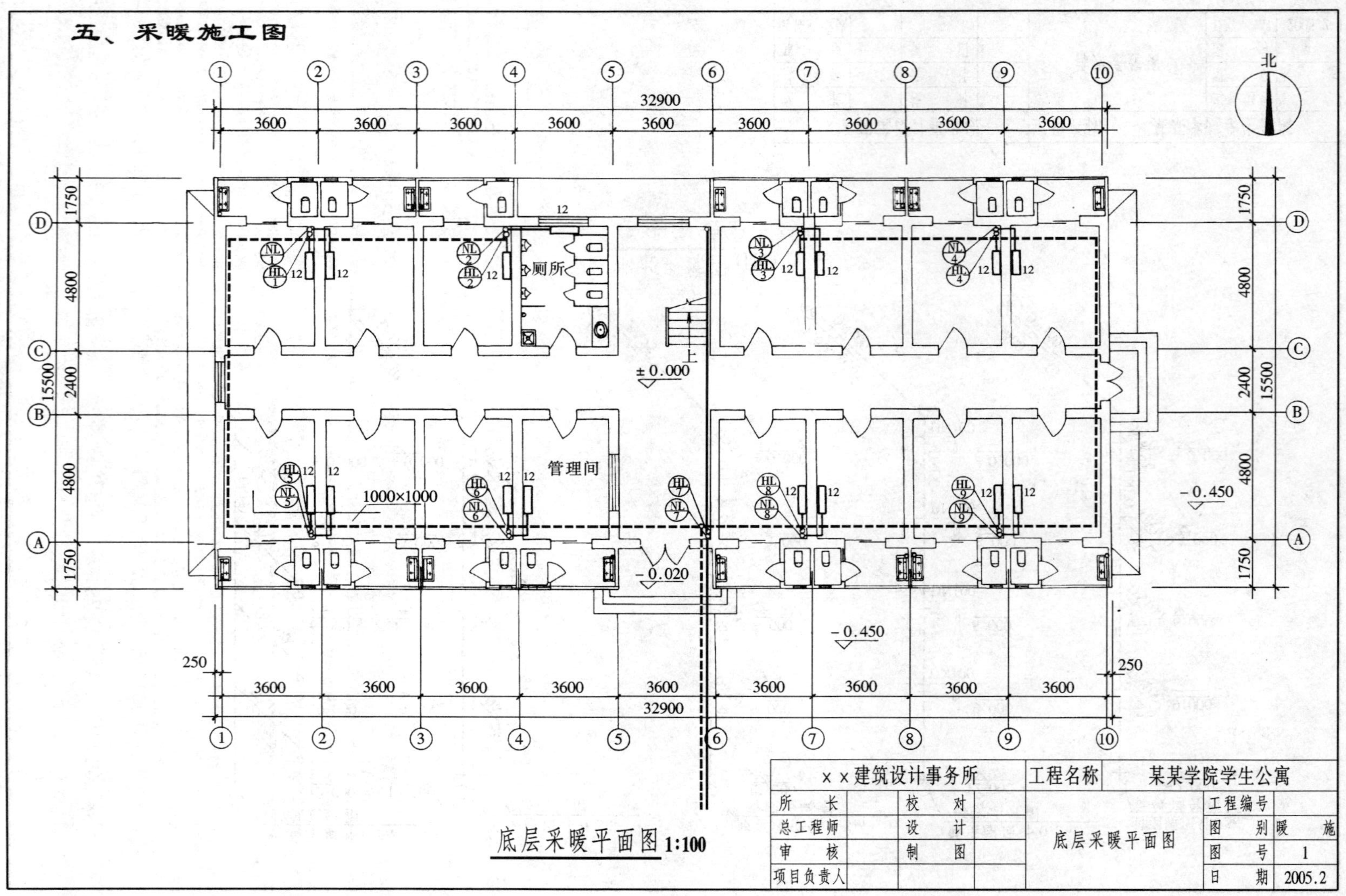

底层采暖平面图 1:100

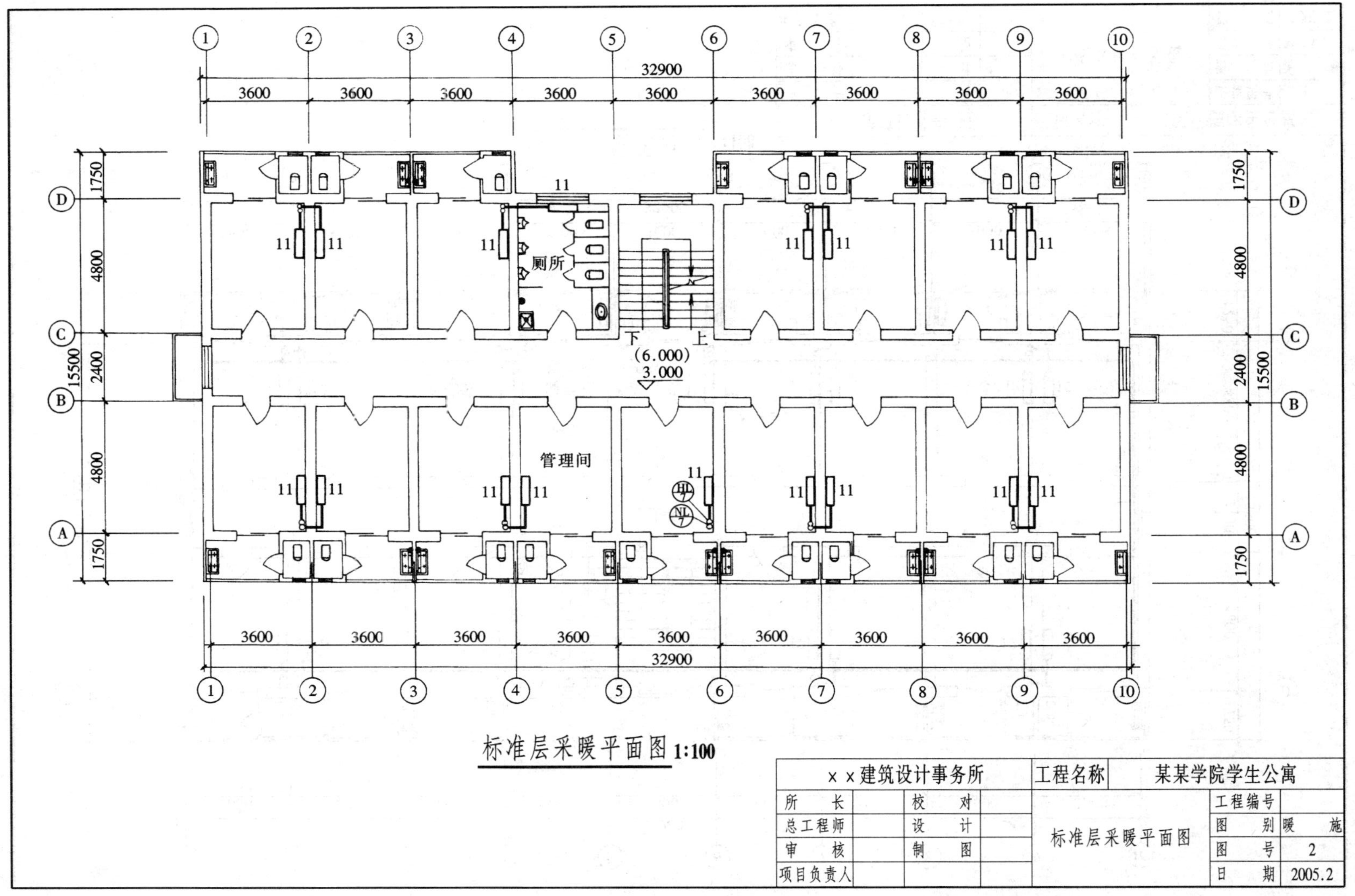

标准层采暖平面图 1:100

××建筑设计事务所				工程名称	某某学院学生公寓	
所　长		校　对		标准层采暖平面图	工程编号	
总工程师		设　计			图　别	暖　施
审　核		制　图			图　号	2
项目负责人					日　期	2005.2

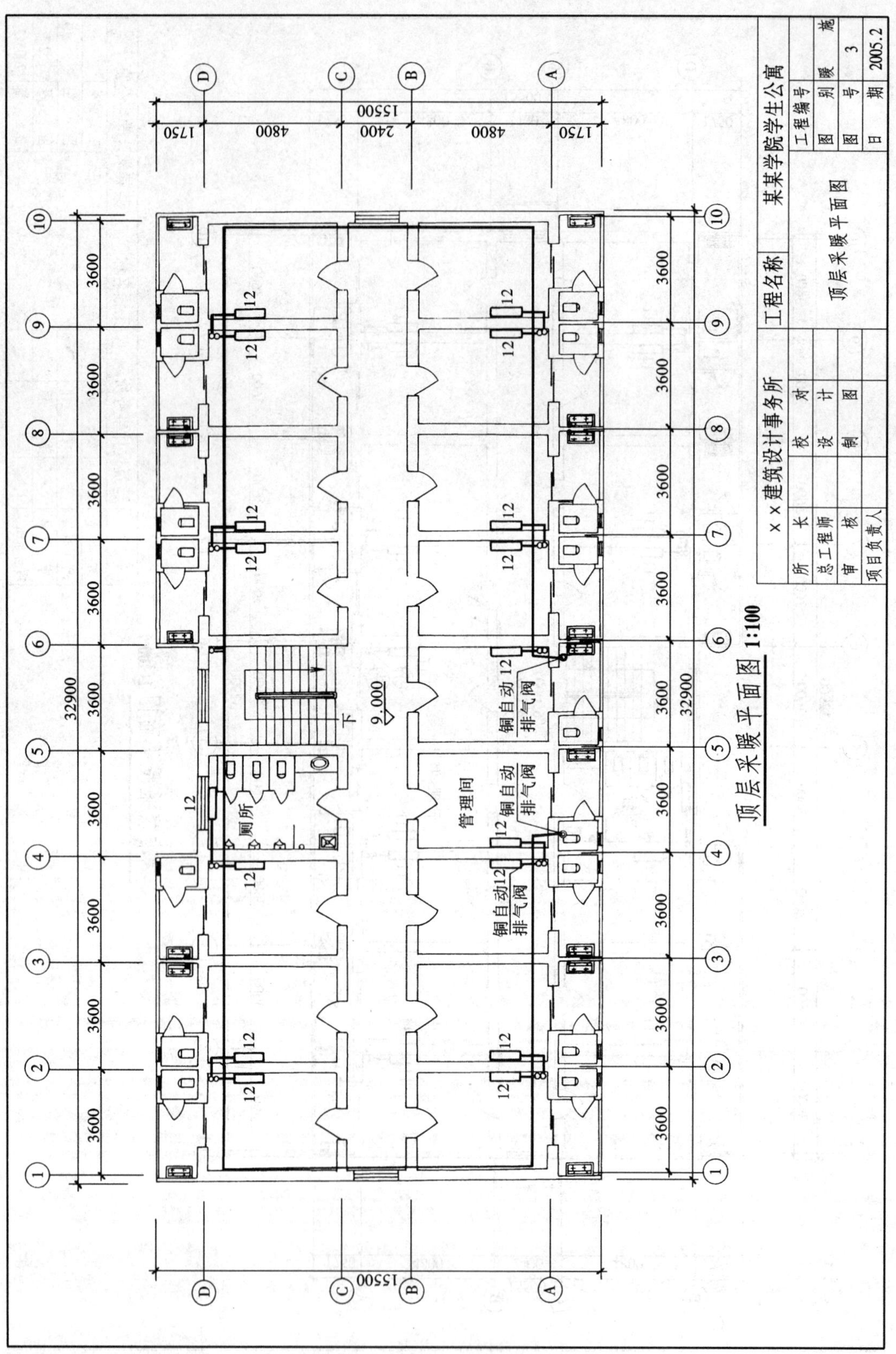
××建筑设计事务所
所 长
总工程师
审 核
项目负责人
校 对
设 计
制 图
工程名称
某某学院学生公寓
顶层采暖平面图
工程编号
图 别 暖 施
图 号 3
日 期 2005.2
厕所
管理间
铜自动排气阀
9.000
下
12
3600
32900
15500
1750
4800
2400
顶层采暖平面图 1:100

DN40
DN32
DN25
DN20
DN50
铜自动排气阀DN20
-1.100
××建筑设计事务所
工程名称
某某学院学生公寓
所长
校对
总工程师
设计
审核
制图
项目负责人
采暖系统图
工程编号
图别　暖　施
图号　4
日期　2005.2

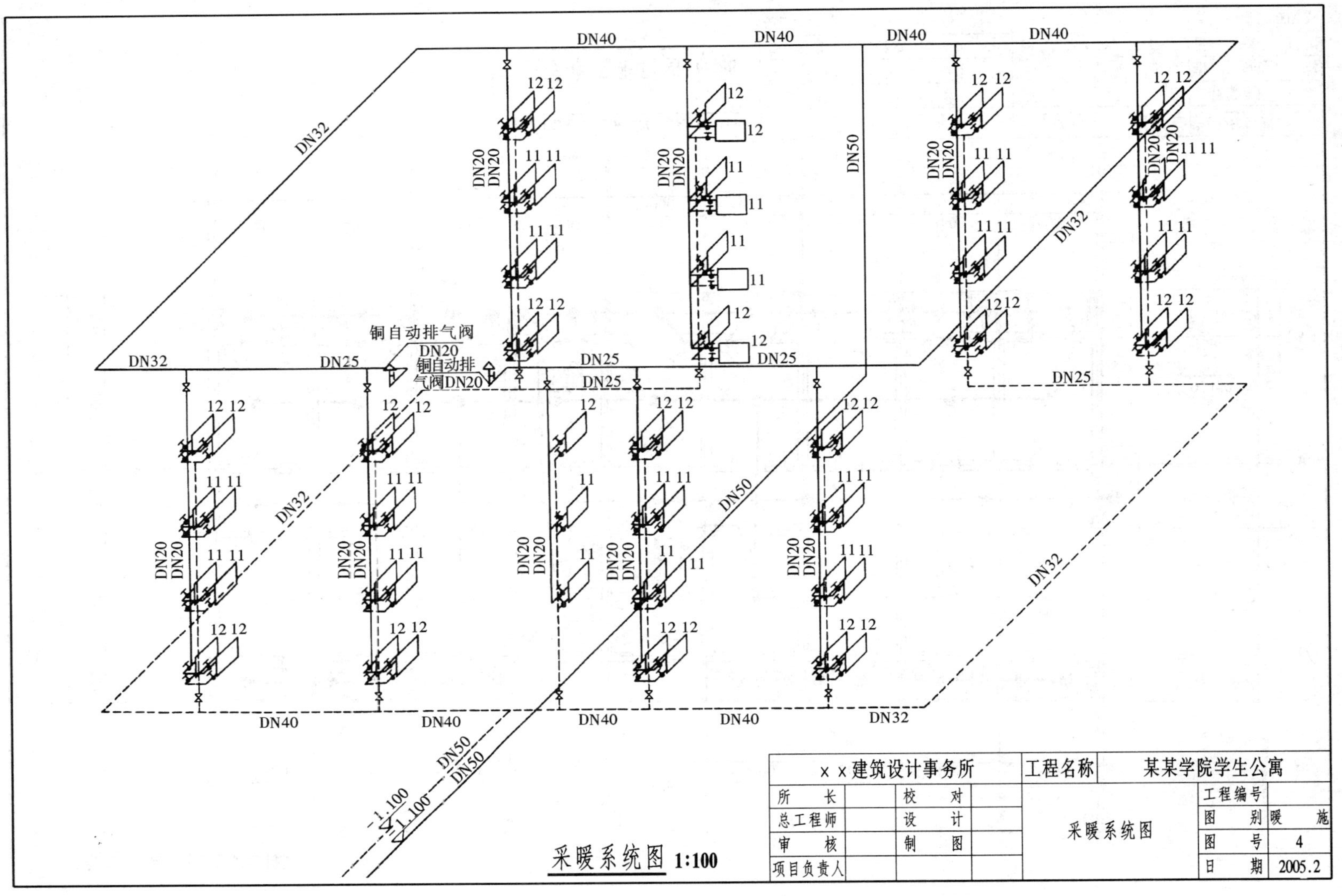

采暖系统图 1:100

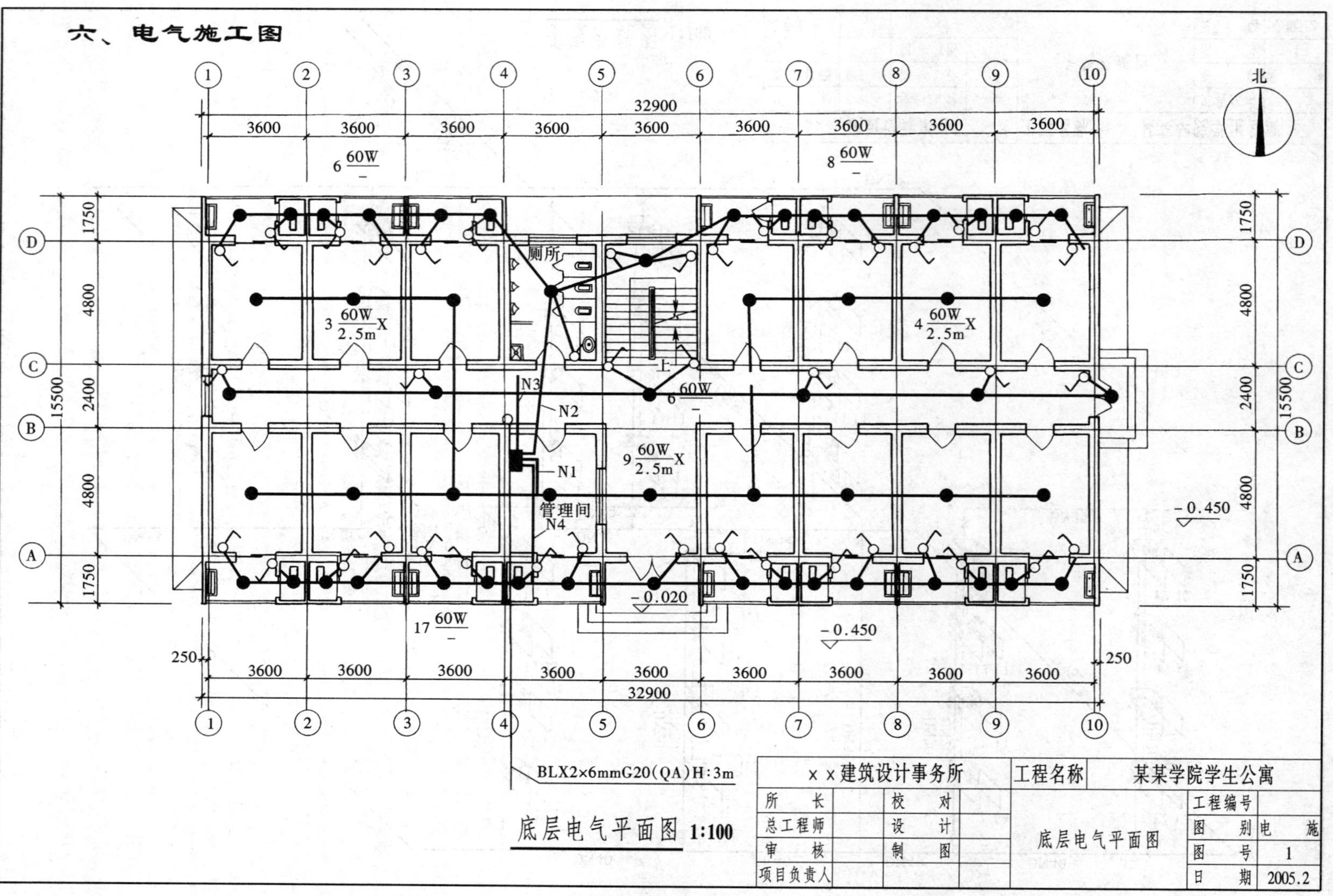
六、电气施工图
北
32900
3600
6 60W/–
8 60W/–
3 60W/2.5m X
4 60W/2.5m X
6 60W/–
9 60W/2.5m X
17 60W/–
厕所
管理间
N1
N2
N3
N4
15500
1750
4800
2400
250
-0.450
-0.020
BLX2×6mmG20(QA)H:3m
底层电气平面图 1:100
××建筑设计事务所
工程名称 某某学院学生公寓
所长
总工程师
审核
项目负责人
校对
设计
制图
底层电气平面图
工程编号
图别 电施
图号 1
日期 2005.2

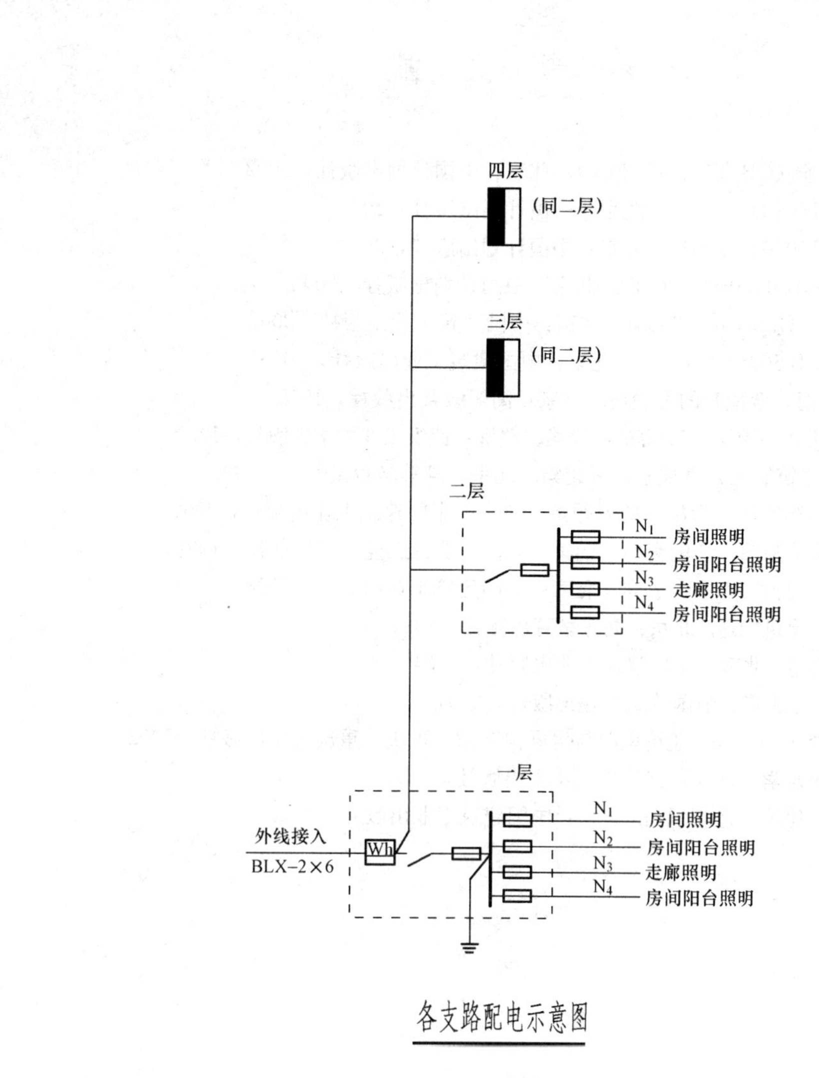

各支路配电示意图

××建筑设计事务所				工程名称	某某学院学生公寓	
所　长		校　对		各支路配电示意图	工程编号	
总工程师		设　计			图　别	电　施
审　核		制　图			图　号	2
项目负责人					日　期	2006.2

参考文献

1. 房屋建筑制图统一标准（GB/T50001—2001）. 北京：中国计划出版社，2002
2. 总图制图标准（GB/T50103—2001）. 北京：中国计划出版社，2002
3. 建筑制图标准（GB/T50104—2001）. 北京：中国计划出版社，2002
4. 建筑结构制图标准（GB/T50105—2001）. 北京：中国计划出版社，2002
5. 混凝土结构设计规范（GB50010—2002）. 北京：中国建筑工业出版社，2002
6. 民用建筑设计通则（GB 50352—2005 ）. 北京：中国建筑工业出版社，2005
7. 颜金樵主编. 工程制图，含配套的习题集. 北京：高等教育出版社，1998
8. 吴润华主编. 建筑制图与识图，含配套的习题集. 武汉：武汉工业大学出版社，1997
9. 朱福熙，何斌主编. 建筑制图，含配套的习题集. 北京：高等教育出版社，1995
10. 顾世权主编. 建筑装饰制图，含配套的习题集. 北京：中国建筑工业出版社，2002
11. 乐荷卿主编. 土木建筑制图，含配套的习题集. 武汉：武汉工业大学出版社，1999
12. 张明正主编. 建筑结构施工识图与放样. 北京：中国建筑工业出版社，1998
13. 孙鲁，甘佩兰主编. 建筑构造. 北京：高等教育出版社，1999
14. 李必瑜主编. 建筑构造. 北京：中国建筑工业出版社，2004
15. 赵研主编. 建筑构造. 北京：中国建筑工业出版社，2004
16. 王远正，王建华，李平诗主编. 建筑识图与房屋构造图. 重庆：重庆大学出版社，2002
17. 舒秋华主编. 房屋建筑学. 武汉：武汉理工大学出版社，2003
18. 高远，张艳芳主编. 建筑构造与识图. 北京：中国建筑工业出版社，2004